이론 · 실무를 위한

프리스트레스트 콘크리트 구조설계

중앙 대학교 이차돈 교수
한양 대학교 최창식 교수
경원 대학교 최기봉 교수
(주)동양구조 문일원 소장

태림문화사

책을 내면서

프리스트레싱의 개념은 건축 · 토목의 콘크리트 구조물에 적용되기 훨씬 이 전부터 우리 주변의 일상생활과 연관되어 적용되고 있었다. 예를 들면, 수세기 전부터 사용된 나무통과 자전거의 바퀴 등을 들 수 있다. 나무통은 여러 쪽의 긴 나무판을 세로로 둥그렇게 세워 놓고 그 바깥 주위를 쇠로 된 여러 개의 테를 횡 방향으로 강하게 당겨 고정시킴으로서 세로로 세워놓은 나무쪽 사이에 압축력이 작용하여 단단한 나무통이 되도록 하였다. 자전거 바퀴 테의 경우, 자전거 바퀴살에 인장력을 가하여 이와 연결된 바퀴테가 압축력을 받는 압축링이 되도록 하여 외부 충격에 더 잘 저항하도록 하였다.

1886년 P.H.Jackson, 1888년 C.E.W.Doehring 등에 의하여 석재, 콘크리트 등에 금속재 인장재를 도입한 것이 특허로 인정되었으나 1928년 프랑스의 Eugene Fressynet가 콘크리트에 고강도 철근을 사용하여 프리스트레싱을 한 것이 실제적인 프리스트레스트 콘크리트의 시작이라고 할 수 있다. 이후, 벨기에의 G.Magnel이 1940년도에 이르러 2개의 프리스트레싱 긴장재 쐐기를 이용하여 정착시키는 방법을 개발하였고 독일, 영국, 폴란드, 스웨덴 등에서도 여러 형태의 프리스트레스트 콘크리트가 개발되기에 이르렀다. 국내의 경우, 1950년 초부터 철도의 침목 등에 프리스트레스트 콘크리트 침목을 제작하는 것을 시점으로 현재 광범위한 토목 교량과 건축 구조물에 다양하게 적용되고 있다.

프리스트레스트 콘크리트 이론 및 설계에 관한 전문 서적은 주로 북미 학자들과 일부 국내 학자들에 의하여 여러 권이 출판되어 있다. 본 저자들은 다년간 이들 서적들을 주 교재로 사용하여 강의를 하였으나 다년간의 강의 경험에서, 이들 교재들이 프리스트레스트 콘크리트에 대한 주옥과 같은 귀중한 내용을 담고 있지만 일부 교재는 너무 이론적인 내용에 치중하여 처음 프리스트레스트 콘크리트 구조를 접하고자 하는 입문자에게 지나치게 어려운 점이 있고 일부 교재는 반대로 기초이론에만 치중함으로써 실제로 시공되는 구조물에 교재의 내용을 직접적으로 적용하기 어려운 점들이 있음을 알 수 있었다.

따라서 기존의 프리스트레스트 콘크리트 전문 공학서의 장점을 최대한 살리되 이론 및 실무를 함께 어우르며 대학 학부 4학년 이상의 학생 및 대학원생들과 아직 프리스트레스트 콘크리트 구조물에 익숙하지 않은 실무자들이 쉽게 읽을 수 있고 또 이해한 내용을 실무와 연관시킬 수 있는 내용을 담고자 하였다. 이런 취지로 본 교재의 내용은 크게 이론과 실무, 두 부분으로 구분하였고 전체 11개의 장으로 구성되었다.

1장부터 10장까지는 기초개념, 이론, 응용에 관한 내용으로서 각 장별로 내용 상 반드시 알아야 할 이론들을 기술함과 동시에 이와 관련된 예제도 필요한 것들로 구성하였다. 마지막 장인 11장은 앞의 1장에서 10장까지 기술한 내용을 바탕으로 실제 3층 주차건물을 프리스트레스트 콘크리트 건물로 설계하는 것을 실무차원에서 수록하였다. 하중산정, 구조모델링, 구조해석, 부재설계 등 일련의 과정을 수록함으로써 앞의 이론부분에서 기술된 다양한 내용들이 실제로 프리스트레스트 구조물을 설계할 때에 어떻게 적용되는가를 상세히 나타내고자 하였으며, 모델링 시 오류를 범할 수 있는 내용들을 언급하였고 구조해석과 관련된 모델링도 수록하였다.

각 장별 내용은 그 중요도에 따라 집필량을 조정하여 서술하였다. 예를 들면 휨에 관한 내용은 2개의 장으로 구분하여 자세히 서술하였으며, 전단은 1개의 장으로 구성하되 비틀림에 대한 설계도 포함하였다. 특히 건축구조물의 경우와 일부 교량의 경우, 그 구조 시스템이 부정정 구조 형태를 가지므로 이에 대한 구조해석 및 응력산정을 상세히 나타내어 독자들의 이해를 돕고자 하였다. 한편, 처짐에 관한 내용은 시간 증가분에 의한 정밀 계산법이 복잡하여 독자들이 쉽게 이해할 수 있도록 모든 계산과정을 단계별로 상세히 수록하였다.

집필을 끝내면서 집필진 모두가 일심으로 정확하게 내용을 전달하고자 하였음에도 불구하고 여전히 부족하다는 생각을 하면서 혹, 부족한 점이 발견될 시에 독자들의 조언을 구하는 바이다. 또한 본 교재에 기술된 내용 이외의 추가적인 내용을 참조하고자 하면 Arthur H. Nilson의 "Design of Prestressed Concrete, John Wiley and Sons, Inc.", Antoine E. Naaman의 "Prestressed Concrete Analysis and Design, Fundamentals, Techno Press 3000", Michael P. Collins and Denis Mitchell의 "Prestressed Concrete Structures, Prentice Hall", Edward G. Nawy의 "Prestressed Concrete, A Fundamental Approach, Prentice Hall", "Notes on ACI 318-99, Building Code Requirements for Structural Concrete, Portland Cement Association", "PCI Design Handbook, Precast and Prestressed Concrete, PCI", "건설교통부 제정, 콘크리트 구조설계 기준, 1999, 한국콘크리트학회, 대한건축학회" 등을 참조할 것을 권한다.

마지막으로 본 교재 문장의 형식, 수식, CAD 작업 등을 도와준 중앙대학교, 한양대학교, 경원대학교의 연구실 학생들과 (주)동양구조의 직원들에게 감사의 마음을 전하며 책이 나올 수 있도록 아낌없는 재정적인 지원을 해 준 태림문화사에 감사의 마음을 전한다.

2006년 5월
저자 일동

목 차

4장 휨 부재의 설계 / 95

5장 정착단부 설계 / 151

6장 전단 및 비틀림 / 170

7장 프리스트레스력 손실 / 209

8장 연속보 및 골조 / 240

9장 처 짐 / 280

10장 슬래브 / 314

11장 설계 예제 371

1 장 프리스트레싱 개념

1.1 프리스트레싱의 원리 및 방법

프리스트레스트 콘크리트 구조물은 원리적으로 약한 인장강도를 갖는 콘크리트에 긴장재를 통하여 압축력을 가함으로써 콘크리트 구조물의 균열발생 저지, 내구성 향상, 경제적 단면 확보, 장경간 등을 실현하는 구조물이다. 프리스트레스트 콘크리트 구조물은 제2차 세계대전으로 인한 긴장재의 부족 등의 이유로 유럽을 중심으로 발전하여 지금은 토목, 건축 구조물에 광범위하게 적용되고 있다. 장대교량, 초고층 빌딩, 주차장, 격납구조물, 타워 등 다양한 콘크리트 구조물에 프리스트레싱 공법이 적용되어 사용성 증진과 함께 경제성을 확보하고 있다.

프리스트레싱에 의한 압축력 발생으로 인하여 콘크리트 구조물은 사용 하중을 받는 동안 균열이 제어되며 처짐의 감소, 자중의 감소를 실현한다. 한 예로 일방향 슬래브의 경우, 일반 철근콘크리트의 경우보다 경간-깊이 비를 더 큰 값을 사용할 수 있다. 즉, 일반적인 일방향 슬래브의 경간-깊이비가 28 : 1 정도라면 프리스트레스트 슬래브는 45 : 1 이다. 일반적으로 프리스트레스트 구조물은 일반 철근보다 높은 인장강도를 갖는 긴장재와 높은 압축강도를 갖는 콘크리트를 사용한다. 고강도 긴장재의 사용은 콘크리트의 크리이프와 건조수축 등으로 인한 긴장재의 긴장력 손실을 줄이고 시공 초기의 프리스트레싱력의 대부분을 유지할 수 있도록 한다.

프리스트레스트 콘크리트 구조물의 건축 구조물 적용 예로는 주차장 건물을 들 수 있다. 주차장은 자동차의 매연 등으로 부식환경에 노출되어 있으므로 균열이 제어되는 프리스트레스트 구조물이 적합하다. 그림 1.1(a)는 프리스트레스트 프리캐스트 부재들을 사용하여 시공되고 있는 주차건물을 나타낸다. 그림 1.1(b)는 건물의 주요 구조재를 프리스트레싱하였으며 700 kgf/cm^2의 고강도 콘크리트를 사용하였다. 이 건물은 기초, 보, 슬래브 등에 프리스트레싱을 가하여 경제성뿐 아니라 미관도 확보하였다. 일반 건물뿐 아니라 타워와 경기장, 그리고 많은 양의 액체를 수용해야 하는 핵발전 시설 등의 저수조 등에도 프리스트레싱 공법이 적용된다. 그림 1.1(c)는 캐나다 CN 타워로서 길이 450m 정도의 긴장재를 3m 인장하여 프리스트레싱력을 가하였다. 약 1,000 ton의 긴장재가 사용되었다. 그림 1.1(d)는 관중석 스탠드와 이들을 지지하는 하부를 프리캐스트 프리스레스트 콘크리트를 이용하여 시공한 수원 월드컵 경기장이다.

초기 프리스트레스트 구조물의 발전은 상당부분 교량에 적용되면서 발전하였다. 독일의 경우, 1949년과 1953년 사이에만 가설된 500개의 콘크리트 교량 중 약 350개의 교량이 프리스트레스트 콘크리트 교량이고 나머지가 철근콘크리트 교량으로 시공되었다. 현재, 전 세계적으로 프리스트레스트 콘크리트 교량의 낮은 초기 비용과 관리비용으로 그 건설이 지속적으로 증가하는 추세를 나타내고 있다. 국내의 경우에는 다양한 형태의 프리스트레스트 콘크리트 교량이 있으나 그 중에 서해대교가 미관과 경제성을 함께 고려한 대표적인 교량이라고 할 수 있다(그림 1.2).

프리스트레싱 공법이란 인장응력에 취약한 콘크리트 구조물에 미리 인장력으로 긴장된 긴장재의 복구력이 압축력으로 작용하도록 한 공법을 말한다. 따라서 콘크리트 구조물에 압축력이 가해짐으로써 콘크리트 구조물의 사용성 개선 및 내력을 향상시킴을 말한다. 콘크리트에 프리스트레싱을 가한 것을 프리스트레스트 콘크리트(prestressed concrete)라고 하며 이 때 프리스트레싱력이 가하여진 구조체 단면 내에서는 프리스트레싱력에 의한 압축응력으로 인하여 상대적으로 인장응력이 감소하게 된다. 따라서 균열이 감소하며 처짐이 감소하여 사용성의 증진을 도모할 수 있다.

(a) IJL Financial Center 주차건물

(b) Galtier Plaza 46층 아파트, 미국

(c) CN 타워

(d) 수원 월드컵 경기장

그림 1.1 프리스트레스트 콘크리트 건축구조물

(a) 서해대교 (b) Ganter 교량, 스위스

그림 1.2 프리스트레스트 콘크리트 교량

프리스트레싱 공법은 크게 콘크리트를 타설하기 전 선 긴장에 의한 긴장재의 복원력이 콘크리트 구조물의 단면에 압축으로 작용하도록 하는 공법인 프리스트레싱 공법(pre-tensioned prestressing method)과 콘크리트 타설 후 후 긴장에 의한 공법인 포스트텐셔닝 공법 (post-tensioned prestressing method)이 있다. 그림 1.3은 프리텐셔닝 공법의 원리를 설명한다.

1) 그림 1.3(a)와 같이 길이가 ℓ인 긴장재를 $\Delta\ell$만큼 양쪽에서 P의 프리스트레싱력을 가하여 인장하여 놓는다(그림 1.3(b)).

2) 그림 1.3(c)와 같이 인장된 긴장재 주위에 콘크리트를 타설하여 단면이 A_c 인 장방형 보를 타설한다. 긴장재는 보 단면 도심에 직선으로 배치된 것으로 가정한다. 이때 긴장재의 단면적을 A_p라 하면 긴장재에 발생하는 인장응력은

$$f_p = P/A_p \tag{1.1}$$

와 같다.

3) 타설 후 일정한 양생 기간이 지난 후에 콘크리트가 어느 정도 강도를 발현할 수 있고 긴장재와 콘크리트 사이에 충분한 부착이 형성될 즈음에 프리스트레싱력 P를 풀어주면 인장 상태로 늘어나 있던 긴장재의 수축하려는 성향으로 인하여 콘크리트 보를 P의 힘으로 압축하게 된다(그림 1.3(d)).

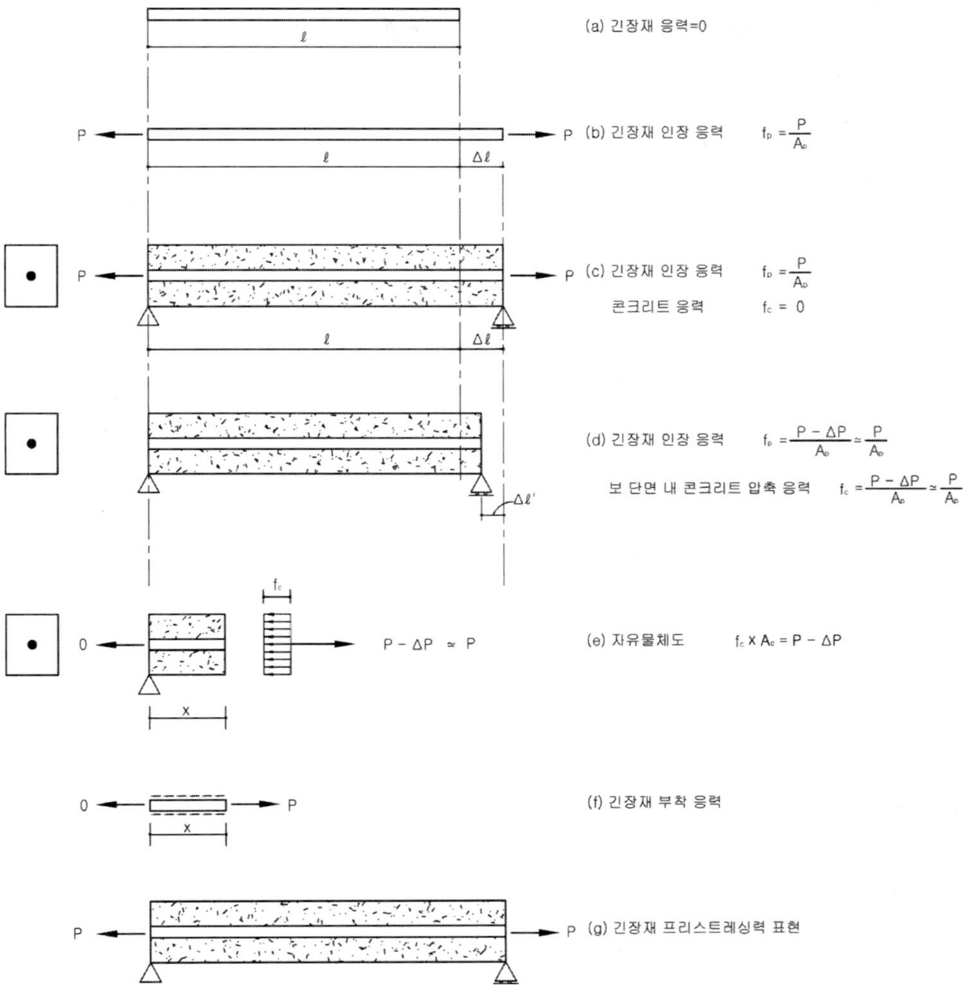

그림 1.3 프리텐션된 프리스트레스트보의 원리

프리스트레싱의 복원력에 의하여 콘크리트 보는 $\Delta \ell'$만큼 양단에서 압축변형하게 되며 이로 인하여 콘크리트 단면에 압축응력이 발생함과 동시에 프리스트레싱 긴장재는 ΔP만큼의 약간의 긴장력을 상실하게 된다. 만일 압축응력으로 인한 보의 축소에 따른 긴장재 인장응력의 손실량 ΔP가 원래 가한 긴장력 P보다 충분히 작은 값이라고 가정하면 이 때 긴장재에 작용하는 인장응력(f_p) 및 콘크리트 보 단면에 작용하는 압축응력(f_c)의 크기는 다음과 같다.

$$f_p = \frac{P - \Delta P}{A_p} \simeq \frac{P}{A_p} \qquad (1.2a)$$

$$f_c = \frac{P - \Delta P}{A_c} \simeq \frac{P}{A_c} \qquad (1.2b)$$

그림 1.3(e)는 이 보의 임의 단면에서의 자유물체도를 나타낸다. 긴장재가 보의 도심에 위치하므로 긴장력 P에 의하여 콘크리트 보 단면에는 균일한 크기의 압축응력 f_c가 발생함을 볼 수 있다. 또한 단면 내에서 응력의 합이 영(0)이 됨과 동시에 긴장재의 위치와 단면 내 압축응력의 합력 중심의 위치가 일치하여 지점에 프리스트레싱에 의한 반력이 발생하지 않았음을 볼 수 있다. 즉, 보 스스로가 평형을 이루고 있음을 볼 수 있다.

상기와 같이 긴장재를 미리 긴장한 후 콘크리트를 타설하고 콘크리트가 양생된 후에 긴장재의 힘을 콘크리트부재에 전가시키는 방법을 프리텐셔닝(pre-tensioning)이라 한다. 프리텐셔닝이 된 보의 경우, 그림 1.3(e)의 자유물체도에 나타낸 것처럼 좌측 지점에서의 긴장재 단면 내 응력은 영(0)임을 알 수 있다. 이는 그림 1.3(f)에 나타난 바와 같이 프리텐셔닝이 된 보의 경우, 긴장재에 가하여진 인장력 P는 긴장재와 콘크리트 사이의 부착력에 의하여 전달되기 때문이다. 따라서 프리스트레싱력이 보 단면 내에 온전히 전달되기 위하여 적절한 프리스트레싱력 전달길이가 필요함을 알 수 있다. 프리스트레싱 긴장재는 인장을 받고 있지만 그 복원력으로 인하여 보 단면에 결과적으로 압축력을 가하게 되므로 프리스트레싱보에서 긴장재의 효과를 그림 1.3(g)와 같이 압축력으로 표기한다.

포스트텐셔닝 공법은 프리텐셔닝 공법과는 달리 콘크리트를 타설한 후에 긴장재를 후긴장 하는 공법이다. 그림 1.4는 포스트텐셔닝 개념을 나타낸다.

1) 그림 1.4(a)와 같이 쉬스(sheath)관을 콘크리트보를 타설하기 전에 거푸집 내에 설치한다. 쉬스관은 속이 빈 관으로서 이 안에 긴장재를 삽입하게 된다.
2) 콘크리트를 타설한다(그림 1.4(a)).
3) 콘크리트가 양생된 다음에 긴장재의 한쪽을 정착구(anchorage)를 이용하여 정착시키고 다른 쪽을 인장잭을 이용하여 인장한다(그림 1.4(b)). 이때 보 길이가 긴장력과 평형을 이루는 보 단면 내 압축응력으로 인하여 $\Delta\ell$만큼 축소하게 된다.
4) 소정의 긴장력만큼 긴장이 완료되면 정착구를 이용하여 정착한다(그림 1.4(c)). P만큼 긴장하였다면 정착 후 긴장재 및 콘크리트 단면에 발생하는 응력은 다음과 같다.

$$f_p = \frac{P}{A_p} \qquad (1.3a)$$

$$f_c = \frac{P}{A_c} \qquad (1.3b)$$

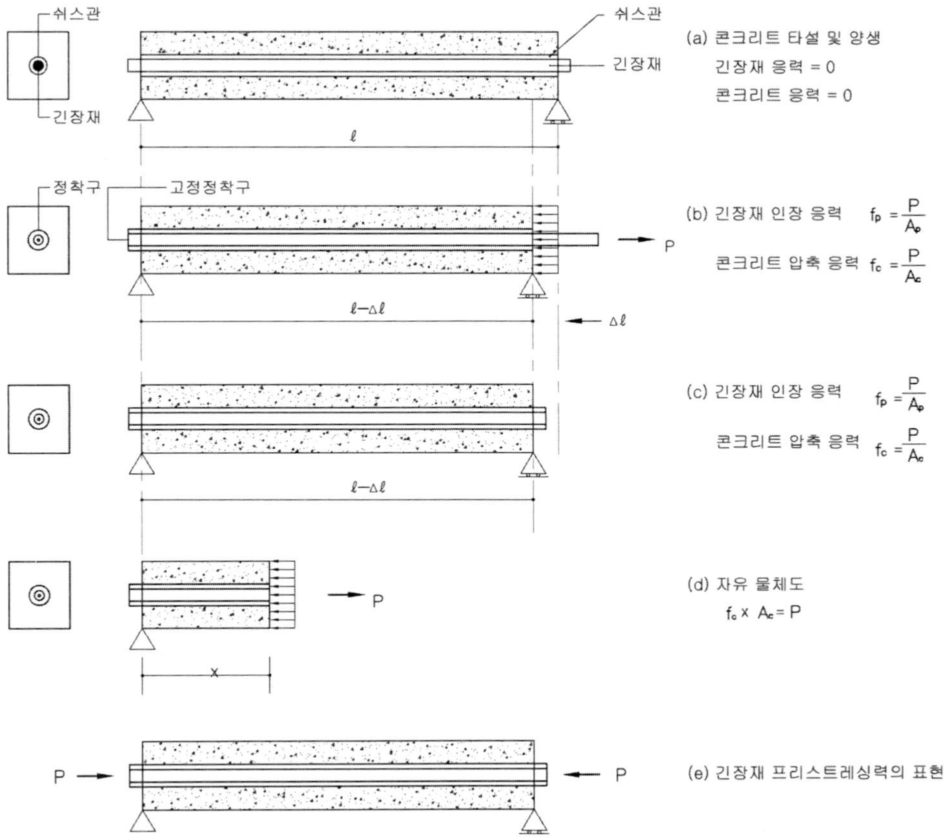

그림 1.4 포스트텐션된 프리스트레스트 보의 원리

프리텐셔닝의 경우와 마찬가지로 임의 단면에서 긴장재의 인장력과 콘크리트 단면 내에 발생하는 압축응력의 합이 동일하고 또한 그 위치도 같으므로 지점에 아무런 반력이 발생하지 않는다(그림 1.4(d)). 또한 정착구를 통하여 직접적으로 긴장재의 복원력이 전달되므로 긴장재와 콘크리트와의 부착력에 의하여 긴장력이 보 단면에 전달되는 프리텐셔닝의 경우와 같이 전달길이가 요구되지 않는다. 그러나 정착구에 긴장재를 정착시킬 때에 정착구 내에서 긴장재의 슬립이 발생하여 긴장력의 순간손실이 발생할 수 있으며 정착구가 필요 없는 프리텐셔닝의 경우에 비하여 정착구 설치에 따른 가격이 상승할 수 있다. 또한 쉬스관을 사용함으로 인하여 긴장재와 콘크리트가 비부착이 되고 그 사이에 공간이 생기므로 긴장재가 이물질 등에 노출되어 녹이 발생함으로써 내구성 측면에서 불리할 수 있다. 이를 방지하기 위하여 긴장 후에 쉬스관 내에 그라우트제를 주입하는 방식으로 긴장재와 콘크리트를 부착시킴과 동시에 녹 방지 등 내구성을 향상시킬 수 있다. 프리텐션된 보와 마찬가지로 포스트텐션된 보의 경우에도 긴장재가 복원력에 의하여 보에 압축력을 가하게 되므로 그림 1.4(e)와 같이 긴장재의 영향을 보에 가하여지는 압축력으로써 대신 나타낸다.

프리스트레스트 콘크리트 부재에는 일반 철근콘크리트 부재보다 고강도의 콘크리트와 긴장재를 사용한다. 따라서 자중(또는 활하중에 대한 고정하중의 비)의 감소를 실현한다. 뿐만 아니라 철근콘크리트 부재에 비하여 강성 및 내력의 증가로 인하여 더 긴 경간을 실현할 수 있다.

사용하중이 작용하는 콘크리트 구조물 단면에 인장응력이 발생하지 않도록 하기 위해서는 긴장재를 많이 적용하여 큰 압축력이 단면에 작용하도록 해야 한다. 이렇게 사용 하중 시에 인장응력이 발생하지 않고 압축응력만이 상존하도록 긴장력을 가하는 방법을 완전 프리스트레싱(full prestressing)이라고 한다. 반면에 사용하중 시에 콘크리트 부재 단면에 어느 정도의 인장력이 발생하는 것을 허용하는 프리스트레싱 방법을 부분 프리스트레싱(partial prestressing)이라고 한다. 부분 프리스트레싱으로 긴장된 부재의 경우, 사용하중 하에서 인장응력이 발생할 수 있으며 결과적으로 이로 인하여 균열이 발생할 수 있다. 부분 프리스트레싱을 하는 이유는 일반적으로 프리스트레스트 부재에서 균열 폭은 무시하도록 작고 부재에 가하여진 하중이 경감되면 열렸던 균열도 쉽게 닫히는 경향을 보이기 때문이다. 또한 부분 프리스트레싱을 함으로써 더 작은 양의 긴장재 또는 더 작은 프리스트레싱을 가하여도 되므로 경제적인 효과를 가져올 수 있기 때문이다.

상기에서 기술한 바와 같이 프리스트레싱 방법 및 그 양에 따라 프리스트레스트 구조물은 아래와 같이 구분된다.

프리스트레싱 방법에 따라:

1) 프리텐션된 프리스트레스트 콘크리트 (pre-tensioned prestressed concrete)
2) 포스트텐션된 프리스트레스트 콘크리트 (post-tensioned prestressed concrete)
   (1) 비부착 포스트텐션된 프리스트레스트 콘크리트 (unbonded post-tensioned prestressed concrete)
   (2) 부착 포스트텐션된 프리스트레스트 콘크리트(bonded post-tensioned prestressed concrete)

프리스트레싱 양에 따라:

1) 완전 프리스트레싱(full prestressing)
2) 부분 프리스트레싱(partial prestressing)

프리텐션된 구조물과 포스트텐션된 구조물은 각각 장・단점을 갖는다. 프리텐션된 구조물의 경우, 그림 1.5(a)와 같이 한개의 장대의 긴장틀을 이용하여 여러개의 보를 동시에 긴장시킬 수 있다. 따라서 노동력을 절약할 수 있으며 거푸집의 재사용이 가능하고 특정한 정착구를 사용할 필요가 없어 경제적인 생산이 가능하다. 그러나 보 길이를 따라 포물선이나 기타 곡선형태로 긴장재를 배치하여야 할 경우, 프리텐션으로 프리스트레싱하기는 거의 불가능한 단점을 갖는다. 즉, 보 길이를 따라 자유로운 긴장재를 배치할 수 없는 제약점을 갖는다. 프리텐션된 프리스트레스트 부재는 그림 1.5(b)와 같이 단면이 더블티(double T 또는 WT), 싱글티(single T 또는 ST), L, 역-T(inverted T) 형태로 생산되어 프리캐스트 건축물에 많이 적용되어 시공되고 있다. 그림 1.5(c)와 같이 보 길이를 따라 긴장재를 보 단면의 도심과 편심을 갖도록 꺾어진 긴장재 형태로 배치하여야 할 경우, 프리텐션 시에 긴장재 누름장치(cable depressor)를 사용하여 형상을 유치하게 된다.

포스트텐셔닝의 경우, 보 길이를 따라 포물선이나 기타 다양한 곡선 형태의 원하는 긴장재 배치를 실현할 수 있는 장점을 갖는다. 그러나 긴장재를 양단에 고정시키기 위한 정착기구(anchorage)가 필요하다.

1.2 프리스트레싱에 의한 단면 내 응력제어

프리스트레싱 긴장재가 보 단면 어디에 위치하며 또 보 길이 방향으로 어떤 형태로 배치되었는가에 따라 프리스트레싱의 효과가 다르게 나타난다. 보 단면 내 긴장재의 위치는 보 단면 도심에 대한 편심(e)으로 나타내어진다. 보 길이 방향에 대한 배치 형태는 일정한 편심을 갖는 직선배치, 꺾어진 직선 긴장재(draped tendon) 배치, 포물선 배치 등의 형태를 취한다(그림 1.6).

그림 1.7은 단면이 $b \times h$이고 길이가 ℓ인 보에 대하여 긴장재의 편심 및 배치 형상에 따른 응력제어 효과를 나타낸다. 아래에서는 그림 1.7과 연관하여 프리스트레싱에 의한 보 단면 내 응력제어 메카니즘에 대하여 설명하였다.

1) 프리스트레싱을 가하지 않은 일반 철근콘크리트 보

그림 1.7(a)는 프리스트레싱을 가하지 않은 일반 철근콘크리트 보가 집중하중 W를 받고 있는 것을 나타낸다. 하중 P에 의하여 경간 중간에서 중립축을 중심으로 단면 상단에 압축응력 f_c가, 하단에 인장응력 $f_t(=f_c)$가 발생하게 된다. 외력 W가 증가함에 따라 하단의 인장응력이 콘크리트의 휨파괴 계수인 $f_r = 2.0\sqrt{f_{ck}}$ (여기서 f_{ck} =콘크리트 압축강도) 값에 도달하면 보 하단에 균열이 발생하게 된다.

2) 직선 긴장재를 보의 도심에 배치하여 프리스트레싱력 P를 가한 프리스트레스트 보

그림 1.7(b)은 상기 1)과 동일한 기하학적 형상을 갖는 보의 도심에 직선 긴장재를 배치하여

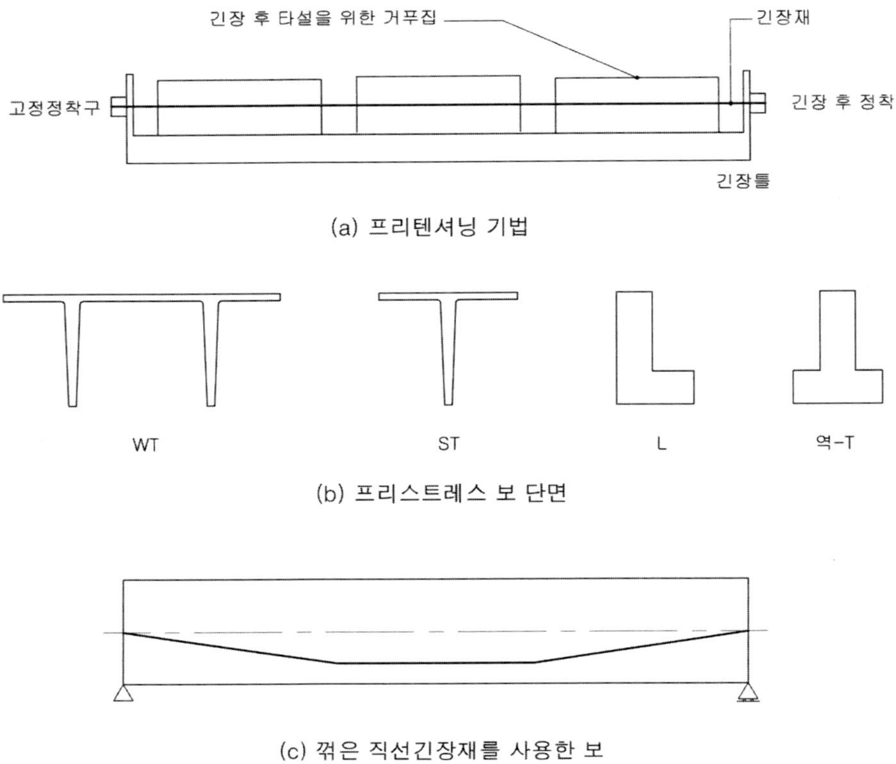

그림 1.5 프리텐션된 프리스트레스트 보 (pre-tensioned prestressed beam)

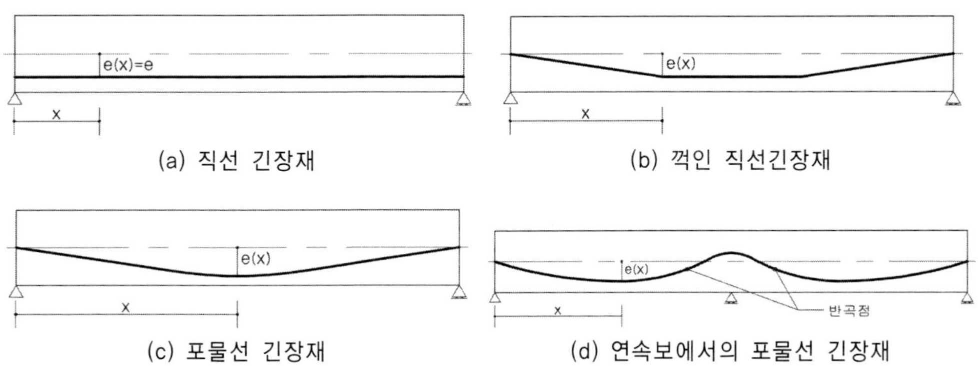

그림 1.6 여러 형태의 긴장재 배치

프리스트레싱력 P를 가한 경우이다. 이 보의 경우, 긴장재가 보 단면의 도심에 위치함으로 긴장재의 도심에 대한 편심은 영(0)이다($e=0$). 프리스트레싱력 P는 보의 도심에 가하여 지고 있으므로 P에 의한 단면 내 압축응력은 보 길이방향 모든 단면에서 다음과 같다.

$$\text{보 단면 전체:} \quad f_g = -\frac{P}{A_c} \ (\text{압축}) \tag{1.4}$$

한편, 외력 W에 의하여 발생되는 최대 휨모멘트 M은 보 중간 경간에서 발생하며 이로 인한 중간 경간에서의 보의 단면 내 휨 응력은 다음과 같다.

$$\text{보 단면 상단 : } f_1 = -\frac{M \cdot c_1}{I_c} \quad (\text{압축}) \tag{1.5a}$$

$$\text{보 단면 하단 : } f_2 = \frac{M \cdot c_2}{I_c} \quad (\text{인장}) \tag{1.5b}$$

여기서: A_c = 보 단면적

c_1, c_2 = 보 단면 도심으로부터 상단 및 하단까지의 거리($=\frac{h}{2}$)

I_c = 단면2차모멘트

프리스트레싱력 P에 의하여 단면에 균등하게 발생하는 압축응력의 크기와 하중 W에 의하여 보의 상 · 하단에 발생하는 응력의 절대값의 크기가 아래와 같은 경우를 고려하고자 한다.

$$\frac{P}{A_c} = \frac{M \cdot c}{I_c} = f_c \tag{1.6}$$

상기 식 (1.6)과 같은 경우일 때 외력 W 및 프리스트레싱력 P에 의하여 보 단면 상 · 하단에 발생하는 응력은 다음과 같다.

$$\text{보 단면 상단 : } f_1 = -\frac{P}{A_c} - \frac{M \cdot c}{I_c} = -f_c - f_c = -2f_c \ (\text{압축}) \tag{1.7a}$$

$$\text{보 단면 하단 : } f_2 = -\frac{P}{A_c} + \frac{M \cdot c}{I_c} = -f_c + f_c = 0 \tag{1.7b}$$

보 지점에서 발생하는 응력은 지점에서 모멘트의 값이 영(0)이므로 발생하는 응력은 다음과 같다.

$$\text{보 단면 상단 : } f_1 = -\frac{P}{A_c} - \frac{0 \cdot Tc}{I_c} = -f_c \text{ (압축)} \tag{1.8a}$$

$$\text{보 단면 하단 : } f_2 = -\frac{P}{A_c} + \frac{0 \cdot c}{I_c} = -f_c \text{ (압축)} \tag{1.8b}$$

3) 직선 긴장재를 보의 도심으로부터 편심을 $e = h/6$ 만큼 일정하게 두어 직선 배치한 후에 프리스트레싱력 P를 가한 프리스트레스트 보

그림 1.7(c)는 그림 1.7(b)와는 달리 편심 $e = h/6$를 두되 프리스트레싱력은 동일하게 P로 가한 경우이다. 긴장재가 편심을 $e = h/6$ 만큼 가지므로 프리스트레싱력 P는 모든 단면에 대하여 다음과 같은 응력을 발생시킨다.

$$\text{보 단면 상단 : } f_1 = -\frac{P}{A_c} + \frac{P \cdot e \cdot c}{I_c} = -f_c + f_c = 0 \tag{1.9a}$$

$$\text{보 단면 하단 : } f_2 = -\frac{P}{A_c} - \frac{P \cdot e \cdot c}{I_c} = -f_c - f_c = -2f_c \text{ (압축)} \tag{1.9b}$$

상기에서 $P = f_c \cdot A_c = f_c \cdot bh$이므로

$$\frac{P \cdot e \cdot c}{I_c} = \frac{P \cdot \left(\frac{h}{6}\right) \cdot \left(\frac{h}{2}\right)}{\frac{bh^3}{12}} = \frac{P}{bh} = f_c \tag{1.10}$$

가 된다.

한편, 외력 $2W$에 의하여 보 중간 경간에 발생되는 최대 휨모멘트는 $2M$이 된다. 따라서 수직하중 $2W$에 의하여 경간 중간에서 보의 단면 내 발생하는 휨 응력은 식 (1.6)과 연관하여 다음과 같다.

$$\text{보 단면 상단 : } f_1 = -\frac{2M \cdot c}{I_c} = -2f_c \text{ (압축)} \tag{1.11a}$$

$$\text{보 단면 하단 : } f_2 = \frac{2M \cdot c}{I_c} = 2f_c \text{ (인장)} \tag{1.11b}$$

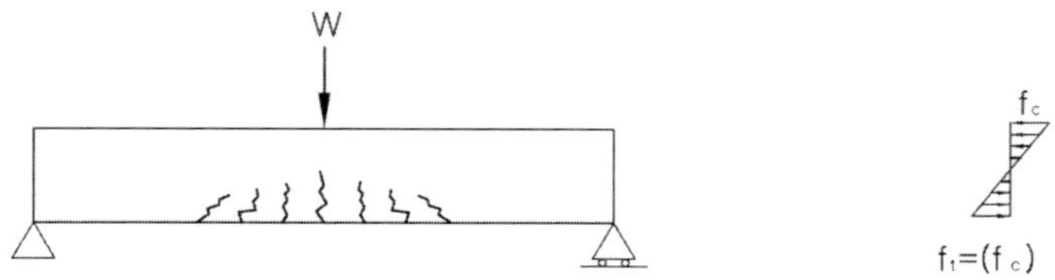

(a) 집중하중 w가 가해진 경우

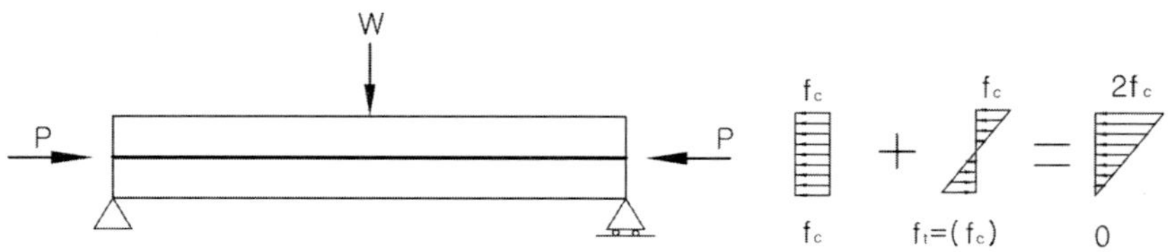

(b) 집중하중 w와 도심에 프리스트레싱력 P가 가해진 경우

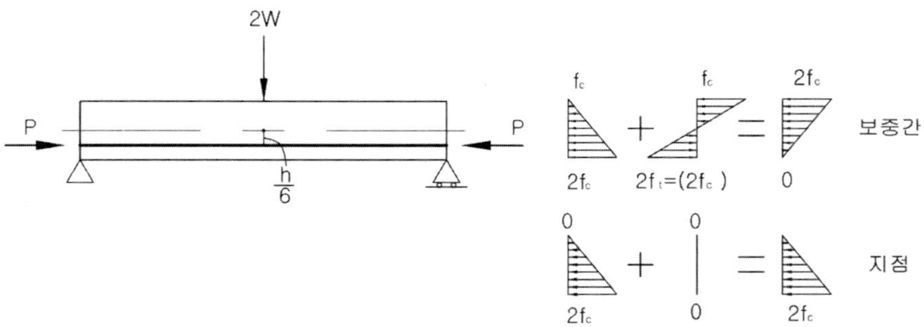

(c) 집하중하중 $2w$와 편심 $h/6$을 갖는 프리스트레싱력 P가 가해진 경우

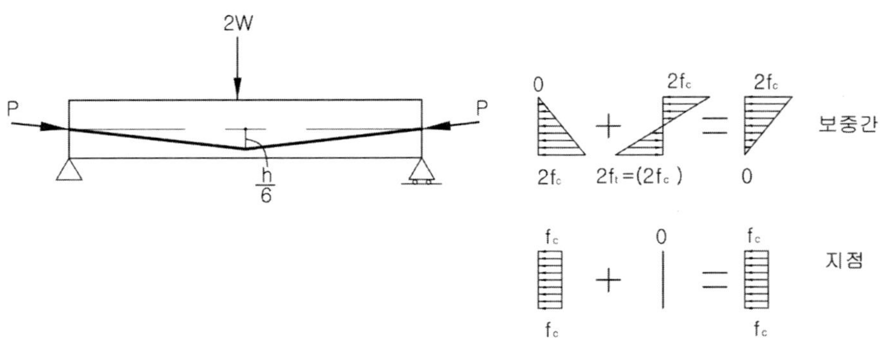

(d) 집하중하중 $2w$와 편심 $\frac{h}{6}$을 갖는 꺽인 직선강선이 프리스트레싱력 P가 가해진 경우

그림 1.7 편심 및 긴장재 배치에 따른 프리스트레싱 효과

상기 식(1.9)와 식(1.11)의 응력을 합하면 경간 중간에서 보의 단면에 발생하는 응력은 다음과 같다.(그림 1.7(c) 첫 번째 응력도)

$$\text{보 단면 상단 : } f_1 = 0 - 2f_c = -2f_c \text{ (압축)} \quad (1.12a)$$

$$\text{보 단면 하단 : } f_2 = -2f_c + 2f_c = 0 \quad (1.12b)$$

상기 2)의 경우 그림 1.7(b)와 비교하면 편심을 $e = h/6$만큼 둠으로써 두 배의 하중($2W$)을 지지하고도 단면 내에 동일한 압축 응력을 형성함을 볼 수 있다.

한편 지점에서의 응력은 다음과 같다.(그림 1.7(c) 두 번째 응력도)

$$\text{보 단면 상단 : } f_1 = 0 + 0 = 0 \quad (1.13a)$$

$$\text{보 단면 하단 : } f_2 = -2f_c + 0 = -2f_c \quad (1.13b)$$

4) 꺾은 직선 긴장재를 보의 지점에서 편심을 $e = 0$, 보의 중간 경간에서 편심을 $e = h/6$만큼 두고 프리스트레싱력 P를 가한 프리스트레스트 보

그림 1.7(d)는 그림 1.7(c)와는 달리 경간 중간에서 편심 $e = h/6$를 두되 지점으로부터 편심을 변화시킨 경우이다. 그림 1.7(b)와 비교하여 프리스트레싱력은 동일하게 P로 가하되 외력은 $2W$로 증가시킨 경우이다. 보의 경간 중간에서 편심 $e = h/6$를 가지므로 이곳에서 프리스트레싱력 P에 의하여 발생하는 응력은 다음과 같다.

$$\text{보 단면 상단 : } f_1 = -\frac{P}{A_c} + \frac{P \cdot e \cdot Tc}{I_c} = -f_c + f_c = 0 \quad (1.14a)$$

$$\text{보 단면 하단 : } f_2 = -\frac{P}{A_c} - \frac{P \cdot e \cdot c}{I_c} = -f_c - f_c = -2f_c \text{(압축)} \quad (1.14b)$$

또한 외력 $2W$에 의하여 보 중간 경간에 발생되는 최대 휨모멘트는 $2M$이므로 경간 중간에서 보의 단면 내 발생하는 휨 응력은 다음과 같다.

$$\text{보 단면 상단 : } f_1 = -\frac{2M \cdot c}{I_c} = -2f_c \text{ (압축)} \quad (1.15a)$$

$$\text{보 단면 하단 : } f_2 = \frac{2M \cdot c}{I_c} = 2f_c \text{ (인장)} \quad (1.15b)$$

식 (1.14)와 식 (1.15)의 응력을 합하면 경간 중간에서 보의 단면에 발생하는 응력은 다음과 같다.(그림 1.7(d) 첫 번째 응력도)

$$\text{보 단면 상단 : } f_1 = 0 - 2f_c = -2f_c \text{ (압축)} \tag{1.16a}$$

$$\text{보 단면 하단 : } f_2 = -2f_c + 2f_c = 0 \tag{1.16b}$$

표 1.1 긴장재 배치형태에 따른 응력 변화

경우	긴장재			지지 하중	응력			
	배치형태	편심(e)			지점		경간 중간	
		지점	경간중간		상단 f_1	하단 f_2	상단 f_1	하단 f_2
그림 1.5(b)	직선	0	0	W	$-f_c$	$-f_c$	$-2f_c$	0
그림 1.5(c)	직선	$h/6$	$h/6$	$2W$	0	$-2f_c$	$-2f_c$	0
그림 1.5(d)	꺾은 직선	0	$h/6$	$2W$	$-f_c$	$-f_c$	$-2f_c$	0

한편 지점에서의 응력은 편심이 $e = 0$이므로 보 상·하단에 발생하는 응력은 다음과 같다. (그림 1.7(d) 두 번째 응력도)

$$\text{보 단면 상단 : } f_1 = -\frac{P}{A_c} = -f_c \tag{1.17a}$$

$$\text{보 단면 하단 : } f_2 = -\frac{P}{A_c} = -f_c \tag{1.17b}$$

상기 3)의 경우와 비교하면 긴장재 배치를 직선으로 두는 대신 꺾은 직선 형태로 둠으로서 두배의 하중($2W$)을 지지하고도 단면 내에 더 안정된 압축 응력대를 형성함을 볼 수 있다. 〈표 1.1〉에 상기의 내용을 정리하였다.

1.3 등가력

앞 절에서 동일한 프리스트레싱력으로 긴장재를 긴장할 경우라도 긴장재의 배치형태에 따라 더 큰 외력을 지지하면서도 단면 내 압축응력의 크기를 더 안정적으로 발생시킬 수 있음을 고찰하였다.

긴장재에 프리스트레싱력을 가하면 긴장재의 편심 및 배치 형태에 따라 긴장재로부터 보에 전달되는 다양한 형태의 수직력을 얻을 수 있다. 예를 들면 그림 1.8(a)와 같이 보 경간 중간에서 한번 꺾인 형태의 직선 긴장재로 콘크리트 보가 긴장된 경우, 경사진 긴장재의 복원 압축력에 의하여 수평 및 수직력 분력이 단면에 작용하게 된다(그림 1.8(b)). 이들 분력들에 의하여 그림 1.8(c)에서와 같이 수평내력 $P \cdot \cos\theta$, 수직내력 $P \cdot \sin\theta$, 그리고 모멘트 $P \cdot \cos\theta \cdot e$가 발생한다. 이러한 내력들은 마치 이 보에 그림 1.8(d)와 같은 외력이 보에 작용할 때 발생하는 내력과 동일하다. 따라서 그림 1.8(d)의 힘들을 그림 1.8(a)와 같이 긴장된 프리스트레스트 보의 등가력(equivalent force)이라 한다. 그림 1.8(d)에서 보 양단에 발생하는 수직 및 수평 등가력들은 단부에서 집중하중으로 작용하는 프리스트레싱 긴장재의 압축 복원력의 분력임을 쉽게 알 수 있다. 보 경간 중간에서 작용하는 수직 등가력 $F = 2P \cdot \sin\theta$는 보 경간 중간에서 꺾어진 긴장재의 각 수직 분력의 합으로 구할 수 있다.

그림 1.8(e)은 등가력에 의한 모멘트도를 나타낸다. 이 모멘트도에 의하면 그림 1.8(a)과 같이 긴장된 프리스트레스트 보는 그림 1.8(e)과 반대 방향의 모멘트(정모멘트)를 일으키는 집중하중을 받는 형태의 보에 매우 효율적으로 적용될 수 있음을 알 수 있다.

그림 1.9는 다양한 외력에 대하여 적절하게 균형을 이룰 수 있는 긴장재 배치 형태를 나타내고 있다. 그림 1.9(a)와 같이 일정한 편심을 갖는 직선 긴장재를 사용한 경우, 보는 임의 단면에서 크기가 $P \cdot e$인 순수모멘트를 받게 된다. 한편 그림 1.9(b)와 같이 보 경간 중간에서 편심(e)을 갖도록 꺾인 직선 긴장재를 사용한 경우에는 꺾인 부분에서 프리스트레싱력의 일부가 상향의 집중하중 형태로 보에 가하여지게 된다. 그림 1.9(c)와 같이 직선 긴장재가 보 길이방향으로 두 번 꺾어진 경우, 각 꺾어진 점에서 프리스트레싱의 수직분력이 콘크리트 단면에 수직 집중하중으로 작용한다. 그림 1.9(d)와 같이 포물선 형태의 긴장재를 갖는 보는 전체적으로 포물선 긴장재로부터 분포하중 형태의 수직력 받는다.

긴장재의 배치에 따른 등가력의 형태 및 크기의 산정은 추후 8장에서 구체적으로 다루게 된다. 등가력에 대한 개념은 프리스트레스트 부재 해석을 위하여 반드시 알아야 할 내용이며, 특히 부정정 프리스트레스트 구조물의 해석 및 설계에서 매우 유용하게 적용되는 개념이다.

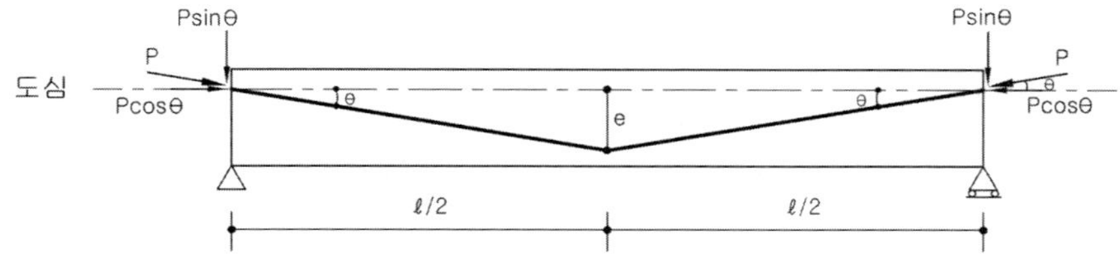

(a) 꺽은 직선형 긴장재

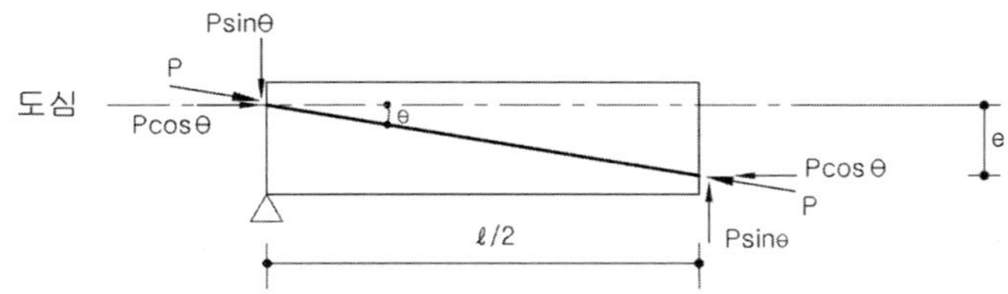

(b) 자유물체도 ($\ell/2$)

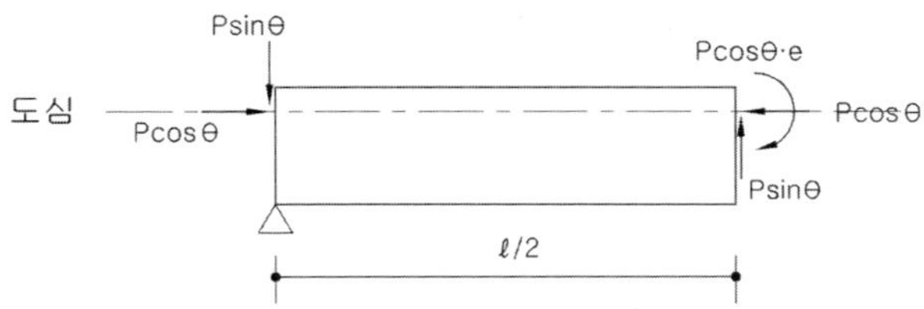

(c) 자유물체도 ($\ell/2$)

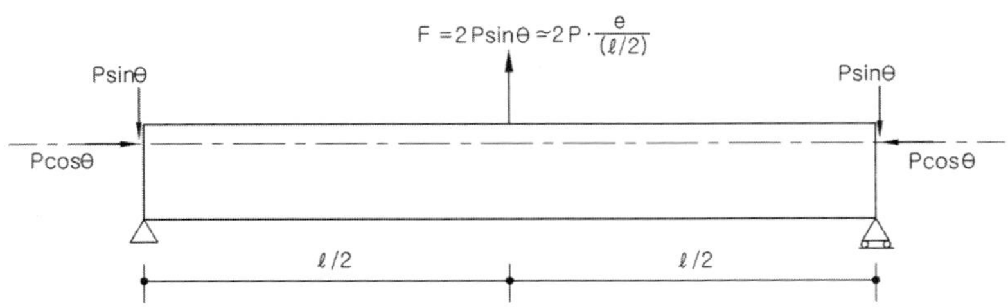

(d) 등가력

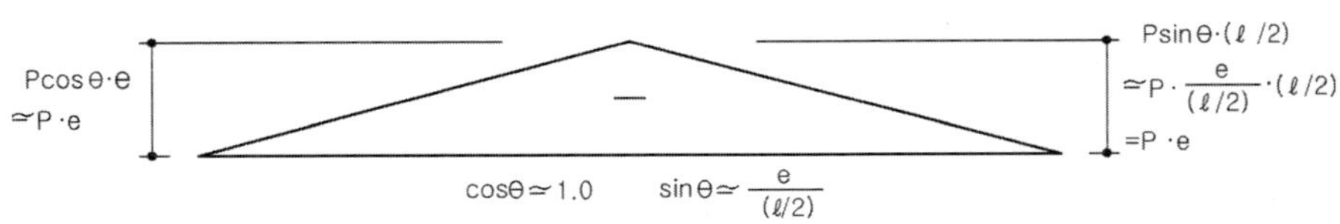

(e) 모멘트도

그림 1.8 프리스트레싱력에 의한 등가하중

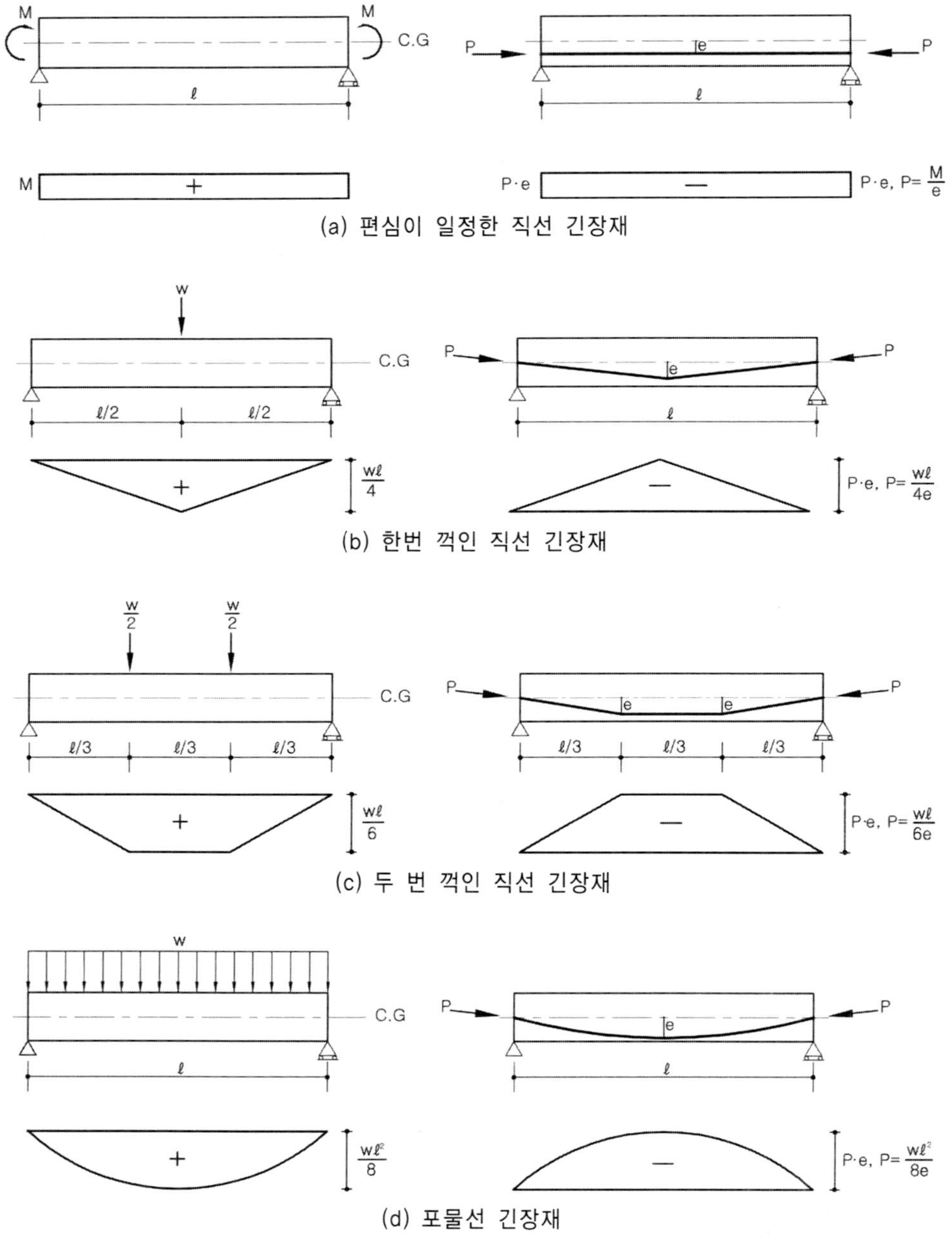

그림 1.9 외력에 의한 모멘트도 및 긴장재 배치 형태와 이에 따른 등가하중에 의한 모멘트도

1.4 균형하중

균형하중(balanced load)은 외력에 대하여 단면 내에 균등한 압축응력만이 발생되도록 하는 프리스트레싱 등가하중이다. 즉, 균형하중에 의한 모멘트와 외력에 의한 모멘트가 정확히 반대로 되어 단면에 휨모멘트가 발생하지 않고 프리스트레싱력에 의한 압축응력만이 발생하도록 한다. 따라서 균형하중 상태에서는 부재 전체적으로 균등한 압축응력만이 존재하므로 균열이 없고 처짐도 없는 상태가 된다.

예를 들어 그림 1.10과 같이 꺾은 직선 긴장재를 지점에서 편심 $e=0$, 경간 중간에서 편심 $e=h/6$을 갖도록 배치하고 하중 W를 경간 중간에 집중하중 형태로 가할 경우를 살펴보기로 하자. 단, 앞의 그림 1.7에서와 같이 프리스트레싱력 P에 의하여 단면에 균등하게 발생하는 압축응력의 크기와 P에 의한 상 · 하단의 휨응력, 그리고 하중 W에 의한 모멘트 M에 의하여 보의 상 · 하단에 발생하는 응력의 크기가 아래와 같이 같다고 가정한다. 즉,

$$\frac{P}{A_c}=\frac{P \cdot e \cdot c}{I_c}=\frac{M \cdot c}{I_c}=f_c \tag{1.18}$$

그림 1.7(d)의 경우와 비교하여 보면, 프리스트레싱력과 집중하중 W에 의하여 발생되는 보 단면 내 응력은 다음과 같다.

보 경간 중간:

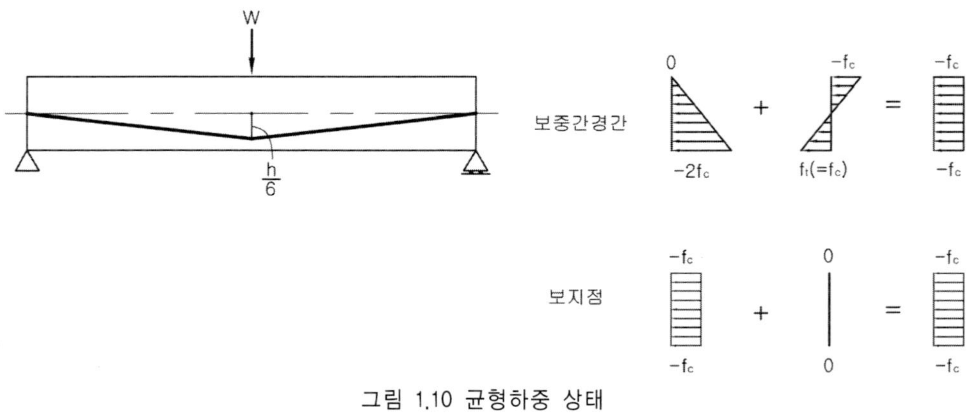

그림 1.10 균형하중 상태

보 단면상단 : $f_1=-\frac{P}{A_c}+\frac{P \cdot e \cdot c}{I_c}-\frac{M \cdot c}{I_c}=-f_c+f_c-f_c=-f_c$ (압축)

보 단면하단 : $f_2=-\frac{P}{A_c}-\frac{P \cdot e \cdot c}{I_c}+\frac{M \cdot c}{I_c}=-f_c-f_c+f_c=-f_c$ (압축) (1.19)

위에서 $P=f_c \cdot A_c = f_c \cdot bh$이므로

$$\frac{P \cdot e \cdot c}{I_c} = \frac{P \cdot \left(\frac{h}{6}\right) \cdot \left(\frac{h}{2}\right)}{\frac{bh^3}{12}} = \frac{P}{bh} = f_c \tag{1.20}$$

이다.

보 지점 : 보 단면 상단 : $f_1 = -f_c$ (압축) (1.21a)

보 단면 하단 : $f_2 = -f_c$ (압축) (1.21b)

따라서 그림 1.10에 나타난 것처럼 이 보는 전체 보 길이방향으로 크기가 f_c인 균등한 압축 응력을 받으므로 처짐이 발생하지 않으며 또한 균열도 없다.

1.5 프리스트레싱력의 변화

부재 내 프리스트레싱력은 시공 후 부재의 수명 기간 동안 콘크리트의 크리이프, 건조수축, 긴장재의 릴랙세이션 외력의 변화 등의 영향을 받아 변하게 된다. 프리스트레싱력의 변화 상태를 일반적으로 아래와 같이 구분한다.

1) 잭킹력 (jacking force, P_j)

잭킹력은 긴장재에 긴장잭을 연결하여 긴장을 가할 때 긴장잭을 통하여 직접적으로 긴장재에 전달되는 힘이다.

2) 초기 프리스트레싱력 (initial prestressing force, P_i)

초기 프리스트레싱력은 긴장잭을 이용하여 긴장을 완료한 후에 정착구에 긴장재를 정착한 직후 긴장재가 갖는 인장력이다. 정착 시에 정착구에서 정착장치와 긴장재 사이에 순간적으로 발생하는 슬립, 긴장재를 통하여 부재에 전달되는 압축력으로 인하여 부재의 길이(및 긴장재 길이)의 감소, 긴장 시에 쉬스관과 긴장재 사이의 마찰 등의 요인에 의하여 잭킹력이 순수하게 긴장재로 전달되지 못하고 일부 단기적인 힘의 손실이 발생한다. 따라서 초기 프리스트레싱력과 잭킹력과의 관계는 다음과 같다.

$$P_i < P_j$$

3) 유효 프리스트레싱력 (effective prestressing force, P_e)

초기 프리스트레싱력은 시간이 흘러감에 따라 점차 그 힘은 점진적으로 잃게 된다. 콘크리트의 건조수축에 따른 부재길이의 감소 (및 긴장재 길이의 감소), 긴장재의 릴랙세이션, 압축을 받는 콘크리트 부재 자체의 크리이프현상 등에 의하여 프리스트레싱력은 장기적인 손실을 갖게 된다. 따라서 유효 프리스트레싱력이란 잭킹력으로 부터 상기의 단기 및 장기 손실을 고려한 긴장재의 프리스트레싱력을 나타내며 다음과 같은 관계식을 갖는다.

$$P_e < P_i < P_j$$

부재 제작 직후에 부재 자중만이 프리스트레싱력 P_i와 함께 부재에 작용하는 단계에서 단면 내 응력의 크기가 허용치보다 작은지를 검토하여야 한다. 유효 프리스트레싱력 P_e는 시공 후 시간이 흘러 자중을 포함한 사용하중 전부가 부재에 작용할 때 단면 내 응력의 크기가 허용치보다 작은지를 검토할 때 적용된다.

1.6 설계 개념

긴장재를 사용하지 않고 일반 철근만으로 보강하는 철근콘크리트 부재의 경우, 강도 설계법에 준하여 설계할 때 계수하중에 견디도록 단면 및 배근량을 결정한다. 그러나 프리스트레스 부재를 강도 설계법에 근거하여 설계 할 경우, 아래 두 단계의 설계과정을 걸치게 된다.

1) 허용응력(permissible stresses)에 대한 검토

이 단계에서의 설계는 탄성이론에 근거한다. 즉, 재료가 탄성범위 내에서 거동을 하는 것으로 가정한다. 허용응력에 대한 검토는 시공 중에 발생할 수 있는 부재의 손상과 처짐이나 균열폭 등을 제어함으로써 사용 기간 중에 발생할 수 있는 부재 손상을 방지하기 위함이다.

(1) 자중이 가하여진 초기 프리스트레싱력(P_i) 단계에서 부재의 응력이 허용응력보다 작은지를 검토.

그림 1.11(a)은 초기 프리스트레싱력 P_i와 자중(w_0)이 부재에 가해지고 있을 때의 보 단면 내 콘크리트의 상·하단 응력(f_{1i}, f_{2i}) 및 변형률(ϵ_{1i}, ϵ_{2i}), 그리고 이때의 긴장재의 인장변형률 ϵ_{ψ}를 나타내고 있다. 그림 1.11에 나타난 것과 같이 일반적으로 긴장재의 인장 변형률 ϵ_{ψ}는 미리 가하여진 프리스트레싱력P_i에 의하여 콘크리트 변형률보다 큰 값을 가진다. 콘크리트의 상·하단에 발생하는 응력(f_{1i}, f_{2i})값들은 기준에서 정한 허용 응력값보다 작아야 한다. 만일 발생 응력이 허용 응력 값보다 클 경우, 단면 크기를 조정하거나

프리스트레싱력을 조절하여야 한다.

(2) 긴장재가 장기적인 손실이 발생한 유효 프리스트레싱력(P_e)을 갖고 부재에 사용하중이 가하여진 상태일 때 부재 단면에 발생하는 응력이 허용응력보다 작은지를 검토

그림 1.11(b)는 긴장재에 장기 손실이 발생하여 프리스트레싱력이 P_i에서 P_e로 감소하고 하중도 사용하중 전체가 보에 가하여진 상태를 나타낸다. 콘크리트의 상·하단에 발생하는 응력($f_{1e,}f_{2e}$)값들은 기준에서 정한 허용응력 값보다 작아야 한다. 만일 발생응력이 허용응력 값보다 클 경우, 단면 크기를 조정하거나 프리스트레싱력을 조절하여야 한다. 프리스트레싱력 자체는 단기 및 장기 손실로 인하여 감소하였으나 외부 하중에 의하여 보 하부가 인장측으로 변형하게 되므로 긴장재의 변형률은 ϵ_{psi}에서 ϵ_{pse}로 증가하게 된다.

2) 계수하중에 대한 검토

강도설계법에 근거하여 계수하중이 부재에 가하여질 경우, 충분한 내력이 확보되는가를 검토한다. 계수하중이 보에 가하여질 때 보 하단에 균열들이 발생하며 상단의 콘크리트는 탄성범위와 최대응력 시의 변형률 범위를 넘어서게 된다. 그림 1.11(c)는 극한상태에서의 보 단면의 응력도 및 변형률을 나타낸다. 보 압축측에 발생하는 콘크리트의 응력은 일반 철근콘크리트 보에서와 같이 등가 응력블럭 개념을 적용한다. 또한 극한 시 긴장재의 인장응력 f_{ps}값은 기준에서 정한 값을 사용한다.

앞의 설명에서 보았듯이 프리스트레스 부재의 설계는 탄성이론에 근거한 단면설계와 함께 강도설계법이 함께 적용된다. 각 단계별 허용응력 값들과 프리스트레스트 보의 허용응력에 대한 검토과정은 3장에서 설명하였다.

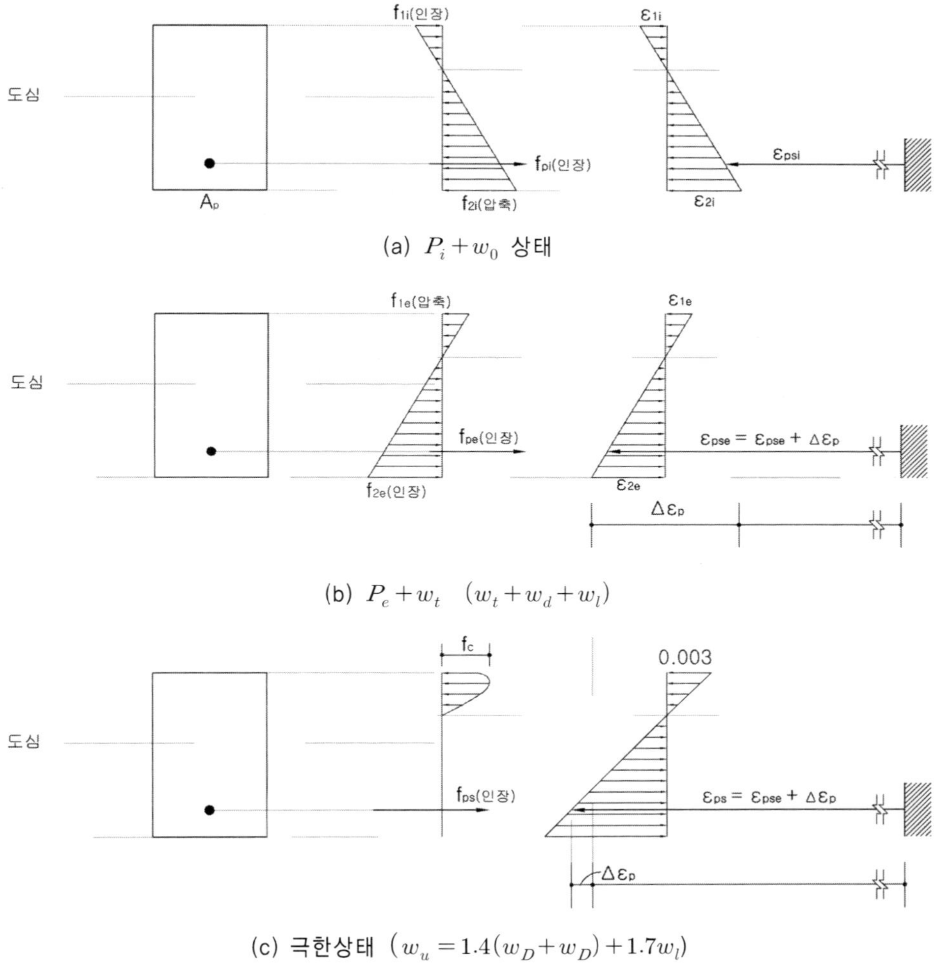

그림 1.11 하중 단계별 응력 및 변형률 변화

연습문제

1.1 다음과 같이 다양한 형태의 긴장재로 배근된 프리스트레스트 보의 등가력 형태를 구하고 이들 보들이 어떤 형태의 외력에 대하여 균형하중을 이룰 수 있는지를 검토하라.

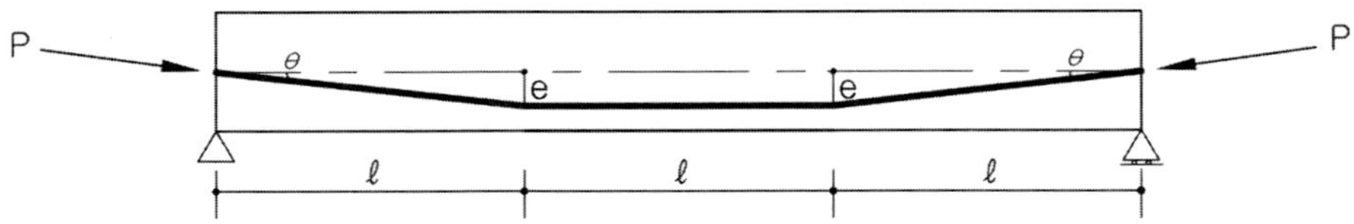

(a) 두 번 꺾은 직선 긴장재

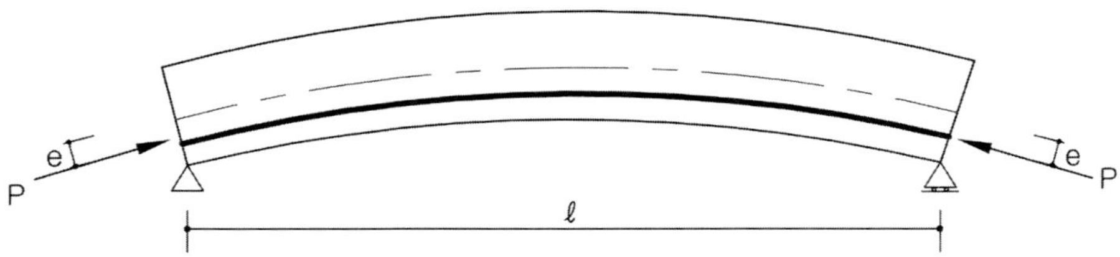

(b) 편심이 일정한 직선 긴장재

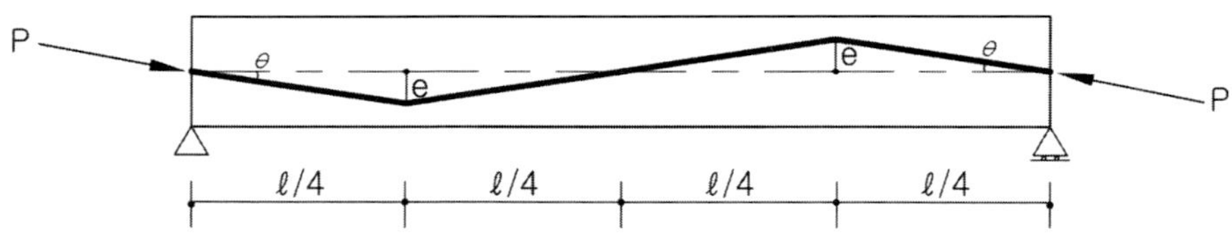

(c) 두 번 꺾은 직선 긴장재

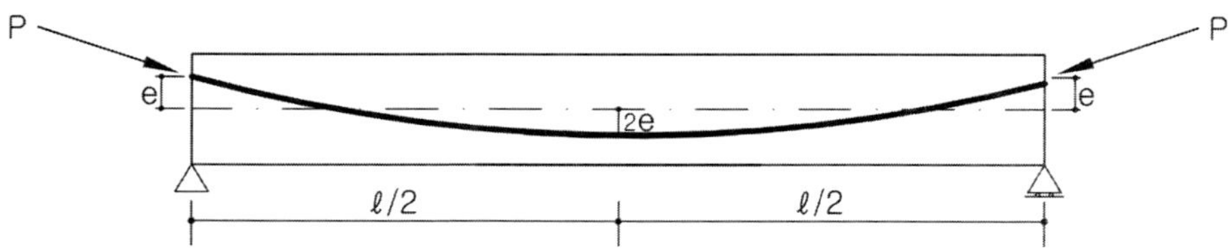

(d) 양단에 편심이 있는 포물선 긴장재

문 그림 1.1 여러 형태의 긴장재로 배근된 프리스트레스트 보

1.2 다음과 같이 보 경간 중간에서 집중하중 W를 받는 보가 있다. 아래 계산에서 외부 하중에 의한 단면 내 균열은 무시하고 보가 탄성거동하는 것으로 가정한다.

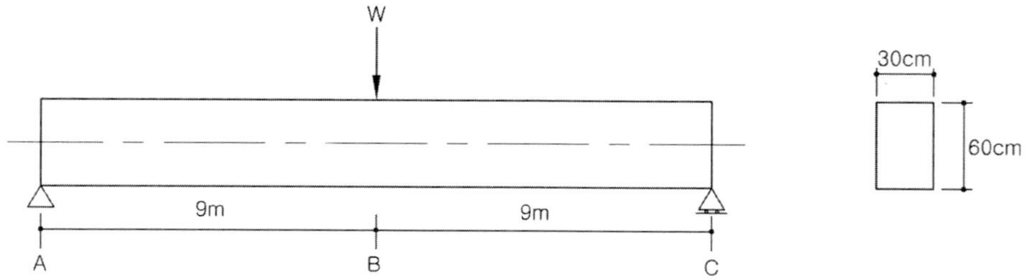

문 그림 1.2 집중하중 $W=5.0tf$를 받는 보

(1) $W=5.0tf$이 가하여질 경우, 모멘트도를 작성하라.
(2) B 단면 상 · 하단에 발생하는 응력을 구하라.
(3) 모멘트에 의한 B 점에서의 처짐을 구하라.
(4) 만일 이 보에 긴장재를 사용하여 주어진 외부집중하중 $W=5.0tf$에 의하여 발생하는 모멘트를 상쇄시키는 균형하중이 작용하도록 할 경우, 긴장재 배치형상 및 가하여야 할 프리스트레싱력의 크기 P_i를 구하라. 또 P_i 만에 의한 B 단면 상 · 하단에서의 응력을 구하라.
(5) 상기 (4)에서 구한 P_i와 외부 집중하중 $W=5.0tf$가 동시에 작용할 때, 양단 A 및 B 지점과 경간 중앙 B 단면에서의 응력들을 구하라.

2 장
재 료

2.1 콘크리트

2.1.1 일반사항

일반적으로 프리스트레스트 콘크리트는 현장타설 철근콘크리트 부재에 사용되는 콘크리트보다 압축강도가 높은 고강도 콘크리트가 사용된다. 이는 건조수축이나 크리이프 등과 같은 변형이 고강도 콘크리트일수록 작아지며, 긴장재의 정착 시 발생되는 국부적인 높은 응력에 대한 저항성능이 높아지기 때문이다. 즉, 콘크리트의 크리이프와 건조수축은 프리스트레스 긴장력 손실을 발생시키는 주요 원인 중의 하나임으로, 이러한 긴장력 손실을 감소시키기 위해서는 건조수축과 크리이프가 적게 일어나는 콘크리트라야 한다. 따라서 프리스트레스트 콘크리트에 사용되는 콘크리트는 다음과 같은 성질이 요구된다.

① 압축강도가 높아야 한다.
② 건조수축과 크리이프가 작아야 한다.

그리고 현행 기준에 따르면 프리스트레스트 콘크리트 구조에서는 균열이 발생하지 않도록 설계하게 되어 있는데, 콘크리트의 강도가 클수록 인장강도는 더 커져서 허용 인장응력도가 커지게 된다.

특히, 설계기준강도는 현장 시공 시 확실하게 확보되어야 하는데, 이는 프리스트레스트 콘크리트는 철근콘크리트와 달라서 설계 계산상의 큰 응력이 프리스트레싱에 의하여 콘크리트에 실제로 발생되기 때문이다. 따라서 프리스트레스트 콘크리트에 있어서 콘크리트의 설계기준강도 f_{ck}는 다음 값 이상이 되도록 해야 한다.

포스트텐션 방식의 경우 300 kgf/cm^2 이상
프리텐션 방식의 경우 350 kgf/cm^2 이상

2.1.2 콘크리트의 역학적 성질

1) 콘크리트 압축강도

일반적으로 철근콘크리트구조에서는 28일 압축강도가 300kgf/cm^2 이하인 콘크리트가 사용되어 왔으며, 프리스트레스트 콘크리트구조에서는 전술한 바와 같이 350kgf/cm^2 이상의 콘크리트가 사용되고 있으나, 최근에는 압축강도가 상향되는 추세로 부재에 따라서는 500kgf/cm^2 이상의 고강도 콘크리트가 사용되고 있다. 압축강도가 400kgf/cm^2 이상으로 고강도화 될 경우 콘크리트는 반드시 시험배합(trial mix)을 병행해야 하며, 현장타설 시 세심한 품질관리가 요구된다.

콘크리트의 압축강도는 물-시멘트 비에 의해 크게 지배되므로, 소요 워커빌리티를 얻을 수 있는 범위에서 가능한 물-시멘트 비를 작게 해야 하며, 프리스트레스트 콘크리트에서는 45% 이하가 되도록 하는 것이 좋으며, 현행 기준에서도 제한치로 설정하여 두고 있다. 결국, 가능한 범위 내에서 될 수 있는 대로 단위수량을 적게 해야 한다. 이것은 고강도 콘크리트를 만드는데 필요할 뿐 아니라, 건조수축이나 크리이프를 적게 하는데도 필요하다.

콘크리트의 압축강도는 일반적으로 재령 28일 되는 콘크리트 표준 공시체의 1축(uniaxial) 압축강도를 말하는 것으로, 재료의 품질, 배합, 시공방법, 재령 및 양생 등의 영향을 받는다. 그러나 이러한 조건들이 동일한 경우에도 공시체의 치수 및 형상 등이 달라지면 압축강도도 달라진다. 따라서 우리나라의 표준 공시체(KS F 2404 콘크리트의 압축강도 시험방법)는 직경과 높이의 비가 1:2가 되도록 하는데 보통 15cm × 30cm 또는 10cm × 20cm인 원주형 공시체(cylindrical mold)가 사용되나, 후자의 경우 강도보정계수 0.97을 곱하여 사용하도록 하고 있다. 이러한 원주형 공시체에 의한 압축강도 측정은 미국, 일본, 프랑스 등에서 채택되고 있는 반면, 영국, 독일, 이탈리아 등에서는 가로, 세로, 높이가 모두 10cm되는 입방형 공시체(cubic mold)가 사용되고 있다. 입방형 공시체에 의한 압축강도는 원주형 공시체에 의한 압축강도보다

20~25% 더 높게 측정되는 것으로 알려져 있다. 표준 공시체에 대한 각종 공시체의 압축강도 환산 값은 유럽 콘크리트위원회(CEB-FIP)에서 〈표 2.1〉와 같이 정하고 있다.

〈표 2.1〉 공시체 형상에 따른 압축강도 보정계수

공시체 형상	치 수(cm)	보정계수
원 주 형	15 × 30	1.0
	10 × 20	0.97
	25 × 50	1.05
정사각형	10 × 10 × 10	0.8
	15 × 15 × 15	0.8
	20 × 20 × 20	0.83
	30 × 30 × 30	0.90
직사각형	15 × 15 × 40	1.05
	20 × 20 × 60	1.05

실험실에서 콘크리트의 강도측정을 위한 공시체 제작 및 강도측정방법은 한국공업규격 KS F 2403과 2405에 자세히 규정되어 있다. 강도를 시험할 경우에는 동일한 배합에 대해 적어도 3개 이상의 공시체를 만들어야 하며, 제작된 공시체는 재령 28일간 온도 21~25℃에서 수중양생 후 가압판 사이에 놓고 공시체를 압축하면 공시체가 원추형을 형성하며 파괴된다.

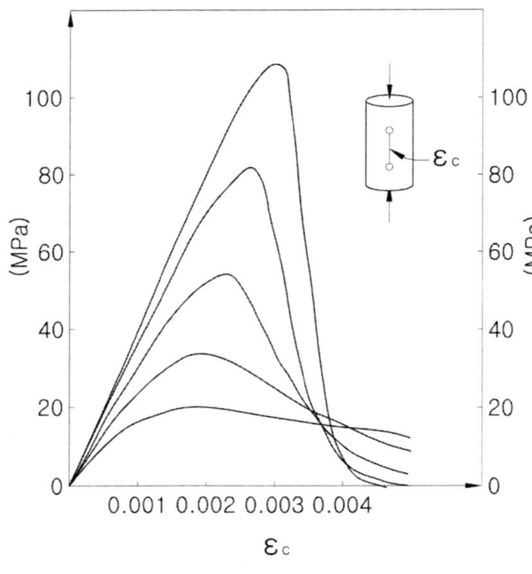

그림 2.1 콘크리트의 응력-변형률 곡선

콘크리트의 압축응력-변형률 곡선은 강도, 재령, 가력속도, 굵은 골재, 시멘트의 특성 그리고 공시체의 크기 및 형태에 따라 서로 다른 특성을 나타낸다. 그림 2.1은 KS에서 규정한 시험법(매 초당 1.5~3.5kgf/cm^2)에 의해 시험한 콘크리트의 응력-변형률 곡선을 나타낸 것이다. 일반적으로 콘크리트의 압축강도는 재하속도가 빠를수록 강도가 증가한다. 이 곡선에서 콘크리트의 강도가 낮을수록 큰 변형률에서 파괴되며, 최대 응력은 압축변형률이 0.002~0.0025인 점에서 발생하는 것을 알 수 있다. 콘크리트의 파괴가 발생되는 극한변형률(ϵ_{cu})은 0.003~0.0038 정도이나 콘크리트구조설계기준에서는 극한변형률을 0.003으로 규정하고 있다.

2) 콘크리트 인장강도, 휨강도 및 전단강도

콘크리트의 인장강도는 일반적으로 다음 3가지 방법에 의하여 추정되고 있다. 즉, 휨 인장강도, 할열 인장강도(splitting tensile strength), 그리고 직접인장강도(direct tensile strength)이다. 사실상의 인장강도는 직접인장강도를 의미하나 실험상의 어려움(grip 등의 어려움)으로 인해 보통 할열 인장강도로 사용하고 있다. 콘크리트의 인장강도, 휨강도, 전단강도 등은 압축강도에 비하여 매우 작다. 그러나 압축강도가 큰 콘크리트일수록 이러한 강도들도 커진다. 즉, 콘크리트의 인장강도는 압축강도와 비교해서 매우 작아 약 1/7~1/14 정도이며, 콘크리트가 고강도화 될수록 그 차이는 더욱 커지고 1/15~1/20 정도의 범위로 나타나며, 대개 보통강도의 콘크리트에 있어 1/10 정도를 일반적인 비율로 간주하고 있다. 인장강도는 압축강도의 평방근에 비례하여 증가하는 것으로 알려져 있으나, 압축강도 증가에 따른 인장강도 증가율은 적기 때문에 인장강도를 높이려는 방법으로는 철이나 유리 등 섬유 보강재를 콘크리트 내에 혼합시키는 방법과 폴리머 함침 콘크리트 등을 들 수 있다. 〈표 2.2〉에서 알 수 있는 것처럼 콘크리트의 압축강도와 인장강도의 비(f_{ck}/f_t)인 취도계수의 값은 압축강도가 클수록 크다. 또한 콘크리트의 인장강도는 콘크리트를 건조시키면 습윤한 콘크리트보다 저하되며, 이러한 현상은 흡수율이 큰 인공경량골재를 사용한 콘크리트에서 더 현저하게 나타난다. 일반적으로 철근콘크리트 부재 설계 시 콘크리트의 인장강도는 무시하나, 보의 사인장 응력, 슬래브 및 수조 등의 설계 시에 콘크리트의 인장강도는 중요하며, 부재설계에 직접적인 영향을 미친다.

콘크리트의 인장강도를 얻기 위한 직접인장시험방법은 공시체에 대한 인장하중축을 일직선으로 정확하게 유지하기 어려울 뿐만 아니라 공시체를 잡아주는 시험장치 부근에서의 응력집중 때문에 시험결과를 신뢰하기 어려운 단점이 있다.

따라서 콘크리트의 인장강도는 주로 간접인장시험 즉 KS F 2423에 규정되어 있는 할열인장강도시험(spilitting tensile test) 방법이 주로 사용된다.

기준에서는 콘크리트에 발생하는 응력도가 허용인장응력도의 값을 초과하지 못하도록 규정하고 있다. 그런데 프리스트레스트 콘크리트 부재에서는 긴장작업의 시기에 작용하는 하중과 실제 사용하는 단계에서의 작용하중이 다르며, 각 단계별로 콘크리트의 강도도 다르다. 예를 들면 긴장작업의 시기에는 긴장력의 손실이 가장 작으므로 긴장력의 크기는 크나, 작용하는 하중은 주로 자중만이 전부이므로 하중에 의한 응력은 최소가 된다. 실제 사용단계에서는 긴장

〈표 2.2〉 보통콘크리트의 압축강도, 인장강도 및 휨강도와 각 강도비의 비교

강 도 (kgf/cm²)			강 도 비		
압축강도(f_{ck})	휨강도(f_r)	인장강도(f_t)	f_{ck}/f_t	f_r/f_t	f_{ck}/f_b
200	32.9	18.5	10.8	1.78	6.1
300	42.6	25.0	12.0	1.70	7.0
400	51.8	31.0	12.9	1.67	7.7
500	60.7	37.0	13.5	1.64	8.2
600	68.4	42.6	14.1	1.60	8.8

력은 손실로 인하여 가장 작으나, 작용하는 하중은 사용하중이 추가되므로 하중에 의한 응력은 최대가 된다. 따라서 프리스트레스트 콘크리트에 사용되는 콘크리트의 허용응력은 시공단계 및 그 때의 콘크리트 상태에 따라서 〈표 2.3〉와 같이 구분할 수 있다.

콘크리트의 휨강도는 〈표 2.2〉에서처럼 압축강도의 1/5~1/8 정도로 장방형 보를 3등분점 재하에 의하여 식 (2.1)과 같이 산정한다.

$$f_r = \frac{M}{Z} = \frac{6M}{bh^2} \tag{2.1}$$

여기서, M : 최대 모멘트($kgf \cdot m$)

Z : 단면계수(cm^3)

b : 공시체의 폭(cm)

h : 공시체의 높이(cm)

콘크리트 휨강도시험을 위한 또 다른 방법으로 중앙집중 재하 방법이 있는데 3등분점 재하에 의한 휨강도는 중앙집중 재하에 의한 휨강도보다 15~25% 작은 값을 나타낸다. 그 이유는 콘크리트는 균일재료가 아니며, 3등분점 재하의 경우에는 재하점 사이의 경간에 최대 휨모멘트가 발생하고 이 부분 중 가장 약한 단면에서 파괴하는데 반해, 중앙집중 재하의 경우에는 휨모멘트가 재하점에서 생기므로 파괴단면이 정해져 있기 때문에 일반적으로 휨강도가 작게 측정된다.

일반적으로 콘크리트의 인장강도는 콘크리트 압축강도 f_{ck}의 제곱근에 비례하며, 학회기준식에서 콘크리트의 휨강도는 식 (2.2)로 정하고 있다.

$$f_r = 2.0\sqrt{f_{ck}} \tag{2.2}$$

휨강도는 콘크리트 압축강도가 210kgf/cm^2 정도의 보통강도 콘크리트인 경우에는 $f_r/5$, 또

〈표 2.3〉 프리스트레스트 콘크리트 부재에서 콘크리트의 허용휨응력

적 용 단 계	허용응력 (kgf/cm^2)		비 고
시간에 따른 긴장력의 손실 이전 혹은 프리스트레스의 도입직후	휨압축응력	$0.60f_{ci}$	압축연단에서의 최대 압축응력
	휨인장응력	$1.60\sqrt{f_{ci}}$	단순지지 부재의 단부
	휨인장응력	$0.80\sqrt{f_{ci}}$	기타
모든 긴장력 손실을 허용한 후에 사용하중 작용 시	휨압축응력	$0.40f_{ck}$	-
	휨인장응력	$0.80\sqrt{f_{ck}}$	심한 부식의 우려가 있는 경우
	휨인장응력	$1.60\sqrt{f_{ck}}$	기타
	휨인장응력	$3.20\sqrt{f_{ck}}$	환산균열단면과 2개의 선형으로 이루어진 모멘트-변위관계를 기초로 해석한 결과 순간 처짐과 장기 처짐이 기준(4.3.3)을 만족하고, 콘크리트 피복두께가 기준 5.4.3(4)을 따르는 부재(2방향 슬래브는 제외)

f_{ci} : 프리스트레스 도입 시 콘크리트의 압축강도(초기강도)

한 콘크리트 압축강도가 $844kgf/cm^2$ 정도의 고강도 콘크리트인 경우에는 약 $f_r/10$가 된다. 또한 경량콘크리트의 경우에는 압축강도에 대한 휨강도비가 보통 중량 콘크리트에 비해 현저하게 낮게 된다. 현행 ACI 규준에서의 휨강도에 대한 산정 값은 $7.5\sqrt{f_{ck}}$(psi)로 이는 콘크리트 압축강도가 $420kgf/cm^2$ 이하인 경우에 대해서 사용되어 오던 값이다. 그 이상을 상회하는 고강도 콘크리트에 대하여 1984년 미국에서는 콘크리트 $840kgf/cm^2$까지 휨강도를 $11.7\sqrt{f_{ck}}$(psi)로 사용하는 것이 합리적이라는 결론을 내렸다.

콘크리트의 전단강도는 압축강도의 35 ~ 80% 범위의 값을 갖는다. 전단력은 다른 응력과 분리하여 시험하기가 어려워서 이렇게 넓은 범위로 변화한다.

3) 콘크리트 탄성계수

철근의 탄성계수는 철근강도에 관계없이 일정한 데 비해 콘크리트의 탄성계수(E_c)는 콘크리트 강도에 따라 달라진다. 탄성계수는 콘크리트의 강성, 즉 변형에 대한 콘크리트의 저항능력으로서 단위 변형률에 대한 단위 응력의 변화율로 나타낸다. 콘크리트의 탄성계수에는 초기접선 탄성계수(initial tangent modulus of elasticity), 할선탄성계수(secant modulus of elasticity) 및 접선탄성계수(tangent modulus of elasticity) 등이 있다. 응력-변형률 곡선에서 초기 변형상태의 접선기울기를 초기접선 탄성계수라 하며, 그 크기가 탄성거동 영역 내에 허용되는 범위로 제한되므로 탄성계수를 정확히 측정할 수 없는 단점이 있다. 또한 접선탄성계수는 임의의 응력점에서 응력-변형률 곡선의 접선기울기 즉, 변형률에 따른 응력의 도함수 형태로 주어지므로 소성재료인 콘크리트의 재료 특성을 적절히 반영할 수 없는 단점이 있다. 따

라서 일반적으로 콘크리트의 탄성계수는 응력-변형률 곡선상에서 원점과 주로 $0.45f_{ck}$되는 점을 이은 경사선(할선)의 기울기인 할선탄성계수로 사용하고 있다.

콘크리트의 탄성계수는 일반적으로 압축강도 및 밀도가 클수록 크게 나타나는데, 콘크리트 구조설계기준에서는 실험에 의하지 않는 탄성계수를 콘크리트의 압축강도가 $300kgf/cm^2$를 기준으로 다음과 같이 계산하도록 정하고 있다.

(1) 콘크리트의 압축강도가 $300kgf/cm^2$ 이하이고, 단위중량 w_c의 값이 $1.45 \sim 2.5tf/m^3$인 탄성계수는 식 (2.3)과 같다.

$$E_c = 4{,}270 w_c^{1.5} \sqrt{f_{ck}} \quad (kgf/cm^2) \tag{2.3}$$

여기서, w_c : 콘크리트의 단위중량(tf/m^3)
f_{ck} : 콘크리트의 설계기준강도(kgf/cm^2)

따라서 보통골재를 사용한 콘크리트의 탄성계수는 w_c가 대략 $2.3tf/m^3$이 되므로 식 (2.3)으로부터 식 (2.4)와 같이 된다.

$$E_c = 15{,}000 \sqrt{f_{ck}} \quad (kgf/cm^2) \tag{2.4}$$

(2) 콘크리트의 압축강도가 $300kgf/cm^2$를 초과한 경우로서 단위중량 w_c의 값이 $1.45 \sim 2.5tf/m^3$인 콘크리트의 경우 탄성계수는 식 (2.5)와 같다.

$$E_c = 3{,}000 w_c^{1.5} \sqrt{f_{ck}} + 70{,}000 \, (kgf/cm^2) \tag{2.5}$$

따라서 보통골재를 사용한 경우 콘크리트의 탄성계수는 식 (2.5)으로부터 식 (2.6)과 같이 된다.

$$E_c = 10{,}500 \sqrt{f_{ck}} + 70{,}000 \quad (kgf/cm^2) \tag{2.6}$$

한편, 탄성계수의 또 다른 개념으로서 전단탄성계수(G_c)가 사용되는데 이는 재료역학에서 논의된 바와 같이 탄성계수와는 식 (2.7)과 같은 관계를 갖는다.

$$G = \frac{E}{2(1+\nu)} \tag{2.7}$$

여기서, ν는 포와송비(Poisson's ratio)로서 $0<\nu<0.5$의 값을 갖는다. 다만, 탄성범위 내에서 콘크리트의 포아송비는 대략 0.15~0.2의 범위에 있으며, 선형 탄성해석에 있어서는 콘크리트의 포아송비를 0.18로 본다. 따라서 전단탄성계수 G_c는 E_c의 1/3~1/2 정도의 값을 갖는다.

3) 콘크리트 건조수축과 크리이프

콘크리트의 건조수축과 크리이프는 시간이 경과함에 따라 나타나는 체적변형으로서 균열의 발생과 그 주변 변형률에 대한 예측이 어려우므로 설계 시 주의를 기울여야 한다. 콘크리트는 단기하중에서 하중의 크기가 작을 경우, 탄성적으로 거동한다고 할 수 있지만, 시간의 경과에 다른 추가변형을 고려하게 되면 비탄성 거동을 하게 된다. 콘크리트에 있어서 건조수축은 구조체에 응력을 유발시키고, 크리이프는 응력을 이완시켜주는 점에서 역할을 달리한다. 그러나 대부분 건조수축과 크리이프는 모두 수화된 시멘트 페이스트에서 기인하는 것과 변형률-시간 곡선이 매우 유사한 점, 구속되지 않은 상태에서 0.0004~0.001 정도로 구조설계 시 무시할 수 없는 변형률을 일으키는 점 등에서 매우 유사한 방법으로 다루어지고 있다. 특히, 수축으로 인한 균열은 현장에서 실제 구조물에서 발생하는 확률이 가장 커서 설계자, 시공자들에게 많은 주의를 필요로 함과 동시에 이들 균열은 구조물의 성능저하 현상을 촉진하게 하므로 이에 대한 철저한 관리가 요구된다.

(1) 콘크리트 건조수축

콘크리트 배합 시 물의 양은 이론상으로는 수화작용에 필요한 양만 공급하면 되지만, 실제 배합에는 콘크리트 타설에 따른 작업성과 표면마감 등을 위하여 다량의 물이 배합된다. 이로 인하여 콘크리트가 경화되는 과정에서 수화반응에 사용되지 않은 잉여의 물은 콘크리트 표면으로 빠져나오게 되고 콘크리트의 체적은 수축하게 되는데 이를 콘크리트의 건조수축(drying shrinkage)이라고 한다.

〈표 2.4〉 콘크리트 건조수축 변형률(도로교 및 철도교 설계기준, 콘크리트 편)

프리스트레스트를 도입할 때의 콘크리트 재령(일)	4 ~ 7	28	90	365
건조수축 변형률	27×10^{-5}	20×10^{-5}	14×10^{-5}	7×10^{-5}

콘크리트의 건조수축은 주로 시멘트 페이스트의 수축에 의한 것이기 때문에 시멘트 페이스트 양을 가능하면 적게 하며, 그 질을 개선하는 것이 건조수축을 감소시킬 수 있는 가장 좋은 방법이다. 건조에 의해 발생하는 수축이 구속되지 않을 경우 콘크리트에는 균열이 발생하지 않지만, 기본적으로 콘크리트 구조물은 다른 구조요소 또는 콘크리트 내의 보강철근 등에 의해 구속되므로, 건조수축 작용의 구속은 콘크리트에 인장응력을 유발하며, 일련의

과정으로 균열이 발생하게 된다. 콘크리트 슬래브 등 부재의 단면 내에서도 표면은 건조수축이 크고 내부는 수축량이 작으므로 표면의 건조수축을 구속하게 된다. 따라서 표면에 인장응력이 유발되어 표면 균열발생의 요인이 되며 건조수축의 진행에 따라 표면균열은 내부로 진전하게 된다.

건조수축은 시멘트량과 물의 양이 많을수록 증가하며, 굵은 골재의 최대치수가 작으면 작을수록 증가하지만, 골재량이 많고 입도가 좋을수록 건조수축은 감소한다. 또한 상대습도가 증가되면 건조수축은 감소하고 고온에서는 물의 증발이 빠르므로 건조수축이 증가하게 된다. 콘크리트 체적에 대한 표면적의 비가 증가함에 따라 건조수축은 증가되며, 적당한 양의 철근을 적절히 배근함으로써 건조수축을 억제하고 균열발생에 따른 변형증가 현상을 억제할 수 있다. 따라서 콘크리트 구조물에서는 부재의 크기에 따라 기준에 규정된 최소한의 수축·온도철근을 배근하여야 한다.

건조수축은 수년간 지속되는 변형으로 콘크리트 경화 초기에는 건조수축이 급격히 증가되지만 나중에는 증가율이 완만해진다. 일반적으로 2주일 이내에 최종 건조수축량의 15~30%, 1개월 내에 40~80%, 1년 내에 70~85% 정도가 발생한다. 건조수축에 대한 모델식으로는 *ACI*, *CEB-FIP*, *BS* 등에 있으니, 참고하기 바란다.

보나 슬래브 등, 보통의 프리스트레스트 콘크리트 부재에서 건조수축으로 인한 프리스트레스의 손실 계산 시 사용하는 콘크리트의 건조수축 변형률은 〈표 2.4〉의 값을 표준으로 한다. 콘크리트의 실제의 건조수축 변형률은 〈표 2.4〉의 값보다 큰 값을 나타내지만, 이 표의 값은 콘크리트 속에 배치된 긴장재량에 의한 영향을 고려하여 약간 낮게 잡은 것이다.

(2) 콘크리트 크리이프

일정한 온도 및 습도 하에서 콘크리트 공시체에 일정하중을 지속하여 재하하면 다음 그림 2.2와 같이 시간 경과에 따라 콘크리트 변형은 탄성변형 외에 소성변형이 발생하게 되고 이 변형은 점차 증가하게 된다. 이것은 콘크리트가 수축과 탄성계수의 변화 이외에 응력의 변화가 없어도 시간경과에 따라 그 변형이 증가하는 성질을 가지고 있음을 의미한다. 이와 같이 일정 지속 응력 하에서 콘크리트의 시간적인 소성변형을 크리이프라고 하며, 소성변형은 일반적으로 하중 재하 후 4개월 이내에 대부분 발생하며 그 후에는 증가율이 둔화되지만 수년간 지속적으로 증가한다.

콘크리트 크리이프에 영향을 미치는 요인은 여러 가지가 있고 요인에 따라 크리이프 변형이 탄성변형의 몇 배가 되는 경우도 있어 콘크리트 구조물의 설계시 이에 대해 충분히 고려하여야 한다. 특히 휨 부재는 고정하중과 활하중이 항상 지속적으로 존재하기 때문에 이 지속하중에 의해서 크리이프 변형이 발생하므로 프리스트레스트 콘크리트와 합성보 등의 설계시에는 주의하여야 한다. 또한 콘크리트 구조물의 설계가 강도설계법과 한계상태설계법 등을 사용함에 따라 구조물 설계조건이 극한환경에 다다르고, 초고층·초대형 구조물의 건설 등을 고려하면 크리이프 현상을 포함한 콘크리트의 변형을 파악하는 것은 매우 중요하다.

콘크리트의 크리이프는 작용응력이 클수록, 하중 지속기간이 길수록, 시멘트량이 많을수록, 물-시멘트비가 클수록 증가하게 되며, 콘크리트 강도, 재령, 상대습도, 콘크리트 체적이 클수록 감소하게 된다. 또한 많은 철근량이 효과적으로 배근되었을 때, 입도가 좋은 골재를 사용한 경우, 고온 증기양생을 한 경우는 크리이프가 감소하게 된다.

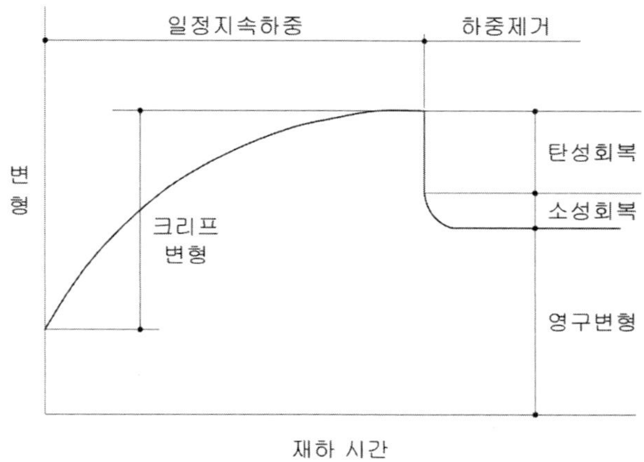

그림 2.2 콘크리트의 탄성 및 크리이프 변형률

크리이프 현상은 대부분의 재료가 가지고 있는 성질이지만, 특히 콘크리트는 다른 재료에 비하여 그 값이 커서 프리스트레스의 시간적 감소의 원인중 하나로 되기 때문에 설계에 무시할 수 없게 된다. 보통의 콘크리트 구조물에서는 주로 자중에 의하여 크리이프 현상이 일어나지만, 프리스트레스트 콘크리트 구조물에서는 프리스트레스에 의하여 크리이프 현상이 일어난다.

크리이프 변형률은 작용응력 또는 그로 인해 일어난 탄성 변형률에 비례하며, 그 비례상수는 압축응력의 경우나 인장응력의 경우나 모두 같다. 이것을 크리이프에 관한 Davis-Glanville의 법칙이라고 한다.

대개의 경우 부재치수, 높은 슬램프 콘크리트, 그 밖의 요인에 수반되는 보정은 무시해도 좋다. 보나 슬래브 등, 보통의 부재에 있어서 크리이프에 의한 프리스트레스의 감소량을 계산할 때는 〈표 2.5〉에 나타낸 C_u의 값을 표준으로 한다.

〈표 2.5〉 보통 콘크리트 크리이프 계수 C_u의 값(도로교 및 철도교 설계기준, 콘크리트 편)

지속하중을 재하할 때의 콘크리트 재령(일)		4～7	14	28	90	365
크리이프 계수	조강시멘트 사용	3.8	3.2	2.8	2.0	1.1
	보통시멘트 사용	4.0	3.4	3.0	2.2	1.3

2.2 프리스트레싱 긴장재

2.2.1 일반사항

보통 콘크리트의 인장강도는 압축강도의 8~10% 정도이므로 구조재로 사용하기 위해서 인장측 보강이 선결되어야 한다. 일반적으로 콘크리트의 보강재에는 철근, 용접철망(*WWF* ; welded wire fabric), 와이어(wire), 스트랜드(strand), 로프(rope) 등이 있다. 이 중에서 긴장재가 주로 사용되는 이유는 콘크리트보다 훨씬 강도가 높고, 압축측과 인장측에서 항복강도가 비슷한 값을 가지고 있어 보통 콘크리트 보강용으로 매우 효율적이기 때문이다.

프리스트레스트 콘크리트 이외에 콘크리트 보강용으로 가장 널리 사용되는 것은 철근이며, 최근에는 용접철망도 벽체나 얇은 슬래브, 얇은 셸, 혹은 적정 피복두께를 확보하기 어려운 곳에 보강용으로 점차 많이 쓰이고 있다.

프리스트레스트 콘크리트에 사용되는 긴장재는 스트랜드(strands), 와이어(wires), 강봉(bars) 등 다양하며, 주로 강재(steel)를 사용하여 제작된다. 그러나 최근에는 *FRP* 긴장재에 대한 관심이 높아지고 있는데, 아라미드 섬유(aramid fiber), 탄소섬유(carbon fiber), 유리섬유(glass fiber) 등의 재료가 사용되기도 한다.

이 중에서 프리스트레스트 콘크리트에 주로 사용되는 강연선은 2개 이상의 가는 강선을 꼬아서 만든 긴장재로 7개의 와이어로 구성된 7연선 등이 많이 사용되고 있다. 그리고 이러한 긴장재의 허용응력은 〈표 2.6〉에 주어진 것과 같다.

〈표 2.6〉 긴장재의 허용응력

허 용 인 장 응 력	비 고
$0.8f_{pu}$ 또는 $0.94f_{py}$	긴장하는 동안 작용응력
$0.74f_{pu}$와 $0.82f_{py}$ 중 작은 값	프리스트레스 도입 직후(프리텐션 방법)
$0.70f_{pu}$	프리스트레스 도입 직후(포스트텐션 방법)

f_{pu} : 긴장재의 설계기준 인장강도, f_{py} : 긴장재의 설계기준 항복강도

2.2.2 긴장재의 품질

프리스트레스싱 인장재용 긴장재에 필요한 성질 중 가장 중요한 것은 높은 인장강도와 항복강도이다. 철근콘크리트에 주로 사용되는 철근을 긴장재로 사용하여 프리스트레싱을 하면, 콘크리트의 건조수축과 크리이프에 의하여 프리스트레스 힘이 소멸되어 프리스트레스트가 성립되지

않는다. 따라서 프리스트레스트가 성립되기 위해서는 콘크리트의 건조수축과 크리이프에 의하여 소멸되고도 상당히 큰 프리스트레스 힘이 남을 수 있도록 긴장할 수 있는 고장력 긴장재가 필요하다. 즉, 프리스트레스트 구조에서는 프리스트레싱 긴장재의 릴랙세이션(relaxation), 콘크리트의 건조수축 및 크리이프 등으로 인하여 초기에 가한 프리스트레스가 시간이 지남에 따라 감소한다. 이와 같이 초기 프리스트레스가 감소한 후에도 프리스트레스가 성립되기 위해서는 소요의 유효 프리스트레스가 남아 있어야 한다. 즉, 프리스트레싱의 효율을 좋게 하기 위해서는 최초의 긴장응력이 커야 되는데, 이것이 프리스트레싱에 고강도 긴장재가 필요한 이유이다.

일반적으로 프리스트레싱 긴장재에 요구되는 성질은 다음과 같다.

① 인장강도 및 항복강도가 높아야 한다.
② 항복강도의 인장강도에 대한 비율인 항복비가 커야 한다.
③ 릴랙세이션이 작아야 한다.
④ 적당한 연성과 인성이 있어야 한다.
⑤ 응력부식에 대한 저항성이 커야 한다.
⑥ 부착시켜 사용하는 프리스트레싱 긴장재는 콘크리트와의 부착강도가 커야 하는데, 이는 프리텐션 방식에 있어 특히 중요하다.
⑦ 도로교와 철도교 같은 하중변동이 큰 구조물에서는 어느 정도의 피로강도를 가져야 한다.
⑧ 직선성이 좋아야 한다.

긴장재의 높은 인장강도를 얻기 위해서는 냉간인발(cold drawing) 가공하거나 열처리(담금질, patenting) 또는 이들을 조합한 방법으로 처리하며, 높은 항복강도를 얻기 위해서서는 블루잉(blueing)을 실시한다. 그림 2.3에서는 프리스트레스트 콘크리트의 긴장재로 주로 사용되는 7연선의 제조공정을 요약한 것이다.

2.2.3 긴장재의 종류

프리스트레싱 긴장재에 사용되는 긴장재는 형상이나 지름에 따라 로프, 스트랜드, 와이어(이형강선 및 원형강선), 강봉(이형강봉 및 원형강봉), 기타 긴장재 등이 있다.

1) 프리스트레싱 강연선

강연선은 2개 이상의 가는 강선을 꽈배기 모양(S연)으로 꼬아서 만든 긴장재이다. 이 중 2개의 가는 와이어를 꼬아서 만든 2연선과 그림 2.4와 같이 1개의 가는 와이어를 꼬아 만든 7연선이 주로 사용되고 있다. 7연선의 중심에 있는 1개의 가는 와이어를 심선, 둘레에 두는 6개의 가는 와이어를 측선이라 하며, 심선은 측선보다 지름이 약간 큰 것을 사용한다. 그 밖에 3연선, 19연선도 있다.

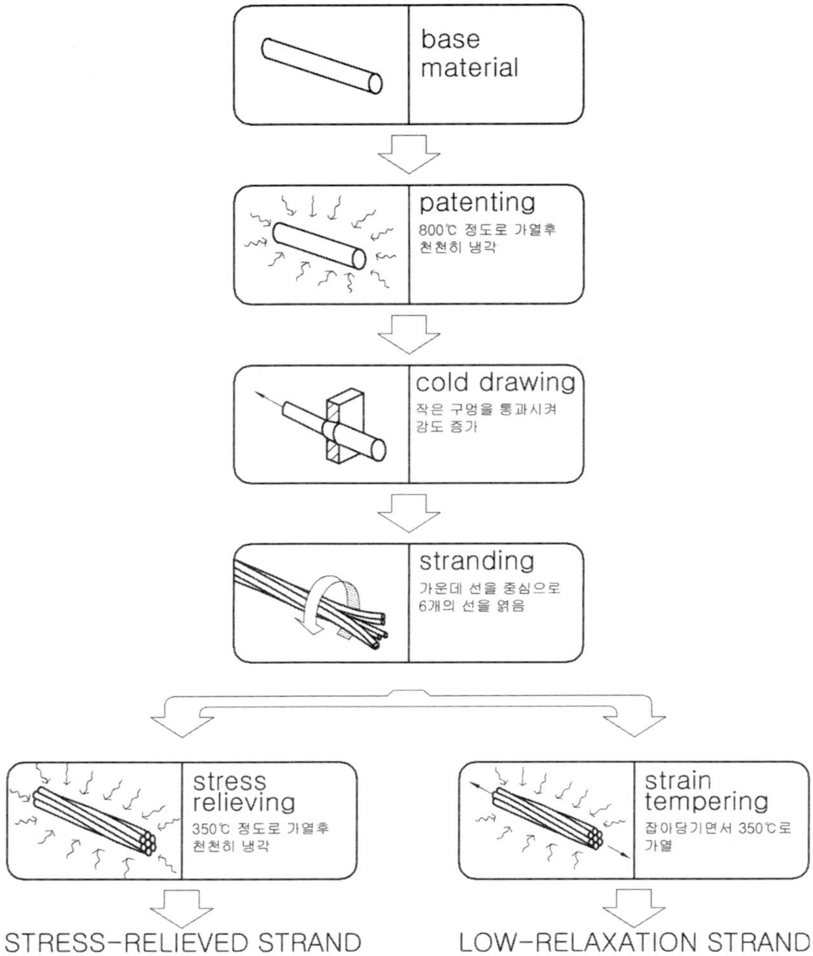

그림 2.3 7연선의 제조공정

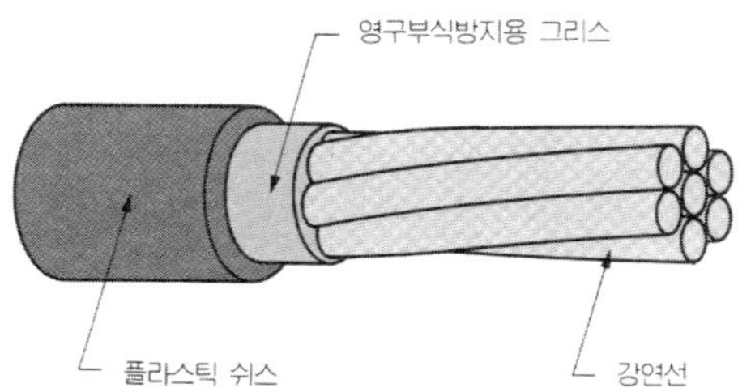

그림 2.4 7연선 및 주변의 단면

KS D 7002(PS 강선 및 PS 강연선)에의 PS 7연선은 인장강도 1725 MPa급과 1860 MPa급인 두가지 강연선을 규정하고 있으나, 1860 MPa급이 보편적으로 사용되고 있다. KS D 7002에 규정된 긴장재의 규격은 〈표 2.7〉과 같고, 미 일리노이 대학의 한 주차장에 사용된 긴장재의 실례를 그림 2.5에, 또한 일리노이 대학의 구조공학과에서 최근 실험한 I형 프리스트레스 보에 사용된 7연선의 예를 그림 2.6에 각각 나타내었다.

〈표 2.7〉 강연선의 규격(KS D 7002)

종 류			기호	호칭경 mm	표준 지름 mm	공칭 단면적 mm^2	단위 중량 kgf/m	인장 하중 kgf	0.2%영구 연신율 하중 Kgf	연신율 (%)	릴랙세이션	
											1종 10시간 후	2종 1000시간 후
PC 강연선	2연선		SWPC2	2.9	2.9	13.21	104	2600이상	2300이상	3.5이상	″	″
	3연선		SWPD3	2.9	2.9	19.82	156	3900이상	3450이상	″	″	″
	7연선	A종	SWPC 7A	9.3	9.3	51.61	405	9050이상	7700이상	″	″	″
				10.8	10.8	69.68	546	12200이상	10400이상	″	″	″
				12.4	12.4	92.90	729	16300이상	13900이상	″	″	″
				15.2	15.2	138.7	1101	24500이상	20800이상	″	″	″
		B종	SWPC 7B	9.5	9.5	54.84	432	10400이상	8850이상	″	″	″
				11.1	11.1	74.19	580	14100이상	12000이상	″	″	″
				12.7	12.7	98.71	774	18700이상	15900이상	″	″	″
				15.2	15.2	138.7	1101	26600이상	22600이상	″	″	″
	19 연선		SWPC 19	17.8	17.8	208.4	1652	39500이상	33600이상	″	″	″
				19.3	19.3	243.7	1931	46000이상	39500이상	″	″	″
				20.3	20.3	270.9	2149	50500이상	43000이상	″	″	″
				21.8	21.8	312.3	2482	58400이상	50500이상	″	″	″

※ 1. 7연선 A종은 인장강도 175kgf/mm^2급을, B종은 190kgf/mm^2급을 나타낸다.
2. 7연선 및 19연선의 표준 지름은 연선의 외접원의 지름으로 한다.

KS D 7002은 보통 릴랙세이션 강연선과 저 릴랙세이션 강연선으로 통상 구분되나, 1960년대부터 1970년대까지는 보통 릴랙세이션 강연선이 보편적으로 사용되었으나, 1980년대부터 경제적으로 더 저렴하고, 프리스트레스의 손실이 작은 저 릴랙세이션 강연선을 더 많이 사용하게 되었다.

7연선의 지름은 12.7㎜와 15.2㎜가 있으며, 지름 12.7㎜ 강연선이 보다 가볍다는 장점 때문에 일반적인 건물시공에 더 많이 사용되고 있으나, 지름 15.2㎜강연선은 더 적은 개수가 요구되기 때문에, 긴장재 설치 시 소요되는 노동비를 감안하여 북미 등에서 자주 사용되고 있다. 지름 12.7㎜보다 작은 지름의 긴장재는 일반적으로 보수보강에 사용된다. 지름 12.7㎜긴장재의 인장하중은 183kN 이상이며, 지름 15.2㎜강연선의 인장하중은 261kN 이상이다.

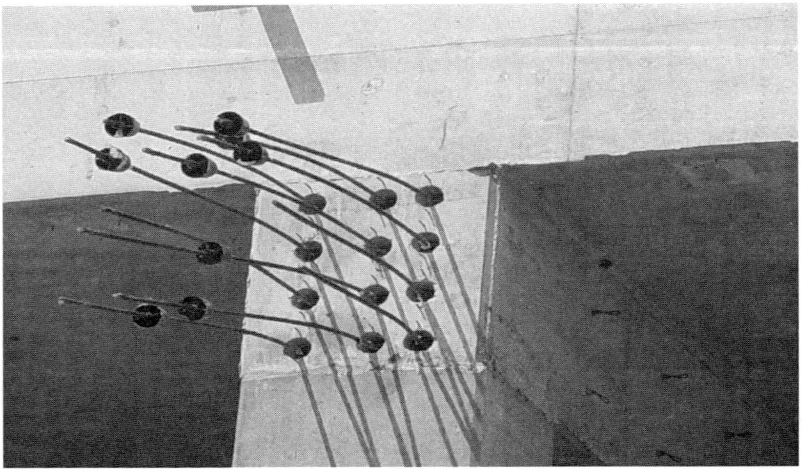

그림 2.5 포스트텐션에 사용된 강연선의 사용 실례

그림 2.6 포스트텐션에 사용된 7연선의 I형보 실험 사례

〈표 2.8〉 원형강선과 이형강선의 규격(KS D 7002-1995)

종 류		기호	호칭경 *mm*	표준 지름 *mm*	공칭 단면적 mm^2	단위 중량 *kgf/m*	인장 하중 *kgf*	0.2%영구 연신율 하중 *Kgf*	연신율 (%)	릴랙세이션 1종 10시간후	릴랙세이션 2종 1000시간후
PC 강선	원형선 및 이형선	SWPCI 및 SWPDI	5	5.00	19.64	154	3,250이상	2,850이상	4.0이상	3.0이하	2.5이하
			7	7.00	38.48	302	5,950이상	5,200이상	4.5이상	〃	〃
			8	8.00	50.27	395	7,550이상	6,550이상	4.5이상	〃	〃
			9	9.00	63.62	499	9,200이상	7,950이상	4.5이상	〃	〃

2) 프리스트레싱 긴장재(원형 및 이형강선)

KS D 7002에서는 〈표 2.8〉과 같이 긴장재용 강선을 원형강선과 이형강선으로 구분하고 있으나, 보통 강선이라고 하면 지름 2.9~9㎜ 정도의 원형강선을 말한다. 하나 또는 여러 개의 와이어를 나란히 놓아 한 다발로 해서 긴장재를 구성하며, 프리텐션 방식 및 포스트텐션 방식 모두에 사용된다.

이형강선은 원형단면의 둘레에 돌기 또는 곰보를 연속 또는 일정간격으로 제조하여 콘크리트와의 부착성능을 높인 것이다. 일반적으로 많이 사용되는 이형강선은 표면에 돌기를 붙인 리브드 와이어(ribed wire) 또는 표면에 곰보를 붙인 인엔티드 와이어(indented wire)이다. 이 밖에 일정한 파장의 파형(波形)으로 가공한 크린프드 와이어(crinped wire), 직사각형 단면을 가진 띠강선(strap steel wire), 달걀 모양의 단면을 가진 오발 강선(oval stahl) 등이 있다. 이형강선은 주로 프리텐션 방식에 사용된다.

3) 프리스트레싱 강봉(원형 및 이형)

원형강봉은 지름이 9.2~32㎜ 정도로서 주로 포스트텐션 방식에 사용되며, 이형강봉은 지름이 7.4~13㎜ 정도로 표면에 돌기 또는 곰보를 연속 또는 일정간격으로 붙인 것이다. KS D 3505에 규정된 프리스트레싱 강봉의 종류 및 기계적 성질은 〈표 2.9〉과 같다.

〈표 2.9〉 강봉의 종류 및 규격(KS D 3505-1992)

<table>
<tr><th colspan="2">종류</th><th>기호</th><th>표준
지름(㎜)</th><th>공칭
단면적(㎟)</th><th>항복점
(kgf/mm^2)</th><th>인장강도
(kgf/mm^2)</th><th>연신율
(%)</th><th>릴랙세이션
(%)</th></tr>
<tr><td rowspan="6">원형강봉</td><td rowspan="2">A종</td><td>SBPR 80/95</td><td rowspan="6">9.2
11
13
17
23
26
32</td><td rowspan="6">66.48
95.03
132.7
227.0
415.5
530.9
804.2</td><td>80 이상</td><td>95 이상</td><td rowspan="6">5 이상</td><td rowspan="6">1.5 이하</td></tr>
<tr><td>SBPR 80/100</td><td>80 이상</td><td>105 이상</td></tr>
<tr><td rowspan="2">B종</td><td>SBPR 95/110</td><td>95 이상</td><td>110 이상</td></tr>
<tr><td>SBPR 95/120</td><td>95 이상</td><td>110 이상</td></tr>
<tr><td rowspan="2">C종</td><td>SBPR 110/125</td><td>110 이상</td><td>125 이상</td></tr>
<tr><td>SBPR 110/135</td><td>110 이상</td><td>135 이상</td></tr>
<tr><td rowspan="3">이형강봉</td><td>B종</td><td>SBPD 95/110</td><td rowspan="3">7.4
9.2
11
13</td><td rowspan="3">40.0
64.0
90.0
125</td><td>95 이상</td><td>110 이상</td><td rowspan="3">5 이상</td><td rowspan="3">1.5 이하</td></tr>
<tr><td>C종</td><td>SBPD 110/125</td><td>110 이상</td><td>125 이상</td></tr>
<tr><td>D종</td><td>SBPD 130/145</td><td>130 이상</td><td>145 이상</td></tr>
</table>

긴장재용 강봉은 스트랜드나 와이어보다 강도는 떨어지지만, 끝부분을 볼트식으로 처리함으로써 쉽게 정착시킬 수 있는 장점과, 스트랜드나 와이어보다 릴랙세이션이 작은 이점이 있다.

반면에 지름이 크기 때문에 구부림 가공을 하면 그 부분의 품질이 저하되는 비율이 크게 되는 단점이 있다. 또한, 정착부에서 강봉과 정착면이 직각을 이루지 않거나 접속장치로 이은 강봉이 일직선으로 되지 않거나 할 경우에는 강봉 특히 나사부에 국부적인 휨이 작용하여 강봉이 응력부식이나 지연파괴를 일으켜 나중에는 파단될 염려가 있다. 따라서, 프리스트레싱 강봉은 가능한 연신율과 인성이 큰 것을 사용하는 것이 바람직하다.

최근에는 특수한 나사들이 많이 개발되어 사용되고 있는 실정이다. Dywidag 공법을 사용한 국내의 원효대교에 사용한 독일제 나사강봉(thread bar)은 나사의 골이 둥글고 피치(pitch)가 큰 것을 사용하였으며, 영국의 Lee-McCall 방식의 강봉은 테이퍼 나사(taper thread)로 되어 있다. 원효대교에 사용한 독일제의 나사강봉은 강봉 전 길이에 미리 나사가 성형되어 있어서, 현장에서 나사를 가공할 필요가 없을 뿐 아니라 임의의 위치에 너트를 끼워 정착 할 수 있는 장점을 가지고 있음과 동시에 이형 프리스트레싱 강봉으로서 콘크리트와의 부착성이 우수한 장점도 아울러 가지고 있다.

이와 유사한 해외의 실례로는 미 일리노이 대학의 구조실험실 내 반력벽(reaction wall, Multi-Axial Full-Scale Sub-Structures Testing and Simulation Facility(MUST-SIM))에 사용된 64mm 고강도 강봉으로서 그림 2.7에 나타내었다. 참고로 이 반력벽의 두께는 $1.5m$, 높이 $8.5mm$, 장변 길이 $15.2m$, 단변길이 $9.1m$로서 고유동 콘크리트 50트럭분이 8시간동안 타설되었다. 이는 기존의 반력 슬래브 상부에 반력벽을 신설한 것으로서, 81개의 고강도 강봉이 $226,800tf$의 포스트텐션 힘을 가하기 위한 것이었다.

4) 기타 프리스트레싱 긴장재

일반적 프리스트레싱 긴장재외에도 특수한 용도와 목적에 사용되는 기타 프리스트레싱 긴장재에는 다음과 같은 것이 있다.

(1) 피복 프리스트레싱 긴장재

프리캐스트 그라우트를 주입하지 않고 부착시키지 않은 상태로 사용해도 프리스트레싱 긴장재가 부식되지 않도록 도금한 것이나 플라스틱으로 피복한 것 등이 개발되고 있다.

(2) 특수 프리스트레싱 긴장재

가는 강선 3개를 꼬아서 만든 3연선이나 다수의 가는 강선을 꼬아서 만든 다층 스트랜드 또는 다중 긴장재 등이 있으며, 프리스트레스 힘을 크게 필요로 하는 경우에 주로 사용된다.

(3) 저 릴랙세이션 프리스트레싱 긴장재

KS D 7002에 규정되어 있는 L등급과 같이 일반적인 프리스트레싱 긴장재나 와이어의 릴랙세이션보다 작게 한 것이다.

그림 2.7 포스트텐션에 사용된 강봉의 사용 실례
[University of Illinois at Urbana-Champaign의 Reaction Wall]

(4) 프리스트레싱 경강선

KS D 7009에 규정된 바와 같이 프리캐스트관과 같은 공장제품에 사용되거나 강선에 냉간 인발가공을 하면서 감아가는 프리캐스트 탱크에도 사용된다.

(5) FRP 봉

프리스트레싱 긴장재 대신에 최근에는 아라미드 섬유, 탄소섬유, 유리섬유 등의 연속섬유를 다발로 하여 에폭시 수지 등으로 결합시킨 봉상 복합재인 FRP 봉이 긴장재로 사용이 시도되고 있으며 실제로 사용된 예도 있다.

FRP는 프리스트레싱 긴장재에 비하여 탄성계수는 작지만, 매우 가볍고 강도가 매우 높으며, 내식성이 우수하여 녹슬지 않으며 자성이 없는 등의 특징이 있기 때문에 프리캐스트 부재의 긴장재로서의 활용이 연구되고 있다.

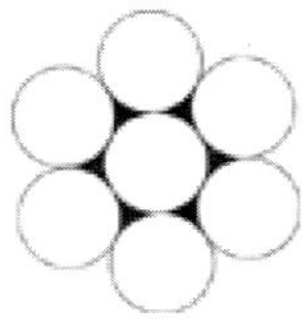 1×7 구성 1×(1+6)	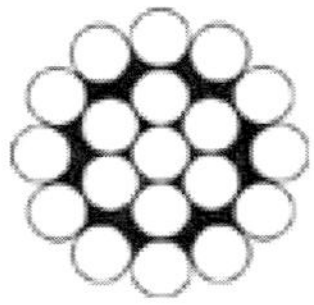 1×19 구성 1×(1+6+12)	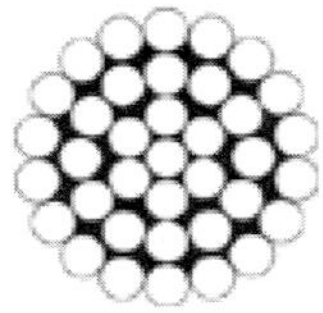 1×37 구성 1×(1+6+12+18)
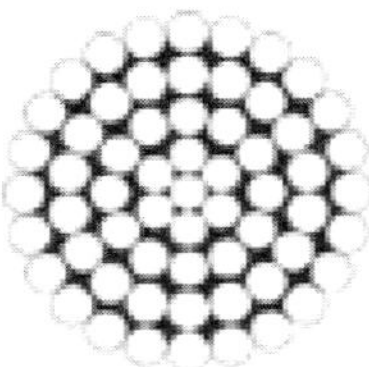 1×61 구성 1×(1+6+12+18+24)	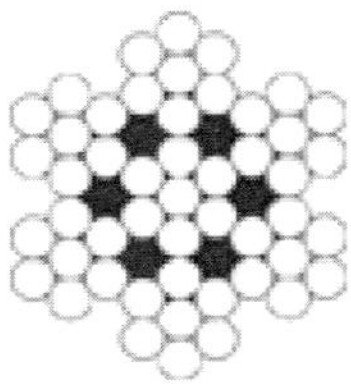 7×7 구성 6×(1+6)+(1+6)	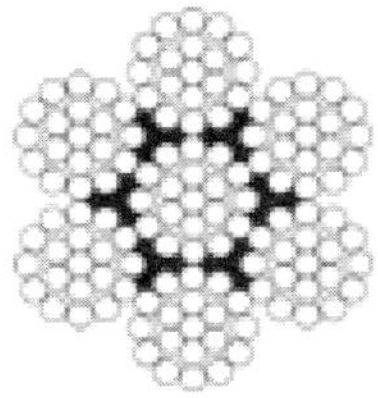 7×19 구성 6×(1+6+12)+1×(1+6+12)
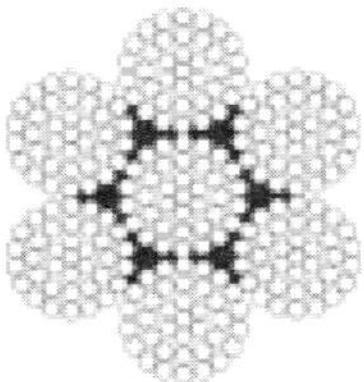 7×37 구성6×(1+6+12+18)+ 1×(1+6+12+18)	 6×WS(36)+CFRC 구성 6×[1+7+(7+7)+14]+7×7	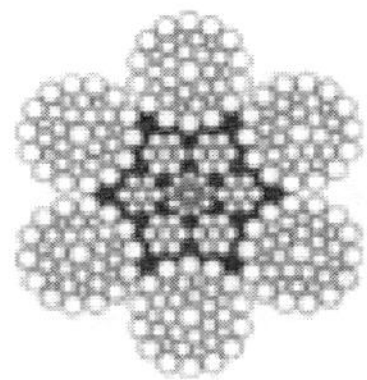 6×WS(36)+CFRC 구성 6×[1+7+(7+7)+14]+6×(1+6)+[1×(1+9+9)]
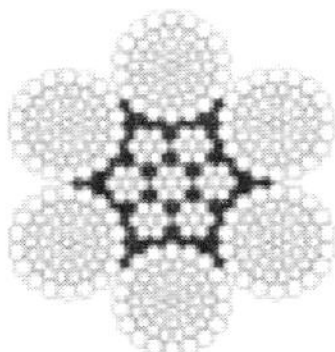 6×SeS(55)+CFRC 구성 6×(1+6+12+18+18)+7×7	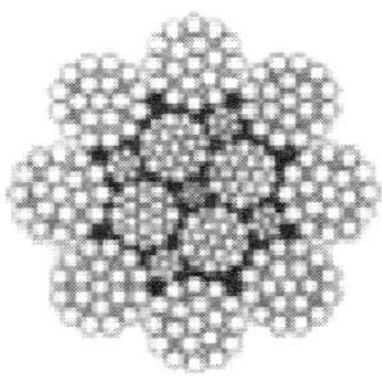 8×Fi(25)+CFRC 구성 8[1+6+(6)+12]+4(1+6)+4[1+6+(6+6)]+1×(1+6)	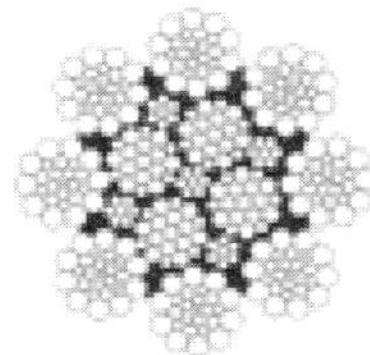 8×WS(26)+CFRC 구성 8[1+5+(5+5)+10]+4(1+6)+4[1+6+(6+6)]+1(1+6)
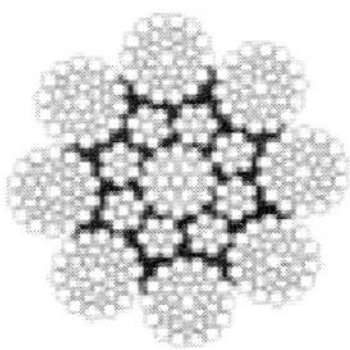 8×WS(36)+CFRC 구성 8×[1+7+(7+7)+14]+[8×(1+6)+1×19]	 8×WS(36)+IWRC 구성 8×[1+7+(7+7)+14]+7×(1+9+9)	

그림 2.8 긴장재의 종류 및 규격 (KISW 규격)

〈표 2.10 긴장재의 제원 〉

스트랜드 종류	3연선	7연선	
스트랜드경(mm)	3/2.9	9.30	9.5
적용규격	KSD 7002 SWPD 3 (저 릴랙세이션)	KSD 7002 SWPC 7A (저 릴랙세이션)	KSD 7002 SWPC 7B (저 릴랙세이션)
스트랜드경(mm) (Diameter of Strand)	2.90 ± 0.03	9.3 + 0.4 .3 − 0.2	9.5 + 0.4 9.3 − 0.2
소선경차이(mm) (Diameter of Strand)	−	Min 0.05	Min 0.05
꼬임길이(mm) (Pitch)	$24 \sim 32Ds$ ($149.52 \sim 199.36$)	$12 \sim 16Ds$ ($111.6 \sim 148.8$)	$12 \sim 16Ds$ ($114.0 \sim 152.0$)
단면적 (mm^2) (Steel Area)	공칭 19.82	공칭 51.61	공칭 54.84
단위중량(kgf/km) (Unit Wt)	공칭 156	공칭 405	공칭 432
절단하중(kN) (Breaking Strength:B/S)	Min 38.2	Min 88.8	Min 102.0
항복하중(kN) (Yield Strength:Y/S)	Min 33.8	Min 75.5	Min 86.8
신율(%) (Elongation)	Min 3.5 (G/L=200mm이상)	Min 3.5 (G/L=600mm이상)	Min 3.5 (G/L=600mm이상)
Relaxation(%) (B/S × 70%하중 여부)	Max 2.5 (1,000 Hr)	Max 2.5 (1,000 Hr)	Max 2.5 (1,000 Hr)
직선성 (Straightness)	−	−	−
탄성계수(($\times kN/mm^2$) (Modulus of Elasticity)	−	−	−
외관 및 기타	유해한 흠이 없고 절단시 풀리지 않을 것		

스트랜드 종류	7연선		
스트랜드경(mm)	12.70	12.90	12.70
적용규격	ASTM A-416 270 Grade (저 릴랙세이션)	BS+5896 Super Grade (저 릴랙세이션)	KSD 7002 SWPC 7B (저 릴랙세이션)
스트랜드경(mm) (Diameter of Strand)	12.70 + 0.66 12.70 - 0.15	12.90 + 0.40 909.3 - 0.20	12.70 + 0.4 927.3 - 0.2
소선경 차이(mm) (Diameter of Strand)	Min 0.0762	Min 0.085	Min 0.08
꼬임길이(mm) (Pitch)	$12 \sim 16Ds$ $(152.4 \sim 203.0)$	$12 \sim 18Ds$ $(154.8 \sim 232.2)$	$12 \sim 16Ds$ $(152.4 \sim 203.2)$
단면적 (mm^2) (Steel Area)	공칭 98.71	100 + 4% 100 - 2% $(769.3 \sim 816.4)$	공칭 98.71
단위중량(kgf/km) (Unit Wt)	공칭 775	785+4% 785-2%	공칭 774
절단 하중(kN) (Breaking Strength:B/S)	Min 183.7	Min 186.0	Min 183.0
항복하중(kN) (Yield Strength:Y/S)	Min 165.3 (1%,Ext)	Min 163.0 (1%,Ext)	Min 156.0
신율(%) (Elongation)	Min 3.5 (G/L = 610mm)	Min 3.5 (G/L = 500mm)	Min 3.5 (G/L = 600mm이상)
Relaxation(%) (B/S × 70%하중 여부)	Max 3.5 (1,000 Hr)	Max 2.5 (1,000 Hr)	Max 2.5 (1,000 Hr)
직선성 (Straightness)	To be Straight	25mm ↓/1m	-
탄성계수(($\times kN/mm^2$) (Modulus of Elasticity)	-	-	-
외관 및 기타	유해한 흠이 없고 절단시 풀리지 않을 것		

스트랜드 종류	7 연 선			
스트랜드경(mm)	15.24	15.24	15.20	15.7
적용규격	ASTM A-416 250 Grade(저릴랙세이션)	ASTM A+416 270 (저릴랙세이션)	KSD 7002 SWPC 7B (저릴랙세이션)	BS-5896 Super (저릴랙세이션)
스트랜드 경(*mm*) (Diameter of Strand)	15.24 +0.41 15.24 -0.41	15.24 +0.66 15.24 -0.15	15.2 +0.4 92. 3-0.2	15.70 + 0.4 15.24 - 0.2
소선경 차이(*mm*) (Diameter of Strand)	*Min* 0.1016	*Min* 0.1016	*Min* 0.08	*Min* 0.105
꼬임길이(*mm*) (Pitch)	12 ~ 16*Ds* (182.88 ~ 243.84)	12 ~ 16*Ds* (182.88 ~ 243.84)	12 ~ 16*Ds* (182.4 ~ 243.2)	(188.4 ~ 282.6)
단면적 (mm^2) (Steel Area)	공칭139.35	공칭140	공칭138.7	150 + 4% 150 - 2% (147.0 ~ 156.0)
단위중량(*kgf/km*) (Unit Wt)	공칭1094	공칭1102	공칭1101	1180 +4% 1500 -2% (1156.9 ~ 1227.2)
절단 하중(*kN*) (Breaking Strength:B/S)	*Min* 240.2	*Min* 260.7	*Min* 261.0	*Min* 265.0
항복하중(*kN*) (Yield Strength:Y/S)	*Min* 216.1 (1%,Ext)	*Min* 234.6	*Min* 222.0	*Min* 233.0 (1%,Ext)
신율(%) (Elongation)	*Min* 3.5 (G/L=610mm)	*Min* 3.5 (G/L=610mm)	*Min* 3.5 (G/L=600mm)	Max3.5 (G/L=500mm)
Relaxation(%) (B/S×70%하중 여부)	*Max* 2.5 (1,000*Hr*)	*Max* 2.5 (1,000*Hr*)	*Max* 2.5 (1,000*Hr*)	*Max* 2.5 (1,000*Hr*)
직선성 (Straightness)	To be Straight	To be Straight	-	25mm ↓/1m
탄성계수(($\times kN/mm^2$) (Modulus of Elasticity)	-	-	-	-
외관 및 기타	유해한 홈이 없고 절단시 풀리지 않을 것			

연습문제

2.1 긴장재의 종류와 그 특성에 대해 설명하시오

① 와이어

② 스트랜드

③ 로프

④ 강봉

2.2 프리스트레스트 콘크리트의 사용 시 요구되는 사항 2가지를 설명하시오

2.3 이형강선의 종류와 그 특성을 설명하시오

3 장
휨 해 석

3.1 부호 규약

해석을 위한 본 교재에서의 부호규약은 다음과 같다.

1) 인장응력 및 인장변형률은 "+"로 표기한다.
2) 압축응력 및 압축변형률은 "-"로 표기한다.
3) 보의 최상단(extreme top fiber)은 아래첨자 "1"로, 최하단(extreme bottom fiber)은 아래첨자 "2"로 표기한다.

그림 3.1은 상기에서 제시한 부호규약을 나타낸다. f_1과 f_2는 보의 최상단 및 최하단의 응력을 나타내고, c_1과 c_2는 보의 중립축에서 최상단과 최하단까지의 거리를 나타낸다. I_c를 보 단면의 단면2차모멘트라고 할 때 $S_1 = I_c/c_1$, $S_2 = I_c/c_2$이다. 편심(e)은 보의 도심보다 아래에 위치한 경우에 양의 값을 갖는 것으로 한다.

3.2 하중 단계

프리스트레스트 부재 내에 발생되는 응력은 긴장재에 가한 프리스트레싱력의 크기, 긴장재의 단면 내 위치 또는 편심, 부재 단면의 형상 등에 의하여 결정된다. 특히 프리스트레스트 부재의 경우에는 긴장 시에 순간적으로 발생되는 응력손실 및 시간에 따라 발생하는 콘크리트의 건조 수축 및 크리프, 긴장재의 릴랙세이션 등을 고려하여 응력을 산정하여야 한다. 프리스트레스트 부재 내에 발생되는 응력을 이해하기 위하여 앞의 1장에서 설명된 것과 같이 다음과 같은 하중 단계별로 발생하는 응력분포를 고려하여야 한다.

1) 초기긴장 시 응력단계

(1) P_j 단계 : 잭이 긴장재를 긴장하는 힘 (jacking force, P_j)

(2) P_i 단계 : 초기 프리스트레싱 단계(initial prestressing, P_i)로서 잭으로부터 즉시로 긴장재에 전가되는 힘.

(3) P_i+w_0단계 : P_i로 부재를 긴장한 상태에서 부재 자중(w_0)이 추가적으로 부재에 가해지는 단계

(4) $P_i+w_0+w_d$단계 : P_i로 부재를 긴장한 상태에서 부재 자중(w_0)에 추가적으로 외부 고정하중(w_d)이 부재에 가해지는 단계

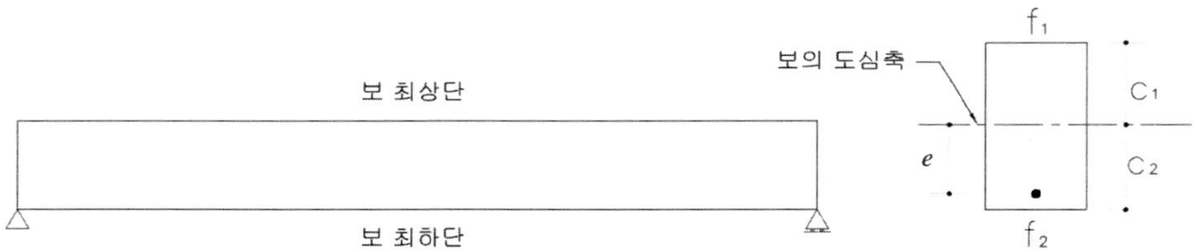

그림 3.1 휨 해석을 위한 부호 규약

2) 단기 및 장기손실 후 응력단계

$P_e+w_0+w_d+w_l$ 단계 : 초기 프리스트레싱력인 P_i에 단기 및 장기손실이 발생하여 유효 프리스트레싱력인 P_e가 되고 활화중(w_ℓ)을 포함한 모든 하중이 부재에 가해지는 단계. 이때 P_i가 단기 및 장기손실로 인하여 P_e로 감소하는 비율을 $R=P_e/P_i$로 정의하며 이때의 R을 효율비(effective ratio)라 한다. R값은 정밀하게 계산하거나 개략적인 방법, 또는 기준에서 제시한 값으로 가정할 수 있으며 일반적으로 0.80~0.85 정도의 값을 갖는다.

3) 계수하중단계

$P_s+1.4(w_0+w_d)+1.7w_\ell$ 단계 : 하중계수를 고려한 계수하중이 부재에 가해지는 단계. 이때 긴장재가 저항하는 프리스트레싱력은 P_e에서 P_s로 변하게 된다.

3.3 응력 분포

긴장재가 편심(e)으로 배치된 프리스트레스트 보의 하중 단계별로 단면 내에 발생되는 응력분포는 그림 3.2와 같다. 초기의 P_j 단계에서의 P_j는 잭의 긴장하는 힘으로써 실제로 부재에 전달되는 힘은 두 번째 단계인 P_i라 할 수 있다. 따라서 부재의 응력분포에 실제적인 영향을 미치는 하중단계는 P_i단계부터라고 할 수 있다.

1) P_i 단계

프리텐션 또는 포스트텐션 방식으로 도입된 긴장력 P_i에 의하여 발생하는 단면 내 응력은 그림 3.2(a)와 같다. P_i에 의한 등분포 압축응력과 $P_i \cdot e$에 의한 휨 응력이 발생하여 보 상단에 인장응력이 그리고 보 하단에 압축응력이 발생한다.

2) $P_i + w_0$ 단계

긴장력이 도입된 후에 자중에 의한 휨모멘트(M_0)가 가해지면 프리스트레싱력이 합성된 응력분포와 자중에 의한 휨 응력의 합성에 따라 그림 3.2(b)와 같게 된다. 이 하중단계에서 부재 상단의 응력은 기준에서 정한 콘크리트의 초기 허용응력을 넘지 않아야 하고, 하단의 응력도 콘크리트 초기 허용응력을 초과하지 않아야 한다. 기준에서 정한 허용응력에 대한 설명은 3.5절에서 하기로 한다.

3) $P_i + w_0 + w_d$단계

추가 고정하중에 의해 발생하는 휨모멘트(M_d)에 의하여 응력분포는 그림 3.2(c)와 같게 된다.

4) $P_e + w_0 + w_d + w_l$ 단계

긴장재의 장기적인 손실이 발생하고, 사용 활하중에 의한 모멘트(M_ℓ)가 작용하면 응력분포는 그림 3.2(d)와 같이 변한다. 이때 상 · 하단의 응력은 기준에서 주어진 콘크리트의 허용응력을 넘어서면 안 된다.

5) $P_s + 1.4(w_0 + w_d) + 1.7w_l$ 단계

계수하중이 작용하는 단계로써 유효 프리스트레싱력인 P_e는 극한상태에서의 프리스트레싱력인 P_s로 작용하게 된다. 이때의 응력 분포는 그림 3.2의 (e)와 같이 비선형 형태를 띠게 된다. 계수하중 상태에서 긴장재의 P_s값은 긴장재가 부착된 경우와 비부착된 경우에 따라 다른 값을 갖는다. 이에 대해서는 3.7절에서 설명하였다.

3.4 단계별 응력산정

극한하중 단계를 제외한 나머지 이전 하중단계에서의 응력들은 탄성론에 근거하여 산정된다.

1) P_i 단계 : 초기 프리스트레싱 단계

최상단 응력 : $$f_1 = -\frac{P_i}{A_c} + \frac{P_i \cdot e \cdot c_1}{I_c} \tag{3.1a}$$

$$= -\frac{P_i}{A_c} + \frac{P_i \cdot e \cdot c_1}{A_c \cdot r^2}$$

$$= -\frac{P_i}{A_c}\left(1 - \frac{e \cdot c_1}{r^2}\right)$$

최하단 응력 : $$f_2 = \frac{-P_i}{A_c} - \frac{P_i \cdot e \cdot c_2}{I_c} \tag{3.1b}$$

$$= -\frac{P_i}{A_c}\left(1 + \frac{e \cdot c_2}{r^2}\right)$$

여기서 : P_i = 초기 프리스트레싱력(initial prestressing force)

A_c = 콘크리트 단면적

e = 편심거리

c_1, c_2 = 도심축에서의 최상단 및 최하단까지의 거리

I_c = 콘크리트 단면의 도심축에 대한 단면 2차 모멘트

r = 콘크리트 단면의 회전반경 ($= \sqrt{I_c/A_c}$)

2) $P_i + w_0$ 단계

자중 w_o에 의하여 발생되는 모멘트(M_0)에 의하여 상기의 응력에 M_0/S_1 또는 M_0/S_2의 휨 응력이 추가된다.

$$f_1 = -\frac{P_i}{A_c}\left(1 - \frac{e \cdot c_1}{r^2}\right) - \frac{M_0}{S_1} \tag{3.2a}$$

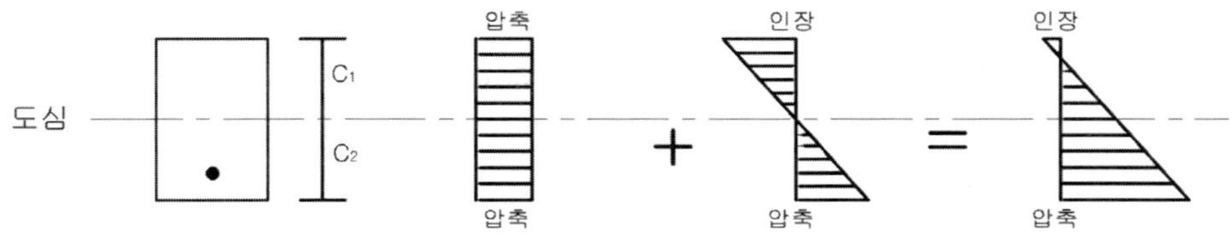

(a) P_i

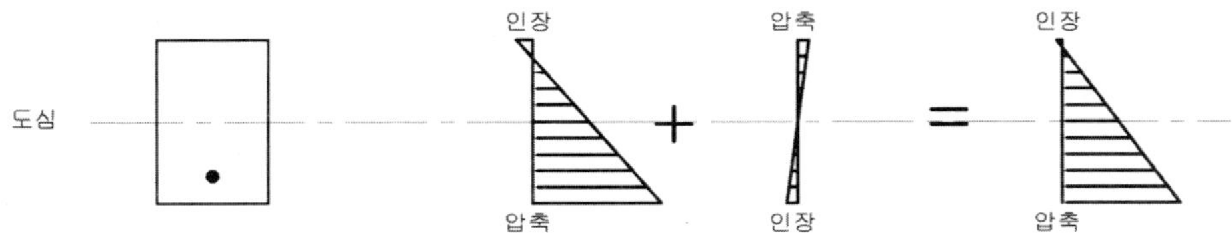

(b) $P_i + w_o$

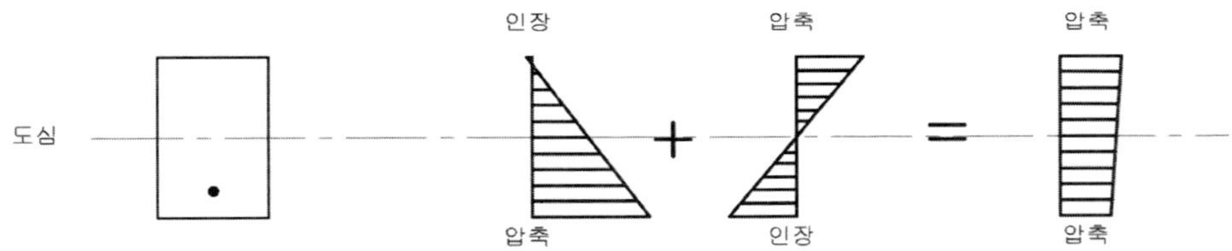

(c) $P_i + w_o + w_d$

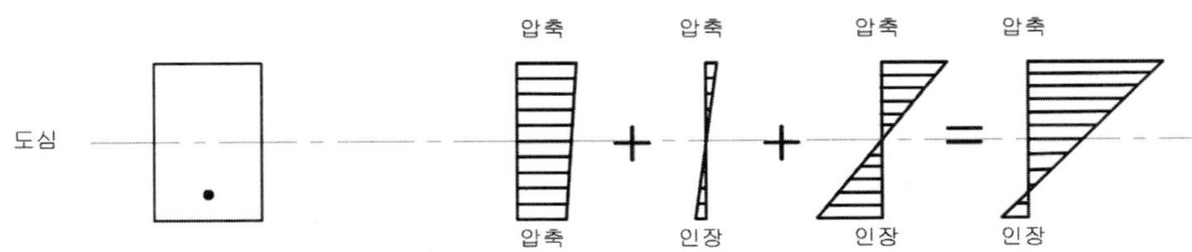

(d) $P_i + w_o + w_d + w_l$

(e) $P_i + 1.4(w_o + w_d) + 1.7w_l$

그림 3.2 하중단계별 응력분포

$$f_2 = -\frac{P_i}{A_c}\left(1 + \frac{e \cdot c_2}{r^2}\right) + \frac{M_0}{S_2} \tag{3.2b}$$

여기서 : S_1, S_2 = 단면계수($S_1 = I_c/c_1$, $S_2 = I_c/S_2$)

3) $P_i + w_0 + w_d$ 단계

고정하중 w_d가 가해지면 이로 인한 모멘트(M_d)가 발생하고 이로 인한 휨응력 M_d/S_1 또는 M_d/S_2가 발생된다.

$$f_1 = -\frac{P_i}{A_c}\left(1 - \frac{e \cdot c_1}{r^2}\right) - \frac{M_0}{S_1} - \frac{M_d}{S_1} \tag{3.3a}$$

$$f_2 = -\frac{P_i}{A_c}\left(1 + \frac{e \cdot c_2}{r^2}\right) + \frac{M_0}{S_2} + \frac{M_d}{S_2} \tag{3.3b}$$

4) $P_e + w_0 + w_d + w_l$ 단계

활하중 w_ℓ이 추가됨에 따라 이로 인한 활하중 모멘트(M_ℓ)가 발생되고 단면에 발생하는 외부 총모멘트는 $M_t = M_0 + M_d + M_\ell$이 된다.

$$f_1 = -\frac{P_e}{A_c}\left(1 - \frac{e \cdot c_1}{r^2}\right) - \frac{M_t}{S_1} \tag{3.4a}$$

$$f_2 = -\frac{P_e}{A_c}\left(1 + \frac{e \cdot c_2}{r^2}\right) + \frac{M_t}{S_2} \tag{3.4b}$$

5) $P_s + 1.4(w_0 + w_d) + 1.7w_l$ 단계

계수하중 상태에서의 응력은 기본적으로 보 단면 압축단의 변형률이 0.003에 이른 경우에 해당된다. 따라서 계수하중 상태에서의 상·하단 응력은 콘크리트와 긴장재가 비선형 거동을 하게 되므로 더 이상 탄성이론에 의하여 산정할 수 없다. 계수하중 상태에서의 응력은 3.7절에서 설명하였다.

3.5 기준에 의한 허용응력

건물시공 도중이거나 건물이 사용하중을 받는 상태에서 부재의 부분적 파괴를 방지하고 균열폭의 제어를 위하여 콘크리트 단면의 상·하단에 발생하는 콘크리트 응력의 크기와 프리스트레

싱 긴장재에 발생하는 응력의 크기에 제한을 두게 된다. 콘크리트설계기준에 의한 부재단면 콘크리트 상·하단응력과 긴장재에 대한 허용응력은 〈표 3.1〉 및 〈표 3.2〉와 같다.

아래 〈표 3.1〉에서 2)항 (2)의 ③에서 콘크리트설계기준 4.3.3 규정의 내용은 설계된 프리스트레스트 휨 부재의 순간처짐을 탄성처짐 공식에 의하여 계산할 수 있으며 이 때 콘크리트 전체 단면의 단면 2차모멘트는 비균열 단면에 대한 값을 사용할 수 있도록 규정한 내용이다. 또한 추가 장기처짐은 지속하중 하에서 철근의 응력을 고려하고, 콘크리트 크리이프 및 건조수축과 프리스트레싱 긴장재의 릴랙세이션의 영향을 고려하여 계산할 것을 명시하고 있다. 순간처짐 및 장기처짐에 의한 총 처짐값은 기준에 규정된 제한값을 초과하여서는 안된다.

또한 콘크리트설계기준 5.4.3(4)의 내용은 흙 및 옥외의 공기에 노출되거나 부식환경에 노출된 프리스트레스트 콘크리트 부재로서 〈표 3.1〉의 2)항 (2)의 ③에 규정된 허용인장응력을 초과하는 경우에 최소피복두께를 50% 이상 증가시키도록 하고 있다.

3.6 균열 모멘트

프리스트레스트 부재에 발생되는 균열은 처짐 및 긴장재의 부식을 증가시키고 피로하중에 대한 저항력을 감소시키는 결과를 초래한다. 또한 액체를 저장하는 수조의 경우, 균열에 따른 누수를 발생시킬 수 있으며 외관상 나쁜 영향을 줄 수 있다. 따라서 균열 모멘트의 크기를 예측하는 것은 중요하다고 할 수 있다.

초기균열을 일으키는 균열모멘트(M_{cr})는 보 하단에 발생하는 인장응력이 콘크리트의 휨파괴계수인 f_r에 도달하고 경우의 모멘트로서 다음과 같이 산정할 수 있다.

$$-\frac{P_e}{A_c}\left(1+\frac{e\cdot c_2}{r^2}\right) + \frac{M_{cr}}{S_2} = f_r \tag{3.5}$$

또는

$$\begin{aligned} M_{cr} &= f_r\cdot S_2+\frac{P_e}{A_c}\left(S_2+\frac{e\cdot c_2}{r^2}\cdot S_2\right) \\ &= f_r\cdot S_2+P_e\left(\frac{r^2}{c_2}+e\right) \end{aligned}$$

여기서 : $f_r =$ 콘크리트의 휨파괴 계수($=2.0\sqrt{f_{ck}}$)

활하중의 증감에 따라 균열하중이 발생한다고 가정할 때, 활하중에 대한 안전율(F_{cr})을 산정하여 균열여부를 알 수 있다. 즉 $M_{cr} = M_0 + M_d + F_{cr} \cdot M_\ell$이라 두면 F_{cr}의 값은 다음과 같다.

$$F_{cr} = \frac{M_{cr} - M_0 - M_d}{M_\ell} \tag{3.6}$$

따라서 만일 F_{cr}값이 1.0보다 작거나 같으면 총 활하중(M_ℓ)이 가해지기 전에 프리스트레스트 부재에 균열이 발생하게 되며 1.0보다 크면 주어진 활하중에 대하여 프리스트레스트 부재에 균열이 발생하지 않는다.

3.7 휨강도

철근콘크리트 부재와 마찬가지로 프리스트레스트 보의 휨강도도 압축단의 압축변형률이 0.003에 이르렀을 때를 기준하여 산정한다. 그림 3.3은 긴장재와 콘크리트의 응력-변형률 도를 나타내고 있다.

그림 3.3에서 응력 및 변형률 표기는 다음과 같다.

f_{pe}, ϵ_{pe} = $P_e + w_0 + w_d + w_l$ 단계에서 긴장재의 응력 및 변형률
f_{py}, ϵ_{py} = 프리스트레싱 긴장재의 설계기준항복강도 및 변형률
f_{ps}, ϵ_{ps} = 계수하중 시 프리스트레싱 긴장재의 인장응력 및 변형률
f_{pu}, ϵ_{pu} = 프리스트레싱 긴장재의 설계기준인장강도 및 변형률

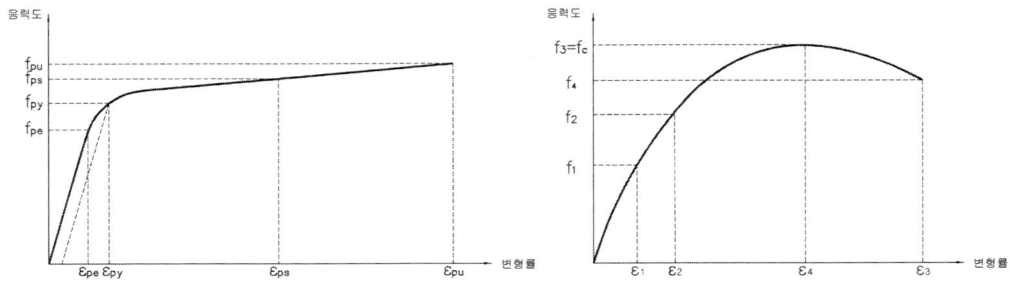

(a) 프리스트레싱 긴장재 (b) 콘크리트

그림 3.3 재료의 응력-변형률 및 하중 단계별 발생되는 응력

〈표 3.1〉 콘크리트부재 단면의 상 · 하단에서의 허용응력

1) 프리스트레스 도입 직후 시간에 따른 프리스트레스 손실이 일어나기 전의 응력은 다음 값 이하로 하여야 한다.

(1) 휨압축응력	$0.6f_{ci}$
(2) 휨인장응력(아래 (3)의 경우 제외)	$0.8\sqrt{f_{ci}}$
(3) 단순지지 부재 단부에서의 인장응력	$1.6\sqrt{f_{ci}}$

계산된 인장응력이 이러한 값을 초과하는 구역에는 비균열 단면으로 가정하여 계산된 전체 인장력을 저항할 수 있는 철근을 인장구역에 배근하여야 한다.

2) 모든 프리스트레스 손실이 일어난 후 사용하중 작용시의 콘크리트 휨응력은 다음 값 이하로 하여야 한다.

(1) 휨압축응력	$0.4f_{ck}$
(2) 휨인장응력	
① 일반적인 경우(②와 ③의 경우 제외)	$1.6\sqrt{f_{ck}}$
② 심한 부식의 우려가 있는 경우	$0.8\sqrt{f_{ck}}$
③ 환산균열단면과 2개의 선형으로 이루어진 모멘트-변위 관계를 기초로 해석한 결과 순간처짐과 장기처짐이 콘크리트 설계 기준 4.3.3의 규정을 만족하고 콘크리트 피복두께가 콘크리트 설계 기준의 5.4.3(4)의 규정을 따른 경우(2방향 슬래브 구조 제외)	$3.2\sqrt{f_{ck}}$

〈표 3.2〉 긴장재의 허용응력

1) 프리스트레싱 긴장재의 인장응력은 $0.8f_{pu}$ 또는 $0.94f_{py}$ 중 작은 값 이하로 하여야 한다. 또한 프리스트레싱 긴장재 또는 정착판의 제조자가 보증하는 최대값도 초과하지 않아야 한다.

2) 프리스트레스 도입 직후에 프리스트레싱 긴장재의 인장응력은 다음 값 이하로 하여야 한다.

(1) 프리텐셔닝	$0.74f_{pu}$와 $0.82f_{py}$ 중 작은 값
(2) 포스트텐셔닝	$0.7f_{pu}$

상기 표에서 사용된 부호는 다음과 같다.

f_{ci} = 프리스트레싱력 도입 시 콘크리트 압축강도 (kgf/cm^2)

f_{ck} = 콘크리트의 설계기준압축강도 (kgf/cm^2)

f_{pu} = 프리스트레싱 긴장재의 설계기준인장강도 (kgf/cm^2)

f_{py} = 프리스트레싱 긴장재의 설계기준항복강도 (kgf/cm^2)

계수하중 단계($P_s + 1.4(w_0 + w_d) + 1.7w_l$)에서의 긴장재의 응력 및 변형률의 값($f_{ps}$, ϵ_{ps})은 사용하중 단계($P_e + w_0 + w_d + w_l$)에서의 긴장재의 응력 및 변형률의 값 (f_{pe}, ϵ_{pe})보다는 증가하나 긴장재 자체의 최대값(f_{pu}, ϵ_{pu})보다는 작아야 한다. 또 계수하중 단계($P_s + 1.4(w_0 + w_d) + 1.7w_l$)에서 긴장재는 콘크리트가 콘크리트의 극한변형률인 $\epsilon_{cu} = 0.003$에 이르기 전에 항복하도록 연성적인 설계가 되어야 한다. 즉, 적정철근비로서 설계되어 콘크리트의 압축변형률이 0.003에 도달하기 전에 긴장재의 항복이 선행되어야 한다.

그림 3.4는 적정철근비(under-reinforcement ratio)와 과대철근비(over reinforcement ratio)로 설계된 프리스트레스트 보의 단면 내 응력분포 및 중립축 변화를 나타내고 있다. 적정철근비 및 과대철근비로 배근된 프리스트레스트 보의 특성은 다음과 같이 요약될 수 있다.

1) 적정철근비 보의 특성

(1) 콘크리트의 압축단의 변형률이 극한변형률인 0.003에 이르기 전에 긴장재의 항복이 선행된다.

(2) 중립축이 하중이 증가함에 따라 압축단으로 이동한다.

(3) 처짐이 많이 발생하여 연성파괴가 된다.

2) 과대철근비 보의 특성

(1) 긴장재가 항복하기 전에 콘크리트의 압축단의 변형률이 극한 변형률인 0.003에 먼저 도달한다.

(2) 중립축이 하중이 증가함에 따라 인장측으로 이동한다.

(3) 처짐이 적게 발생하여 취성파괴가 된다.

일반 철근콘크리트 보의 경우와 마찬가지로 극한상태에서 보 압축단의 콘크리트 응력은 다음과 같이 등가응력블럭(equivalent stress block)을 사용하여 근사화 한다(그림 3.5 참조). 따라서 콘크리트 압축단에 작용하는 압축력(c)은 다음과 같다.

$$C = 0.85 f_{ck} \cdot a \cdot b$$

여기서 : $a = \beta_1 \cdot c$

$$\beta_1 = 0.85 - 0.007 \cdot \left(\frac{f_{ck} - 280}{10} \right) \geq 0.65$$

c = 중립축까지의 거리

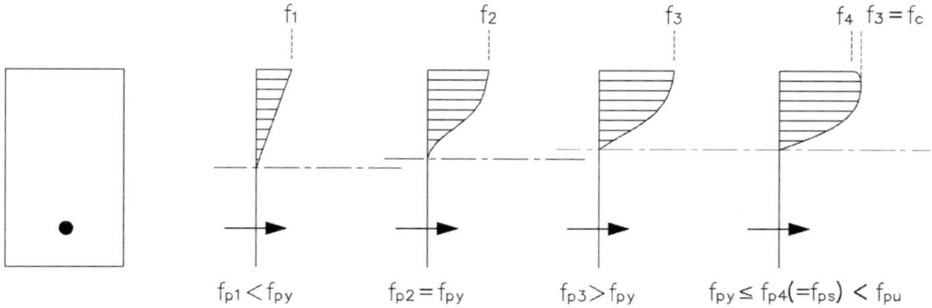

(a) 적정철근비 프리스트레스보

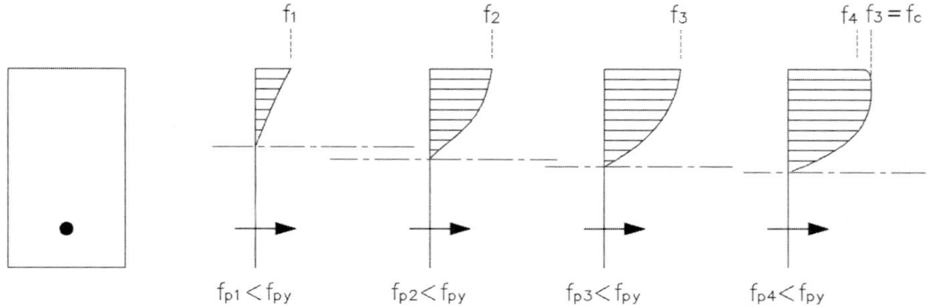

(b) 과대철근비 프리스트레스보

그림 3.4 극한강도에 이르기까지의 적정 및 과대철근비로 배근된 보의 응력 및 중립축 변화

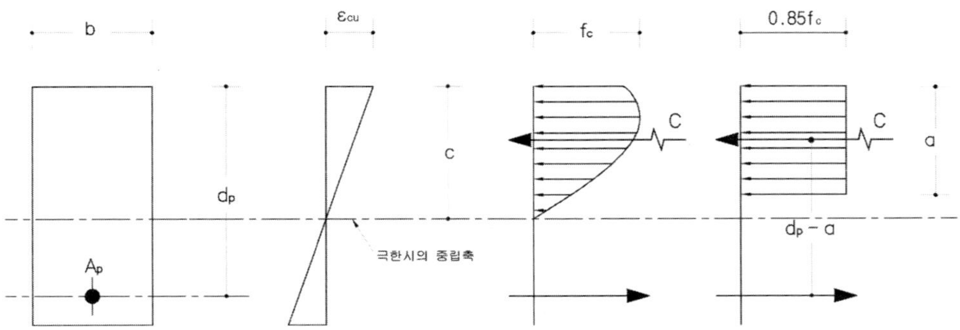

그림 3.5 극한하중 상태에서의 콘크리트 응력분포

3.7.1 콘크리트설계기준에 의한 휨강도 식

콘크리트설계기준에서는 프리스트레스트 보의 휨강도를 산정하기 위한 실용식을 제안하고

있다. 극한상태에서의 프리스트레스트 보의 휨강도는 긴장재가 받고 있는 인장응력과 함께 콘크리트부재의 압축단에서 콘크리트가 받고 있는 압축응력에 의하여 결정된다. 극한상태에서의 콘크리트 압축응력의 크기는 등가응력블럭으로써 산정할 수 있으나 프리스트레싱 긴장재의 경우는 일반철근과 달리 분명한 항복점을 보이지 않는다. 항복 후, 파단에 이르기까지 강도가 지속적으로 증가하는 성향을 나타내는 긴장재의 경우, 극한상태에서의 긴장재의 변형률을 산정하지 않는 한, 긴장재가 받고 있는 응력을 정확하게 산정하기에는 어려움이 있다. 또한 부착된 긴장재와는 달리 비부착된 긴장재의 경우, 변형률 적합성(strain compatibility)이 적용되지 않으므로 긴장재가 같은 위치에서의 콘크리트 변형률과는 다른 변형률 값을 갖게 되어 극한상태에서 긴장재의 응력을 예측함에 더 큰 어려움이 있다.

따라서 콘크리트설계기준에서는 부착된 프리스트레스트 보와 비부착된 프리스트레스트 보에 대하여 극한 시 긴장재의 휨인장 응력을 각각 제시하고 있다. 부착된 프리스트레스트 보 내의 긴장재가 받는 휨인장 응력에 비하여 비 부착된 프리스트레스트 보 긴장재가 받는 휨인장 응력은 좀 더 실험결과에 의존하여 제시된 식이라 할 수 있다. 아래에서는 콘크리트설계기준에 따른 부착 및 비부착된 긴장재의 극한시 응력에 대한 수식들을 나타내고 있으며, 그림 3.6에 이를 흐름도로써 정리하였다.

1) 부착된 긴장재의 극한 시 휨인장 응력(f_{ps})

(1) 압축철근 또는 인장철근이 없이 긴장재만으로 배근된 보에서의 휨인장 응력

$$f_{ps} = f_{pu}\left(1 - \frac{\gamma_p}{\beta_1} \cdot \frac{\rho_p \cdot f_{pu}}{f_{ck}}\right) \tag{3.7}$$

여기서 : $\rho_p = A_p / b \cdot d_p$

A_p = 긴장재 단면적

b = 보 폭

d_p = 압축단에서 긴장재까지의 거리 (cm)

γ_p = 프리스트레싱 긴장재의 종류에 따른 계수

= f_{py}/f_{pu} 가 0.80보다 큰 경우 0.55

= f_{py}/f_{pu} 가 0.85보다 큰 경우 0.40

= f_{py}/f_{pu} 가 0.90보다 큰 경우 0.28

(2) 압축철근 또는 인장철근이 함께 배근된 보의 긴장재 극한 시 휨응력

$$f_{ps} = f_{pu}\left[1-\frac{\gamma_p}{\beta_1}\left(\rho_p \cdot \frac{f_{pu}}{f_{ck}}+\frac{d}{d_p}(w-w')\right)\right] \tag{3.8a}$$

$$\rho_p \cdot \frac{f_{pu}}{f_{ck}}+\frac{d}{d_p}(w-w') \geq 0.17,\ d' \leqq 0.15d_p \tag{3.8b}$$

여기서 : d', d = 압축단에서 압축철근 및 인장철근 중심까지의 거리 (cm)

$w = \rho \cdot f_y / f_{ck}$

$w' = \rho' \cdot f_y / f_{ck}$

$\rho = A_s / b \cdot d$

$\rho' = A_s' / b \cdot d$

A_s, A_s' = 인장 및 압축철근의 단면적

2) 비부착된 긴장재의 극한 시 휨 응력

(1) 보 깊이에 대한 경간의 비가 35 이하인 경우

$$f_{ps} = f_{pe} + 700 + \frac{f_{ck}}{100\rho_p} \quad (kgf/cm^2) \tag{3.9}$$

$f_{ps} \leq f_{py}$, 또한 $(f_{pe} + 4{,}000)$ (kgf/cm^2)

(2) 보 깊이에 대한 경간의 비가 35를 초과하는 경우

$$f_{ps} = f_{pe} + 700 + \frac{f_{ck}}{300\rho_p} \quad (kgf/cm^2) \tag{3.10}$$

$f_{ps} \leq f_{py}$, 또한 $(f_{pe} + 2{,}000)$ (kgf/cm^2)

여기서 : f_{pe} = 프리스트레싱 긴장재의 유효응력 (kgf/cm^2)

상기 식들에 의하여 극한 시의 긴장재의 응력을 산정한 후, 다음 각 경우에 따라 프리스트레스트 보 부재의 휨강도(M_n)를 산정한다(그림 3.7 흐름도 참조).

1) 장방형보, T-형보, L-형보 (단, 압축응력블럭이 압축플랜지 내에 있는 경우로써 프리스

트레싱이 되지 않은 일반철근이 함께 배근되지 않은 경우)

$$M_n = A_p \cdot f_{ps} \cdot \left(d_p - \frac{a}{2}\right) \tag{3.11}$$

단, $a = \dfrac{A_p \cdot f_{ps}}{0.85 f_{ck} \cdot b}$

여기서 : A_p = 인장측에 있는 프리스트레스트 긴장재의 단면적 (㎠)

b = 압축측의 부재폭 (㎝)

2) T-형보, L-형보 (단, 압축응력블럭이 압축플랜지 외에 있는 경우)

$$M_n = A_{pw} \cdot f_{ps}(d_p - \frac{a}{2}) + A_s \cdot f_y(d - d_p) + A_{pf} \cdot f_{ps}\left(d_p - \frac{h_f}{2}\right) \tag{3.12}$$

여기서 : $A_{pw} \cdot f_{ps} = A_P \cdot f_{ps} + A_s \cdot f_y + A_{pf} \cdot f_{ps}$

$A_{pf} \cdot f_{ps} = 0.85 f_{ck} \cdot (b - b_w) \cdot h_f$

b_w, h_f = 웨브 폭, 플랜지 두께

$a = \dfrac{A_{pw} \cdot f_{ps}}{0.85 f_{ck} \cdot b_w}$

앞에서 언급한 바와 같이 과도한 철근량으로 인한 취성파괴를 방지하고 프리스트레스트 보의 연성파괴를 유도하기 위하여 콘크리트설계기준에서는 다음과 같이 긴장재와 철근량에 대하여 철근지수에 대한 제한 규정을 두고 있다 (그림 3.8 흐름도 참조).

1) 프리스트레싱 긴장재로만 배근된 장방형 보

$$\frac{\rho_p \cdot f_{ps}}{f_{ck}} \leqq 0.36\beta_1 \tag{3.13}$$

2) 프리스트레싱 긴장재와 일반철근으로 배근된 장방형보

$$w_p + \frac{d}{d_p}(w - w') \leqq 0.36\beta_1 \tag{3.14}$$

여기서 : w = 인장철근의 지수

$= \rho \cdot f_y / f_{ck}$

w' = 압축철근의 지수

$= \rho' \cdot f_y / f_{ck}$

w_p = 긴장재의 철근지수

$= \rho_p \cdot f_{ps} / f_{ck}$

3) 플랜지를 갖는 보

$$\omega_{p\omega} + \frac{d}{d_p}(\omega_\omega - \omega_\omega{}') \leqq 0.36\beta_1 \quad (3.15)$$

여기서 : $\omega_{pw} = \rho_p \cdot f_{ps} / f_{ck}$, $\rho_p = A_p / b_w \cdot d_p$

$\omega_w = \rho_w \cdot f_y / f_{ck}$, $\rho_w = A_s / b_w \cdot d$

$w_w' = \rho_w' \cdot f_y / f_{ck}$, $\rho_w' = A_s' / b_w \cdot d$

만일 상기 식들에 의한 철근비보다 더 크게 배근된 경우에는 아래 식을 적용하여 휨강도를 산정한다.

1) 장방형 보 또는 등가응력블럭의 깊이(a)가 플랜지두께(h_f)보다 작은 경우

$$M_n = f_{ck} \cdot b \cdot d_p^2 (0.36 \cdot \beta_1 - 0.08 \cdot \beta_1^2) \quad (3.16)$$

2) 플랜지를 갖고 있는 단면으로서 등가응력 블럭의 깊이(a)가 플랜지두께(h_f)보다 큰 경우

$$M_n = f_{ck} \cdot b_w \cdot d_p^2 (0.36\beta_1 - 0.08\beta_1^2) + 0.85 f_{ck}(b - b_w) \cdot h_f \cdot \left(d_p - \frac{h_f}{2}\right) \quad (3.17)$$

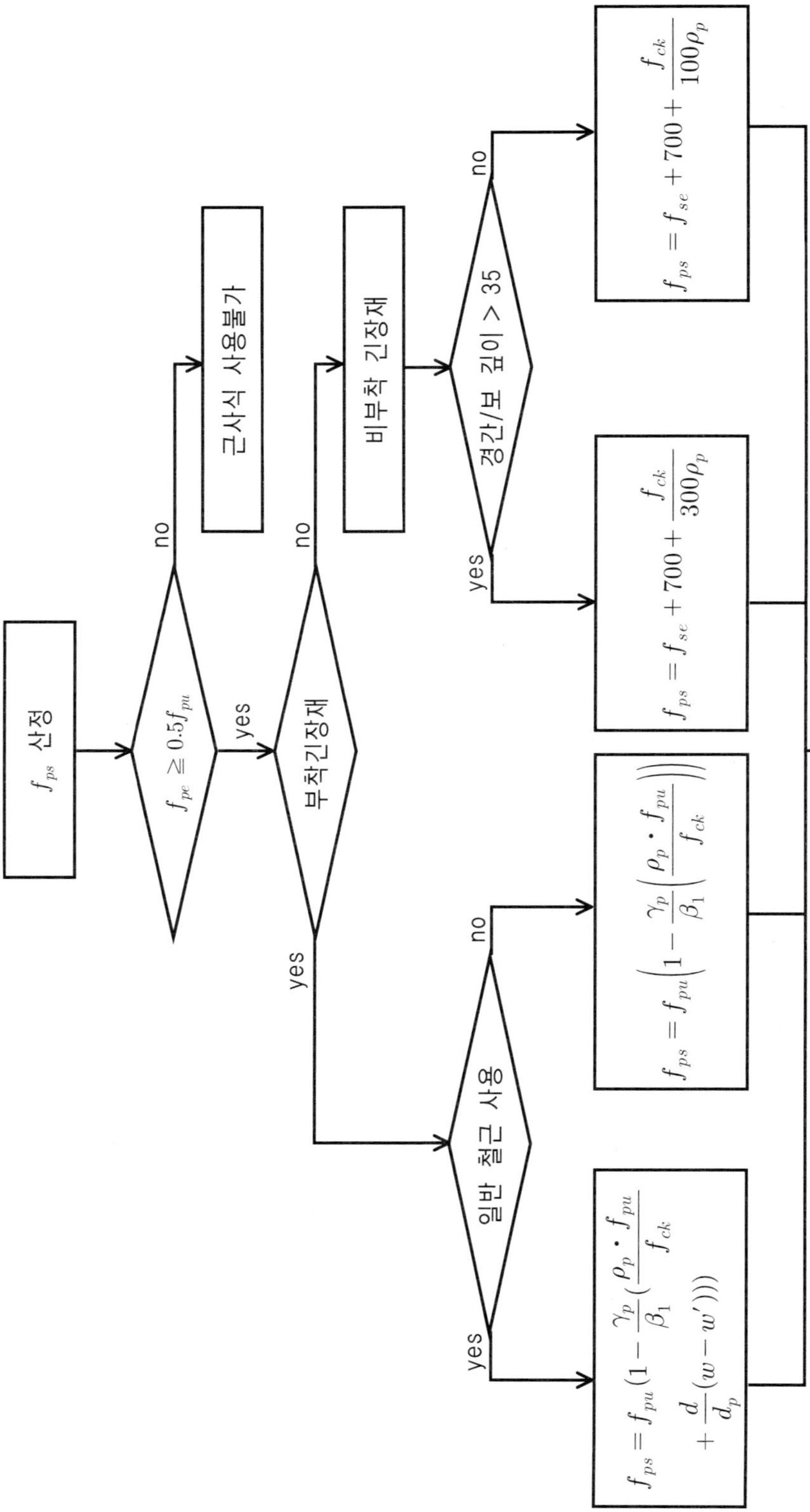

그림 3.6 부착 및 비부착 긴장재의 극한 시 응력산정

3.7.2 변형률 적합성에 의한 휨강도 산정

변형률 적합성(strain compatibility)에 의한 휨강도의 산정은 부착된 긴장재를 사용한 부재에만 적용할 수 있는 기법이다. 이 기법은 긴장재와 이를 감싸고 있는 콘크리트와의 완전부착을 가정한다. 따라서 긴장재 주위의 변형률의 변화와 긴장재의 변형률의 변화가 동일하다는 가정 하에 반복적인 계산방법으로 단면의 휨강도를 산정한다. 단면의 형상이나 일반철근의 사용유무에 관계없이 비교적 정확하게 단면의 휨강도를 산정할 수 있다.

그림 3.9는 수치해석방법 중의 하나인 이분법(Bisection Method)을 사용하여 부착된 긴장재를 사용한 프리스트레스트 보의 휨강도를 산정하는 순서도이다.

기준에 나타난 식을 사용할 경우, 극한 시 부착된 프리스트레스트 보 긴장재의 응력을 기준식에 따라 개략적으로 계산하는데 반하여 변형률 적합성을 적용하는 경우는 극한 시의 긴장재의 변형률을 단면의 평형방정식으로부터 정확히 산정할 수 있으므로 비교적 정확하게 단면의 내력 휨모멘트를 산정할 수 있는 장점을 갖는다. 변형률 적합성에 따라 긴장재의 응력을 산정하기 위하여 먼저 긴장재의 변형률을 산정한다. 그런 후에 실제 사용된 긴장재의 응력-변형률도로부터 응력을 읽는다. 단, 긴장재의 변형률 크기는 중립축의 위치(c)에 따라 결정되며 3가지 요소로 구분되어 산정된다.

$$\epsilon_{ps} = \epsilon_1 + \epsilon_2 + \epsilon_3 \tag{3.18}$$

여기서 : $\epsilon_1 =$ 초기 긴장력 P_i에 장, 단기 손실이 발생한 후의 P_e에 대한 긴장재 변형률 $(=\dfrac{f_{pe}}{E_p})$

$\epsilon_2 =$ 외부 추가하중에 의하여 긴장재 위치에서의 콘크리트 압축변형률이 인장측으로 증가함에 따라 긴장재 위치에서의 콘크리트 변형률값과 응력값이 영(0)이 될 때의 긴장재에 발생하는 추가 인장변형률 ϵ_1에 추가하여 발생하는 긴장재의 인장변형률 ϵ_2는 변형률 적합성에 의하여 P_e상태에서 긴장재 위치에서의 콘크리트 압축변형률이 추가로 증가하는 양과 동일하므로 $\epsilon_2 = \dfrac{P_e}{A_c \cdot E_c} \cdot \left(1 + \dfrac{e^2}{r^2}\right)$로 산정한다.

$\epsilon_3 =$ 콘크리트 압축단 변형률이 극한 변형률인 0.003에 도달할 때의 긴장재에 발생하는 추가 인장변형률.

변형률 적합성에 의한 휨강도 산정 시, ϵ_1과 ϵ_2값은 반복계산 시 항상 동일한 값을 유지하나 ϵ_3값은 1개만 가정하여야 한다. 즉, 압축단의 변형률은 0.03으로 두고 중립축까지의 거리(c)를 가정한 후, ϵ_3를 정하고 이에 따른 단면내력의 합(F값)이 영(0)이 됨을 검토한다. 만일 F값이 영(0)에 수렴하지 않을 경우 새로운 c값을 가정하고 계산을 반복한다. 변형률 적합성에 의한 휨강도 산정방법은 예 3.3을 통하여 자세히 설명하였다.

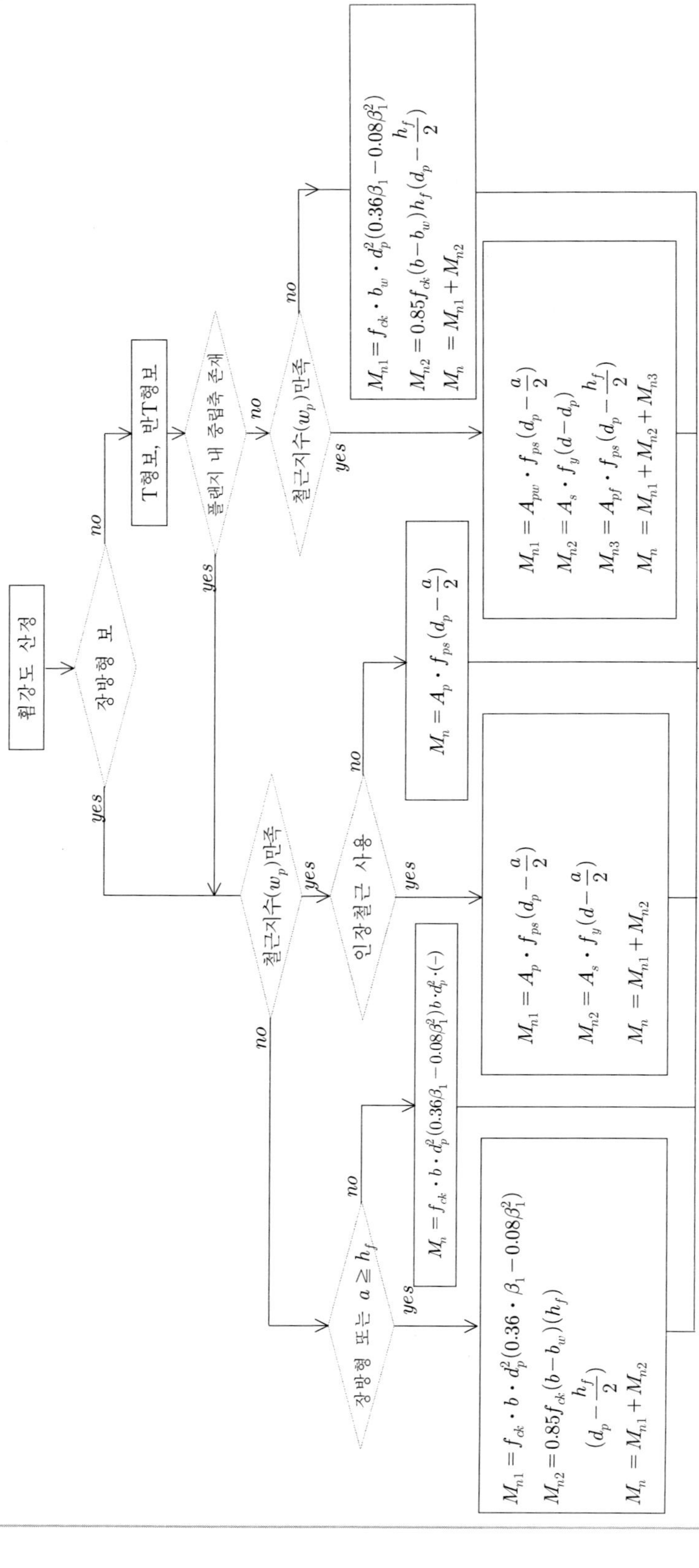

그림 3.7 프리스트레스트보의 휨 강도식 산정

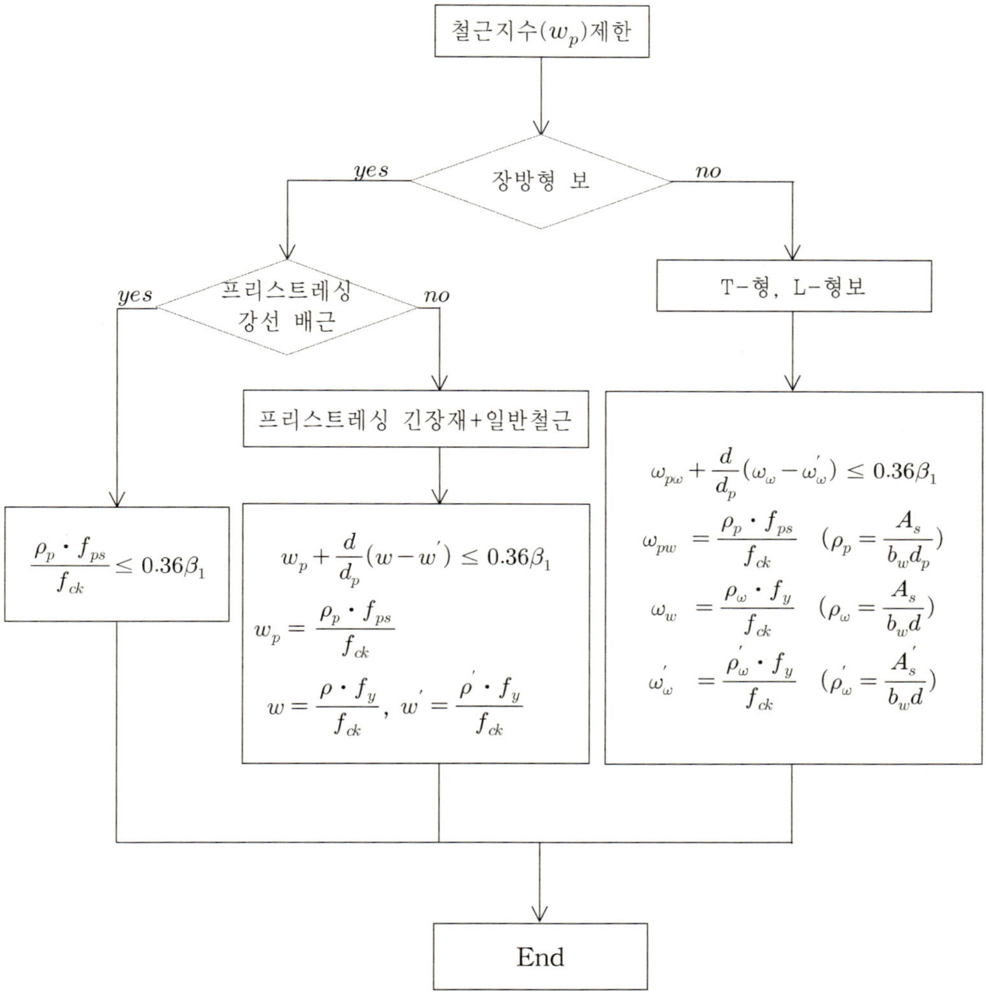

그림 3.8 철근지수의 제한

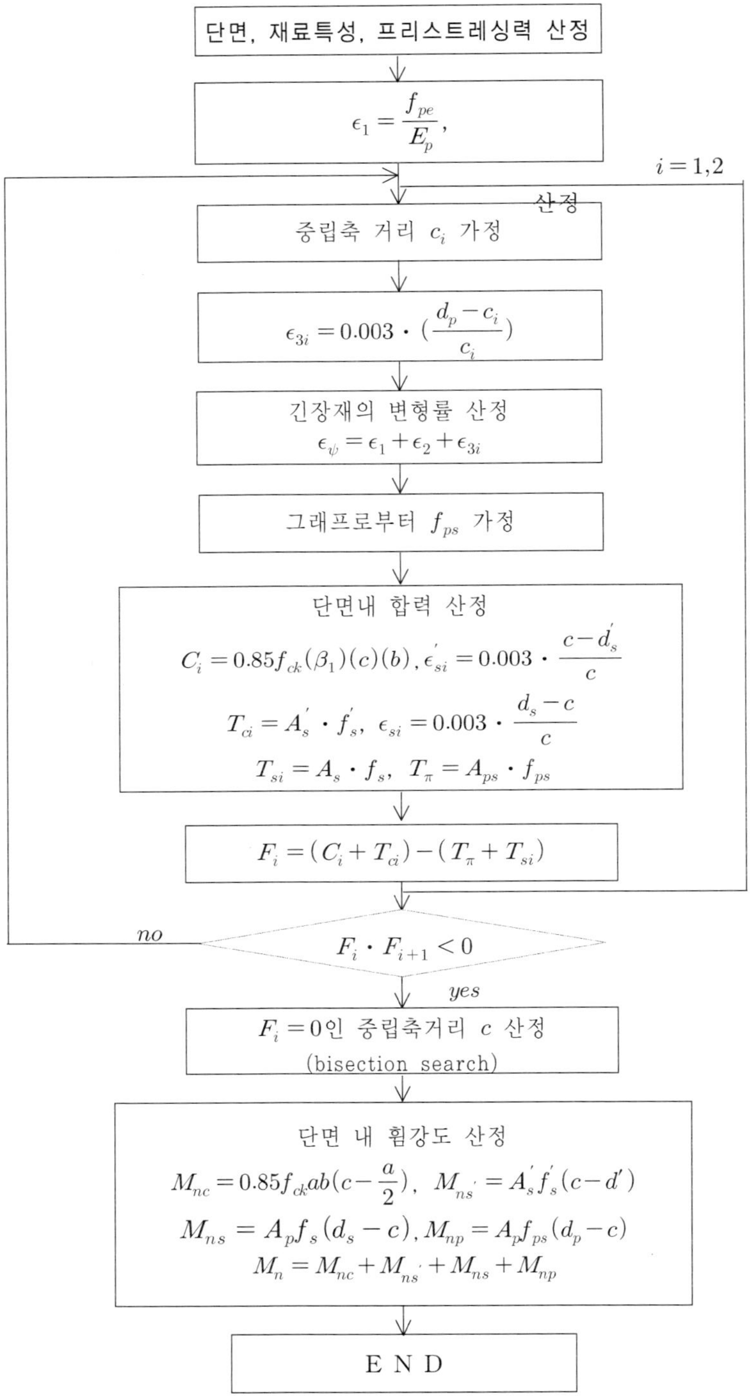

그림 3.9 변형률 적합성에 의한 휨강도 산정

예 3·1 하중 단계별 상·하단 응력산정 및 허용응력 검토

폭 30㎝, 높이 80㎝의 직사각형 단면의 단순 지지된 포스트텐션 보가 있다(예 그림 3.1 참조). 지간은 12m이다. 긴장재는 경간 중앙에서 단면 도심으로부터 18㎝, 지점에서 0㎝의 편심을 갖는 포물선 긴장재이다. $P_i = 150tf$이고 유효율(R)은 0.84, 부재의 고정하중과 활하중은 각각 $450kgf/m$와 $1,500kgf/m$이다.

콘크리트 강도는 $350kgf/cm^2$이고 프리스트레싱력 도입 시점에서 콘크리트 강도는 $f_{ci} = 280kgf/cm^2$이다.

1) P_i - 단계에서 중간 경간에서의 보 단면 상·하단의 휨 응력을 구하여라.

2) 전체 사용하중이 작용할 때의 휨응력 분포를 구하고, 콘크리트설계기준에서 정한 허용응력과 비교하라

$$c_1 = c_2 = 40cm, \quad A_c = 2,400cm^2$$

$$I_c = 1,280,000cm^4, \ S_1 = S_2 = 32,000cm^3$$

$$r^2 = 533.3cm^2$$

1) P_i - 단계에서의 상·하단의 휨 응력

$$f_1 = -\frac{P_i}{A_c}\left(1 - e\cdot\frac{c_1}{r^2}\right) = -\frac{150,000}{2,400}\cdot\left(1 - \frac{18\cdot 40}{533.3}\right) = 21.9kgf/cm^2 \tag{3.1-1}$$

$$f_2 = -\frac{P_i}{A_c}\left(1 + \frac{e\cdot c_2}{r^2}\right) = -\frac{150,000}{2,400}\cdot\left(1 + \frac{18\cdot 40}{533.3}\right) = -146.9kgf/cm^2 \tag{3.1-2}$$

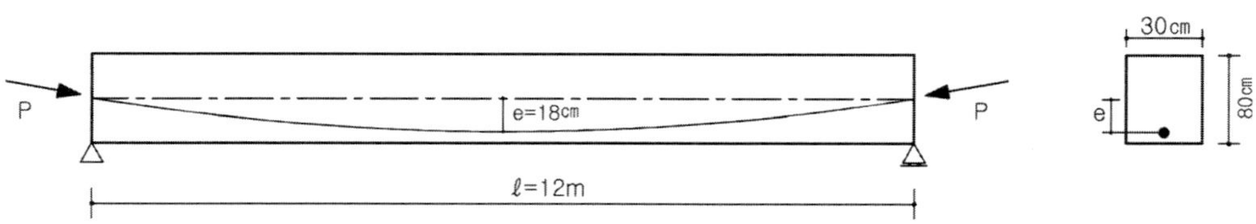

예 그림 3.1 단순지지된 프리스트레스 보

2) 전체 사용하중이 작용할 때의 휨 응력분포

콘크리트 단위 중량 $w_e = 2.4tf/m^3$

단위 m 당 받는 하중 $w_0 = 2{,}400 \cdot \left(\frac{30 \cdot 80}{100^2}\right) = 576\,kgf/m$

$$P_e = 0.84 \cdot P_i$$

$$= 0.84 \cdot 150 = 126tf$$

$$M_t = \frac{1}{8}(w_0 + w_d + w_l) \cdot l^2 \qquad (3.1\text{-}3)$$

$$= \frac{1}{8}(576 + 450 + 1{,}500) \cdot 12^2$$

$$= 45{,}468\ kgf \cdot m$$

$$f_1 = -\frac{P_e}{A_c}\left(1 - \frac{e \cdot c_1}{r^2}\right) - \frac{M_t}{S_1} \qquad (3.1\text{-}4)$$

$$= -\frac{126 \cdot 10^3}{2{,}400}\left(1 - \frac{18 \cdot 40}{533.3}\right) - \frac{45{,}468 \cdot 10^2}{32{,}000}$$

$$= -123.7\ kgf/cm^2$$

$$f_2 = -\frac{P_e}{A_c}\left(1 + \frac{e \cdot c_2}{r^2}\right) + \frac{M_t}{S_2} \qquad (3.1\text{-}5)$$

$$= -\frac{126 \cdot 10^3}{2{,}400}\left(1 + \frac{18 \cdot 40}{533.3}\right) + \frac{45{,}468 \cdot 10^2}{32{,}000}$$

$$= 18.7\ kgf/cm^2$$

3) 허용응력검토

(1) P_i - 단계에서의 응력 검토

압축응력 $0.6f_{ci}$이하 : $0.6 \cdot 280kgf/cm^2 = 168\ kgf/cm^2$

인장응력 $1.6\sqrt{f_{ci}}$ 이하 : $1.6 \cdot \sqrt{280kgf/cm^2} = 26.8\ kgf/cm^2$

따라서 $f_1 = 21.9\ kgf/cm^2$(인장) $< 26.8 kgf/cm^2$

$|f_2| = |-146.9|kgf/cm^2$(압축) $< 168kgf/cm^2$ 만족

(2) 전체 사용하중이 작용할 때 응력 검토

압축응력 $0.4f_{ck}$이하 : $0.4 \cdot 350kgf/cm^2 = 140\ kgf/cm^2$

인장응력 $1.6\sqrt{f_{ck}}$이하 : $1.6 \cdot \sqrt{350kgf/cm^2} = 29.9\ kgf/cm^2$

따라서, $|f_1| = |-123.7| kgf/cm^2$(압축) $< 140\ kgf/cm^2$

$f_2 = 18.7\ kgf/cm^2$(인장) $< 29.9\ kgf/cm^2$ 만족

예 3·2 균열 하중 산정

예 그림 3.2와 같은 단면을 갖고 지간이 $7.5m$인 단순 지지된 포스트텐션 보가 있다. 프리스트레싱 긴장재의 단면적은 $A_p = 3.71\ cm^2$이고, 지점에서 $0cm$ 지간 중앙에서 $19cm$편심을 갖는 포물선 형태로 배치되어 있다. 프리스트레싱력 손실 후 유효응력은 $f_{pe} = 9{,}200kgf/cm^2$이다. 보의 균열 등분포하중을 구하라 단, $f_r = 33\ kgf/cm^2$이다.

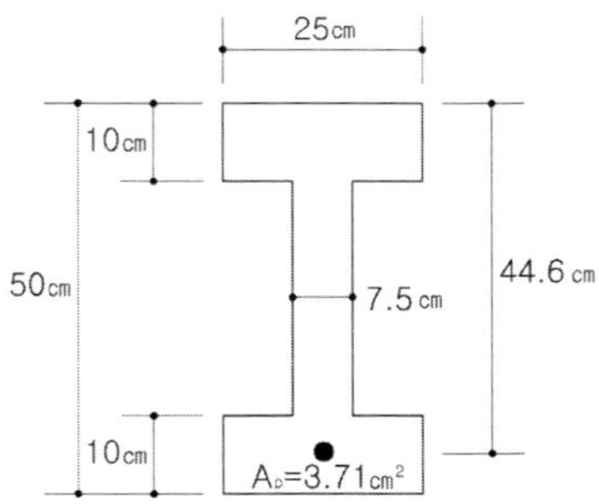

예 그림 3.2 I-형 단면

우선 단면 특성인 c_1, c_2, r^2, S_1, S_2, A_c 등을 산정한다.

$c_1 = c_2 = 25cm$

$A_c = 2 \cdot (15 \cdot 7.5 + 10 \cdot 25) = 725cm^2$

$$I_c \;=\; 2 \cdot \left(\frac{bh^3}{3} + \frac{bh^3}{12} + b \cdot h \cdot y^2\right)$$

$$= \; 2 \cdot \left(\frac{7.5 \cdot 15^3}{3} + \frac{25 \cdot 10^3}{12} + 25 \cdot 10 \cdot (25-5)^2\right)$$

$$= \; 221{,}041.7 \;\; cm^4$$

$$S_1 = \; S_2 = \left(\frac{I_c}{c_1}\right) = \; \left(\frac{221{,}041.7}{25}\right) = \;\; 8{,}841.7 cm^3$$

$$r^2 = \; \left(\frac{I_c}{A_c}\right) = \; \left(\frac{221{,}041.7}{725}\right) = 304.9 cm^2$$

보에 균열이 발생한다는 것은 인장측 휨응력이 다음과 같이 파괴계수인 f_r에 도달하는 경우이다. 이때의 휨 모멘트를 M_{cr}이라고 하면, 식 (3.5)에 의하여

$$-\frac{P_e}{A_c}\left(1 + \frac{e \cdot c_2}{r^2}\right) + \frac{M_{cr}}{S_2} = \;\; f_r \qquad (3.2\text{-}1)$$

따라서

$$M_{cr} \;=\; f_r \cdot S_2 + P_e\left(\frac{r^2}{c_2} + e\right)$$

$$= \; 33 \cdot 8{,}841.7 + 9{,}200 \cdot 3.71 \cdot \left(\frac{304.9}{25} + 19.0\right)$$

$$= \; 13.57 \;\; tf \cdot m \quad \left(= \frac{w_{cr}\ell^2}{8}\right)$$

$$w_{cr} = \frac{8 \cdot M_{cr}}{\ell^2} = \frac{8 \cdot 13.77}{7.5^2} = 1.93 f/m$$

예 3 · 3 휨강도 산정

예 그림 3.3(a)의 단면 및 예 그림 3.3(b)와 같은 응력-변형률을 갖는 긴장재로 부착 프리스트레싱된 보의 공칭휨강도(M_n)를 산정할 때, 1) 콘크리트설계기준에 의한 휨강도와 2) 변형률

적합성에 의한 휨강도를 산정하라

콘크리트 : $f_{ck} = 350kgf/cm^2$, $E_c = 2.5 \cdot 10^5 kgf/cm^2$

프리스트레싱 긴장재 : $A_p = 6.5cm^2$, $d_p = 42cm$

$E_p = 1.89 \cdot 10^6 kgf/cm^2$, $f_{pu} = 17{,}000kgf/cm^2$

$f_{pe} = 11{,}400kgf/cm^2$, $f_{py} = 14{,}500kgf/cm^2$

철 근 : $f_y = 4{,}000kgf/cm^2$, $E_s = 2.0 \cdot 10^6 kgf/cm^2$

인 장 철 근 : $A_s = 8.61\ cm^2$, $d_s = 55\ cm$

압 축 철 근 : $A_s' = 5.74\ cm^2$, $d_s' = 6\ cm$

주어진 보의 단면 특성은 다음과 같다.

$A_c = 1{,}800cm^2$, $I_c = 540{,}000cm^4$, $d_s = 55cm$, $d_p = 42cm$, $d' = 6cm$

$r^2 = I_c/A = 300cm^2$, $f_{ck} = 350kgf/cm^2$이므로 β_1 값을 산정하면,

$\beta_1 = 0.85 - 0.007 \cdot (350 - 280)/10 = 0.801$ 이다.

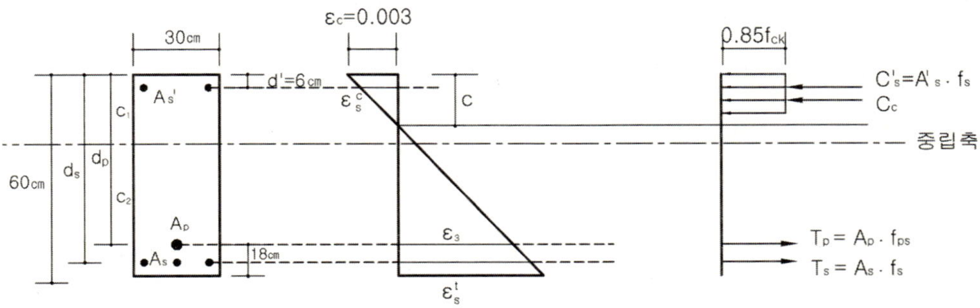

예 그림 3.3(a) 보의 응력-변형률

1) 콘크리트설계기준에 의한 휨강도 산정

프리스트레싱 긴장재가 부착되는 부재에 대해서는

$$f_{ps} = f_{pu}\left[1 - \frac{\gamma_p}{\beta_1}\left(\rho_p \frac{f_{pu}}{f_{ck}} + \frac{d}{d_p}(w - w')\right)\right] \tag{3.3-1}$$

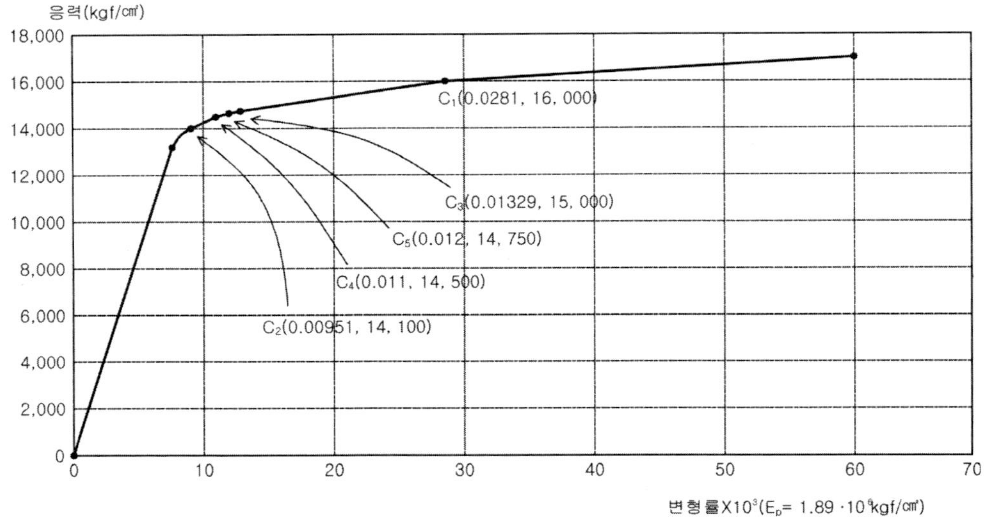

예 그림 3.3(b) 긴장재의 응력-변형률

에 의해 구할 수 있다 (단 $f_{pe} \geqq 0.5 f_{pu}$).

압축철근을 고려한다면 $\left(\rho_p \dfrac{f_{pu}}{f_{ck}} + \dfrac{d}{d_p}(w - w')\right) \geq 0.17$, $d' \leqq 0.15 d_p$이어야 한다.

$w = \rho \cdot f_y / f_{ck}$, $w' = \rho' \cdot f_y / f_{ck}$, $\rho = A_s / b \cdot d$, $\rho' = A_s' / b \cdot d$이다.

여기서 γ_p는 $\dfrac{f_{py}}{f_{pu}} \geqq 0.85$이면 0.4이고, $\dfrac{f_{py}}{f_{pu}} \geqq 0.9$이면 0.28이다.

$f_{py} / f_{pu} = 14{,}500/17{,}000 = 0.853$이므로 $\gamma_p = 0.4$이다.

$$\rho = \frac{A_s}{bd} = \frac{8.61}{30 \cdot 55} = 0.0052, \quad \rho' = \frac{A_s'}{bd} = \frac{5.74}{30 \cdot 55} = 0.0035$$

$$\rho_p = \frac{A_p}{bd_p} = \frac{6.5}{30 \cdot 42} = 0.0052,$$

$$w = \frac{0.0052 \cdot 4{,}000}{350} = 0.059, \quad w' = \frac{0.0035 \cdot 4{,}000}{350} = 0.04$$

그리고 $f_{pe} = 11{,}400 kgf/cm^2$. $f_{pu} = 17{,}000 kgf/cm^2$이므로 $f_{pe} \geqq 0.5 f_{pu}$

$$f_{ps} = f_{pu}\left[1 - \frac{\gamma_p}{\beta_1}\left(\rho_p \cdot \frac{f_{pu}}{f_{ck}} + \frac{d}{d_p}(w - w')\right)\right] \quad (3.3\text{-}2)$$

$$= 17,000 \cdot \left[1 - \frac{0.4}{0.801}\left(0.0052 \cdot \frac{17,000}{350} + \frac{55}{42}(0.059 - 0.04)\right)\right]$$

$$= 14,644.6\ kgf/cm^2$$

압축철근이 항복한다고 가정하고 $C_s + C_c = T_p + T_s$에서 a값을 산정하면,

$$a = \frac{A_p \cdot f_{ps} + A_s \cdot f_y - A_s' \cdot f_y}{0.85 f_{ck} b} \quad (3.3\text{-}3)$$

$$= \frac{6.5 \cdot 14,644.6 + 8.61 \cdot 4000 - 5.74 \cdot 4000}{0.85 \cdot 350 \cdot 30}$$

$$= 11.95\ cm$$

$$c = a/\beta_1 = 11.95\ /\ 0.801 = 14.92cm$$

$$M_n = A_p f_{ps}(d_p - c) + A_s f_y (d_s - c) \quad (3.3\text{-}4)$$

$$+ 0.85 f_{ck \cdot a} \cdot b\left(c - \frac{a}{2}\right) + A_s' f_y (c - d')$$

$$= 6.5 \cdot 14,644.6 \cdot (42 - 14.92) + 8.61 \cdot 4,000 \cdot (55 - 14.92)$$

$$+ 0.85 \cdot 350 \cdot 11.95 \cdot 30 \cdot \left(14.92 - \frac{11.95}{2}\right)$$

$$+ 5.74 \cdot 4,000 \cdot (14.92 - 6)$$

$$= 5,116,918,7\ kgf \cdot cm(51.17 tf \cdot m)$$

따라서 콘크리트 설계기준에 따른 주어진 단면의 휨강도는 $M_n = 51.17 tf \cdot m$이다.

2) 변형률 적합성에 의한 휨강도 산정

단면 평형조건 $\sum F_x = 0 : 0.85 f_{ck} \cdot a \cdot b + A_S' f_s' = A_p f_{ps} + A_s f_s$이 만족되어야 한다. 이 조건은 중립축에 대한 함수로 다음과 같이 다시 쓸 수 있다.

$$F(c) = 0.85 f_{ck} \cdot \beta_1 \cdot c \cdot b + A_s' f_s - (A_p f_{ps} + A_s f_s) \tag{3.3-5}$$

반복 계산에 의하여 위의 함수값이 $F(c) = 0$이 되는 중립축거리 c를 찾고자 한다. 이때, 효율적인 반복 계산을 위하여 수치해석방법 중 이분법 (Bisection Method)을 적용한다.

(1) $c_1 = 5cm$로 가정

비례관계를 이용하여 압축철근 변형률(ϵ_s^c)과 인장철근 변형률(ϵ_s^t)을 산정한다.

① $\epsilon_c : c_1 \;=\; \epsilon_s^c : (c_1 - d')$

$$\epsilon_s^c = \left(1 - \frac{d'}{c_1}\right) \cdot \epsilon_c = \left(1 - \frac{6}{5}\right) \cdot 0.003 \;=\; -0.0006 \text{ (인장)}$$

② $\epsilon_c : c_1 = \epsilon_s^t : (d_s - c_1)$

$$\epsilon_s^t \;=\; \left(\frac{d_s}{c_1} - 1\right) \cdot \epsilon_c \;=\; \left(\frac{55}{5} - 1\right) \cdot 0.003 \;=\; 0.03$$

여기서 $|\epsilon_s^c|$ 혹은 $\epsilon_s^t \geq (f_y)/(E_s) = 0.002$이면

$f_s = f_y$ 혹은 $f_s' = f_y$, 그렇지 않으면, $f_s' = E_s \cdot \epsilon_s^c$ 혹은 $f_s = E_s \cdot \epsilon_s^t$이다.

③ 프리스트레싱 긴장재의 변형률 $\epsilon_{ps} = \epsilon_1 + \epsilon_2 + \epsilon_3$을 구한 후 f_{ps}를 산정한다.

a. 초기 긴장력 P_i에 장, 단기 손실이 발생한 후의 P_e에 대한 긴장재 변형률 ϵ_1:

$$\epsilon_1 = \epsilon_e = \frac{f_{pe}}{E_p} = \frac{11,400}{1,89 \cdot 10^6} = 0.00603$$

b. 압축응력 이완 시의 긴장재 추가 변형률 ϵ_2:

외부 추가하중에 의하여 긴장재의 위치에서의 콘크리트 압축 변형률이 인장측으로 증가하여 긴장재 위치에서의 콘크리트 변형과 응력이 영(0)이 될 때(decompression)의 콘크리트 추가변형률을 ϵ_2라 하자. 변형률 적합성(strain compatibility)에 의하여 긴장재의 추가 인장변형률도 ϵ_2가 된다.

$$\epsilon_2 = \frac{P_e}{A_c \cdot E_c}\left(1+\frac{e^2}{r^2}\right)$$

$$= \frac{74{,}100}{60 \cdot 30 \cdot 2.5 \cdot 10^5}\left(1+\frac{5^2}{300}\right)$$

$$= 0.00018$$

c. Decompression시의 긴장재 추가 변형률, ϵ_3

$$\epsilon_3 = 0.003 \cdot \left(\frac{d_p - c_1}{c_1}\right)$$

$$= 0.003 \cdot \left(\frac{42-5}{5}\right) = 0.022$$

상기 a, b, c 결과로부터 긴장재의 총 인장변형률을 산정한다.

$$\epsilon_{ps} = \epsilon_1 + \epsilon_2 + \epsilon_3$$

$$= 0.00603 + 0.00018 + 0.022$$

$$= 0.0281$$

$\epsilon_{ps} = 0.0281$일 때, 예 그림 3.3(b)의 긴장재 응력-변형률 그래프에서 f_{ps}값을 찾으면 $f_{ps} = 16{,}000 kgf/cm^2$이다.

④ 이제 F 값을 구한다. (식 (3.3-5)참조)

이때, 압축철근의 값이 $f_s{}' = E_s \cdot \epsilon_s^c = 2 \cdot 10^6 \cdot (-0.0006) = -1{,}200 kgf/cm^2$이므로 인장력을 받고 있다.

$$F(c_1) = 0.85 f_{ck} \cdot \beta_1 \cdot c_1 \cdot b + A_s' f_s' - (A_{ps} f_{ps} + A_s f_s)$$

$$= 0.85 \cdot 350 \cdot 0.801 \cdot 5 \cdot 30 + 5.74 \cdot (-1{,}200)$$

$$- (6.5 \cdot 16{,}000 + 8.61 \cdot 4{,}000)$$

$$= -109{,}583.4\ kgf$$

(2) $c_2 = 20cm$로 가정.

① $\epsilon_s^c = \left(1 - \frac{d_s'}{c_2}\right) \cdot \epsilon_c = \left(1 - \frac{6}{20}\right) \cdot 0.003 = 0.0021 > \epsilon_y = 0.002.$

따라서 항복. $f_s' = f_y = 4{,}000 kgf/cm^2$

② $\epsilon_s^t = \left(\frac{d_s}{c_2} - 1\right) \cdot \epsilon_c = \left(\frac{55}{20} - 1\right) \cdot 0.003 = 0.00525 > \epsilon_y = 0.002.$

따라서 항복. $f_s' = f_y = 4{,}000 kgf/cm^2$

③ $\epsilon_3 = \left(\frac{d_p}{c_2} - 1\right) \cdot \epsilon_c = \left(\frac{42}{20} - 1\right) \cdot 0.003 = 0.0033$

$\epsilon_{ps} = \epsilon_1 + \epsilon_2 + \epsilon_3 = 0.00603 + 0.00018 + 0.0033 = 0.00951$

예 그림 3.4(a)로부터 f_{ps}값을 읽으면 $f_{ps} = 14{,}100 kgf/cm^2$

④ $$\begin{aligned} F(c_2) &= 0.85 f_{ck} \beta_1 \cdot c_2 \cdot b + A_s' f_s' - (A_p f_{ps} + A_s f_y) \\ &= 0.85 \cdot 350 \cdot 0.801 \cdot 20 \cdot 30 + 5.74 \cdot 4{,}000 - (6.5 \cdot 13{,}600 \\ &\quad + 8.61 \cdot 4{,}000) \\ &= 39{,}848.5\ kgf \end{aligned}$$

(3) $F(c_1) \cdot F(c_2) = -109{,}583.4 \cdot 39{,}848.5 < 0$ 이므로

$c_3 = \frac{c_1 + c_2}{2} = \frac{5 + 20}{2} = 12.5cm$ 가정한다.

① $\epsilon_s^c = \left(1 - \frac{d_s'}{c_3}\right) \cdot \epsilon_c = \left(1 - \frac{6}{12.5}\right) \cdot 0.003 = 0.00156 < \epsilon_y = 0.002$

$f_s' = E_s \cdot \epsilon_s^c = 2 \cdot 10^6 \cdot 0.00156 = 3{,}120 kgf/cm^2$

② $\epsilon_s^t = \left(\frac{d_s}{c_3} - 1\right) \cdot \epsilon_c = \left(\frac{55}{12.5} - 1\right) \cdot 0.003 = 0.0102 > \epsilon_y = 0.002$

$f_s = f_y = 4{,}000 kgf/cm^2$

③ $\epsilon_3 = \left(\frac{d_p}{c_3} - 1\right) \cdot \epsilon_c = \left(\frac{42}{12.5 - 1}\right) \cdot 0.003 = 0.00708$

$\epsilon_{ps} = \epsilon_1 + \epsilon_2 + \epsilon_3 = 0.00603 + 0.00018 + 0.00708 = 0.01329$

예 그림 3.3(b)로부터 $f_{ps} = 15{,}000 kgf/cm^2$

④ $F(c_3) = 0.85 f_{ck} \cdot \beta_1 \cdot c_3 \cdot b + A_s f_s - (A_p f_{ps} + A_s f_y)$

$= 0.85 \cdot 350 \cdot 0.801 \cdot 12.5 \cdot 30 + 5.74 \cdot 3{,}120 - (6.5 \cdot 15{,}000$

$+ 8.61 \cdot 4{,}000)$

$= -24{,}669.6 \ kgf$

(4) $F(c_1) \cdot F(c_3) = -109{,}583.4 \cdot (-24{,}669.6) > 0$ 이고

$F(c_2) \cdot F(c_3) = 43{,}098.5 \cdot (-24{,}669.6) < 0$ 이므로

$c_4 = \frac{c_2 + c_3}{2} = 20 + 12.52 = 16.25 cm$

① $\epsilon_s^c = \left(1 - \frac{d_s'}{c_4}\right) \cdot \epsilon_c = \left(1 - \frac{6}{16.25}\right) \cdot 0.003 = 0.00189 < \epsilon_y = 0.002$

$f_s' = E_s \cdot \epsilon_s^c = 2 \cdot 10^6 \cdot 0.00189 = 3{,}780 kgf/cm^2$

② $\epsilon_s^t = \left(\frac{d_s}{c_4} - 1\right) \cdot \epsilon_c = \left(\frac{55}{16.25} - 1\right) \cdot 0.003 = 0.00715 > \epsilon_y = 0.002$

$f_s = f_y = 4{,}000 kgf/cm^2$

③ $\epsilon_3 = \left(\dfrac{d_p}{c_4} - 1\right) \cdot \epsilon_c = \left(\dfrac{42}{16.25} - 1\right) \cdot 0.003 = 0.00475$

$\epsilon_{ps} = \epsilon_1 + \epsilon_2 + \epsilon_3 = 0.00603 + 0.00018 + 0.00475 = 0.011$

예 그림 3.3(b)로부터 $f_{ps} = 14{,}500 kgf/cm^2$

④ $F(c_4) = 0.85 f_{ck} \beta_1 \cdot c_4 \cdot b + A_s f_s - (A_p f_{ps} + A_s f_y)$

$= 0.85 \cdot 350 \cdot 0.801 \cdot 16.25 \cdot 30 + 5.74 \cdot 3{,}780 - (6.5 \cdot 14{,}500$
$+ 8.61 \cdot 4{,}000)$

$= 9{,}177.2 \, kgf$

(5) $F(c_3) \cdot F(c_4) = -24{,}669.6 \cdot 9{,}177.2 < 0$ 이고
$F(c_2) \cdot F(c_4) = 43{,}098.5 \cdot 9{,}177.2 > 0$ 이므로

$$c_5 = \frac{c_3 + c_4}{2} = \frac{12.5 + 16.25}{2} = 14.38 cm$$

① $\epsilon_s^c = \left(1 - \dfrac{d_s{}'}{c_5}\right) \cdot \epsilon_c = \left(1 - \dfrac{6}{14.38}\right) \cdot 0.003 = 0.00175 < \epsilon_y = 0.002$

$f_s{}' = 2 \cdot 10^6 \cdot 0.00175 = 3{,}500 kgf/cm^2$

② $\epsilon_s^t = \left(\dfrac{d_s}{c_5} - 1\right) \cdot \epsilon_c = \left(\dfrac{55}{14.38 - 1}\right) \cdot 0.003 = 0.0085 > \epsilon_y = 0.002$

$f_s = f_y = 4{,}000 kgf/cm^2$

③ $\epsilon_3 = \left(\dfrac{d_p}{c_5} - 1\right) \cdot \epsilon_c = \left(\dfrac{42}{14.38} - 1\right) \cdot 0.003 = 0.00576$

$\epsilon_{ps} = \epsilon_1 + \epsilon_2 + \epsilon_3 = 0.00603 + 0.00018 + 0.00576 = 0.012$

예 그림 3.3(b)로부터 $f_{ps} = 14,750kgf/cm^2$

(6) 상기 결과와 예 그림3.3(b)로부터 $c_6 = \dfrac{c_4 + c_5}{2} = \dfrac{16.25 + 14.38}{2} = 15.32cm$에서 $F(c_6) \simeq 0$이 됨을 알 수 있다. 따라서 $c = c_6 \simeq 15.32cm$로 한다.

① $\epsilon_s^c = \left(1 - \dfrac{d_s'}{c}\right) \cdot \epsilon_c = \left(1 - \dfrac{6}{15.32}\right) \cdot 0.003 = 0.00183 < \epsilon_y = 0.002$

$f_s' = 2 \cdot 10^6 \cdot 0.00183 = 3,660kgf/cm^2$

② $\epsilon_s^t = \left(\dfrac{d_s}{c} - 1\right) \cdot \epsilon_c = \left(\dfrac{55}{15.32} - 1\right) \cdot 0.003 = 0.0078 > \epsilon_y = 0.002$

$f_s = f_y = 4,000kgf/cm^2$

③ $\epsilon_3 = \left(\dfrac{d_p}{c} - 1\right) \cdot \epsilon_c = \left(\dfrac{42}{15.32} - 1\right) \cdot 0.003 = 0.00522$

$\epsilon_{ps} = \epsilon_1 + \epsilon_2 + \epsilon_3 = 0.00603 + 0.00018 + 0.00522 = 0.0114$

예 그림 3.3(b)로부터 $f_{ps} = 14,600kgf/cm^2$

(7) 중립축에 대한 단면 모멘트 산정

콘크리트 압축측 :

$$
\begin{aligned}
a &= \frac{A_p f_{ps} + A_s f_s - A_s' f_s'}{0.85 f_{ck} b} \\
&= \frac{6.5 \cdot 14,600 + 8.61 \cdot 4,000 - 5.74 \cdot 3,660}{0.85 \cdot 350 \cdot 30} \\
&= 12.14cm
\end{aligned}
$$

$$
\begin{aligned}
M_{nc} &= 0.85 f_{ck} ab \left(c - \frac{a}{2}\right) \\
&= 0.85 \cdot 350 \cdot 12.14 \cdot 30 \cdot \left(15.32 - \frac{12.14}{2}\right) \\
&= 1{,}002{,}232.9 \ kgf \cdot cm
\end{aligned}
$$

압축철근 :

$$
\begin{aligned}
M_{ns}^{c} &= A_s{}' f_s{}' (c - d_s{}') \\
&= 5.74 \cdot 3{,}660 \cdot (15.32 - 6) \\
&= 195{,}798.3 \ kgf \cdot cm
\end{aligned}
$$

인장철근 :

$$
\begin{aligned}
M_{ns}^{t} &= A_s f_s (d_s - c) \\
&= 8.61 \cdot 4{,}000 \cdot (55 - 15.32) \\
&= 1{,}366{,}579.2 \ kgf \cdot cm
\end{aligned}
$$

긴장재 :

$$
\begin{aligned}
M_{np} &= A_p f_{ps} (d_p - c) \\
&= 6.5 \cdot 14{,}600 \cdot (42 - 15.32) \\
&= 2{,}531{,}932 \ kgf \cdot cm
\end{aligned}
$$

따라서, $M_n = M_{nc} + M_{ns}^{c} + M_{ns}^{t} + M_{np}$ (3.3-5)

$$
\begin{aligned}
&= 1{,}002{,}232.9 + 195{,}798.3 + 1{,}366{,}579.2 + 2{,}531{,}932 \\
&= 5{,}096{,}542.4 \ kgf \cdot cm \, (50.97 tf{\cdot}m)
\end{aligned}
$$

앞의 콘크리트 설계기준의 공식으로 구한 값 $M_n = 51.17\,tf \cdot m$(식 (3.3-4))은 변형률 적합성에 따라 구한 값 $M_n = 50.97\,tf \cdot m$(식 (3.3-5))과 매우 근사한 값을 갖는 것을 알 수 있다. 예 그림 3.3(c)는 반복함에 따른 $F(c)$값의 변화를 나타낸다. 〈예 표 3.1〉에 반복함에 따른 중립축, 긴장재의 변형률과 응력, $F(c)$ 값들의 변화량을 정리하였다. 각 방법으로 산정한 모멘트의 상대오차 값을 구하면

$$\left|\frac{51.17-50.97}{50.97}\right|\times 100 \;=\; 0.39\%$$

로서 본 예제의 경우, 기준에서 제시한 방법에 의한 단면 휨내력의 값이 변형률 적합성에 의하여 산정된 단면 내 휨 내력 값에 매우 근사한 것을 알 수 있다.

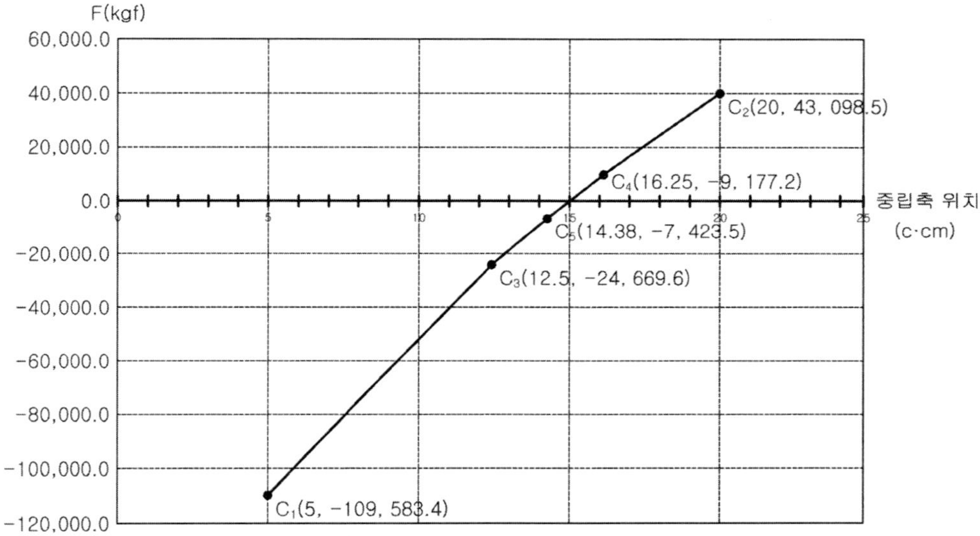

예 그림 3.3(c) 변형률 적합성과 이분법에 의한 단면 휨내력 산정

〈예 표 3.1〉 변형률 적합성과 이분법에 의한 단면 휨내력 산정

<table>
<tr><th colspan="2">중립축 위치</th><th colspan="2">긴장재</th><th rowspan="2">$F(c)$
(kgf)</th><th colspan="2">M_n
$(tf \cdot m)$</th></tr>
<tr><th>반복
번호</th><th>값(cm)</th><th>변형률
ϵ_{ps}</th><th>응력, f_{ps}
(kgf/cm^2)</th><th>변형률
적합성</th><th>기준식</th></tr>
<tr><td>1</td><td>5.0</td><td>0.0281</td><td>16,000</td><td>-109,583</td><td>-</td><td rowspan="6">51.17</td></tr>
<tr><td>2</td><td>20.0</td><td>0.00951</td><td>14,100</td><td>39,848.5</td><td>-</td></tr>
<tr><td>3</td><td>12.5</td><td>0.01329</td><td>15,000</td><td>-24,669.6</td><td>-</td></tr>
<tr><td>4</td><td>16.25</td><td>0.011</td><td>14,500</td><td>9,177.2</td><td>-</td></tr>
<tr><td>5</td><td>14.38</td><td>0.012</td><td>14,750</td><td>-7,423.5</td><td>-</td></tr>
<tr><td>6</td><td>15.32</td><td>0.0114</td><td>14,600</td><td>-</td><td>50.97</td></tr>
<tr><td colspan="7">모멘트 상대오차 = $\left|\frac{51.17-50.97}{50.97}\right|\times 100 \;=\; 0.39\%$</td></tr>
</table>

연습문제

3.1 다음과 같이 편심이 $e = 25cm$로 일정한 직선 긴장재를 사용한 프리텐션된 프리스트레스트 보가 있다. 콘크리트의 강도는 $f_{ck} = 350\,kgf/cm^2$ 이고 초기 긴장 시의 콘크리트 강도는 $f_{ci} = 240\,kgf/cm^2$이다. 사용된 긴장재의 이상화된 응력-변형률은 문 그림 3.1(b)와 같다. 긴장재의 단면적은 $A_p = 3.95\,cm^2$이고 그 깊이는 $d_p = 60cm$이다. 초기 프리스트레싱력 $P_i = 50\,tf$이고 유효율은 $R = 0.85$이다.

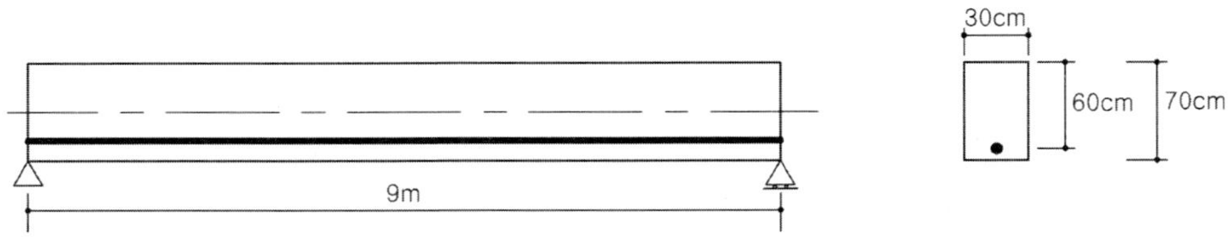

(a) 보 및 긴장재의 형상

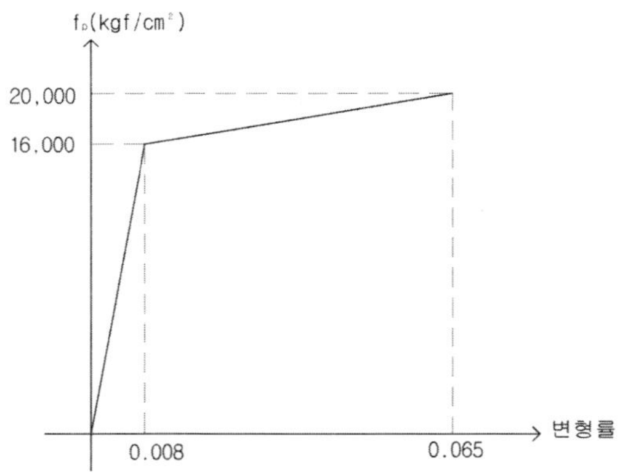

(b) 긴장재의 이상화된 응력-변형률도

문 그림 3.1 프리스트레스트 보 및 긴장재의 이상화된 응력-변형률도

(1) 이 보의 $P_i + w_o$ 단계에서의 보 상·하단의 응력을 계산하고 기준에서 정한 허용응력 값들과 비교하라.

(2) 자중을 포함한 등분포 사용고정하중의 크기를 w_d라 하고 등분포 사용하중활하중의 크기를 w_l이라고 할 때 w_d/w_l의 비가 2.0인 경우, $P_e + w_o + w_d + w_l$ 단계에서 기준에서 정한 보의 상·하단의 허용응력을 만족시킬 수 있는 최대 w_d 및 w_l 값을 산정하라.

(3) 이 보가 극한 시에 긴장재가 받는 인장응력인 f_{ps} 값을 구하라.

(4) 극한 시 휨강도를 등가응력블럭에 의한 근사식으로 산정하라.

(5) 변형률 적합성에 의한 휨강도를 반복계산에 의하여 산정하고 상기 (4)에서 구한 휨강도와 그 크기를 비교하라.

3.2 문 그림 3.2와 같이 포물선 긴장재를 사용한 단순보가 있다. 콘크리트 강도는 $f_{ck} = 350\text{kgf/cm}^2$ 이고 초기 긴장 시 콘크리트 강도는 $f_{ci} = 240\text{kgf/cm}^2$이다. 긴장재의 단면적은 $A_p = 6.91\text{cm}^2$이고 항복강도는 $f_{py} = 15{,}900kgf/cm^2$, 최대강도는$f_{pu} = 18{,}660\text{kgf/cm}^2$이다. 긴장하지 않은 일반철근의 인장 및 압축 측 단면적은 각각 $A_s = 5.08\text{cm}^2$과 $A_s' = 3.81\text{cm}$이고 이들 철근의 항복강도는 $f_y = 4{,}000\text{kgf/cm}^2$이다.

긴장재에 가한 초기 프리스트레싱력은 $P_i = 100.0\,tf$이고 유효율은 $R = 0.85$이다. 외부하중은 등분포 형태로 작용하며 사용 고정하중은 $w_d = 10.0\,tf/m$, 사용 활하중은 $w_l = 5.0\,tf/m$이다.

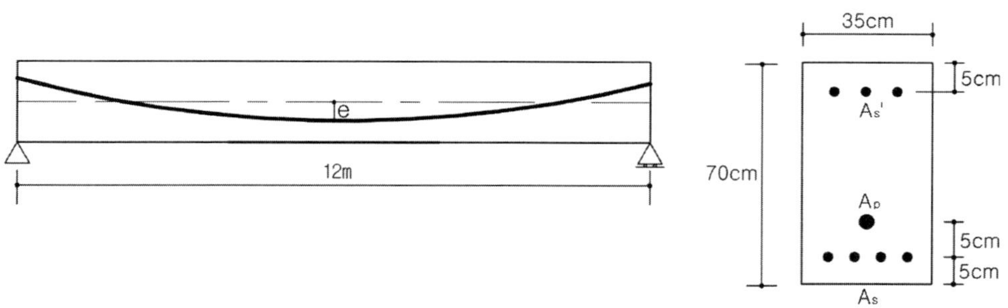

문 그림 3.2 포물선 긴장재로 배근된 프리스트레스트 보

(1) 이 보의 긴장재 및 일반철근을 포함한 긴장재 지수값을 구하라.

(2) 이 보의 하중 단계별 응력을 검토하라.

(3) 이 보가 프리텐션된 부착 프리스트레스트 보일 때, 극한시 휨강도를 근사식에 근거하여 계산하라.

(4) 이 보가 포스트텐션된 비부착 프리스트레스트 보일 때, 극한시 휨강도를 근사식에 근거하여 계산하라.

3.3 아래의 문 그림 3.3과 같은 단면을 갖는 프리텐션된 부착 프리스트레스트 보가 있다. 보는 단순 지지되어 있고 그 경간은 14.0m이다. 긴장재는 보 지점에서의 편심은 $e=0$㎝이고 보 경간 중앙에서의 편심은 $e=30$㎝인 포물선 긴장재이다. 긴장재 단면적은 $A_p=6.45$㎠이며 긴장재의 항복강도 및 최대강도는 각각 $f_{py}=16,000$kgf/㎠, $f_{pu}=19,000$kgf/㎠이다. 사용된 콘크리트 강도는 $f_{ck}=350$kgf/㎠이고 초기 긴장 시의 콘크리트 강도는 $f_{ci}=260$kgf/㎠이다. 하중은 분포하중으로 작용하며 자중을 제외한 사용 고정하중 $w_d=0.59tf/m$, 사용 활하중 $w_l=0.63tf/m$가 작용한다.

초기 긴장력은 $P_i=85.0tf$이고 유효율은 $R=0.80$이다.

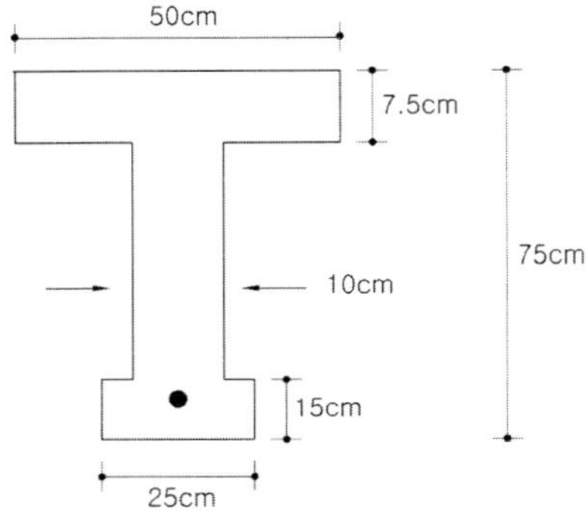

문 그림 3.3 포물선 긴장재를 갖는 보 단면

(1) 초기 긴장 시의 단면 상·하단에 발생하는 응력을 구하고 기준에서 정한 허용응력값들과 비교하라.

(2) 사용하중 전부가 가하여질 때 단면 상·하단에 발생하는 응력을 구하고 기준에서 정한 허용응력값들과 비교하라.

(3) 균열하중 크기를 구하라.

(4) 극한 시 휨강도를 근사식으로 구하라.

4 장
휨 부재의 설계

4.1 설계의 기본개념

전형적인 하중이 부재에 작용할 경우 검토 단면의 깊이별 응력분포를 그림 4.1에 나타내었으며, 자중을 포함한 외부 하중이 한계하중에 이를 때까지의 하중-처짐의 단계별 상태를 그림 4.2에 나타내었다. 초기 프리스트레싱력이 작용하면 그 편심으로 인한 모멘트 때문에 보에는 즉각적인 상향의 솟음 δ_{pi}가 일어난다. 이때 보는 양끝에서 지지되기 때문에 보의 자중으로 인한 하향의 처짐 δ_o가 발생하며, 이것이 프리스트레싱에 의한 솟음을 감소시킨다. 프리스트레싱력과 자중만이 작용하는 이 상태를 비재하 단계(unloaded stage)라고 하며, 이 단계에서의 단면의 콘크리트 응력 분포가 그림 4.1(b) 및 그림 4.2에 나타나 있다. 추가 고정하중이 가하여지면 보는 아래로 δ_d만큼 처지지만, 보는 여전히 솟음상태에 있다.

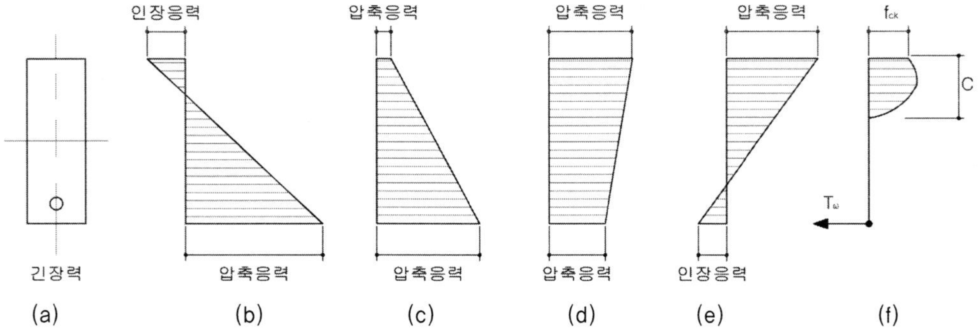

그림 4.1 프리스트레스트 보의 하중에 의한 휨응력의 변화

여기에 얼마간의 활하중이 가해지면 평형하중 단계(balanced load stage)에 이른다. 이 단계에서는 프리스트레싱에 의한 상향력과 하향의 외력은 크기가 같으며, 따라서 그림 4.2에 나타낸 바와 같이 보에는 균일한 압축응력이 작용하고 처짐은 발생하지 않는다. 활하중이 더 추가되면 보의 하면의 콘크리트 응력이 영(0)으로 되는 단계에 이른다. 이 단계를 감압단계(decompression stage)라고 한다. 그리고 보의 응력은 균열하중이 발생할 때까지 또는 그 이상에 이르기까지 직선적으로 증가한다.

실제로 작용하는 하중의 범위는 그림에 보인 바와 같이 감압단계와 부분적으로 균열이 발생하는 단계 사이에 있는 것이 보통이다. 균열하중을 초과할 때까지 콘크리트와 긴장재가 모두 탄성영역에 있더라도 보의 균열은 비선형 반응을 나타낸다. 하중이 더 증가해서 긴장재가 항복을 시작하고 콘크리트가 파괴 변형률에 도달하게 될 때를 초과하중 단계(over load stage)라고 한다. 파괴에 가까워지면 보는 비선형 거동을 보이며, 파괴가 임박했을 때의 콘크리트 응력의 분포는 그림 4.1(f) 및 그림 4.2의 상단에 근사적으로 나타나 있다.

이상의 여러 하중단계 가운데 비재하 단계(초기단계) 및 사용하중 작용단계에 대해서는 콘크리트 응력이 허용응력 이내에 있는가를 확인해야 한다. 사용 하중 하에서의 보의 처짐도 그 적정성에 대하여 검토해 보아야 하며, 또한 파괴에 대하여 적당한 안전율을 확보하기 위하여 휨강도도 검토하여야 한다. 부재치수는 필요한 강도를 만족하도록 선정해야 하고, 이 때 프리스트레싱력은 처짐과 균열의 조건을 만족하도록 정해야 한다.

4.2 허용응력에 의한 휨 설계

자중 이외의 외력이 가해지지 않은 초기단계로부터 사용하중 단계에 이르기까지 보의 콘크리트 응력이 허용응력을 넘지 않도록 콘크리트 단면의 치수 및 프리스트레싱력을 정하는 것이 일

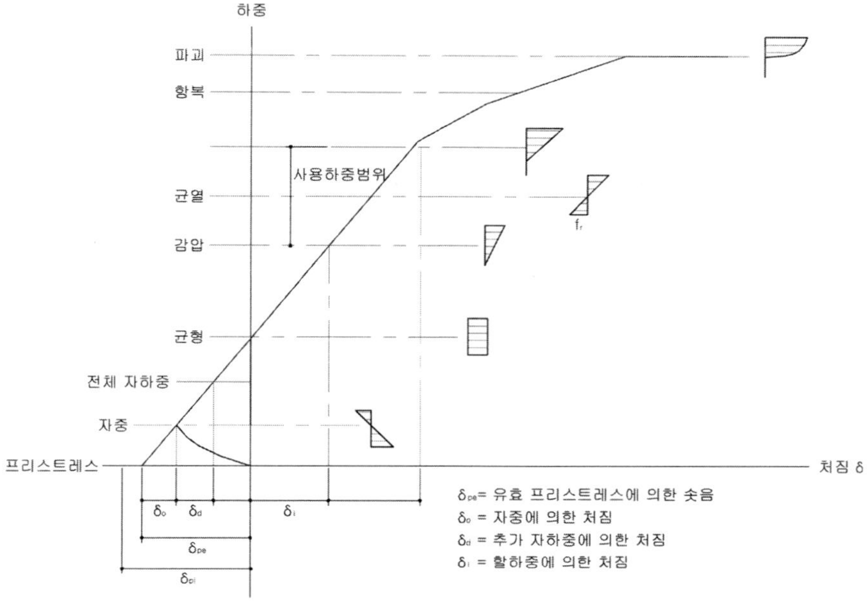

그림 4.2 프리스트레스트 보의 하중단계별 처짐의 변화

반적이다. 이 범위 내에서는 콘크리트와 긴장재를 탄성체로 가정을 하며, 부재치수가 선정된 후에는 처짐과 휨강도를 체크해야 하고, 필요하면 단면치수를 수정해야 한다.

설계는 시산법(trial and error approach)에 의하는 것이 보통이다. 즉, 단면을 가정한 후 프리스트레싱력과 긴장재 배치를 정한다. 그리고나서 콘크리트 응력이 허용응력 이하인가, 처짐은 허용응력 한계 이내에 있는가, 휨강도는 충분한가 등을 검토한다. 그러나 보다 체계적이며 조직적인 방법도 있으며, 본 저서에서는 이 방법에 따르기로 한다.

본 저서에서는 그림 4.3에 나타낸 것처럼 콘크리트 단면의 압축강도를 (−)로 표시하고, 인장강도를 (+)로 표시한다. 한편, 콘크리트의 허용응력 기호는 다음과 같이 정한다.

f_{ca} : 프리스트레싱력 도입 직후의 허용 휨압축 응력 (음의 값)

f_{ta} : 프리스트레싱력 도입 직후의 허용 휨인장 응력 (양의 값)

f_{cw} : 프리스트레싱의 모든 감소 후 설계 하중 하에서의 허용 휨압축 응력 (음의 값)

f_{tw} : 프리스트레싱의 모든 감소 후 설계 하중 하에서의 허용 휨인장 응력 (양의 값)

프리스트레싱력 도입 직후, 자중만이 부재에 작용할 경우 부재 상·하단의 응력은 다음 조건을 만족하여야 한다.

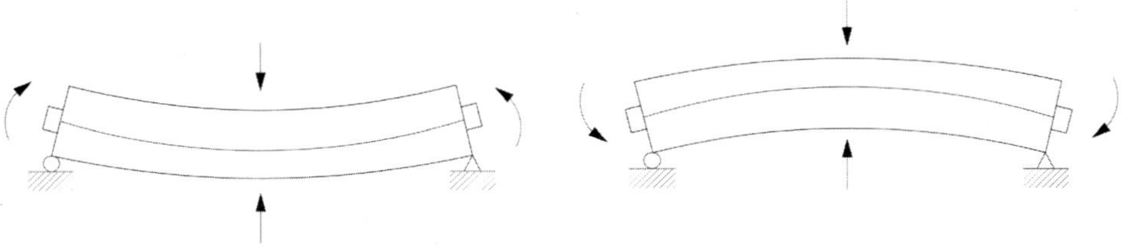

(a) 정(+) 휨모멘트 (b) 부(-) 휨모멘트

그림 4.3 휨모멘트에 의한 부재단면의 휨응력

$$f_1 = -\frac{P_i}{A_c} + \frac{P_i \cdot e}{S_1} - \frac{M_o}{S_1} \le f_{ta} \tag{4.1a}$$

$$f_2 = -\frac{P_i}{A_c} - \frac{P_i \cdot e}{S_2} + \frac{M_o}{S_2} \ge f_{ca} \tag{4.1b}$$

상기 식 (4.1b)의 경우는 대수의 음의 부호에 따른 것으로서 그 절대값의 크기는 아래와 같아야 한다.

$$|f_2| = |-\frac{P_i}{A_c} - \frac{P_i \cdot e}{S_2} + \frac{M_o}{S_2}| \le |f_{ca}|$$

프리스트레싱력의 단·장기에 걸쳐 모든 손실이 발생한 후, 부재에 사용하중이 작용할 때는 다음 조건을 만족하여야 한다.

$$f_1 = -\frac{P_e}{A_c} + \frac{P_e \cdot e}{S_1} - \frac{M_o}{S_1} - \frac{M_d + M_l}{S_1} \ge f_{cw} \tag{4.2a}$$

$$f_2 = -\frac{P_e}{A_c} - \frac{P_e \cdot e}{S_2} + \frac{M_o}{S_2} + \frac{M_d + M_l}{S_2} \le f_{tw} \tag{4.2b}$$

상기 식 (4.2a)의 경우도 대수의 음의 부호에 따른 것으로서 그 절대값의 크기는 아래와 같아야 한다.

$$|f_1| = |-\frac{P_e}{A_c} + \frac{P_e \cdot e}{S_1} - \frac{M_o}{S_1} - \frac{M_d + M_l}{S_1}| \le f_{cw}$$

4.2.1 편심이 변화하는 보

프리스트레스트 부재는 일반적으로 그림 4.4와 같이 포물선 형태나 절곡된 형태의 긴장재를 이용하여 긴장한다. 이 경우 단순보 형태의 부재일 경우 사용하중에 대해 중앙부에서 최대모멘트가 발생되므로 중앙부에 최대의 편심이 작용되도록 계획한다. 이러한 편심을 변화시키는 보는 보재가 큰 경우, 특히 포스트텐션방식의 프리스트레스트 보에서 많이 사용된다.

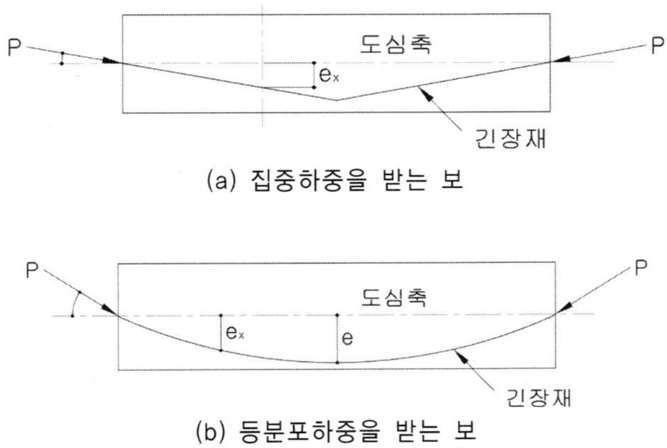

그림 4.4 편심거리가 변하는 보

이와 같이 단면에 따라 긴장재의 편심거리가 변하는 보에 있어서의 최대모멘트 응력의 분포를 보인 것이 그림 4.5(a)이다. 초기 프리스트레싱력 P_i에 의한 응력의 분포는 ①과 같은 직선분포로 된다. 프리스트레싱에 의한 보의 솟음과 동시에 자중이 작용하게 되므로, 보의 자중에 의한 모멘트 M_o로 인한 휨응력이 겹쳐져서 ②의 응력분포로 된다. 이 때 상면의 콘크리트의 인장응력은 f_{ta}를 초과하지 않아야 하고, 하면의 압축응력은 f_{ca}를 초과하지 않아야 한다.

이 단계에서 프리스트레싱력의 모든 손실이 일어난다고 가정하면, 응력의 분포는 점차 ③으로 이동한다. 상면에서는 Δf_1의 인장응력감소가 일어나고, 하면에서는 Δf_2의 압축응력 감소가 일어난다.

여기에 추가 고정하중 모멘트 M_d와 활하중 모멘트 M_ℓ이 작용하면 응력분포는 ④가 된다. 이 때 하면의 콘크리트 응력은 f_{tw}를 초과해서는 안 되며, 상면의 응력은 f_{cw}를 초과해서는 안 된다.

따라서 상단 및 하단에 대한 단면계수 S_1및 S_2는 다음과 같이 된다.

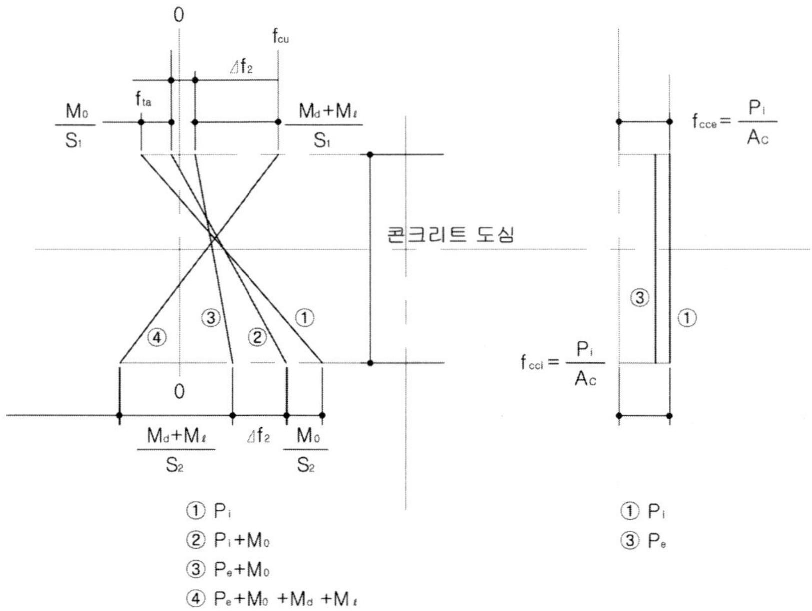

그림 4.5 프리스트레싱력의 편심이 변하는 보의 응력

$$S_1 \geq \frac{M_d + M_l}{f_{1r}}$$

$$S_2 \geq \frac{M_d + M_l}{f_{2r}}$$

여기서 f_{1r} 및 f_{2r}은 f_{ta}, f_{cw}, f_{tw}, f_{ca}와 Δf_1 및 Δf_2로부터 구할 수 있다. 프리스트레싱력의 유효율은

$$R = \frac{P_e}{P_i}$$

이므로, 프리스트레싱력의 손실은

$$P_i - P_e = (1 - R) \cdot P_i$$

따라서, 프리스트레싱력의 손실로 인한 상하면의 응력감소 Δf_1 및 Δf_2는 초기 프리스트레

싱력 P_i만이 작용할 때의 응력의 $(1-R)$배와 같다.

$$\Delta f_1 = (1-R)\left(f_{ta} + \frac{M_o}{S_1}\right)$$

$$\Delta f_2 = (1-R)\left(-f_{ca} + \frac{M_o}{S_2}\right)$$

그러므로 $(M_d + M_l)$이 작용할 때의 f_{1r} 및 f_{2r}은 다음과 같이 된다.

$$\begin{aligned} f_{1r} &= f_{ta} - f_{cw} - \Delta f_1 \\ &= -f_{cw} + Rf_{ta} - (1-R)\frac{M_d}{S_1} \\ f_{2r} &= f_{tw} - f_{ca} - \Delta f_2 \\ &= -Rf_{tw} + f_{ca} - (1-R)\frac{M_d}{S_2} \end{aligned}$$

따라서 필요한 최소 단면계수 S_1은

$$S_1 \geq \frac{M_d + M_l}{-f_{cw} + Rf_{ta} - (1-R)\dfrac{M_d}{S_1}}$$

또는

$$S_1 \geq \frac{(1-R)M_o + M_d + M_l}{-f_{cw} + Rf_{ta}} \tag{4.3a}$$

S_2도 같은 방법으로

$$S_2 \geq \frac{(1-R)M_o + M_d + M_l}{-Rf_{ca} + f_{tw}} \tag{4.3b}$$

$I_c = S_1 \cdot c_1 = S_2 \cdot c_2$이므로

$$\frac{c_1}{c_2} = \frac{S_2}{S_1}$$

단면 높이는 $h = c_1 + c_2$이므로

$$\frac{c_1}{h} = \frac{S_2}{S_1 + S_2} \tag{4.4}$$

초기상태, 즉 P_i와 M_o가 작용할 때의 콘크리트 도심에서의 응력은 그림 4.5(a)로부터

$$f_{cci} = f_{ta} + \frac{c_1}{h}(f_{ca} - f_{ta}) \tag{4.5}$$

따라서 초기 프리스트레싱력은 위의 응력에 콘크리트 단면적 A_c를 곱하면 얻을 수 있다.

$$P_i = -A_c \cdot f_{cci} \tag{4.6}$$

프리스트레싱력의 편심 거리 e는 휨모멘트 $P_i \cdot e$에 의한 휨응력으로부터 구할 수 있다. 프리스트레싱력에 의한 보의 상면의 휨응력은 그림 4.5(a)를 참고하면

$$\frac{P_i \cdot e}{S_1} = (-f_{cci} + f_{ta}) + \frac{M_o}{S_1}$$

따라서 필요한 편심 거리는

$$e = (f_{ta} - f_{cci}) \cdot \frac{S_1}{P_i} + \frac{M_o}{P_i} \tag{4.7}$$

일반적으로, 단순보의 지점단면에서는 긴장재의 편심 거리를 영(0)으로 한다. 이 단면에서는 외력에 의한 모멘트도 영(0)이다. 이러한 경우의 응력분포가 그림 4.5(b)에 나타나 있다. 즉, 콘크리트 응력은 균일한 분포로 되며, 그 크기는 초기상태에서는 도심응력 f_{cci}와 같고 모든 손실 후에는 f_{cce}와 같다.

예 4·1 프리텐션된 보의 단면 및 긴장재 결정

경간이 12.20m인 포스트텐션된 보가 자중 외에 추가되는 고정하중 700kgf/m와 활하중 1,400kgf/m를 받는다. 콘크리트의 설계기준 강도는 400kgf/cm^2이고 프리스트레싱력을 도입할 때의 콘크리트의 강도는 설계기준 강도의 70%, 즉 280kgf/㎠에 달한다고 본다. 프리스트레싱의 시간적 감소는 초기 프리스트레싱의 15%로 가정한다. 즉, 유효율을 85%로 본다. 필요한 콘크리트 단면의 치수, 프리스트레싱력의 크기 및 긴장재의 편심 거리를 구하라.

콘크리트의 허용응력은 다음과 같다(〈표 3.1〉 참조).

프리스트레싱력 도입 직후:

허용 휨압축 응력 : $f_{ca} = -0.6 f_{ci} = -0.6 \times 280 = -168\,kgf/cm^2$

허용 휨인장 응력 : $f_{ta} = 0.80\sqrt{f_{ci}} = 0.80 \cdot \sqrt{280} = 13\ kgf/cm^2$

사용하중 작용 시:

허용 휨압축 응력 : $f_{cw} = -0.4 \cdot f_{ck} = -0.4 \cdot 400 = -160\,kgf/cm^2$

허용 휨인장 응력 : $f_{tw} = 1.6\sqrt{f_{ck}} = 1.6\sqrt{400} = 32\ kgf/cm^2$

1) 단면의 결정

보의 자중을 410 kgf/m로 가정한다.

$$M_o = \frac{1}{8} \cdot 410 \cdot 12.2^2 = 7{,}628\ kgf \cdot m$$

$$M_d = \frac{1}{8} \cdot 700 \cdot 12.2^2 = 13{,}024\ kgf/m$$

$$M_l = \frac{1}{8} \cdot 1{,}400 \cdot 12.2^2 = 26{,}047\ kgf/m$$

소요의 단면계수는 식 (4.3a) 및 식 (4.3b)로 부터

$$\begin{aligned} S_1 \quad &\geq \frac{(1-R)M_o + M_d + M_l}{-f_{cw} + R \cdot f_{ta}} \\ &= \frac{(1-0.85) \cdot 762{,}800 + 1{,}302{,}400 + 2{,}604{,}700}{-(-160) + 0.85 \cdot 13} \\ &= 23{,}518\ cm^3 \end{aligned}$$

$$S_2 \geq \frac{(1-R)M_o + M_d + M_l}{-R \cdot f_{ca} + f_{tw}}$$

$$= \frac{(1-0.85) \cdot 762{,}800 + 1{,}302{,}400 + 2{,}604{,}700}{-0.85 \cdot (-168) + 32}$$

$$= 23{,}000\ cm^3$$

이에 대하여 예 그림 4.1과 같은 단면을 채택한다.

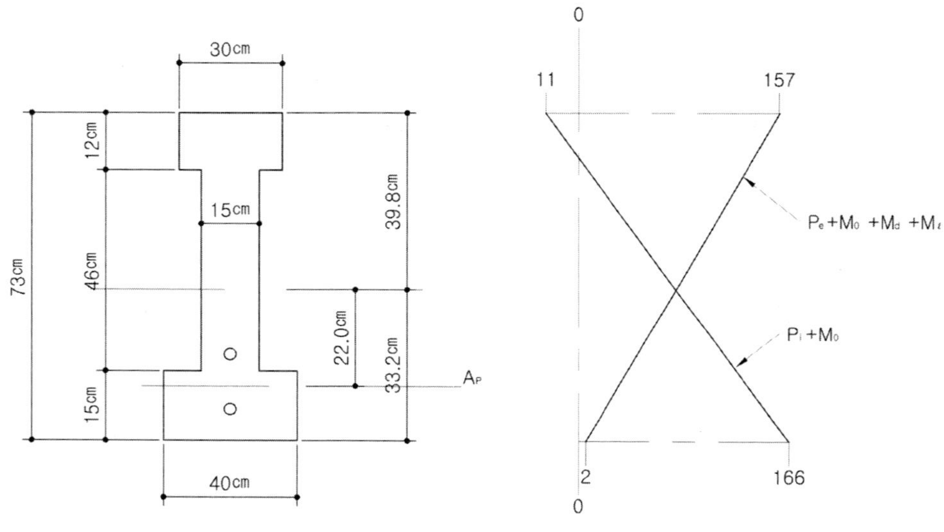

(a) 단면 (b) 응력

예 그림 4.1 프리테션된 보의 단면 및 긴장재 결정

이 단면의 여러 계수값들은 다음과 같다.

c_1 = 39.8 ㎝ c_2 = 33.2 ㎝ I_c = 960,710 ㎝^{4}

S_1 = 24,138 ㎤ 〉 23,520 ㎤ S_2 = 28,937 ㎤ 〉 23,000 ㎤

A_c = 1,650 ㎠ r_c^2 = 582 ㎠

2) 초기 프리스트레싱력 및 편심거리의 계산

콘크리트 단면의 도심에서의 응력은 식 (4.5)로부터

$$f_{cci} = f_{ta} + \frac{c_1}{h}(f_{ca} - f_{ta})$$

$$= 13 + \frac{39.8}{73}(-168 - 13) = -85.7\ kgf/cm^2$$

초기 프리스트레싱력은 식 (4.6)으로부터

$$P_i = -A_c f_{cci}$$

$$= -1{,}650 \cdot (-85.7) = 141{,}400$$

보의 실제의 자중은 $2500 \cdot \frac{1650}{10^4} = 413\ kgf/m$이므로

$$M_o = \frac{1}{8} \cdot 413 \cdot 12.20^2 = 7{,}684\ kgf \cdot m$$

보의 최대 모멘트 단면에서 긴장재의 편심 거리는 식 (4.7)로부터

$$e = (-f_{cci} + f_{ta})\frac{S_1}{P_i} + \frac{M_o}{P_i}$$

$$= (-(-85.7) + 13) \cdot \frac{24{,}138}{141{,}400} + \frac{768{,}400}{141{,}400} = 22\ cm$$

최대 모멘트 단면 이외의 단면에서는 편심 거리는 이보다 작아야 한다.

3) 긴장재량의 계산

지름 $9mm$의 이형 긴장재(SWPD 1)를 사용한다면, 그 단면적은 $63.62mm^2$, 인장하중은 $9{,}200kgf$, 0.2% 영구 연신율에 대한 하중은 $7{,}950kgf$이다. 따라서 인장강도 및 항복강도는 각각 다음과 같다.

$$f_{pu} = \frac{9200}{63.62} = 145\ kgf/mm^2,\ f_{py} = \frac{7590}{63.62} = 125\ kgf/mm^2$$

이 보는 포스트텐션된 부재이므로 프리스트레싱력 도입 직후의 긴장재의 허용 인장응력은

〈표 3.2〉로부터

$$0.7 \cdot f_{pu} = 0.7 \cdot 145 = 101.5\ kgf/mm^2$$

따라서 긴장재의 소요 단면적은

$$A_p = \frac{P_i}{0.7f_{pu}} = \frac{141,400}{101.5} = 1,393mm^2$$

지름 $9mm$의 이형긴장재의 단면적은 $63.62mm^2$이므로, 긴장재의 필요한 수는

$$\frac{1,393}{63.62} = 22$$

이것을 12개와 10개의 두 긴장재로 하여 그림 4.6(a)와 같이 배치한다.

4) 응력의 검토

다음에 경간 중앙단면의 콘크리트 응력을 검토한다.
초기 프리스트레싱력 P_i만에 의한 응력은 다음과 같다.

$$f_1 = -\frac{141,400}{1650}\left(1 - \frac{22}{582} \cdot 39.8\right) = 42.8\ kgf/cm^2$$

$$f_2 = -\frac{141,400}{1650}\left(1 + \frac{22}{582} \cdot 33.2\right) = -192.8\ kgf/cm^2$$

유효 프리스트레싱력 P_e만에 의한 응력

$$f_1 = 0.85 \cdot 42.8 = 36.4\,kgf/cm^2$$

$$f_2 = 0.85 \cdot (-192.8) = -163.9\ kgf/cm^2$$

M_o에 의한 응력

$$f_1 = -\frac{M_o}{S_1} = -\frac{768,400}{24,138} = -31.8\ kgf/cm^2$$

$$f_2 = \frac{M_o}{S_2} = \frac{768,400}{28,937} = 26.68\ kgf/cm^2$$

$(M_d + M_l)$에 의한 응력

$$f_1 = -\frac{1,302,400 + 2,604,700}{24,138} = -161.9\ kgf/cm^2$$

$$f_2 = \frac{1,302,400 + 2,604,700}{28,937} = 135.0\ kgf/cm^2$$

따라서 초기 프리스트레싱력과 보의 자중이 작용할 때, 즉 프리스트레싱력 도입 직후 단면의 상·하단의 콘크리트 응력은

$$f_1 = 42.8 - 31.8 = 11\ kgf/cm^2\ (인장)$$

$$f_2 = -192.8 + 26.6 = -166\ kgf/cm^2\ (압축)$$

즉, 상단의 응력은 허용 휨인장 응력(13kgf/㎠)을 넘지 않으며, 하단의 응력도 허용 휨압축 응력(168kgf/㎠)에 거의 근접하고 있으나 그 값을 넘지 않는다.

프리스트레싱력 손실 후 설계하중이 작용할 때의 응력은

$$f_1 = 36.4 - 31.8 - 161.9 = -157\ kgf/cm^2 \quad (압축)$$

$$f_2 = -163.9 + 26.6 + 135.0 = -2\ kgf/cm^2 \quad (압축)$$

즉 상단의 응력은 허용 압축응력($160kgf/cm^2$)에 거의 근접하고 있으나, 하단의 응력은 거의 영(0)으로 볼 수 있으며 허용 인장응력($32kgf/cm^2$)에 대하여 너무 여유가 많다. 그 이유는 하부 플랜지가 상부 플랜지에 비하여 너무 커서 중립축 이하의 보 단면계수 S_2가 필요 이상으로 크기 때문이다.

이러한 응력의 분포가 예 그림 4.1(b)에 나타나 있다. 예 그림 4.1(a)의 단면은 단지 계산을 위한 것이고 실제의 설계에서는 플랜지를 경사지게 하는 것이 보통이다. 또한 최종설계에 있어서는 콘크리트의 수축으로 인한 균열을 방지하기 위하여 보의 종 방향으로 철근을 배치하는 동시에 전단에 대비하여 스트럽을 배치한다.

4.2.2 프리스트레싱력의 편심이 변하지 않는 보

그림 4.6에 나타낸 것처럼 일반적으로 프리텐션된 보는 긴장재를 일정한 편심으로 직선 배치하므로 이러한 프리텐션 보에서는 P_i와 e가 전 경간에 걸쳐 일정하기 때문에 M_o이 그 최대값보다 작은 곳에서는 콘크리트의 응력이 그 허용응력 f_{ta}및 f_{ca}를 초과할 것이다. 이러한 상태를 피하기 위해서는 편심 거리가 식 (4.7)로 주어지는 값보다 작아야 한다. 그러므로 편심거리의 최대값은 M_o이 영(0)인 단순보의 지점의 상태로부터 구해야 한다.

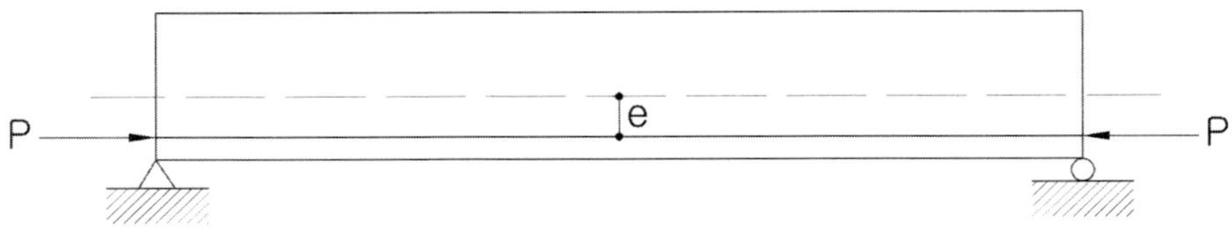

그림 4.6 편심거리가 일정한 보

그림 4.7(a) 및 그림 4.7(b)는 각각 일정한 편심 거리를 가지는 보의 경간중앙 및 지점에서의 휨응력의 분포를 보인 것이다. 지점에서 프리스트레싱력에 의한 편심 모멘트만이 작용할 때 콘크리트 응력이 허용응력 f_{ta} 및 f_{ca}를 초과하지 않는다고 가정하면 프리스트레싱력의 손실로 인한 응력감소 Δf_1 및 Δf_2는 초기 프리스트레싱력만으로 인한 상하면의 응력의 $(1-R)$배와 같다. 즉

$$\Delta f_1 = (1-R)\cdot f_{ta}$$
$$\Delta f_1 = (1-R)\cdot(-f_{ca})$$

따라서

$$f_{1r} = -f_{cw} + f_{ta} - \Delta f_1 = -f_{cw} + R\cdot f_{ta}$$
$$f_{2r} = -f_{ca} + f_{tw} - \Delta f_2 = -R\cdot f_{ca} + f_{tw}$$

그러므로 최소 단면계수는

$$S_1 \geq \frac{M_o + M_d + M_l}{R\cdot f_{ta} - f_{cw}} \tag{4.8}$$

$$S_2 \geq \frac{M_o + M_d + M_l}{f_{tw} - R \cdot f_{ca}} \tag{4.9}$$

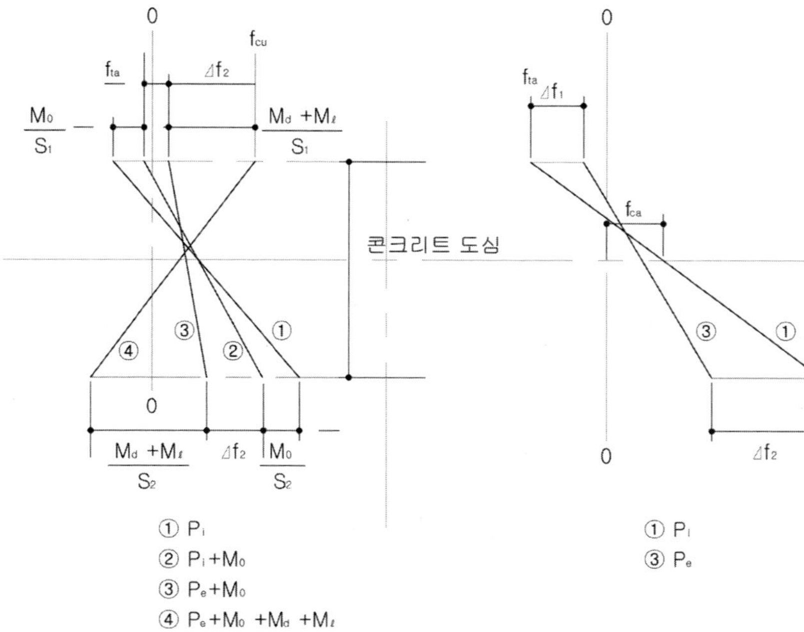

(a) 경간 중앙단면의 응력분포 (b) 지점단면의 응력분포

그림 4.7 일정한 편심 거리를 가지는 보의 단면응력

콘크리트의 도심응력은 식 (4.5)로 구하고 초기 프리스트레싱력은 식 (4.6)으로 구한다. 그림 4.7(b)를 참고하면

$$\frac{P_i \cdot e}{S_1} = f_{ta} - f_{cci}$$

또는

$$e = (f_{ta} - f_{cci}) \cdot \frac{S_1}{P_i} \tag{4、10}$$

식 (4.8) 및 식 (4.9)를 식 (4.3a) 및 식 (4.3b)와 비교함으로써 편심이 변화하는 보와 편심이 일정한 보 사이에 다음과 같은 차이점이 있다는 것을 알 수 있다.

즉 편심 거리가 일정하지 않은 보에서는 소요 단면계수는 주로 $(M_d + M_l)$에 지배된다. 또 이 경우, 보의 자중은 단면계수나 프리스트레싱력의 증가 없이 M_o/P_i의 양에 의해 편심 거리를 증가시킴으로서 지탱될 수 있다. 전 경간에 걸쳐 편심 거리를 일정하게 한 보에서는 그 편심 거리는 $M_o = 0$인 지점에서의 조건으로 지배되며, 자중에 의한 모멘트 M_o은 단면계수 계산에 포함시켜야 한다.

예 4·2 일정한 편심을 갖는 보 단면 설계

예 4.1의 보를 전 경간에 걸쳐 일정한 편심 거리를 가지는 직선 긴장재로 설계하라. 모든 설계조건은 예 4.1과 같다. 다만, 지점에 있어서 초기 프리스트레싱력에 의한 콘크리트의 인장응력을 일시적으로 $1.6\sqrt{f_{ci}} = 1.6\sqrt{280} = 27\,kgf/cm^2$까지 허용된다.

긴장재를 전 경간에 걸쳐서 일정한 편심으로 배치하는 것은 예 4.1에서와 같이 외력모멘트를 따라 변화시키는 것보다 보로써의 효율은 낮다. 단면이 커질 것을 예상하고 보의 자중을 $430\,kgf/m$로 가정한다. 따라서 보의 자중에 의한 휨모멘트는

$$M_o = \frac{1}{8} \times 430 \times 12.2^2 = 8000\ \ kgf \cdot m$$

앞의 예제로부터

$$M_d = 13{,}024\ \ kgf \cdot m, \quad M_l = 26{,}047\ \ kgf \cdot m$$

콘크리트의 허용응력은 다음과 같다(〈표 3.1〉 참조).
프리스트레싱력 도입 직후

$$f_{ca} = -0.6 f_{ci} = -0.6 \cdot 280 = -168\ \ kgf/cm^2 \qquad \text{(허용 휨압축 응력)}$$

$$f_{ta} = 1.6\sqrt{f_{ci}} = 1.6 \cdot \sqrt{280} = 27\ \ kgf/cm^2$$

(단순지지부재 단부에서의 허용 인장응력)

사용하중 작용 시

$$f_{cw} = -0.4 f_{ck} = -0.4 \cdot 400 = -160\ \ kgf/cm^2 \qquad \text{(허용 휨압축 응력)}$$

$$f_{tw} = 1.6\sqrt{f_{ck}} = 1.6 \cdot \sqrt{400} = 32\ \ kgf/cm^2 \qquad \text{(허용 휨인장 응력)}$$

프리스트레싱력 도입 직후의 허용 인장응력으로서 $0.8\sqrt{f_{ci}}$를 취하지 않고 $1.6\sqrt{f_{ci}}$를 취한 데 대하여 특히 유의해야 한다(〈표 3.1〉 참조). 본 예제처럼 긴장재를 일정한 편심으로 배치한 단순 지지보의 경우는 편심 거리가 지점에서의 조건으로 결정되기 때문이다. 따라서 필요한 단면계수는 식 (4.8) 및 식 (4.9)로부터

$$S_1 \geq \frac{M_o + M_d + M_l}{R \cdot f_{ta} - f_{cw}}$$

$$= \frac{800,000 + 1,302,400 + 2,604,700}{0.85 \cdot 27 - (-160)}$$

$$= 25,722 \ cm^3$$

$$S_2 \geq \frac{M_o + M_d + M_l}{f_{tw} - R \cdot f_{ca}}$$

$$= \frac{800,000 + 1,302,400 + 2,604,700}{32 - 0.85 \cdot (-168)}$$

$$= 26,898 \ cm^3$$

위의 단면계수들을 앞의 예제에서 채택한 단면의 단면계수들과 비교해 보면, 앞의 예제에서 채택한 단면 예 그림 4.1(a)로는 S_1이 약간 부족함을 알 수 있다. 따라서 예 그림 4.1(a)의 단면의 상부 플랜지의 폭만을 $5cm$ 늘린 단면을 이 예제에서 채택하기로 한다. 그러면 보의 자중은 428 kgf/m로 되어 가정한 값과 거의 같으며, 단면의 여러 계수값들은 다음과 같이 된다.

$$c_1 = 38.5 \ cm, \qquad c_2 = 34.5 \ cm$$

$$A_c = 1710 \ cm^2, \quad I_c = 1,027,440 \ cm^4, \quad r_c^2 = 601 \ cm^2$$

$$S_1 = 26,687 \ cm^3, \ S_2 = 29.781 \ cm^3$$

식 (4.5)로부터

$$f_{cci} = f_{ta} + \frac{c_1}{h}(f_{ca} - f_{ta})$$

$$= 27 + \frac{38.5}{73} \cdot (-168 - 27)$$

$$= -76 \ kgf/cm^2$$

식 (4.6)으로부터

$$P_i = -A_c \cdot f_{cci} = -1,710 \times (-76) = 129,960 \ kgf$$

긴장재의 소요 편심 거리는 식 (4.7)로부터

$$\begin{aligned} e &= (f_{ta} - f_{cci}) \cdot \frac{S_1}{P_i} \\ &= (27 - (-76)) \cdot \frac{26,687}{129,960} \\ &= 21 \ cm \end{aligned}$$

앞의 예제와 동일한 PS긴장재를 사용한다면 필요한 단면적은

$$A_p = \frac{P_i}{0.7 \cdot f_{pu}} = \frac{129,960}{101.5} = 1,280 \ mm^2$$

따라서 PS 긴장재의 필요한 수는

$$\frac{1280}{63.62} = 21$$

이것을 11개와 10개의 두 케이블로 배치한다.

이제 콘크리트 상·하단에 발생하는 응력을 검토한다.

1) 초기 프리스트레싱력 P_i만에 의한 응력

긴장재의 편심이 보의 전 길이에 걸쳐서 일정하기 때문에 P_i에 의한 응력은 경간의 어느 단면에서나 같다.

상단응력 $f_1 = -\frac{129,960}{1,710} \cdot \left(1 - \frac{21}{601} \cdot 38.5\right) = 26 \, kgf/cm^2$ (인장)

하단응력 $f_2 = -\frac{129,960}{1,710}\left(1 + \frac{21}{601} \cdot 34.5\right) = -167 \, kgf/cm^2$ (압축)

2) 유효 프리스트레싱력 P_e에 의한 응력

$$f_1 = 0.85 \cdot 26 = 22 \ kgf/cm^2$$
$$f_2 = 0.85 \cdot (-167) = -142 \ kgf/cm^2$$

이 응력들도 경간의 어느 단면에서나 같으며 지점단면에서는 설계하중 작용 시에도 허용응력을 초과하지 않음을 알 수 있다.

M_o만에 의한 중앙단면의 응력

$$f_1 = -\frac{M_o}{S_1} = -\frac{800,000}{26,687} = -30 \ kgf/cm^2$$
$$f_2 = \frac{M_o}{S_2} = \frac{800,000}{29,781} = 27 \ kgf/cm^2$$

$(M_d + M_l)$에 의한 중앙단면의 응력

$$f_1 = -\frac{1,302,400 + 2,604,700}{26,687} = -146 \ kgf/cm^2$$
$$f_2 = \frac{1,302,400 + 2,604,700}{29,781} = 131 \ kgf/cm^2$$

따라서 $(P_i + M_o)$만이 작용하는 초기단계, 즉 프리스트레싱력 도입 직후의 경간 중앙단면의 응력은 다음과 같다.

$$f_1 = 26 - 30 = -4 \, kgf/cm^2 (\text{압축}) \quad \le f_{ta} = 27 \, kgf/cm^2 \qquad \text{만족.}$$
$$f_2 = -167 + 27 = -140 \ kgf/cm^2 (\text{압축}) \ge f_{ca} = -168 \, kgf/cm^2 \qquad \text{만족.}$$

총 사용하중이 작용할 때 중앙 단면의 응력은 다음과 같다.

$$f_1 = 22 - 30 - 146 = -154 \ kgf/cm^2 \quad \ge \ f_{cw} = -160 \ kgf/cm^2 \qquad \text{만족.}$$
$$f_2 = -142 + 27 + 131 = 16 \ kgf/cm^2 \quad \le \ f_{tw} = 32 \, kgf/cm^2 \qquad \text{만족.}$$

즉, 각 하중단계에 있어서 콘크리트 응력은 각각의 허용응력을 초과하지 않는다. 예 그림 4.2(a) 및 (b) 각각 중앙단면 및 지점단면에서의 콘크리트 응력의 분포를 나타낸 것이다.

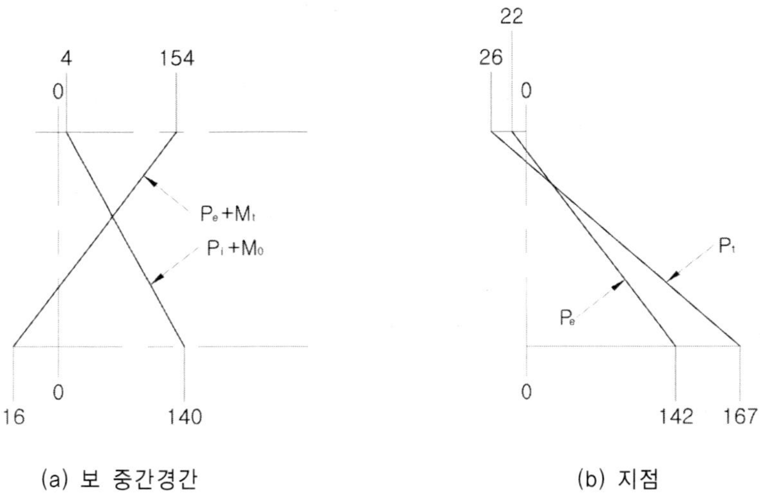

예 그림 4.2 일정한 편심을 갖는 보 단면 설계

이 예제와 앞의 예제를 비교함으로써 다음과 같은 사실을 알 수 있다. 즉, 긴장재를 직선으로 배치하여 편심 거리를 일정하게 하는 것보다 곡선으로 배치하여 편심거리를 변화시키는 것이 단면의 응력을 위하여 유리하다. 모든 조건이 동일할 때 긴장재의 편심거리가 일정하게 설계되는 보의 단면은 편심 거리를 변화시킬 단면보다 6% 정도 증가한다. 이러한 현상은 경간이 커질수록 더하다. 그것은 긴 경간일수록 보의 자중이 커지기 때문이다.

4.2.3 긴장재 도심의 제한범위

4.2.1항에서 설명한 단면계수, 프리스트레싱력 및 편심 거리의 식들은 최대 모멘트 단면에 대한 것들이다. 경간에 따라 휨모멘트가 작아지는 곳에서는 비재하단계 때 콘크리트의 응력이 허용응력을 넘지 않게 하기 위하여 긴장재의 편심 거리는 최대 모멘트 단면에서의 편심보다 작게 해야 한다. 또한 사용하중 하에서 콘크리트 응력이 허용응력을 넘지 않도록 하기 위하여 요구되는 최소 편심 거리 또는 긴장재 중심선에 대한 제한이 있어야 한다. 즉 긴장재의 편심 거리는 상한과 하한이 있다.

이러한 편심거리의 범위는 식 (4.1)과 식 (4.2)로부터 구할 수 있다. 이들 식을 e에 관하여 정리하면 다음과 같이 된다.

$$e \le \frac{S_1}{A_c} + \frac{M_o + S_1 \cdot f_{ta}}{P_i} \tag{4.11a}$$

$$e \le -\frac{S_2}{A_c} + \frac{M_o - S_2 \cdot f_{ta}}{P_i} \tag{4.11b}$$

$$e \ge \frac{S_1}{A_c} + \frac{M_t + S_1 \cdot f_{cw}}{R \cdot P_i} \tag{4.11c}$$

$$e \ge -\frac{S_2}{A_c} + \frac{M_t - S_2 \cdot f_{tw}}{R \cdot P_i} \tag{4.11d}$$

여기서 : $M_t = M_o + M_d + M_l$

$R \cdot P_i = P_e$

식 (4.11a)와 (4.11b)는 편심 거리의 하한을 나타내며, 식 (4.11c)와 식 (4.11d)는 상한을 나타낸다. 만약 단면치수 및 긴장재 인장력이 부재의 전 길이에 걸쳐서 일정하다면 식 (4.11a)와 식 (4.11b), 식 (4.11c)와 식 (4.11d)의 곡선은 각각 서로 평행하게 되며, 편심 거리는 안쪽의 두 곡선으로 결정된다. 일반적으로 식 (4.11b)와 식 (4.11d)에 의하여 편심 거리의 범위가 정해진다. 이러한 관계를 나타낸 것이 그림 4.8이다. 즉 그림의 제한범위 내에 긴장재의 도심이 있어야만 콘크리트 응력이 허용응력 이하로 되는 것이다.

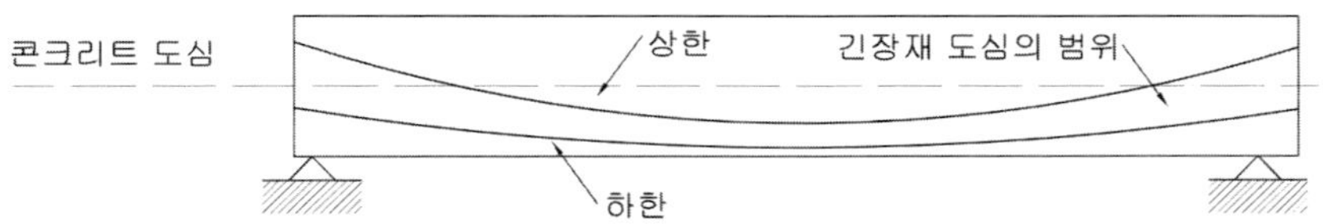

그림 4.8 긴장재 도심의 범위

예 4·3 긴장재 배치 범위

(예 4.1)의 보에서 긴장재의 배치범위를 정하라.

(예 4.1)에서 구한 값들을 아래에 다시 정리하면

$$f_{ca} = -168 \ kgf/cm^2, \quad f_{ta} = 13 \ kgf/cm^2$$

$$f_{cw} = -160 \ kgf/cm^2, \quad f_{tw} = 32 \ kgf/cm^2, \quad M_o = 7684 \ kgf \cdot m$$

$$M_t = M_o + M_d + M_l = 46,755\ kgf \cdot m$$

$$P_i = 141,400\ kg, \qquad P_e = R \cdot P_i = 120,190\ kg$$

$$S_1 = 24,138\ cm^3, \qquad S_2 = 28,937\ cm^3$$

$$A_c = 1650\ cm^2, \qquad r_c^2 = 582\ cm^2$$

모든 하중이 등분포 하중이므로 휨모멘트는 경간중앙에서 최대, 지점에서 0인 포물선 변화를 한다. 따라서 경간의 중앙, 경간의 1/4 지점 및 경간 끝 지점에서의 각 단면의 모멘트는 다음과 같다.

모멘트	경간 중앙	경간 1/4 지점	끝 지점
M_0	7,864 $kgf \cdot m$	5,763 $kgf \cdot m$	0
M_t	46,755 $kgf \cdot m$	35,066 $kgf \cdot m$	0

긴장재 도심 위치의 하한은 식 (4.11a)로부터 다음과 같이 구해진다.

$$\text{지점} \quad : e \le \frac{S_1}{A_c} + \frac{M_o + S_1 \cdot f_{ta}}{P_i}$$

$$= \frac{24,138}{1650} + \frac{0 + 24,138 \cdot 13}{141,400}$$

$$= 16.8 cm$$

$$\frac{1}{4}\ \text{경간} \quad : e \le 16.8 + \frac{576,300}{141,400} = 20.9\ cm$$

$$\text{경간 중앙} : e \le 16.8 + \frac{768,400}{141,400} = 22.2\ cm$$

식 (4.11b)로부터 계산되는 하한값은

$$\text{지점} \quad : e \le -\frac{S_2}{A_c} + \frac{M_o - S_2 \cdot f_{ca}}{P_i}$$

$$= -\frac{28,937}{1650} + \frac{0 - 28,937 \cdot (-168)}{141,400}$$

$$= 16.9\ cm$$

$\dfrac{1}{4}$ 경간 $\quad : e \leq 21.0\ cm$

경간 중앙 $: e \leq 22.3\ cm$

다음에 편심 거리의 상한은 식 (4.11c)로부터

$$\text{지점} \quad : e \geq \frac{S_1}{A_c} + \frac{M_t + S_1 \cdot f_{cw}}{R \cdot P_i}$$

$$= \frac{24,138}{1650} + \frac{0 + 24,138 \cdot (-160)}{120,190}$$

$$= -17.5\ cm$$

$$\frac{1}{4}\ \text{경간} \quad : e \geq -17.5 + \frac{3,506,600}{120,190} = 11.7\ cm$$

$$\text{경간 중앙} : e \geq -17.5 + \frac{4,675,500}{120,190} = 21.4\ cm$$

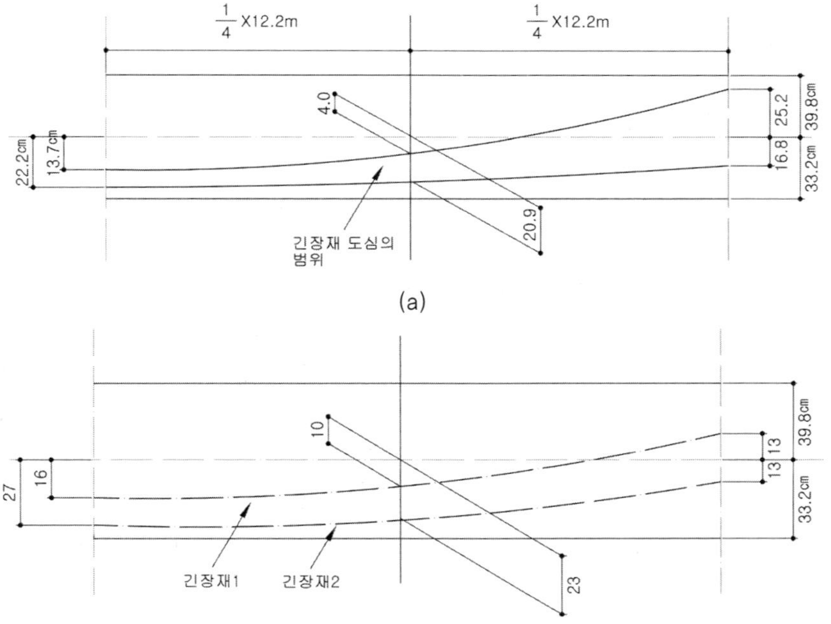

(b)

예 그림 4.3 긴장재 배치 범위

식 (4.11d)로부터 계산되는 상한은

$$\text{지점} \quad : e \geq -\frac{S_2}{A_c} + \frac{M_t - S_2 \cdot f_{tw}}{R \cdot P_i}$$

$$= -\frac{28,947}{1,650} + \frac{0 - 28,937 \cdot 32}{120,190}$$

$$= -25.2\ cm$$

$$\frac{1}{4}\text{경간} \quad : e \geqq -25.2 + \frac{3,506,600}{120,190} = 4.07cm$$

$$\text{경간 중앙} : e \geqq -25.2 + \frac{4,675,500}{120,190} = 13.7cm$$

콘크리트의 허용 휨인장 응력에 근거하고 있는 식 (4.11d)가 지배한다. 따라서 긴장재 도심위치의 상한은 이 식으로 계산된 값이라야 한다.

부(-)의 편심 거리는 단면도심에서 위쪽으로 측정된 값임을 뜻한다. 이상의 계산결과를 예 그림 4.3(a)에 나타내었다.

두 긴장재 실제 도심선을 예 그림 4.3(b)에 나타내었다. 경간 중앙에서의 두 긴장재 간의 중심간 거리는 11㎝이고, 전제 긴장재의 도심은 단면도심 아래 21.5㎝에 있다. 지점단면에서는 긴장재 도심과 단면도심을 일치시켰다.

4.2.4 경간에 따른 프리스트레싱력의 감소

보의 최대 모멘트 단면에서 구한 프리스트레싱력과 편심 거리를 전경간에 그대로 사용하면, 자중에 의한 모멘트가 작은 단면에 과도한 응력이 일어나는 수가 있다. 이것을 회피하기 위해서는 지점 근처에서 편심 거리를 감소시켜야 한다. 일정한 편심 거리를 가지는 프리텐션된 보에 있어서는 프리스트레싱력의 크기를 감소 시켜야 한다. 그러기 위해서는 경간의 단부 근처에서 긴장재를 부착시키지 않으면 된다. 이것을 알기 쉽게 나타낸 것이 그림 4.9이다.

프리텐션 보에 있어서 가장 보편적인 방법은 그림 4.9에 보인 것처럼 긴장재를 쪼갠 플라스틱관(split plastic tube)속에 꼭 맞도록 수용하거나, 또는 단단한 종이(heavy paper)나 헝겊테이프(cloth tape)로 필요한 길이만큼 긴장재를 감아주는 방법이 있다. 이렇게 하면 이 부분에서 프리스트레싱력이 콘크리트에 전달되지 않는다. 그리고 유효 프리스트레싱력은 나머지 부분의 긴장재에 의하여 발휘된다. 따라서, 긴장재가 직선으로 배치되었더라도 편심거리는 얼마간 감소한다. 그 이유는 긴장재의 일부분이 효과가 없게 됨으로써 긴장재 도심이 위로 이동하기 때문이다.

교량과 같이 장경간의 포스트텐션 보에 있어서 응력에 저항하는데, 긴장재가 더 필요하지 않은 곳에서는 긴장재를 끝내는 것이 유리하다. 이러한 경우에는 그림 4.10에 보인 것처럼 긴장재를 보의 상면에 정착시키는 것이 보통이다. 이렇게 하면 긴장재량이 절약될 뿐 아니라, 여러 개의 긴장재들을 같은 위치에서 구부려 올릴 때 복부 두께를 증가시키지 않고도 긴장재를 하나씩 위로 구부려 올릴 수 있다. 또한, 단부단면에서 장착의 수를 줄일 수 있기 때문에 그 곳에서의 초과 응력상태를 피할 수 있다. 그뿐 아니라 경사진 프리스트레싱력의 연직분력은 하중에 의한 전단력을 감소시킨다.

한편 지점 가까운 곳에서 끝내는 긴장재는 덕트의 곡률로 인하여 마찰손실이 크게 일어난다. 이 손실을 최소화하기 위해서는 긴장재의 곡률반지름을 크게 하여 긴장재의 구부림 경사를 될 수 있도록 작게 되도록 해야 한다.

보의 전 길이에 걸쳐 배치되는 긴장재의 수가 구부려 올리는 긴장재의 수보다 많을 경우에는, 한쪽만을 구부려 올리고 다른 쪽은 보의 끝까지 연장한다. 이 경우, 그 긴장재들은 서로 대칭이 되도록 해야 한다.

포스트텐션된 연속보에 있어서도 그 배치는 그림 4.10과 동일하다. 다만, 지점의 부모멘트를 위한 긴장재는 보의 하단으로 구부려 내려서 정착한다.

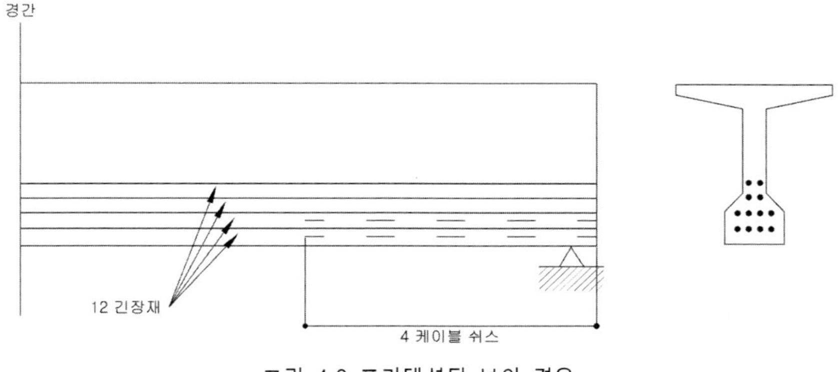

그림 4.9 프리텐션된 보의 경우

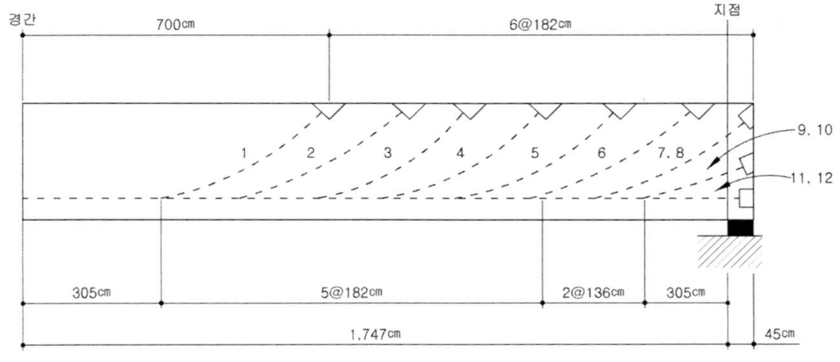

그림 4.10 포스트텐션된 보의 경우

4.2.5 프리스트레싱력과 편심의 조합

프리스트레싱력 P_i와 긴장재 도심의 편심 거리 e의 조합은 무수히 있을 수 있다. 일반적으로 가장 작은 프리스트레싱력과 가장 큰 편심이 경제적이다.

그림 4.11은 프리스트레싱력과 편심의 많은 조합 가운데서 세 가지 조합에 대한 콘크리트 응력의 분포를 보인 것이다. P_i+M_o은 초기 프리스트레싱력 P_i와 보의 자중 모멘트 M_o이 작용하는 초기 단계 때의 단면용적의 분포이고, P_e+M_t는 전체 사용하중이 작용하는 사용상태 때의 응력분포이다.

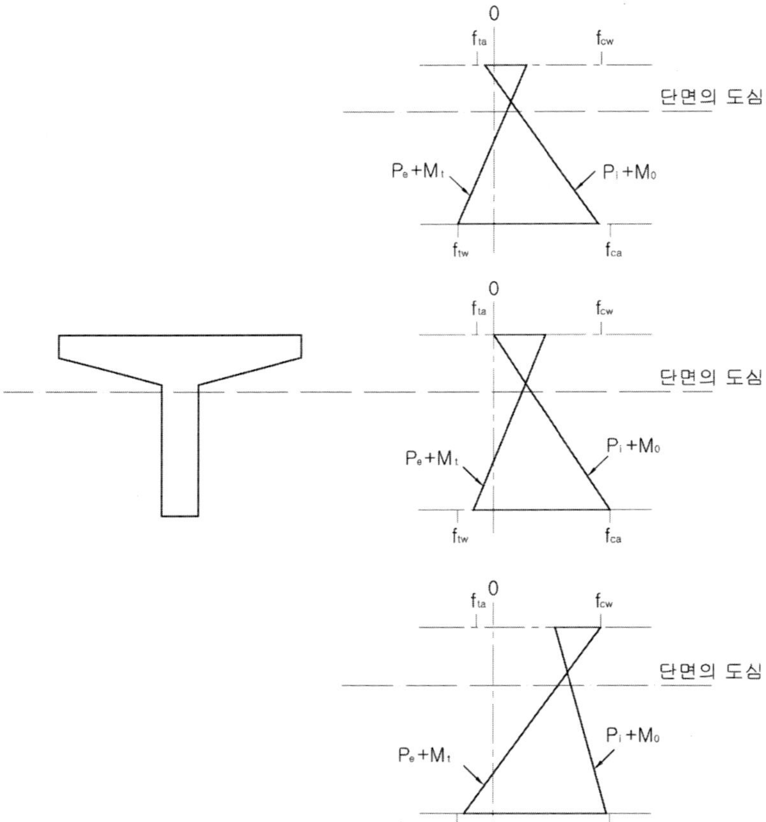

그림 4.11 프리스트레싱력과 편심의 조합

그림 4.11(b)는 비교적 작은 P_i와 큰 편심이 조합된 경우이고, P_i가 작은 경우는 단면도심의 콘크리트 응력이 P_i가 큰 경우에 비하여 작다. 편심이 큰 경우는 편심이 작은 경우에 비하여 P_i+M_o의 응력분포의 기울기가 완만하다.

그림 4.11(c) 그림 4.11(b)의 경우보다 P_i가 큰 경우이다. 그런데 그림 4.11(c)에서 $P_i + M_o$의 응력분포의 기울기는 그림 4.11(b)의 그것과 거의 같다.

따라서 그림 4.11(c)의 경우의 편심은 그림 4.11(b)의 경우보다 약간 작아야 한다. 그림 4.11(d)는 보다 큰 P_i와 매우 작은 편심이 조합된 경우이다.

그림 4.11에 보인 세 가지 조건은 모두 각 하중 단계에서의 응력들이 허용응력 범위 내에 들어야 한다는 조건을 만족하고 있다. 그러나 이 세 가지 조합 가운데서 그림 4.11(b)의 경우가 가장 좋다. 그 이유는 세 경우 가운데서 프리스트레싱력이 가장 작기 때문이다. 큰 편심은 부재의 휨강도를 최대화하는 데도 유리하다. 또 내력 모멘트의 팔 길이를 증대시키기 때문에 초과하중에 대해서도 유리하다.

4.3 상핵 및 하핵

사용하중 조건 하에서 콘크리트 연단의 최대 인장응력은 「콘크리트구조설계기준」에서 규정한 최대허용응력을 초과할 수 없다. 즉, 콘크리트 연단의 최대응력이 최대 허용응력의 범위이내가 되도록 콘크리트 단면에서 긴장재의 한계치를 설정하는 것이 중요하다. 콘크리트에 긴장력이 작용할 때 콘크리트 연단에 인장응력이 발생하지 않도록 할 경우 식 (4.12)로 유도할 수 있다.

$$f_1 = -\frac{P_i}{A_c}\left(1 - \frac{e.c_1}{r^2}\right) = 0 \tag{4.12}$$

만일, 오직 긴장력만 작용할 경우, $e = r^2/c_1$이다. 따라서 하핵점(lower kern point) k_2는 식 (4.13)과 같다.

$$k_2 = \frac{r^2}{c_1} \tag{4.13}$$

또한, $f_2 = 0$일 경우 $-e = r^2/c_2$이므로 상핵점(upper kern point) k_1은 식 (4.14)와 같다.

$$k_1 = -\frac{r^2}{c_2} \tag{4.14}$$

여기서, 부재의 중립축으로부터 위로 나타내는 것은 (-)이고, 아래는 (+)로 나타낸다.

그림 4.12에서와 같이 긴장력 P_i가 하핵점 아래로 작용하면, 콘크리트 단면의 상부에서 초대 인장응력이 발생되며 상핵점 위에서 작용한다며, 최대인장은 콘크리트 단면의 하부에서 발생한다. 이와 같은 방법으로 단면의 핵점을 산정할 수 있으며, 그림 4.13에 나타낸 것과 같이 하중 작용에 대한 중앙핵 또는 핵 면적을 산정할 수 있다.

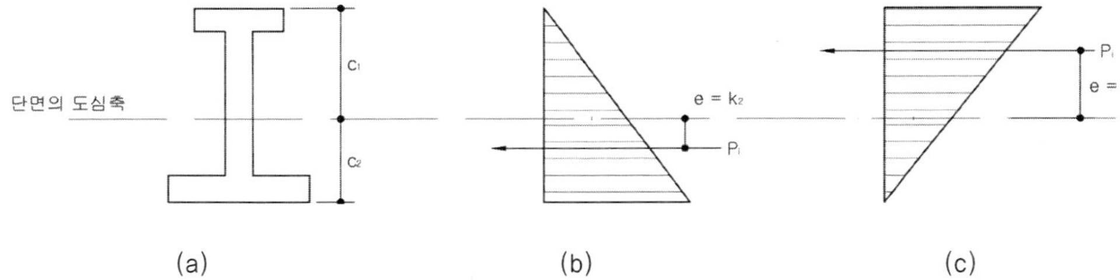

그림 4.12 하핵 거리와 상핵 거리

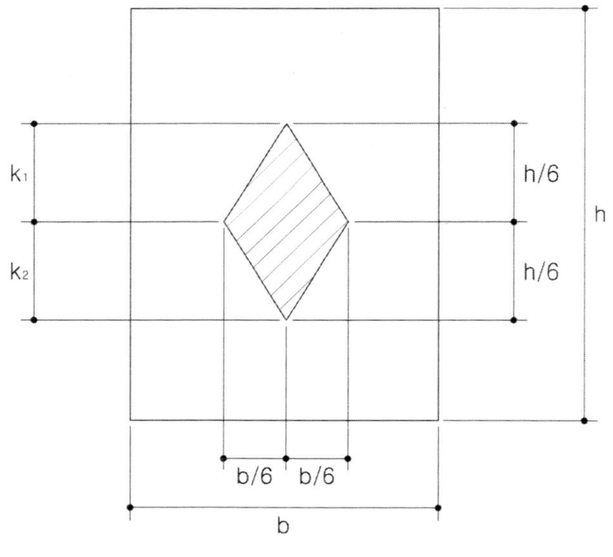

그림 4.13 단면의 핵

긴장재의 도심이 반드시 핵 안에 있어야 한다는 것을 뜻하는 것은 아니며, 프리스트레스트 보를 설계할 때 이들 핵점이 가끔 참고가 될 따름이다. 일반 경간의 프리캐스트 보에서는 직선 긴장재가 널리 사용되어지고 있으며, 현장타설 포스트텐션된 부재에서는 일반적으로 굴곡 긴장재를 많이 사용되어지고 있다. 이러한 굴곡 긴장재는 포물선 배치와 직선 긴장재의 절곡배치로 크게 분류된다.

4.4 하중평형에 의한 휨설계

이제까지는 휨설계는 응력개념의 방법에 따른 것이지만, 여기서는 하중평형의 방법에 따라 휨설계를 다루어 보기로 한다.

하중평형의 개념은 부재에 작용하는 하향의 하중을 긴장재를 포물선 또는 절선상으로 배치함으로써 얻어지는 상향력에 의해 상쇄하려는 것이다. 따라서 부재에는 축방향 압축력만이 작용하게 된다. 이러한 생각에 바탕을 둔 휨설계를 하중-평형법(load balancing method) 또는 모멘트-평형법(moment balancing method)이라고 한다.

그림 4.14는 단순보에 대하여 이 개념을 알기 쉽게 나타낸 것이다. 즉, 그림 4.14(b)는 보의 중앙단면에서의 응력으로서, 처음 두 그림은 프리스트레싱력에 의한 응력이고, 세 번째 그림은 하중 $(w_o+w_d+k_b \cdot w_l)$에 의한 응력이다. 여기서 $k_b \cdot w_l$은 지속하중(sustained load)으로 작용하는 전체 활하중의 일부이다. 즉, $k_b \cdot w_l$은 평형 활하중이며 계수 k_b는 추정에 의해 결정된다. 만약, 프리스트레싱력 P에 의한 상향 분포력 w가 하중 $(w_o+w_d+k_b \cdot w_l)$과 같다면, 이 보의 중앙단면에는 균일한 압축응력만이 작용할 것이다. 즉, P의 편심으로 인한 응력 그림 4.14(b)의 두 번째 그림과 하중$(w_o+w_d+k_b \cdot w_l)$에 의한 응력 그림 4.14(b)의 세 번째 그림은 서로 크기가 같고, 부호는 반대이므로 결국 보의 중앙단면에는 그림 4.14(b)의 네 번째 그림과 같이 균일한 압축응력만이 작용하게 되고, 또 처짐도 일어나지 않는다.

활하중이 더 증가되거나 제거되면 평형하중으로 되지 않기 때문에 응력분포는 달라진다. 그림 4.14(c)는 활하중의 일부인 $k_b \cdot w_l$이 제거되었을 때의 응력분포이다.

긴장재를 포물선으로 배치했을 때, 프리스트레싱력 P에 의한 상향 분포력 w는 다음과 같다.

$$w = \frac{8P \cdot \delta}{\ell^2} \tag{4.15}$$

캔틸레버 보의 경우는 다음과 같다.

$$w = \frac{2P \cdot \delta}{\ell^2} \tag{4.16}$$

그림 4.20(a)는 연속보의 경우를 나타낸 것이다. 이 경우, 보의 양끝의 지점에서 긴장재의 편심 거리는 단순보의 경우처럼 영(0)으로 해야 한다. 중간지점에서는 하중에 의한 부모멘트와 프리스트레싱력에 의한 정모멘트를 상쇄하기 위하여 그림과 같이 긴장재를 배치해야 한다. 이때 긴장재는 콘크리트 피복두께가 허용하는 범위까지 최대편심이 되도록 위쪽으로 끌어올려야 하고, 동시에 양쪽 경간의 새그(sag) δ는 최대로 되게 하며, 프리스트레싱력은 최소로 되게 해야 한다. 그림 4.20(b)는 캔틸레버 부분을 가지는 단순보, 즉 내민보의 경우이다. 이 경우 자유단에서의 긴장재의 편심거리는 영(0)이라야 한다.

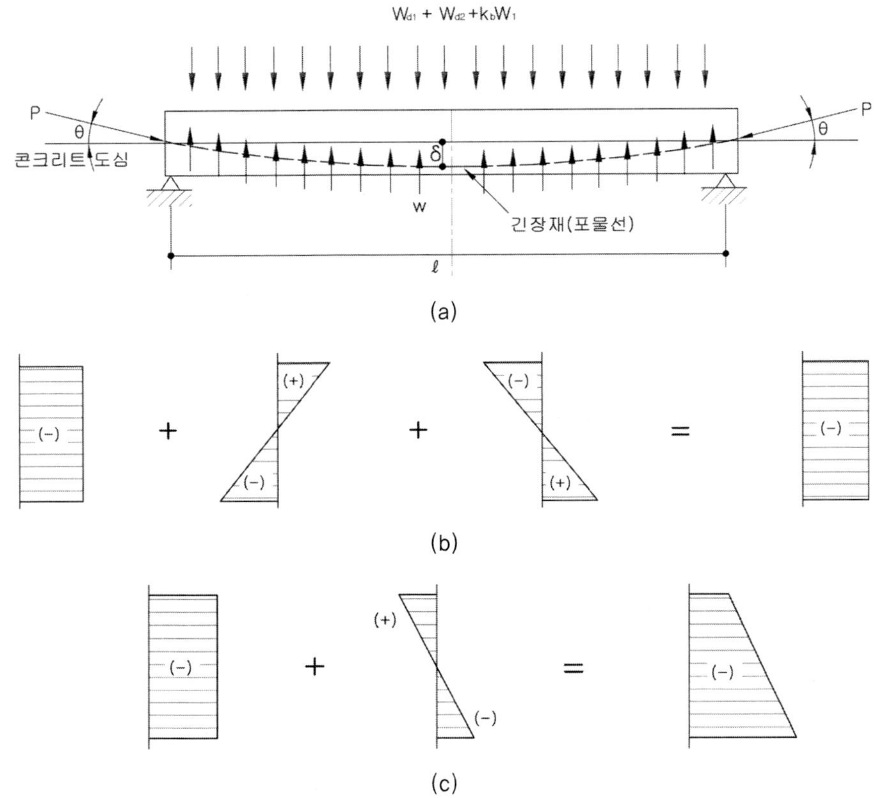

그림 4.14 등분포 하중을 받는 보의 하중평형

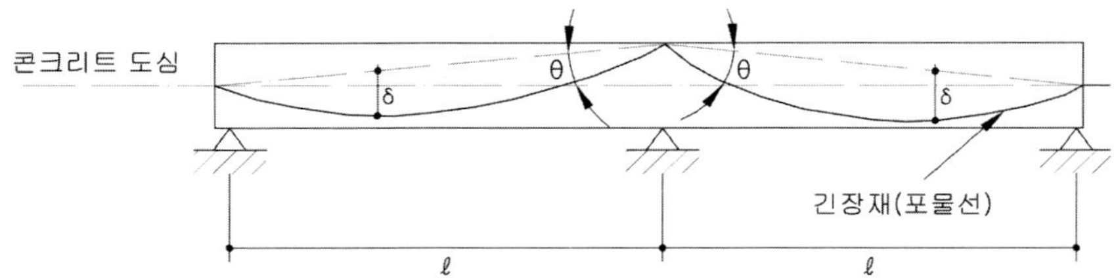

(a) 2경간 연속보

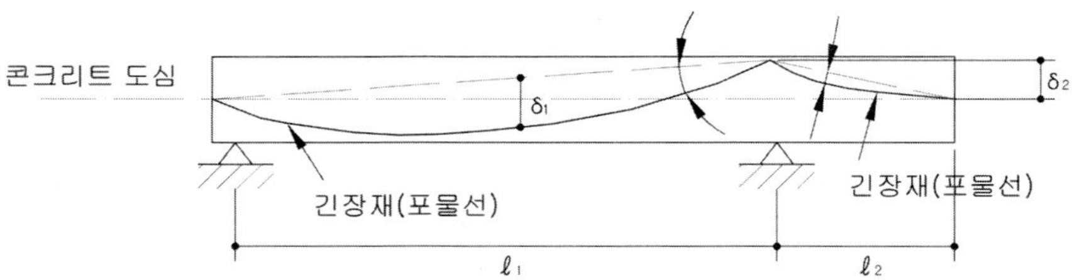

(b) 내민보

그림 4.15 등분포 하중을 받는 보의 긴장재 배치

양쪽 경간에서의 긴장재의 경사 θ_1과 θ_2는 같지 않을 것이고, 또 프리스트레싱력 P_1과 P_2도 같지 않을 것이다. 따라서 양쪽 경간에 대하여 각각 별도의 긴장재를 사용해야 할 것이다.

예 4·4 하중 평형에 의한 포스트텐션된 보 휨 설계

예 그림 4.4(a)와 같이 등분포 하중을 받는 포스트텐션된 보를 설계하라. 경간은 $\ell = 9.0m$이고 자중 이외의 고정하중은 $220\,kgf/m$이고 설계 활하중은 $880\,kgf/m$이다. 콘크리트의 28일 강도는 $350\,kgf/cm^2$이고 프리스트레싱 도입 시의 강도는 $240\,kgf/cm^2$이다. 프리스트레싱력의 감소는 초기 프리스트레싱의 20%로 본다. 활하중의 1/4이 상당한 기간 지속된다고 보고 평형하중의 개수 k_b를 0.25로 취한다.

1) 경간/보 깊이 비를 18 정도로 보고 $30cm \times 55cm$의 직사각형 단면을 선택한다. 그러면 보의 자중은

$$w_{d1} = 2500 \cdot 0.3 \cdot 0.55 = 396 \; kgf/m$$

따라서 평형되어야 할 하중은

$$w_{bal} = w_o + w_d + k_b \cdot w_l = 396 + 220 + 0.25 \cdot 880 = 836 \; kgf/m$$

피복두께를 10㎝로 보면 긴장재의 최대편심 거리는 17㎝ 정도로 할 수 있다. 등분포의 상향 반력을 얻기 위하여 긴장재는 포물선으로 배치한다. 하향의 하중과 동일하게 하기 위한 유효 프리스트레싱력 P_e는

$$P_e = \frac{w_{bal} \cdot \ell^2}{8 \cdot \delta} = \frac{836 \cdot 9.0^2}{8 \cdot 0.17} = 49,791\,kgf$$

따라서 초기 프리스트레싱력 P_i는

$$P_i = \frac{P_e}{R} = \frac{49,791}{0.8} = 62,239 \; kgf$$

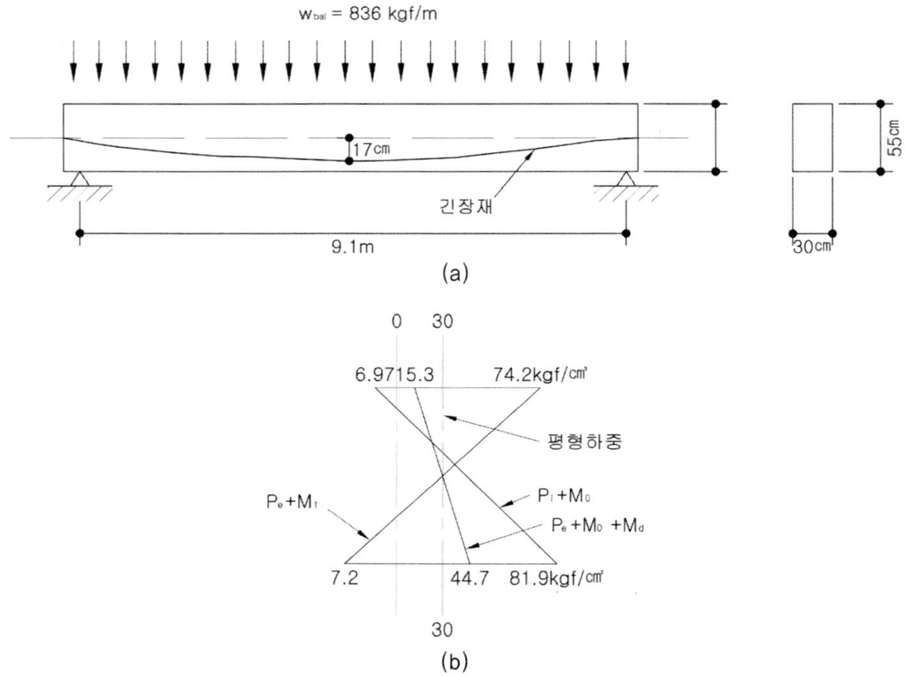

예 그림 4.4 하중평형에 의한 포스트텐션된 보의 휨설계

평형하중 단계에서 콘크리트는 균일한 압축응력을 받는다. 그 크기는

$$f_{bal} = -\frac{P_e}{A_c} = -\frac{49,791}{26 \cdot 52} = -30.0 \ \ kgf/cm^2$$

이 응력이 예 그림 4.4에 나타나 있다.

2) 활하중의 일부인 $k_b \cdot w_l(0.25 \times 880) = 220\,kgf/m$가 제거되면 $220kgf/m$의 상향력이 작용하게 되어, 이로 인한 응력이 위의 f_{bal}에 겹쳐지게 된다.

$220\,kgf/m$의 상향력으로 인한 불균형 모멘트는

$$M_{unbal} = \frac{220 \cdot 9.0^2}{8} = 2,227.5 \ \ kgf \cdot m$$

이고, 가정단면의 단면계수는 $15,125cm^3$이므로 불균형 모멘트로 인한 휨응력은

$$f_{unbal} = \frac{M_{unbal}}{S} = \frac{2,227.5 \cdot 10^2}{15,125} = \pm 14.7 \ kgf/cm^2$$

따라서 이때의 부재 상·하단의 응력은

$$f_1 = -30 + 14.7 = -15.3 \ kgf/cm^2$$

$$f_2 = -30 - 14.7 = -44.7 kgf/cm^2$$

평형하중에 포함된 활하중($k_b \cdot w_l = 220 \, kgf/m$)을 뺀 나머지 활하중($660 \, kgf/m$)이 가해지면, 이로 인한 응력은

$$\frac{M}{S} = \frac{\left(\frac{1}{8} \times 660 \times 9.0^2\right) \times 100}{15,125} = \mp 44.2 \, kgf/cm^2$$

따라서 전체 총 설계하중이 가해질 경우의 콘크리트 응력은

$$f_1 = -30 - 44.2 = -74.2 \ kgf/cm^2$$

$$f_2 = -30 + 44.2 = 14.2 \ kgf/cm^2$$

이러한 응력들이 예 그림 4.4(b)에 나타나 있다.

3) 다음에 프리스트레싱력 도입 직 후의 응력을 검토할 필요가 있다.
보의 자중에 의한 휨모멘트는

$$M_o = \frac{1}{8} \cdot 396 \cdot 9.0^2 = 4,009.5 \ kgf \cdot m$$

이고, 가정단면의 단면적은 $A_c = 30 \cdot 55 = 1,650 \ cm^2$, 회전반경은$r^2 = 252 cm^2$이므로 프리스트레싱력 도입 직 후의 응력은 다음과 같다.

$$f_1 = -\frac{P_i}{A_c}\left(1-\frac{e}{r_c^2}c_1\right)-\frac{M_o}{S_1}$$

$$= -\frac{62,239}{1,650}\cdot\left(1-\frac{17}{252}\cdot 27.5\right)-\frac{4,009.5\cdot 10^2}{15,125}$$

$$= 6.97\ kgf/cm^2$$

$$f_2 = -\frac{62,239}{1,650}\cdot\left(1+\frac{17}{252}\cdot 27.5\right)+\frac{4,009.5\cdot 10^2}{15,125}$$

$$= -81.9\ kgf/cm^2$$

이 응력의 분포는 예 그림 4.4(b)에 나타나 있다.
콘크리트의 허용응력은 〈표 3.1〉로부터

$$f_{ta} = 0.80\sqrt{f_{ci}} = 0.80\sqrt{240} = 12.4\ kgf/cm^2$$
$$f_{ca} = -0.6f_{ci} = -0.6\times 240 = -144\ kgf/cm^2$$
$$f_{tw} = 1.6\sqrt{f_{ck}} = 1.6\sqrt{350} = 29.9\ kgf/cm^2$$
$$f_{cw} = -0.4f_{ck} = -0.4\times 350 = -140\ kgf/cm^2$$

각 하중단계에서의 콘크리트 응력이 허용응력을 초과하지 않으므로, 가정한 단면을 수정하지 않고 그대로 채택한다.

4) 단면의 휨강도를 검토한다.

$f_{pu} = 175\ kgf/mm^2$, $f_{py} = 150\ kgf/mm^2$인 긴장재를 사용한다면, 프리스트레싱력 도입 직후의 긴장재의 허용 인장응력은(〈표 3.2〉 참조)

$$0.7\cdot f_{pu} = 0.7\cdot 175 = 122.5\ kgf/mm^2$$

따라서 필요한 긴장재 단면적은

$$A_p = \frac{P_i}{0.7f_{pu}} = \frac{62,239}{122.5} = 508.1\ mm^2$$

7연선인 직경 10.8㎜인 긴장재(*SWPC 7A*)를 8개 사용할 때, 그 단면적은

$$A_p = 8 \cdot 69.68 = 557\,mm^2$$

이므로 초기 및 최종단계에서의 긴장재의 응력은 각각 다음과 같이 된다.

$$f_{p_i} = \frac{P_i}{A_p} = \frac{62,239}{557} = 111.7\ kgf/mm^2$$

$$f_{p_e} = \frac{P_e}{A_p} = \frac{49,791}{557} = 89.4\ kgf/mm^2 \quad > \quad 87.5\ kgf/mm^2 (=0.5 \cdot f_{pu})$$

긴장재비는

$$\rho_p = \frac{A_p}{b \cdot d_p} = \frac{5.57}{26 \cdot (55-10)} = 0.00413$$

$\dfrac{f_{py}}{f_{pu}} = \dfrac{150}{175} = 0.857 > 0.85$이므로 $\gamma_p = 0.40$이고

$f_{ck} = 350\ kgf/cm^2$이므로 $\beta_1 = 0.801$이다.

$f_{pe} > 0.5 f_{pu}$이고, 철근이 배근되어 있지 않으므로 f_{ps}는 식 (3.7)로부터

$$\begin{aligned} f_{ps} &= f_{pu}\left(1 - \frac{\gamma_p}{\beta_1} \cdot \frac{\rho_p \cdot f_{pu}}{f_{ck}}\right) \\ &= 175 \cdot \left(1 - \frac{0.40}{0.801} \cdot \frac{0.00413 \cdot 175}{3.5}\right) \\ &= 157.0\ kgf/mm^2 \end{aligned}$$

식 (3.11)로부터

$$a = \frac{A_p \cdot f_{ps}}{0.85 \cdot f_{ck} \cdot b} = \frac{5.57 \cdot 15,700}{0.85 \cdot 350 \cdot 30} = 9.8\,cm$$

그러므로 공칭 휨강도는

$$M_n = A_p \cdot f_{ps} \cdot \left(d_p - \frac{a}{2}\right)$$

$$= 5.57 \cdot 15,700 \cdot \left(45 - \frac{9.8}{2}\right)$$

$$= 3,506,704.9\ kgf \cdot cm = 35.1\,tf \cdot m$$

따라서 설계 휨강도는

$$\phi M_n = 0.85 \cdot 35.1 = 29.8\ tf \cdot m$$

5) 다음에 활하중에 대한안전을 검토해 보자.

보의 자중에 의한 휨모멘트는$M_o = 4{,}009.5\ kgf \cdot m$이고, 추가 고정하중 및 휨하중에 의한 휨모멘트는 각각 다음과 같다.

$$M_d = \frac{1}{8} \cdot 220 \cdot 9.0^2 = 2,227.5\,kgf \cdot m$$

$$M_l = \frac{1}{8} \cdot 880 \cdot 9.0^2 = 8,910\,kgf \cdot m$$

지금 활하중에 대한 하중계수를 F_l로 놓으면, 다음과 같은 관계가 성립해야 한다.

$$1.4 \cdot (M_o + M_d) + F_l \cdot M_l = \phi \cdot M_n$$

따라서

$$1.4 \cdot (4,009.5 + 2,227.5) + F_l \cdot 8,910 = 31,600$$

$$F_l = 1.8$$

즉, 활하중에 대한 하중계수가 설계기준에서 규정하고 있는 1.7보다 크다. 그러므로 이 단면은 안전하게 설계되었다.

4.5 부분 프리스트레싱에 의한 휨설계

최근의 설계는 사용 하중 하에서 또는 초과 하중 하에서 콘크리트에 휨 인장응력의 작용을 허용하거나 또는 균열마저 허용하는 이른바 부분 프리스트레싱 보의 사용을 채택하는 경향이 있다. 이 때 프리스트레스트 보에 균열이 발생하면 그 균열은 일반적으로 작고 잘 분포되며, 균열을 발생시킨 하중이 제거되면 균열은 완전히 닫히게 된다.

균열발생은 철근콘크리트 부재에서는 용인된 특징이며, 프리스트레스트 보에서 균열을 허용하지 않음으로써 그 설계를 불리하게 할 이유가 없다는 것이 설득력 있게 주장되고 있다. 인장응력의 작용이 없는 프리스트레스트 부재는 거의 있을 수 없으며, 전단의 비틀림과 조합된 영향을 생각한 주 인장응력은 콘크리트의 인장응력을 초과한다. 집중하중을 받는 구역이나 긴장재를 정착하는 곳에서는 인장응력의 작용을 피할 수 없다. 이러한 관점에서 휨균열의 발생을 배제한다는 것은 어려운 일이다.

설계기준에서는 사용 하중하에서 콘크리트의 휨인장 응력을 일반적인 경우 $1.6\sqrt{f_{ck}}\,kgf/cm^2$까지 허용하고 있다(〈표 3.1〉 참조). 이것은 콘크리트의 휨인장 강도(파괴계수)보다 약간 작은 값이다. 따라서, 콘크리트의 인장응력을 이 값 이하로 제한하면 균열은 일어나지 않을 것이다.

균열단면으로 계산한 처짐이 허용강도 내에 있고, 또 긴장재의 콘크리트 피복두께가 최소 피복 두께보다 50% 이상 증가되어 있는 경우는 콘크리트의 인장응력을 $3.2\sqrt{f_{ck}}\,kgf/cm^2$까지 허용하고 있다(〈표 3.1〉 참조). 이 값은 휨인장 강도를 넘는 값이며, 따라서 콘크리트에는 균열이 발생할 것이다. 이러한 경우가 여기서 논의하고자 하는 부분 프리스트레싱 보이다.

부분 프리스트레싱 보는 보다 작은 프리스트레싱력으로 긴장되기 때문에 긴장재의 수와 정착장치의 수를 줄일 수 있고, 또 철근을 배치함으로써 긴장재와 철근의 조합된 힘으로 휨강도를 얻는다.

부분 프리스트레싱된 보의 설계는 다음 두 가지 접근방법 중의 하나로 수행할 수 있다. 하나는 보통의 철근콘크리트 보의 강도 설계법과 같다. 즉, 계수 하중(factored load)하에서 소요강도가 얻어지도록 콘크리트 단면과 긴장재 단면적을 결정하는 것이다. 다른 하나는 소정의 하중과 비길 수 있도록 프리스트레싱력과 편심을 먼저 결정하는 것이다. 두 방법 모두 한계상태를 설계에 고려해야 하며, 몇 번의 반복설계가 필요하게 되는 수도 있다.

4.5.1 강도이론에 의한 부분 프리스트레싱된 보의 휨설계

이 방법은 설계강도를 소요강도와 같게 되도록 콘크리트 단면과 긴장재량을 먼저 결정하는 것이다. 그런 후에 사용 하중하에서의 처짐과 균열을 검사하고, 필요하면 단면을 수정한다. 사용 하중하에서의 응력은 보통 계산하지 않는다.

콘크리트 단면은 파괴 때의 긴장재 응력을 $0.9 \cdot f_{pu}$로 가정하여 우선 계산한다. 플랜지 있는 단면에서 파괴 시의 저항 모멘트의 팔 길이는 긴장재 단면중심으로부터 플랜지 두께 중심까지의 거리와 같다고 가정한다.

이 방법에 의한 부분 프리스트레싱된 보의 설계 순서는 다음과 같다.

① 사용하중에 하중계수를 곱하여 계수 모멘트(factored moment) M_u를 구한 후 부재의 공칭 휨강도(nominal flexural strength) $M_n = M_u/\phi$를 산정한다.

② 최대 경간/보깊이 비 또는 경험에 의하여 콘크리트 단면의 높이를 가정한다. 상부 플랜지의 치수는 기증상의 조건 또는 기타의 기준에 따른다.

③ 내력 모멘트의 팔 길이 z는 긴장재 단면중심으로부터 플랜지 두께의 중심까지의 거리로 가정하며, 직사각형 단면의 경우에는 0.8 · 보 깊이로 가정한다. 극한 시의 긴장재 응력을 $0.9 \cdot f_{pu}$로 취하면, 긴장재의 소요 단면적은 다음과 같이 된다.

$$A_p = \frac{M_n}{0.9 f_{pu} \cdot z} \tag{4.17}$$

④ 콘크리트 응력의 분포를 등가 직사각형 분포로 가정하면, 압축을 받는 콘크리트의 면적은 다음과 같이 된다.

$$A_c{}' = \frac{M_n}{0.85 f_{ck} \cdot z} \tag{4.18}$$

이 값은 복부가 받는 몫을 뺀 상부 플랜지의 면적이다. 필요하면 가정단면을 수정한다.

⑤ 복부의 폭은 전단강도에 의해 정해지거나 또는 긴장재와 기타 철근의 피복두께를 생각해서 정한다.

⑥ 프리스트레싱력은 부재의 처짐 특성에 의하여 선택한다. 예컨대, 프리스트레싱력과 전체 고정하중 하에서는 처짐이 영(0)이라는 조건을 사용한다. 하중평형의 개념은 소요의 프리스트레싱력을 결정하는 데 유용하다.

⑦ 부착된 긴장재 및 스트럽 지지용 철근은 사용하중 하에서의 균열을 미세한 균열이 되게 하고, 또 고르게 분포시킨다. 경우에 따라서는 균열조절의 목적으로 철근을 추가하는 수도 있다.

예 4·5 강도이론에 따른 부분 프리스트레스트 보 휨 설계

자중 외에 추가 고정하중 500 kgf/m, 활하중 1,550kgf/m을 받는 포스트텐션된 단순보를 설계하려고 한다. 경간은 24.4m이고, 단면은 예 그림 4.5와 같은 T형으로 가정한다. 긴장재는 $f_{pu}=175kgf/mm^2$, $f_{py}=150kgf/mm^2$의 7연선을 사용한다. 콘크리트의 설계기준 강도는 $f_{ck}=350kgf/cm^2$이다. 강도 설계법에 따라 설계하되 전 설계 하중하에서 처짐이 일어나지 않는 것으로 보고 설계한다.

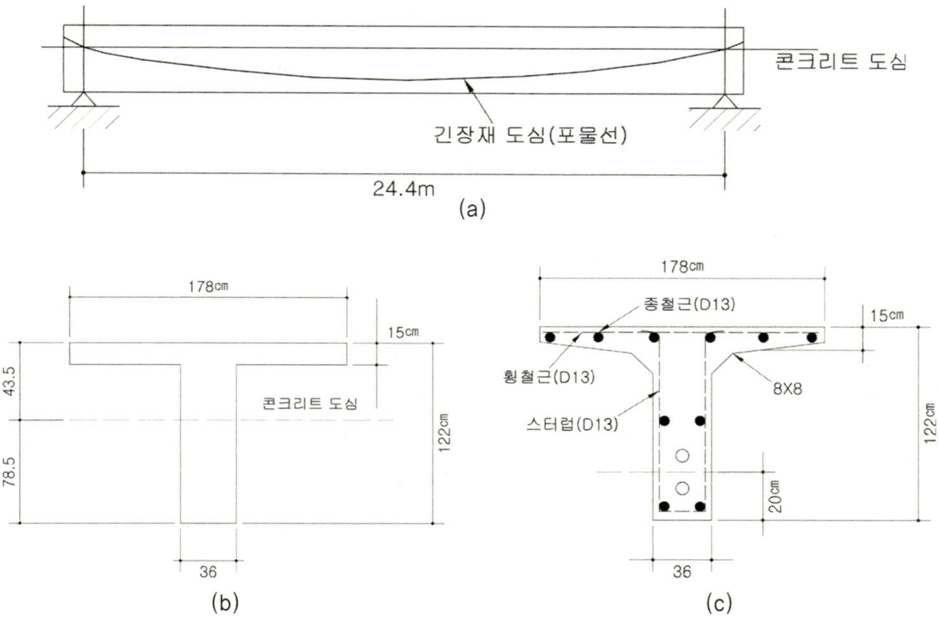

예 그림 4.5 강도이론에 따른 부분 프리스트레스트 보의 휨설계

보의 높이를 $h=122cm$, 플랜지 폭은 178㎝, 플랜지의 평균 두께는 15㎝로 가정하며, 덕트, 긴장재의 정착, 사인장 철근의 배치 등을 고려해서 복부의 폭은 36㎝로 한다. 예 그림 4.5에 나타난 가정단면의 계수값들은 다음과 같다.

$$A_c = 6,522\ cm^2,\quad c_1 = 43.5\,cm,\quad c_2 = 78.5\ cm$$

$$I_c = 9,593,000\,cm^4,\ r_c^2 = 1,471\,cm^2$$

$$S_1 = 220,529\ cm^3,\ S_2 = 122,204\ cm^3$$

1) 하중에 의한 휨모멘트는(보의 자중은 $w_o = 2500 \cdot 0.6522 = 1,630\ kgf/m$)

$$M_o = \frac{1}{8} \cdot 1630 \cdot 24.4^2 = 121,300\,kgf \cdot m$$

$$M_d = \frac{1}{8} \cdot 500 \cdot 24.4^2 = 37,210\ kgf \cdot m$$

$$M_l = \frac{1}{8} \cdot 1550 \cdot 24.4^2 = 115,350\ kgf \cdot m$$

따라서 소요 휨강도는

$$M_u = 1.4(121,300 + 37,210) + 1.7 \cdot 115,350 = 418,000\ kgf \cdot m$$

공칭 휨강도는

$$M_n = \frac{M_u}{\phi} = \frac{418,000}{0.85} = 491,760\,kgf \cdot m$$

계수 하중하에서 내력 모멘트의 팔 길이를 긴장재 단면중심과 압축 플랜지 중심 사이의 거리와 같다고 가정한다. 2개의 긴장재가 동일 연직면 내에 배치될 것을 가상하고, 적당한 간격과 콘크리트 피복두께를 고려하여 경간 중앙에서의 긴장재 단면중심이 부재하면으로부터 20㎝에 위치한다고 본다. 그러면 내력의 팔 길이는 $z = 122 - 20 - 15/2 = 94.5cm$이다.
따라서 필요로 하는 긴장재 단면적의 초기 가정 값은 식 (4.17)로부터

$$A_p = \frac{M_n}{0.9 f_{pu} \cdot z} = \frac{49,176,000}{0.9 \cdot 17,500 \cdot 94.5} = 33.04\ cm^2$$

공칭 지름 $15.2mm$(단면적$138.7mm^2$)의 스트랜드 12개를 하나의 긴장재로 해서 2개의 긴장재를 배치하기로 하면, 그 단면적은

$$A_p = 138.7 \cdot 12 \cdot 2 = 3329\ mm^2$$

그러면 쉬스의 지름이 8㎝로 되어 앞서 가정한 긴장재의 배치는 만족된다. 긴장재는 포물선으로 배치하되 지점에서의 편심은 영(0)으로 하고, 프리스트레싱력을 가한 후에 그라우팅을 한다.

3) 압축을 받아야 할 콘크리트 면적은 식 (4.18)로부터

$$A_c' = \frac{M_n}{0.85 f_{ck} \cdot z} = \frac{49,176,000}{0.85 \cdot 350 \cdot 94.5} = 1,749 cm^2$$

플랜지의 폭 $178cm$가 유효하다고 보고, 계수 하중 하에서의 응력 사각형의 깊이 a를 계산하면

$$a = \frac{1749}{178} = 9.8cm$$

따라서 내력의 팔 길이는 다음과 같이 수정된다.

$$z = 122 - 20 - \frac{9.8}{2} = 97cm$$

가정한 z값보다 약간 큰 값이 되어 A_p가 처음 구한 $A_p = 33.04 cm^2$보다 약간 감소되겠지만, 실용상으로는 큰 차가 없다.
긴장재비는

$$\rho_p = \frac{A_p}{bd_p} = \frac{33.39}{178 \cdot (122 - 20)} = 0.00183$$

$f_{py}/f_{pu} = 150/175 = 0.857 > 0.85$이므로 $\gamma_p = 0.40$이고, $f_{ck} = 350 kgf/cm^2$에 대하여 $\beta_1 = 0.8$이며, 인장철근이나 압축철근이 배치되어 있지 않으므로 f_{ps}는 식 (3.7)로부터 구한다.

$$\begin{aligned} f_{ps} &= f_{pu}\left(1 - \frac{\gamma_p}{\beta} \cdot \rho_p \cdot \frac{f_{pu}}{f_{ck}}\right) \\ &= 175\left(1 - \frac{0.40}{0.80} \cdot 0.00183 \cdot \frac{175}{3.5}\right) = 167 \end{aligned}$$

이 값과 긴장재 단면적을 구하기 위하여 가정했던 $0.9f_{pu}$(=$157.5kgf/mm^2$)와의 차이는 6%에 불과하다. 그러므로 추가로 수정하지 않고 $f_{ps} = 167kgf/cm^2$을 적용한다.

4) 전체 고정하중 2,130 kgf/m와 포물선으로 배치된 긴장재의 상향력과 평형이 되도록 하는 하중평형의 방법으로 긴장재의 인장력을 구한다. 경간 중앙에서 긴장재의 새그(sag) δ는 $\delta = 122 - 43.5 - 20 = 58.5$이므로, 식 (4.15)로부터

$$P_e = \frac{w \cdot \ell^2}{8 \cdot \delta} = \frac{(w_o + w_d) \cdot \ell^2}{8 \cdot \delta}$$

$$= \frac{2130 \cdot 24.4^2}{8 \cdot 0.585}$$

$$= 271{,}000\, kgf$$

프리스트레싱력의 손실을 15%로 보면

$$P_i = \frac{P_e}{R} = \frac{271{,}000}{0.85} = 318{,}800 \ \ kgf$$

따라서 긴장재의 초기 인장응력은

$$f_{pi} = \frac{P_i}{A_p} = \frac{318{,}800}{3344} = 95 \ \ kgf/mm^2$$

프리스트레싱력 도입 직 후의 긴장재의 허용 인장응력은 〈표 3.2〉로부터

$$0.7 \cdot f_{pu} = 0.7 \cdot 175 = 122.5\, kg/mm^2 > \ f_{pi}$$

즉, 도입 직후의 긴장재의 인장응력은 허용응력을 넘지 않는다.

5) 프리스트레싱력을 가하기 전에 발생할 수 있는 균열의 제어를 위하여 종방향 철근을 배치하되. 종방향 철근량은 콘크리트 총 단면적의 0.0018배 정도이므로

$$A_i = 0.0018 \cdot 6{,}522 = 11.74 \ \ cm^2$$

이에 대하여 D13의 철근 10개를 사용하기로 하고, 예 그림 4.5(c)와 같이 배치한다. 종방향 철근은 휨균열의 조절과 분포에 있어서 그라우팅 긴장재를 돕는다.

6) 콘크리트 응력을 검토한다.

P_i만에 의한 응력

$$f_1 = -\frac{P_i}{A_c}(1 - \frac{e \cdot c_1}{r_c^2}) \qquad \text{(인장)}$$

$$= -\frac{318,800}{6,522}(1 - \frac{58.5}{1,471} \cdot 43.5) = 35.7\ kgf/cm^2$$

$$f_2 = -\frac{P_i}{A_c}\left(1 + \frac{e \cdot c_2}{r_c^2}\right) \qquad \text{(압축)}$$

$$= -\frac{318,800}{6,522}\left(1 + \frac{58.5}{1,471} \cdot 78.5\right) = -200.4\ kgf/cm^2$$

P_e만에 의한 응력

$$f_1 = 35.7 \cdot 0.85 = 30.3\,kgf/cm^2 \qquad \text{(인장)}$$

$$f_2 = -200.4 \cdot 0.85 = -170.3\ kgf/cm^2 \ \text{(압축)}$$

M_o에 의한 휨응력

$$f_1 = -\frac{M_o}{S_1} = -\frac{12,130,000}{220,529} = -55.0\ kgf/cm^2$$

$$f_2 = \frac{M_d}{S_2} = \frac{12,130,000}{122,204} = 99.3\ kgf/cm^2$$

$(M_d + M_l)$에 의한 휨응력

$$f_1 = -\frac{M_d + M_l}{S_1} = -\frac{3,721,000 + 11,535,000}{220,529} = -69.2\ kgf/cm^2$$

$$f_2 = \frac{M_d + M_l}{S_2} = \frac{3,721,000 + 11,535,000}{122,204} = 124.8\ kgf/cm^2$$

따라서 초기 하중단계, 즉 프리스트레싱력 도입 직후의 보의 상 · 하단의 응력은 다음과 같다.

$$f_1 = 35.7 - 55.0 = -19\,kgf/cm^2 \quad (\text{압축})$$
$$f_2 = -200.4 + 99.3 = -101\,kgf/cm^2 \quad (\text{압축})$$

전체 총 사용하중이 작용할 때의 응력은 다음과 같다.

$$f_1 = 30.3 - 55 - 69.2 = -94\,kgf/cm^2 \quad (\text{압축})$$
$$f_2 = -170.3 + 99.3 + 124.8 = 54\,kgf/cm^2 \quad (\text{인장})$$

그런데 사용하중 하에서 콘크리트의 허용 휨인장 응력은

$$f_{tw} = 1.6\sqrt{f_{ck}} = 1.6\sqrt{350} = 30\ \ kgf/cm^2 < f_2 = 54\,kgf/cm^2$$

이다. 즉, 부재하면의 인장응력이 허용 인장응력을 초과하고 있다. 그러나 〈표 3.1〉의 최하단의 조건이 만족된다면 허용 인장응력은 다음과 같이 되어, 부재하면의 인장응력이 허용응력 안에 있게 된다.

$$f_{tw} = 3.2\sqrt{f_{ck}} = 3.2\sqrt{350} = 60\ \ kgf/cm^2$$

부재 하단면의 콘크리트 응력이 허용 인장응력을 초과할 경우라도 실제 사용에 손상을 가져오지 않는다는 것이 시험이나 해석에 의하여 확인될 때에는 허용응력을 초과해도 좋다. 이 예제에 있어서는 소요의 강도를 가지고 있고, 또 부분 프리스트레싱에 의한 처짐의 제어를 통하여 허용응력 설계법에 의한 것보다 개선된 설계로 된다.

4.5.2 하중평형에 의한 부분 프리스트레싱된 보의 휨설계

이 방법은 총 고정하중과 평형될 수 있도록 프리스트레싱력과 편심을 먼저 선정한다. 긴장재는 허용 인장응력을 다 발휘하는 것으로 보고 긴장재 단면적을 구한다.

계수 하중(factored load)하에서 필요한 휨강도를 발휘시키기 위하여 요구되는 인장력은 긴장재 단독으로 발휘할 수 있는 인장력보다 일반적으로 크다. 따라서 철근을 배치하게 된다. 철근은 극한하중(ultimate load) 상태에서 항복강도를 발휘한다.

이 방법에 의한 부분 프리스트레싱된 보의 설계 순서는 다음과 같다.

① 경간/보깊이 비 또는 설계경험에 의하여 보의 높이를 가정한다. 상부 플랜지의 치수는 기능상의 요구 또는 기타를 고려하여 정한다.
② 복부의 폭은 전단강도 또는 긴장재와 스트럽의 피복두께를 고려하여 정한다.
③ 프리스트레싱력의 크기는 대상 외부 하중에 대하여 허용되는 처짐이 발생하는 범위 내에서 정한다. 프리스트레싱력과 총 고정하중이 작용하는 상태에서의 처짐이 영(0)이 되도록 하는 것이 보통이다. 긴장재의 허용응력을 사용하여 긴장재 단면적 A_p를 계산한다.
④ 계수하중을 사용하여 소요 휨강도 M_u를 계산한다. 공칭 휨강도는 $M_n = M_u/\phi$로 산정한다.
⑤ 소요 모멘트 하에서 요구되는 총인장력을 계산한다. 이 인장력은 긴장재 단면적 A_p와 추가 배근되는 철근 단면적 A_s가 공동으로 부담한다. 예비계산에 있어서 긴장재는 $0.9 \cdot f_{pu}$를, 철근은 f_y를 발휘한다고 가정한다.
⑥ 보의 휨강도를 검사하고, 필요하면 설계를 수정한다.
⑦ 사용 하중하에서 콘크리트 응력을 검사한다. 콘크리트의 인장응력이 휨인장 응력(파괴계수)을 초과하면 균열 폭을 검사해 보아야 한다.

이 방법은 프리스트레싱된 긴장재와 프리스트레싱이 되지 않은 철근을 조합한 설계로 귀착된다. 초기단계에서 긴장재가 허용응력을 다 발휘한다고 보고 계산하기 때문에 긴장재량이 감소된다. 따라서 이 설계방법은 강도와 사용성까지 만족시키는 보다 경제적인 설계라고 할 수 있다.

예 4·6 하중평형에 의한 부분 프리스트레스트 보 설계

예 그림 4.5의 보를 하중평형의 방법으로 설계하라. 극한 하중하에서 총인장력은 프리스트레싱된 긴장재와 프리스트레싱 되지 않은 철근이 공동으로 부담하도록 한다. 그 밖의 설계조건은 예 4.5와 동일하다.

단면은 예 그림 4.5를 그대로 채택하기로 한다.

보의 자중과 추가 고정하중의 합계가 균형을 이루는데 필요한 유효 프리스트레싱력은 식 (4.15)로부터

$$P_e = \frac{w \cdot \ell^2}{8 \cdot \delta} = \frac{(w_o + w_d) \cdot \ell^2}{8 \cdot \delta}$$

$$= \frac{(1{,}630 + 500) \cdot 24.4^2}{8 \cdot 0.585}$$

$$= 271{,}000\,kgf = 271\,tf$$

따라서 초기 프리스트레싱력은

$$P_i = \frac{P_e}{R} = \frac{271}{0.85} = 318.8tf$$

앞의 예제의 경우와 같이 $f_{pu} = 175kgf/mm^2$, $f_{pu} = 150kgf/mm^2$인 강연선인 긴장재를 사용한다면, 프리스트레싱력 도입 직 후의 긴장재의 허용 인장응력은 $f_{\pi} = 122.5kgf/mm^2$이다. 따라서 긴장재의 필요한 단면적은

$$A_p = \frac{P_i}{f_{\pi}} = \frac{318,800}{122.5} = 2,603mm^2$$

15.2㎜의 7연선 10개를 하나의 긴장재로 하여 2개의 긴장재를 배치할 때 그 단면적은

$$A_p = 138.7 \times 10 \times 2 = 2,774 \ mm^2$$

긴장재의 유효 높이 d_p와 인장철근의 유효 높이 d를 같다고 보면

$$d_p = d = 122 - 20 = 102$$

내력 모멘트의 팔 길이를 긴장재 단면중심에서 압축 플랜지의 두께 중심까지로 보면

$$z = 102 - \frac{15}{2} = 94.5 \ cm$$

보의 공칭 휨강도는 예 4.5로부터 $M_n = 491,760 kgf \cdot m$이므로, 필요한 총 인장력은 다음과 같이 된다.

$$T = \frac{M_n}{z} = \frac{49,176,000}{94.5} = 520,380 kgf$$

긴장재의 인장응력을

$$0.9 \cdot f_{pu} = 0.9 \cdot 175 = 157.5 \ kgf/mm^2$$

로 보고 철근의 항복강도를 $f_y = 4{,}000\ kgf/cm^2$로 보면, 철근의 단면적은 다음 관계로부터 얻을 수 있다.

$$A_p \cdot 0.9 f_{pu} + A_s \cdot f_y = T$$

즉,

$$27.4 \cdot 15{,}750 + A_s \cdot 4{,}000 = 520{,}380$$

따라서 필요철근 단면적은 $A_s = \ 20.85\ cm^2$이다.

D32의 철근을 3개 배치한다면, 그 단면적은

$$A_s = 7.942 \cdot 3 = 23.82\ cm^2$$

긴장재비는

$$\rho_p = \frac{A_p}{b \cdot d_p} = \frac{27.74}{178 \cdot 102} = 0.00153$$

인장 철근비는

$$\rho = \frac{A_s}{b \cdot d} = \frac{23.82}{178 \cdot 102} = 0.00131$$

인장철근의 긴장재 지수는

$$w = \rho \cdot \frac{f_y}{f_{ck}} = 0.00131 \cdot \frac{4{,}000}{350} = 0.0150$$

또한, $\gamma_p = 0.40$, $\beta_1 = 0.80$이므로 f_{ps}는 식 (3.8a)로부터 다음과 같이 된다.

$$f_{ps} = \ f_{pu}\left[1 - \frac{\gamma_p}{\beta_1} \cdot \left\{\rho_p \cdot \frac{f_{pu}}{f_{ck}} + \frac{d}{d_p}(w - w')\right\}\right]$$

$$= 175\left[1-\frac{0.40}{0.80}\cdot\left\{0.00153\cdot\frac{175}{3.5}+\frac{102}{102}(0.0150-0)\right\}\right]$$
$$= 166\ kgf/mm^2$$

콘크리트의 등가응력블럭의 깊이 a는

$$a = \frac{A_p\cdot f_{ps}+A_s\cdot f_y}{0.85\cdot f_{ck}\cdot b}$$
$$= \frac{27.74\cdot 16,600+23.82\cdot 4,000}{0.85\cdot 350\cdot 178}$$
$$= 10.5\ cm$$

인장철근의 유효 높이를 $d=d_p=102\ cm$로 볼 때, 단면의 공칭 휨강도는

$$M_n = (A_p\cdot f_{ps}+A_s\cdot f_y)\cdot\left(d-\frac{a}{2}\right)$$
$$= (27.74\cdot 16,600+23.82\cdot 4,000)\cdot\left(102-\frac{10.5}{2}\right)$$
$$= 53,740,000\ kg\cdot cm = 537.4\ t\cdot m$$

이 값은 요구되는 공칭 휨강도 $491.76tf\cdot m$보다 약 9% 정도 크다.

그 이유는 긴장재 응력 f_{ps}=166kgf/㎟이 예비설계에서 가정한 값$0.9f_{pu}$=1557.5kgf/㎟보다 크고, 내력 모멘트의 팔 길이도 약간 크게 가정된 것 등의 조합된 영향 때문이다. 그러므로 $f_{ps}=166\ kgf/mm^2$를 사용하고, 또 정확한 z를 사용하여 다시 계산하면 설계는 많이 개선될 것이다.

초기단계 및 사용하중 단계에서는 콘크리트 응력은 앞의 예 4.5에서 계산된 값과 같다. 그 이유는 앞의 예제보다 긴장재량 A_p는 적지만 보다 높은 응력으로 사용되어, 결국은 프리스트레싱력과 편심이 앞의 예제의 경우와 같기 때문이다.

동일한 지름의 강연선 긴장재가 예 4.5에서는 24개가 필요한 데 비하여 이 예제에서는 20개가 소요되었다. 이것은 필요한 휨강도를 얻는 데 소요되는 긴장재의 증가 대신에 철근을 배치함으로써 그만큼 긴장재가 절약된 것이다. 그러므로 이 설계방법이 보다 경제적이라고 할 수 있다.

4.6 긴장재의 간격과 피복 두께

4.6.1 긴장재의 간격

나란히 놓이는 긴장재 또는 철근은 그 둘레에 콘크리트가 잘 돌아 들어가서 채워질 수 있도록 하기 위하여 어느 정도 이상의 간격을 두어야 한다.

프리스트레스트 보에 배근되는 철근의 간격은 일반철근콘크리트 보의 경우와 마찬가지로, 「콘크리트 구조설계기준」에서 다음과 같이 규정하고 있다.

① 수평 순 간격은 2.5cm 이상
② 골재의 최대치수의 4/3배 이상
③ 철근의 공칭 지름 이상

따라서 위의 세 가지 값 중 큰 값으로 규정하고 있다.

철근을 2단 이상으로 배치할 경우, 그 연직 순 간격은 2.5㎝ 이상이어야 하고, 상하의 철근은 동일 연직면 내에 있도록 해야 한다.

프리텐션된 부재는 직접 부착에 의하여 프리스트레싱력을 도입하기 때문에 특히 단부에 있어서의 긴장재의 간격을 충분해야 한다. 설계기준에서는 프리텐션된 부재의 단부에서의 긴장재의 순 간격을, 긴장재에 대하여는 $4d_b$ 이상, 강연선 긴장재에 대하여는 $3d_b$ 이상을 요구하고 있다. 여기서 d_b는 긴장재의 공칭 지름이다. 경간의 중앙부에서의 긴장재의 연직간격은 단부에서의 연직간격보다 좁게 해도 좋으며, 또는 접촉시켜서 다발로 해도 좋다.

경간 내에서 긴장재를 다발로 사용할 경우에는 일반적으로 4개 이하의 긴장재를 한 다발로 하여, 단일 긴장재로 작용하도록 서로 접촉시켜서 배치한다. 이 경우 하나의 다발을 같은 단면적을 가지는 단일 긴장재로 보고 그 간격을 정한다.

포스트텐션된 부재에 있어서는 콘크리트를 타설함에 지장이 없고, 또 긴장할 때 긴장재가 쉬스에서 튀어 나오지 않는다면 쉬스들을 다발로 해서 사용해도 좋다. 대개의 경우, 쉬스의 순 간격은 굵은 골재의 최대치수의(1/3 ~ 1)배, 또 2.5㎝ 이상이면 충분하다.

4.6.2 긴장재의 피복두께

긴장재, 쉬스, 철근 등이 부식되지 않도록 하기 위해서는 충운한 두께의 콘크리트 피복두께로 보호해야 한다. 콘크리트 피복두께는 구조물 또는 부재의 종류, 노출상태, 긴장재의 종류 등에 따라 다르다.

프리스트레스트 부재에 대한 콘크리트 피복두께를 설계기준에서는 〈표 4.1〉과 같이 규정하고 있다.

흙에 접하거나 기상작용을 받거나 또는 부식의 우려가 있는 환경에 놓인 프리스트레스트 부재가 사용 하중하에서 $3.2\sqrt{f_{ck}}$ 를 초과하는 인장응력을 받을 경우에는 〈표 4.1〉 값의 50%를 더 증가시킨 값을 최소 피복 두께로 해야 한다. 공장제품의 제조조건과 같은 조건으로 제조된 프리스트레스트 부재에서, 철근의 최소 피복두께는 설계기준에 규정된 프리캐스트 콘크리트의 피복두께와 같게 한다.

〈표 4.1〉 프리스트레스트 부재의 최소 피복 두께

<table>
<tr><th colspan="3">노출상태 및 부재의 종류</th><th>최소 피복두께(cm)</th></tr>
<tr><td colspan="3">수중에서 타설되는 콘크리트</td><td>10</td></tr>
<tr><td colspan="3">흙에 접하여 타설된 후 영구히 흙에 묻히는 콘크리트</td><td>8</td></tr>
<tr><td rowspan="2">흙에 접하거나 또는 옥외에 직접 노출되는 콘크리트</td><td colspan="2">벽채, 슬래브, 장선(joist)</td><td>3</td></tr>
<tr><td colspan="2">기타의 부재</td><td>4</td></tr>
<tr><td rowspan="5">흙에 접하지 않거나 또는 옥외에 노출되지 않는 콘크리트</td><td colspan="2">슬래브, 벽채, 장선</td><td>2</td></tr>
<tr><td rowspan="2">보, 지둥</td><td>주철근</td><td>4</td></tr>
<tr><td>띠철근, 스트럽, 나선철근</td><td>3</td></tr>
<tr><td rowspan="2">쉘, 절판</td><td>D19 이상의 철근</td><td>d_b(그러나 2cm 이상)</td></tr>
<tr><td>D16 이하의 철근</td><td>1</td></tr>
</table>

4.7 휨균열의 제어

사용 하중 하에서 프리스트레스트 부재에 일어나는 휨 인장응력을 허용 휨 인장 응력까지 제한하거나 또는 완전히 일어나지 않도록 해야 한다. 그러나 최근에는 보통의 사용 상태에서 인장균열을 허용하는 부분 프리스트레싱을 채택하는 경향이 있다. 그러나 부분 프리스트레싱으로 설계되는 부재에 있어서는 균열에 대하여 특별한 주의가 필요하다. 균열은 외관상 좋지 않을 뿐만 아니라, 폭이 큰 균열은 긴장재를 부식시킬 우려가 있기 때문이다.

균열 폭에 관계되는 요인들을 열거하면 다음과 같다.

① 인장긴장재의 표면상태
② 콘크리트 단면에 있어서 긴장재 및 철근의 분포
③ 콘크리트 피복두께
④ 총 긴장재단면적과 콘크리트 단면적의 비

⑤ 하중에 의한 긴장재 응력의 증가
⑥ 콘크리트의 인장응력
⑦ 부재의 치수와 형상

균열의 조절은 이상의 모든 요소들이 반영된 방법으로 이루어져야 하겠지만, 현재로서는 아직 그러한 방법이 없다. 현 단계에서 균열의 조절은 다음 방법 중의 하나로 하고 있다. 하나는 콘크리트에 일어나는 인장응력을 제한하는 방법이고, 다른 하나는 최대 균열 폭을 계산하여 한계 값으로 제한하는 방법이다.

4.7.1 콘크리트의 인장응력의 제한

균열제어를 위한 가장 단순한 방법은 생각하고 있는 하중단계에서 콘크리트의 공칭인장응력의 계산에 바탕을 두는 방법이다. 이 방법은 Abeles가 제안한 것으로서, 콘크리트 단면을 균열이 발생하지 않은 균등질이라고 보고, 공칭 인장응력을 계산하는 것이다. 즉, 최대 균열 폭은 공칭 인장응력에 관계되며, 균열 폭 0.1㎜, 0.2㎜ 및 0.3㎜에 해당하는 공칭 인장응력 $f_{0.1}$, $f_{0.2}$ 및 $f_{0.3}$은 다음과 같다.

강연선 긴장재에 대하여

$$f_{0.1} = 56 + 35 \cdot (p - 0.3) \tag{4.19a}$$

$$f_{0.2} = 63 + 84 \cdot (p - 0.3) \tag{4.19b}$$

$$f_{0.3} = 77 + 91 \cdot (p - 0.3) \tag{4.19c}$$

강선 및 강봉 형태의 긴장재에 대하여

$$f_{0.1} = 49 + 31.5 \cdot (p - 0.3) \tag{4.20a}$$

$$f_{0.2} = 59.5 + 42 \cdot (p - 0.3) \tag{4.20b}$$

$$f_{0.3} = 70 + 56 \cdot (p - 0.3) \tag{4.20c}$$

여기서: $f_{0.1}$, $f_{0.2}$ 및 $f_{0.3}$ = 해당 균열폭에 대한 콘크리트의 공칭 인장응력(kgf/㎠)

p = 단면에 대한 전체 긴장재량의 비(%) $\left(\dfrac{A_p + A_s}{b \cdot h} \cdot 100\right)$

A_p = 긴장재의 단면적

A_S = 인장철근의 단면적

b = 보의 폭

h = 보의 높이

하나의 예로 $b=30cm$, $h=60cm$인 직사각형 단면의 보에 $A_p=6.45cm^2$의 강연선 긴장재로 사용한 경우를 생각해 보자. 긴장재비는

$$p=\frac{A_p+A_s}{b\cdot h}=\frac{6.45+0}{30\cdot 60}=0.00358=0.358\%$$

이므로, 최대 폭 $0.2mm$의 균열을 일어나게 할 공칭 인장응력은 식 (4.19a)에 의하여 다음과 같다.

$$f_{0.2}= \ 63+84(0.358-0.3)= \ 69 \ \ kgf/cm^2$$

즉, 사용 하중하에서 콘크리트의 인장응력이 $69kgf/cm^2$를 초과하면, 보에는 폭이 0.2㎜를 넘는 균열이 발생할 것이다. 그러므로 설계자는 다음 중의 한 가지 방법을 취해야 한다. 즉, 프리스트레싱력의 크기를 증가시켜서 사용 하중하에서의 콘크리트의 공칭 인장응력을 계산된 f_w 값 이하로 감소시키거나, 또는 철근을 추가로 배치하여 긴장재비를 증가시켜서 원하는 균열 폭에 대한 f_w의 값을 사용 하중하에서의 공칭 인장응력까지 증가시키거나 해야 한다.

식 (4.19) 및 식 (4.20)은 한정된 시험에 근거한 것이므로 완전한 것은 못된다. 또, 그 시험은 직사각형 단면의 보에 대한 것이다. 이 식들을 T형 단면의 보에 적용하면 균열 폭이 실제보다 작게 추정된다.

4.7.2 최대 균열 폭의 계산

균열의 폭을 직접 계산하는 방법들이 제안되고 있다. 그 중의 하나는 일반철근콘크리트 보에 대한 Gergely-Lutz의 식이다. 설계기준에서는 형식을 달리하여 다음과 같이 제시하고 있다.

$$w=1.08\cdot\beta_c\cdot f_s^3\sqrt{d_cA}\cdot 10^{-5} \tag{4.21}$$

여기서: w = 균열의 최대 폭(mm)

f_s = 사용 하중하에서의 긴장재의 인장응력(kgf/cm^2)

d_c = 인장측 표면에 가장 가까운 긴장재의 도심으로부터 인장측 표면까지의 거리(㎝)

β_c = h_2/h_1 (그림 4.16 참조)

A_t = 콘크리트의 유효 인장 단면적(㎠) (긴장재의 도심과 동일한 도심을 가지는 긴장재 둘레의 콘크리트 단면적)(그림 4.16의 음영 부분)

A = A_t를 긴장재의 수로 나눈 값(cm^2)

프리스트레스트 보에 대하여도 위의 식을 사용할 수 있다. 다만, 긴장재응력은 f_s대신에 긴장재 응력의 증가분 Δf_s를 사용한다. 여기서 Δf_s는 긴장재 위치에서 콘크리트의 휨응력이 영(0)으로 되는 하중에서 균열 폭이 나타날 때까지 하중이 증가함으로써 증가된 긴장재 응력이다.

4.7.3 허용 균열 폭

균열로 인한 긴장재 부식은 긴장재의 콘크리트 피복두께, 긴장재의 종류, 부재가 놓이는 환경 조건등에 크게 영향을 받는다. 설계기준에서는 구조물이 놓이는 환경을 건조한 환경(옥내의 경우), 습윤 환경(일반 옥외의 경우), 부식성 환경(건습의 반복이 많은 경우), 고부식성 환경(긴장재 부식에 현저한 해를 주는 환경)의 네 가지 조건으로 구분하고, 허용 균열폭을 〈표 4.2(a)〉와 같이 주고 있다. 피복두께가 크면 허용 균열 폭도 커진다는 것을 이 표는 보여주고 있다.

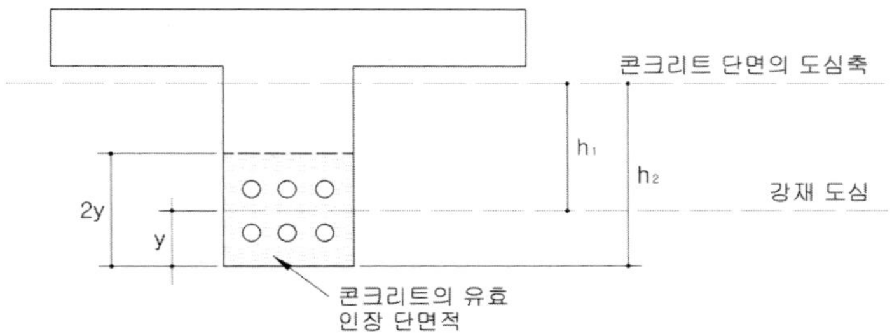

그림 4.16 콘크리트의 유효 인장 단면적

인장철근의 항복강도가 3,000kgf/cm^2이상인 경우에는 식 (4.21)로 계산한 균열 폭이 〈표 4.2(a)〉의 값을 넘어서는 안 된다. 그러나 콘크리트의 휨인장 응력이 설계 인장강도의 60%보다 작은 경우에는 휨균열을 검토하지 않아도 좋다.

한편, ACI Committee 224는 철근콘크리트 부재에 대한 최대 균열 폭을 〈표 4.2(b)〉와 같이 추천하고 있다. 이 값들은 프리스트레스트 보에 대하여도 유용하다. 콘크리트 보에 있어서 균열은 임의적으로 발생하며, 또 그 폭은 계산된 값보다 클 수도 있다. 즉 계산된 균열 폭의 2배를 넘는 독립된 균열이 발생하는 수도 있다. 또한 반복하중은 균열 폭을 1.5~4배 정도 증가시킨다고 한다.

콘크리트 구조설계기준에서는 프리스트레스트 부재의 허용 균열 폭을 〈표 4.2(a)〉와 같이 주고 있다. 이 표에서 부식성 환경 및 고부식성 환경에 대하여 프리스트레싱 긴장재에 대한 허용 균열폭을 규정하지 않은 것은 프리스트레싱에 의하여 휨 균열 발생의 제어가 가능하고, 또 긴장재의 부식에 대해서는 특별한 배려가 필요하기 때문이다. 그러므로 이러한 환경에 놓일 부재는 균열발생을 허용하지 않는 설계로 하는 것이 바람직하다. 건조한 환경 및 습윤 환경하에서 긴장재에 대한 허용 균열 폭을 둔 것은, 일시적 또는 제한적으로 인장응력을 허용하는 경우에 적용하기 위한 것이다.

부착시키지 않는 긴장재를 가지는 프리스트레스트 보는 부착시킨 긴장재를 가지는 동일한 보보다 큰 균열이 발생하고, 또 보다 낮은 하중으로 파괴된다는 사실에 근거하여 콘크리트 설계기준에서는 다음과 같은 규정을 두고 있다. 즉, 부착시키지 않은 긴장재를 가지는 모든 휨 부재에는 보강철근을 배치해야 하며, 그 최소량을 다음과 같이 주고 있다.

$$A_s = 0.004A \tag{4-22}$$

여기서 A는 콘크리트 총 단면의 도심축과 인장측 연단 사이의 콘크리트 단면적이다.

〈표 4.2(a)〉 허용 균열 폭(mm) (콘크리트 설계기준)

긴장재의 종류	긴장재의 부식에 대한 환경조건			
	건조한 환경	습윤 환경	부식성 환경	고 부식성 환경
이형철근	$0.006t_c$	$0.005t_c$	$0.004t_c$	$0.0035t_c$
PS 긴장재	$0.005t_c$	$0.004t_c$	–	–

[주 1] t_c: 최외단 철근의 표면과 콘크리트 표면 사이의 최소 피복두께(mm)
[주 2] 물을 저장하는 수조 등과 같은 수밀성을 요구하는 구조물의 허용 균열 폭은 0.2㎜이고, 부식성 또는 고부식성 환경에 노출되어 있으면서 수밀성을 요구하는 구조물의 허용 균열 폭은 0.13㎜이다.

〈표 4.2(b)〉 허용 균열 폭(ACI 224)

노출 상태	최대 허용 균열 폭(mm)
건조한 공기 또는 보호막	0.41
습기, 습한 공기, 흙	0.30
결빙 방지제(de-icing chemicals)	0.18
해수와 해수보라(seawater spray) : 건습의 반복	0.15
보수구조물(water-retaining structures)	0.10

이 철근은 미리 압축된 인장구역에 균등하게 분포시켜 배치하되, 될 수 있는 대로 인장 연단에 가깝게 배치해야 한다. 또, 이 철근은 정(+)모멘트 구역에서는 순경간의 1/3 이상의 길이를 가져야 하고, 부(−)모멘트 구역에서는 지점의 양쪽으로 순경간의 1/6 이상을 연장해야 한다.

연습문제

4.1 등분포 사용 고정하중 $w_d = 0.24 tf/m$와 사용 활하중 $w_l = 1.1 tf/m$를 받는 경간 12m의 단순지지된 보가 있다. 이 보를 하중평형법을 적용하여 포스트텐션된 부착보로 설계하고자 한다. 활하중의 30%는 항상 상재하중으로 작용한다. 긴장재의 항복강도 및 최대강도는 각각 $f_{py} = 16 tf/cm^2$, $f_{pu} = 19 tf/cm^2$이다. 효율비는 $R = 0.85$이다. 콘크리트 강도는 $f_{ck} = 350 kgf/cm^2$이고 초기 긴장 시의 콘크리트 강도는 $f_{ci} = 240 kgf/cm^2$이다.

(1) 장방형 단면크기를 가정하고 단면특성들(단면적, 단면2차모멘트, 단면1차모멘트) 및 자중의 크기(w_o)를 구하라.

(2) 평형되어야 할 하중을 산정하라.

(3) 포물선 긴장재를 사용할 경우, P_i 값 및 편심의 크기(e)를 구하라.

(4) 보 경간 중간에서 보 단면의 상・하단에 발생하는 응력값들의 변화를 하중 단계별로 $x-y$ 축에 그려라. 단, $x-$축은 응력의 크기, $y-$축은 보 단면 깊이를 나타내고 좌표의 원점은 도심을 나타내도록 한다.

(5) 위의 (4)에서 구한 응력들과 기준에서 정한 허용응력값들과 비교, 검토하라.

(6) 필요 긴장재량을 산정하고 극한 상태에서 보 단면의 휨강도를 산정하고 그 안정성에 대하여 검토하라.

4.2 경간 13.5m의 포스트텐션된 프리스트레스트 단순보가 사용 활하중 $w_l = 17.8 tf/m$와 자중을 제외한 사용 고정하중 $w_d = 0.6 tf/m$를 받고 있다. 포물선 긴장재를 사용하며 긴장재의 항복강도 및 최대강도는 각각 $f_{py} = 16 tf/cm^2$, $f_{pu} = 19 tf/cm^2$이다. 효율비는 $R = 0.85$이다. 콘크리트 강도는 $f_{ck} = 400 kgf/cm^2$이고 초기 긴장 시의 콘크리트 강도는 $f_{ci} = 280 kgf/cm^2$이다.

(1) $I-$형태의 단면을 취하고자 한다. 단면의 깊이를 $h = 70 cm$, 웨브의 폭을 $t_w = 15 cm$, 플랜지의 두께를 $t_f = 15 cm$로 하고자 할 때, 필요한 플랜지 폭을 구하라.

(2) 위의 (1)에서 가정한 단면에 대하여

(a) P_i

(b) 경간 중간에서의 편심(e)

(c) 긴장재의 필요단면적 및 직경 12.7㎜ 긴장재의 개수

를 산정하라.

(3) 경간 중간에서의 하중 단계별 응력값이 기준에서 정한 허용 응력값과 비교하여 적정한지를 검토하라.

(4) 위에서 정한 단면과 배근에 대하여 경간 중간에서의 보의 극한 시 휨강도를 산정하라.

(5) 극한 시 단면의 안정성에 대하여 검토하라.

4.3 12m 경간에 단순지지된 장방형 보를 직경 12.7㎜의 긴장재를 사용하여 포물선 형태로 포스트텐셔닝을 하고자 한다. 사용될 긴장재의 항복강도 및 최대강도는 각각 f_{py} = 16,000kgf/㎠, $f_{pu} = 19{,}000\,kgf/cm^2$이고 효율비는 $R = 0.85$이다. 이 보에 작용하는 하중은 등분포 하중으로서 사용 고정하중과 사용 활하중의 크기는 각각 $w_d = 0.2\,tf/m$ 및 $w_l = 0.8\,tf/m$이다. 활하중의 30%는 이 보에 상재하중으로 작용한다. 콘크리트의 강도는 $f_{ck} = 350\,kgf/cm^2$이고 타설 후 14일이 경과한 후 초기 긴장 시의 콘크리트 강도는 $f_{ci} = 260\,kgf/cm^2$이다. 긴장재는 긴장과 정착 후 그라우팅재를 사용하여 부착시킨다. 긴장재의 피복두께는 10㎝로 한다.

(1) 하중평형법에 근거하여 이 보를 휨 설계하라.

(2) 강도이론에 따른 설계법으로 이 보를 휨 설계하라.

(3) 하중평형에 의한 부분 프리스트레스 보로 휨 설계하라.

5 장
정착단부 설계

5.1 정착구 형태

포스트텐셔닝 기법에 적용되는 정착구는 생산 회사별로 약간의 차이가 있으나 기본적으로 긴장재 긴장 후, 미끄러짐이 되도록 적게 발생하도록 고안되었다. 국내에서 대표적으로 현장에 적용되어온 정착구는 다음과 같다.

1) Freyssinet 정착구

그림 5.1과 같은 정착장치를 사용하는 mono-group system과 그림 5.2와 같은 multi-strand system 등이 있다. mono-group system은 지름 12.7㎜, 15.2㎜ 또는 17.8㎜의 PS스트랜드를 7개에서 27개를 다발로 정착시킬 수 있다. 긴장재는 잭에 의하여 한 번에 긴장되며, 개개의 강연선은 정착판의 구멍에 쐐기로 정착된다.

커플러(coupler) 또는 인장링(tension ring)을 사용하여 긴장재를 이어나갈 수 있다. 그림 5.2는 Freyssinet K-Range system로도 알려져 있는 정착구 시스템이다. 이 방식에서는 개개의 강연선이 앵커 블록 내에 있는 원추형 구멍을 통하여 그립(grip)으로 정착되며, 잭에 의하여 동시에 긴장된다.

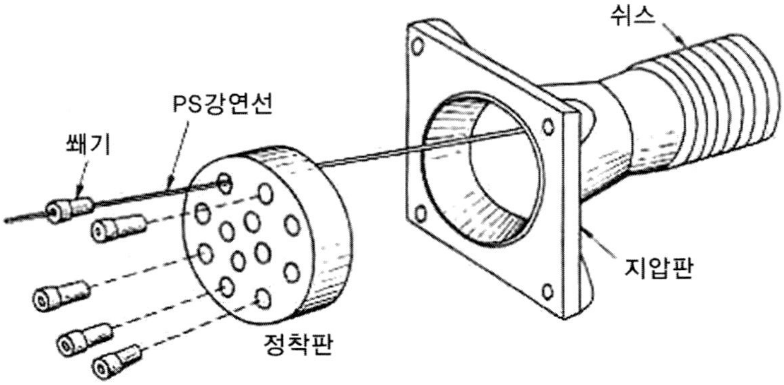

그림 5.1 mono-group system

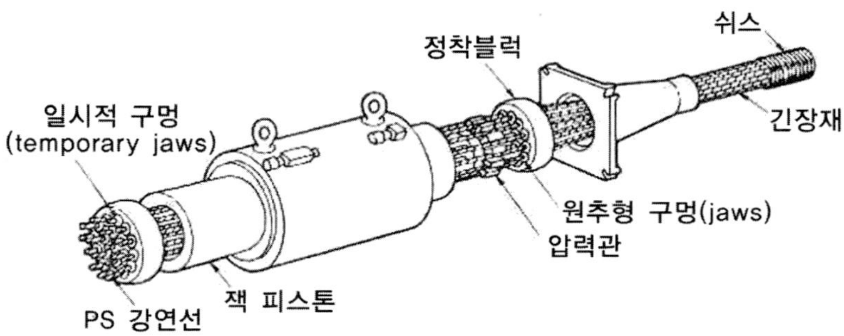

그림 5.2 Freyssinet K-Range System

2) BBRV 정착구

리벳머리 정착의 대표적인 공법으로서 보통 지름 7㎜의 프리스트레싱 긴장재 끝을 제두기라는 특수한 기계로 냉간가공하여 리벳머리(rivet head)를 만들고 이것을 앵커 헤드(anchor head)에 지지시키는 시스템이다. 그림 5.3과 같이 앵커 헤드에 필요한 수의 구멍을 뚫고, 각각의 구멍에 프리스트레싱 강선을 뽑아내어 리벳머리를 만든다. 다음에 앵커 헤드 중앙에 뚫린 구멍의 암나사에 인장봉(tension rod)을 끼워서 잭으로 인장한다. 잭킹이 끝나면 앵커 헤드 둘레의 바깥나사에 끼운 앵커 너트를 죄어서 지압판에 지지시킨다.

3) Dywidag 정착구

프리스트레싱 긴장재 단부의 전조나사에 특수 긴장재 너트를 끼워서 정착판에 정착하는 시스템으로서 대표적인 너트식 정착방법 중 하나라 할 수 있다(그림 5.4). 프리스트레싱 긴장재 끝의 전조나사 부분은 냉간가공으로 전조되기 때문에 강도가 증대되어 너트를 끼워도 나사부가

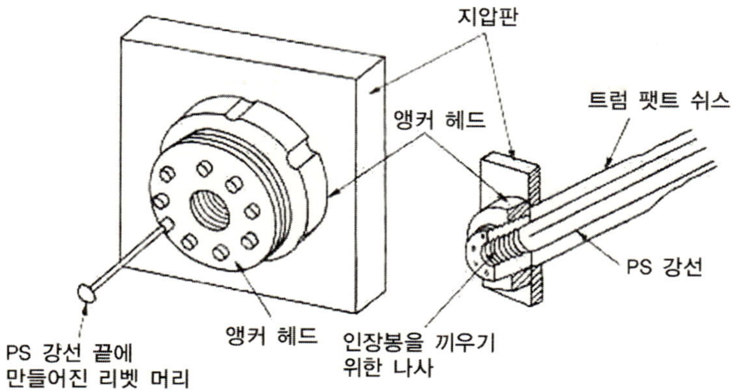

그림 5.3 BBRV 방식의 정착장치

약점으로 되지 않는다. 이 공법의 장점은 커플러(coupler)를 사용하여 프리스트레싱 긴장재을 쉽게 이어나갈 수 있는 점이다.

이 정착장치의 경우, 프리스트레싱 긴장재는 그림 5.4와 같은 벨형 정착구(bell anchorage)나 지압판(anchor plate)을 사용하여 너트로 정착하지만, 프리스트레싱 강연선은 쐐기, 정착판(anchor disk) 등으로 정착한다. 프리스트레싱 강봉은 커플러로 이어나가며 프리스트레싱 강연선은 조정 링과 카플링판(coupling disk)로 구성된 접속장치로 이어나간다.

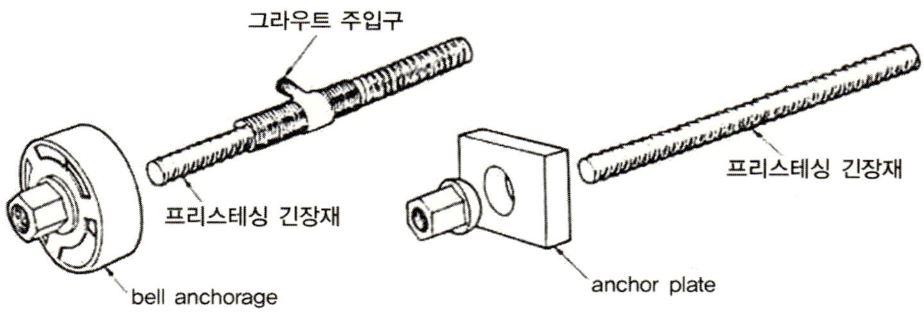

그림 5.4 Dywidag 방식의 정착장치

4) VSL 정착장치

Vorspann System Losinger 공법의 약칭으로서, 지름 12.4㎜ 또는 12.7㎜의 7연선 프리스트레싱 스트랜드를 앵커헤드(anchor head)의 구멍에서 하나씩 쐐기로 정착시키는 포스트텐셔닝 공법의 하나이다(그림 5.5). 한 케이블에 사용할 수 있는 프리스트레싱 강연선의 수는 소요의 인장력과 정착장치에 따라 1개에서부터 3개, 7개, 12개, 19개, 22개, 31개 등 7종류가 있으며, 최근에는 55개까지 사용된 예도 있다. 한 케이블의 긴장재를 VSL 잭으로 동시에 긴장하며, 긴장 완료 후, 잭을 풀면 자동적으로 모든 쐐기가 프리스트레싱 긴장재를 정착하게 되어 있다.

접속장치에 의하여 프리스트레싱 케이블을 이어나갈 수 있고, 재긴장도 가능하다.

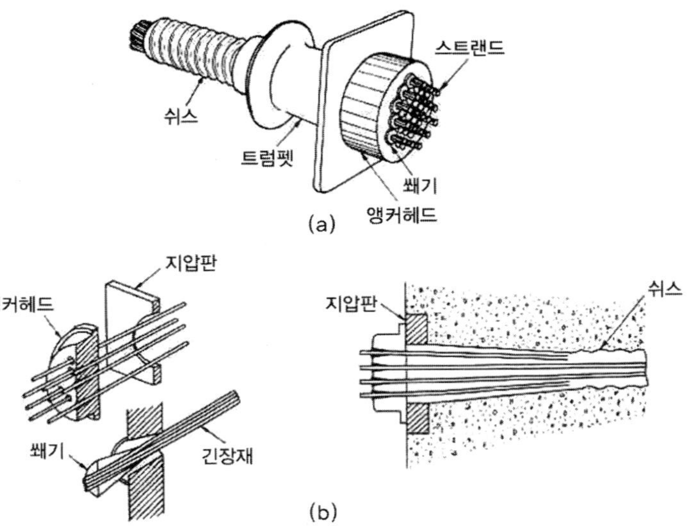

그림 5.5 VSL 방식의 정착 장치

5.2 포스트텐셔닝 정착구 설계

포스트텐셔닝 기법을 적용한 부재의 경우, 정착구에서 프리스트레싱력의 집중으로 인한 높은 압축응력과 인장응력이 국부적으로 발생하게 된다(그림 5.6). 따라서 이에 대하여 단면의 크기가 부적절 하거나 국부 응력에 대한 철근 배근이 부적절한 경우에 정착구에서 콘크리트의 폭열이나 박리현상, 지압파괴 등이 발생할 수 있다. 정착구의 설계 방법으로는 단부 정착블럭에서의 개략적인 응력해석에 근거한 방법과 스트럿-타이 모델에 근거한 설계방법이 있다.

5.2.1 응력해석에 의한 설계

그림 5.7(a)는 단부에서 원거리에 위치한 보 단면 내에서의 응력분포를 나타낸다. 단부 블록에서 부분블록 1-2-3-4에 대한 자유물체도를 그리면 그림 5.7(b)와 같다. 단부에 작용하는 집중 프리스트레싱력인 P_i에 의하여 1-2 경계면을 따라 인장균열을 일으키는 인장력(T), 이 힘에 대한 평형조건을 만족하기 위한 압축력(C) 및 전단력(V)이 발생한다. 기존 연구에 의하면 압축력의 합인 C의 작용위치는 개략적으로 단부에서 보 단면 깊이인 h만큼 떨어진 부분에 작용한다고 가정할 수 있다. 만일 인장력의 합인 T가 단부에서 x_T만큼 떨어진 곳에 작용하고

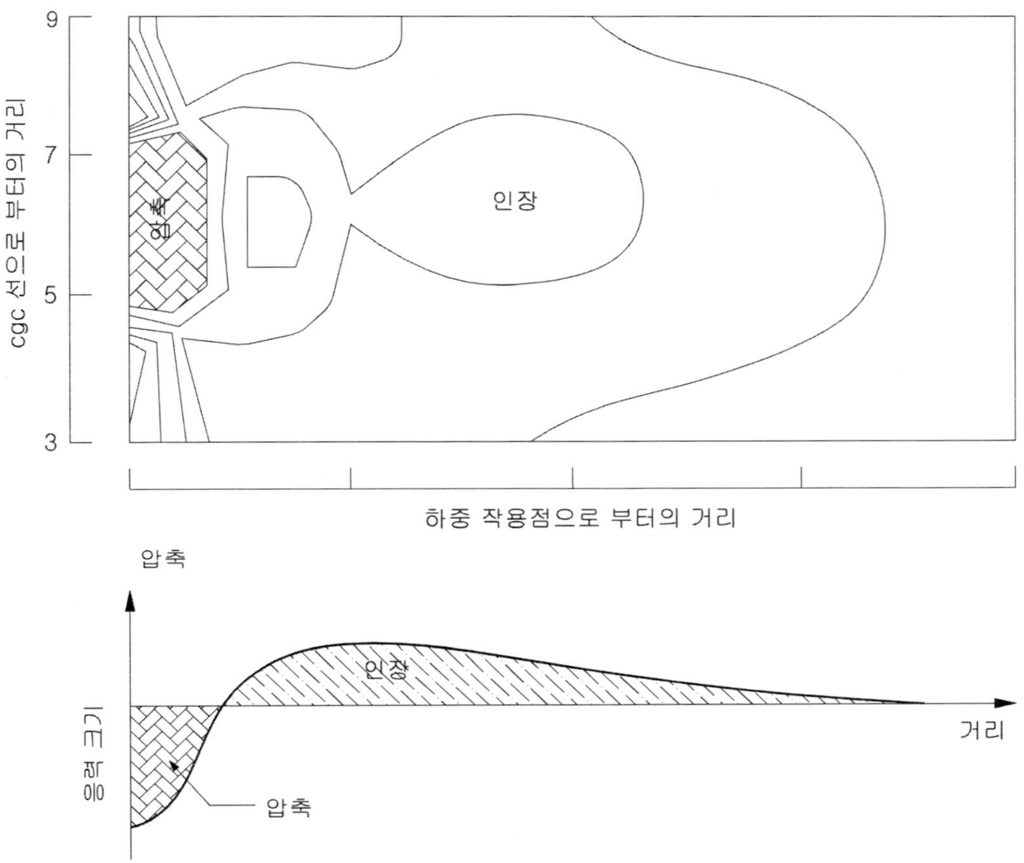

그림 5.6 정착구에서의 응력분포

고 있다면 부분블록의 자유물체도는 다음과 같은 평형조건을 만족해야 한다.

$$\sum F_x = 0 \ : P_i + (-V) + \left(-\int_0^Y f(y) b \cdot dy\right) = 0 \tag{5.1a}$$

$$\sum F_y = 0 \ : \ T + (-C) = 0 \tag{5.1b}$$

$$\sum M_{@a} = 0 \ :$$

$$T \cdot (h - x_T) + (-P_i \cdot (Y - y_P)) + \int_0^Y f(y)(Y-y) \cdot b \cdot dy = 0 \tag{5.1c}$$

여기서 : b = 보 단면 폭

y_p = 보 하부에서 긴장재 중심까지의 거리

X = P_i에 의한 집중력이 St. Venant 원리에 의하여 분포하중으로 단면에 작용할

수 있는 거리

$Y=$ 보 하단에서 1-2 경계면까지의 거리

$f(y)=$단면 내 수평 압축응력

만일 인장응력이 긴장재 하부에도 작용하여 균열을 발생시킬 경우에는 그림 5.7(c)와 같은 자유물체도가 형성될 수 있다. 이 경우에는 위의 식에서 모멘트에 대한 평형조건을 아래와 같이 적용하여야 한다.

$$\sum M_{@a}=0\ : T\cdot(h-x_T)+\int_0^Y f(y)(Y-y)\cdot b\cdot dy=0 \tag{5.2}$$

상기 식 (5.1c)와 식 (5.2)에 의하여 균열면에 작용하는 인장력은 다음과 같다.

식 (5.1c): $$T_1=\frac{M_1}{h-x_T} \tag{5.3a}$$

식 (5.2): $$T_2=\frac{M_2}{h-x_T} \tag{5.3b}$$

여기서 : $M_1=|P_i\cdot(Y-y_P)-\int_0^Y f_y(Y-y)\cdot b\cdot dy|$

$M_2=|\int_0^Y f_y(Y-y)\cdot b\cdot dy|$

인장력인 T와 압축력인 C에 의하여 발생되는 모멘트와 평형을 이루는 모멘트는 식 (5.1c)와 식 (5.2)에 의하여 그림 5.8과 같이 나타난다. 따라서 최대모멘트 M_1및 M_2에 따라 발생되는 인장력 T_1 및 T_2에 대한 정착부 부근의 수직철근량을 아래와 같이 산정하여 배근한다. 이때 T_1에 저항하는 수직철근의 중심은 x_T에 두도록 하고 T_2에 저항하는 수직철근은 추가적으로 배근하도록 한다. 균열제어용의 수직철근 허용응력의 크기(f_s)는 일반적으로 $1{,}400kgf/cm^2$을 적용한다.

$$A_{t_1}=\frac{1}{f_s}\cdot\frac{M_1}{(h-x_T)} \tag{5.4a}$$

$$A_{t_2}=\frac{1}{f_s}\cdot\frac{M_2}{(h-x_T)} \tag{5.4b}$$

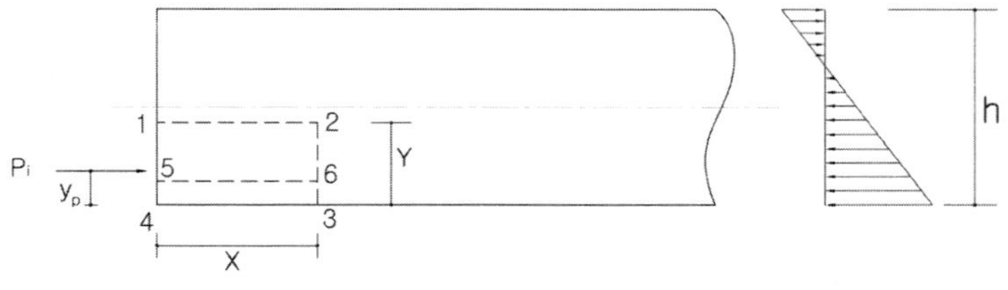

(a) 단부 정착구

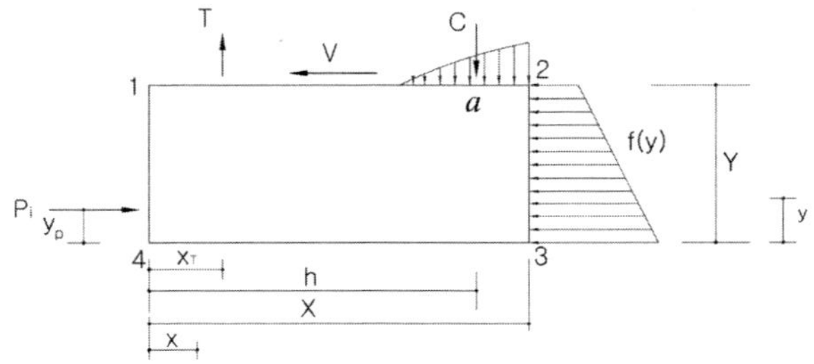

(b) 단부 1-2-3-4 부분 블록의 자유물체도

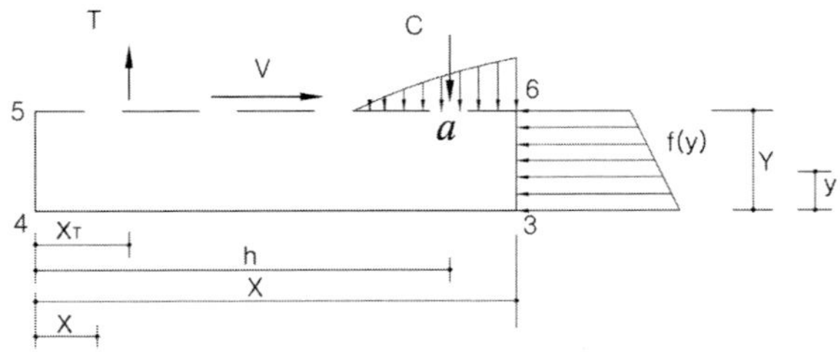

(c) 단부 5-6-3-4 부분 블록의 자유물체도

그림 5.7 단부 정착구 부근에서의 자유물체도

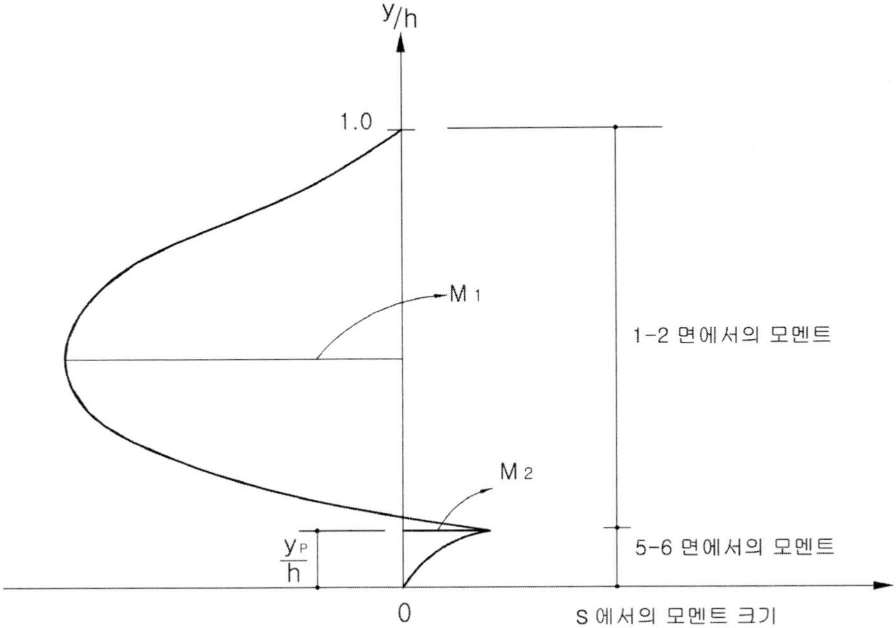

그림 5.8 단부 정착구 부분에서의 수평단면 (1-2 단면)에 작용하는 모멘트 변화

5.2.2 스트럿-타이 이론에 의한 설계

그림 5.9는 ACI 318-99에서 제시한 스트럿-타이 모델을 나타낸다. 스트럿-타이 모델은 콘크리트로 이루어진 압축대와 철근으로 이루어진 인장대로 구성된 트러스 구조물처럼 모델링 된다. 이 모델링에서 인장 타이는 정착구로부터 보 높이의 반 거리에 위치한다고 가정한다. 이 가정은 선형 탄성론에 근거한 가정과 일치한다. 스트럿-타이 모델링에 의하여 인장타이에 발생되는 인장응력(T)이 산정되면 필요한 수직 철근량(A_v)은 다음 식에 의하여 산정한다.

$$A_v = \frac{T}{\phi \cdot f_y} \tag{5.5}$$

여기서 : ϕ= 강도감소계수

f_y = 철근의 항복강도

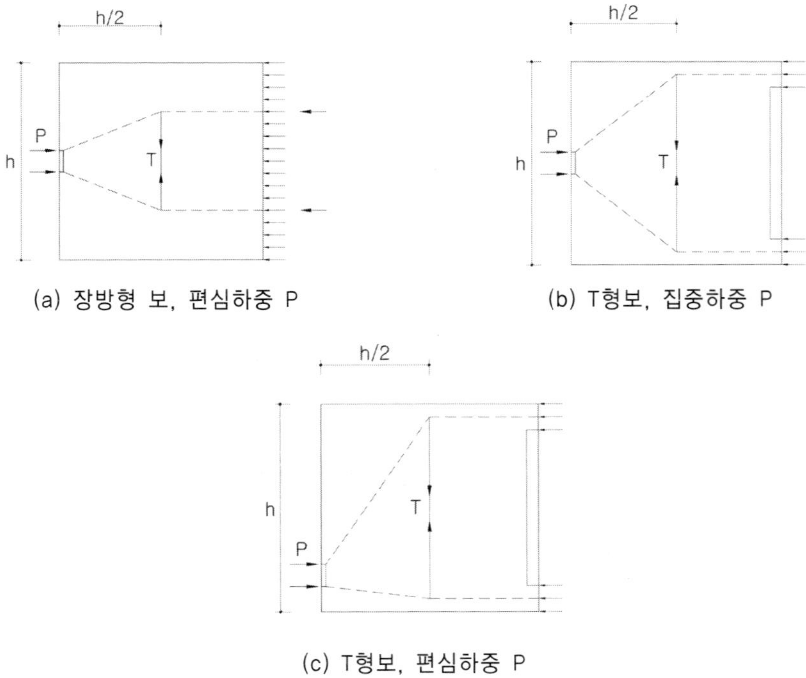

그림 5.9 ACI 318-99에서 제시한 스트럿-타이 모델

5.2.3 단부 정착판 설계

단부 정착판(anchorage plate)에 가하여지는 지압에 의한 콘크리트의 파괴를 방지하기 위하여 지압판 하부에 발생하는 지압응력의 크기(f_b)가 다음과 같은 조건이 만족되도록 설계되어야 한다.

1) 긴장재 정착구 설치 직후 (P_i상태)

$$f_b = 0.7f_{ci}\sqrt{\frac{A_2}{A_1} - 0.2} \quad \leq 1.1f_{ci} \tag{5.6a}$$

2) 유효프리스트레스 상태 (P_e상태)

$$f_b = 0.5f_{ck}\sqrt{\frac{A_2}{A_1}} \quad \leq 0.9f_{ck} \tag{5.6b}$$

여기서 : A_1 =정착판의 면적

A_2 =정착판의 도심과 동일한 도심을 가지도록 정착판의 닮은 꼴을 부재 단부에 가장 크게 그렸을 때 그 도형의 면적 (그림 5.10)

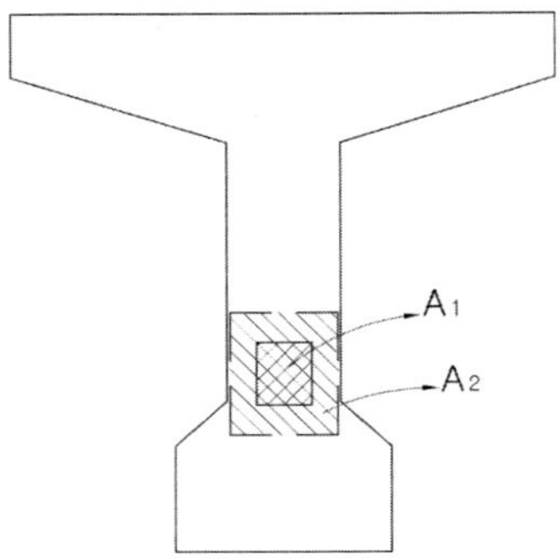

그림 5.10 정착판의 기하학적 형상

5.2.4 단부 정착판 하부 보조철근

정착 단부로부터 프리스트레싱 긴장재를 따라 강한 인장력이 발생함으로 이에 대한 적절한 배근을 하지 않았을 경우, 과도한 인장응력에 의한 콘크리트의 폭렬(bursting)이 발생하게 된다. 이를 방지하기 위하여 지압판 밑에 보조철근을 배근함으로써 콘크리트를 구속하여 주어야 한다. 이 보조철근은 정착구를 제작한 회사에 따라 서로 다른 형태로 시공될 수 있다. 일반적으로 나선형(spiral)이 가장 효율적이라 할 수 있다. 나선형 이외에도 폐쇄형 후프나 수직과 수평 직각방향으로 교대로 배근된 그리드 형태의 배근을 사용할 수 있다. 이들 보조철근은 길이 방향으로 보 폭의 약 2배에 이르는 구간에 배근된다(그림 5.11). 그러나 적어도 다음과 같이 콘크리트의 할렬이나 폭열 등을 발생시키는 응력에 대한 수직철근을 배근하여 주어야 한다.

$$\frac{S}{P} = 0.0106 \cdot \frac{h}{l_t} \tag{5.7}$$

여기서 : S=수직철근에 작용하는 인장력의 합
P= 프리스트레싱력
h= 보 깊이
ℓ_t =부착 전단길이

만일 프리스트레싱력이 $P = P_i$이고 수직철근에 작용하는 평균응력의 크기를 $f_s/2$라고 하면 상기의 식 (5.7)은 다음과 같이 된다.

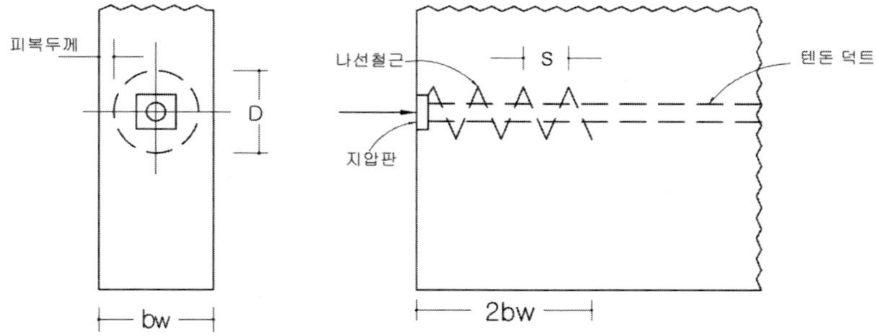

(a) 나선형 보조철근

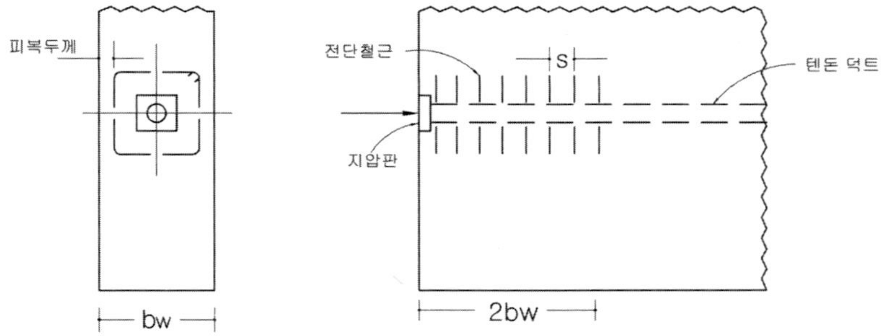

(b) 그리드형 보조철근

그림 5.11 포스트텐셔닝 정착판 하부의 보조철근

$$\frac{A_t \cdot f_s}{2} \cdot \frac{1}{P_i} = 0.0106 \cdot \frac{h}{\ell_t} \tag{5.8a}$$

또는

$$A_t = 0.021 \frac{P_i \cdot h}{f_s \cdot l_t} \tag{5.8b}$$

5.3 프리텐셔닝 단부설계

프리텐셔닝의 경우에는 포스트텐셔닝의 경우와는 달리 프리스트레싱력이 부착 전단길이를 통하여 긴장재와 콘크리트 계면의 부착력에 의하여 점진적으로 콘크리트에 전달된다. 따라서 프리텐션된 보 단부에서 인장응력은 포스트텐션된 보 단부의 인장응력에 비하여 적은 크기의 응력이 작용한다. 긴장재와 콘크리트 사이에 발생하는 전단응력은

(1)긴장재의 인장력에 의하여 발생되는 전단응력

(2)외부 하중에 의하여 발생되는 휨에 의한 전단응력
이 있다.

휨에 의한 전단응력(τ)은 다음과 같다.

$$\tau = \frac{1}{\pi \cdot d_b \cdot jd} \cdot \frac{dM}{dx} \tag{5.9}$$
$$= \frac{V}{\pi \cdot d_b \cdot jd}$$

여기서 : d_b =프리스트레싱 긴장재의 직경

jd =프리스트레싱 긴장재 중심과 압축측에 작용하는 압축력 사이의 거리

dM/dx = 재축방향에 대한 모멘트의 미소 변화량

= 전단력(V)

그림 5.12는 프리텐션된 보의 단부로부터 긴장재에 작용하는 인장응력 크기의 변화를 나타내고 있다. 포스트텐셔닝 방법과 같이 단부에 정착구를 두지 않고 순수하게 부착력에 의하여 긴장재의 미끌어짐(slip)을 방지할 경우, 단부에서의 긴장재의 인장응력은 영(0)이다. 그러나 단부지점에서 보의 길이방향으로 긴장재의 인장력에 저항하는 부착응력이 작용함으로써 긴장재의 인장력은 점점 더 증가하게 된다. 실험에 의하면 그림 5.12에 나타난 바와 같이 사용하중 시 긴장재에 작용하는 인장응력 f_{pe}가 확보되기 위해서는 단부로부터 $l_{ts} = (f_{ps}/210) \cdot d_b cm$만큼의 전달길이가 필요하며 극한하중상태에서 긴장재에 작용하는 인장응력 f_{ps}가 확보되기 위해서는 단부에서 추가적인 $l_{tu} = 0.0142(f_{ps} - f_{pe}) \cdot d_b$만큼의 정착 길이를 필요로 한다. 일반적으로 이들 길이는 인장응력, 콘크리트강도, 단면형상, 긴장재의 표면형상, 잭킹력의 이완 정도 등에 따라 변할 수 있다. 단부로부터 정착 길이(ℓ_d)는 아래의 식 (5.10)을 적용하여 산정한다. 아래 식에서 ℓ_{ts}' 및 ℓ_{tu}' 값은 실험으로부터 얻은 앞의 ℓ_{ts}와 ℓ_{tu} 값에 대하여 좀 더 안전한 값을 택하여 적용한 값이다.

$$\ell_d = \ell_{ts}' + \ell_{tu}' \tag{5.10a}$$

여기서

$$\ell_{ts}' = 1.5\frac{f_{pe}}{f_{ci}}d_b - 11.7 \quad (cm) \tag{5.10b}$$

$$\ell_{tu}' = 0.018(f_{pu} - f_{pe})d_b \quad (cm) \tag{5.10c}$$

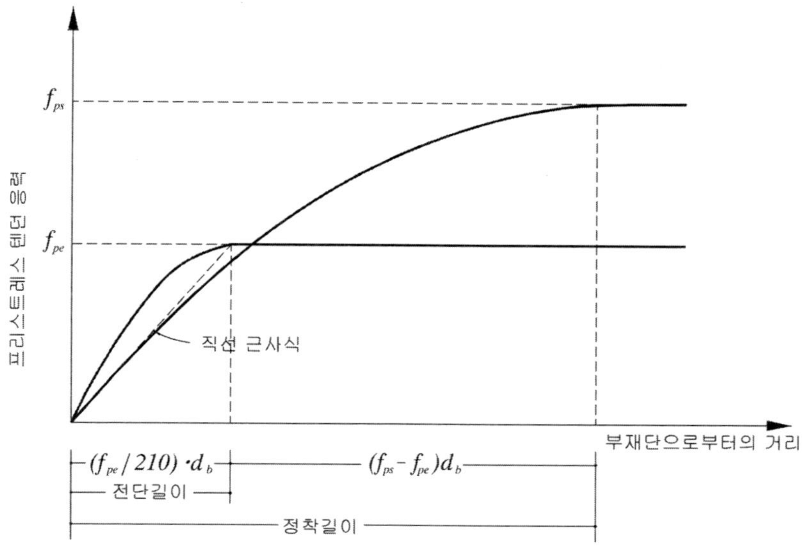

그림 5.12 프리텐션된 보의 부착 및 정착길이

예 5·1 단부 수직철근량 산정

예 그림 5.1(a)와 같은 포스트텐션된 프리스트레스트 장방형보가 있다. 긴장재는 도심으로부터 일정한 편심 $e=25cm$를 갖는 직선 긴장재이다. 프리스트레싱력은 $P_i=110tf$이다. 이 프리스트레스트 보의 단부 수직 철근량을 산정하라.

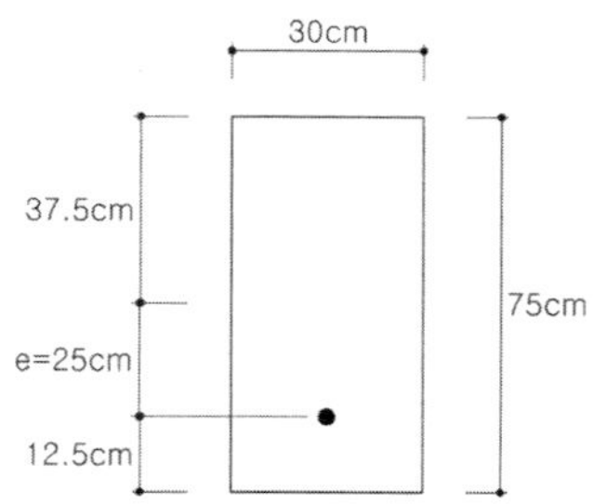

A_p= 2,250cm²
I_c = 1,054,687.5cm⁴
S_1= S_2= 28,125cm³
r² = 468.75cm²
e = 25cm
P_i= 110tf

예 그림 5.1(a) 포스트텐션된 프리스트레스트 보

1) P_i 상태에서 보 단면 상 · 하단의 응력 산정.

$$f_1 = -\frac{P_i}{A_c} \cdot \left(1 - \frac{e \cdot c_1}{r^2}\right)$$

$$= -\frac{110{,}000}{2{,}250} \cdot \left(1 - \frac{25 \cdot 37.5}{468.75}\right)$$

$$= 48.9 \ kgf/cm^2$$

$$f_2 = -\frac{P_i}{A_c} \cdot \left(1 + \frac{e \cdot c_1}{r^2}\right)$$

$$= -\frac{110{,}000}{2{,}250} \cdot \left(1 + \frac{25 \cdot 37.5}{468.75}\right)$$

$$= -146.7 \ kgf/cm^2$$

상기의 응력을 이용하여 보 단면에 대한 응력분포를 예 그림 5.1(b)와 같이 구할 수 있다.

2) 콘크리트 응력에 의한 모멘트

보 하단으로부터 임의 높이에 있는 위치에서의 콘크리트 응력에 의한 모멘트를 산정한다. 단면 내 모멘트는 반시계 방향을 양의 방향으로 한다.

(1) 높이 7.8㎝단면 :

$$M = 127.14 \cdot 7.5 \cdot \frac{7.5}{2} \cdot 30 + 0.5 \cdot (146.7 - 127.14) \cdot 7.5 \cdot 7.5 \cdot \frac{2}{3} \cdot 30$$

$$= 118{,}276.88 \ kgf \cdot cm = 118.28 \ tf \cdot cm$$

(2) 높이 12.5㎝단면 (긴장재 위치) :

$$M = 114.1 \cdot 12.5 \cdot \frac{12.5}{2} \cdot 30 + 0.5 \cdot (146.7 - 114.1) \cdot 12.5 \cdot 12.5 \cdot \frac{2}{3} \cdot 30$$

$$= 318{,}359.4 \ kgf \cdot cm = 318.36 \ tf \cdot cm$$

(3) 높이 15cm 단면 :

$$M = 107.58 \cdot 15 \cdot \frac{15}{2} \cdot 30 + 0.5 \cdot (146.7 - 107.58) \cdot 15 \cdot 15 \cdot \frac{2}{3} \cdot 30$$

$$= 451{,}102.15\ kgf \cdot cm = 451.1\ tf \cdot cm$$

상기의 계산을 반복하여 보의 최상단까지 콘크리트 응력에 의하여 단면에 작용하는 모멘트를 계산한다. 이들에 대한 계산 값들은 〈예 표 5.1〉의 2번째 열에 나타내었다.

3) 프리스트레싱력 P_i에 의한 모멘트

보 하단으로부터 임의 높이에 있는 위치에서의 프리스트레싱력 P_i에 의한 모멘트를 산정한다.

(1) 높이 7.5cm 단면:
이 자유물체도에는 아직 프리스트레싱력이 존재하지 않으므로 이 높이에서 프리스트레싱력에 의한 모멘트는 영(0)이다.

(2) 높이 12.5cm 단면 (긴장재 위치) :
상기 (1)과 같은 이유로 프리스트레싱력에 의한 모멘트는 영(0)이다.

(3) 높이 15cm 단면 :
프리스트레싱력 P_i가 15cm보다 (15-12.5)=2.5cm에 위치한다. 따라서 P_i에 의한 모멘트는 다음과 같다.

$$M = -P_i \cdot (15 - 12.5) = -110 \cdot 2.5 = -275\ tf \cdot cm$$

상기의 계산을 반복하여 보의 최상단까지 콘크리트 응력에 의하여 단면에 작용하는 모멘트를 계산한다. 이들에 대한 계산 값들은 〈예 표 5.1〉의 3번째 열에 나타내었다.

4) 단면에 작용하는 모멘트

보 하단으로부터 임의 높이에 위치한 단면에 작용하는 모멘트는 콘크리트 압축 응력에 의한 모멘트와 프리스트레싱력 P_i에 의한 모멘트의 합으로 구할 수 있다. 이들에 대한 계산 값들은 〈예 표 5.1〉의 4번째 열에 나타내었다. 또 예 그림 5.1(c)에 높이에 따른 수평 단면에 발생하는 최종 모멘트를 나타내었다.

5) 필요 수직 철근량 산정

수직 철근량은 식 (5.4)에 의하여 산정한다.

$$A_{t_1} = \frac{1}{f_s} \cdot \frac{M_1}{(h - x_T)} \tag{5.4a}$$

$$A_{t_2} = \frac{1}{f_s} \cdot \frac{M_2}{(h - x_T)} \tag{5.4b}$$

본 예제에서 상기의 값들은 다음과 같다.

M_1 = 342.2tf·cm, M_2 = 318.36tf·cm (예 그림 9.1(c), 〈예 표 5.1〉 참조)

$f_s = 1{,}400\ kgf/cm^2$ (일반적으로 가정된 값)

$x_T = h/4 = 75/4 = 18.75cm$ (일반적으로 가정된 값)

식 (5.4a)로부터 수직철근에 대한 소요 철근량을 구하면

$$A_{t_1} = \frac{1}{f_s} \cdot \frac{M_1}{(h - x_T)} = \frac{1}{1{,}400} \cdot \frac{342.2 \cdot 10^3}{(75 - 18.75)} = 4.35\ cm^2$$

$HD10$ ($0.71cm^2$/단면적)을 사용하면 필요한 개수는

$$n = \frac{4.35}{2 \cdot 0.71} = 3.06 \simeq 4\text{개}$$

보 단부로부터 $5cm$를 띄우고 첫 수직철근을 배근한다. 따라서 간격은

$$s = \frac{h/(2-5)}{n-1} = \frac{75/(2-5)}{4-1} = 10.8\ cm \simeq 10\ cm$$

또 다른 모멘트에 대하여 식 (5.4b)를 적용하여 추가 수직 철근량을 산정한다.

$$A_{t_2} = \frac{1}{f_s} \cdot \frac{M_2}{(h - x_T)} = \frac{1}{1{,}400} \cdot \frac{318.36 \cdot 10^3}{(75 - 18.75)} = 4.04\ cm^2$$

$D10$ $(0.71cm^2/$단면적$)$을 사용하면 필요한 개수는

$$n = \frac{4.04}{2 \cdot 0.71} = 2.8 \simeq 3\text{개}$$

상기 3개의 철근을 A_{t1}의 철근에 추가하여 지점 안쪽으로 배근한다. 예 그림 5.1(d)에 배근 형상을 나타내었다.

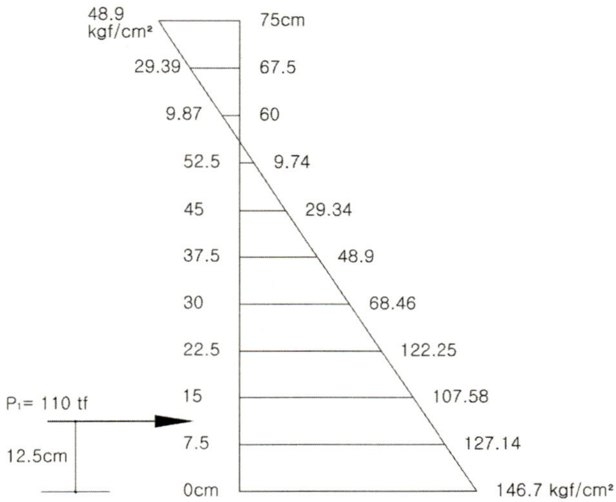

예 그림 5.1(b) 보 단면의 응력분포

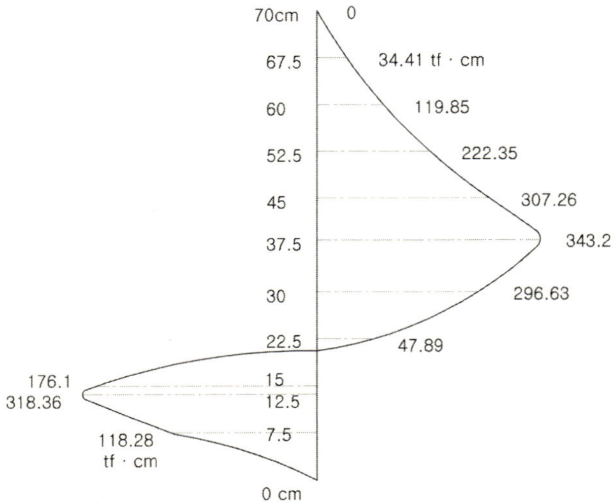

예 그림 5.1(c) 높이에 따라 수평단면에 발생하는 모멘트

〈예 표 5.1〉 보 높이에 따른 모멘트 변화

보하단으로부터 높이(cm)	콘크리트 응력에 의한 모멘트($tf \cdot cm$)	프리스트레싱력에 의한 모멘트($tf \cdot cm$)	모멘트합($tf \cdot cm$)
0	0	0	0
7.5	118.28	0	118.28
12.5	318.36	0	318.36
15	451.1	-275	176.1
22.5	1052.11	-1100	-47.89
30	1628.37	-1725	-296.63
37.5	2406.8	-2750	-343.2
45	3267.74	-3575	-307.26
52.5	4177.65	-4400	-222.35
60	5105.15	-5225	-119.85
67.5	6015.59	-6050	-34.41
75	6876.56	-6875	$1.56 \simeq 0$

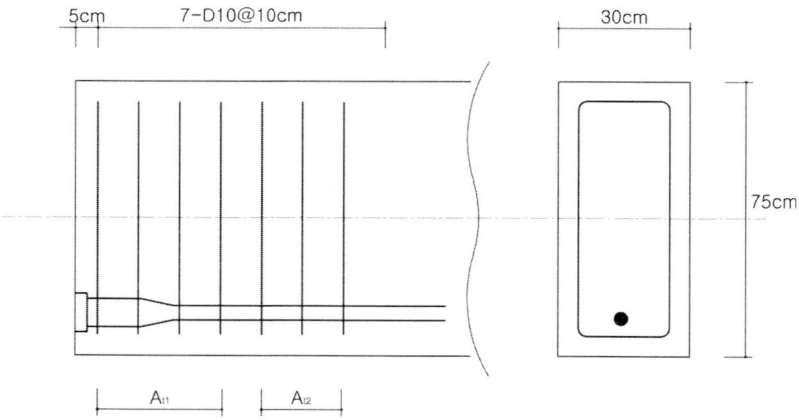

예 그림 5.1(d) 정착부 수직철근 배근

연습문제

5.1 문 그림 5.1과 같이 포스트텐션된 장방형보가 있다. 이 보에는 항복강도 및 최대강도가 각각 f_{py} = 16,000kgf/㎠ 및 f_{pu} = 19,000kgf/㎠인 직경 12.7㎜의 긴장재가 사용되었다. 콘크리트의 강도는 f_{ck} = 350kgf/㎠이다. 만일 초기 긴장력 P_i = 180.0tf이 가하여진다면 보 단부가 파열되지 않기 위한 수직 배근량을 구하고 그 배근도를 작성하라.

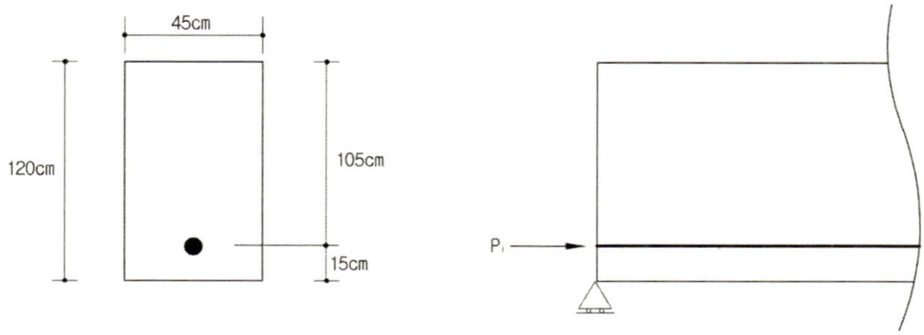

문 그림 5.1 포스트텐션된 장방형 프리스트레스트 보

5.2 폭 240㎝, 깊이 90㎝인 프리텐션된 프리캐스트 T-형보가 있다(문 그림 5.2). 단면에 12개의 직선 긴장재를 사용하였으며 이들 긴장재 전체의 도심은 단면 도심으로부터 28㎝ 아래에 있다. 즉, 긴장재 전체를 대표하는 편심은 e = 28㎝이다. 긴장재의 항복강도 및 최대강도는 각각 f_{py} = 16,000kgf/㎠ 및 f_{pu} = 19,000kgf/㎠이고 사용된 콘크리트 강도는 f_{ck} = 350kgf/㎠이다. 초기 긴장력은 $P_i = 180.0\,tf$이다. 식 (5.7)에 의하여 정착단을 설계하라.

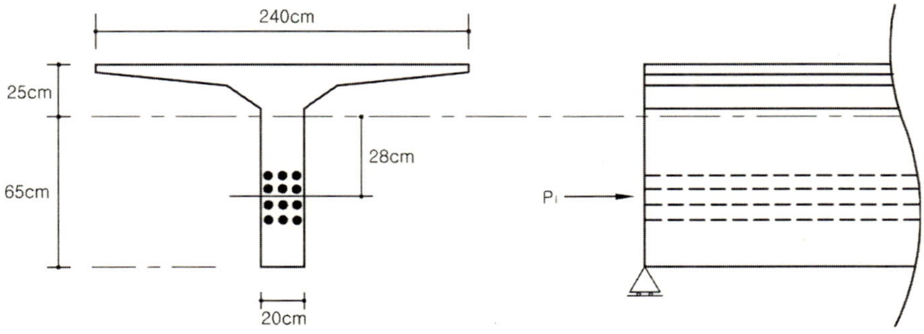

문 그림 5.2 프리텐션된 T-형 프리스트레스트 프리캐스트 보 단면

6 장
전단 및 비틀림

6.1 서 론

모든 휨 부재들은 전단응력을 받으며, 그런 전단응력은 사인장 균열로 나타날 수 있다. 만약 보 측면과 길이방향 철근이 보강되지 않는다면 사인장 균열이 부재에 조기 파괴형태로 나타날 수 있다. 이런 파괴 형태를 전단파괴라 부르며, 전단파괴는 갑작스럽게 발생하며, 취성파괴로 나타난다.

본 장에서는 보의 전단거동과 전단파괴를 피하기 위한 설계과정을 간략하게 설명한다.

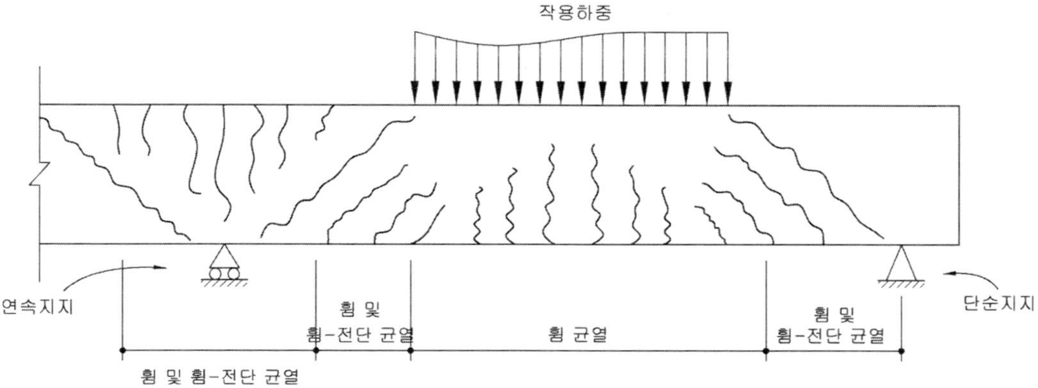

그림 6.1 철근콘크리트 보의 휨과 전단으로 인한 균열 유형

6.2 사인장 균열

균열은 부재의 어떤 위치에서 주인장응력이 콘크리트의 균열강도에 도달할 때 형성된다. 균열은 주인장응력 방향의 법선방향으로 형성된다. 순수 축 인장 또는 순수 휨을 받는 부재의 경우, 주인장응력은 부재의 길이방향 축과 평형하며, 이런 작용으로 인한 균열은 부채축의 직각으로 형성된다. 부재의 단면이 전단응력을 받는다면, 주인장응력 방향은 부재의 길이방향 축으로 경사가 형성된다. 균열은 주요 전단응력이 존재하는 위치에서 형성된다면 균열은 부재의 축에 대해 기울어지게 발생한다. 이런 균열을 사인장 균열이라 부른다.

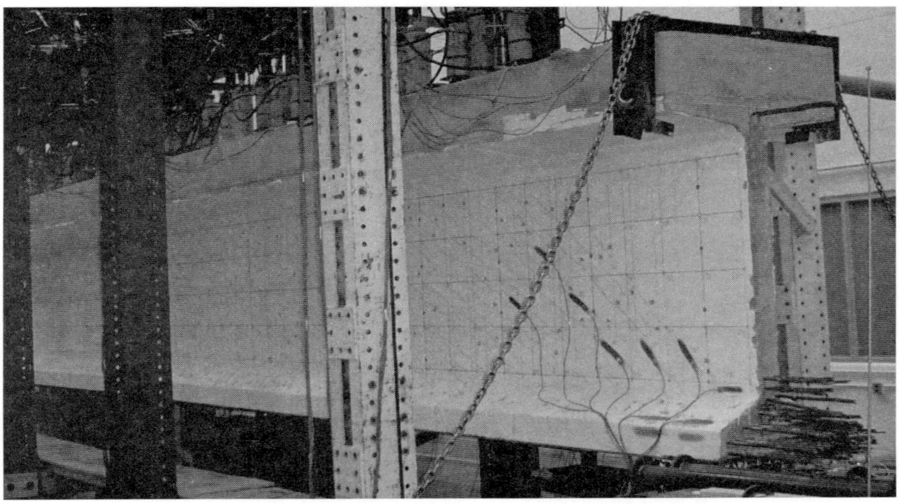

그림 6.2 *I*-Girder의 사인장균열

그림 6.3는 일반적인 프리스트레스 콘크리트보가 전단을 받는 것을 표현하고 있다. 콘크리트에 의해 전달되는 전단력은 작용전단력, V에서 경사의 프리스트레스트력으로 인한 사인장의 수직성분 V_p을 차감한 값과 동일하다.

$$V_c = V - V_p$$

이 보의 중심에 전단응력v과 프리스트레스로 인한 길이방향의 압축응력f_{pc}이 작용한다. 결과적으로 주인장응력은 그림 6.3의 응력에 대한 Mohr원으로부터 결정된다.

$$f_1 = \sqrt{v^2 + (\frac{f_{pc}}{2})^2} - \frac{f_{pc}}{2} \tag{6.1}$$

$$v = \frac{V_c \cdot Q}{I \cdot b}$$

f_1이 균열응력f_{cr}에 도달하였을 때 콘크리트에 균열이 발생한다면, 사인장 균열을 일으키는 전단응력은 식 (6.1)로부터 식 (6.2)와 같이 정리할 수 있다.

경사균열은 주 압축응력 방향과 평행하게 형성된다. 이런 균열의 기울기는 그림6.3의 Mohr의 원에서 식 (6.3)과 같이 주인장응력이 얻어지며, 이는 주응력과의 각을 나타내며 응력개념에서 접근하면 y축이 2θ와 만나는 위치로 이동 시(응력이 미소하여) $\sigma_{yy} = 0$이 되므로 압축응력만이 존재하게 된다. σ_{yy}는 그림 6.3(e)에서 수직방향성분의 응력이다.

따라서 그림 6.3(g)에서 개략적으로 $f_{pc} = 0.51 \cdot f_2$, $V = 0.7 \cdot f_2$가 산출되며, $V_{\max}$는 다음과 같이 산출된다.

$$V_{\max} = \frac{f_2 - f_1}{2}$$

사인장균열을 일으키는 전단응력은

$$v_{cr} = f_{cr} \cdot \sqrt{1 + \frac{f_{pc}}{f_{cr}}} \tag{6.2}$$

$$\tan 2\theta = 2 \cdot \frac{\sigma_{xy}}{\sigma_{xx} - \sigma_{yy}} = \frac{2v}{f_{pc}} \tag{6.3}$$

$$f_{pc} = \frac{P_c}{A_c} + \frac{P_c \cdot e}{I} \cdot y \pm \frac{M}{I} \cdot y \tag{6.4}$$

$$\therefore P_c = n \cdot A_{ps} \cdot P_e$$

위의 식에서 압축응력f_{pc}는 정량적인 양으로서 취해진다. 압축응력이 증가함에 따라 균열을 일으키는데 필요한 전단응력은 증가할 것이고, 부재축에 대한 균열의 기울기는 감소할 것이다.(그림 6.4 참조) 따라서 전단은 압축응력과 비례함을 알 수 있으며, 반면에 휨 응력이 크게 작용할 시 압축응력의 감소로 인한 휨-전단균열의 발생으로 취성파괴에 빨리 도달하게 된다.

복부전단균열에서 주인장응력은 $1.06\sqrt{f_{ck}}$로 제한하고 있다. 식 (6.2)에서 복부전단균열, V_{cw}로 인한 전단력을 산정하면

$$v_{cw} = f_{cr} \cdot \sqrt{1 + \frac{f_{pc}}{f_{cr}}} \tag{6.5}$$

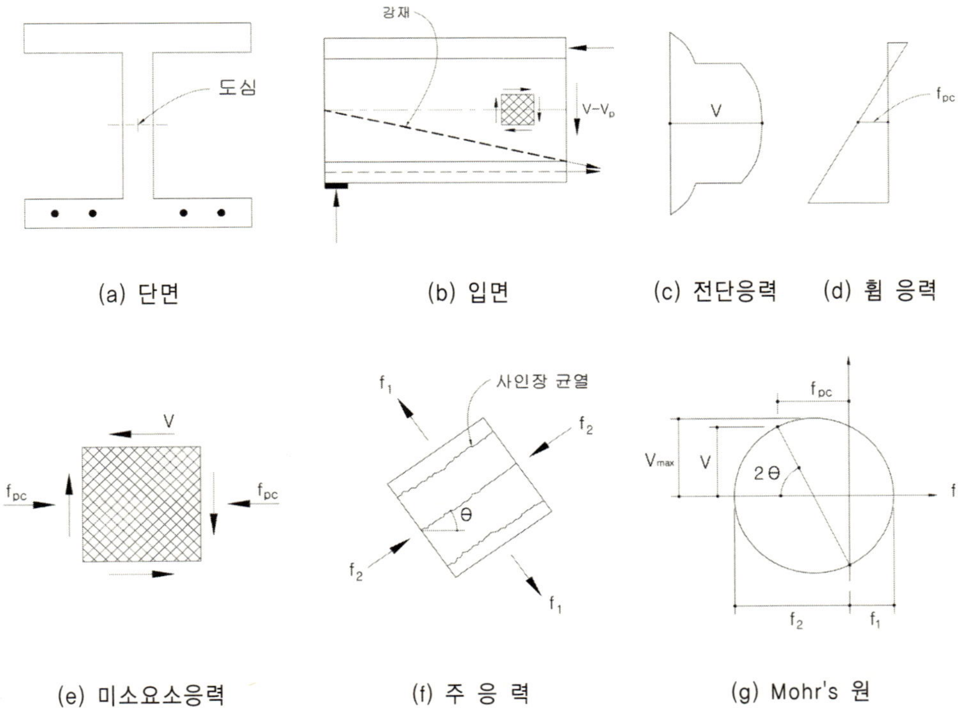

그림 6.3 프리스트레스 보의 측면 사인장 균열

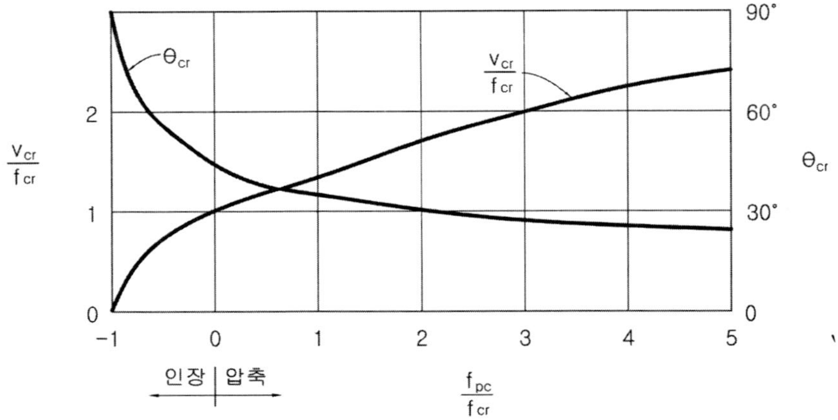

그림 6.4 압축응력이 있는 균열 전단응력과 기울기의 변화

여기서, f_{cr}이 의미하는 것은 복부전단균열의 발생은 최대 주인장응력 값이 콘크리트의 인장강도에 도달하였을 때 발생한다. 식 (6.5)에서 콘크리트의 인장강도를 $0.93 \cdot \sqrt{f_{ck}}$로 산정시 공칭 전단력은 식 (6.6)과 같이 유도된다.

$$V_{cw} = (0.93\sqrt{f_{ck}} + 0.3 f_{pc}) b_w d + V_p \tag{6.6}$$

식 (6.6)에서 V_p는 긴장재의 경사각θ를 가질 때

$$\begin{aligned} V_p &= P_e \cdot \sin\theta \\ &= n \cdot A_{ps} \cdot P_e \cdot \frac{e_c - e_e}{\ell/2} \end{aligned} \tag{6.7}$$

여기서, e_c는 부재중앙부의 긴장재 편심

e_e는 부재단부의 긴장재 편심

이상의 언급들은 부재의 중심에서 보의 복부에 균열이 미리 발생하지 않는다는 전제조건을 가지고 있다. 이렇게 복부에서 균열이 발생하는 것을 "복부전단균열"이라 한다. 사인장 균열은 이미 존재하고 있는 휨 균열의 연장선으로 전개될 수 있다.(그림 6.5, 6 참조) 이런 경사균열을 휨-전단균열이라 부른다.

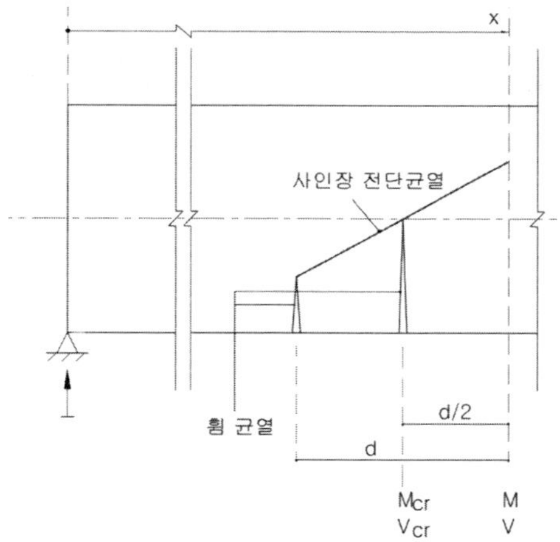

그림 6.5 휨-전단균열 모델

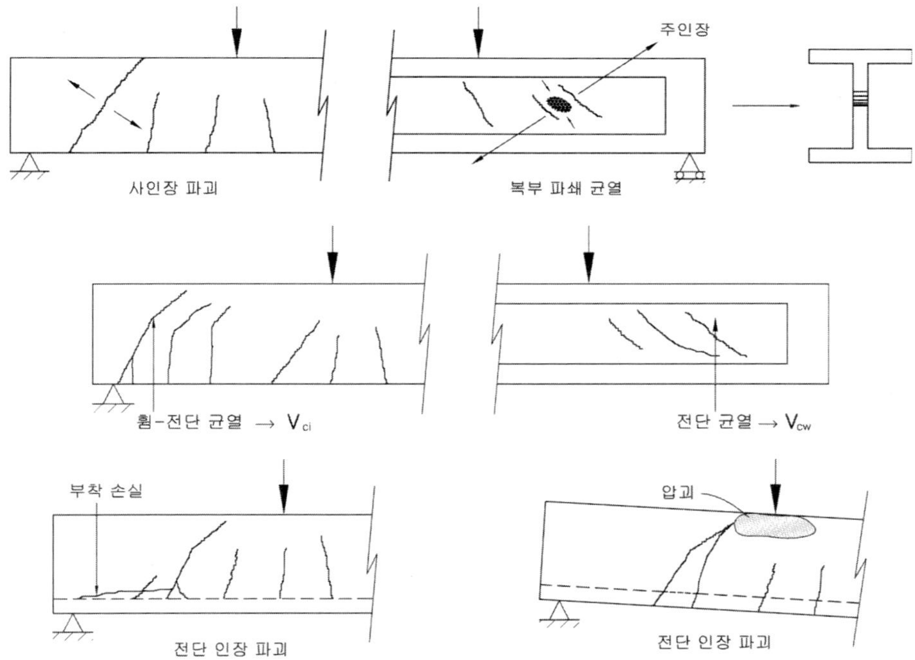

그림 6.6 사인장 균열 및 전단파괴 형태

보의 각 위치에서 길이방향 휨 응력을 알 수 있으면 전단응력은 평형조건으로부터 산정할 수 있다.

1902년에, Mőrsch는 휨 균열을 가진 철근콘크리트에 대하여 전단응력분포를 유도하는 접근법을 사용하였다. Mőrsch는 전단응력이 중립축에서 최대값에 도달하고 중립축아래에서 휨 철근까지는 일정하게 유지되는 것으로 예견하였다. 이 최대 응력 값은 식 (6.8)와 같다.

$$v = \frac{V}{b_w \cdot jd} \tag{6.8}$$

여기서 b_w는 보폭, jd는 압축 최연단에서 휨 철근까지의 거리이다.

Mőrsch는 전단응력분포가 높은 전단응력은 휨 균열을 지나 전이되는 것을 암시하는 것으로 예견했다. 사실, 일반적인 철근비에서 총 전단력의 30%만이 비 균열 압축영역으로 전이되는 것으로 예견했다.

일반적인 학자들은 전단이 휨 압축영역으로 전이되고 실제 전단 응력분포는 그림 6.7에서 보는 것과는 매우 다르다는 것으로 가정했다. 단면상의 실제 전단응력분포에 대한 불확실성은 식 (6.8)를 "공칭" 전단응력으로 일컬었으며, 1963년 ACI Code는 전단응력식을 단순화하게 하기 위하여 다음과 같이 정리하였다.

$$v = \frac{V}{b_w d} \tag{6.9}$$

여기서 d: 압축 최연단에서 인장 철근중심까지의 거리

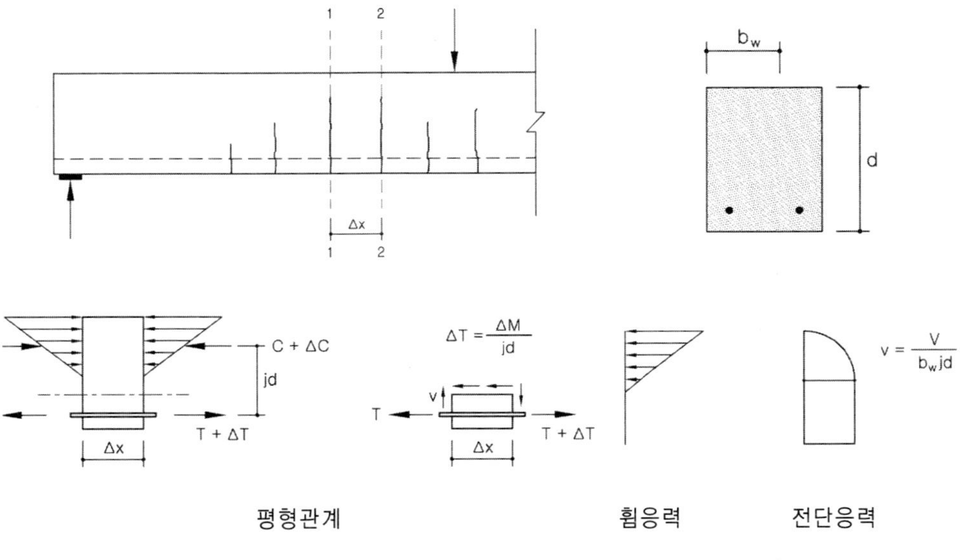

그림 6.7 휨 균열이 있는 철근콘크리트 보의 전단응력 분포

1963년 ACI Code는 철근콘크리트 보의 휨-전단 균열하중에서 공칭전단응력에 대한 다음 실용식을 제시했다.

$$v_{cr} = 0.5\sqrt{f_{ck}} + 176 \cdot \rho_w \frac{V \cdot d}{M} \le 0.93\sqrt{f_{ck}} \tag{6.10}$$

여기서 ρ_w : 전단면적 $b_w d$ ($\rho_w = A_s/b_w d$)에 대한 프리스트레스 되지 않은 철근비이며 $V \cdot d/M$은 검토될 단면의 전단 대 모멘트에 대한 비이다.

그림 6.8에서 보는 것과 같이, 휨-전단균열에서 공칭전단강도는 모멘트 대 전단비가 0 모멘트의 경우 $0.93\sqrt{f_{ck}}$에서 매우 높은 모멘트의 경우 $0.5\sqrt{f_{ck}}$까지 증가함에 따라 감소하는 것으로 가정하였다. 또한 그림 6.8에서 보는 것처럼 휨-전단 균열에서 확인된 전단응력 값이 상당히 많이 사라지고 있다.

철근콘크리트 보의 경우 휨-전단균열에서 전단을 다음식과 같이 허용하고 있다.

$$V_c = 0.53\sqrt{f_{ck}} \cdot b_w \cdot d \tag{6.11}$$

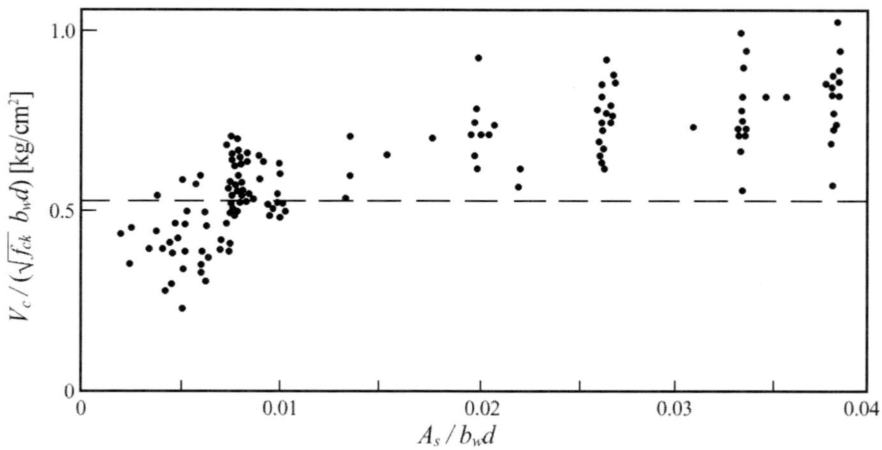

그림 6.8 철근콘크리트 보의 휨-전단균열에 대한 식

프리스트레스 콘크리트 부재에서 휨-전단균열을 일으키는 전단은 $0.16\sqrt{f_{ck}}b_w d$를 첨부함으로서 얻어질 수 있다. 여기서 f_{ck}는 휨 균열이 검토될 어떤 단면에서 먼저 형성될 때 전단에 대한 kgf/㎠ 단위 프리스트레스트 콘크리트 부재의 전단저항 성분은 그림 6.9에서 보는 것처럼 콘크리트의 압축, 부착력, 골재의 맞물림에 의해 저항한다. 따라서 긴장재의 경우 부착력에 의해 V_u값을 감쇄하는 결과를 나타낸다.

비 합성보의 경우, 결과적으로 다음과 같이 휨-전단파괴를 일으키는 총 전단력으로 검토된다.

$$V_{ci} = 0.16\sqrt{f_{ck}} \cdot b_w \cdot d + \frac{V}{M} M_{cr} + V_p \tag{6.12}$$

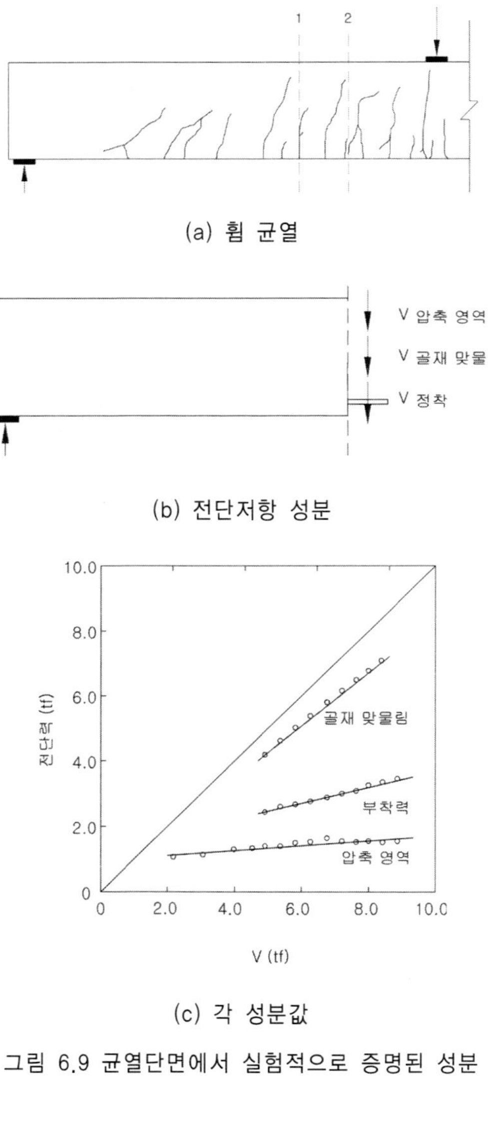

그림 6.9 균열단면에서 실험적으로 증명된 성분

$$M_{cr} = (f_{pc} + 1.59\sqrt{f_{ck}}) \cdot \frac{I}{y_b} \tag{6.13}$$

여기서, $\frac{V}{M}$은 검토대상 단면에서 전단 대 모멘트 비이며, M_{cr}은 단면에서 휨 균열을 일으키는데 필요한 모멘트이다.

휨 균열은 인장응력이 $1.59\sqrt{f_{ck}}$에 도달할 때 발생하는 것으로 가정한다.

$$V_{ci} \geq \ 0.45\sqrt{f_{ck}}\,b_w d$$

복부전단 균열, 식 (6.6), 휨-전단 균열, 식 (6.12)를 계산할 때 d는 압축 최연단에서 프리스트레스트된 철근의 중심까지의 거리나 보 춤의 0.8을 사용한다. 식(6.12)에서 V_p는 휨균열에서 휨-전단균열로 전이되어 보의 상단에서 압축력이 감소되어 0에 근사하게 나타나므로 고려하지 않는다. 위식과 같이 휨 전단파괴를 일으키는 총 전단력과 콘크리트의 공칭전단강도와의 관계는 6.4장의 식 (6.18)에서 언급된다.

6.3 45° 트러스 모델

1899년에 Ritter는 트러스모델 차원으로 균열이 발생한 철근콘크리트 보에 힘의 흐름을 설명하였다.(그림 6.10 참조) 콘크리트에서 경사방향의 압축응력은 트러스의 사재와 같은 역할을 하며, 스트럽은 수직 인장재로서 역할을 수행한다. 트러스의 하현재는 길이방향 인장철근으로 구성되고 보의 휨 압축영역은 상현재로서 작용한다.

경사방향의 압축은 하나의 스트럽 상부에서 다음 스트럽 하부까지 진행되지 않으며(그림 6.11(a) 참조), 별도의 사선방향 압축 스트러트는 전단에 저항하는 연속성의 사선방향 압축재다.

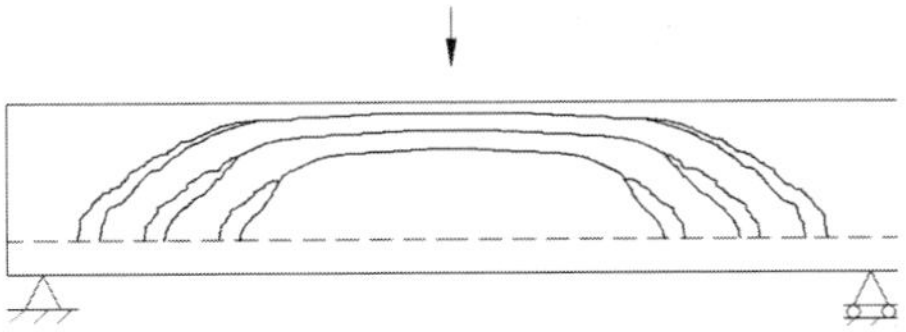

(a) 아치 해석

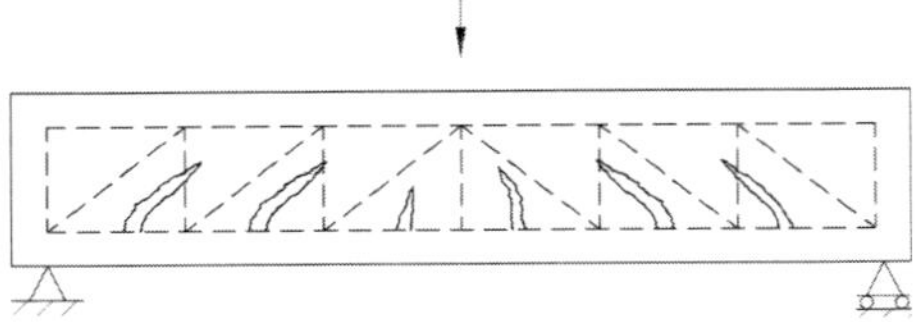

(b) 트러스 해석

그림 6.10 전단파괴 Mechanism에 대한 유추

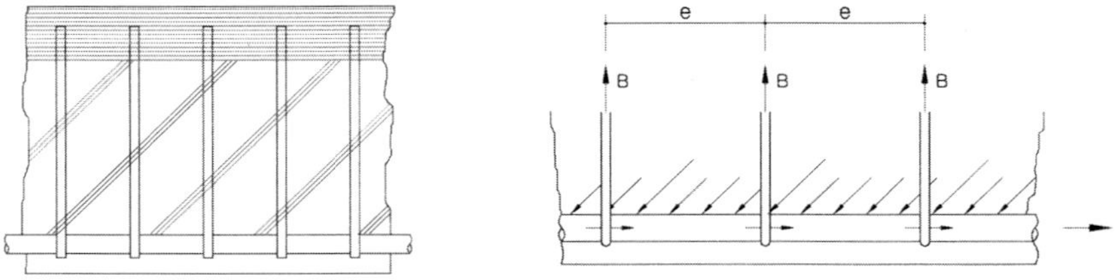

(a) 트러스 모델 (b) 스트럽력

그림 6.11 Mőrsch의 트러스 모델

Ritter와 Mőrsch 모두 균열콘크리트의 인장응력을 무시하였으며, 균열발생 후 사선방향의 압축작용은 45°를 유지한다는 것이다. 두 사람이 사용한 평형조건은 그림 6.12에 정리되어 있다. 전단응력이 유효 전단면적 b_w와 jd의 단면에 걸쳐 등간격으로 분포된다고 가정하면(그림 6.12(a) 참조), 주 압축응력의 크기는 그림 6.12(b)의 자유물체도로 부터 얻을 수 있다. 총 사선방향 압축력은 식 (6.14a) 및 주 압축응력은 식 (6.14b)와 같다

$$\frac{f_2 b_w \cdot jd}{\sqrt{2}} = \sqrt{2} \cdot V \tag{6.14a}$$

$$f_2 = \frac{2V}{b_w \cdot jd} \tag{6.14b}$$

사선방향 압축력의 수평성분은 V와 같다(그림 6.12(b) 참조). 이 힘은 횡방향 철근의 인장력 N_v를 동일하게 함으로서 반작용한다. 따라서 보에 대한 횡방향 철근(주근)의 인장력은 전단이 식 (6.15)와 같은 조건이 될 때 발생한다.

$$N_v = V \tag{6.15}$$

그림 6.12c에 표현된 자유물체도로부터 사선방향 압축력 $f_2 b_w s/\sqrt{2}$이 수직성분 $f_2 b_w s/2$을 포함하며, 이 수직성분은 스트럽에서 인장력 $A_v f_v$에 의해 평형을 이루게 된다. 식 (6.14b)의 f_2를 대입하면

$$\frac{A_v f_v}{s} = \frac{V}{jd} \tag{6.16}$$

여기서 A_v는 스트럽의 총 단면적

s는 스트럽 간격

f_v는 스트럽의 인장응력

스트럽의 단면적과 간격이 정해지면 식 (6.16)에 의해 주어진 스트럽 응력은 허용치 이하로 된다. 전단에서 발생한 횡방향 철근의 추가 인장응력은 식 (6.15)을 사용하여 검토되고, 반면에 복부의 콘크리트 압축응력은 식 (6.14b)으로 검토한다.

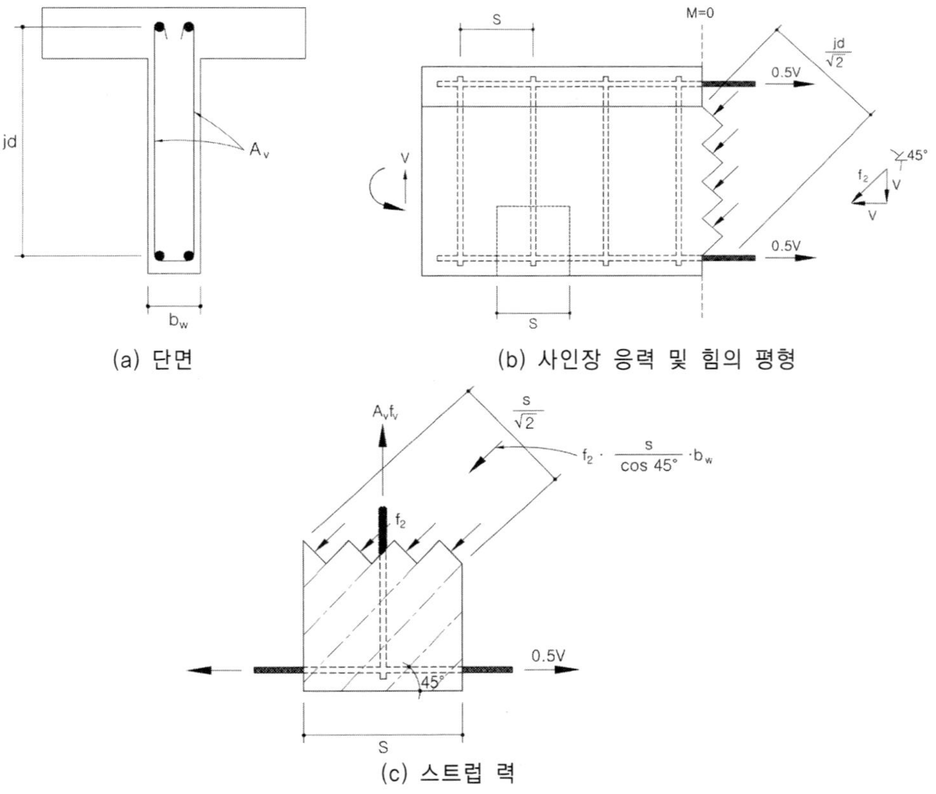

(a) 단면

(b) 사인장 응력 및 힘의 평형

(c) 스트럽 력

그림 6.12 45° Truss 모델의 전단저항

6.4 전단설계의 순서

1904~1922년 사이에 Illinois 대학과 Wisconsine대학에서 수백 번의 철근콘크리트 보 실험이 수행되었다. 일찍이 이런 미국의 실험들은 45° 트러스 모델(그림 6.13)에서 예상했었던 것

보다 훨씬 낮게 나타났다. Richart는 θ가 40°로 감소하면 예상한 스트럽의 응력이 약 20% 감소한다고 언급했다. 45° 트러스 모델의 보수적 성향은 콘크리트의 인장응력을 무시한 것이고 압축 스트러트에 대한 45°의 선택에 의한 것이다. 45° 트러스 모델은 그림 6.13에 나타난 것과 같이 스트럽이 없고 보는 전단강도가 없다고 예상했다. 그런 보는 사인장 균열이 형성될 때까지 전단파괴가 발생하지 않는다.

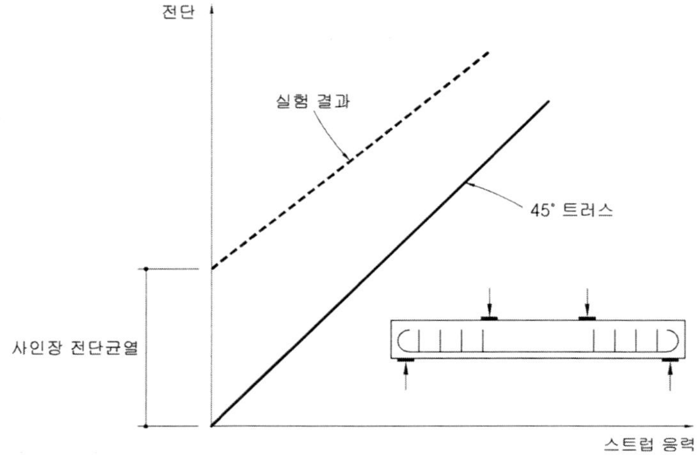

그림 6.13 작용 전단력으로 인한 스트럽의 응력변화

일반적인 콘크리트처럼, 그 시대의 콘크리트 압축강도는 140 kgf/cm^2였으며, 이 시기의 허용응력 Code는 $0.02f_{ck}$(극한에서 약 $0.04f_{ck}$)의 허용하중에서 콘크리트 인장응력을 허용하였다. 기준에서, 스트럽은 설계전단강도 ϕV_n가 계수 전단력 V_u보다 크게 산정되어야 하므로, 공칭전단강도 V_n는

$$V_n = V_c + V_s \tag{6.17}$$

콘크리트의 전단강도 V_c는 사인장 균열의 시작 때 전단으로 정해진다. 일반적으로, 프리스트레스트 부재가 아닐 경우, V_c는 식 (6.11)으로 계산된다. 프리스트레스트 콘크리트 부재의 경우, V_c는 보다 적은 V_{cw}, 식 (6.6) 또는 V_{ci} 식 (6.12)으로 계산된다. 기준에서는 유효 프리스트레스력이 휨 철근에 대한 휨강도의 40%를 초과할 때 프리스트레스트 콘크리트 부재에 대해 사용할 수 있는 보다 단순한 식 V_c를 제시하고 있다. 이 식은

$$V_c = \left(0.16\sqrt{f_{ck}} + 49\frac{V_u \cdot d}{M_u}\right)b_w \cdot d \tag{6.18}$$

그러나

$$0.53\sqrt{f_{ck}}\,b_w d \le V_c \le 1.33\sqrt{f_{ck}}\,b_w d$$

단,

$$\frac{V_u \cdot d_p}{M_u} \le 1.0$$

프리텐션 부재의 경우 사인장 균열 하중은 전이길이(Trasfer length)구간에 있는 긴장재의 응력감소로 인하여 보의 단부에서 더 적어진다.(그림 6.17 참조) 이런 감소를 고려하기 위하여, 전이길이 구간에서 식 (6.18)에 의해 계산된 전단강도 V_c의 값은 식 (6.6)에서 주어진 공칭전단력 V_{cw}를 초과하지 않아야 하는 것으로 정의하고 있다. 45° 트러스 식은 철근의 기여도를 계산하기 위해 사용한다. 따라서 그 축에 직각인 스트럽을 가진 보의 경우, 스트럽의 전단강도는 식 (6.19)와 같이 산정된다.

$$V_s = \frac{A_v \cdot f_y \cdot d}{s} \tag{6.19}$$

계수전단을 받는 콘크리트의 사인장 파괴를 피하고 사용하중에서 사인장 균열을 제한하기 위해 철근의 전단강도를 다음과 같이 제한하고 있다.

$$V_s \le 2.1\sqrt{f_{ck}}\,b_w d \tag{6.20}$$

기준에 의하면, 스트럽은 소요 전단강도가 V_c를 초과할 때만 필요하다. 결과적으로 여러 지역에서 건설된 많은 콘크리트 및 프리스트레스트 보는 스트럽을 가지고 있지 않거나 최소 철근 이하의 배근을 수행하는 경우가 많이 있다. 스트럽이 없거나 최소 철근 이하의 배근을 가지고 있는 보는 먼저 사인장균열의 형성 후 즉시 취성형태로 파괴될 수도 있다. 그런 보들의 전단내력은 기존의 균열이 진전시키는 반복적인 하중보다 낮은 콘크리트의 인장강도, 건조수축 변형, 열변형, 크리이프 변형의 구속에 의해 발생되는 인장응력; 복부 개구부와 같은 불연속성으로 인한 응력집중, 휨 철근의 항복, 또는 긴장재배치의 국부적 변화와 같은 요소들에 의해 지속적으로 저감될 수 있다.

현재 기준은 계수전단력, V_u,이 $\phi V_c/2$를 초과하는 모든 휨 부재(슬래브, 보, 기초판)에서 최소 스트럽 철근량을 요구한다. 더욱이 일부 스트럽 철근은 V_u가 $\phi V_c/2$보다 적을지라도 모든 두께가 얇고 거미줄형태의 포스트텐션 부재에 사용되어야 한다고 추천하고 있다. 전단보강을 위한 구간의 설정은 그림 6.14와 같으며, 최대간격은 $d/2$까지이다.

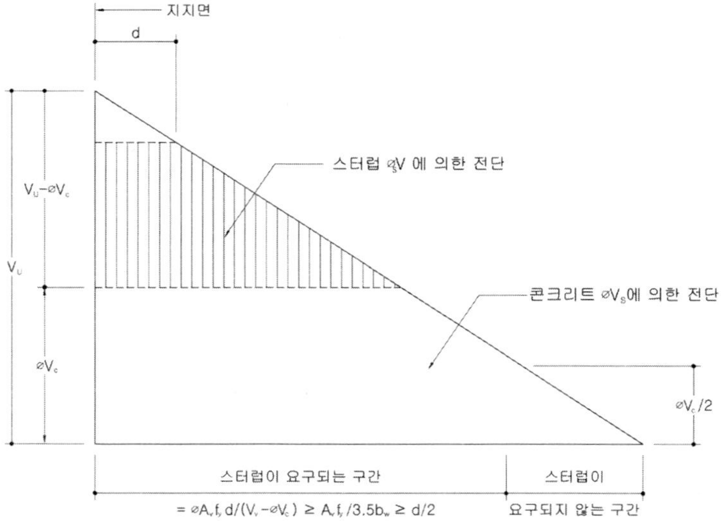

그림 6.14 스트럽 보강 구간

기준에서 제시하고 있는 전단에 대한 최소 철근단면적은

$$A_v = 3.5\frac{b_w \cdot s}{f_y} \tag{6.21}$$

휨 철근 인장강도의 40%보다 많은 유효 프리스트레스력을 가진 프리스트레스 보의 경우, 식 (6.22)에 따라 최소 전단철근비를 사용하여야 한다.

$$A_v = \frac{A_{ps}}{80} \cdot \frac{f_{pu}}{f_y} \cdot \frac{s}{d}\sqrt{\frac{d}{b_w}} \tag{6.22}$$

추가적으로 스트럽의 소요 최소철근비와 기준은 스트럽의 최대간격에 대한 제한치를 두고 있다. 스트럽 설계는 그림 6.15와 같이 정리할 수 있다.

기준의 방정식과 트러스모델은 전단이 증가함에 따라 보다 많은 스트럽이 필요하다는 것을 암시한다. 등분포하중을 받는 단순지지 보의 경우, 전단철근비는 전단이 최대가 되는 지점까지 증가되어야 한다는 것을 보여준다. 하지만, 그런 보에 대한 실험은 최대 스트럽 응력이 지점면에서 발생하지 않는다는 것을 보여 주었으며,(그림 6.18 참조) 기준에서 이런 내용으로 전단에 대해 설계된 부재는 지점근처영역의 일반콘크리트 부재의 경우 지점에서 거리 d에 존재하고 프리스트레스트부재의 경우 지점으로 부터 $d/2$거리에 존재하는 것을 허용한다.

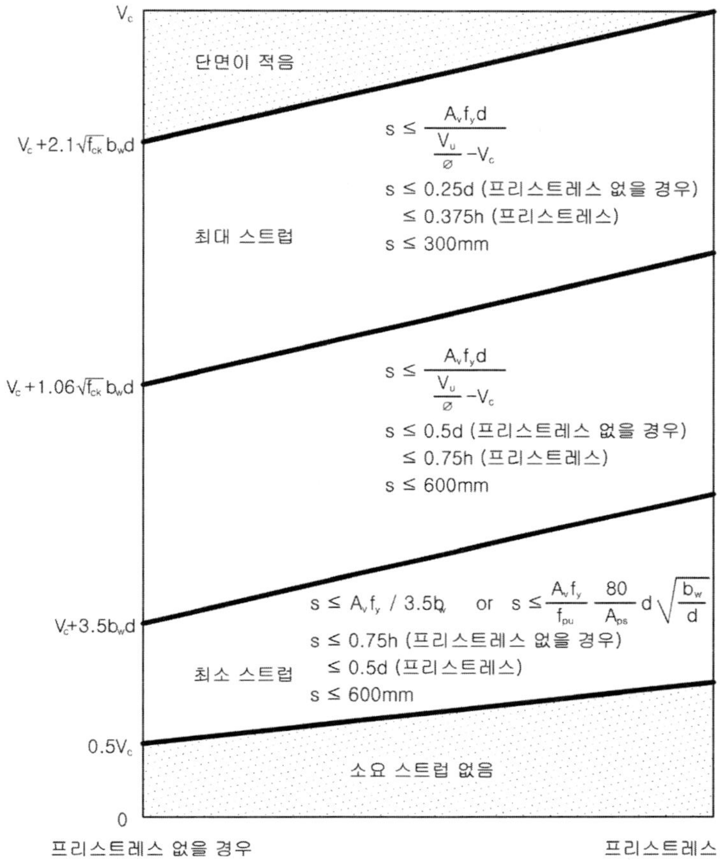

그림 6.15 ACI Code에 의한 스트럽의 소요강도

이상과 같이 프리스트레스트 보의 전단설계를 위한 흐름은 다음과 같다.

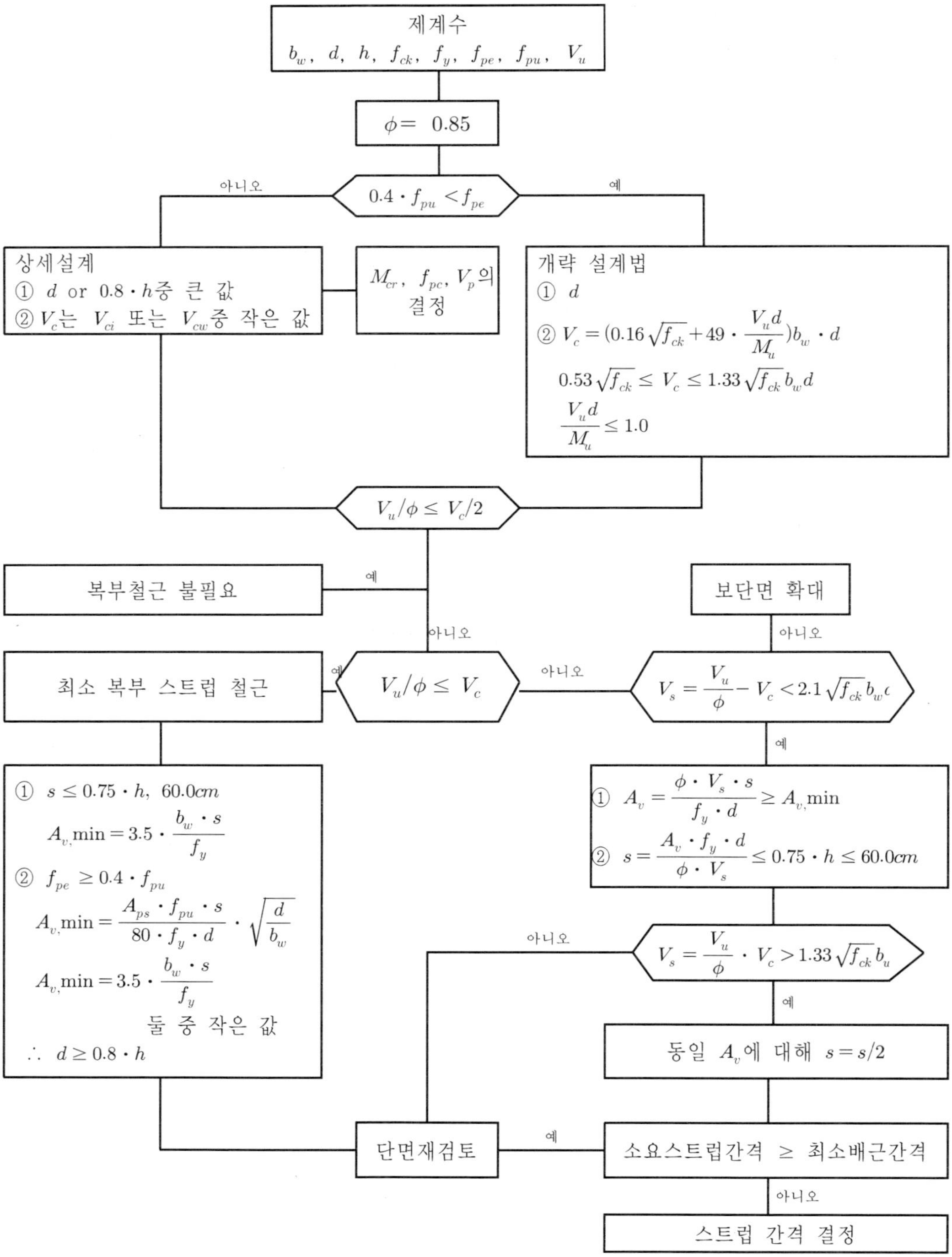

6.5 전단규정을 이용한 설계

예 6·1 사인장 균열의 전단설계

그림 6.16에 표시된 바닥보는 보의 중앙에서 응력이 낮은 긴장재를 가지고 있는 PCI 긴장재 Single Tee이다. 보 경간은 18.2m이고 등분포하중이 작용하고 있다. 설계식을 사용하여 전단 균열이 발생하는 위치에서 하중을 산정한다.

프리스트레싱 긴장재는 단부에서 38.0cm, 중앙에서 61cm의 편심을 가진 12개의 7연선 12.7mm 저 릴랙세이션(low-relaxation) 긴장재로 구성되어 있다. 모든 응력손실 후 긴장재의 응력은 10.69t/㎠로 가정한다.

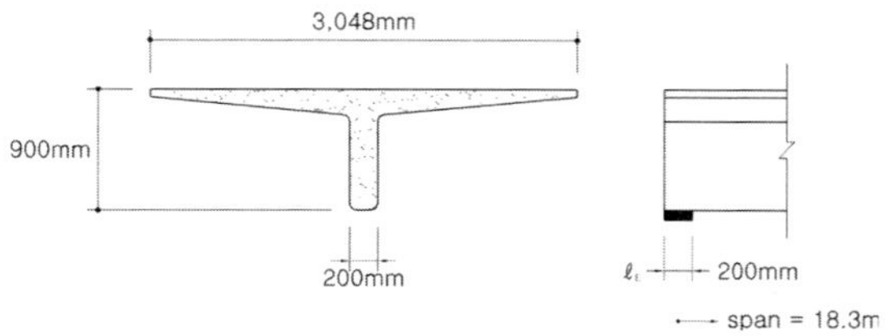

그림 6.16 단면성능

$\ell' = \ell + \ell_E = 18.3m + 0.2m = 18.5m$

$A = 4{,}425.8\ cm^4$

$I = 3{,}105{,}378.0\ cm^4$

$y_b = 69.3\ cm$

$y_t = 22.1\ cm$

$f_{ck} = 350\ kgf/cm^2$

긴장재 : $SWPC\ 7B$

$\phi 12.7\ mm,\ A_{ps} = 0.9871\ cm^2$

사인장 균열을 일으키는 등분포하중 w의 크기를 결정하기 위하여 보 전체길이에 걸쳐 각 위치의 단면에서 복부-전단균열과 휨-전단균열을 일으키는 전단을 계산하는 것이 필요하다.

1) 복부-전단균열

식 (6.6)에서 복부-전단균열을 일으키는 공칭전단력은

$$V_{cw} = (0.93\sqrt{f_{ck}} + 0.3 f_{pc}) b_w d + V_p$$

여기서

$$f_{pc} = \frac{P_c}{A_c} = \frac{n \cdot A_{ps} \cdot P_e}{A_c}$$

$$= \frac{12 \times 0.9871 \times 10.69}{4425.8}$$

$$= 0.0286\ tf/cm^2 = 28.6\ kgf/cm^2$$

그리고

$$
\begin{aligned}
d &= y_t + e \quad \geq \; 0.8h \\
&= 22.1 + 39.54 \not\leq 0.8 \times 90.0 \\
&= 61.64 \not\leq 72.0 \ cm
\end{aligned}
$$

프리스트레싱력의 수직성분 V_p은

$$
\begin{aligned}
V_p &= n \cdot A_{ps} \cdot P_e \cdot \frac{e_c - e_e}{\ell/2} \\
&= 12 \cdot 0.9871 \cdot 10.69 \cdot \frac{61-38}{18.5 \cdot 10^2/2} \\
&= 3.15 \ tf
\end{aligned}
$$

프리스트레싱 보의 공칭전단력은

$$
\begin{aligned}
V_{cw} &= (0.93\sqrt{f_{ck}} + 0.3 \cdot f_{pc}) \cdot b_w \cdot d + V_p \\
&= (0.93\sqrt{350} + 0.3 \cdot 28.6) \cdot 20 \cdot 72.0 + 3.15 \cdot 10^3 \\
&= 40{,}559.33 \ kgf = 40.56 \ tf
\end{aligned}
$$

보의 중앙에서 8.61m의 위치에 41.14t의 전단을 일으키는데 필요한 등분포하중w은

$$
w = \frac{V_u}{\ell_1} = \frac{40.56}{8.61} = 4.71 \ tf/m
$$

2) 휨-전단 균열

휨-전단균열을 발생시키는 총 전단력은 식 (6.11)에 제시되었다.

$$
V_{ci} = 0.16\sqrt{f_{ck}} \cdot b_w \cdot d + \frac{V}{M} \cdot M_{cr}
$$

지점중앙에서 0.53m 위치의 모멘트 대 전단의 비는

$$
\frac{M}{V} = \frac{9.15w \cdot 0.53 - w \cdot 0.53^2/2}{9.15w - 0.53w}
$$

$$= \frac{9.15 \cdot 4.71 \cdot 0.53 - 4.71 \cdot 0.53^2/2}{9.15 \cdot 4.71 - 0.53 \cdot 4.71}$$
$$= 0.546 \ m$$

프리스트레싱은 보의 하부철근에 다음과 같이 압축응력f_{pc}을 유발한다.

$$\frac{P_c}{A_c} + \frac{Pey_b}{I} = \frac{n \cdot A_{ps} \cdot P_e}{A_c} + \frac{n \cdot A_{ps} \cdot P_e \cdot e \cdot y_b}{I}$$
$$= \frac{12 \cdot 0.9871 \cdot 10.69 \cdot 10^3}{4425.8} + \frac{12 \cdot 0.9871 \cdot 10.69 \cdot 10^3 \cdot 39.54 \cdot 69.29}{3,105,378}$$
$$= 140.33 \ kgf/cm^2$$

휨 균열은 보의 하부철근의 응력이 $1.59\sqrt{f_{ck}} = 29.75 \ kgf/cm^2$가 되었을 때 발생하는 것으로 가정한다. 따라서 균열이 발생되는데 필요한 모멘트는

$$M_{cr} = (f_{pc} + 1.59\sqrt{f_{ck}}) \cdot \frac{I}{y_b}$$
$$= (140.33 + 29.75) \cdot \frac{3,105,378}{69.3}$$
$$= 7,621,395 \, kgf \cdot cm = 76.21 \ tf \cdot m$$

그러므로, 휨-전단파괴를 일으키는 총 전단력 V_{ci}는

$$V_{ci} = 0.16\sqrt{f_{ck}} \cdot b_w \cdot d + \frac{V_u}{M_u} \cdot M_{cr}$$
$$= 0.16\sqrt{350} \cdot 20 \cdot 72.0 + \frac{76.21 \cdot 10^5}{54.6}$$
$$= 143,888.89 \ kgf = 143.9 \ tf$$

상기 계산에서 휨-전단파괴를 일으키기 위한 등분포 하중w은

$$w = \frac{V_{ci}}{\ell/2-(h-e_e)}$$

$$= \frac{143.9}{9.1-(0.90-0.38)}$$

$$= 16.77\ tf/m$$

여기서, e_e는 보 단부의 긴장재 편심거리

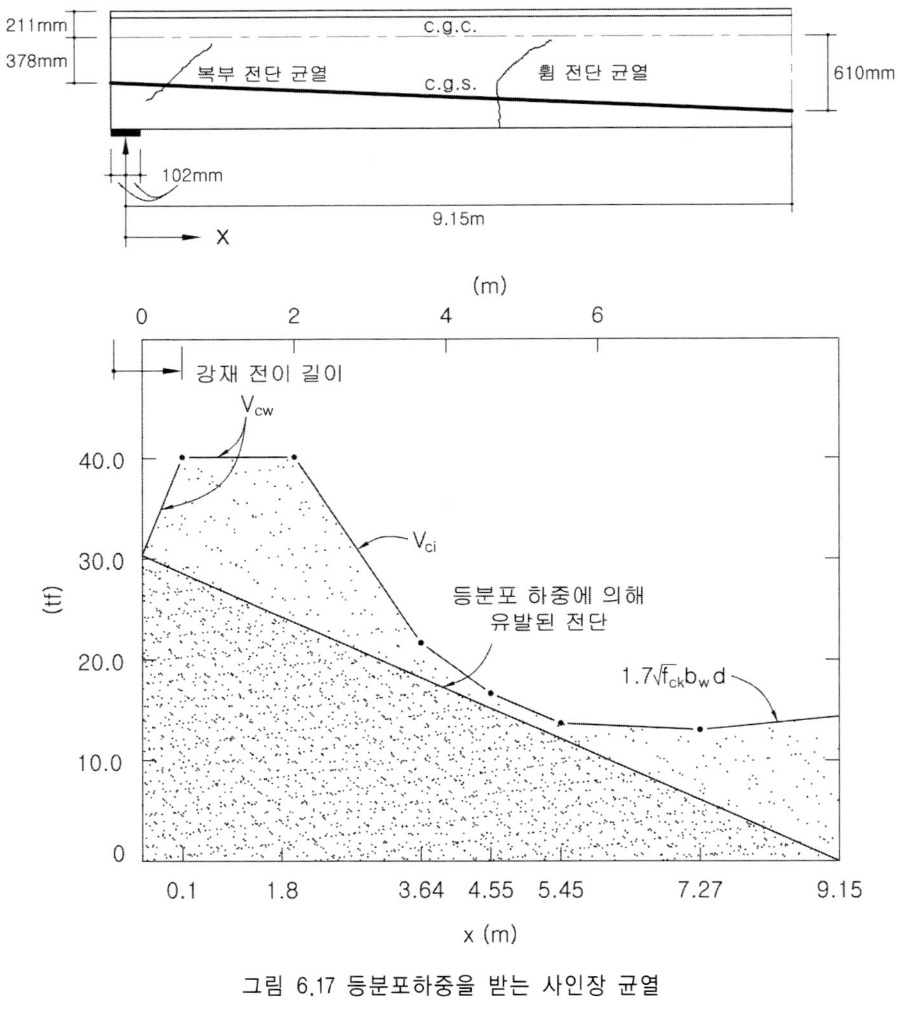

그림 6.17 등분포하중을 받는 사인장 균열

예 6·2 기준을 이용한 전단설계

활하중 350 kgf/m^2와 추가 고정하중 70 kgf/m^2를 가정한다. 10TS36의 자중에 대한 공칭중량은 1,060 kgf/m이다.

① 소요전단강도의 결정

지배폭이 3.0m일 때 등분포 계수하중 w_u는

$$w_u = 1.4(1{,}060 + 70 \cdot 3m) + 1.7(350 \cdot 3m)$$
$$= 3{,}563\ kgf/m$$

따라서 지지면에서 $h/2$지점에서의 전단은

$$V_u = w_u\left(\frac{\ell}{2} - \text{스트랜드 전이길이} - \frac{h}{2}\right)$$
$$= 3.563(9.15 - 0.1 - 0.457)$$
$$= 30.6\ tf$$

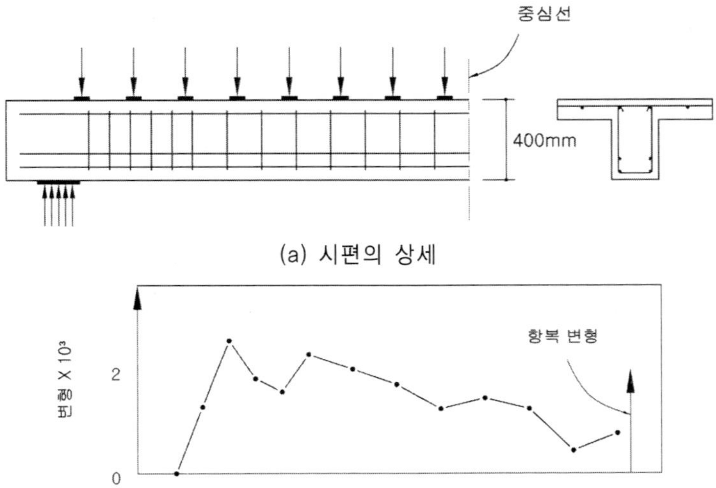

(a) 시편의 상세

(b) 파괴하중 근처에서 측정된 스트럽 변형

그림 6.18 등분포하중을 받는 보의 스트럽의 변형

지점 근처의 소요 공칭전단강도는

$$V_n = \frac{V_u}{\phi}$$

$$= \frac{30.6}{0.85} = 36.0\,tf$$

② 콘크리트의 전단강도 결정 V_c

콘크리트의 전단강도 V_c는 사인장 균열 전단과 동등하다. 6.5.1장에서 계산되었던 보의 여러 위치에서 사인장 균열을 발생시키는데 필요한 전단은 그림 6.19와 같이 정리할 수 있다.

③ 소요 전단보강 철근의 결정 V_s

전단 보강근 V_s의 산정은 $V_u/\phi - V_c$이다. 그림 6.21에서 보는 것처럼, 보의 단부와 경간의 1/4지점에서 V_u/ϕ가 V_c를 초과한다. V_s의 최대값은 지지점에서 발생하며 그 값은 다음과 같이 산정된다.

$$V_s = \frac{V_u}{\phi} - V_c$$

$$= 36.0 - 31.8 = 4.2\ tf$$

$f_y = 4{,}000\ kg/cm^2$인 HD10 스트럽을 사용할 때, 이 위치에서 스트럽의 최대간격은 식(6.15)로부터 다음과 같이 정리할 수 있다.

$$s = \frac{A_v \cdot f_y \cdot d}{V_s}$$

$$= \frac{(0.71 \cdot 2) \cdot 4{,}000 \cdot 72.0}{4.2 \cdot 10^3}$$

$$= 98.7\ cm \leq 0.75 \cdot h \leq 60.0cm$$

④ 최소 전단 보강근의 결정

그림 6.19에서

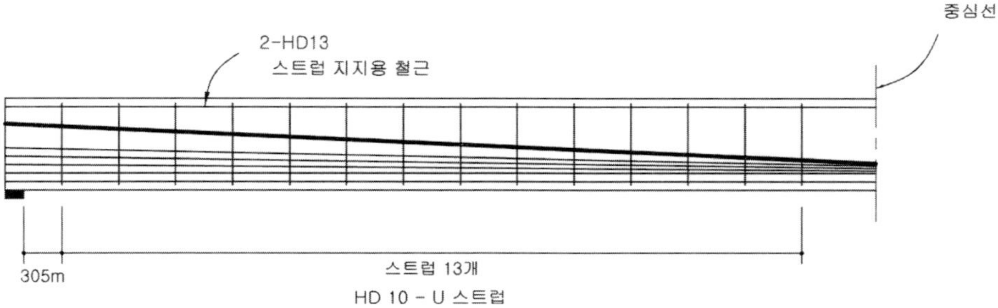

(a) 철근 상세

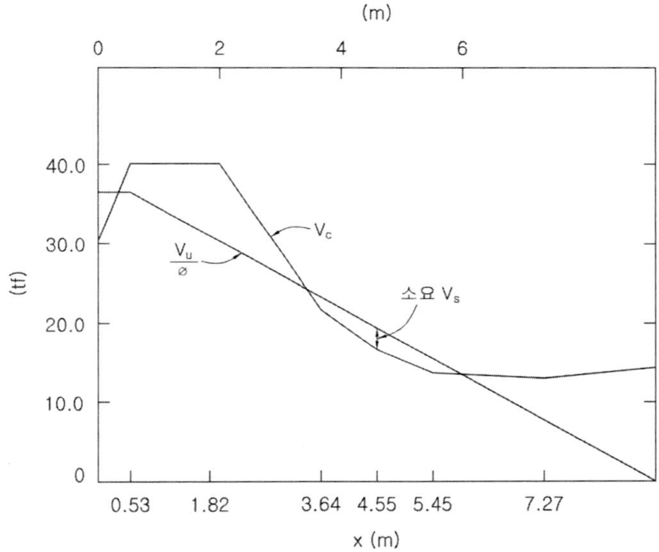

(b) 소요 V_s의 결정

그림 6.19 스트럽 설계

$$s \leq \frac{A_v \cdot f_y}{3.5 \cdot b_w} = \frac{2 \cdot 0.71 \cdot 4{,}000}{3.5 \cdot 20}$$

$$= 81.14\ cm$$

또는

$$s \leq \frac{A_v \cdot f_y}{f_{pu}} \cdot \frac{80}{A_{ps}} \cdot d \cdot \sqrt{\frac{b_w}{d}}$$

$$= \frac{2 \cdot 0.71 \cdot 4{,}000}{18.9 \cdot 10^3} \cdot \frac{80}{12 \cdot 0.987} \cdot 72.0 \cdot \sqrt{\frac{20}{72.0}}$$

$$= 77.03\ cm$$

하지만

$$s \le 0.75 \cdot h = 0.75 \cdot 90.0 = 67.5\,cm$$

그리고 $s \le 60.0cm$

60㎝의 스트럽 간격은 최소 전단 보강근과 기준의 간격제한을 충분히 만족시킨다.

⑤ 스트럽 배치의 결정
60㎝ 스트럽 간격의 경우, $HD10$철근을 사용하여 전단 보강근 산정을 위한 전단력값 V_s는

$$V_s = \frac{A_v \cdot f_y \cdot d}{s} = \frac{(2 \cdot 0.71) \cdot 4{,}000 \cdot 72.0}{60} = 6.82tf$$

따라서 60cm의 등 간격은 또한 소요간격을 만족한다. 스트럽 배치는 그림 6.21에 나타나 있다. 콘크리트 보와 같이 첫 번째 스트럽 지지면에서 $s/2$ 위치에서 시작한다.

6.6 비틀림 설계

1) 비틀림의 개념
콘크리트 구조물들은 사회의 발전으로 인하여 비틀림발생 부재들을 많이 발생시키고 있다. 특히, 주차장건물, 판매장(백화점, 할인점)은 주차부분과 적재부분 외에는 적재하중이 순간적으로 작용하는 경우가 많아지면서 보 부재들이 Warping Torsion과 St. Venant Torsion에 의한 균열이 많이 발생하고 있어 이런 요소를 필히 고려하여야 하는 경우가 발생하고 있으며, 구조설계 시 필히 고려되어야 할 요소들이다.

2) 비틀림 부재

비틀림에 대한 개념은 먼저 비틀림에 대한 거동을 이해하여야 한다. 그림 6.21은 두께가 일정한 박벽관을 보여준다. 그림의 박벽관은 St. Venant Torsion을 받으며, 튜브의 얇은 두께는

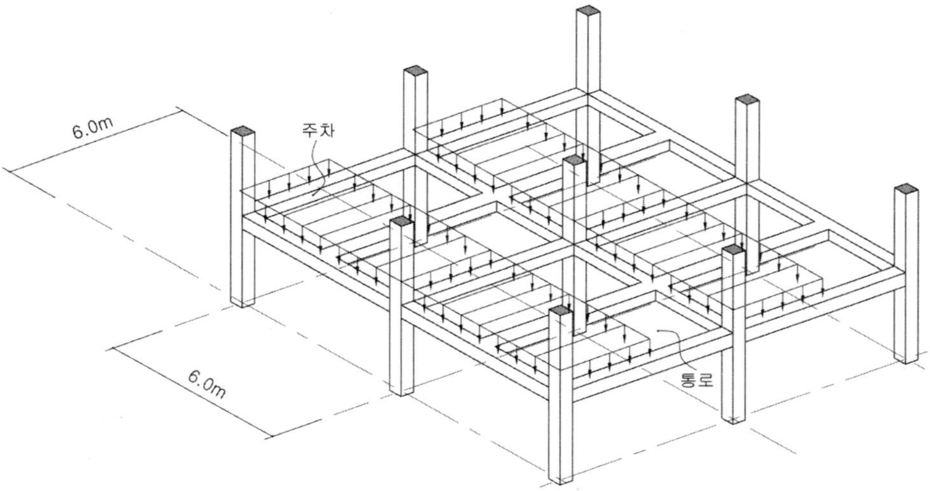

(a)건축물의 Torsion 유발형태

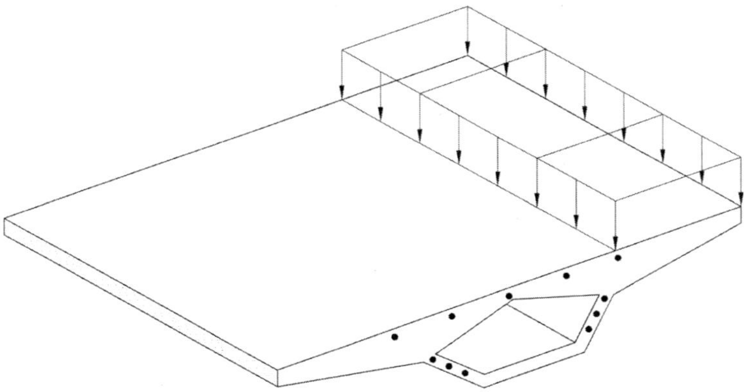

(b) 교량의 편심하중

그림 6.20 Warping and St. Venant Torsion 유발하중

전단응력이 일정하게 작용하는 것으로 가정한다. 그림 6.21(b)에서 벽관의 두께가 일정하지 않다면 경계부분에서 전단응력은 일정하지 않다. 여기서, 전단응력(v)×벽관의 두께(t)는 전단흐름이 된다. 따라서

$$q = v \cdot t$$

비틀림은 그림 6.21(b)의 벽관의 체적에 비례하며, 응력과 평면 사이의 함수관계이므로 2배에 해당한다.

$$\begin{aligned} T &= 2 \cdot \iint \phi dx dy \\ &= 2 \cdot A \cdot \phi \\ &= 2 \cdot A \cdot q = 2 \cdot A \cdot v \cdot t \end{aligned} \tag{6.22}$$

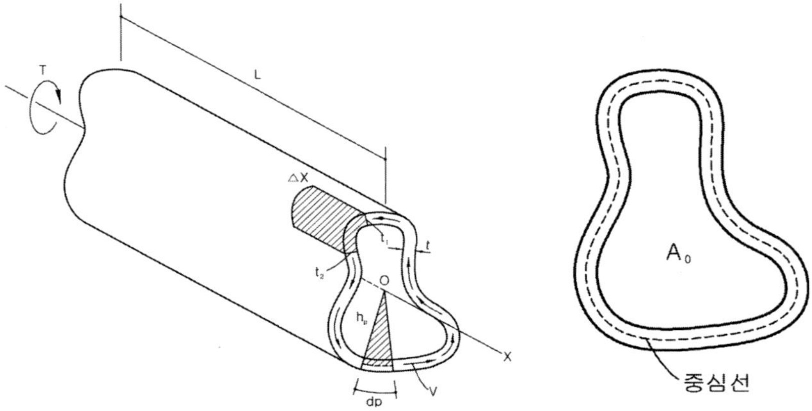

그림 6.21 비틀림하중 작용 시의 박벽관

그림 6.22와 같이 자유단에서 비틀림하중 작용 시 Warping이 발생하여 구속단에서는 법선응력(Bi-moment)이 발생한다. 이는 작용력 T보다 평형을 이루기 위해 구속단에서 Bi-moment가 발생하게 되며, 직사각형의 hollow부재에 Warping의 발생을 제어하는 방법은 $b \cdot t_1 = h \cdot t_1$의 조건이 되면 가능해진다.

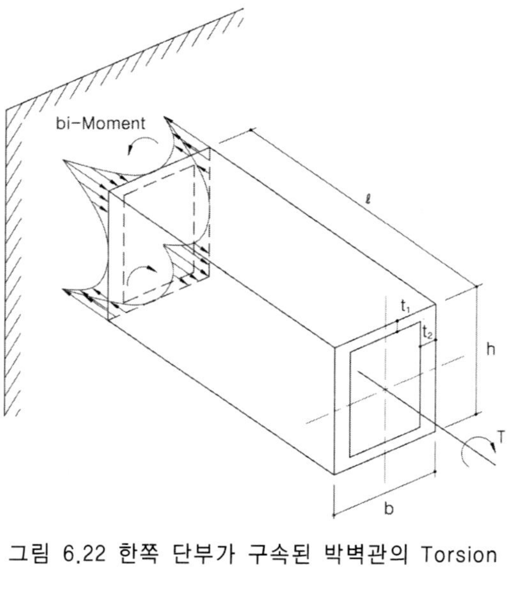

그림 6.22 한쪽 단부가 구속된 박벽관의 Torsion

식 (6.22)에서 비틀림에 의한 단위전단응력을 산정하면 식 (6.23)과 같이 된다.

$$v = \frac{T}{2 \cdot A \cdot t} \tag{6.23}$$

직사각형의 박벽관에서 비틀림 하중이 작용하는 부위로부터 부재의 길이 ℓ을 따라 고정단으로 진행할수록 작용전단력이 증가하다가 bi-moment의 유발과 함께 법선응력이 급증하게 되므로 하중작용부위와는 정반대의 결과가 나타난다.

식 (6.23)에서 균열 비틀림 모멘트는

$$T_{cr} = 1.06 \cdot \sqrt{f_{ck}}(2 \cdot A \cdot t) \tag{6.24}$$

사인장 균열은 주인장응력이 콘크리트의 균열강도f_{cr}에 도달할 때 발생한다. 따라서 식 (6.23)에서 작용 비틀림 T를 이용하여 비틀림 전단응력v를 얻을 수 있다.

6.7 비틀림의 거동

콘크리트 균열발생 후, 비틀림은 각 θ를 가진 보 둘레의 스트럽에 의해 콘크리트의 사인장 압축응력에 의해 전단흐름(Shear flow)이 형성되며 콘크리트의 기여도, 보 둘레에 걸쳐 있는 스트럽, 길이방향 철근의 기여도로 구성되는 비틀림 강도는 45° 트러스 이론을 기본으로 구성된다.

$$T = 2 \cdot A_0 \cdot q = 2 \cdot A_0 \cdot v \cdot t \tag{6.25}$$

식 (6.25)는 다시 식 (6.26)과 같이 정리할 수 있다.

$$q = v \cdot t = \frac{T}{2 \cdot A_0} \tag{6.26}$$

여기서, v = 박벽관에 발생하는 전단응력
t = 박벽관의 두께
T = 비틀림 모멘트
A_0= 튜브 중심선으로 둘러싸인 면적

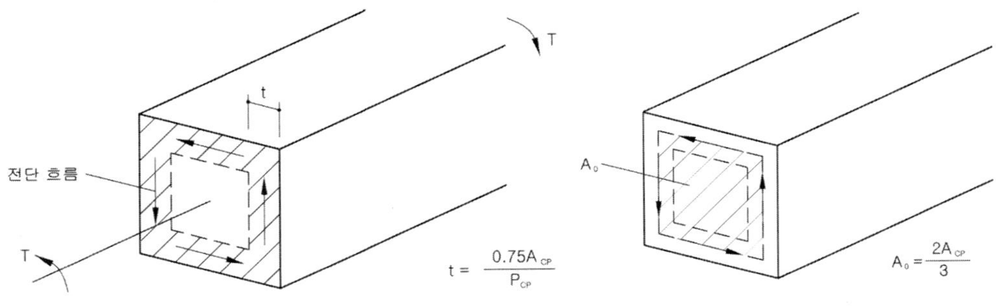

(a) 박벽관 (b) 전단흐름으로 인한 A_0

그림 6.23 비틀림으로 인한 전단흐름

박스형 콘크리트 보에 비틀림(Warping Torsion)이 작용할 때, 보에는 사인장 균열이 발생하며, 이를 입체트러스로 나타내면 그림 6.24와 같다.

비틀림에 대한 콘크리트 부재설계는 스트럽과 보의 주근으로 산정되는데, 그림6.24에서 보는 것처럼 횡방향 인장타이는 폐쇄형 스트럽이 저항하며, 상·하부 철근은 트러스의 상·하현재 역할을 수행한다. 여기서, 콘크리트는 압축 스트러트 역할을 하는 콘크리트 압축부재로 구성된다. 따라서 힘의 평형조건은 트러스 모델의 부재력에 의해 결정된다. 그림 6.24의 자유물체도를 구성하면 그림 6.25와 같이 된다.

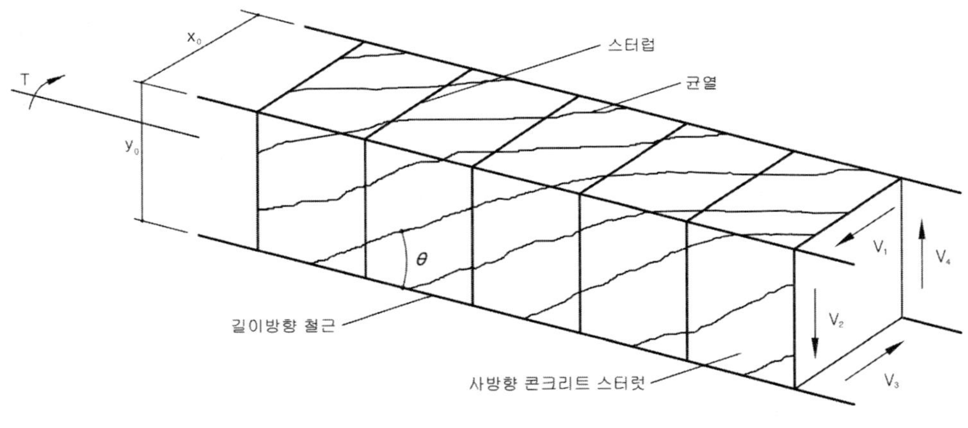

그림 6.24 비틀림에 의한 사인장 균열

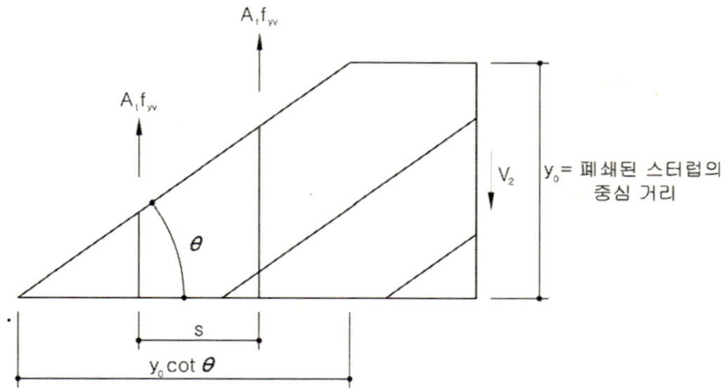

그림 6.25 박벽관의 자유물체도

6.7.1 비틀림을 고려하지 않아도 되는 경우

1) 프리스트레스 되지 않은 부재에서 식 (6.26)의 조건을 충족할 경우($T_u < T_{cr}/4$) 비틀림에 대한 검토를 무시할 수 있다.

$$T_u < \phi(\frac{1.06\sqrt{f_{ck}}}{4}) \cdot \frac{A_{cp}^2}{P_{cp}} \tag{6.26}$$

여기서, P_{cp} : 단면의 둘레길이

A_{cp} : 콘크리트 부재의 단면적

(내부에 뚫린 면적이 있을 때, 뚫린 면적도 포함)

2) 프리스트레스트된 콘크리트 부재는 식 (6.27)과 같은 조건이 성립되면 비틀림 모멘트를 무시할 수 있다.

$$T_u < \phi\left(\frac{1.06\sqrt{f_{ck}}}{4}\right) \cdot \frac{A_{cp}^2}{P_{cp}} \cdot \sqrt{1+\frac{f_{pc}}{1.06\sqrt{f_{ck}}}} \tag{6.27}$$

슬래브와 콘크리트 보를 일체로 타설할 경우, A_{cp}와 P_{cp}는 슬래브 유효폭을 고려하여 산정한다.

6.8 비틀림 철근량

1) 내력의 재분배로 인하여 비틀림 모멘트의 감소가 발생할 수 있는 부정정 구조물의 경우, 최대 계수 비틀림모멘트 T_u는 다음과 같이 감소시킬 수 있다. 단, 재분배된 휨모멘트와 전단력을 연결된 부재 설계에 사용하여야 한다.

① 프리스트레스트 되지 않는 부재의 균열모멘트는 식 (6.28)과 같다.

$$\phi T_{cr} = \phi(1.06\sqrt{f_{ck}}) \cdot \frac{A_{cp}^2}{P_{cp}} \tag{6.28}$$

② 프리스트레스트 된 부재의 경우 균열모멘트는 식 (6.29)와 같다.

$$\phi T_{cr} < \phi(1.06\sqrt{f_{ck}}) \cdot \frac{A_{cp}^2}{P_{cp}} \cdot \sqrt{1 + \frac{f_{pc}}{1.06\sqrt{f_{ck}}}} \tag{6.29}$$

프리스트레스 콘크리트 부재에서 비틀림 균열하중은 프리스트레스에 의해 Warping방향으로 응력이 증가하므로 균열모멘트의 압축응력항이 추가된다.

2) 프리스트레싱 되지 않은 부재에서, 기둥면으로부터 d 이내에 위치한 단면을 설계할 때 d에서 계산된 T_u보다 작지 않게 설계하여야 한다. 만약, d 이내에서 집중된 비틀림이 발생하면 설계 시 위험단면은 등분포 비틀림과 달리 지점부분이 된다.

3) 프리스트레스트된 부재에서 지점에서 $h/2$ 이내에 위치한 단면을 설계할 때 $h/2$에서 계산된 T_u보다 작지 않게 설계하여야 한다.

6.8.1 비틀림 모멘트 강도

1) 비틀림에 필요한 강도는 식 (6.30)과 같다.

$$\phi T_n \geq T_u \tag{6.30}$$

식 (6.30)에서 T_n값의 계산시 비틀림은 스트럽과 주인장 철근에 의해 저항하는 것으로 가정하여야 하며, 콘크리트에 의한 $T_c = 0$이라고 가정한다. 이는 콘크리트가 전단에 대해 저항하는 것으로 가정하였으므로, 전단과 비틀림이 조합된 응력을 수행할 수 없고 또한 비틀림은 인장에 의한 힘이 발생되므로 무시한다.

2) 비틀림에 저항하기 위한 스트럽의 비틀림 강도는 식 (6.31)과 같다.

$$T_n = \frac{2 \cdot A_0 \cdot A_t \cdot f_{yv}}{s} \cdot \cot\theta \tag{6.31}$$

여기서, A_0 : $0.85 \cdot A_{0h}$

A_{0h} : 보의 최외곽 수직·수평방향 스트럽의 중심선으로 둘러싸인 면적

압축 경사각, $30° \leq \theta \leq 60°$

θ : 비 프리스트레스트 부재 및 프리스트레스력이 주인장철근 강도의 40% 미만인 경우 45°, 프리스트레스력이 주인장철근 강도의 40% 이상인 경우 37.5°를 사용한다.

PCI방법의 경우 $\cot\theta$는 다음과 같이 산정한다.

$$\cot\theta = \frac{T_u/\phi}{1.7 \cdot A_{oh} \cdot (A_t/s) \cdot f_{yv}}$$

식 (6.31)의 공칭 비틀림 강도 T_n은 비틀림 발생 후 비틀림 회전 변형에 의한 값이다. 따라서, T_n에 해당하는 면적 A_0의 산정 시 콘크리트의 피복은 무시한다.

3) 비틀림에 저항하기 위한 길이방향 주인장철근은 수직방향 스트럽의 관계함수로 식 (6.32)와 같다.

$$A_\ell = \left(\frac{A_t}{S}\right) \cdot p_h \left(\frac{f_{yv}}{f_{y\ell}}\right) \cdot \cot^2\theta \tag{6.32}$$

식 (6.32)에서 A_t/s는 비틀림과 관계된 함수로서 식 (6.31)에서 산정된다. 이상 상기의 식 (6.30), (6.31), (6.32)에서 휨모멘트, 전단력, 축력은 비틀림과 조합될 경우, 부재설계는 주인장철근 및 스트럽의 소요 철근량을 외력에 대해 중첩의 원리를 적용하여 산정하여야 한다.

프리스트레스 보는 각 위치의 단면에서 긴장재 및 길이방향 주인장 철근은 모멘트M_u와 비틀림 T_u에 의한 길이방향 인장력$A_\ell \cdot f_{y\ell}$에 저항할 수 있어야 한다.

기준에서는 휨을 받는 부재에서 휨모멘트에 의해 추가적으로 발생되는 압축을 고려하기 위하여 휨압축 영역의 길이방향 비틀림 철근의 면적을 $M_u/(0.9 \cdot df_{y\ell})$ 만큼 줄일 수 있다고 규정하고 있다.

6.8.2 비틀림이 작용할 경우 단면치수의 제한

1) 비틀림이 약할 경우, 단면의 치수는 식 (6.33)과 식 (6.34)를 만족하도록 제한되어야 한다.

① 속 찬 단면에 대한 단면치수의 제한은 식 (6.33)과 같다.

$$\sqrt{\left(\frac{V_u}{b_w d}\right)^2 + \left(\frac{T_u \cdot p_h}{1.7 \cdot A_{oh}^2}\right)^2} \quad \leq \quad \phi \cdot \left(\frac{V_c}{b_w d} + 2.12\sqrt{f_{ck}}\right) \tag{6.33}$$

② 속 빈 단면에 대한 단면치수의 제한은 식(6.34)와 같다.

$$\left(\frac{V_u}{b_w d}\right) + \left(\frac{T_u \cdot p_h}{1.7 \cdot A_{oh}^2}\right) \quad \leq \quad \phi \cdot \left(\frac{V_c}{b_w d} + 2.12\sqrt{f_{ck}}\right) \tag{6.34}$$

식(6.34)에서 벽의 두께가 A_{oh}/p_h보다 작다면, 둘째 항을 $\left(\frac{T_u}{1.7A_{oh}t}\right)$로 대체하여야 한다. 여기서 t는 계산되는 위치에서 속 빈 단면의 벽의 두께이다.

6.8.3 비틀림에 대한 최소 철근량

전단에 대한 최소 철근량은 식 (6.21)과 (6.22)를 적용하며, Warping의 영향으로 인한 길이방향의 최소 철근량은 식 (6.35)와 같이 적용한다.

$$A_{\ell,\min} \quad = \quad \frac{1.33\sqrt{f_{ck}} \cdot A_{cp}}{f_{y\ell}} - \left(\frac{A_t}{s}\right) \cdot p_h \cdot \left(\frac{f_{yv}}{f_{y\ell}}\right) \tag{6.35}$$

철근 또는 프리스트레스트 콘크리트 보의 연성을 확보하기 위하여 규준에서는 휨 및 전단에 대하여 최소 철근량을 규정하고 있다. $T_u < \phi T_{cr}/4$인 경우 주인장 철근 및 스트럽의 최소 철근량을 규정하고 있다. 일반적으로 전단력과 비틀림이 동시에 작용하므로 최소 스트럽 철근량은 식 (6.36)과 같다.

$$(A_v + 2 \cdot A_t) = \frac{3.5 \cdot b_w \cdot s}{f_{yv}} \qquad (6.36)$$

여기서, $A_t/s \geq 1.75 \cdot b_w/f_{yv}$이며, 비틀림 철근은 계산상 필요한 위치를 지나 $(b_t + d)$ 이상 연장 배근하여야 한다. b_t는 폐쇄형 스트럽이 배치된 단면의 폭이다. 횡방향 비틀림 철근의 간격은 $p_h/8$과 30.0cm 중 작은 값 이하로 배근하여야 한다.

예 6·3 비틀림 철근량 산정

다음 그림과 같은 직사각형보가 비틀림 하중을 받는 경우에 대하여 스트럽과 주철근량을 산정하시오.

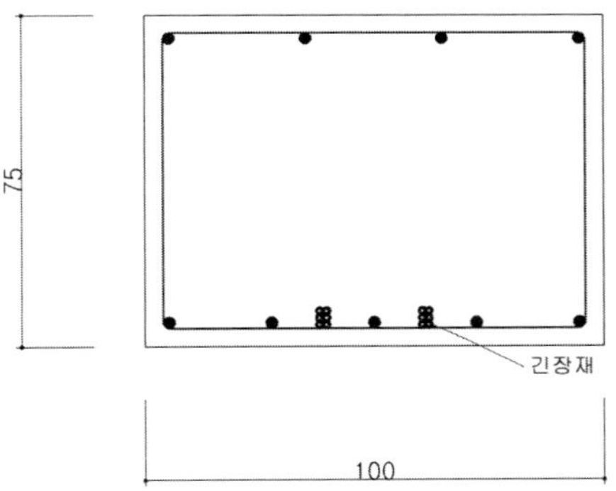

- 재질
  - 철근의 계수
    $f_{ck} = 350\ kgf/cm^2$
    $f_y = 4{,}000\ kgf/cm^2$
    $f_{yv} = 4{,}000\ kgf/cm^2$
    스트럽의 직경 : $HD13$
  - 강선의 계수
    사용강선 : $SWPC\ 7B \quad \phi 15.2$
    $f_{pu} = 24.5\ tf/strand$
  - 작용하중
    $V_u = 65\ tf$
    $T_u = 10\ tf \cdot m$

① 비틀림의 고려 여부

- A_{cp} = 보의 주변둘레 면적
  =100 · 75 = 7,500 ㎠

- P_{cp} = 보의 주변둘레 길이
  =2 · (75+100) = 350 ㎠

프리스트레스 되지 않은 부재에서 $T_u < T_{cr}/4$의 조건을 충족하면 비틀림에 대한 검토를 무시할 수 있다.

비틀림의 고려여부는 식 (6.26)을 사용하여 검토한다.

$$T_u \not< \phi\left(\frac{1.06\sqrt{f_{ck}}}{4}\right)\left(\frac{A_{cp}^2}{P_{cp}}\right)$$
$$= 0.85 \cdot \left(\frac{1.06 \cdot \sqrt{350}}{4}\right)\left(\frac{7,500^2}{350}\right)$$
$$= 6.77\ tf \cdot m$$

∴ 비틀림 고려

② 단면의 적정성 검토

속찬 단면에 대한 제한은 식 (6.33)을 이용하여 검토한다.

$$\sqrt{\left(\frac{V_u}{b_w d}\right)^2 + \left(\frac{T_u \cdot p_h}{1.7 \cdot A_{oh}^2}\right)^2} \le \phi \cdot \left(\frac{V_c}{b_w d} + 2.12\sqrt{f_{ck}}\right)$$
$$= \sqrt{(\frac{65 \cdot 10^3}{100 \cdot 68.45})^2 + (\frac{10 \cdot 10^5 \cdot 312.8}{1.7 \cdot 5958.99})^2}$$
$$= 10.82\ kgf/cm^2 \le 42.14\ kgf/cm^2 \qquad O.K$$

③ 비틀림에 대한 스트럽 소요 단면적

비틀림에 저항하기 위한 비틀림 설계 강도는

$$\phi T_n > T_u$$
$$\phi \cdot T_n = \frac{\phi \cdot 2 \cdot A_0 \cdot A_t \cdot f_{yv}}{s} \cdot \cot\theta$$

여기서 A_{0h} = 폐쇄형 비틀림 수직철근의 중심선으로 폐쇄된 면적

= 65.7·90.7 = 5958.99㎠

$$A_0 = 0.85 \cdot A_{oh}$$
$$= 0.85 \cdot 5,958.99$$
$$= 5,065.14\ cm^2$$

프리스트레스 되지 않을 경우 $\theta=45°$ 를 사용한다. 식 (6.30)과 (6.31)을 사용하면

$$\frac{A_t}{s} = \frac{T_u}{2 \cdot \phi f_{yv} \cdot \cot\theta}$$

$$= \frac{10 \cdot 10^5}{2 \cdot 0.85 \cdot 5{,}065.14 \cdot 4{,}000 \cdot 1}$$

$$= 0.029 \ cm^2/cm/leg$$

PCI 방법의 경우

$$\cot\theta = \frac{T_u/\phi}{1.7 \cdot A_{oh} \cdot (A_t/s) \cdot f_{yv}}$$

$$= \frac{10 \cdot 10^5/0.85}{1.7 \cdot 5{,}958{,}99 \cdot 0.029 \cdot 4{,}000}$$

$$= 1.001$$

④ 전단에 대한 검토

$$V_c = 0.53\sqrt{f_{ck}} \cdot b_w \cdot d$$

$$= 0.53\sqrt{350} \cdot 100 \cdot 68.45$$

$$= 67{,}870 \ kgf = 67.87 \ tf$$

$$V_n = \frac{V_u}{\phi} = \frac{65}{0.85} = 76.47 \ tf$$

$$V_s = V_n - V_c$$

$$= 76.47 - 67.87 = 8.6 \ tf$$

스트럽의 검토

$$\frac{A_v}{s} = \frac{V_s}{f_{yv} \cdot d} = \frac{8.6 \cdot 10^3}{4{,}000 \cdot 68.45} = 0.0314 cm^2/cm/2leg$$

$$\frac{A_{vt}}{s} = 2\left(\frac{A_t}{s}\right) + \frac{A_v}{s}$$

$$= 2 \cdot 0.029 + 0.0314 = 0.0894\ cm^2/cm/2leg$$

$HD13$을 사용할 경우 $A_v = 1.27cm^2 \times 2ea = 2.54cm^2$이므로

$$s = \frac{\text{스트럽} \cdot 2leg \cdot \text{단면적}}{A_{vt}/s} = \frac{2.54}{0.0894} = 28.4cm$$

use $HD13$ @250

⑤ 최대 스트럽 간격 검토

비틀림에 의한 스트럽 간격은 $p_h/8$이나 $30\,cm$ 중 적은 값을 사용한다.

$$p_h = 2(65.7 + 90.7) = 312.8cm$$

$$p_h/8 = 312.8/8 = 39.1\ cm$$

전단에 의한 간격은 $d/2$나 30cm 중 적은 값을 사용한다.

$d/2 = 68.45/2 = 34.22\ cm$ 와 $30\,cm$ 중 적은 값

전단에 의한 최소 철근단면적은 식 (6.21)과 (6.22)중 적은 값을 사용한다.

$$\frac{A_v}{s} = \frac{3.5 \cdot b_w}{f_s}$$

$$= \frac{3.5 \cdot 100}{4{,}000} = 0.0875\ cm^2/cm/2legs$$

$$\frac{A_v}{s} = \frac{A_{ps} \cdot f_{pu}}{80 \cdot f_y \cdot d} \cdot \sqrt{\frac{d}{b_w}}$$

$$= \frac{1.387 \cdot 24{,}500}{80 \cdot 4{,}000 \cdot 68.45} \cdot \sqrt{\frac{68.45}{100}}$$

$$= 0.00128\ cm^2/cm/2legs$$

$$\therefore \frac{A_v}{s} = 0.0894 > 0.0875 \quad \text{or} \quad 0.00128 \qquad O.K$$

⑥ 길이방향 주인장 철근량의 산정

식 (6.32)를 사용하면

$$A_\ell = \left(\frac{A_t}{s}\right) \cdot p_h \cdot \left(\frac{f_{yv}}{f_{y\ell}}\right) \cdot \cot^2\theta$$

$$= 0.029 \cdot 312.8 \cdot \left(\frac{4{,}000}{4{,}000}\right) \cdot 1.0$$

$$= 9.07 \ cm^2$$

길이방향 인장철근의 최소 철근량은 식 (6.35)로부터

$$A_{\ell,\min} = \frac{1.33\sqrt{f_{ck}} \cdot A_{cp}}{f_{y\ell}} - \left(\frac{A_t}{s}\right) \cdot p_h \cdot \left(\frac{f_{yv}}{f_{y\ell}}\right)$$

$$= \frac{1.33\sqrt{350} \cdot 7{,}500}{4{,}000} - 0.029 \cdot 312.8 \cdot \left(\frac{4{,}000}{4{,}000}\right)$$

$$= 37.58 \ cm^2$$

따라서 최소 $10-HD22$의 철근을 배치한다. 철근의 배치 시 되도록 보의 모서리에 배치하는 것이 Warping Torsion에 저항하는 능력이 커진다.

연습문제

6.1 휨-전단균열의 거동에 대해 설명하고, 만약 기존구조물에 이와 같은 균열이 발생하였을 경우 힘의 흐름에 대하여 논하시오.

6.2 다음 그림에 표기된 강선이 11.0 tf/cm^2의 유효 프리스트레싱력을 가질 때,

① 프리스트레싱력의 수직성분
② 휨-전단파괴를 일으키는 총전단력
③ 복부 전잔보강을 하지 않아도 가능한 수직하중과 프리스트레싱력을 산정하시오.

$f_{ck} = 350\ kgf/cm^2$
$f_y = 4{,}000\ kgf/cm^2$
긴장재 $SWPC\ 7B\ \ 5-\phi 12.7mm,\ A_{ps} = \ 0.9871cm^2$
고정하중 : $w_d = 2.5\ tf/m$
활하중 : $w_l = 2.75\ tf/m$
주근 : 하부 = 5-HD22, 3-HD22
스트럽 : HD13 @150

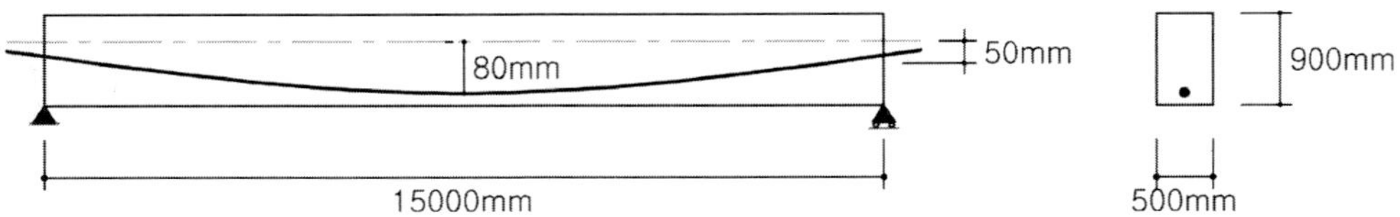

문 그림 6.1

7장
프리스트레스력 손실

7.1 서론

프리스트레스트 콘크리트 구조물의 설계자는 프리스트레싱과 관련된 기술 및 기법에 대해 숙지하여야 하고, 관련 용어에 익숙해 있어야 한다. 본 장에서는 프리스트레싱의 기본기술을 간략하게 소개하고, 보다 폭 넓게 사용되는 프리스트레싱 시스템의 몇 가지 세부사항과 프리스트레싱과 관련된 용어를 소개한다.

프리스트레싱의 사용은 2가지로 분류할 수 있는데, 프리텐션과 포스트텐션으로 분류된다. 프리텐션에 있어서 긴장재는 콘크리트를 타설하기 전에 긴장되는 반면, 포스트텐션에 있어서는 콘크리트를 타설한 후 긴장재를 긴장하는 방법이다.

7.2 프리스트레싱 긴장재

"긴장재"라는 말은 개개의 와이어, 와이어로 이루어진 스트랜드, 혹은 강봉, 와이어의 묶음, 스트랜드의 묶음, 혹은 강봉의 묶음(그림 (7.1)참조)을 표현하기 위해 총체적으로 사용된다. 프리스트레싱 긴장재로 가장 넓게 사용되는 형태는 7개의 와이어로 이루어진 스트랜드(7연선)이다. 7연선은 미국에서 개발되었으므로, 세계적으로 사용되는 표준 공칭직경은 인치(Inches)단위로 사용되고, 가장 많이 사용되는 긴장재는 3/8인치(9.53mm), 1/2인치 (12.7mm)와 0.6인치(15.24mm)이다. 이러한 스트랜드는 프리텐션 및 포스트텐션 시공에 사용된다. 이러한 스트랜드의 극한인장강도는 17.54~18.97t/㎠에 이른다. 이형 프리스트레싱 강봉은 몇몇의 포스트텐션 시공의 일부에 유용하게 사용되는 Dywidag system의 특이한 형태의 강봉이다. 이들의 공칭 직경은 15㎜~36㎜로 다양하고, 극한인장강도는 약 10.5t/㎠에 이른다.

단일 와이어는 최초의 완성본 형태의 프리스트레스 긴장재였으며, 오늘날 아직까지 철로 ties와 같이 특별한 용도로 사용된다. 와이어의 직경은 일반적으로 5㎜ 혹은 7㎜이고, 극한인장강도는 16.52~17.54t/㎠에 이른다.

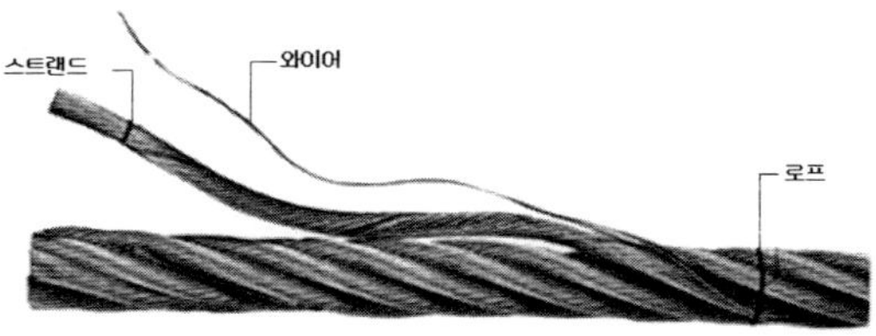

(a) 긴장재의 구성도

(b) 강봉

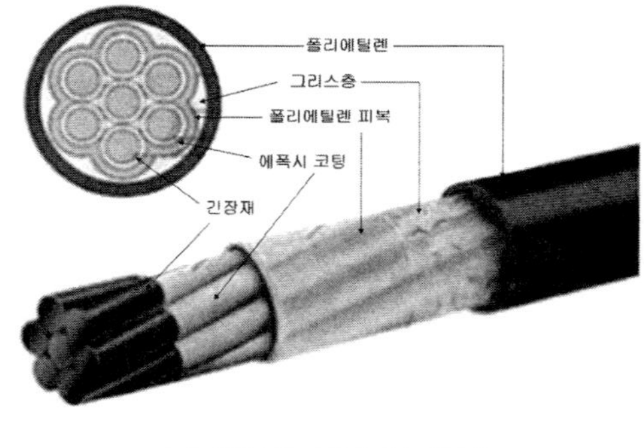

(c) 비부착 긴장재(7연선)

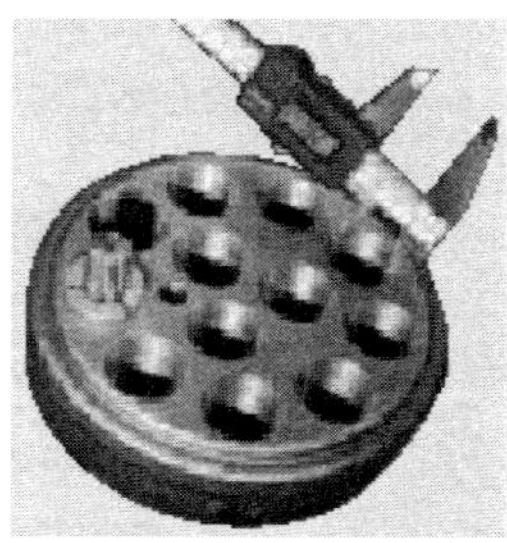

(d) Multi와이어 긴장재

그림 7.1 긴장재의 종류

7.2.1 프리텐셔닝 작업

프리텐셔닝의 첫 번째 단계는 프리텐셔닝 제작받침대(그림 7.2(a), 7.3(b))참조) 장치사이에 고강도 긴장재(7연선)를 긴장하는 것이며, 그 뒤 형틀 및 기계적 장치에 의해 콘크리트를 타설한다. 소요 콘크리트 강도에 도달하였을 때, 잭킹의 긴장재에서 긴장을 풀면, 부재는 프리스트레스가 가해지게 된다(그림 7.2(b)).

타설과 양생 받침대 역할을 하는 긴장 받침대는 일반적으로 최소의 노동력을 이용하여 일상의 생산 사이클을 이용해야 한다. 긴장재의 고정과 긴장을 위한 각각 단부의 가력장치를 갖는 받침대의 일반적적인 형상은 그림 7.2(a)에 나타난 것과 같다. 매우 긴 긴장 받침대는 그림 7.2(a)에 나타난 것과 같이 이동식 가력장치를 사용하므로 보다 더 짧은 받침대로 나누어 질 수 있다. 가력 및 타설 받침대의 길이는 생산품에 따라 약 25m~200m에 이른다. 단일 스트랜드의 잭킹은 긴장재를 긴장하는 가장 일반적인 형태이다. 고정된 긴장재 고정장치에 사용하는 특별히 긴 스트록 잭키가 사용된다(그림 7.3).

개별적으로 긴장된 긴장재는 산소 용접기나 절단기로 자르게 된다. 절단 순서는 가능한 각 위치의 긴장재응력을 대칭으로 유지할 수 있도록 한다. 절단은 점진적으로 이루어져야 하며, 이완 시 부착응력에 의한 동적으로 전달된 에너지량을 최소화하기 위해 가능한 부재에 밀착하여 절단해야 한다. 하이드로릭 램을 이용하여 여러개의 스트랜드 긴장을 풀어주는 헤더의 사용 시, 부재단부 근처의 부착 손상을 줄여준다.

보다 더 바람직한 긴장재배치를 얻기 위해, 프리텐션된 긴장재는 그림 7.4와 같이 종종 "곡률형태" 혹은 "꺽인 형태"로 이루어진다. Double Tee와 같은 폭이 얇은 부재(Shallow Beam)는 스팬의 중앙부에서 긴장재를 곡률형태로 설치하며, 교량보와 같은 춤이 깊은 보는 2개의 꺽인 점(harping point)을 가진다. 우선 긴장재를 팽팽이 긴장한 후 하이드로릭 램을 이용하여 구부리거나 혹은 긴장재를 긴장시키는 동안 긴장재가 길이방향으로 움직이도록 허용해야 하는 꺽쇠를 사용하는 경우 늘어드려진 위치에서 긴장한다.

긴장재를 곡률형태로 늘어드릴 때, 긴장재단부 근처의 상부 표면에서 콘크리트 균열을 방지하는 단부 편심은 줄어든다. 이러한 과정를 형성하는 대안으로 소위 "쉬스를 사용한 긴장재"을 제작하기 위해 일부 긴장재의 부착력을 상실시켜 이 영역에서 유효 프리스트레스력을 줄이는 것이다.

표준 단면형태로 사용되는 철재몰드는 일반적으로 길이가 6~15m이고, 긴 부재의 경우 내부에서 상호 접합될 수 있다. 그림 7.6은 분리할 수 있는 측면 거푸집과 외부 진동기를 갖춘 교량보 몰드를 나타내고 있다.

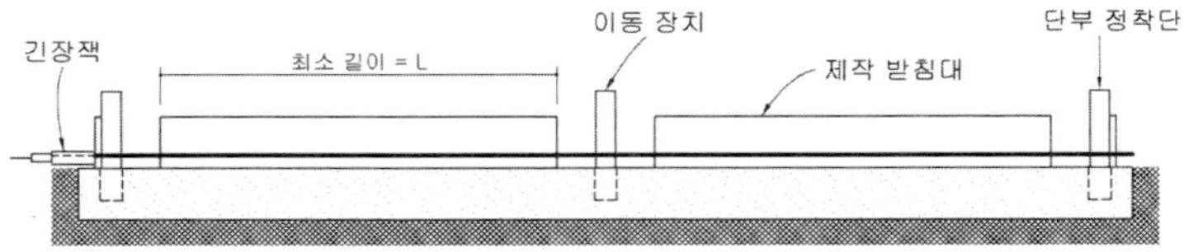

(a) 정착구 사이의 긴장 시

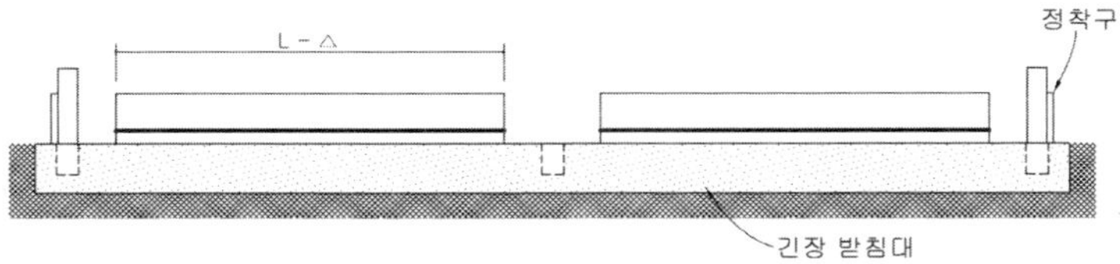

(b) 긴장재 절단 후

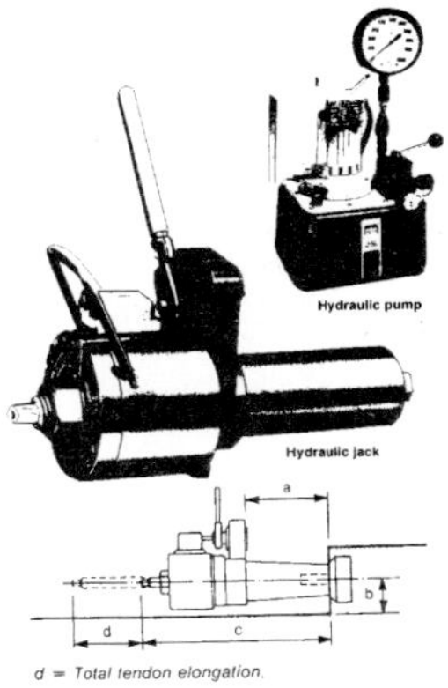

(b)하이드록 램

그림 7.2 제작받침대와 하이드록

(a) 긴장재의 잭킹 및 고정장치

(b) 작업받침대 및 긴장재의 배치 작업

그림 7.3 긴장재 설치작업

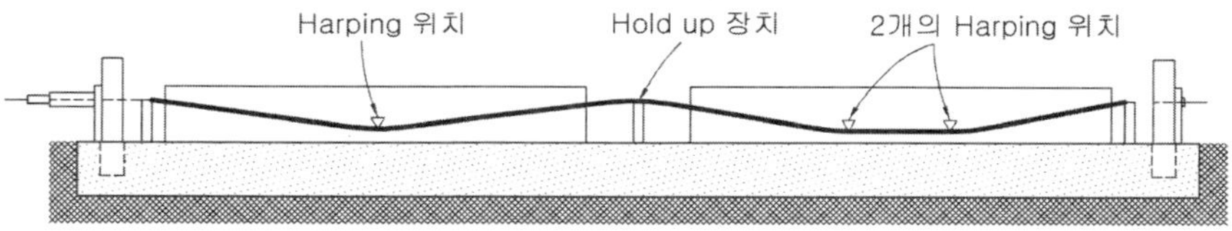

(a) 긴장재의 Drape 또는 Harping 작업

(b)긴장재의 스페이서 장치(Hold up 장치)

그림 7.4 Hold up 장치

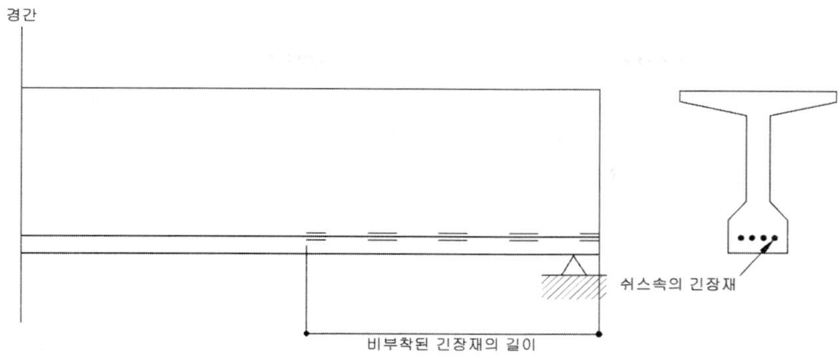

그림 7.5 긴장재의 비부착 부분

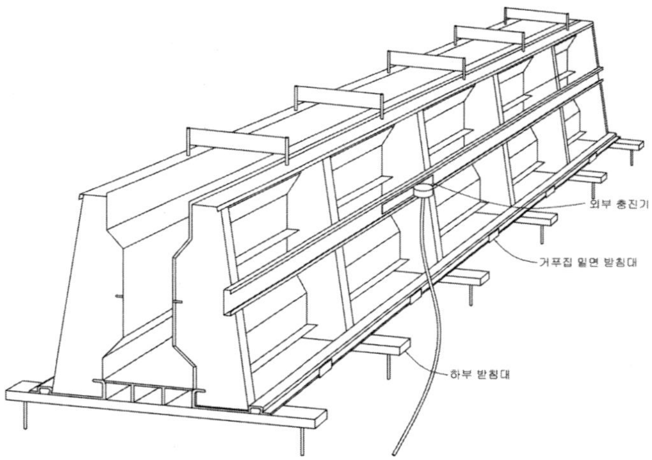

그림 7.6 I-Girder의 철재몰드

외부 혹은 내부 진동은 거푸집 내부의 콘크리트를 충진하는데 사용한다. 고성능 유동화제는 일반적으로 Workability를 유지하면서 물/시멘트 비를 저감하는데 사용된다. 막대 진동기는 공기를 빼내는 작업, 넓은 상부면을 갖는 포스트텐션된 제품을 충진하기 위해 사용된다. 고무레(rake)는 포스트텐션된 부재와 현장타설 콘크리트 사이의 인접면을 거칠게 하는 데 이용된다.

일일 생산주기를 달성하기 위해, 콘크리트는 약 16시간이 지나 긴장재의 긴장을 풀 수 있을 정도의 충분한 강도에 도달해야 한다. 이러한 것은 보온된 몰드에 콘크리트를 가열하거나 또는 조강 콘크리트를 사용하여 얻을 수 있다. 가열은 전기저항 가열, 증기양생 혹은 온수순환에 의해 이루어진다.

7.2.2 표준 프리캐스트 프리텐션 부재

북미지역 프리캐스트, 프리텐션 콘크리트 산업에서 표준으로 추천하는 단면형상의 세부사항은 프리스트레스 콘크리트 위원회와 캐나다 프리스트레스 콘크리트 위원회에 의해 제안되었다. 이러한 단면 중 일부는 그림 7.7에 나타난 것과 같다.

표준 형태는 Double T형과 Single T형 부재, 평판 바닥요소(평판 슬래브와 중공 슬래브), 벽 판넬요소(벽 판넬, Double T형 벽체 판넬과 중공 코어 벽판넬); 골조부재(구형보, L형보, 역 T형 보와 기둥); 기초요소(파일과 쉬트 파일); 교량의 I형보 등이 있다.

그림 7.7과 같은 중공 슬래브 요소는 일반적으로 "장선" 프리텐셔닝 받침대위에 압출 성형과정에 의하여 생산된다. 낮은 슬럼프의 콘크리트는 받침대를 따라 설치된 레일 위를 움직이는 압출기계의 후퍼로 옮겨지고, 프리텐션된 긴장재 주변으로 콘크리트를 배출한다.(그림 7.8 참조)

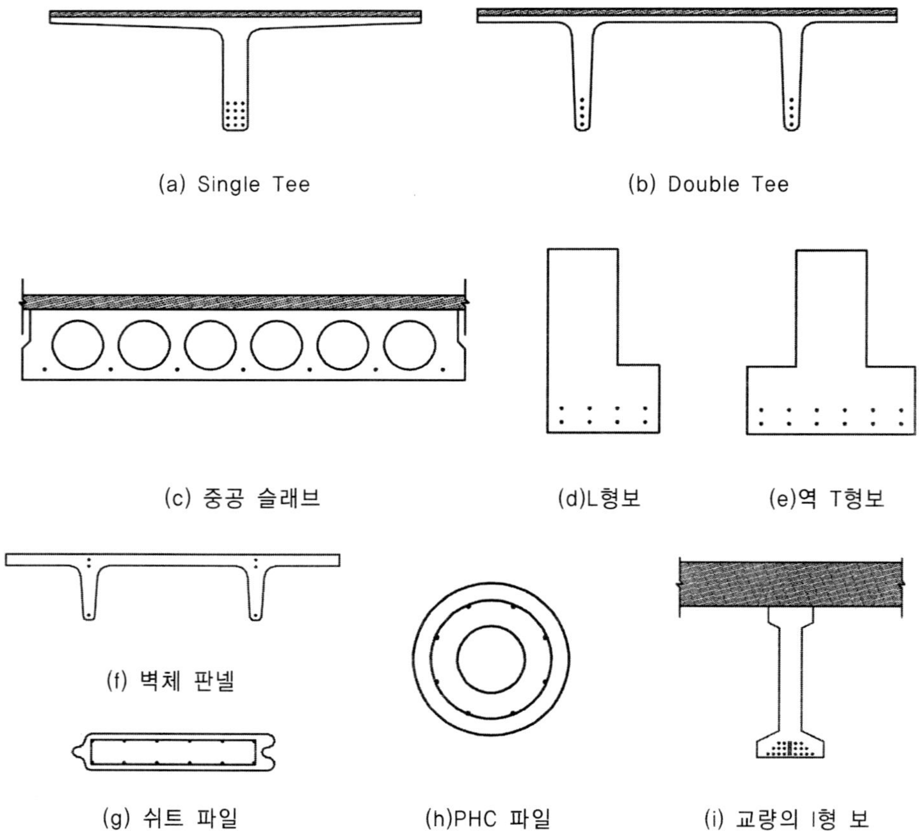

그림 7.7 PSC 부재의 종류

그림 7.8 Hollow Core 제조과정(국내 스판크리트 제조공정)

배출기로서의 역할을 하는 테이퍼형의 굴대(Mandrels) 혹은 오거(Auger)는 트랙을 따라 움직인다. 콘크리트가 양생된 후, 긴장재는 고정 장치로부터 풀리게 되고 중공 슬래브는 소요 길이로 절단된다.

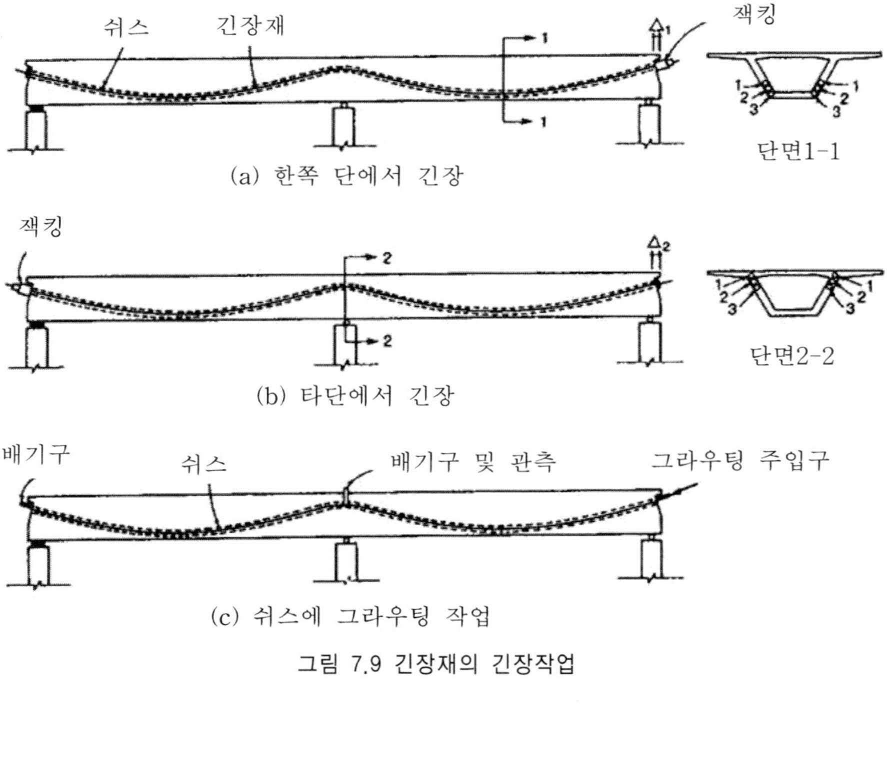

그림 7.9 긴장재의 긴장작업

7.2.3 포스트텐셔닝 작업

포스트텐션 부재를 생산하는 첫번째 작업은 긴장재 거푸집과 거푸집내에 포스트텐셔닝관을 설치하는 것이다. 콘크리트의 타설과 양생 후, 긴장재는 부재에 대해 반작용하는 특정 포스트텐셔닝 잭키를 사용하여 긴장, 정착한다. 비부착 긴장재가 사용되지 않는다면, 그 후 포스트텐셔닝 작업을 종료하기 위해 덕트 내에 그라우트를 주입한다(그림 7.9 참조).

그림 7.9는 일반적인 부착 및 비부착 긴장재를 설명하고 있다. 부착긴장재 시공에서 그라우트는 긴장재를 주변의 콘크리트에 부착시키고, 긴장재의 부식방지목적으로 제공된다. 비부착 긴장재의 경우 긴장재의 정착단에서만 콘크리트에 부착된다. 비부착 긴장재의 부식방지는 그리스가 채워진 플라스틱 관과 정착단의 특별한 상세로 제공된다.

비부착 긴장재는 종종 직경이 작은 관, 긴장재와 그리스가 채워진 관 사이의 낮은 마찰력, 모든 그라우팅 작업의 생략이 상당한 경제성을 부과하는 포스트텐션된 2방향 슬래브와 같은 곳에 응용하여 사용된다. 비 부착 긴장재에서 단부 정착단의 스트랜드를 부식으로부터 방지하기 위하여 특별한 주의가 요구된다. 더욱이, 적절한 균열방지를 위해 추가철근을 배근할 필요가 있다.

7.2.4 포스트텐셔닝 시스템

다양한 특성의 포스트텐셔닝 시스템은 유용하며, 이러한 시스템은 긴장재의 종류, 긴장재의 긴장방법, 정착기구 등이 제조사별로 다르게 적용된다.

먼저 4종류의 긴장시스템에 대해 정리하면

① 단일 스트랜드 긴장재
② 단일 강봉 긴장재
③ 와이어 긴장재
④ 다 스트랜드 긴장재

그림 7.11은 여러 종류의 긴장 시스템으로 얻어진 긴장력을 비교한 것이다. 긴장력과는 별도로, 긴장재 종류의 선정에 영향을 끼칠 수 있는 다른 고려사항은

(1) 단일 스트랜드 잭키와 정착 시스템의 비교
(2) Tread Bar의 정착과 긴결의 용이
(3) 둥근머리형(Button head) Anchor를 갖은 긴장재의 정착과 낮은 마찰력
(4) 다 스트랜드 시스템의 경제성과 다용성

등을 포함한다.

광범위하게 사용되고 있는 포스트텐션 시스템의 세부사항에 대해 정리하면 다음과 같다.

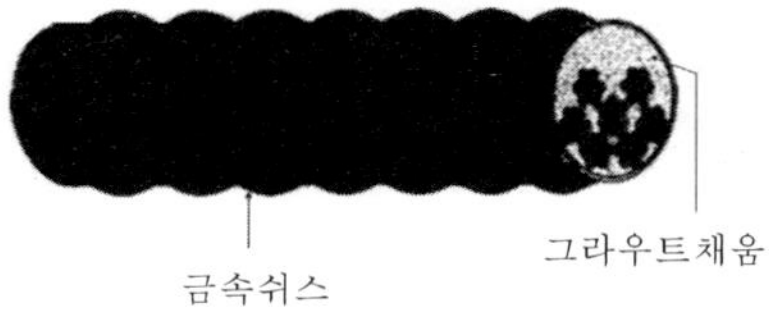

(a) 금속쉬스의 부착긴장재

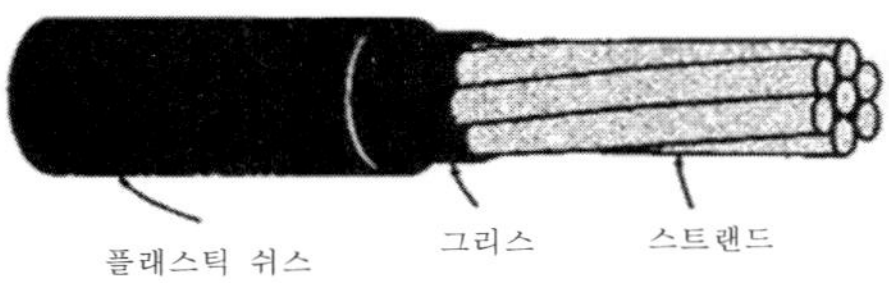

(b) 그리스로 채워진 비부착긴장재

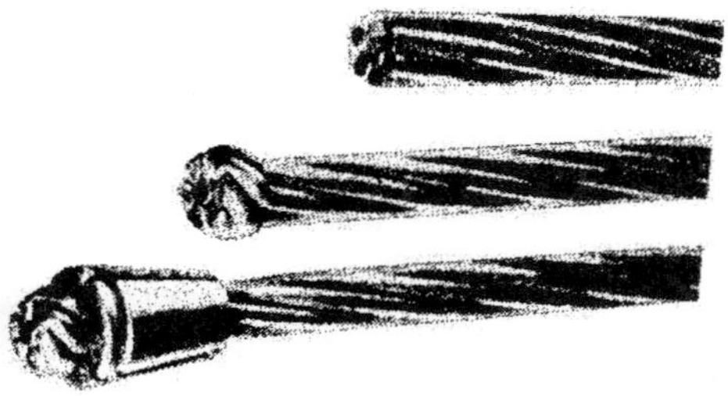

(c) Button head

그림 7.10 긴장재의 형상

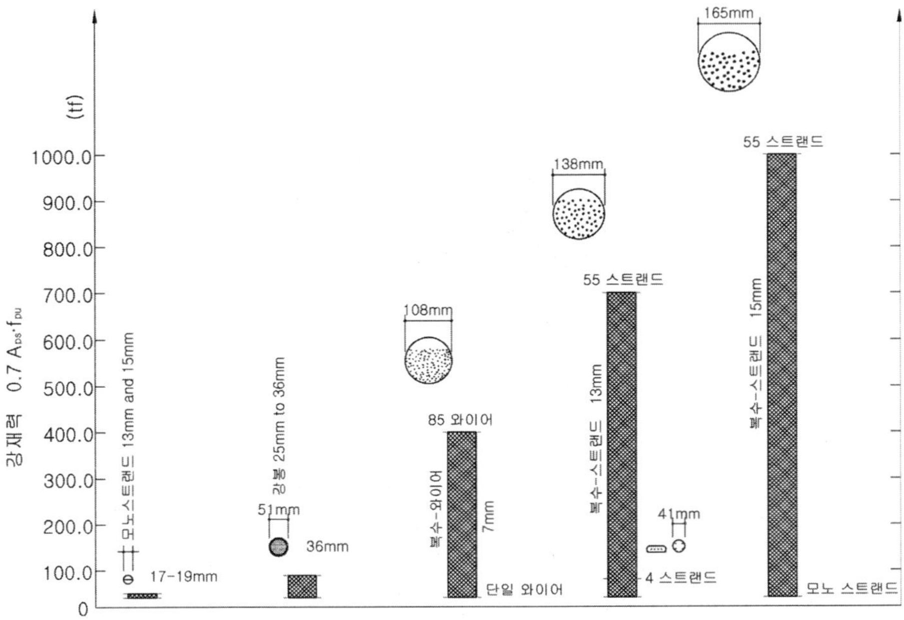

그림 7.11 서로 다른 긴장재의 긴장력

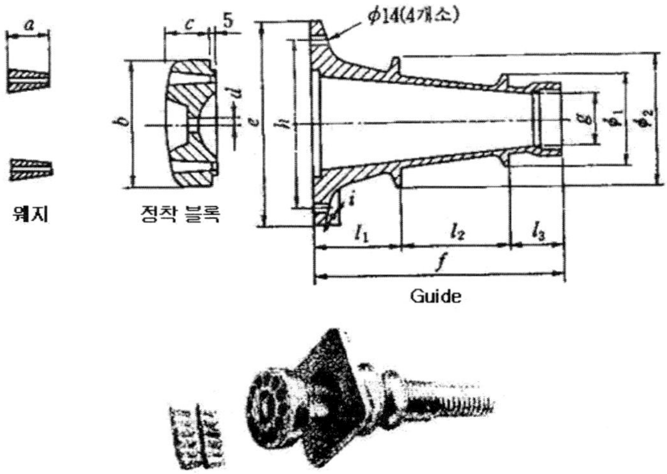

(a) V-시스템 정착구

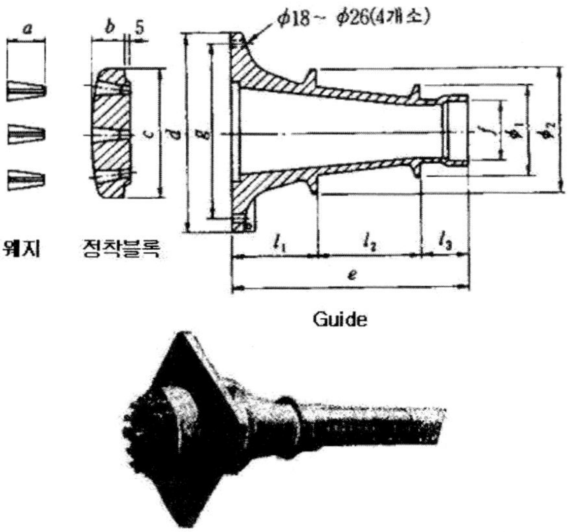

(b) 모노스트랜드 시스템

그림 7.12 Freyssinet 시스템

① Freyssinet K-Range System : 그림 7.12참조.

서로 다른 스트랜드 시스템에서, 각각의 스트랜드는 정착기구 내부에 테이퍼형상의 구멍에 안착시키는 3개의 원뿔형 집게에 의해 개별적으로 묶이게 된다. 긴장은 모든 스트랜드를 동시에 하나의 긴장재로 긴장시키는 중앙에 구멍 난 잭키에 의해 수행된다(그림 7.12(b)). 잭키의 이완 시, 스트랜드의 관입은 스트랜드를 정착하는 웨지(Wedge)같은 Jaw로 구속시킨다. 정착장치의 이러한 설치와 관련된 긴장재의 신장에 따른 손실은 설계

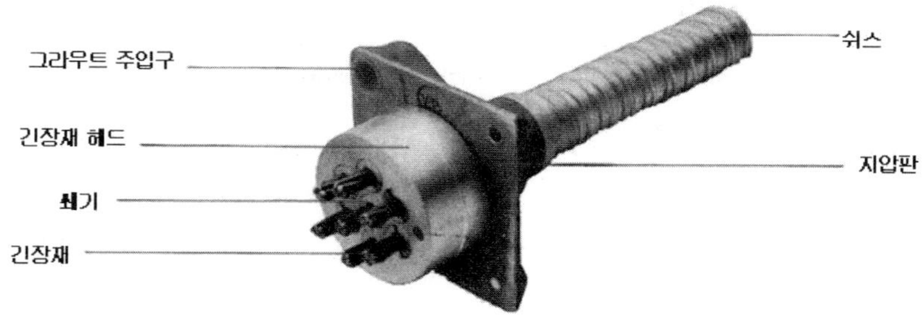

(a) 정착구 헤드

인장정착구 VSL Type S-6

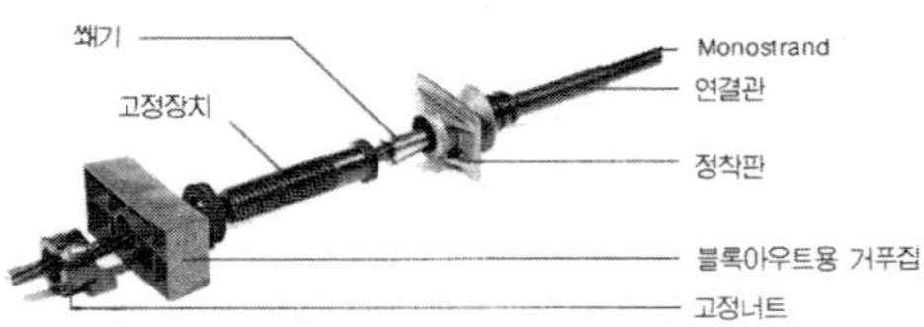

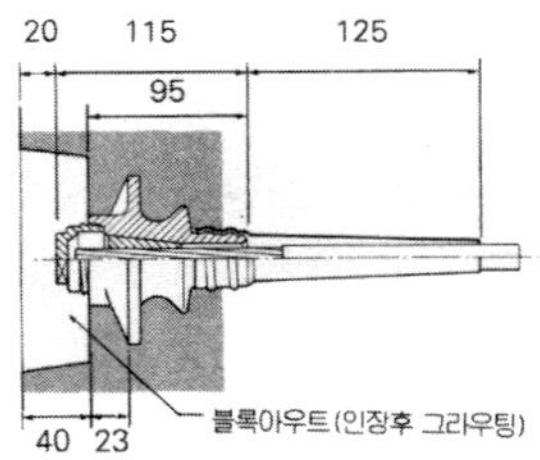

(b) 모노스트랜드 정착구

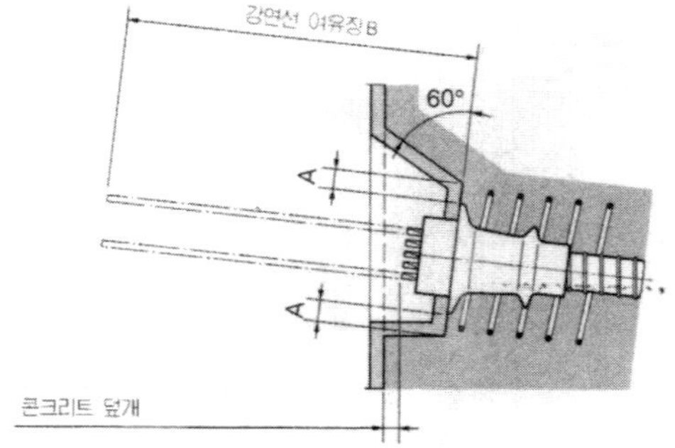

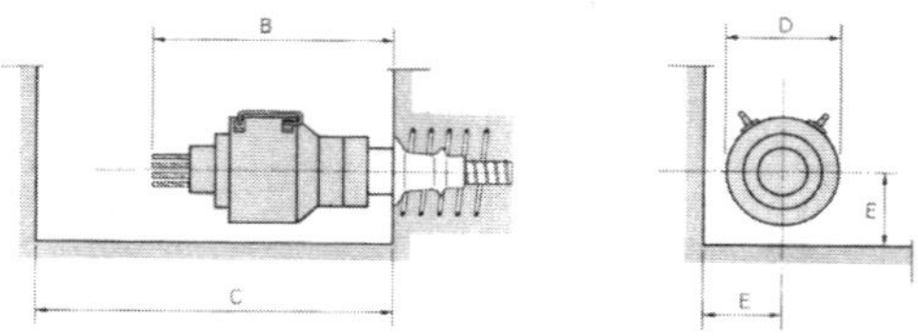

인장장비 사양

그림 7.13 VSL 시스템

시 고려되어야 한다. 최소 긴장재 간격과 같이 설계 시 유용한 상세, 단부 비정착 최소길이, 정착장치의 삽입 최소 치수, 다른 잭키 용량에 요구되는 길이는 그림 7.12에 주어져 있다.
적용 부위: 토목, 건축구조에 폭넓게 사용

② VSL System : 그림 7.13 참조
VSL 시스템에 대한 잭킹 및 정착기구는 전술한 Freyssinet K-Range System에서 기술되었던 것들과 유사하다. 다 스트랜드 긴장재는 마찰손실을 감소시키기 위해 양단부로부터 긴장할 수 있고(그림 7.9 참고), 한쪽단은 고정하고 다른 쪽 단부를 긴장할 수 있다. Freyssinet과 VSL 시스템은 각각 99㎟와 140㎟의 단면적을 가진 공칭직경이 13mm와 15mm인 7연선 스트랜드를 이용한다.
적용 부위: PC교량, Rock Anchor, 장경간 구조물, 특수구조 등 모든 구조에 널리 이용된다.

③ Dywidag System : 그림 7.14 참조
Dywidag의 포스트텐션 시스템은 압출성형의 고강도 합금 강봉(Tread Bar)을 이용한다. 18m까지 유용한 나사모양의 강봉은 어떤 위치에서든지 편리하게 결합될 수 있고, 평판 앵커 혹은 벨형 앵커로 설치된 원뿔형 돌출구를 갖춘 너트에 의해 확실하게 정착된다(그림 7.14 참조). 이런 정착시스템은 일반적으로 무시할 만큼 적은 정착손실을 초래한다.
적용 부위: PC교에 적합.

④ BBR 시스템 : 그림 7.15 참조
이 시스템의 기본 개념은 냉간성형 "둥근머리(Button head)"에 의하여 각 단부에 정착된 연강, 고강도 와이어를 사용하는 것이다. 와이어 직경이 7㎜이고, 단면적이 38.5㎟이다. 모든 평행한 긴장재의 와이어는 공동의 정착헤드를 가지고 있다(그림 7.15(b), (c)). 긴장을 풀기 전 정착헤드와 지지평판 사이에 쐐기 평판을 삽입하고, 긴장재의 신장을 그곳에서 억제한다.
적용 부위: 비부착 방식의 장경간 구조물, PC원자로 격납용기, 교량 등에 사용.

⑤ Monostrand System : 그림 7.16 참조
일반적으로 비부착으로 된 단일 스트랜드(그림 7.16 참조)는 포스트텐션의 얇은 슬래브와 폭이 좁은 부재에 경제적이고, 다양한 방법으로 사용된다. 단일 스트랜드는 작은 직경의 덕트(쉬스)와 함께 가능한 최대의 편심을 제공하는 단일 수평층으로 배열될 수 있다. 단일 스트랜드 포스트텐션 시스템은 작고 가벼운 긴장용 잭키를 갖춘 쐐기의 정착장치와 고리를 역시 이용할 수 있어 한 사람이 긴장작업을 할 수 있다.

그림 7.17은 다른 프리스트레싱 시스템에 대한 제조사별 다른 평탄한 정착장치를 보여준다. 가끔 긴장재를 서로 연결할 필요가 있다. 예를 들면, 분절의 박스형 보 교량을 시공할 때 1단계 시공 시 인장된 긴장재를 2단계에 인장될 긴장재와 연결할 필요가 있다. 그림 7.18은 일반적인 커플러를 나타낸다.
적용 부위 : 슬래브에 많이 이용한다.

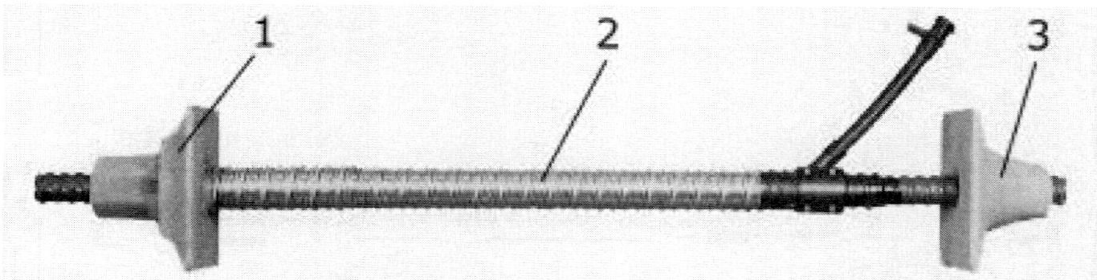

① 긴장장치 ② 쉬스관 ③ 단부 정착구

(a) Tread Bar

(b) 단부 플레이트

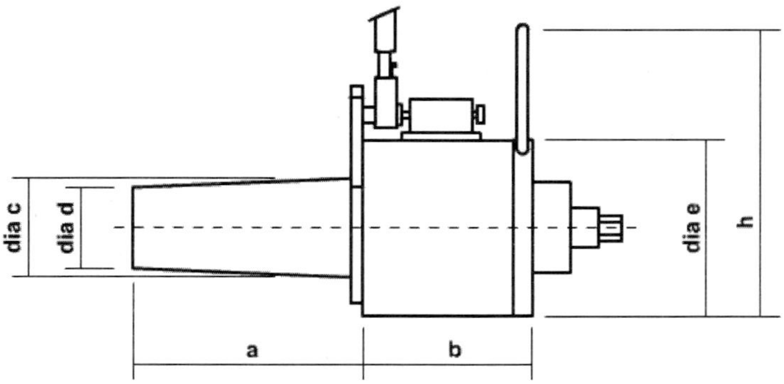

(c) 하이드롤릭

그림 7.14 Dywidag 강봉 시스템

(a) Multi 긴장재

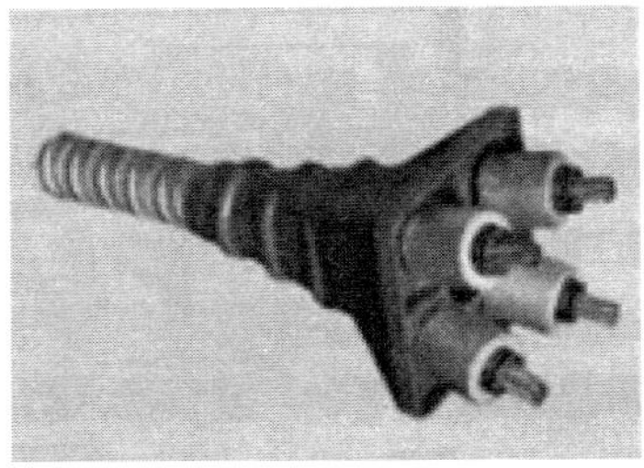

(b) Anchor Plate

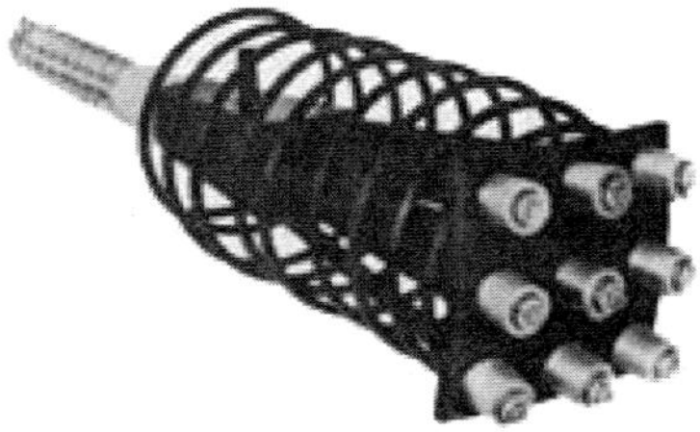

(c) 철판 플레이트 형

(d) 철판 플레이트 형-2

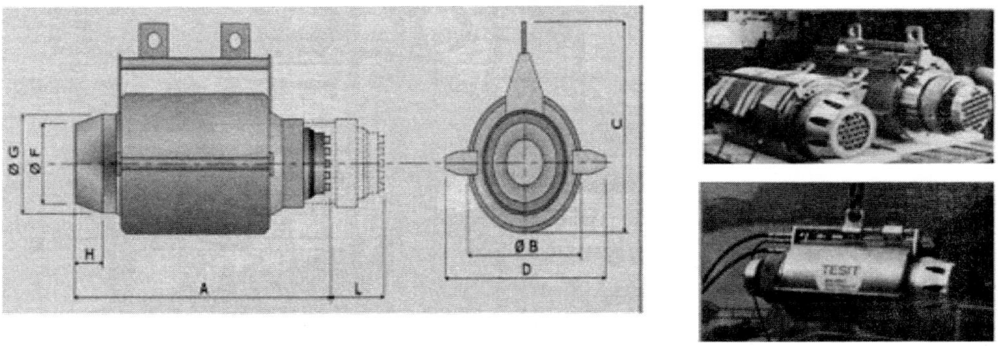

(e) 긴장장비

그림 7.15 BBR 시스템

(a)모노스트랜드 배치 현황

(b) 긴장작업

(c) 앵커헤드

그림7.16 단일 스트랜드 시스템

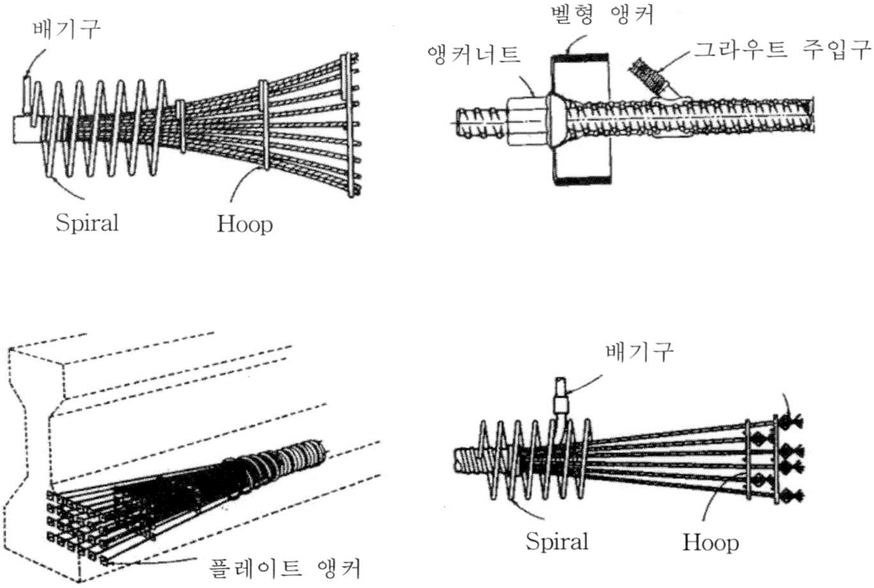

그림 7.17 각 시스템별 정착구

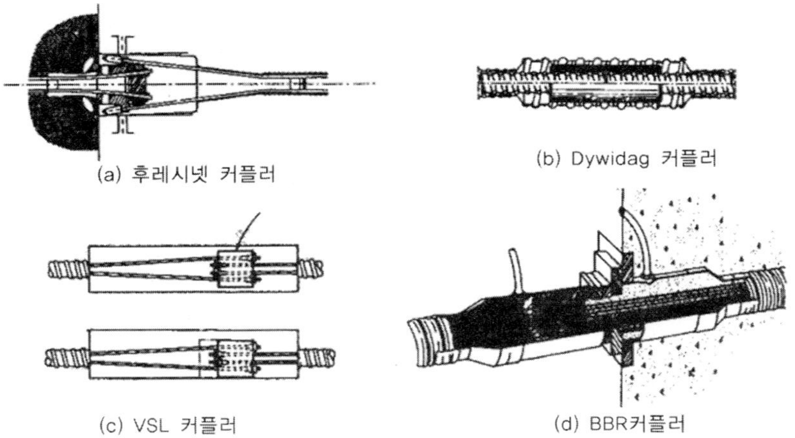

(a) 후레시넷 커플러 (b) Dywidag 커플러

(c) VSL 커플러 (d) BBR커플러

그림 7.18 긴장재 이음부

7.3 덕트의 그라우팅

부착식 포스트텐션 시공에서 덕트는 긴장재를 긴장한 후 가능한 빨리 그라우팅을 주입한다. 그라우팅 작업의 목적은 프리스트레싱 긴장재의 부식을 방지하기 위해 알칼리성 환경을 제공하는 재료로 완전히 덕트를 채우는 것이고, 긴장재를 주변 콘크리트에 부착하기에 충분한 강도를 갖도록 하는 것이다. 그라우트 되지 않은 긴장 재가 부식되기 쉬운 환경에 노출되는 시간을 최소화하기 위해 긴장재를 긴장하기 전에 긴장재를 덕트에 삽입하는 것이 바람직하다.

그라우팅은 일반적으로 시멘트와 물 (약 0.45의 물/시멘트 비), 감수재와 팽창재로 구성된다. 보다 큰 직경의 덕트에 채우는 그라우트는 모래, 플라이에쉬 혹은 포졸란과 같은 충진재를 포함할 수 있다. 만족스런 그라우팅은 그라우팅 작업을 하는 동안 충분한 유동성과 최소의 블리딩 및 재료분리 현상을 나타내야 하고, 건조수축이 없어야 하고, 적정 강도를 가져야하며, 부식의 요인인 해로운 탄소, 질소, 황, 혹은 다른 성분을 포함하지 않아야 한다.

그라우팅은 긴장재의 낮은 위치 혹은 부재 단부에서부터 주입하여야 하며, 그림 7.20(a)에 나타난 것과 같이 긴장재의 높은 위치에 유출관이 설치되어야 한다. 덕트에 적절한 유출위치가 없다면, 공기가 덕트 최상부에 정체되어있을 수 있고(그림 7.19 참조), 이러한 공기에 운집된 물이 얼면 구조체에 심각한 손상을 초래할 수 있고, 긴장재의 부식으로 유도된다.

주변 콘크리트의 온도가 5℃ 이하라면, 덕트를 그라우팅 하는 것은 불가능하다. 따라서 온도가 빙점에 가까우면 그 시간 동안은 덕트에 그라우트를 하지 않고 남겨둘 필요가 있다. 이런 경우, 덕트에 물이 스며드는 것을 방지하고 덕트 내의 저점에 구멍을 뚫어 물이 빠질 수 있게 특별한 주의를 기울여야 한다.

그라우팅에 앞서 덕트에 남아 있는 불순물을 제거하기 위하여 기름성분이 없는 압축공기를 이용하여 불어내야 한다. 종종 덕트는 그라우팅에 앞서 물로 깨끗하게 청소한다. 그라우팅 하는 동안 덕트가 막히면, 덕트를 그라우팅 반대방향으로 공기구멍에 물을 분사하여 즉시 닦아낼 필요가 있다.

그라우팅 압력기록, 사용한 그라우팅 용량, 온도와 그라우팅 작업 시 다른 세부사항을 알아둘 필요가 있다. 고압의 그라우팅압(예를 들면, $15.3kgf/cm^2$ 이상)은 덕트를 막히게 하고 그라우트의 재료분리 또는 덕트 주변의 콘크리트 파괴를 일으킬 수 있다. 부착식 포스트텐션 구조체의 장기 내구성은 그라우팅 작업의 성패에 따라 좌우된다. 그라우팅에 대한 세부적인 사항은 KBC Code와 PTI 협회 등에 제시되어져 있으므로 참조하기 바란다.

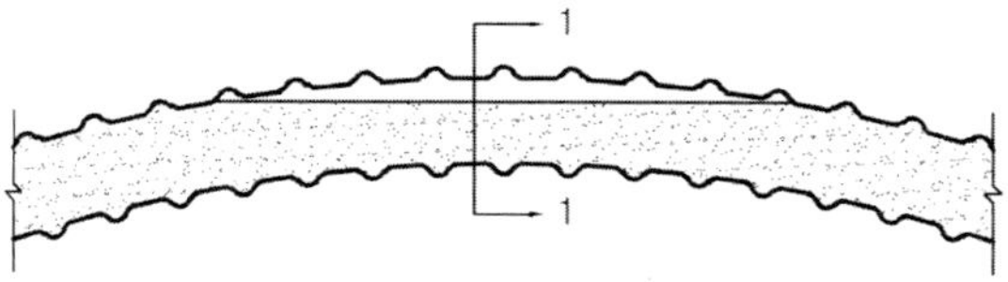

(a) 쉬스 상단의 긴장재 상태

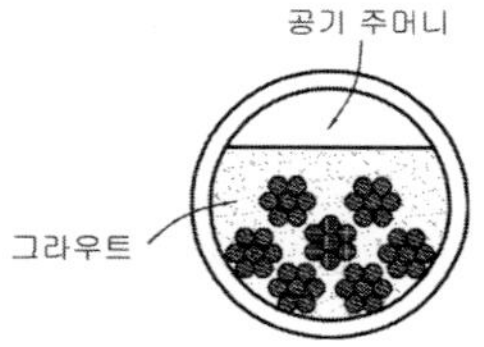

(b) 단 면

그림 7.19 부적절한 공기배기로 인하여 형성된 공기정체

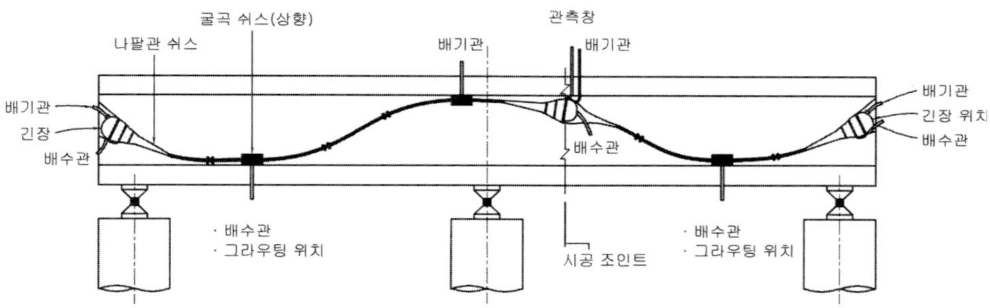

(a) 쉬스의 배치

(b) 쉬스 형상

그림 7.20 쉬스의 배치 및 형상

7.4 포스트텐션 긴장재의 배치 형상

포스트텐션 시공에서 긴장재 배치형상은 일반적으로 포물선형상을 이루고 있다. 단순보의 긴장재 배치형상은 일반적으로 보 중앙에서 최대의 편심을 가진 포물선형 곡선으로 구성된다. (그림 7.21(a)참조). 연속보의 긴장재 배치형상은 지점 부근에서 볼록하고, 보중앙부에서 오목한 일련의 포물선 형상으로 구성된다. (그림 7.21(b)참조).

포물선에 대한 유용한 기하학적 관계는 그림 7.22(a)에 설명되어 있다. 그림 7.22(b)는 어떻게 일련의 포물선들을 관계식으로 조합하는지 설명하고 있다. 최대 편심위치에서 포물선 1과 포물선 2의 두 가지 경우 모두 처짐각이 0이다. 그러므로 두 곡선은 일치한다. 포물선 2와 3이 일치하기 위해서는 변곡점에서 기울기는 같아야 한다. 그러므로

$$\frac{2(e_1+e_2-h_2)}{(\lambda-\beta)\cdot\ell}=\frac{2h_2}{\beta\ell}$$

변곡점은 가장 높은 위치 아래로 h_2거리에 위치해야 한다.

$$h_2=\frac{\beta}{\lambda}(e_1+e_2) \tag{7.1}$$

그러므로 변곡점은 그림 7.22(b)에 표현된 것과 같이 최대 편심점을 연결하는 선상에 있어야 한다.

변곡점에서 만나는 두 포물선의 공통 기울기는 식 (7.2) 같다.

$$slope=\frac{2(e_1+e_2)}{\lambda\ell} \tag{7.2}$$

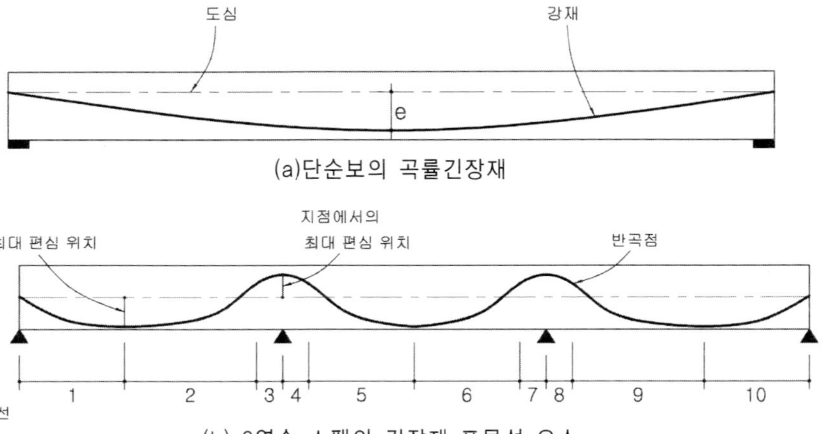

(a)단순보의 곡률긴장재

(b) 3연속 스팬의 긴장재 포물선 요소

그림 7.21 곡률의 긴장재

지점 위의 볼록한 부분은 이 위치에서 긴장재의 꼬임(Kink)을 피하기 위해 필요하다. 그림 7.22(b)에서 볼록한 부분의 길이 $\beta\ell$은 지점 위의 긴장재 곡률반경이 특정 긴장재에 요구되는 최소 곡률반경보다 적지 않도록 선택되어야 한다. 다 스트랜드 긴장재 시스템의 권장 최소 반경의 예는 〈표 7.1〉에 나타나 있다. 단일 스트랜드 시스템의 경우, 13mm와 15mm 직경의 스트랜드에 대해 2.5m의 곡률 최소반경을 권장한다.

〈표 7.1〉 최소 곡률반경

쉬스 내부직경	*mm*	45-55	65-80	85-95	100-110
최소 곡률반경	*m*	3.5	4.5	5.0	7.0

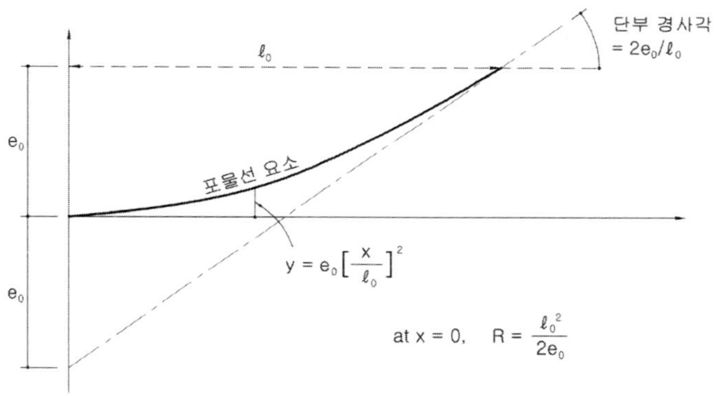

(a) 포물선의 기하학적 특성

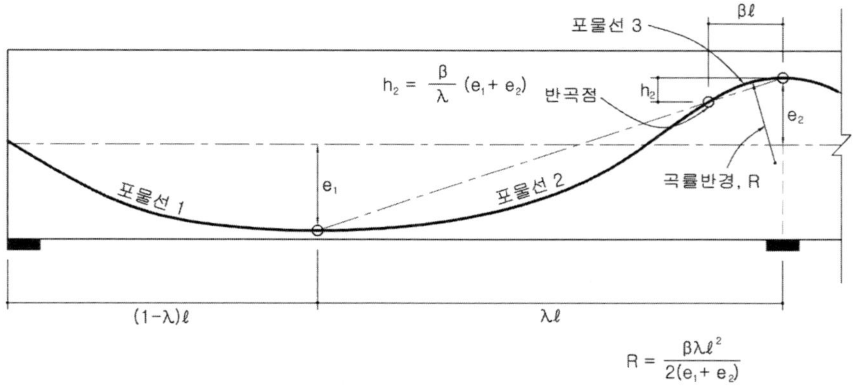

(b) 적정 경사를 가진 포물선 요소

그림 7.22 포물선형상의 기학적 특성

덕트의 위치를 결정하는데 있어, 긴장재의 무게중심(C.G.S.)이라 불리는 긴장재의 중심은 덕트의 중심과 항상 일치하지 않는다. 긴장재가 긴장될 때, 긴장재는 곡선 덕트의 반경안쪽으로 당겨진다. (그림 7.23 참조). 포스트텐션 시스템의 경우 덕트 내부 긴장재의 편심은 그림 7.23에 나타나 있다. 큰 긴장재의 경우 대하여 이러한 처짐은 중요하다는 것을 보여준다.

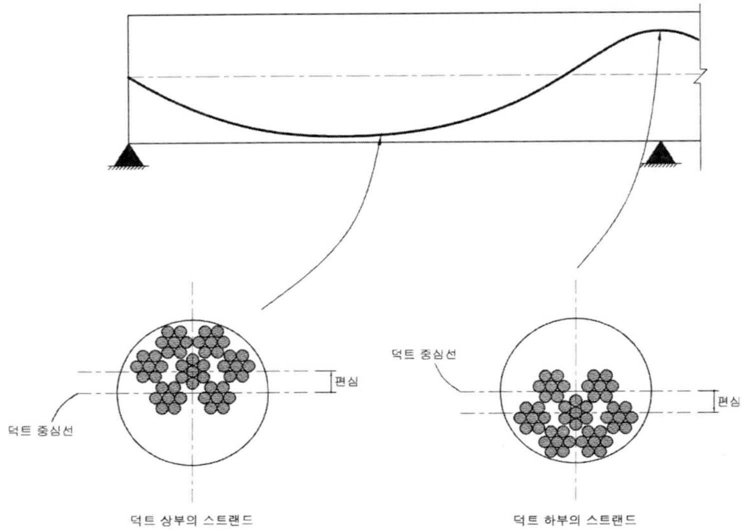

덕트 상부의 스트랜드　　　　덕트 하부의 스트랜드

긴장재 치수	쉬스 직경(mm)	편심(mm)
13mm 직경의 스트랜드 수		
3	32	7
4	41	7
7	51	8
12	64	11
19	80	13
22	86	15
31	102	14
55	140	23
15mm 직경의 스트랜드 수		
3	38	5
4	38	5
7	57	10
12	76	13
19	95	18
31	127	23
55	165	30

그림 7.23 스트레싱 후 덕트 내의 긴장재의 위치와 편심

7.5 포스트텐션닝의 손실

7.5.1 마찰손실의 산정

긴장재가 잭키에 의하여 긴장될 때, 긴장재와 덕트 사이의 마찰로 인하여 유발된 힘은 긴장재의 길이에 따라 일정하지 않다. 마찰 손실은 두 성분 - 곡률과 파상에 의한 마찰손실 - 으로 간주하는 것이 관례이다.

곡률 마찰손실은 긴장재 배치형상의 각을 임의로 변화시킴으로써 발생된다. 긴장재 길이방향 dx에서, $d\alpha$각 만큼 변화한다면 법선력N은 $2P\sin(d\alpha/2)$와 같다.(그림 7.24 참조). 긴장재와 덕트 사이의 마찰계수가 μ라면, 미소구간 dx에서 마찰손실은μN이 된다. 관련된 각은 무시할 정도로 적으므로, $2\sin(d\alpha/2)$은 $d\alpha$와 같게 간주될 수 있고, 마찰 손실은 $\mu P d\alpha$가 된다. 그림 7.25으로부터

$$\tan\frac{d\alpha}{2} = \frac{d\alpha}{2}$$

$$y' = 2 \cdot y = 2 \cdot \sin(\frac{d\alpha}{2})$$

이상과 같이 각변화 α는

$$\alpha = \frac{8 \cdot y}{x} \text{ (radian)}$$

추가적인 마찰손실은 긴장재의 길이를 따라 긴장재의 비인위적 각 변화로부터 유발된다.(그림 7.25 참조) 이러한 파상에 의한 손실 크기는 쉬스의 강성, 쉬스의 직경(다소 큰 쉬스는 더 낮은 손실을 가짐), 쉬스 지지간격, 긴장재 종류와 쉬스 종류뿐만 아니라 구조체 형상에 따라 달라진다. 긴장재 길이 dx에서의 파상마찰손실은 $KPdx$로 표현된다. 여기서, K는 실용 파상계수

따라서 긴장재가 곡률로 배치되었을 경우 곡률마찰손실과 파상마찰손실의 두 영향을 모두 반영하므로 미소구간 dx에서 총 마찰손실은

$$dP = \mu P d\alpha + KPdx$$

A점과 B점 사이의 긴장재력 변화는 아래와 같음을 알 수 있다.

$$\int_{PB}^{PA} \frac{dp}{\longleftrightarrow} p = \mu \int_0^{\alpha} d\alpha + k \int_0^{X} dx$$

이 방정식의 해는

$$P_B = P_A \cdot e^{-(\mu\alpha - Kx)}$$

여기서, P_A = A 점에서 긴장재력

P_B = B 점에서 긴장재력

μ = 마찰계수

α = A점과 B점 사이의 누가 각 변화, Radians

K = 긴장재의 단위 미터 당 파상 마찰계수

x = A점과 B점 사이의 긴장재의 길이(m)

ACI위원회 343에 의해 권장된 마찰계수의 범위는 〈표 7.2〉에 나타나 있다. CEB-FIP 모델 기준에서 권장된 대표적인 마찰계수는 〈표 7.3〉에 나타나 있다. 표로부터 마찰계수 μ는 긴장재 및 덕트의 표면 특성에 따라 달라지며, 계수는 0.05~0.5 사이의 범위 값을 갖는다.

파상계수 K는 마찰계수 μ와 쉬스 강성의 함수임을 알 수 있고 단위미터 당 0.0003과 0.0066 사이 값이다. 이러한 마찰계수는 어느 정도 크기로 변화할 수 있으므로, 정확히 마찰손실을 계산하기 위하여 사용되는 특별한 시스템에 관한 정보가 요구된다. 특정 포스트텐션시스템이 사용된 것에 대한 마찰계수를 얻는 것뿐만 아니라 Workmanship과 시공형태의 영향을 고려하기 위해 필요하다. 부분적 시공이 그 접합위치에서 추가적으로 비인위적 곡률이 만들어진다. FIP 추천사항은 이러한 종류의 시공에 대하여 〈표 7.3〉에 주어진 K상수를 2배로 하도록 제안하고 있다.

8개의 부분으로 제작된 교량에서 다양한 긴장재에 대한 연구는 평균 0.36의 μ값과 0.003/m의 평균 K값을 나타낸다. 복잡한 긴장재의 형상을 갖는 여러 단계의 시공에 대하여, 실질적인 마찰손실은 긴장하는 동안 결정되어야 하고, 긴장재를 보완하는 빈 덕트는 예상했던 것 보다 마찰손실이 큰 경우에 설치되어야 한다.

추가적인 고려사항은

① 마찰계수가 곡률반경의 감소에 따라 증가
② 힘의 증가에 따라 증가
③ 표면 부식

이며, 상기의 사항이 발생했을 때 증가된다는 것이다.

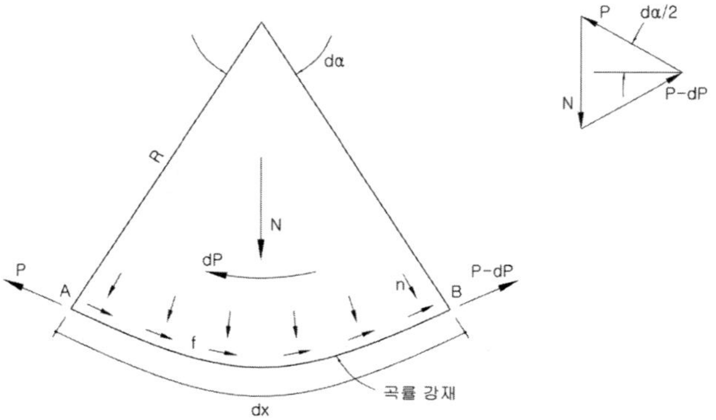

그림 7.24 곡률마찰손실

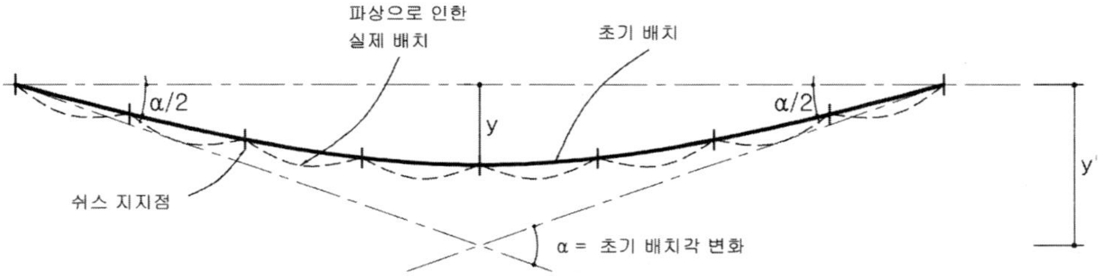

그림 7.25 파상마찰손실

〈표 7.2〉 마찰계수 범위 (ACI Code 추천치)

긴장재 형태		곡률계수, μ	파상계수, K ($/m$)
비부착식	유연한 금속 쉬스의 긴장재		
	와이어 긴장재	0.15-0.25	0.0033-0.0049
	7연선	0.15-0.25	0.0016-0.0066
	고강도 강봉	0.08-0.30	0.0003-0.002
	강한 금속쉬스의 긴장재	0.15-0.25	0.00066
부착식	그리스 피복-와이어 및 7연선	0.05-0.15	0.0010-0.0066
	수지피복-와이어 및 7연선	0.05-0.15	0.0033-0.0066

〈표 7.3〉 6m 이상의 곡률반경을 가진 마찰계수, CEB-FIP

긴장재 형태	곡률계수, μ	파상계수, K($/m$)
콘크리트덕트를 가진 긴장재	0.5	0.0050
금속쉬스를 가진 긴장재		
곡률형태의 와이어	0.20	0.0020
긴 장 재	0.20	0.0020
연성의 성형 와이어	0.25	0.0025
변형된 와이어	0.30	0.0030

주) 긴장재에 그리스가 다소 있으면 0.9를 곱한다. CEB-FIP Code에서, K는 $0.01\mu/m$로 계산

그림 7.26은 마찰손실이 부재 길이에 따라 긴장재력의 변화에 따라 영향을 받는다. 마찰손실을 결정하기 위하여 식 (7.3)을 사용 시, 그림 7.26(b)에서 나타난 것과 같이 힘은 여러 점들 사이에서 선형적으로 변화한다고 가정하고, 각 포물선의 단부에서만 긴장재를 계산하는 것이 정확하다.

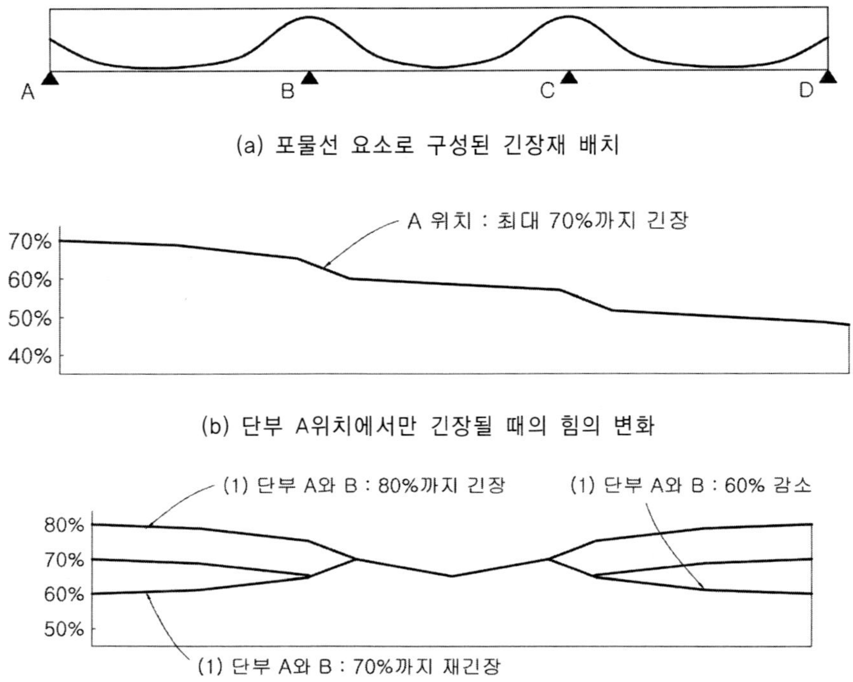

그림 7.26 마찰손실로 인한 긴장재력 변화

그림 7.26에 나타난 것과 같이 적절하게 긴 긴장재가 한쪽 단부에서만 긴장된다면, 부재 길이를 따라 힘의 상당한 손실이 발생할 수 있다. 마찰 손실의 영향은 부재가 양단부로부터 응력이 가해진다면 감소된다. 이완에 의한 긴장재의 순간적인 과응력 상태 및 차후에 다시 응력을 가하는 것은 마찰에 의하여 유발되는 긴장재력의 변화를 감소시킨다.(그림 7.26(c)참조) 이런 초과응력 기술이 다 스트랜드 긴장재와 같은 자체 정착 웨지를 갖춘 포스트텐션시스템에 사용되는 것이라면 추가적인 측정이 요구된다. 포스트텐셔닝하는 동안 긴장재의 규정된 인장강도의 최대 약 80%까지 일시적으로 긴장재에 응력을 가력하는 것이 허용된다. 정착 후 정착장치와 연결재에서 긴장재의 응력은 규정된 인장강도의 70%까지 제한된다.

긴장재를 긴장하는 동안, 잭키의 힘과 상응하는 긴장재의 신장이 기록된다. 측정된 신장은 계산된 신장과 비교되고, 규정된 허용치(±5%는 일반적으로 적용된다)내에서 일치해야 한다. 예상한 변형보다 더 적은 신장은 긴장재가 덕트 내에서 꼬여 있어, 긴장재 길이의 일부에만 응력이 가해지고 있는 것을 나타내거나 정상적인 마찰 손실보다 더 큰 값을 나타낼 수 있다. 긴장재의 신장은 아래와 같이 계산될 수 있다.

$$\Delta = \frac{P_{av}\ell}{A_{ps}E_p} \tag{7.4}$$

여기서, Δ = 예상한 긴장재의 신장길이

P_{av} = 긴장재에 따라 계산된 힘의 변화로부터 결정되는 긴장재의 평균력

ℓ = 긴장재의 총 길이

A_{ps} = 긴장재의 단면적

E_p = 긴장재의 영계수

식 (7.4)에서 $P_{av}\ell$항은 긴장재 길이를 따라 긴장재력의 변화를 보이는 곡선 아래 면적과 같다.

긴장 작업이 끝난 후 긴장재를 정착할 필요가 있다. 대부분의 포스트텐션 시스템에 대해 정착작업은 쐐기의 변형 혹은 웨지의 안착(파고듦)으로 인한 긴장력의 추가적인 손실을 유발할 것이다. 스트랜드 긴장재가 웨지에 의하여 정착된 경우 정착 부위의 변형은 일반적으로 약 6㎜이다.

그림 7.27은 긴장재 단부 근처에서 힘의 변화에 대해 정착부 변형의 영향을 보여준다. 정착부 장치에 의해 영향을 받는 긴장재의 길이(ℓ_{set})는 마찰손실의 함수이다. 마찰이 적으면(예를 들어 비부착 긴장재의 경우) 영향을 받는 길이는 매우 클 수 있다. 정착부 변형은 긴장재에서 힘의 변화로부터 유발되는 긴장재의 축소량과 같다. 이와 같은 축소량은 그림 7.27에서 해칭부분과 비례하므로 정착부 장치에 의하여 영향을 받는 길이(정착부의 변형길이)는 아래 방법에서 계산될 수 있다.

$$\Delta = \frac{0.5 \cdot \Delta P \cdot \ell_{set}}{A_{ps}E_p} \tag{7.5}$$

여기서, ℓ_{set}는 정착부 변형으로 인한 인장력이 마찰에 의해 소멸되는 지점까지의 거리이다. 단위길이 당 일정한 마찰손실 p를 가정하면 인장력의 손실량 ΔP는

$$\Delta P = 2 \cdot p \cdot \ell_{set} \tag{7.6}$$

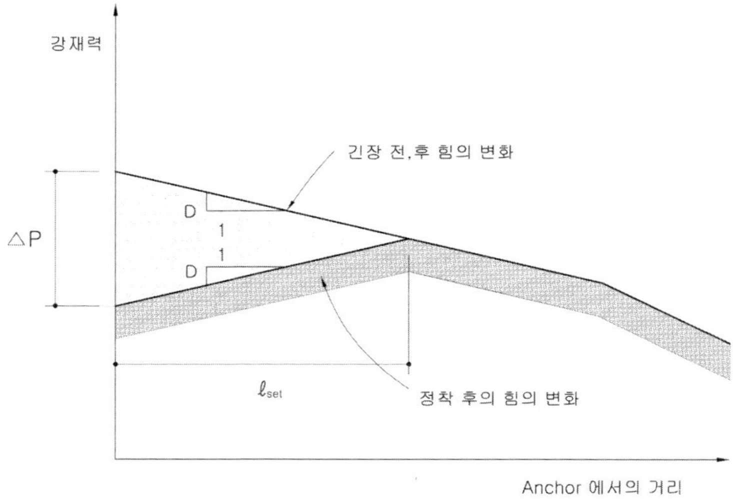

그림 7.27 정착구 영역의 힘의 변화

여기서, p는 긴장재력 변화도로부터 계산된 단위길이 당 힘의 변화로써 표현되는 마찰 손실이다. 즉, 긴장재의 단위길이에 대한 마찰손실이다.

따라서, 식 (7.5)에 ΔP를 대입하면 정착부 변형으로 인한 ℓ_{set}는

$$\ell_{set} = \sqrt{\frac{\Delta_{set} A_{ps} E_p}{p}} \tag{7.7}$$

7.5.2 ASSHTO와 PTI에서 제시하는 긴장력의 손실

긴장력이 콘크리트에 전달된 직후부터 긴장력은 지속적으로 감소하기 시작한다. 이러한 감소의 정도는 시간이 지남에 따라 서서히 줄어들지만, 구조물의 수명이 다할 때까지 발생하게 된다. 긴장력의 손실을 발생하게 하는 원인으로는 콘크리트의 탄성변형, 콘크리트의 크리프, 콘크리트의 건조수축, 탄성수축, 긴장재의 릴랙세이션(relaxation), 앵커 정착부에서의 정착, 포스트텐션 긴장재의 굴곡에 의한 마찰 등을 들 수 있다. 프리스트레스의 총 손실의 정도는 초기 응력의 약 15~30% 정도인데 이와 같은 손실은 즉시 손실과 시간적 손실을 합한 값이며, 이는 주어진 조건에 따라 달라지게 된다. 이러한 긴장력의 손실 정도를 계산하는 방법은 여러 가지가 있으며, 그 중 일부 값을 〈표 7.4〉과 〈표 7.5〉에 나타내었다.

〈표 7.4〉 ASSHTO 규준에 따른 손실

긴장재의 종류	전체 손실량 (단위 : kgf/cm^2)	
	$f_{ck}=270$	$f_{ck}=350$
프리텐션 강연선(strand)	-	3,150
포스트텐션 긴장재(wire) 혹은 강연선	2,240	2,310
강 봉	1,540	1,610

AASHTO : American Association of State Highway Transportation Officials

〈표 7.5〉 PTI에 따른 손실

긴장재의 종류	전체 손실량 (단위: kgf/cm^2)	
	슬래브	보, 조이스트
응력완화(stress relieved) 270k 강연선 응력완화(stress relieved) 240k 긴장재	2,100	2,450
강 봉	1,400	1,750
저이완(low relaxation) 강연선	1,050	1,400

PTI : Posttensioning Institute

크리이프, 건조수축, 긴장재의 릴랙세이션(응력이완)의 시간적 손실과 정착부의 변형 등이 모두 끝난 후 긴장재에 발생하는 인장력을 유효 프리스트레스력이라 하고, 이를 P_e로서 표기하며, 식 (7.8)과 같이 산정된다.

$$P_e = R \cdot P_i \tag{7.8}$$

상기의 식에서 R은 유효율(effective ratio)이라 하며, 일반적으로 프리텐션의 경우 0.8, 포스트텐션의 경우 0.85로 적용된다.

이상과 같은 약산법 이외에 학회기준의 해설에 나타낸 방법과 컴퓨터 해석을 이용하여 가능한 한 정확한 값을 계산할 수 있는 방법도 있다. 그러나 크리프나 건조수축, 탄성수축, 긴장재의 응력이완 등의 값을 정확하게 예측하기 어렵기 때문에, 아무리 정교한 계산을 한다 할지라도 그 값을 정확한 값이라 할 수는 없다.

예 7·1 마찰손실 계산

그림 7.28에 표현된 4경간 연속 교량보는 $f_{pu}=18.97t/cm^2$이고 직경이 15mm인 20개의 스트

랜드로 구성된 긴장재로 포스트텐션을 가했다. 대칭인 긴장재는 f_{pu}의 75%까지, 즉 394.7t, 동시에 양단부에서 긴장한 후 정착하였다. 이러한 긴장재의 단면성능은 다음과 같다.

긴장재의 단면적 : $A_{ps} = 28cm^2$

긴장재의 탄성계수 : $E_p = 200{,}000kgf/cm^2$

곡 률 계 수 : $\mu = 0.2$

파 상 계 수 : $K = 0.002/m$

정착구의 변형 : $\Delta_{set} = 6\ mm$

1. 긴장작업으로 인한 예상 신장 길이의 계산.
2. 정착 후 긴장재력의 변화량 계산.

(1) 긴장재력의 변화 결정

각각의 포물선부위에 대한 $\mu\alpha + Kx$값을 먼저 결정한다. 각각 포물선 부분은 각 부위별로 각 변화α가 수평(0)인 한쪽 단부를 가지므로 경사진 단부의 기울기와 같다.

그림 7.22(a)와 식 (7.2)는 이러한 기울기를 찾기 위해 사용된다. 긴장하는 동안, 긴장재를 따라 x위치에서 힘은

$$P_x = P_A \cdot e^{-\Sigma(\mu\alpha + Kx)}$$

잭킹 후 긴장재력의 변화는 그림 7.28에 나타난 것과 같다.

(2) 신장의 계산

긴장재의 평균 힘은 아래와 같이 약산할 수 있다.

$$P_1 = 394.7\ -\ 1.393 \cdot 15.5\ =\ 373.1\ tf$$

$$\begin{aligned} P_{av} = [&\frac{1}{2}(394.7+375.75)\times 13.6 + \frac{1}{2}(375.75+352.86)\times 13.6 \\ &+ \frac{1}{2}(352.86+340.2)\times 3 + \frac{1}{2}(340.2+329.2)\times 3.6 \\ &+ \frac{1}{2}(329.2+308.6)\times 15.2 + \frac{1}{2}(308.6+289.3)\times 15.2 \\ &+ \frac{1}{2}(289.3+279.8)\times 3.6]/67.8 =\ 337.1\ tf \end{aligned}$$

위의 계산은 각 포물선 부분의 단부 사이에 선형적 힘의 변화를 가정한 것이다. 식 (7.4)로부터 예상한 신장은

$$\Delta = \frac{P_{av} \cdot \ell}{A_{ps} \cdot E_p} = \frac{(337.1 \cdot 10^3) \times (67.8 \cdot 10^2)}{28 \times 2,000,000} = 40.8\ cm$$

(3)정착장치

먼저 긴장재의 13.7m 길이 내에서 m 당 마찰 손실은

$$\frac{P_1 - P_2}{\ell_1} = \frac{394.7 - 375.75}{13.6} = 1.393\ tf/m$$

정착장치에 의해 영향을 받는 긴장재의 길이는 식 (7.7)에 의해 구한다.

$$\ell_{set} = \sqrt{\frac{\Delta_{set} \cdot A_{ps} \cdot E_p}{p}}$$

$$= \sqrt{\frac{0.006 \cdot 28 \cdot 2,000,000}{13.93}}$$

$$= 15.5\ m$$

ℓ_{set}가 $13.6m$를 초과하므로, 보다 정확한 해를 원한다면, m당 마찰계수 p는 재계산할 수 있다. 하여간, 이런 경우 미소한 차이는 무시한다.

식 (7.6)에서

$$\Delta P = 2 \cdot p \cdot \ell_{set}$$

$$= 2 \cdot 1.393 \cdot 15.5$$

$$= 43.18\ tf$$

그러므로 정착 후, 긴장재단부에서의 힘은

$$394.7 - 43.18 = 351.5\ tf$$

긴장재에서 이러한 힘은 $0.67f_{pu}$의 응력으로 ACI의 단부정착에서 허용되고 있는 $0.7f_{pu}$의 응력제한치보다 적다. 정착 후 힘의 변화는 그림 7.28에 나타나 있다.

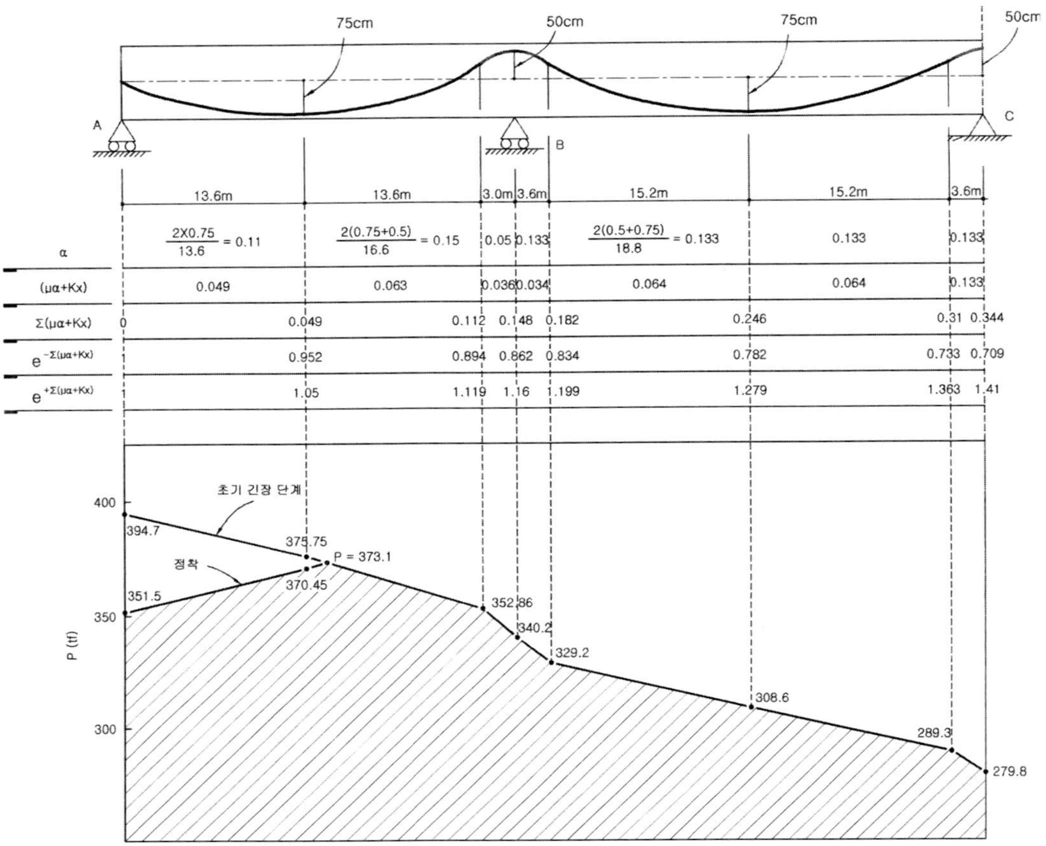
75cm
50cm
75cm
50cm
A
B
C
13.6m
13.6m
3.0m
3.6m
15.2m
15.2m
3.6m
α
(μα+Kx)
Σ(μα+Kx)
e^{-Σ(μα+Kx)}
e^{+Σ(μα+Kx)}
2X0.75 / 13.6 = 0.11
2(0.75+0.5) / 16.6 = 0.15
0.05
0.133
2(0.5+0.75) / 18.8 = 0.133
0.133
0.133
0.049
0.063
0.036
0.034
0.064
0.064
0.133
0
0.049
0.112
0.148
0.182
0.246
0.31
0.344
1
0.952
0.894
0.862
0.834
0.782
0.733
0.709
1
1.05
1.119
1.16
1.199
1.279
1.363
1.41
초기 긴장 단계
정착
P = 373.1
394.7
375.75
370.45
351.5
352.86
340.2
329.2
308.6
289.3
279.8
400
350
300
P (tf)

그림 7.28 마찰 손실

연습문제

7.1 그림 7.22(b)의 포물선3 하향곡률부에서 발생할 수 있는 문제점을 설명하고 그 대책을 서술하고 보강방안을 상세로 작성하시오.

7.2 그림과 같은 단순보의 경우 총 긴장력 102tf로 긴장하였을 경우 다음 계수들을 참조하여 긴장재 단부의 힘을 산정하고, 단위길이 당 손실량을 산정하시오

적용계수 : $f_{ck} = 350\ kgf/cm^2$

$f_{pu} = 16.3\ tf/cm^2$

$f_{pi} = 0.7 \cdot f_{pu}$

긴 장 재 : SWPC 7B $7 - \phi 12.7mm$

긴장재의 탄성계수 = $E_p = 200{,}000\ kgf/cm^2$

곡 률 계 수 : $\mu = 0.2$

파 상 계 수 : $k = 0.002/m$

정착구의 변형 : $\Delta_{set} = 6mm$

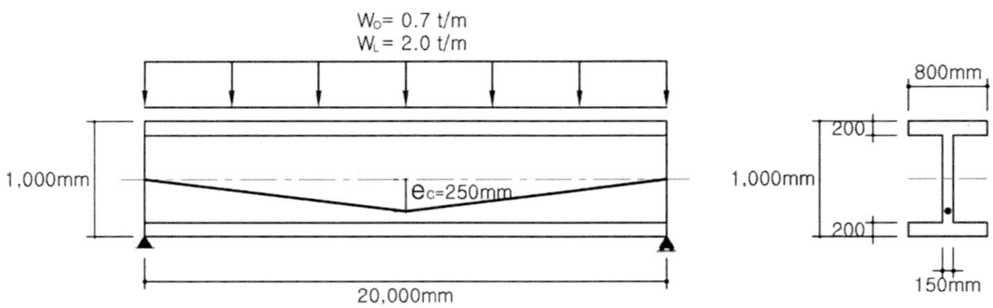

문 그림 7.1

8 장
연속보 및 골조

8.1 주모멘트, 2차모멘트, 단면 내 응력

외력이 없고 자중을 무시할 경우, 단순보의 경우에는 프리스트레싱된 보 지지점에 반력이 생기지 않는다(그림 8.1(a)). 즉, 보는 자체적으로 평형조건이 성립된 상태로서 단순보 단면에 프리스트레싱된 긴장재의 중심선에 단면의 합력이 작용한다(그림 8.1(b)). 그러나 연속보나 골조와 같은 부정정 구조물의 경우, 편심을 갖는 프리스트레싱력에 의하여 보 단면에 발생되는 변형이 지지점에 의하여 구속됨으로 인하여 지지점에 반력이 발생하게 된다(그림 8.2(a)). 지지점에서의 반력은 프리스트레싱 자체에 의한 응력에 영향을 줌으로 부정정 구조물의 단면 내 응력을 단순보에서와 같이 긴장재의 프리스트레싱력과 편심만을 고려하여 산정하면 안 된다. 그림 8.2(b)에 나타낸 것과 같이 임의 단면에서의 단면 내 압축응력의 중심은 긴장재 중심선과 일치하지 않을 수 있으며 그 위치도 변화한다. 부정정 구조물의 부재 단면 내 프리스트레싱에 의한 응력을 올바르게 산정하기 위하여는 먼저 프리스트레싱력에 편심을 곱하여 구한 모멘트(=주모멘트 또는 primary moment)에 반력에 의하여 발생되는 모멘트(= 이차모멘트 또는 secondary moment)를 함께 고려하여 산정하여야 한다.

그림 8.3은 직선 프리스트레싱 긴장재를 적용한 2경간 연속보를 나타낸다. 만일 이 보에 중간지지점이 없다면 긴장재의 프리스트레싱력에 의하여 보는 위로 변형하게 된다. 그러나 중간의 지지점에 의하여 실제의 연속보는 중간 지지점에서 수직 변형이 발생하지 않는다. 그림 8.3의 연속보의 경우, M/EI 도와 중첩법을 이용하여 다음과 같은 순서로 중간 지지점에서의 반력인 R_B를 산정할 수 있으며 R_B를 산정한 후에 이의 영향을 고려한 최종적인 부재 내 응력을 산정할 수 있다.

1) 중간 지지점을 없애고 정정으로 치환한 보의 지간 중간(B지점)에서의 처짐($\delta_{B,0}$)을 산정한다. 이때, 중간점에서의 처짐 $\delta_{B,0}$는 긴장재의 주모멘트(= 프리스트레싱력×편심)에 의하여 발생하는 처짐이다.

$$\delta_{B,0} = \frac{P_i \cdot e \cdot \ell^2}{2EI} \tag{8.1}$$

2) 중간 지지점을 없애고 정정으로 치환한 보의 B점에서의 단위 집중하중에 의한 중간점에서의 처짐을 산정한다.

$$\delta_{B,1} = \frac{\ell^3}{6EI} \tag{8.2}$$

3) 실제구조물의 중간 지지점(B점)에서의 처짐이 발생하지 않는 것에 근거하여 아래 식을 적용, 반력 R_B 를 산정한다.

$\delta_{B,0} + (-\delta_{B,1} \cdot R_B) = 0$으로부터

$$\delta_{B,0} = \delta_{B,1} \cdot R_B$$

또는

$$\frac{P_i \cdot e \cdot \ell^2}{2EI} = R_B \cdot \frac{\ell^3}{6EI}$$

따라서

$$R_B = 3 \cdot \frac{P_i \cdot e}{\ell} \tag{8.3a}$$

양단 지지점에서의 반력은 $R_A = R_C = \frac{3}{2} \cdot \frac{P_i \cdot e}{\ell}$ (8.3b)

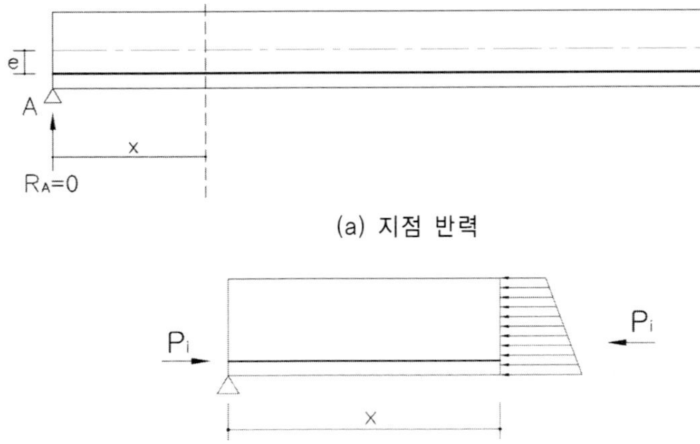

(a) 지점 반력

(b) 자유물체도

그림 8.1 단순 지지된 프리스트레스트 보 및 자유물체도

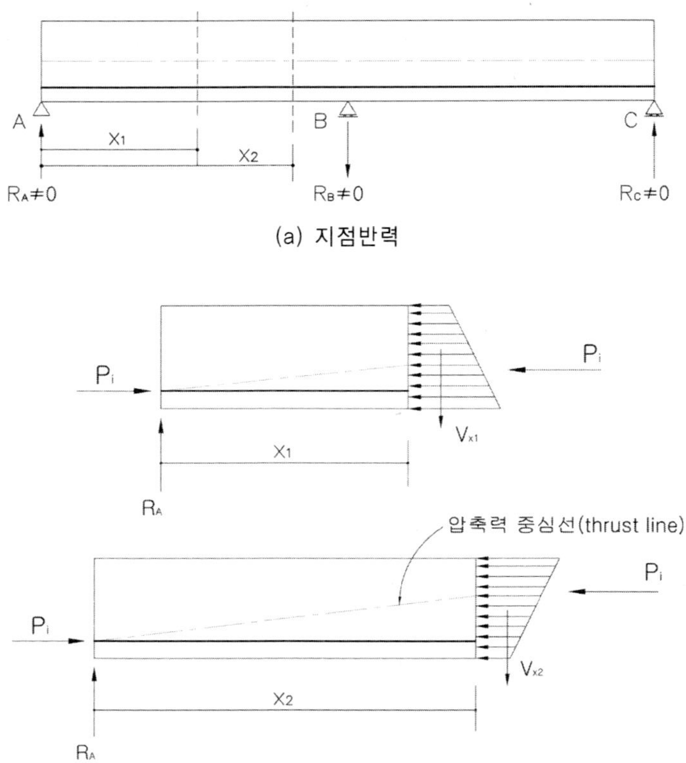

(a) 지점반력

(b) 자유물체도

그림 8.2 연속 프리스트레스트 보와 자유물체도

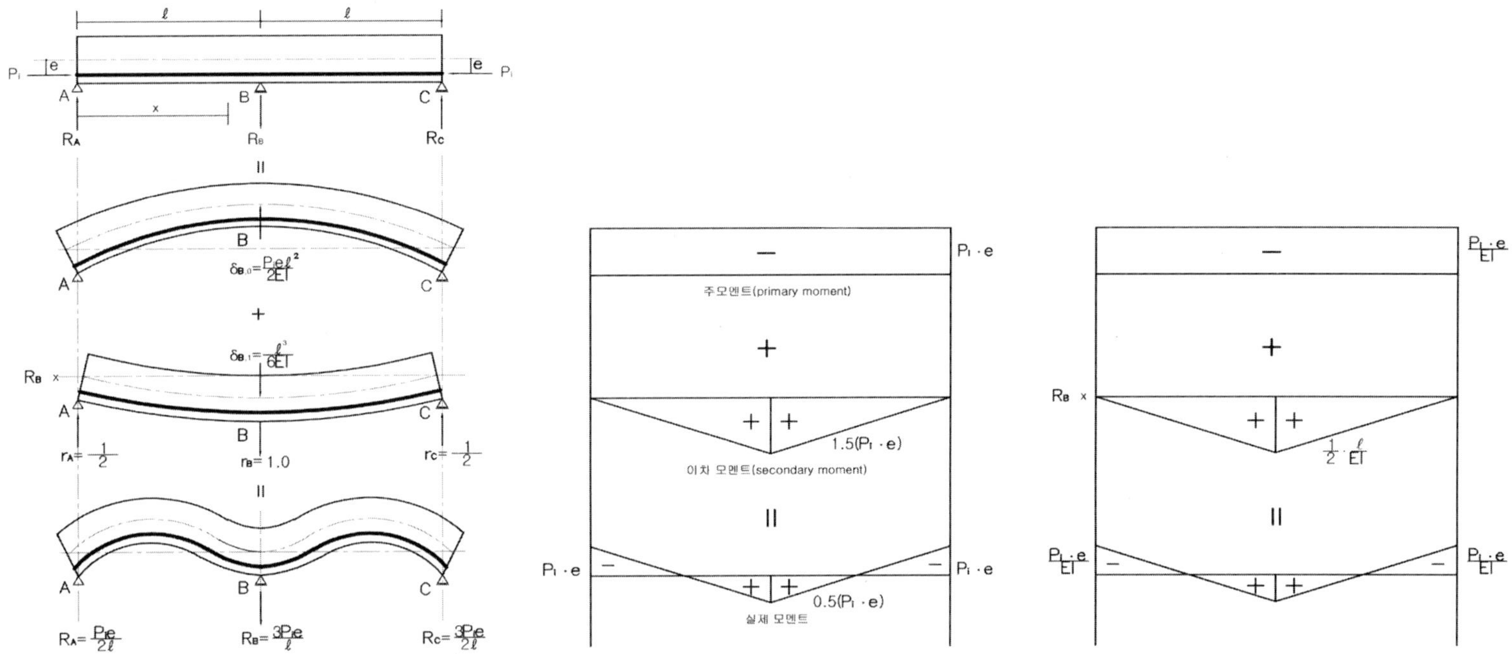

(a) 변형 모습 (b) 모멘트도 (c) M/EI 도

그림 8.3 2경간 연속보에서의 모멘트도

4) 지점으로부터 거리 x $(0 \leq x \leq l)$ 만큼 떨어진 곳에서의 단면 내 응력을 다음과 같이 산정한다.

(1) 단면 내에 작용하는 모멘트

$$M_x = M_{1,x} + M_{2,x} \tag{8.4}$$

여기서 :

$M_{1,x} = -P_i \cdot e_x = -P_i \cdot e$ (주모멘트 또는 primary moment)

$M_{2,x} = R_A \cdot x = \frac{3}{2} \cdot \frac{P_i \cdot e}{\ell} \cdot x$ (2차모멘트 또는 secondary moment)

(2) 단면 내 응력

연속보의 임의 단면 상·하단에 발생하는 응력은 아래 식으로 구할 수 있다.

$$f_i = -\frac{P}{A_c} \pm - \frac{M_x \cdot c_i}{I} \tag{8.5}$$

단, 상기 식에서 프리스트레싱력만 있고 외력이 없을 경우, 임의 점 x에서의 M_x의 값은 $M_x = M_{1,x} + M_{2,x}$로서 주모멘트와 2차 모멘트의 합이다.

그림 8.3의 2경간 프리스트레스트 보의 경우, 주모멘트는 보를 위로 변형을 일으키게 하므로 단면 내에 부모멘트를 발생시키는 반면, 2차 모멘트는 보를 아랫방향으로 변형을 일으킴으로 정모멘트를 발생시킴에 유의하여야 할 필요가 있다. 또한 이차모멘트는 지지점에 발생되는 집중하중 형태의 반력에 따른 모멘트이므로 그 크기가 보 길이를 따라 항상 직선 변화함을 알 수 있다. 이차모멘트는 경우에 따라 주모멘트보다 더 큰 값을 가질 수 있으므로 설계 시 이를 반드시 반영하여야 한다.

지지점 A로부터 거리 x만큼 떨어진 단면의 단면 응력의 등가합력(C)의 중심은 반력 R_A의 영향으로 긴장재 중심으로부터 y_x만큼 이동하여 작용한다. 그림 8.4(a)의 자유물체도에서 x 거리를 모멘트 중심으로 하여 모멘트에 대한 평형조건식을 세우면

$$R_A \cdot x = C \cdot y_x$$

상기에서 $C = P_i$이므로,

$$y_x = \frac{R_A \cdot x}{P_i} = \frac{M_{2,x}}{P_i} \tag{8.6}$$

임을 알 수 있다.

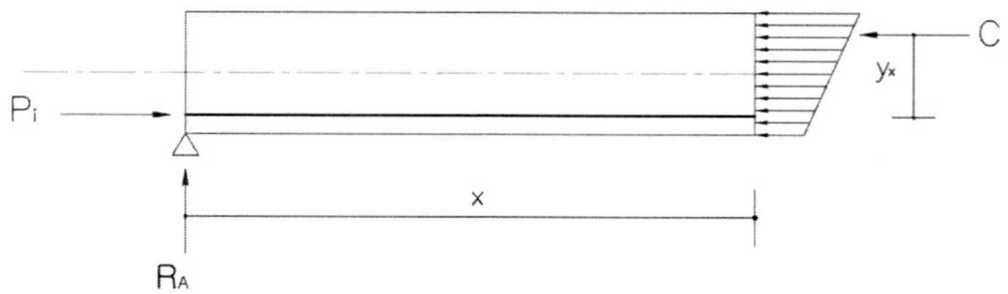

(a) X지점에서의 단면 내 응력

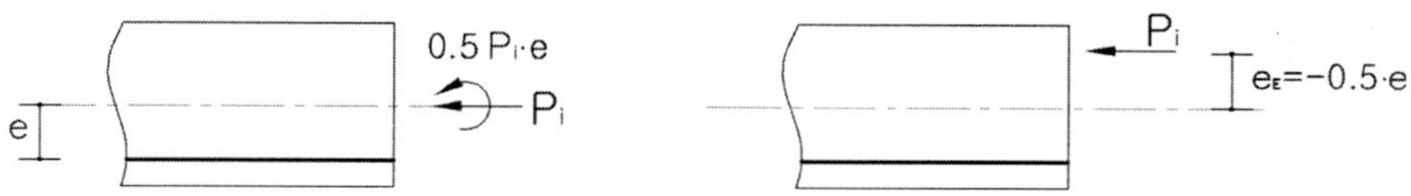

(b) B 지점($x = \ell$)에서의 단면 내 응력

그림 8.4 지지점 A로부터 거리 x 및 ℓ만큼 떨어진 단면에서의 자유물체도

그림 8.4(b)와 같이 지지점 B에서 보 상·하단의 응력 크기는 다음과 같이 산정된다. 지지점 B에서의 M_x는 식(8.4)에 의하여

$$M_x = -P_i \cdot e + \frac{3}{2} \cdot \frac{P_i \cdot e}{\ell} \cdot l = 0.5 P_i \cdot e$$

이므로

$$f_1 = -\frac{P_i}{A_c} - \frac{0.5 P_i \cdot e \cdot c_1}{I_c} \tag{8.7a}$$

$$= -\frac{P_i}{A_c}\left(1 - \frac{e_E \cdot c_1}{r^2}\right)$$

$$f_2 = -\frac{P_i}{A_c} + \frac{0.5P_i \cdot e \cdot c_2}{I_c} \tag{8.7b}$$

$$= -\frac{P_i}{A_c}\left(1 + \frac{e_E \cdot c_2}{r^2}\right)$$

여기서, $e_E = -0.5e$이다.

8.2 등가하중에 의한 모멘트 산정

등가하중(equivalent load) 개념을 적용하여 프리스트레싱력을 등가의 외부하중으로 치환한 후, 모멘트 분배법이나 구조해석 프로그램 등 적절한 부정정 해석법을 사용하여 프리스트레싱된 부재 단면에 작용하는 모멘트를 산정할 수 있다. 이때 산정되는 모멘트(M)는 주모멘트(M_1)와 2차모멘트(M_2)의 합인 실제 단면 내에 발생되는 모멘트이다.

$$M = M_1 + M_2 \tag{8.8}$$

이차모멘트는 해석에 의하여 구한 모멘트 M으로부터 주모멘트인 $M_1 (= P_i \cdot e)$을 감하여 산정할 수 있다.

$$M_2 = M - M_1 \tag{8.9}$$

모멘트 분배법을 적용하기 위하여는 고정단 모멘트(fixed end moment)를 산정할 수 있어야 한다. 아래에서는 다양한 긴장재 배치 형태를 갖는 보의 등가하중 및 고정단 모멘트 산정법에 대하여 기술하였다.

8.2.1 등가하중

1) 반경 R의 원형 곡률을 갖는 경우

그림 8.5는 전체 길이가 ℓ이고 반경 R의 곡률을 갖는 원형형태로 배치된 긴장재의 일부 구간(Δx)을 나타낸다. 긴장재의 일부 구간 Δx에 대하여 프리스트레싱력 P의 수직분력 $P_i \cdot \sin\theta$에 의하여 다음과 같은 단위길이 당 수직분력인 w가 발생한다.

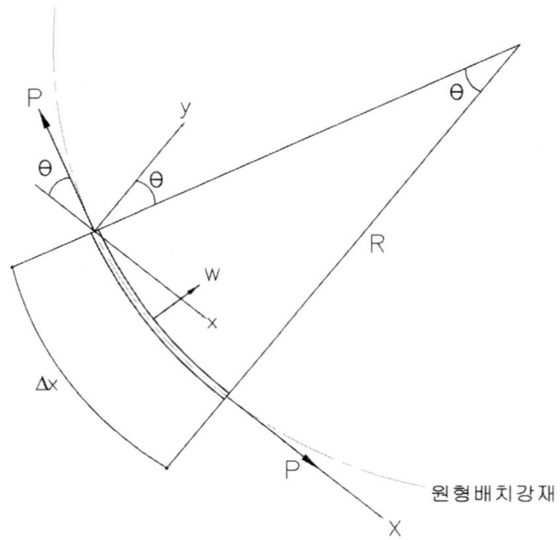

그림 8.5 원형 긴장재의 등가력

$$w \cdot R \cdot \theta = P \cdot \sin\theta$$

또는

$$w = \frac{P \cdot \sin\theta}{R \cdot \theta} \simeq \frac{P \cdot \theta}{R \cdot \theta} = \frac{P}{R} \quad (\theta \simeq 0) \tag{8.10}$$

한편, $\Delta x = R \cdot \theta$로부터 긴장재 곡률에 대한 반경은 $R = \frac{\Delta x}{\theta}$이므로 상기 식의 수직분력 w는 다음과 같다.

$$w = \frac{P \cdot \theta}{\Delta x} \tag{8.11}$$

따라서 보의 양단에서의 각도가 θ_E일 경우 원형 긴장재 길이 ℓ을 따라 발생되는 수직 분포력의 크기는 다음과 같다.

$$w = \frac{P_i \cdot \theta_E}{\ell} \tag{8.12}$$

양단에서의 등가의 축력, 전단력, 모멘트는 다음과 같다.

축 력 : $P \cdot \cos\theta_E \simeq P$

전단력 : $P \cdot \sin\theta_E \simeq P \cdot \theta_E = \frac{1}{2} P \cdot \theta$ (8.13)

모멘트 : $P \cdot e$

상기 등가하중들은 수평, 수직, 모멘트에 대한 평형조건들 $\Sigma F_x = 0$, $\Sigma F_y = 0$, $\Sigma M = 0$을 만족함을 알 수 있다.

2) 포물선 긴장재의 경우

그림 8.6(a)은 길이가 ℓ인 긴장재가 단부에서 θ_E만큼 각도를 갖는 포물선 형태로 긴장된 프리스트레스 보를 나타낸다. 포물선 긴장재의 최대 새그(sag) δ가 보 경간의 중간에 위치할 경우, 최대 새그(sag) 점을 $x-y$좌표의 원점으로 하면 포물선 식은 다음과 같이 나타낼 수 있다.

$$y = \frac{4\delta}{\ell^2} x^2 \tag{8.14}$$

따라서 포물선 긴장재의 임의 점 x에서의 곡률은 $y''(x) = \frac{8 \cdot \delta}{\ell^2} \simeq \frac{1}{R}$이므로 $R = \frac{\ell^2}{8 \cdot \delta}$이다. 한편, $w \simeq \frac{P_i}{R}$이므로 포물선 긴장재의 등가분포하중은 다음과 같다.

$$w \simeq \frac{P}{R} = \frac{8P \cdot \delta}{\ell^2} \tag{8.15}$$

이 보의 양단에서의 등가의 축력, 전단력, 모멘트는 다음과 같다(그림 8.6b).

축 력 : $P \cdot \cos\theta_E \simeq P$

전단력 : $P \cdot \sin\theta_E \simeq P \cdot \theta_E = \frac{1}{2} P \cdot \theta$ $(\theta = 2\theta_E = \frac{8\delta}{\ell})$ (8.16)

모멘트 : $P \cdot e$

만일 그림 8.6(c)와 같이 긴장재가 자유단에서 부분 포물선 형태로 긴장된 경우, 자유단으로부터 포물선 긴장재의 형태가 끝나는 점에서의 도심과 긴장재 중심간 거리를 δ이라 하면 최대 새그(sag)는 $\ell/2$에서 $\delta = \frac{\delta'}{2} - \frac{\delta'}{4} = \frac{\delta'}{4}$이므로 이를 $w = \frac{8P \cdot \delta}{\ell^2}$에 대입하면 $w = \frac{2P \cdot \delta'}{\ell^2}$가 된다.

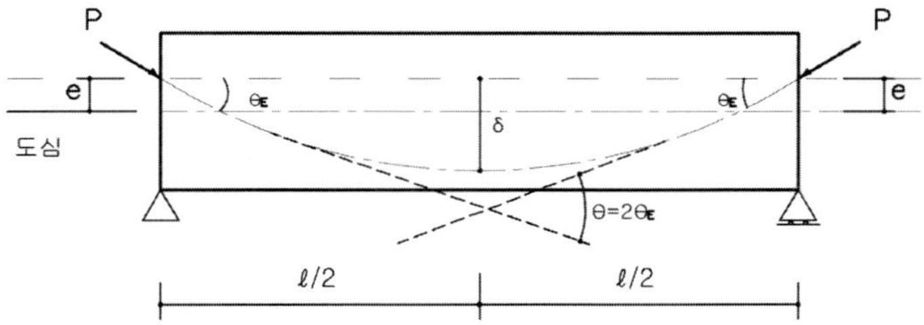

(a) 긴장재 배치

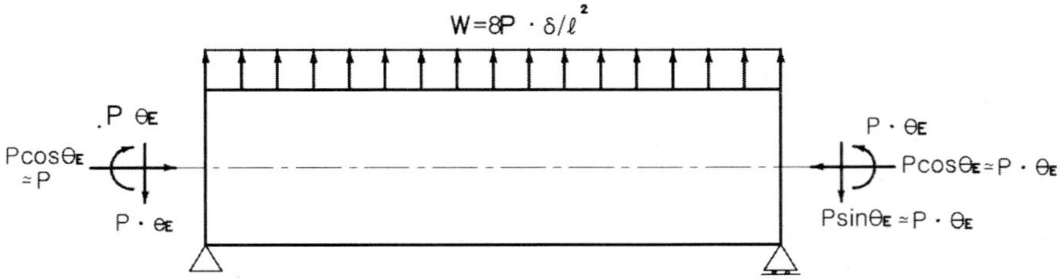

(b) 위의 (a)긴장재에 의한 등가력

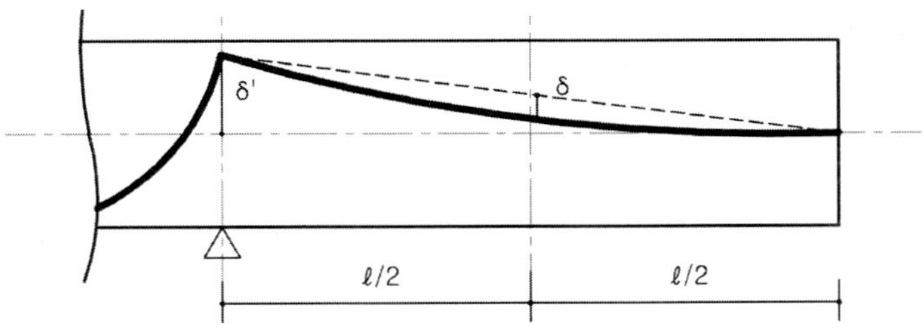

(c) 자유단

그림 8.6 포물선 긴장재와 등가력

3) 직선 긴장재의 경우

그림 8.7(a)와 같이 직선긴장재의 경우에는 직선 긴장재 부분에 대하여 곡률이 없으므로 곡률반경은 이론적으로 $R=\infty$가 된다. 따라서 $w \simeq P/R=0$이 되어 분포하중은 존재하지 않는다. 그러나 직선긴장재가 각도를 갖고 꺾일 경우, 이로 인하여 이 부분에 등가의 집중하중이 발생하게 된다. 꺾인 점에서 등가하중 F는 다음과 같다.

$$F=2\cdot P\sin\theta_E \quad (8.17)$$

한편, $\sin\theta_E \simeq \dfrac{\delta}{\ell/2} = \dfrac{2\delta}{\ell}$ 이므로

$$F = 2 \cdot P \cdot \sin\theta_E = \frac{4P \cdot \delta}{\ell} \tag{8.18}$$

와 같다. 양단에서의 등가의 축력, 전단력, 모멘트는 다음과 같다(그림 8.7(b)).

$$\begin{aligned} &\text{축 력} : P \cdot \cos\theta_E \simeq P \\ &\text{전단력} : P \cdot \sin\theta_E \simeq P \cdot \theta_E \\ &\text{모멘트} : P \cdot e \end{aligned} \tag{8.19}$$

만일 직선 긴장재가 그림 8.7(c)와 같이 수직선을 중심으로 대칭되도록 꺾인 형태가 아닐 경우, 프리스트레싱력 P에 의하여 보 단면에 수직력으로 작용하는 힘 F의 크기는 다음과 같다.

$$\begin{aligned} F &= P \cdot \sin\theta_1 + P \cdot \sin\theta_2 \\ &\simeq P \cdot \theta_1 + P \cdot \theta_2 = P \cdot (\theta_1 + \theta_2) \\ &= P \cdot \theta \end{aligned} \tag{8.20}$$

상기에서 설명한 등가하중들을 아래 그림 8.8에 정리하여 나타내었다. 그림 8.9는 포물선 긴장재와 직선 긴장재가 혼재하는 보의 등가력에 대하여 개념적으로 나타내고 있다.

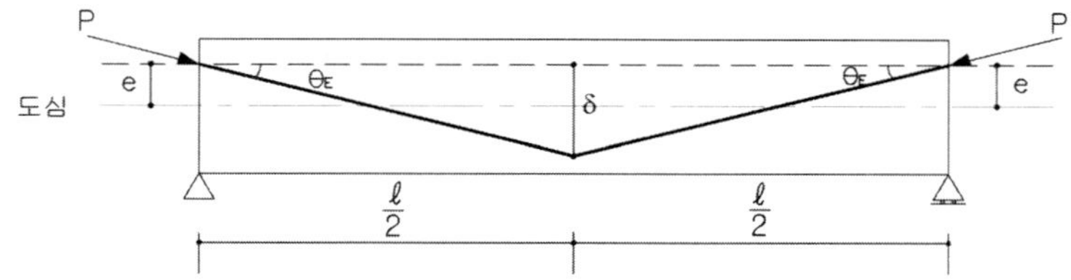

(a) 직선변화 긴장재

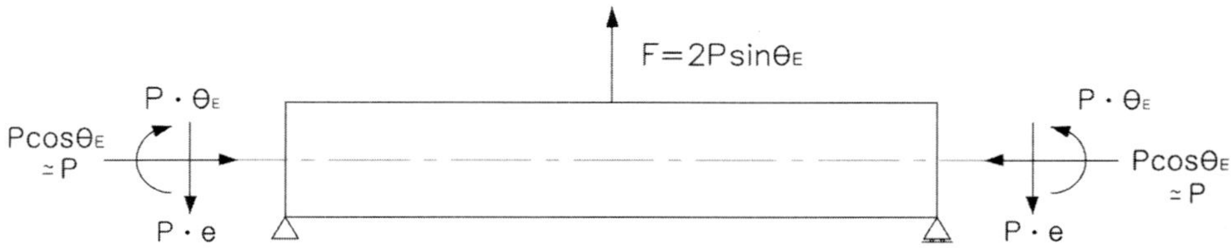

(b) 등가력

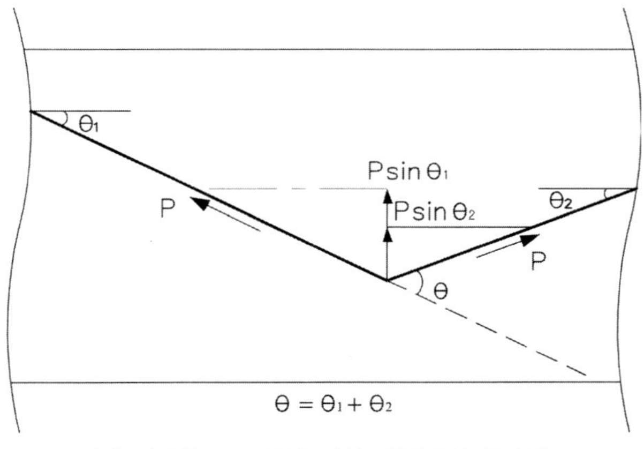

(c) 비대칭으로 꺽인 직선 긴장재의 등가력

그림 8.7 직선 긴장재의 등가력

<table>
<tr><th></th><th>강선배치형상</th><th>등가하중</th><th>w 또는 F의 크기</th></tr>
<tr><td>원형 또는 포물선</td><td>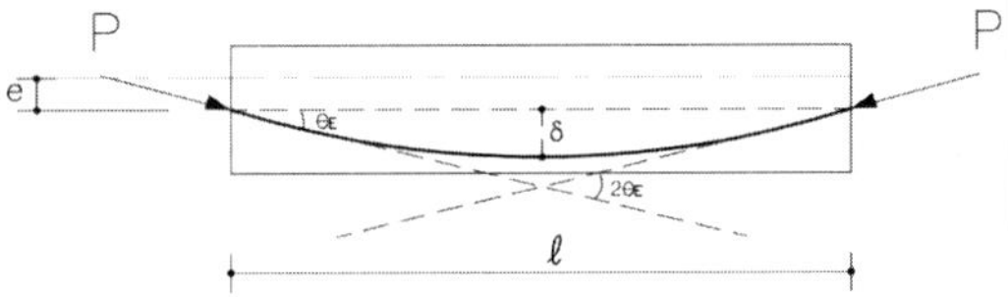</td><td>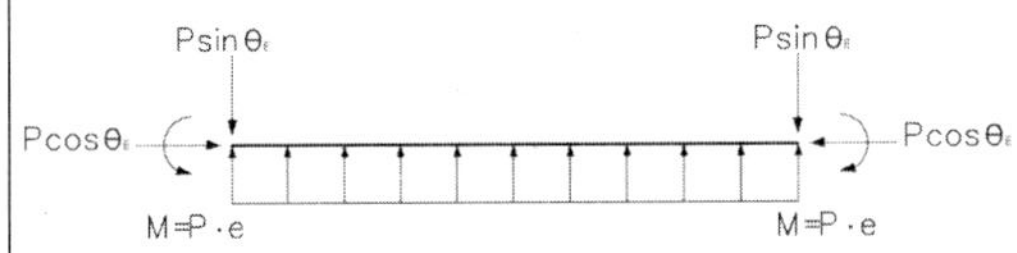</td><td>원형배치
$w=\frac{P}{R}=\frac{P\cdot R}{\ell,}\quad F=0$
포물선 배치
$w=\frac{8P\delta}{\ell^2},F=0$</td></tr>
<tr><td>꺾인 직선</td><td>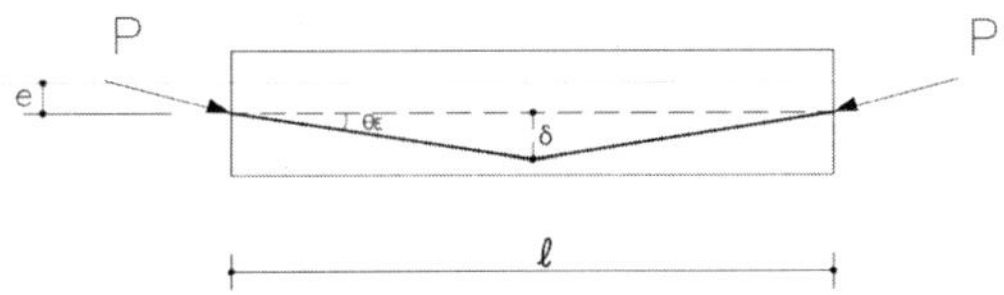</td><td>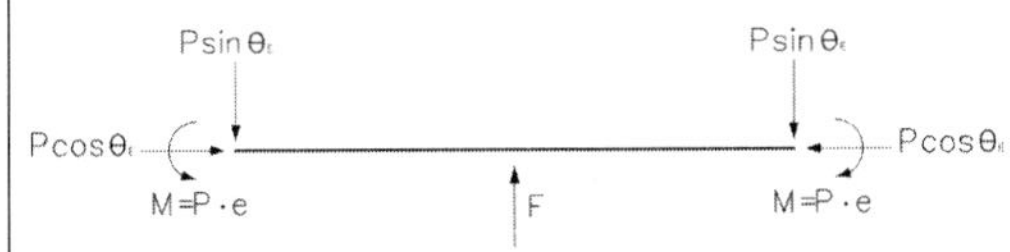</td><td>$w=0$
$F=\frac{4P\delta}{\ell}$</td></tr>
<tr><td>단부 포물선</td><td>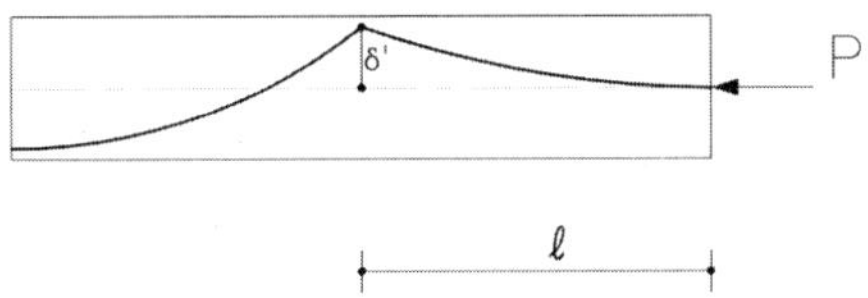</td><td>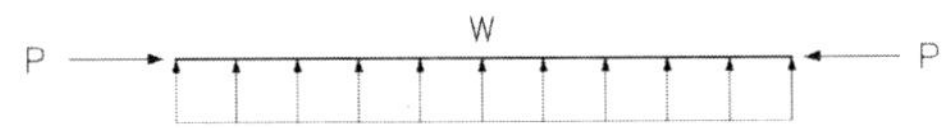</td><td>$w=\frac{2P\delta}{\ell^2}$
$F=0$</td></tr>
<tr><td>일직선</td><td>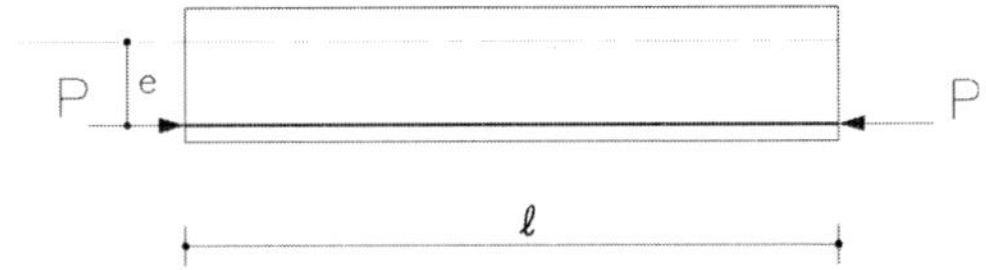</td><td>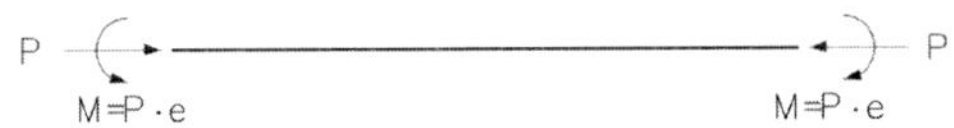</td><td>$w=0$
$F=0$</td></tr>
</table>

그림 8.8 긴장재 배치형상에 따른 등가하중

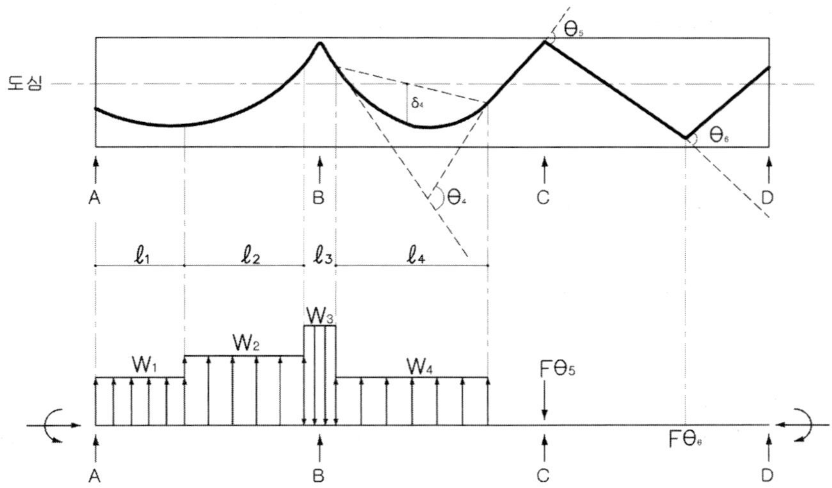

그림 8.9 포물선 및 직선 긴장재가 혼재하는 경우의 등가하중

8.2.2 고정단 모멘트

여러 형태의 하중에 대하여 고정단부에 발생되는 고정단 모멘트(fixed end moment)를 그림 8.10에 정리하였다. 앞의 8.2.1절의 설명에 따라 긴장재력을 등가력으로 환산한 후, 이를 마치 외력처럼 구조물에 가함으로써 내력들을 산정할 수 있다. 이 때, 외력(즉, 등가하중)에 대한 구조물의 내력들은 부정정 구조물의 해석법(예를 들면 모멘트 분배법, 매트릭스 구조해석, 유한요소법 등)을 적용하여 산정할 수 있다.

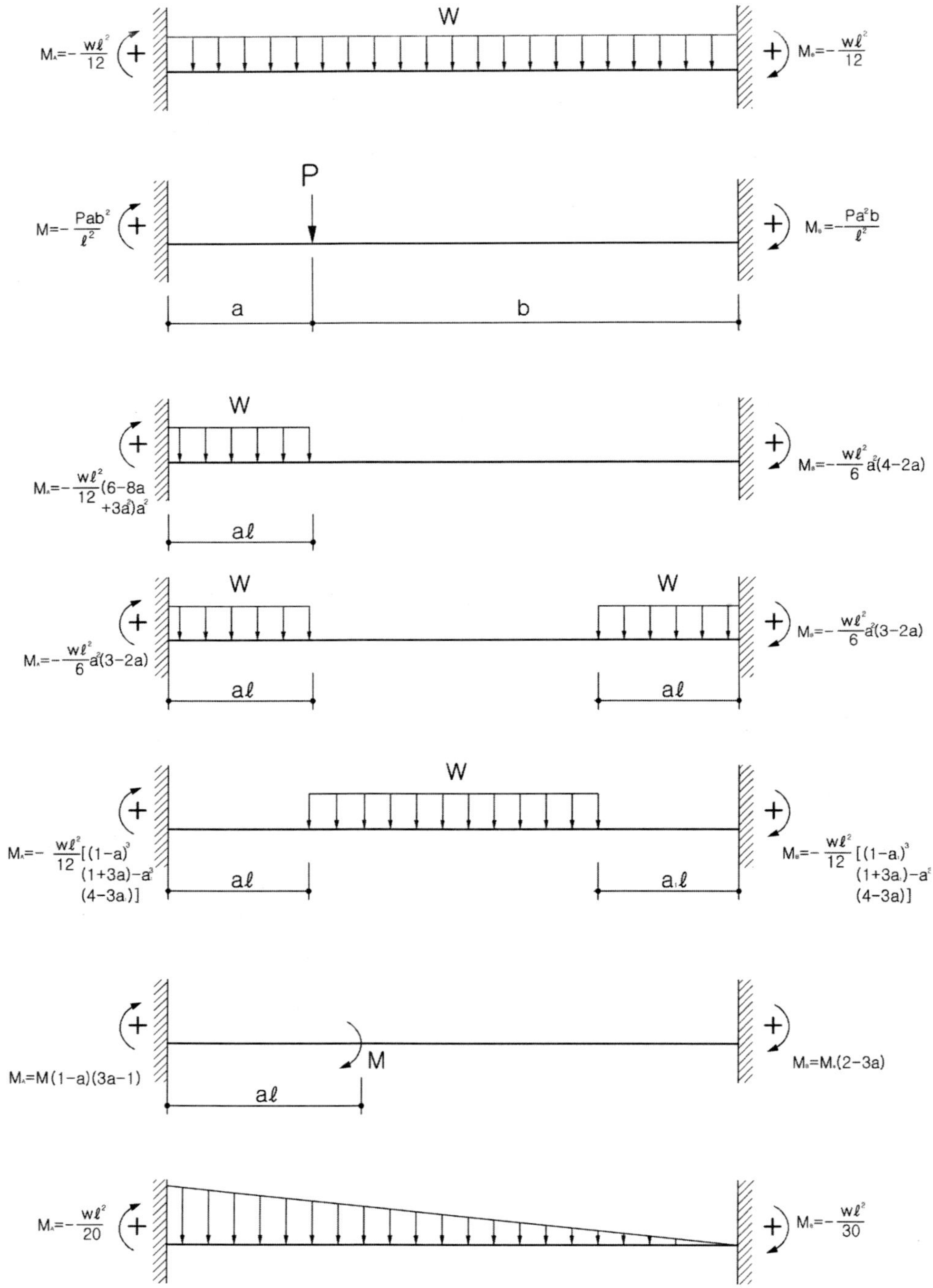

그림 8.10 여러 형태의 하중에 대한 고정단 모멘트

8.2.3 다곡률을 갖는 경우

그림 8.11과 같이 한 부재 내에서 곡률이 한번 이상 변하는 포물선 긴장재를 사용한 경우에는 다음과 같은 등가 등분포력을 사용할 수 있다.

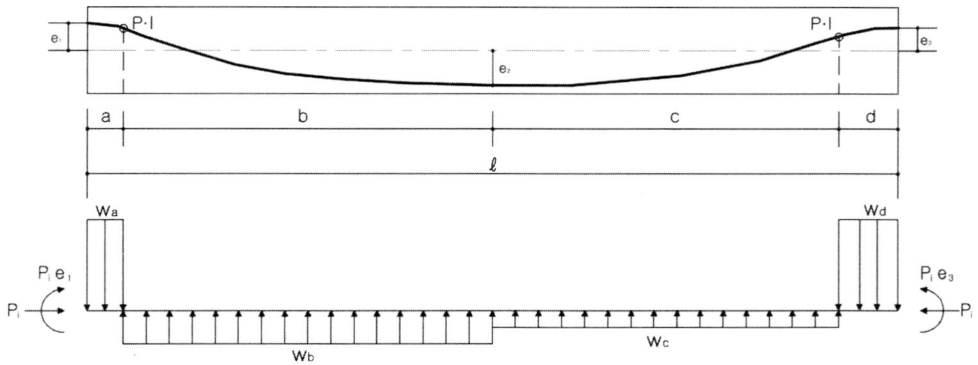

그림 8.11 한 부재 내 곡률이 한번 이상 변하는 포물선 긴장재를 사용한 경우의 등가력

$$w_a = -\frac{2P_i(e_1+e_2)}{a(a+b)} \tag{8.21a}$$

$$w_b = \frac{2P_i(e_1+e_2)}{b(a+b)} \tag{8.21b}$$

$$w_c = \frac{2P_i(e_2+e_3)}{c(c+d)} \tag{8.21c}$$

$$w_d = -\frac{2P_i(e_2+e_3)}{d(c+d)} \tag{8.21d}$$

8.3 연속보 또는 골조의 모멘트 산정

두 개 이상의 경간을 갖는 연속보나 또는 골조의 경우, 프리스트레싱력에 의한 부재 내 응력을 산정하기 위하여는 프리스트레싱력에 의한 등가하중을 올바르게 산정하는 것이 선행되어야 한다. 등가하중이 결정되면 이에 따른 고정단 모멘트를 산정한 후 모멘트 분배법을 적용하여 프리스트레싱력에 의한 단면 내 모멘트를 구할 수 있다. 아래에서는 모멘트 분배법에 의한 모멘트 산정에 대하여 설명하였다.

8.3.1 모멘트 분배법에 의한 모멘트 산정

모멘트 분배법에 의하여 연속보의 모멘트 및 단면 내 응력을 산정할 수 있다.

예 8·1 포물선 긴장재로 배근된 2경간 연속보의 응력산정

예 그림 8.1(a) 와 같이 포물선 긴장재로 배근된 2경간 연속보의 경우에 대하여 모멘트 분배법을 적용하여 단면 내 모멘트 및 응력을 산정하라. 긴장재는 양단 A 및 C에서 P_i로 긴장되어 있고 경간 중간에서의 편심 및 연속지점부에서의 편심은 e이다.

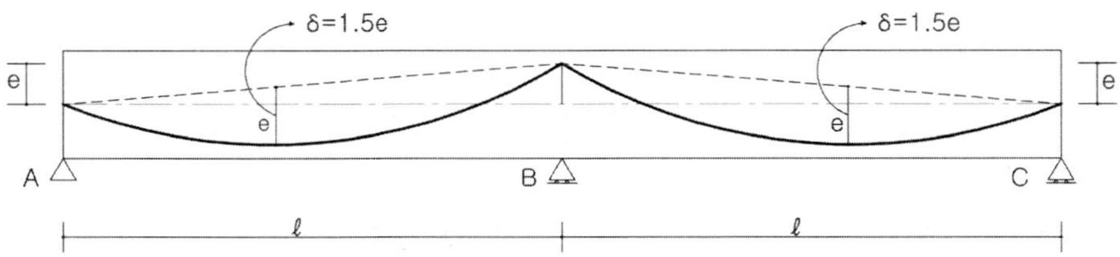

예 그림 8.1(a) 포물선 긴장재를 갖는 2경간 프리스트레스 연속보

1) 8.2절의 식 (8.15)에 의하여 등가력을 산정한다. AB 및 BC 포물선 긴장재의 최대 새그(sag)는 예 그림 8.1(a)과 같이 $\delta = 1.5e$이다. 따라서 등가하중은

$$w \simeq \frac{P_i}{R} = \frac{8P_i \cdot \delta}{\ell^2} = \frac{12P_i \cdot e}{\ell^2}$$

이다. 시계방향 모멘트를 양의 방향 모멘트로 한다(+).

(1) 보 AB의 A 및 B단에서의 양단 고정모멘트:

$$M_A = \frac{w\ell^2}{12} = \frac{12P_i \cdot e}{\ell^2} \cdot \frac{\ell^2}{12} = P_i \cdot e$$
$$= -M_B$$

(2) 보 BC의 B 및 C단에서의 양단 고정모멘트:

$$M_B = \frac{w\ell^2}{12} = \frac{12P_i \cdot e}{\ell^2} \cdot \frac{\ell^2}{12} = P_i \cdot e$$
$$= -M_C$$

2) 모멘트 분배

아래 〈예 표 8.1(a)〉와 같이 모멘트 분배를 실시하여 고정단 모멘트를 분배하여 지점 B에서의 BA 및 BC방향의 모멘트를 산정한다.

3) 보 경간에서의 모멘트

각 지점에서의 모멘트가 구해지면 2차 모멘트가 직선변화 하는 것과 최종모멘트가 주모멘트와 2차 모멘트의 합인 것을 이용하여 경간 중간에서의 모멘트도 구할 수 있다. 〈예 표 8.1(a)〉의 지점 최종 모멘트 M으로부터에서 지점에서의 2차 모멘트를 아래와 같이 산정한다.

$$M_2 = M - M_1 = M(x) - P_i \cdot e(x)$$

우선 최종 모멘트의 값을 구한 A 및 B 지점에 대한 2차 모멘트를 상기식에 따라 산정하면 〈예 표 8.1(b)〉의 값들을 얻는다.

〈예 표 8.1(a)〉 포물선 긴장재로 배근된 2경간 연속보 모멘트 분배

분배 계수	1.0 AB		1/2 BA	1/2 BC		1.0 CB
고정단 모멘트	$P_i \cdot e$		$-P_i \cdot e$	$P_i \cdot e$		$-P_i \cdot e$
전달 모멘트	$-P_i \cdot e$	0.5 →	$-0.5P_i \cdot e$	$0.5P_i \cdot e$	0.5 ←	$P_i \cdot e$
단부기존 절점 모멘트	0	0.5 →	0	0	0.5 ←	0
최종모멘트 M	0		$-1.5P_i \cdot e$	$1.5P_i \cdot e$		0

지점 A 및 B에서 2차 모멘트 값들이 구해지면 2차 모멘트는 직선변화하므로 임의 위치 x에서의 이차모멘트 값들을 알 수 있다. 예를 들면 보 AB경간 중간에서의 이차모멘트 값은 $-0.5P_i \cdot e$의 반 값인 $-0.25P_i \cdot e$가 된다. 마찬가지로 보 BC경간 중간에서의 이차모멘트 값은 $0.5P_i \cdot e$의 반 값인 $0.25P_i \cdot e$가 된다 (〈예 표 8.1(b)〉 참조). 한편, 경간 중간에서의 주모멘트는 AB 및 BC경간에서 각각 $P_i \cdot e$ 및 $-P_i \cdot e$이다. 따라서 경간 중간에서의 최종 모멘트는 다음과 같다 (〈예 표 8.1(b)〉 및 예 그림 8.1(b) 참조).

경간 AB : $M = M_1 + M_2 = P_i \cdot e + (-0.25P_i \cdot e) = 0.75P_i \cdot e$

경간 BC : $M = M_1 + M_2 = -P_i \cdot e + 0.25P_i \cdot e = -0.75P_i \cdot e$

〈예 표 8.1(b)〉 지점에서의 최종 모멘트를 이용한 경간 중간 모멘트 산정

절점	경간 AB			경간 BC		
	A	중간	B	B	중간	C
최종 모멘트 $M=M_1+M_2$	0	$0.75P_i \cdot e$	$-1.5P_i \cdot e$	$1.5P_i \cdot e$	$-0.75P_i \cdot e$	0
주모멘트 $M_1=P_i \cdot e(x)$	0	$P_i \cdot e$	$-P_i \cdot e$	$P_i \cdot e$	$-P_i \cdot e$	0
2차 모멘트 $M_2=M-M_1$	0	$-0.25P_i \cdot e$	$-0.5P_i \cdot e$	$0.5P_i \cdot e$	$0.25P_i \cdot e$	0

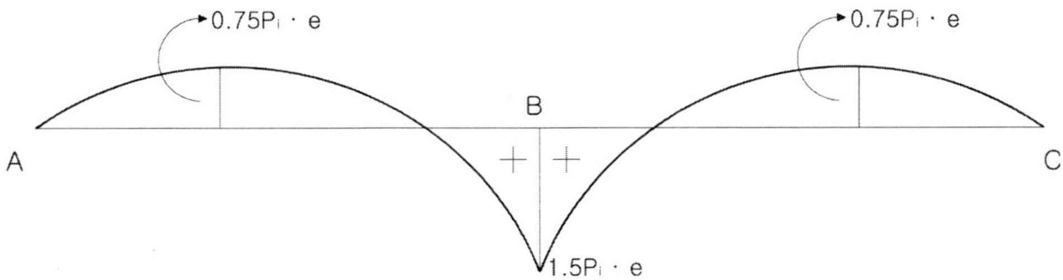

예 그림 8.1(b) 최종 모멘트 도

3) 응력의 산정

상기 표에서와 같이 최종 모멘트가 산정되면 임의 단면에서의 상 · 하단에 발생하는 응력을 산정할 수 있다. 예를 들면 보 AB경간 중간에서 모멘트의 크기가 $0.75P_i \cdot e$이므로 시계방향의 모멘트(즉, 부모멘트)가 단면에 작용하고 있으며 이 모멘트에 의해서 상단은 인장응력을, 하단은 압축응력을 받고 있음을 알 수 있다. 따라서 보 경간 중간에서의 보 단면 상·하단에서의 응력의 크기는 다음과 같다.

$$\text{상단} : f_1 = -\frac{P_i}{A_c} + \frac{M_x \cdot c_1}{I_c} = -\frac{P_i}{A_c} + \frac{0.75P_i \cdot e \cdot c_1}{I_c}$$

$$\text{하단} : f_1 = -\frac{P_i}{A_c} - \frac{M_x \cdot c_1}{I_c} = -\frac{P_i}{A_c} - \frac{0.75P_i \cdot e \cdot c_1}{I_c}$$

예 8 · 2 직선변화 긴장재로 배근된 2경간 연속보의 응력산정

예 그림 8.2와 같은 직선변화 긴장재로 프리스트레싱된 연속보의 B점에서의 상 · 하단 응력을 산정하라. 긴장재는 양단 A 및 C에서 P_i로 긴장되어 있고 경간 중간에서의 편심은 예 그림 8.2와 같다.

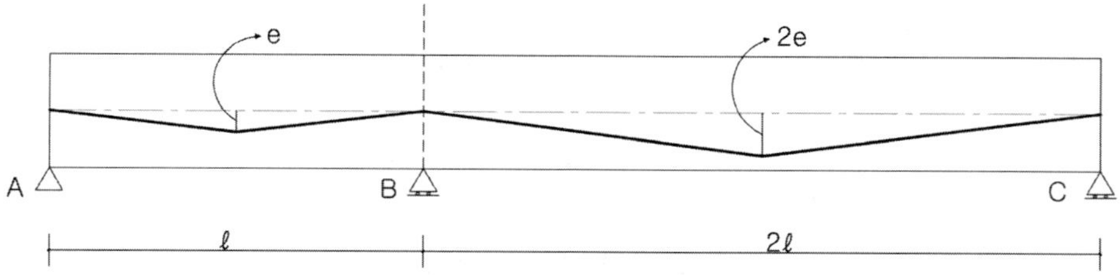

예 그림 8.2 직선변화 긴장재를 갖는 2경간 프리스트레스트 보

1) 8.2절의 식 (8.18)에 의하여 양단 모멘트를 산정한다. 직선 긴장재의 최대 새그(sag)는 AB 경간의 경우 $\delta = e$이고 BC경간의 경우 $\delta = 2e$이다. 등가력은 경간 AB 및 BC의 경우 다음과 같다.

$$\text{경간 AB : } F_1 = \frac{4P \cdot \delta}{\ell} = \frac{4P \cdot e}{\ell}$$

$$\text{경간 BC : } F_2 = \frac{4P \cdot \delta}{2\ell} = \frac{4P \cdot 2e}{2\ell} = \frac{4P \cdot e}{\ell}$$

상기의 등가력을 이용하여 각 보의 양단 고정모멘트를 구한다. 아래 식에서 시계방향의 모멘트를 양의 모멘트로 한다.

(1) 보 AB의 A 및 B 단에서의 양단 고정모멘트 :

$$M_A = \frac{F_1 \cdot \ell}{8} = 0.5P \cdot e = -M_B$$

(2) 보 BC의 B 및 C 단에서의 양단 고정모멘트:

$$M_B = \frac{F_2 \cdot 2\ell}{8} = P \cdot e = -M_C$$

2) 모멘트 분배

아래 〈예 표 8.2〉와 같이 고정단 모멘트를 분배하여 지점 B에서의 BA 및 BC방향의 모멘트를 산정한다. 이 때, 경간 AB 및 BC의 길이가 다르므로 이에 따른 분배계수의 값이 달라짐에 유의하여야 한다(〈예 표 8.2〉 참조).

3) 지점 B에서의 상·하단 응력

보 AB의 B지점에서의 모멘트가 $-1.25P_i \cdot e$이므로 보의 상단은 압축을, 하단은 인장을 받는다. 따라서 보 단면 상·하단에서의 응력의 크기는 다음과 같다.

$$\text{상단} : f_1 = -\frac{P_i}{A_c} - \frac{M_B \cdot c_1}{I_c} = -\frac{P_i}{A_c} - \frac{1.25P_i \cdot e \cdot c_1}{I_c}$$

$$\text{하단} : f_1 = -\frac{P_i}{A_c} + \frac{M_B \cdot c_1}{I_c} = -\frac{P_i}{A_c} + \frac{1.25P_i \cdot e \cdot c_1}{I_c}$$

〈예 표 8.2〉 직선변화 긴장재로 배근된 2경간 연속보 모멘트 분배

분배 계수	1.0 AB		2/3 BA	1/3 BC		1.0 CB
고정단 모멘트	$0.5P_i \cdot e$		$-0.5P_i \cdot e$	$P_i \cdot e$		$-P_i \cdot e$
전달 모멘트	$-0.5P_i \cdot e$	0.5 →	$-0.25P_i \cdot e$	$0.5P_i \cdot e$	0.5 ←	$P_i \cdot e$
분배 모멘트			$-0.5P_i \cdot e$	$-0.25P_i \cdot e$		
단부기존 절점 모멘트	0	0.5 →	0	0	0.5 ←	0
최종모멘트 M	0		$-1.25P_i \cdot e$	$1.25P_i \cdot e$		0

예 8 · 3 직선 긴장재로 배근된 2경간 연속보의 모멘트 및 반력산정

예 그림 8.3(a)와 같은 직선변화 긴장재로 프리스트레싱된 연속보가 있다. 양단에서 긴장력 $P_i = 270.0tf$이 편심 $e = 15cm$위치에서 가해지고 있다. 이 보의 등가하중 및 주모멘트, 2차 모멘트, 그리고 전체 모멘트를 산정하라. 또한 지점에서의 반력을 산정하라.

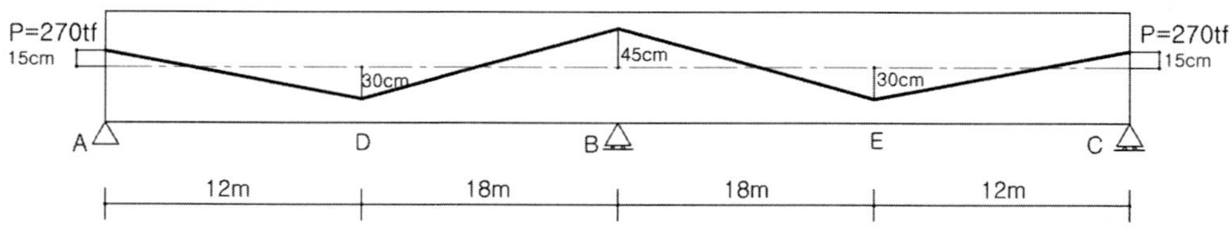

예 그림 8.3(a) 꺾인 직선 긴장재로 프리스트레싱된 연속보

1) 식 (8.18)에 의하여 등가력을 산정한다.

경간 AB의 경우, 경간길이가 $\ell = 30m$이고 A단과 B단 중간인 D에서의 새그(sag) 값이 $\delta = 30cm + 0.5(15cm + 45cm) = 60cm$이므로 앞의 식 (8.18)로부터 D점에서의 등가집중력 F를 다음과 같이 산정할 수 있다.

$$F_D = \frac{4P_i \cdot \delta}{\ell} = \frac{4 \cdot 270 \cdot 60 \times 10^{-2}}{30} = 21.6\ tf(\uparrow).$$

대칭성에 의하여 E점에서 등가력 F_E도 F_D와 동일한 값을 갖는다.

$$F_E = 21.6tf(\uparrow)$$

경간 DBE의 경우, $\ell = 36m$이고 D단과 E단 중간인 B에서의 sag 값이 $\delta = 30cm + 45cm = 75cm$이므로 B점에서의 등가집중력 F는 다음과 같다.

$$F_B = \frac{4P_i \cdot \delta}{\ell} = \frac{4 \cdot 270 \cdot 75 \times 10^{-2}}{36} = 22.5\ tf(\downarrow)$$

한편, 양단 A 및 C에서의 등가의 축력, 전단력, 모멘트는 다음과 같다.

$$\text{축력 : } P_i \cdot \cos\theta_E = 270 \cdot \frac{12}{\sqrt{(0.15+0.3)^2 + 12^2}} = 269.8tf \simeq 270\ tf(= P_i)$$

$$\text{전단력 : } P_i \cdot \sin\theta_E = 270 \cdot \frac{0.15+0.3}{\sqrt{(0.15+0.3)^2 + 12^2}} = 10.1tf\ (\downarrow)$$

$$\text{모멘트 : } P_i \cdot e = 270 \cdot 15 \cdot 10^{-2} = 40.5\ tf \cdot m$$

2) 고정단 모멘트 산정

상기 1)에서 구한 등가력을 이용하여 고정단 모멘트를 산정한다.

보 경간 내에 작용하는 등가력은 $F_D = 21.6\ tf(= F_E)$이므로 이에 대한 고정단 모멘트는 다음과 같다. 여기서 시계방향 모멘트(+)를 양의 방향으로 하였다.

$$M_{AB} = \frac{21.6 \cdot 12 \cdot 18^2}{30^2} = 93.3\ tf \cdot m\ (= -M_{CB})$$

$$M_{BA} = \frac{-21.6 \cdot 12^2 \cdot 18}{30^2} = -62.2\ tf \cdot m\ (= -M_{BC})$$

〈예 표 8.3(a)〉 직선변화 긴장재로 배근된 보의 모멘트 분배 (단위:$tf \cdot m$)

분배 계수	1.0 AB		1/2 BA	1/2 BC		1.0 CB
고정단 모멘트	93.3		-62.2	62.2		-93.3
전달 모멘트	-93.3	0.5 →	-46.65	46.65	0.5 ←	93.3
단부기존 절점 모멘트	40.5	0.5 →	20.25	-20.25	0.5 ←	-40.5
최종모멘트 M	40.5		-88.6	88.6		-40.5

3) 모멘트 분배

아래 〈예 표 8.3(a)〉와 같이 모멘트 분배를 실시한다.

4) 주모멘트와 2차 모멘트 산정

〈예 표 8.3(a)〉에 나타난 최종 모멘트로부터 주모멘트 및 2차 모멘트를 산정한다. 이 때, 주모멘트는 $M_1 = P_i \cdot e(x)$이므로 쉽게 구할 수 있다. 따라서 2차 모멘트는 전체 모멘트 ($M = M_1 + M_2$)에서 주모멘트를 감하면 되므로 $M_2 = M - M_1$으로 산정한다. 각 지점에서의 2차 모멘트를 구하면 〈예 표 8.3(b)〉에 나타난 값과 같다.

각 지점에서의 2차 모멘트가 산정되면, 경간 내 임의 위치(x)에서의 2차 모멘트는 2차 모멘트가 직선 변화하는 것을 이용하여 산정할 수 있다. 즉, A 및 B단에서의 2차 모멘트 값으로부터 AB경간 내 임의 위치에서의 2차 모멘트($M_{2,x}$)는 직선 보간하여 다음과 같이 그 값을 구한다.

$$M_{2,x} = M_{2,A} + \frac{x}{\ell}(M_{2,B} - M_{2,A})$$

따라서 D점에서의 2차 모멘트는 다음과 같다.

$$\begin{aligned} M_{2,D} &= M_{2,A} + \frac{x}{\ell}(M_{2,B} - M_{2,A}) \\ &= 0 + \frac{12}{30}(32.9 - 0) \\ &= 13.2\ tf \cdot m \end{aligned}$$

〈예 표 8.3(b)〉에 상기의 결과를 정리하였다.

〈예 표 8.3(b)〉 지점의 최종 모멘트를 이용한 경간 중간 모멘트 산정(단위 : $tf \cdot m$)

<table>
<tr><th rowspan="3">절점</th><th colspan="4">경간 AB</th><th colspan="4">경간 BC</th></tr>
<tr><th rowspan="2">A</th><th colspan="2">D</th><th rowspan="2">B</th><th rowspan="2">B</th><th colspan="2">E</th><th rowspan="2">C</th></tr>
<tr><th>DA</th><th>DB</th><th>EB</th><th>EC</th></tr>
<tr><td>전체 모멘트
M</td><td>40.5</td><td>94.2</td><td>-94.2</td><td>-88.6</td><td>88.6</td><td>94.2</td><td>-94.2</td><td>-40.5</td></tr>
<tr><td>주모멘트
$M_1 = P_i \cdot e$</td><td>40.5</td><td>81</td><td>-81</td><td>-121.5</td><td>121.5</td><td>81</td><td>-81</td><td>-40.5</td></tr>
<tr><td>2차 모멘트
$M_2 = M - M_1$</td><td>0</td><td>13.2</td><td>-13.2</td><td>32.9</td><td>-32.9</td><td>13.2</td><td>-13.2</td><td>0</td></tr>
</table>

5) 반력 산정

A점에서의 수직 반력 R_A는 AB경간의 자유물체도를 이용하여 다음과 같이 산정할 수 있다. 예 그림 8.3(b)의 자유물체도로부터 B점에 대한 모멘트의 합이 평형을 이룰 조건을 적용하면,

$$\Sigma M = 40.5 + R_A \cdot 30 - 10.1 \cdot 30 + 21.6 \cdot 18 - 88.6 = 0$$

으로부터

$$R_A = -1.26tf\ (\downarrow)\ (= R_C)$$

B점에서의 수직 반력 R_B는 전체 수직력의 합이 평형을 이룰 조건으로부터 산정할 수 있다.

$$\Sigma F_y = R_A - 10.1 + 21.6 - 22.5 + R_B + 21.6 - 10.1 + R_C = 0$$

따라서

$$R_B = 2.02\,tf\ (\uparrow)$$

8.3.2 상용 구조해석 프로그램에 의한 모멘트 산정

그림 8.12(a) 와 같이 보가 포물선 긴장재로 보강된 골조에 대하여 모멘트 분배법 또는 상용

프로그램을 이용하여 부재 내 작용하는 모멘트를 산정할 수 있다. 상용 프로그램을 이용하는 경우, 긴장재의 등가력을 외력으로서 입력함과 동시에 긴장재가 정착되어 있는 양단에 긴장재가 받는 긴장력(P_i)을 외력으로서의 압축력으로 입력하여야 한다(그림 8.12(b) 참조). 골조의 경우, 기둥의 휨강성에 따라 보의 변형이 영향을 받게 되므로 초기 긴장력 P_i는 기둥의 휨강성에 따라 영향을 받게 된다. 또한 과도한 긴장력에 의하여 기둥에 휨이 발생하여 휨 균열이 일어날 수 있으므로 주의하여야 한다. 그림 8.12(c)에는 상용프로그램에 의하여 산정된 모멘트도를 나타내고 있다.

8.3.3 다층골조에서의 긴장순서에 따른 응력변화

다층골조 형태의 프리스트레스트 구조체를 시공할 경우, 전 층을 다 시공한 후에 일시에 프리스트레싱을 전층에 걸쳐 실시하지 않고 시공순으로 저층부부터 프리스트레싱을 시작하여 상층부로 순차적으로 프리스트레싱력을 가하게 된다.

구조해석에서

(1) 전층이 시공된 상태에서 전층에 일시에 프리스트레싱을 가하도록 하여 해석한 경우,
(2) 전층이 시공된 상태에서 저층부부터 시작하여 상층부에 이르기까지 층별로 프리스트레싱력을 가하며 중첩하여 해석한 경우,
(3) 각 층이 완성되는 시점에서 프리스트레싱을 순차적으로 가하여 그 결과를 중첩하여 나타낸 경우의 부재 내 응력은 차이를 보이게 된다.

그림 8.13~15 및 〈표 8.1〉부터 〈표 8.3〉은 5층 규모의 1경간 골조에 대하여 상기 각 경우에 대한 해석결과를 정리하고 있다. 그림과 표에서 나타나듯이 해석결과에 따라 부재에 나타나는 응력에 차이가 있음을 알 수 있다.

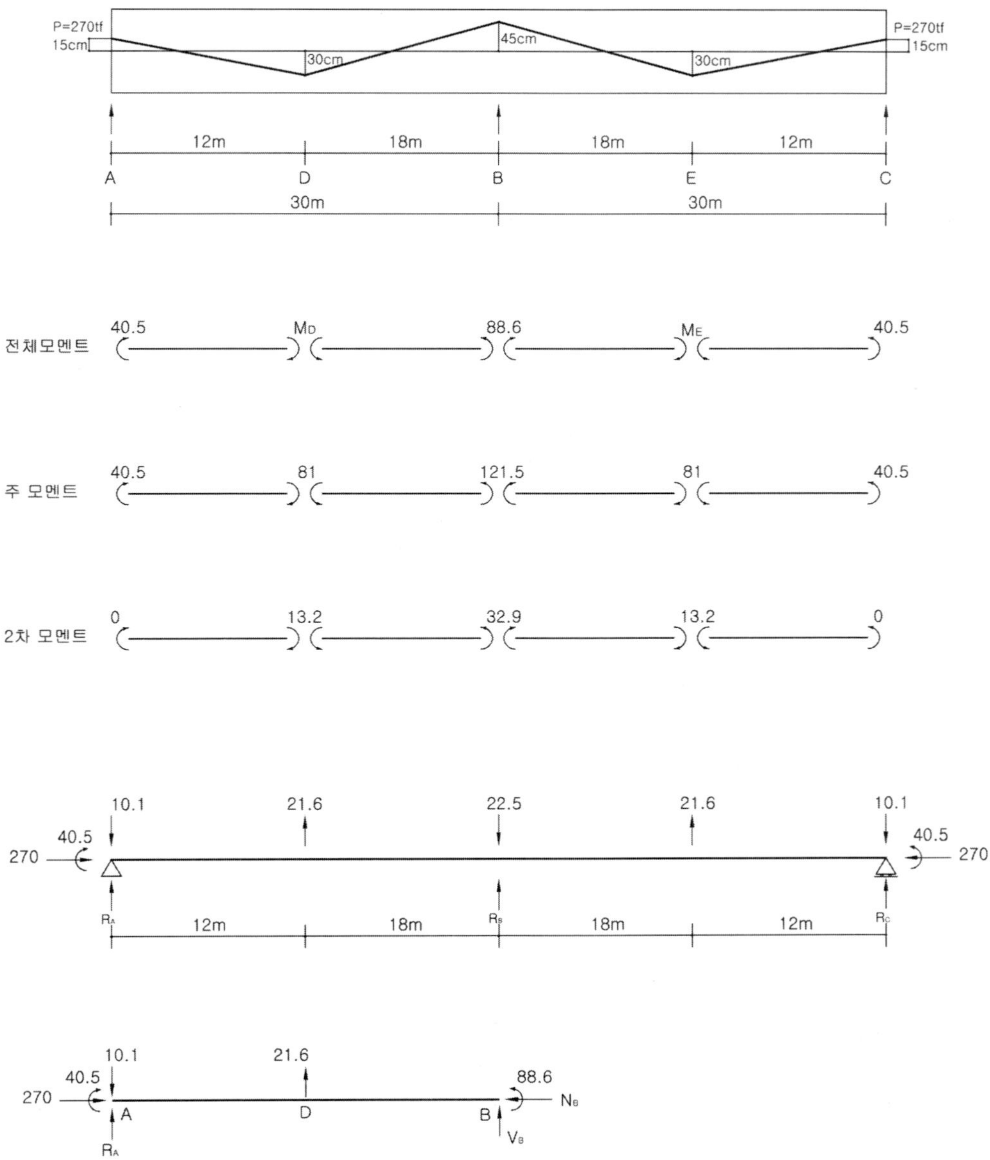

예 그림 8.3(b) 자유물체도

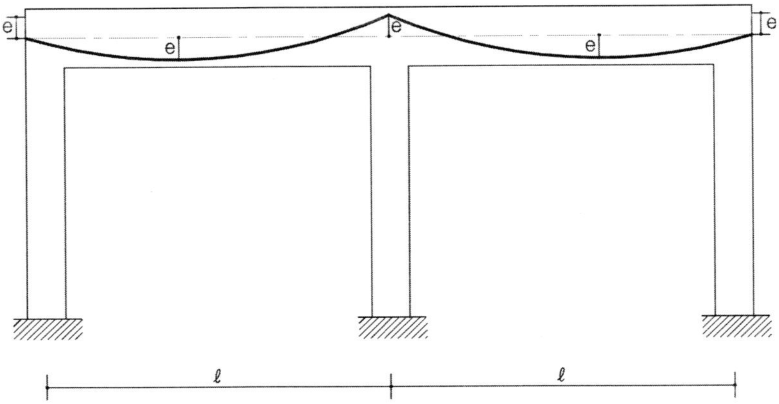

(a) 골 조

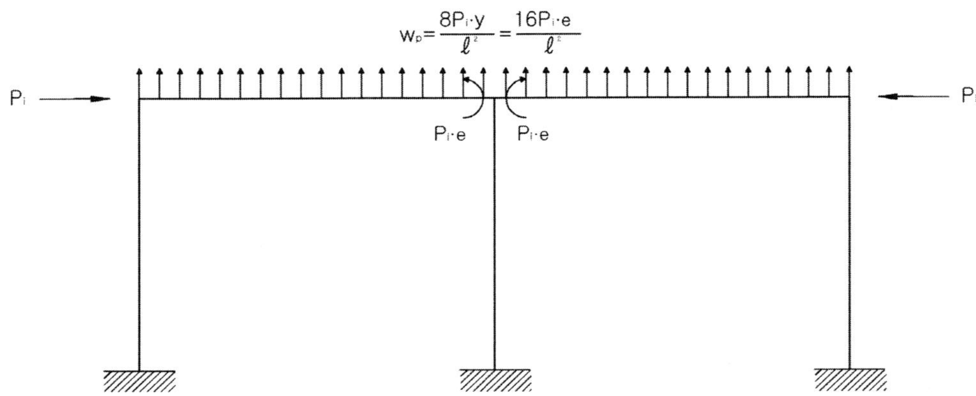

(b) 입력

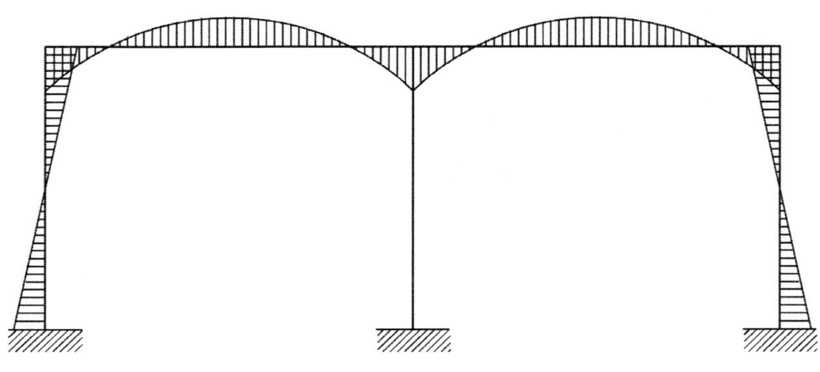

(c) 모멘트도

그림 8.12 포물선 긴장재를 보에 갖는 2경간 골조

〈표 8.1〉 시공 상태에서 전층에 일시 프리스트레싱력을 가해 해석한 경우

단위:$m, t \cdot m$

각층 보의 응력	Post-Tension 응력			
	P	V	M	
			단 부	중앙부
2nd	−198.05	14.21	27.02	−15.61
3rd	−201.25	14.21	26.17	−16.45
4th	−198.95	14.21	26.22	−16.40
5th	−204.41	14.21	26.89	−15.73
Roof	−188.82	14.21	23.38	−19.24

단위:$m, t \cdot m$

축력도	모멘트도	전단력도

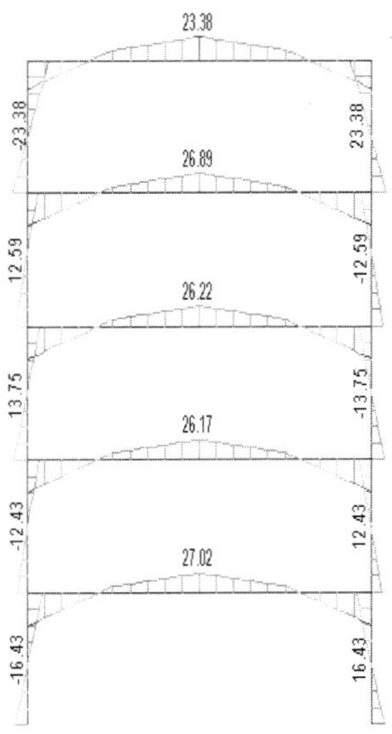

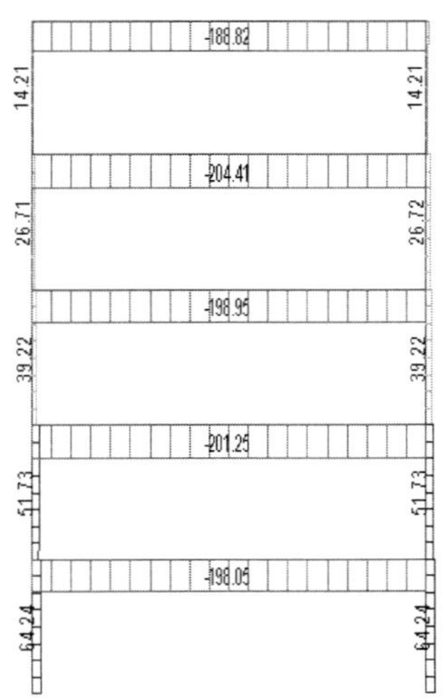

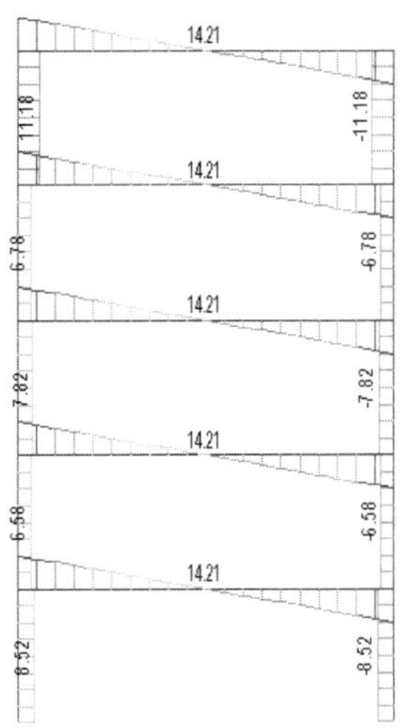

그림 8.13 구조해석 결과

〈표 8.2〉 저층부터 층별로 프리스트레싱력을 가하여 중첩 해석한 경우

단위: $m, t \cdot m$

각 층 보 의 응 력	각 층의 Post-Tension된 응력																				Total Action			
	2nd fl				3rd fl				4th fl				5th fl				Roof							
	P	V	M		P	V	M		P	V	M		P	V	M		P	V	M		P	V	M	
			단부	중앙부			단부	중앙부			단부	중앙부			단부	중앙부			단부	중앙부			단부	중앙부
2nd	-188.5	14.2	25.38	-17.24	0.5	-2.6	-5.16	2.62	0.42	-2.6	-4.7	3.08	0.68	-2.6	-4.92	2.85	-2.02	-2.6	-4.26	3.52	-188.9	3.81	6.34	-5.17
3rd	-11.66	-2.6	-2.75	5.03	-192.6	14.21	24.76	-17.87	1.21	-2.6	-5.02	2.76	1.20	-2.6	-4.84	2.93	-2.10	-2.6	-4.29	3.49	-203.9	3.81	7.85	-3.66
4th	3.74	-2.6	-5.02	2.69	-11.68	-2.6	-2.75	5.02	-192.8	14.2	24.78	-17.84	2.22	-2.6	-5.15	2.62	-1.76	-2.6	-4.16	3.62	-200.3	3.81	7.7	-3.89
5th	0.03	-2.6	-4.64	3.13	2.90	-2.6	-5.22	2.56	-11.63	-2.6	-2.71	5.06	-192.2	14.2	24.69	-17.94	-0.08	-2.6	-4.7	3.07	-201	3.81	7.42	-4.12
Roof	0.73	-2.6	-4.72	3.05	-0.74	-2.6	-4.73	3.04	3.33	-2.6	-5.24	2.54	-13.16	-2.6	-2.51	5.27	-191.01	14.2	23.73	-18.90	-200.8	3.81	6.53	-5

단위: $m, t \cdot m$

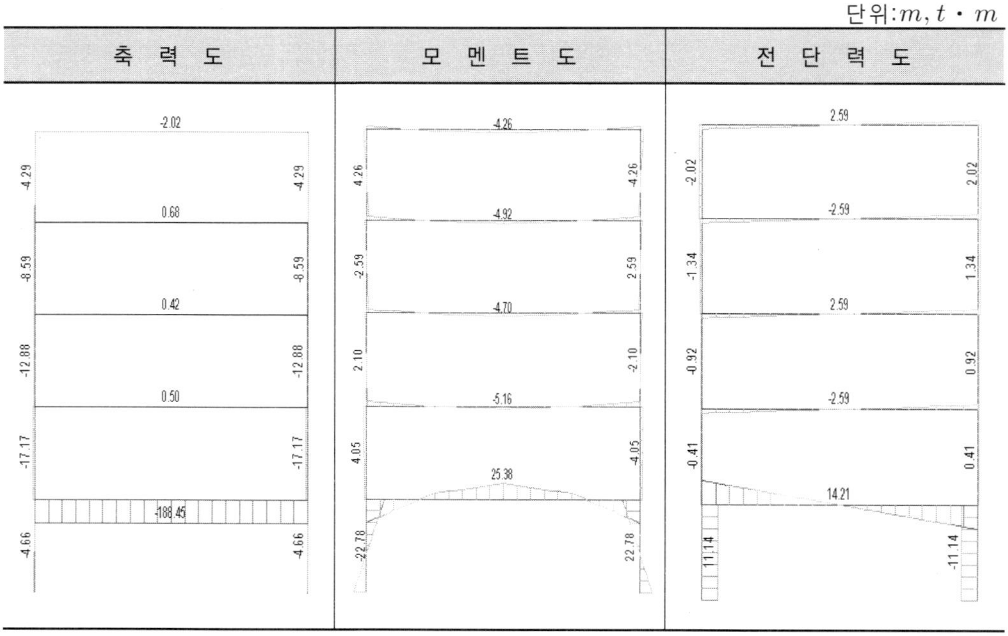

(a) 1층 구조해석 결과

단위:$m, t \cdot m$

축 력 도	모 멘 트 도	전 단 력 도

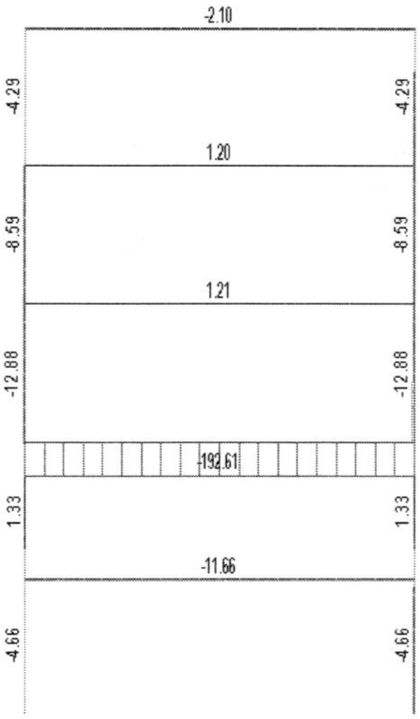

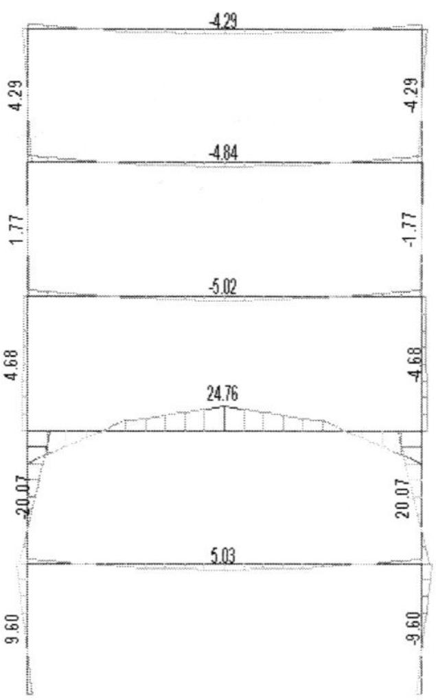

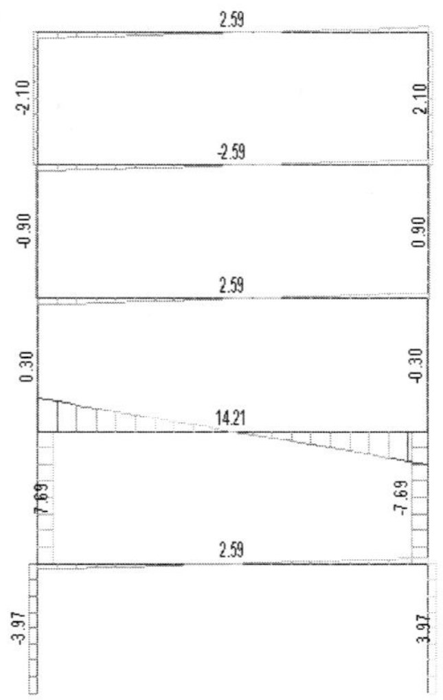

(b) 2층 구조해석 결과

단위:$m, t \cdot m$

축 력 도	모 멘 트 도	전 단 력 도

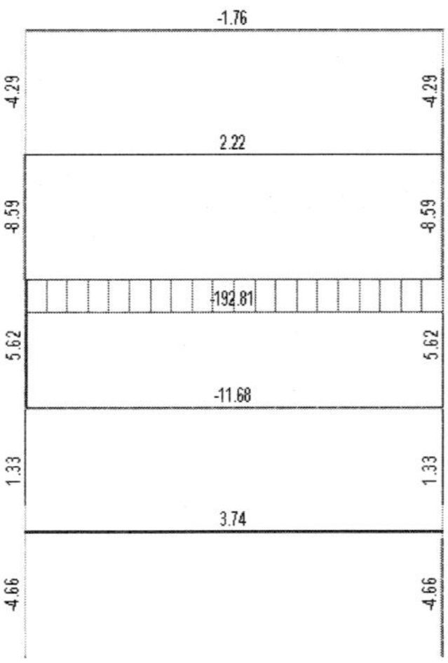

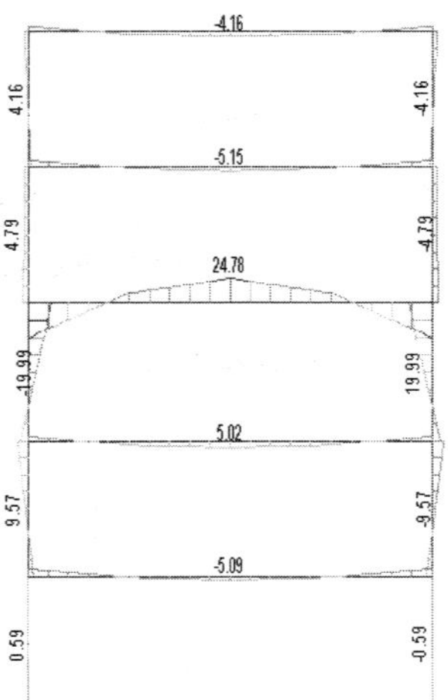

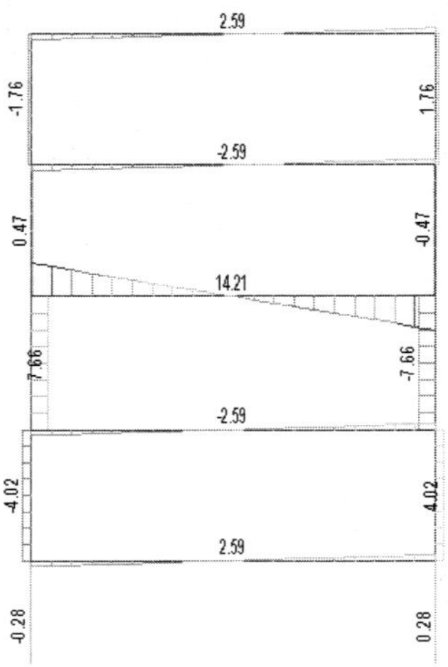

(c) 3층 구조해석 결과

단위: $m, t \cdot m$

축 력 도	모 멘 트 도	전 단 력 도

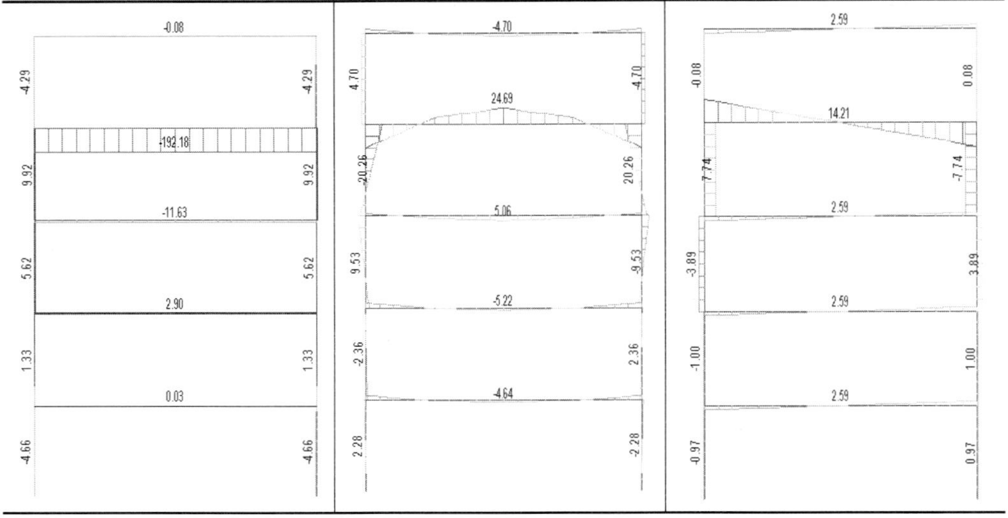

(d) 4층 구조해석 결과

단위: $m, t \cdot m$

축 력 도	모 멘 트 도	전 단 력 도

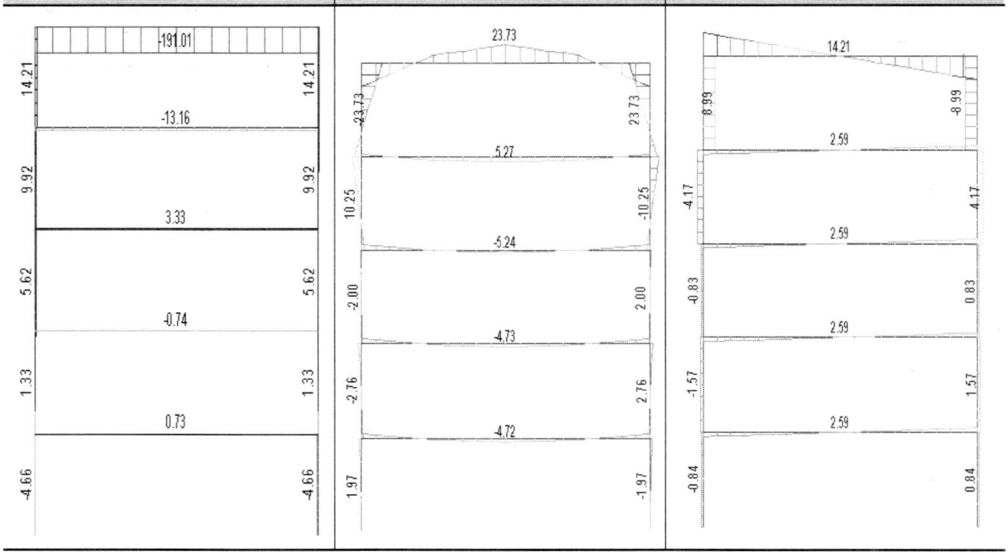

(e) 5층 구조해석 결과

그림 8.14 시공상태에서 저층부터 층별로 프리스트레싱력을 가한 경우

〈표 8.3〉 각층이 완성된 시점에서 프리스트레싱력을 가해 중첩해석한 경우

단위:$m, t \cdot m$

각층 보의 응력	각층의 Post-Tension된 응력																				Total Action			
	2nd fl				3rd fl				4th fl				5th fl				Roof							
	P	V	M		P	V	M		P	V	M		P	V	M		P	V	M		P	V	M	
			단부	중앙부			단부	중앙부			단부	중앙부			단부	중앙부			단부	중앙부			단부	중앙부
2nd	-187.98	14.21	24.88	-17.75	-13.32	-2.6	-2.54	5.24	4.07	-2.6	-5.13	2.65	-0.03	-2.6	-4.63	3.14	0.73	-2.6	-4.72	3.05	-196.5	3.81	7.86	-3.67
3rd	-	-	-	-	-190.97	14.21	23.74	-18.89	-13.3	-2.6	-2.13	5.25	3.19	-2.6	-5.25	2.52	-0.74	-2.6	-4.73	3.04	-201.8	6.4	11.63	-8.08
4th	-	-	-	-	-	-	-	-	-191	14.21	23.73	-18.89	-13.13	-2.6	-2.50	5.27	3.33	-2.6	-5.24	2.54	-200.8	9.01	15.99	-11.08
5th	-	-	-	-	-	-	-	-	-	-	-	-	-191	14.21	23.73	-18.9	-13.16	-2.6	-2.51	5.27	-204.2	11.61	21.22	-13.63
Roof	-	-	-	-	-	-	-	-	-	-	-	-	-	-	-	-	-191	14.21	23.73	-18.90	-191	14.21	23.73	-18.90

단위:$m, t \cdot m$

축 력 도	모 멘 트 도	전 단 력 도

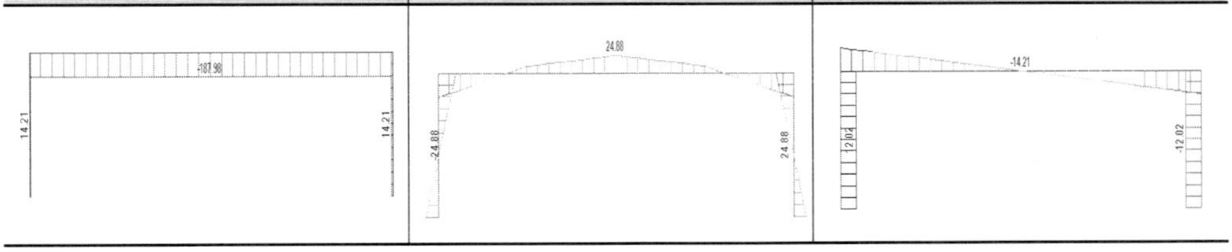

(a) 1층 구조해석 결과

단위:$m, t \cdot m$

축 력 도	모 멘 트 도	전 단 력 도

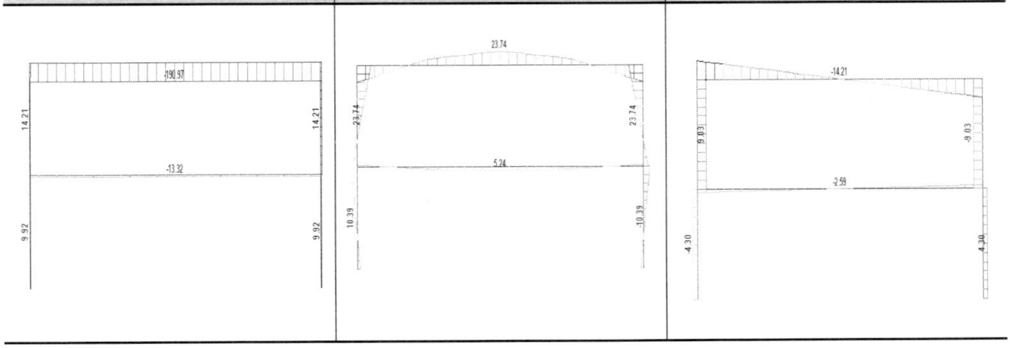

(b) 2층 구조해석 결과

단위:$m, t \cdot m$

축 력 도	모 멘 트 도	전 단 력 도
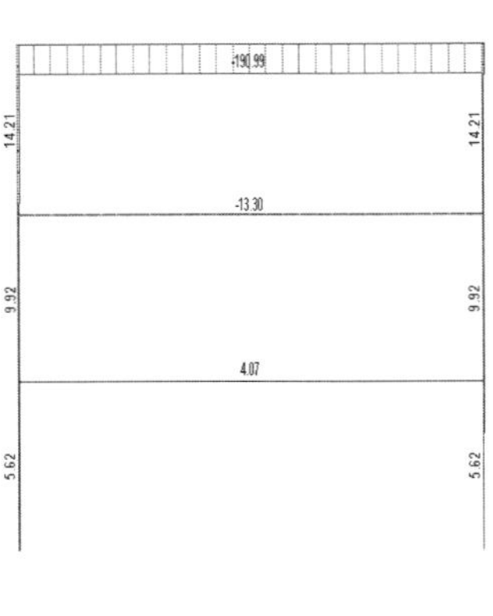	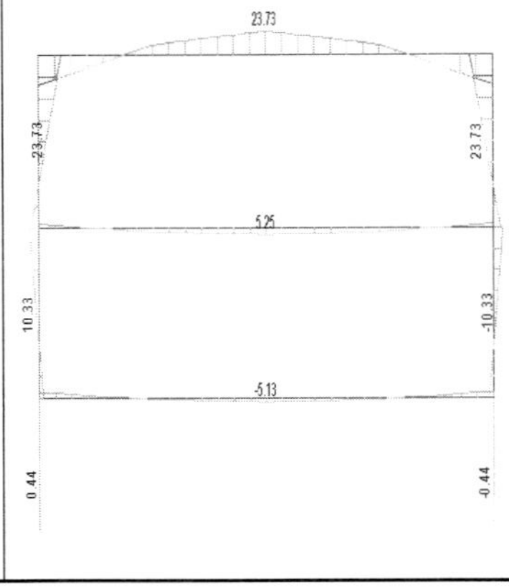	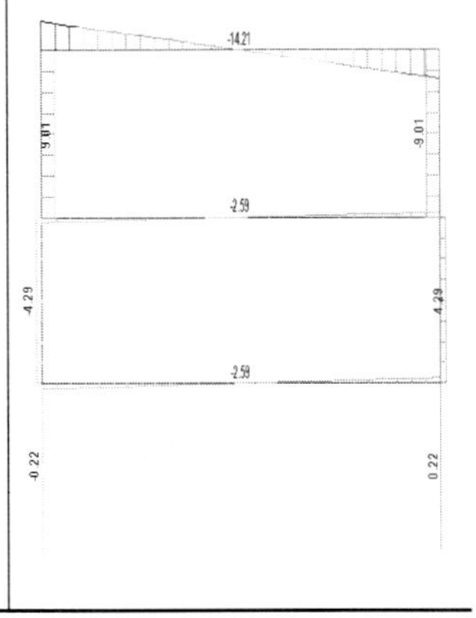

(c) 3층 구조해석 결과

단위:$m, t \cdot m$

축 력 도	모 멘 트 도	전 단 력 도
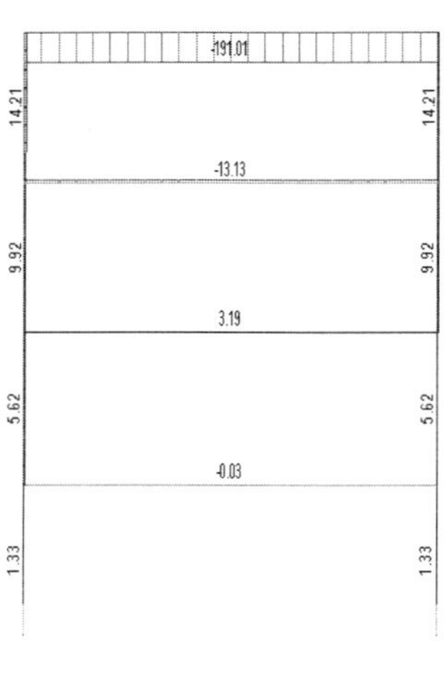	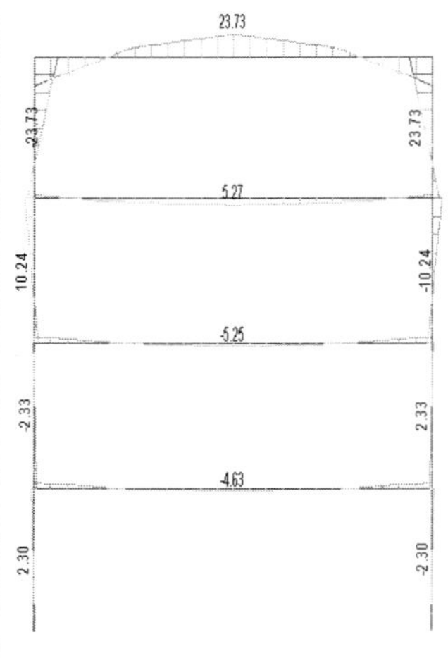	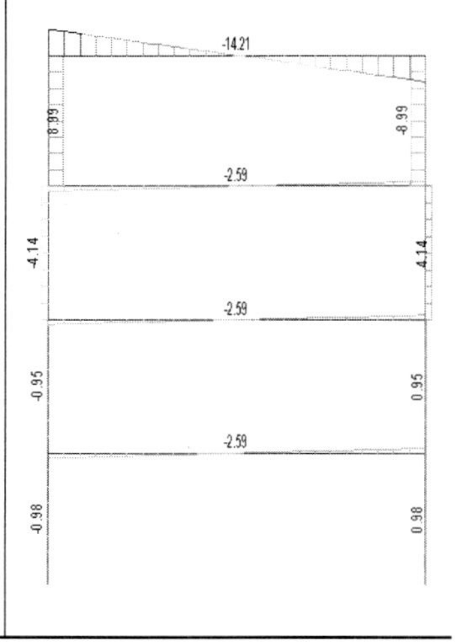

(d) 4층 구조해석 결과

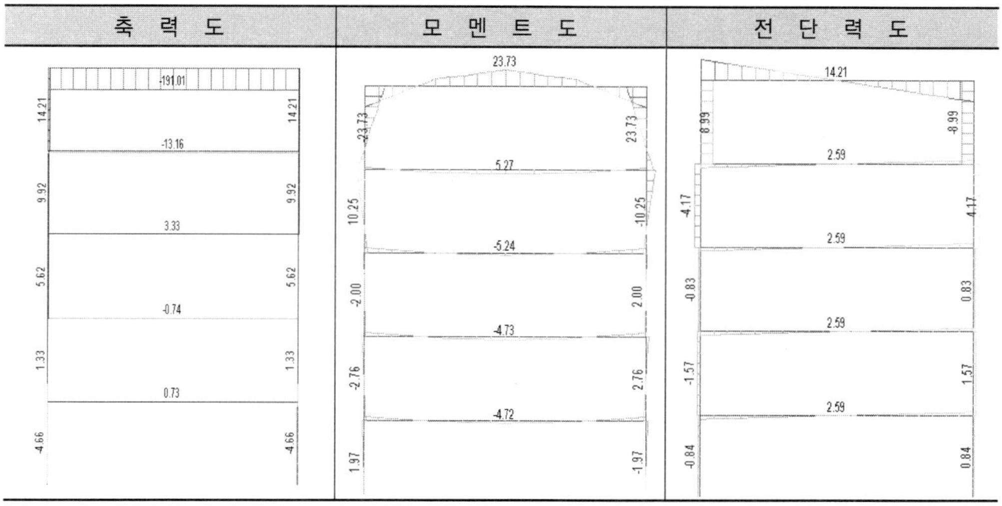

(e) 5층 구조해석 결과

그림 8.15 각층이 완성된 시점에서 프리스트레싱력을 가한 경우

8.4 선형변환, 컨코던트 긴장재

연속된 보에서 전체 경간에 대하여 연속된 긴장재를 배근한 경우, 긴장재의 형상 및 최대 새그(sag) 값이 변하지 않도록 배근 형상(tendon profile) 자체를 한 지점에 대하여 회전시키는 것을 선형변환(linear transformation)이라고 한다. 선형변환에 의한 새로운 긴장재 배근형상을 갖는 보와 선형변환 이전의 보는 단면 내 동일한 모멘트 및 응력을 갖는다. 그림 8.16(a)의 보에 배근된 긴장재를 그 형상을 유지한 채 왼쪽 끝 지점과 오른쪽 끝 지점에서의 긴장재 위치는 고정하여 놓되 중간 지점에서의 편심 'e' 가 영(0)이 되도록 선형변환시키면 그림 8.16(b)와 같은 형상을 갖는 프리스트레스트 보가 된다. 선형변환에 의하여 왼쪽 지점으로부터 $1/2 \cdot \ell$ 및 $3/2 \cdot \ell$ 되는 곳에서의 편심은 비례적으로 $1.5e$가 됨을 알 수 있다.

그림 8.17과 그림 8.18은 그림 8.16(a) 및 그림 8.16(a) 보의 긴장재를 선형변환한 그림 8.16(b)의 보에 대한 주모멘트, 2차 모멘트, 그리고 전체 모멘트를 나타낸다. 선형변환한 경우, 편심의 변화에 따라 당연히 주모멘트의 값이 달라지게 되며 그 결과 2차 모멘트도 서로 다른 값을 띠게 된다. 그러나 이들 주모멘트와 2차 모멘트의 합인 전체 모멘트의 값은 동일함을 알 수 있다. 만일 이들 보의 단면 내 압축응력 합인 압축력의 중심선(또는 추진선, thrust line)을 따라 긴장재를 배치하면 주모멘트만 발생하며(그림 8.19(b)) 이차모멘트는 발생하지 않는다(그림 8.19(c)). 이렇게 단면의 추진선에 따라 배근된 긴장재를 컨코던트 긴장재(concordant tendon)라고 한다. 컨코던트 긴장재도 그림 8.16(a) 보를 선형변환한 보이다.

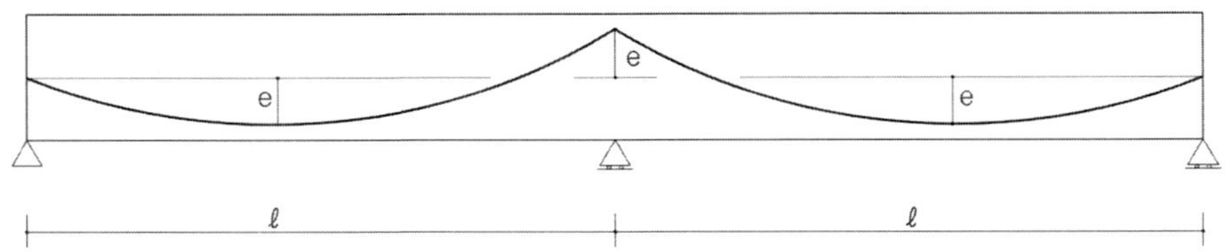

(a) 2경간 프리스트레스트 보

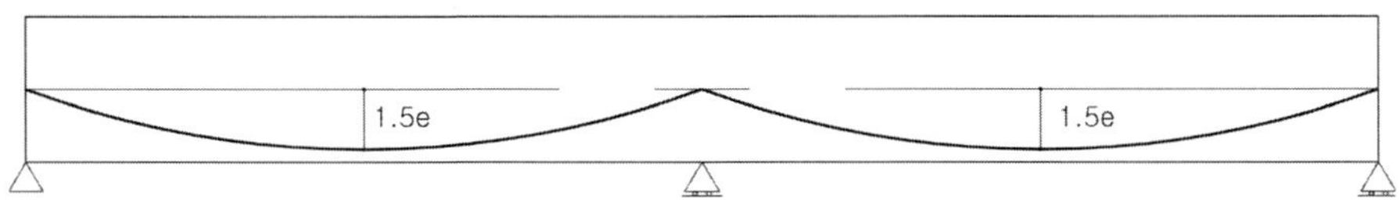

(b) 상기 (a)보를 선형 변환한 프리스트레스트 보

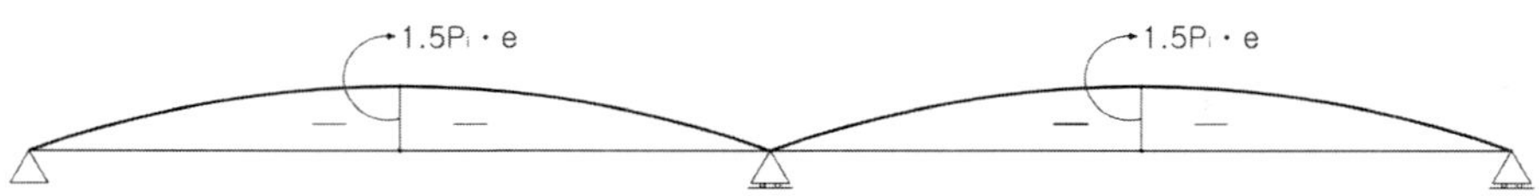

(c) 상기 (b)보의 주 모멘트

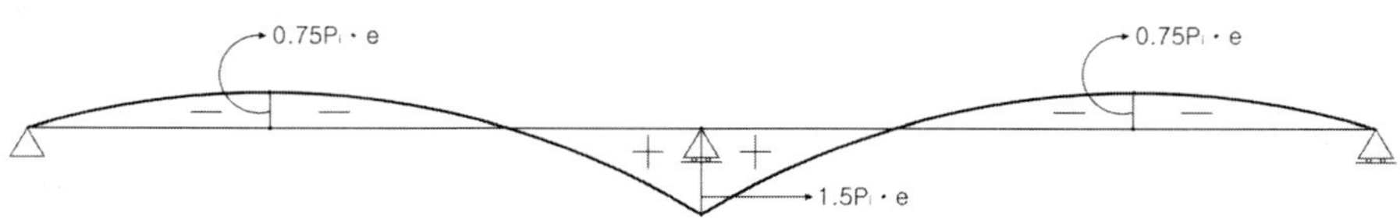

(d) 상기 (a) 및 (b)보의 최종 모멘트

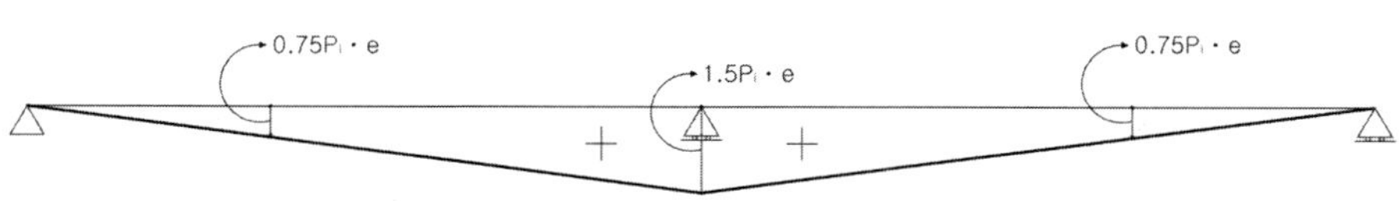

(e) 상기 (b)보의 2차 모멘트

그림 8.16 긴장재의 선형변환의 예

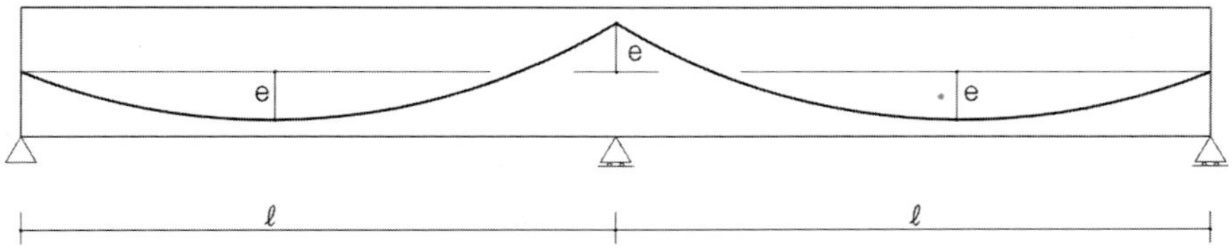

(a) 2경간 프리스트레스트 보

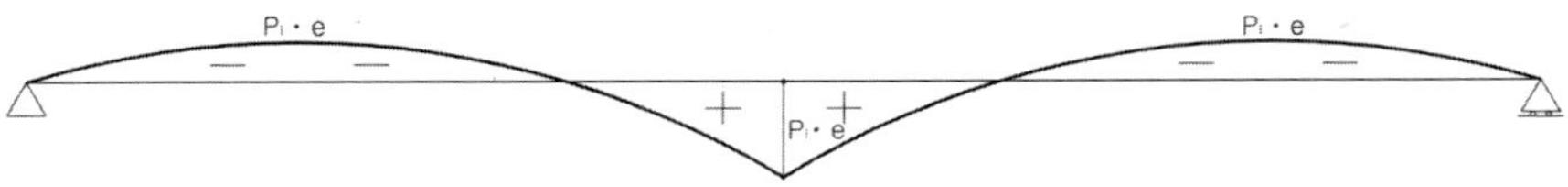

(b) 주 모멘트

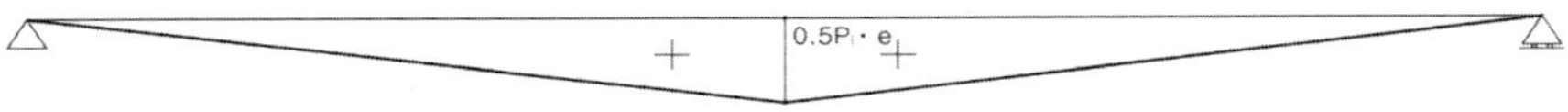

(c) 2차 모멘트

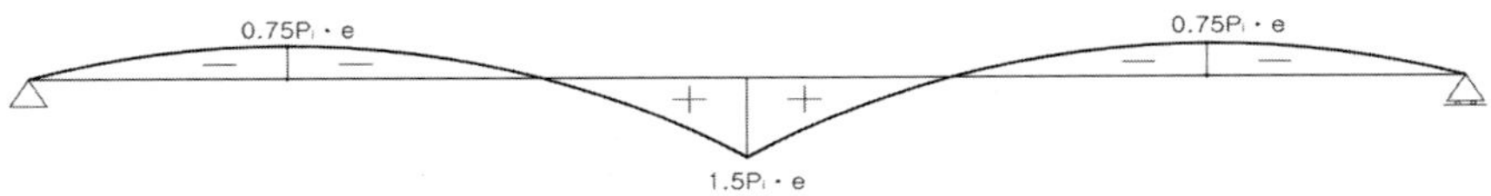

(d) 전체 모멘트

그림 8.17 2경간 프리스트레스트 연속보

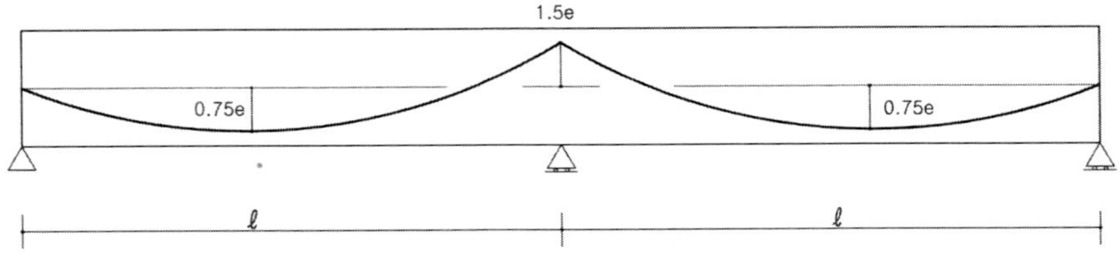

(a) 콘코던트 긴장재로 배치된 2경간 프리스트레스 보

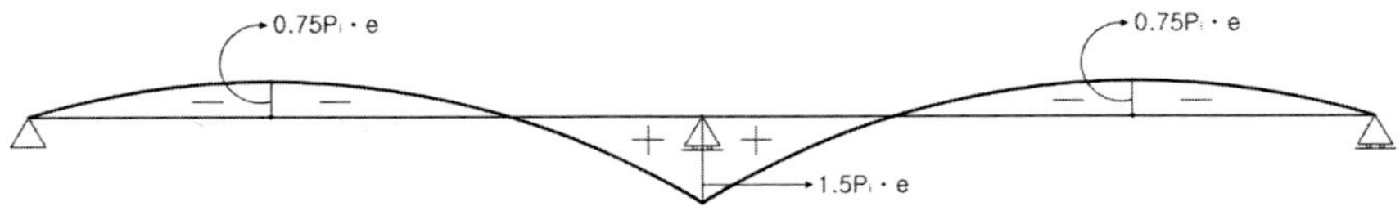

(b) 주 모멘트

(c) 2차 모멘트

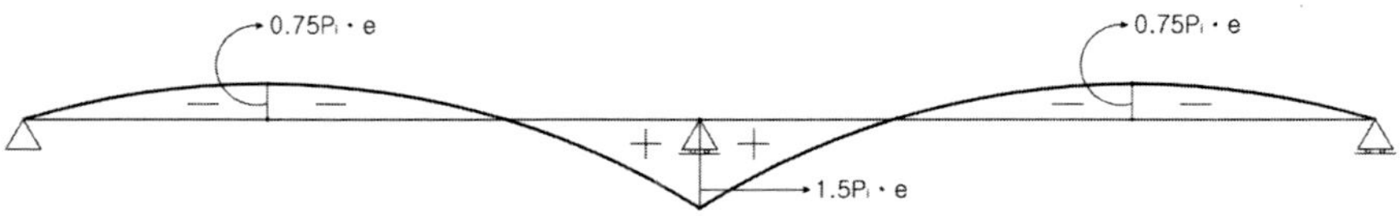

(d) 전체 모멘트

그림 8.18 선형변환된 2경간 프리스트레스 연속보

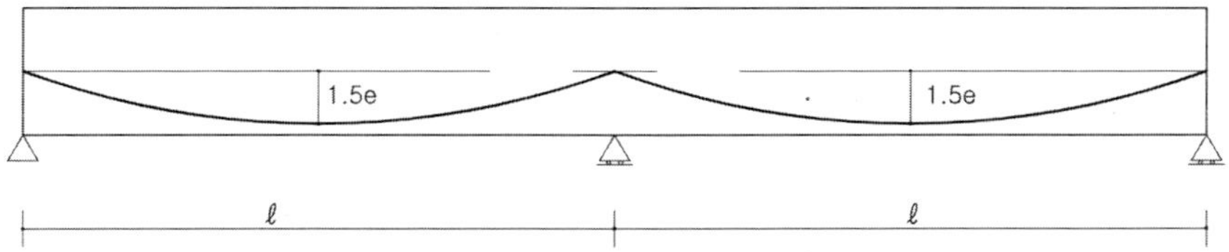

(a) 선형 변환한 2경간 프리스트레스트 보

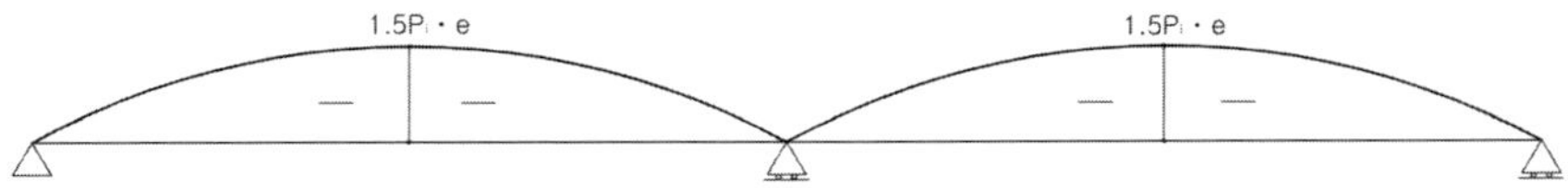

(b) 주 모멘트

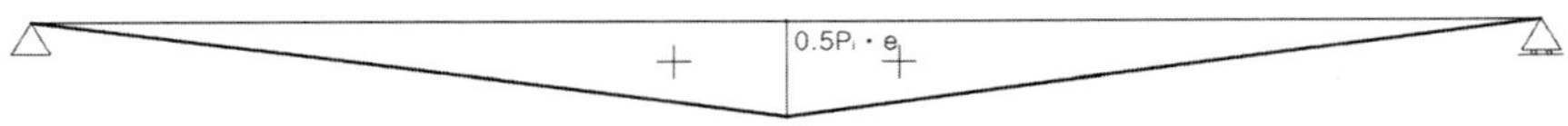

(c) 2차 모멘트

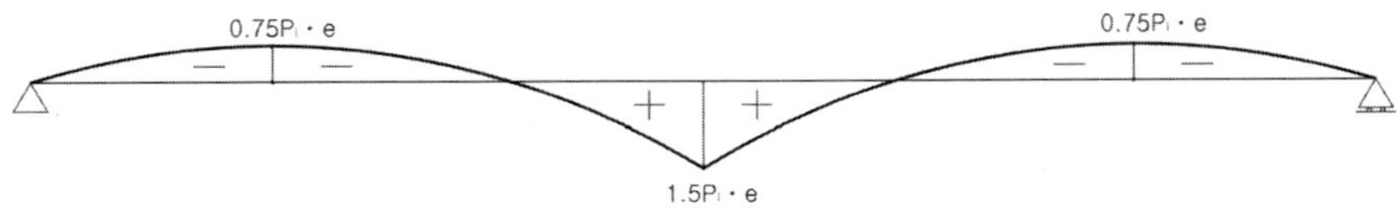

(d) 전체 모멘트

그림 8.19 컨코던트 긴장재로 배치된 2경간 프리스트레스트 연속보

연습문제

8.1 다음 보들의 주모멘트, 2차모멘트, 전체모멘트를 구하라. 모든 보의 초기긴장력은 $P_i = 60.0\,tf$로 한다.

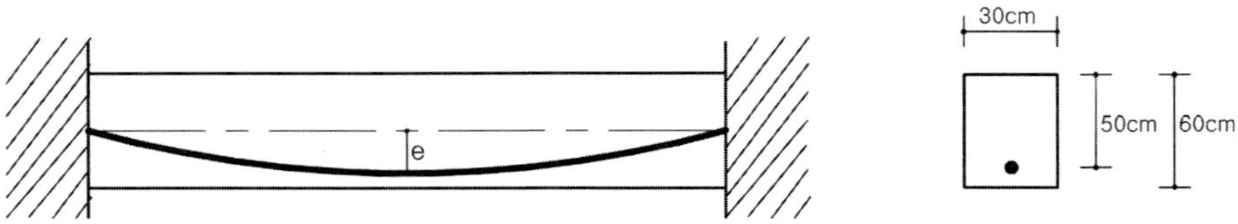

(a) 양단 고정 포물선 긴장재 프리스트레스트 보

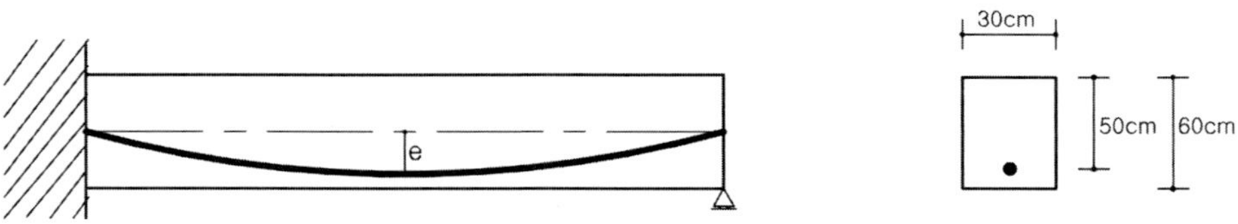

(b) 한단 고정, 한단 이동단의 포물선 긴장재 프리스트레스트 보

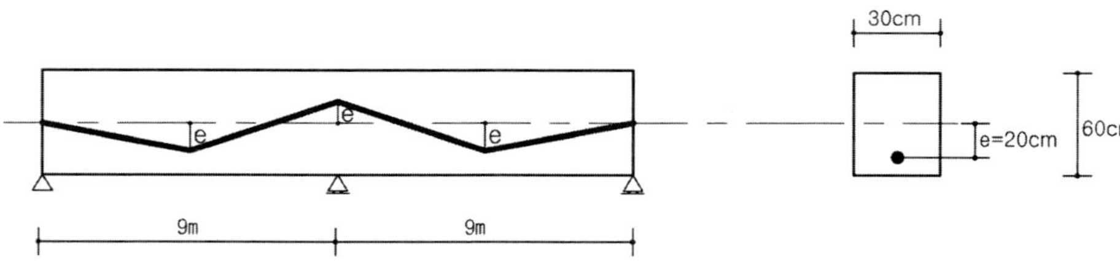

(c) 2경간 연속 절곡된 직선 긴장재 프리스트레스트 보

문 그림 8.1 부정정 프리스트레스트 보

8.2 문 그림 8.2의 2경간 연속보는 주차건물의 바닥을 지지하는 프리스트레스트 보의 긴장재 배근 형태 및 단면을 나타낸다. 각 보 경간 중앙에서의 편심은 e_1= 60㎝이고 중앙 지점에서의 편심은 e_2= 12.0㎝이다. 사용된 긴장재의 항복강도 및 최대강도는 각각 $f_{py} = 16{,}000\,kgf/cm^2$ 및 $f_{pu} = 19{,}000\,kgf/cm^2$이고 사용된 콘크리트 강도는 $f_{ck} = 350\,kgf/cm^2$이다. 초기 긴장 시의 콘크리트 강도는 $f_{ci} = 240\,kgf/cm^2$이다. 모든 하중은 등분포로 작용한다. 자중을 포함한 사용 고정하중은 $w_d = 4.0\,tf/m$이고 사용 활하중은 $w_l = 1.2\,tf/m$이다. 프리스트레싱의 유효율은 $R = 0.85$로 한다.

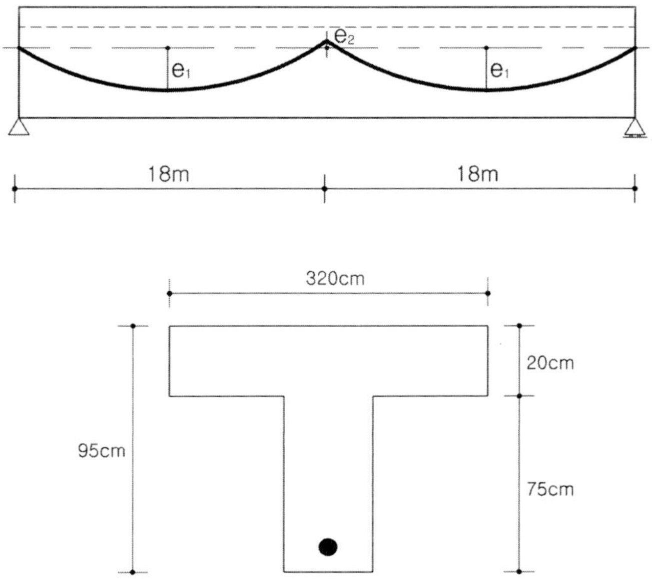

문 그림 8.2 주차건물 2경간 연속 프리스트레스트 보

(1) 만일 자중을 포함한 고정하중의 70%를 균형(balancing)시킬 경우, 초기 긴장력 P_i와 유효 긴장력 P_e 값을 구하라.

(2) 위의 (1)에서 구한 P_i 값에 대하여 주모멘트(M_1), 2차모멘트(M_2), 그리고 전체모멘트(M)을 구하라.

(3) 위험 단면들에 대하여 발생되는 응력값들이 기준에서 정한 허용응력값보다 작은지를 검토하라.

(4) 경간 중앙 및 중앙지점에서 $M_u = 1.4 \cdot M_d + 1.7 \cdot M_l + 1.0 \cdot M_1$을 구하라.

(5) $M_n = \phi \cdot M_u$가 되도록 단면을 설계하라. 필요할 경우, 일반철근도 배근하라.

9 장
처 짐

프리스트레싱된 보 부재는 프리스트레싱에 의한 솟음(camber)이 발생한다. 솟음은 완전 프리스트레싱(full prestressing)을 실시한 경우가 부분 프리스트레싱(partial prestressing)을 한 경우보다 더 크게 발생한다. 프리스트레싱에 의한 솟음은 프리스트레싱에 의하여 압축력을 지속적으로 받는 콘크리트의 크리이프로 인하여 시간이 경과함에 따라 증가하는 경향을 나타낸다. 부재의 솟음으로 말미암아 배수관이나 개구부 창틀 등의 설치에 문제가 발생할 수 있으며 바닥의 수평이 맞지 않고 굴곡이 발생할 수 있다.

한편, 시간 경과에 따른 콘크리트의 건조수축이나 긴장재의 릴랙세이션 등은 긴장재의 응력 감소를 초래하여 결과적으로 프리스트레스트 부재의 솟음 양을 감소시킨다. 프리스트레스트 보가 균형상태(balanced stage)인 경우에는 단면에 균등한 압축응력이 작용하게 되어 처짐도 발생하지 않게 되고 크리이프에 의한 솟음의 영향도 최소화된다. 처짐은 활화중의 작용에 의한 즉시 처짐과 상재 고정하중에 의한 장기 처짐으로 나뉠 수 있다.

9.1 처짐 계산

처짐은 단면의 곡률 변화, 모멘트-면적법, 프리스트레싱력의 등가하중으로의 치환 등을 적용하여 산정할 수 있다. 그림 9.1은 초기 프리스트레싱력인 P_i가 가해진 프리스트레스트 보 단면에서의 응력과 변형률. P_i 상태에서 보의 상부는 인장응력이, 보의 하부에는 압축응력이 작용한다. 그림 9.1에 의하여 P_i에 의한 단면 내 곡률을 다음과 같이 나타낼 수 있다.

$$\phi_i = \frac{\epsilon_{2i} - \epsilon_{1i}}{h} \tag{9.1}$$

여기서 ϵ_{1i}, ϵ_{2i}는 긴장재에 프리스트레싱력 P_i가 가하여진 상태에서 보 단면 상단과 하단의 콘크리트 변형률이다.

시간이 경과함에 따라 초기 프리스트레싱력인 P_i가 유효프리스트레싱력인 P_e로 감소하여 프리스트레싱된 긴장재가 받는 응력은 감소하게 된다. 순수하게 프리스트레싱력의 감소만을 고려하면 단면 내의 변형률은 전체적으로 압축력인 프리스트레싱력의 감소로 인하여 압축측에서 인장측으로 변화하여야 하나 장기간에 걸친 계속적인 콘크리트의 건조수축 및 크리이프의 영향으로 인하여 도리어 압축측으로 변화하게 된다. 그림 9.2는 P_i를 가한 다음 일정시간이 지나 유효 프리스트레싱력인 $P_e(\langle P_i)$가 보 단면에 가해진 프리스트레스트 보 단면에서의 응력과 변형률을 나타낸다. 그림 9.1과 비교하여 압축응력을 받는 중립축 하부의 경우 전체적으로 응력은 압축축에서 인장측으로 변화한 것을 나타내나 변형률은 압축측으로 크게 증가하였음을 알 수 있다. 그림 9.2에서 단면 곡률, ϕ_e를 다음과 같이 산정할 수 있다.

$$\phi_e = \frac{\epsilon_{2e} - \epsilon_{1e}}{h} = \phi_i + d\phi_{rsc} + d\phi_c \tag{9.2}$$

여기서 : ϕ_i = P_i에 의하여 발생된 곡률

$d\phi_{rsc}$= 릴랙세이션, 건조수축, 크리이프의 복합작용에 의한 프리스트레싱력의 손실에 따른 곡률변화

$d\phi_c$= 상재하중에 의하여 발생된 콘크리트 크리이프에 의한 곡률 변화

그림 9.3과 같이 포물선 긴장재로 보강된 프리스트레스트보의 경우, 균열이 없는 상태의 보라면 프리스트레싱력을 등가의 하중으로 환산한 후, 등가하중이나 모멘트-면적법을 적용하여 솟음을 계산할 수 있다.

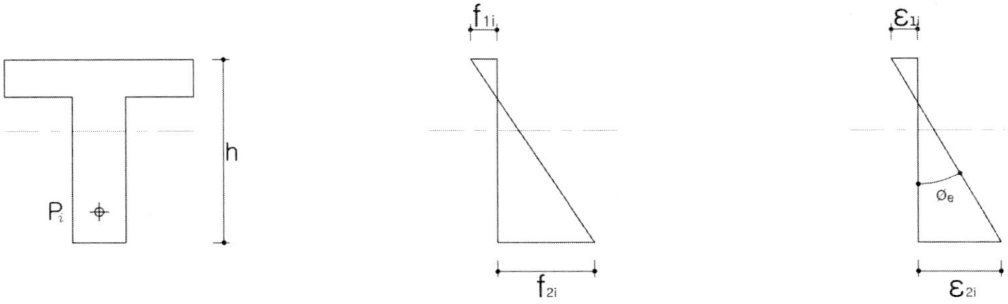

그림 9.1 초기 프리스트레싱력에 의한 단면 내 응력 및 변형률

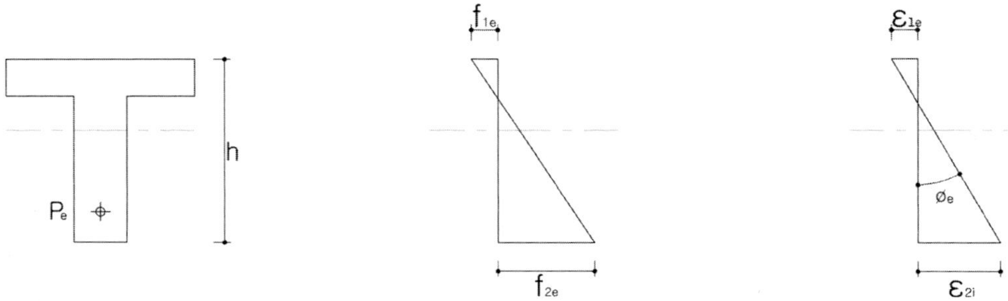

그림 9.2 유효 프리스트레싱력에 의한 단면 내 응력 및 변형률

그림 9.3(a) 보의 등가하중을 산정하면 $w_p = 8P \cdot e / \ell^2$ 이다(그림 9.3(b)). 따라서 등분포 하중이 작용할 경우의 처짐식을 적용하여 경간 중간에서의 처짐을 산정할 수 있다.

$$\Delta = \frac{5}{384} \cdot \frac{w_p \cdot \ell^4}{EI} = \frac{5}{48} \cdot \frac{P \cdot e \cdot \ell^2}{EI} \tag{9.3}$$

한편, 그림 9.3(c)의 곡률변화도(M/EI도)로부터 모멘트-면적법을 적용하여 처짐을 산정할 수 있다. 곡률곡선을 하중으로 간주하여 보 중앙에서의 모멘트를 산정하면 이 모멘트 값이 처짐이 된다.

$$\Delta = \frac{P \cdot e}{EI} \cdot \frac{l}{2} \cdot \frac{2}{3} \cdot \frac{5}{8} \cdot \frac{l}{2} = \frac{5}{48} \cdot \frac{P \cdot e \cdot l^2}{EI} \tag{9.4}$$

만일 보에 균열이 발생한 경우에는 상기 식에 유효 단면이차모멘트(I_e)를 적용하여 근사적인 처짐을 산정할 수 있다.

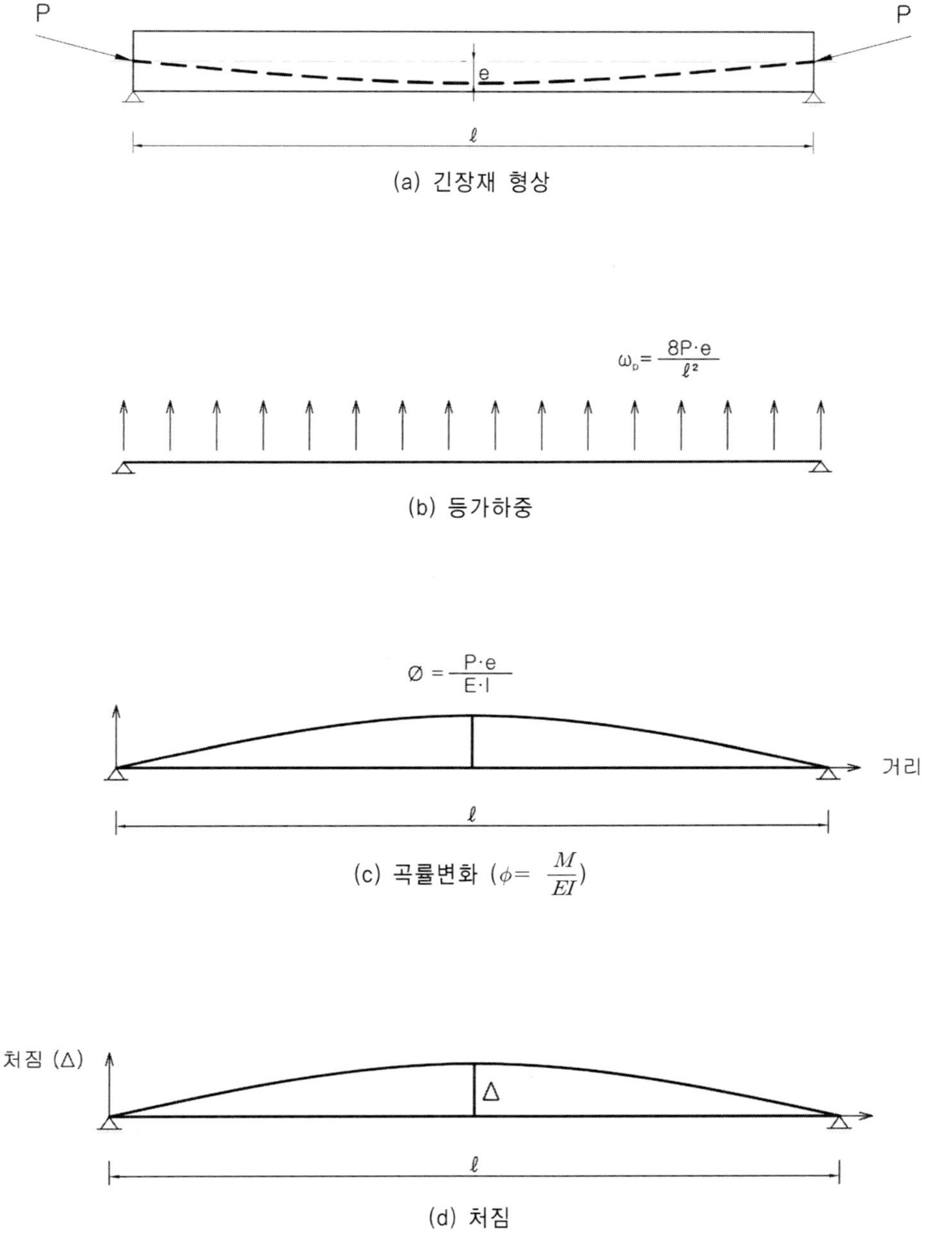

그림 9.3 포물선 긴장재를 갖는 프리스트레스트보의 처짐

$$I_e = \left(\frac{M_{cr}}{M_a}\right)^3 \cdot I_g + \left[1 - \left(\frac{M_{cr}}{M_a}\right)^3\right] \cdot I_{cr} \leq I_g \tag{9.5}$$

여기서 : M_{cr} = 외력에 의한 단면에 휨균열을 유발하는 균열모멘트

M_a = 처짐계산에 있어서 부재의 최대 휨모멘트

I_g = 철근의 영향을 무시한 단면 중심축에 대한 전체 콘크리트 단면의 단면 2차 모멘트

I_{cr} = 철근과 긴장재를 콘크리트로 환산된 균열단면의 단면 2차 모멘트

그림 9.4는 여러 가지 긴장재 형상으로 배근된 프리스트레스트보의 처짐식을 나타낸다.

9.2 개략적인 처짐 계산

처짐 산정 시, 단기 처짐은 비교적 계산하기 수월하나 장기 처짐은 크리이프, 건조수축, 릴랙세이션 등이 상호 관여하여 그 계산에 어려움이 따른다. 장기 처짐을 계산하는 방법으로는 크리이프 계수와 평균 프리스트레싱 응력을 사용하는 방법과 장기 처짐승수(deflection multiplier)를 적용하는 방법이 있다.

9.2.1 크리이프 계수와 평균 프리스트레싱 응력에 의한 처짐계산

처짐은 단기 처짐과 장기 처짐을 나누어 계산된다. 아래 계산에서 상방향 솟음은 "-"로, 하방향 처짐은 "+"로 표기하기로 한다.

1) 단기 처짐

단기 처짐(Δ_{short})은 프리스트레싱력 P_i에 의한 솟음(Δ_{P_i}) 과 자중에 의한 처짐(Δ_o)으로 구분되어 산정된다. 이들 단기 처짐 값들(Δ_{P_i}, Δ_o)은 단면에 균열이 일으키지 않는 하중 범위 내에서 앞의 그림 9.4의 처짐식을 적용할 수 있다.

$$\Delta_{short} = -\Delta_{P_i} + \Delta_0 \tag{9.6}$$

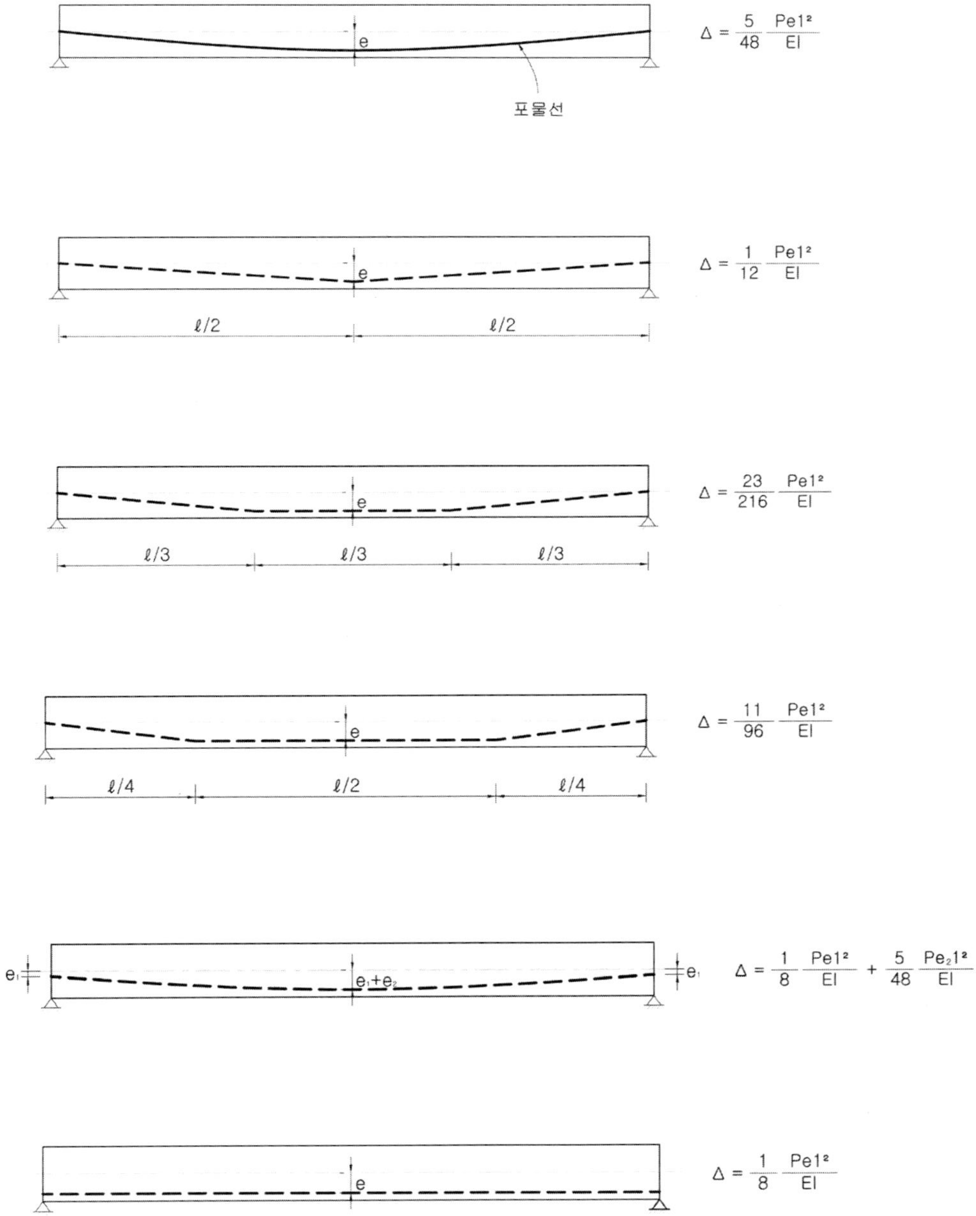

그림 9.4 여러 형태의 긴장재 배치에 따른 프리스트레스트 보의 처짐

2) 장기 처짐

장기 처짐(Δ_{long})은 크리이프, 건조수축, 릴랙세이션 등에 의하여 단면에 발생하는 곡률(ϕ_e)을 우선적으로 구한 후, 이로부터 처짐을 산정하여야 한다. 앞의 식 (9.2)에 의하여

$$\phi_e = \phi_i + d\phi_{rsc} + d\phi_c \tag{9.7a}$$

상기 식에서 각 항별로 곡률 값들은 아래와 같다.

ϕ_i = P_i 에 의하여 순간적으로 발생된 곡률

$$= -\frac{P_i \cdot e_x}{E_c \cdot I_c}(\uparrow) \tag{9.7b}$$

$d\phi_{rsc}$= 릴랙세이션, 건조수축, 크리이프의 복합작용에 의한 프리스트레싱력의 장기손실에 따른 곡률변화

$$= (P_i - P_e) \cdot \frac{e_x}{E_c \cdot I_c}\ (\downarrow) \tag{9.7c}$$

$d\phi_c$ = 프리스트레싱력의 장기 압축에 따른 콘크리트 크리이프에 의한 곡률변화

$$= -(\frac{P_i + P_e}{2})\frac{e_x}{E_c \cdot I_c} \cdot C_u\ (\uparrow) \tag{9.7d}$$

e_x = 지점에서 거리 x만큼 위치한 단면 위치에서의 편심.

위 식에서 $d\phi_c$산정 시 P_i상태에서 P_e로 변하는 동안의 평균 압축력인 $(P_i + P_e)/2$를 적용하였다. C_u는 크리이프계수로서 $C_u = \epsilon_{cu}/\epsilon_{ci}$를 나타낸다. 여기서 ϵ_{ci} =콘크리트 초기 탄성변형률, ϵ_{cu} =장기간 크리프에 의한 콘크리트의 추가 변형률이다. 따라서 단면 내 발생하는 장기 곡률은 다음과 같다.

$$\phi_e = -\frac{P_i \cdot e_x}{E_c \cdot I_c} + (P_i - P_e)\frac{e_x}{E_c I_c} - \left(\frac{P_i + P_e}{2}\right)\frac{e_x}{E_c \cdot \cot I_c} \cdot C_u \tag{9.8}$$

부재가 탄성거동을 할 경우, 처짐은 단면에 작용하는 모멘트에 비례하여 발생하며, 모멘트는 다시 곡률의 변화에 비례하므로 부재의 처짐은 상기의 식에 근거하여 다음과 같이 산정할 수 있다.

$$\Delta = -\Delta_{p_i} + (\Delta_{p_i} - \Delta_{p_e}) - \left(\frac{\Delta_{p_i} + \Delta_{pe}}{2}\right) \cdot C_u \quad (9.9)$$

$$= -\Delta_{p_e} - \left(\frac{\Delta_{p_i} + \Delta_{p_e}}{2}\right) \cdot C_u$$

상기에서 $\Delta_{p_e} = \Delta_{p_i} \cdot P_e / P_i$를 적용할 수 있다.

만일 자중에 의한 순간처짐(Δ_0)과 이에 의한 장기처짐($\Delta_0 \cdot C_u$)을 추가할 경우, 상기 식은 아래와 같이 된다.

$$\Delta = -\Delta_{p_e} - \left(\frac{\Delta_{p_i} + \Delta_{p_e}}{2}\right) \cdot C_u + \Delta_0 \cdot (1 + C_u) \quad (9.10)$$

또한 상기 처짐에 상재 고정하중에 의한 순간처짐(Δ_d)과 이로 인한 추가 장기처짐($\Delta_d \cdot C_u$)을 고려하고 활하중에 의한 즉시처짐(Δ_ℓ)을 고려하면 전체 처짐은 아래와 같이 쓸 수 있다.

$$\Delta = -\Delta_{p_e} - \left(\frac{\Delta_{p_i} + \Delta_{p_e}}{2}\right) \cdot C_u + (\Delta_0 + \Delta_d)(1 + C_u) + \Delta_\ell \quad (9.11)$$

활하중은 순간하중으로서 장기 처짐에 기여하지 않는다.

9.2.2 승수를 이용한 장기 처짐 계산

프리캐스트 프리스트레스트 부재의 경우, 〈표 9.1〉에 나타난 승수를 즉시처짐에 곱하여 개략적인 장기 처짐을 산정할 수 있다.

표 9.1 프리캐스트 프리스트레스트 부재의 장기처짐을 산정하기 위한 승수

	합성 슬래브가 없는 경우	합성 슬래브가 있는 경우
가설 시		
1. 하향처짐-부재자중에 의한 타성처침에 곱해준다.	1.85	1.85
2. 상향솟음-프리스트레스로 인한 타성솟음에 곱해준다.	1.80	1.80
최 종		
3. 하향처짐-부재자중으로 인한 탄성처짐에 곱해준다.	2.70	2.40
4. 상향솟음-프리스트레스로 인한 탄성솟음에 곱해준다.	2.45	2.20
5. 하향처짐-추가 시하중만에 의한 탄성처짐에곱해준다.	3.00	3.00
6. 하향처짐-합성 슬래브에 의한 탄성처짐에 곱해준다.	-	2.30

9.3 시간 증가분에 의한 장기 처짐 계산

일정한 외력 하에서 긴장재에 의한 프리스트레스트 부재 단면 내의 압축력은 외력이 변하지 않는 경우 시간에 따라 서서히 감소하게 된다. 이는 시간이 경과함에 따라 콘크리트의 건조수축, 프리스트레싱력에 따른 단면 내 콘크리트의 크리이프, 긴장재의 릴랙세이션 등이 서서히 발생하기 때문이다. 따라서 건조수축, 크리이프, 릴랙세이션 등의 영향을 받는 곡률도 시간에 따라 변하게 된다. 식 (9.8)에 의하면 장기 처짐에 영향을 주는 단면 내 곡률은 다음과 같다.

$$\phi_e = -\frac{P_i \cdot e_x}{E_c \cdot I_c} + (P_i - P_e)\frac{e_x}{E_c \cdot I_c} - \left(\frac{P_i + P_e}{2}\right)\frac{e_x}{E_c \cdot I_c} \cdot C_u \tag{9.8}$$

위의 식을 시간증가분으로 표현하면 다음과 같이 표현할 수 있다.

$$\phi_e = -\frac{P_i \cdot e_x}{E_c \cdot I_c} + \sum_{t=1}^{t=T}(P_{t-1} - P_t)\frac{e_x}{E_c \cdot I_c} - \sum_{t=1}^{t=T}(C_t - C_{t-1})P_{t-1}\frac{e_x}{E_c \cdot I_c} \tag{9.12}$$

여기서 : P_t = 시간 t에서의 프리스트레싱력

C_t = 시간 t에서의 크리이프 계수

장기 처짐에 관여하는 콘크리트의 크리이프 변형률(ϵ_{cr})과 건조수축 변형률(ϵ_{sh}), 그리고 릴랙세이션에 의한 긴장재의 응력변화의 크기는 아래의 실험식들로부터 산정할 수 있다.

1) 콘크리트의 크리이프 변형률

$$\epsilon_{cr} = \delta_t \cdot f_t \tag{9.13}$$

여기서: δ_t = 단위 크리이프 변형률

$$= \frac{t^{0.6}}{10 + t^{0.6}} \cdot \delta_u$$

$[t]$ = 가력 후 경과일(day) 수

δ_u = 종국 단위 크리이프 변형률

$$= \frac{\epsilon_{cu}}{f_{ci}} = \frac{\epsilon_{cu}}{E_c \cdot \epsilon_{ci}} = \frac{C_u}{E_c}$$

f_{ci} = 초기 탄성응력 크기

C_u = 크리이프 계수$\left(= \dfrac{\epsilon_{cu}}{\epsilon_{ci}}\right)$

ϵ_{cu} = 장기간 크리이프에 의한 콘크리트 추가 변형률

ϵ_{ci} = f_{ci}에 의한 초기 탄성변형률

2) 콘크리트의 건조수축 변형률

(1) 습윤양생 콘크리트

$$\epsilon_{sh} = \frac{t}{35+t} \cdot \epsilon_{sh,u} \tag{9.14a}$$

여기서 : $[t]$ = 타설 7일 후, 경과된 초기 7일 포함 총 경과일(day)

$\epsilon_{sh,u}$ = 종국 건조수축 변형률($\simeq 800 \times 10^{-6}$)

(2) 수중양생 콘크리트

$$\epsilon_{sh} = \frac{t}{55+t} \cdot \epsilon_{sh,u} \tag{9.14b}$$

여기서 : $[t]$ = 타설 1일 내지 3일 이후 총 경과일(day)

$\epsilon_{sh,u}$ = 종국 건조수축 변형률($\simeq 730 \times 10^{-6}$)

3) 릴랙세이션에 의한 긴장재의 응력 변화

$$\frac{f_p}{f_{pi}} = 1 - \frac{(\log_{10} \cdot t - \log_0 \cdot t_r)}{10} \cdot \left(\frac{f_{pi}}{f_{py}} - 0.55\right),\ \frac{f_{pi}}{f_{py}} \geq 0.55 \tag{9.15}$$

여기서 : $[t]$ = 시간(hrs)

f_p = 최종 긴장재 응력

f_{pi} = 초기 긴장재 응력

f_{py} = 긴장재의 항복 강도

t, t_r = 측정 시 시간 및 프리스트레싱력 전이(release) 시 시간

4) 시간 증가분에 의한 장기 처짐 산정

시간 증가분에 의한 장기 처짐은 다음과 같이 단계별로 산정한다.

(1) 콘크리트 타설 후 7일이 경과한 후에 프리스트레싱력 P_i를 가할 경우, 건조수축에 의한 변형률 값은 타설 시부터 발생하므로 타설 시의 날짜를 “-7”일($t_c = -7$)로 하여 콘크리트의 건조수축 변형률 변화량($\Delta\epsilon_{sh}$)을 산정한다. 프리스트레싱 P_i를 가하는 시점에서의 크리이프, 건조수축, 릴랙세이션과 관련된 값들을 산정한다.

$$\epsilon_{cr,o} = \Delta\epsilon_{cr,o} = 0, \quad \epsilon_{sh,o} = \Delta\epsilon_{sh,o} = \frac{|t_c|}{35+|t_c|} \cdot \epsilon_{sh,u}$$

$$\frac{f_p}{f_{pi}} = 1.0, \quad (1-\frac{f_p}{f_{pi}})_0 = \Delta(1-\frac{f_p}{f_{pi}})_0 = 0 \tag{9.16}$$

(2) 먼저 초기 P_i상태($t_0 = 0$)에서의 프리스트레스트 보 단면 상하단의 응력(f_1, f_2)을 산정한다. 이로부터 초기 하중단계에서의 보 상하단의 변형률(ϵ_1, ϵ_2) 및 단면의 곡률($\phi_{t,o}$)을 산정한다.

$$f_1 = -\frac{P_i}{A_c}(1-\frac{e_x c_1}{r^2}), \quad \epsilon_1 = \frac{f_1}{E_c} \tag{9.17}$$

$$f_2 = -\frac{P_i}{A_c}(1+\frac{e_x c_2}{r^2}), \quad \epsilon_2 = \frac{f_2}{E_c}$$

$$\phi_{t,o} = \frac{\epsilon_2 - \epsilon_1}{h}$$

(3) 시간 증가분(Δt_n)을 경과일 수(days)를 단위로 하여 프리스트레싱 이후의 총 경과일 수를 산정한다.

$$t_n = t_o + \Delta t_n \tag{9.18}$$

(4) t_n일이 경과한 후의 단위 크리이프 변형률($\delta_{t,n}$)을 산정한다. 이로부터 긴장재가 위치한 부분에서의 크리이프만에 의한 콘크리트의 변형률 변화량($\Delta\epsilon_{cr,n}$)을 구한다. 변형률 적합성 가정으로부터 콘크리트의 크리이프 변형률로 인한 긴장재의 응력변화량($\Delta f_{cr,n}$)을 산정한다.

$$\text{단위 크리이프 변형률 : } \delta_{t,n} = \frac{t_n^{0.6}}{10+t_n^{0.6}} \cdot \delta_u \tag{9.19}$$

단위 크리이프 변형률 변화량 : $\Delta\delta_{t,n} = \delta_{t,n} - \delta_{t,o}$

크리이프에 의한 보 단면의 상하단 변형률 변화량 :

$$\Delta\epsilon_{1g,n} = f_1 \cdot \Delta\delta_{t,n}$$

$$\Delta\epsilon_{2g,n} = f_2 \cdot \Delta\delta_{t,n}$$

크리이프 변형률 변화에 따른 강재위치에서의 콘크리트 변형률 변화량 :

$$\Delta\epsilon_{cr,n} = \Delta\epsilon_{1g,n} + \frac{d_p}{h}(\Delta\epsilon_{2g,n} - \Delta\epsilon_{1g,n})$$

변형률 적합성(strain compatibility)에 의한 콘크리트 변형률 변화량:

$$\Delta\epsilon_{pcr,n} = \Delta\epsilon_{cr,n}$$

$\Delta\epsilon_{pcr,n}$에 따른 긴장재 응력 손실변화량 :

$$\Delta f_{pcr,n} = \Delta\epsilon_{pcr,n} \times E_p$$

(5) t_n 일이 경과한 후의 건조수축 변형률($\epsilon_{sh,n}$)을 산정한다. 이로부터 건조수축에 의한 콘크리트의 변형률 변화량($\Delta\epsilon_{sh,n}$)을 구한다. 변형률 적합성 가정으로부터 긴장재의 건조수축에 의한 변형률 변화량($\Delta\epsilon_{psh,n}$)을 콘크리트의 변형률 변화량($\Delta\epsilon_{sh,n}$)과 같게 두고 콘크리트의 건조수축 변형률로 인한 긴장재의 응력 변화량($\Delta f_{psh,n}$)을 산정한다.

$$\epsilon_{sh,n} = \frac{t_n + |t_c|}{35 + (t_n + |t_c|)} \cdot \epsilon_{sh,u} \text{ (습윤양생 콘크리트 가정)} \qquad (9.20)$$

$$\Delta\epsilon_{sh,n} = \epsilon_{sh,n} - \epsilon_{sh,o}$$

$$\Delta\epsilon_{psh,n} = \Delta\epsilon_{sh,n}$$

$$\Delta f_{psh,n} = -\Delta\epsilon_{psh,n} \times E_p$$

(6) t_n 일이 경과한 후의 긴장재의 릴랙세이션에 의한 프리스트레싱 응력변화량($\Delta f_{pr,n}$)을 산정한다. 만일 긴장재의 긴장과 긴장력의 전이(release)가 동일한 시점에 이루어질 경

우에는 아래 식에서 $\log_{10}(t_r \times 24) = 0$으로 둘 수 있다.

$$\left(1 - \frac{f_p}{f_{pi}}\right)_n = \frac{\log_{10}(t_n \times 24) - \log_{10}(t_r \times 24)}{10} \cdot \left(\frac{f_{pi}}{f_{py}} - 0.55\right) \tag{9.21}$$

$$\Delta\left(1 - \frac{f_p}{f_{pi}}\right)_n = \left(1 - \frac{f_p}{f_{p_i}}\right)_n - \left(1 - \frac{f_p}{f_{pi}}\right)_0$$

$$\Delta f_{pr,n} = -\Delta\left(1 - \frac{f_p}{f_{pi}}\right)_n \cdot f_{p_i}$$

(7) 상기 (4)~(6)에서 산정한 긴장재 응력의 변화량 합($\Delta f_{p,n}$)을 산정한다.

$$\Delta f_{p,n} = \Delta f_{pcr,n} + \Delta f_{psh,n} + \Delta f_{pr,n} \tag{9.22}$$

(8) 상기 (7)에서 구한 감소된 긴장재 응력의 합($\Delta f_{p,n}$) 만큼 보 단면 상하단의 콘크리트의 응력 및 변형률이 추가적으로 변하게 된다. 즉 긴장재 응력 값이 감소한 만큼 보 단면 상·하단 콘크리트의 응력 및 변형률은 인장측으로 이완된다.

$$\Delta f_{1,n} = -\frac{A_p \cdot \Delta f_{p,n}}{A_c}\left(1 - \frac{e_x c_1}{r^2}\right), \quad \Delta\epsilon_{1,n} = \frac{\Delta f_{1,n}}{E_c} \tag{9.23}$$

$$\Delta f_{2,n} = -\frac{A_p \cdot \Delta f_{p,n}}{A_c}\left(1 + \frac{e_x c_2}{r^2}\right), \quad \Delta\epsilon_{2,n} = \frac{\Delta f_{2,n}}{E_c}$$

(9) 상기 (4)에서 구한 보 상하단의 콘크리트 크리이프 변형률 변화량($\Delta\epsilon_{1g,n}$, $\Delta\epsilon_{2g,n}$)은 콘크리트의 크리이프와 건조수축 긴장재의 릴랙세이션에 의한 복합적인 긴장재의 응력 변화에 따른 단면의 변형률 변화량이 고려되지 않은 값이므로 이를 재수정 한 후, t_n시의 곡률($\phi_{t,n}$)을 산정한다.

$$\Delta\epsilon_{1n} = \Delta\epsilon_{1g,n} + \Delta\epsilon_{1,n} \tag{9.24}$$

$$\Delta\epsilon_{2n} = \Delta\epsilon_{2g,n} + \Delta\epsilon_{2,n}$$

$$\Delta\phi_{t,n} = \frac{(\Delta\epsilon_{2n,n} - \Delta\epsilon_{1n,n})}{h}$$

$$\phi_{t,n} = \phi_{t,o} + \Delta\phi_{t,n}$$

(10) 상기와 같은 방법으로 모든 단면에서의 $\phi_{t,n}$을 산정한 후, 이들 값으로부터 처짐(Δ_n)을 산정한다.

$$\Delta_n = \Delta_{t,n} + \Delta_{o,n} + \Delta_l \tag{9.25}$$

여기서,

$\Delta_{t,n} =$ 크리이프, 건조수축, 릴랙세이션에 의한 장기처짐

$\Delta_{o,n} =$ 자중 또는 고정하중에 의한 장기처짐

$= \Delta_o \cdot (1 + C_t)$

$\Delta_l =$ 활화중에 의한 즉시처짐

$$C_t = \frac{t_n^{\,0.6}}{10 + t_n^{0.6}} \cdot C_u$$

(11) 만일 t_n이 최종 종료시점(t_f)에 이르면 모든 계산을 종료한다. 만일 $t_n < t_f$ 이면 상기에서 새롭게 구한 값들을 아래와 같이 저장한 후에 단계 (3)부터 (11)까지 계산을 반복 수행한다.

$$t_0 = t_n,\quad \delta_{t,o} = \delta_{t,n},\ \epsilon_{sh,0} = \epsilon_{sh,n} \tag{9.26}$$

$$\Delta\left(1 - \frac{f_p}{f_{pi}}\right)_o = \Delta\left(1 - \frac{f_p}{f_{pi}}\right)_n,\quad \phi_{t,o} = \phi_{t,n}$$

$$f_1 = f_1 + \Delta f_{1,n}$$

$$f_2 = f_2 + \Delta f_{2,n}$$

그림 9.5는 시간증가분에 따른 보의 처짐을 산정하기 위한 흐름도를 나타내고 있다.

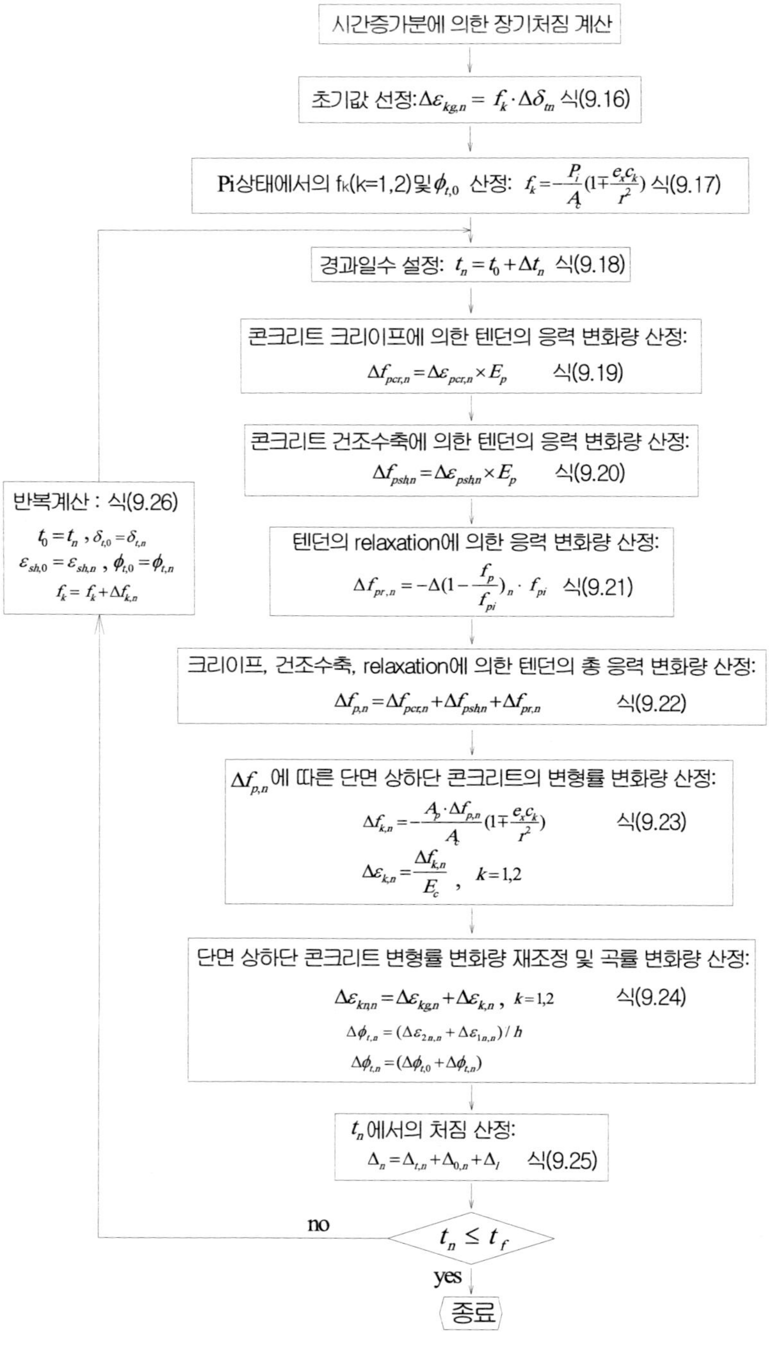

그림 9.5 시간증가분에 따른 보 처짐계산 흐름도

예 9·1 장기처짐 산정

예 그림 9.1과 같은 프리텐션된 프리스트레스트 보의 장기처짐을 보 경간 중간에서 구하고자 한다. 긴장재는 13cm의 편심으로 직선 배치되어 있다. 콘크리트가 타설된 시점을 기준으로 7일이 경과한 후에 프리텐션된 프리스트레싱력을 전달하였다. 프리스트레싱력이 전달된 시점을 $t=0$ 일로 하여 $t=0, 30, 180, 360$ 일이 각각 경과한 때의 보 경간 중간에서의 처짐값을 산정하라.

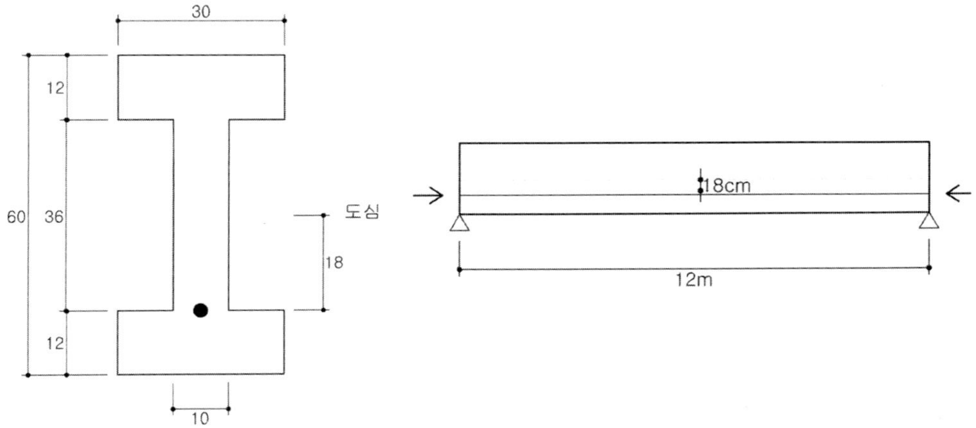

예 그림 9.1 프리스트레스트보

단면특성 : $A_c = 1{,}080cm^2$, $I_c = 462{,}240cm^2$, $r_c = 428cm^2$

$A_p = 6.2cm^2$, $d_p = 43cm$, $e = 13cm$

재료특성 : $f_{py} = 14{,}700kgf/cm^2$, $f_{\pi} = 12{,}300kgf/cm^2$

$E_p = 2 \times 10^6 kgf/cm^2$

$f_{ck} = 350kgf/cm^2$, $E_c = 280{,}624kgf/cm^2$

$C_u = 2.6$, $\epsilon_{sh,u} = 800 \cdot 10^{-6}$

하　　중 : 자중　　　　　　: $w_0 = 2.592\ kgf/cm$

등분포 활하중　　: $\omega_l = 800kgf/m\ (= 8kgf/cm)$

프리스트레스싱력　: $P_i = 80\ tf$

아래 계산과정에서 처짐(혹은 솟음)을 나타내는 부호인 "Δ"와 값들의 증분을 나타내는 부호인 "Δ"의 혼동을 피하기 위하여 처짐(혹은 솟음)은 "y"로, 계산되는 값들의 증분은 "Δ"를 사용하였다.

1) P_i - 상태에서의 곡률산정 :

$$f_1 = -\frac{P_i}{A_c}\left(1-\frac{ec_1}{r^2}\right) = -\frac{80 \cdot 10^3}{1,080}\left(1-\frac{13 \cdot 30}{428}\right) = -6.58kgf/cm^2$$

$$f_2 = -\frac{80 \cdot 10^3}{1,080}\left(1+\frac{13 \cdot 30}{428}\right) = -141.6kgf/cm^2$$

$$\epsilon_1 = \frac{f_1}{E_c} = \frac{-6.58}{280,624} = -23.4 \cdot 10^{-6}$$

$$\epsilon_2 = \frac{f_2}{E_c} = \frac{-141.6}{280,624} = -504.6 \cdot 10^{-6}$$

$$\phi_{pi} = \frac{\epsilon_{2i} - \epsilon_{1i}}{h} = \frac{-504.6-(-23.4) \cdot 10^{-6}}{60}$$

$$= -8.02 \cdot 10^{-6} rad/cm$$

또는 이때의 곡률은 다음과 같이 산정할 수 있다 :

$$\phi_{pi} = \frac{-P_i \cdot e_x}{E_c \cdot I_c} = \frac{-80 \cdot 10^3 \cdot 13}{280,624 \cdot 462,240} = -8.02 \cdot 10^{-6} rad/cm$$

2) 솟음 : $y_{pi}(=y_0) = \phi_{p_i} \cdot \frac{\ell^2}{8} = -8.02 \cdot 10^{-6} \cdot 1,200^2/8 = -1.44cm$

3) 경과일수 별로 δ_t 산정:

$C_u = 2.6$이므로 $\delta_u = \frac{C_u}{E_c} = \frac{2.6}{280,624} = 9.26 \cdot 10^{-6}$이다.

$$t=30\text{일} \ : \ \delta_t = \frac{30^{0.6}}{10+30^{0.6}} \cdot 9.26 \cdot 10^{-6} = 4.03 \cdot 10^{-6}$$

$$t=180\text{일} \ : \ \delta_t = \frac{180^{0.6}}{10+180^{0.6}} \cdot 9.26 \cdot 10^{-6} = 6.42 \cdot 10^{-6}$$

$$t=360\text{일} \ : \ \delta_t = \frac{360^{0.6}}{10+360^{0.6}} \cdot 9.26 \cdot 10^{-6} = 7.16 \cdot 10^{-6}$$

4) 경과일수 별로 건조수축에 의한 변형률 $\epsilon_{sh,t}$ 산정:

$$t=0\text{일} \ : \ \epsilon_{sh,0} = -\frac{7}{35+7}\epsilon_{sh,u} = \frac{7}{35+7} \cdot 800 \cdot 10^{-6} = -133.3 \cdot 10^{-6}$$

$$t=30\text{일} \ : \ \epsilon_{sh,30} = \frac{(30+7)}{35+(30+7)} \cdot 800 \cdot 10^{-6} = -411.1 \cdot 10^{-6}$$

$$t=180\text{일} : \epsilon_{sh,180}=-\frac{(180+7)}{35+(180+7)}\cdot 800\cdot 10^{-6}=-673.9\cdot 10^{-6}$$

$$t=360\text{일} : \epsilon_{sh,360}=-\frac{(360+7)}{35+(360+7)}\cdot 800\cdot 10^{-6}=-730.3\cdot 10^{-6}$$

5) 경과일수 별로 릴랙세이션에 따른 f_{pi}에 대한 긴장재 응력비 산정:

$$t=0\text{일}: \frac{f_p}{f_{pi}}=1.0$$

$$t=30\text{일}(=720\text{시간}): \frac{f_p}{f_{pi}}=1-\frac{\log t}{10}\left(\frac{f_{pi}}{f_{py}}-0.55\right)$$

$$=1-\frac{\log 720}{10}\left(\frac{12,300}{14,700}-0.55\right)=0.918$$

$$t=180\text{일}(=4,320\text{시간}) : \frac{f_p}{f_{pi}}=1-\frac{\log 4,320}{10}\left(\frac{12,300}{14,700}-0.55\right)=0.896$$

$$t=360\text{일}(=8,640\text{시간}) : \frac{f_p}{f_{pi}}=1-\frac{\log 8,640}{10}\left(\frac{12,300}{14,700}-0.55\right)=0.887$$

상기 3)~4)에서 계산한 값들은 추후 계산에 자주 쓰이게 되므로 아래 〈예 표 9.1〉에 경과일수 별로 정리하였다.

〈예 표 9.1〉 경과일수 별 크리이프, 건조수축, 릴랙세이션 변화량

시 간	크리이프		건조수축		릴랙세이션		
일 수	$\delta_t(\times 10^{-6})$	$\triangle\delta_\ell(\times 10^{-6})$	$\epsilon_{sh_1t}(\times 10^{-6})$	ϵ_{sh_1t}	$\frac{f_p}{f_{pi}}$	$(\frac{f_p}{f_{pi}}-1)$	$\triangle(\frac{f_p}{f_{pi}}-1)$
-7	-	-	0	-	-	-	-
0	0	-	-133.3	-133.3	1.0	0	0
30	4.03	4.03	-411.1	-277.8	0.918	-0.082	-0.082
180	6.42	2.39	-673.9	-262.8	0.896	-0.104	-0.022
360	7.16	0.74	-730.3	-56.4	0.887	-0.113	-0.009

6) $t=30$일

(6.1) $t=30$일일 때, 보 단면 상·하단의 변형률의 변화량을 콘크리트 크리이프에 근거하여 우선 산정한다.

① $t=0$일일 때, P_i에 의한 응력 $f_1=-6.58kgf/cm^2$, $f_2=-141.6kgf/cm^2$

② $t=30$일일 때, 크리이프만에 의한 상하단 변형률 변화량

$$\Delta\epsilon_{1g}=f_1\cdot\Delta\delta_{30}=-6.58\cdot 4.03\cdot 10^{-6}=-24.5\cdot 10^{-6}$$

$$\Delta\epsilon_{2g}=f_2\cdot\Delta\delta_{30}=-141.6\cdot 4.03\cdot 10^{-6}=-570.6\cdot 10^{-6}$$

(6.2) 크리이프만에 의한 강재응력의 감소를 산정한다.

① 프리스트레싱 긴장재 위치에서의 크리이프 변형률 변화

$$\Delta\epsilon_{pg} = \Delta\epsilon_{1g}+\frac{d_p}{h}(\Delta\epsilon_{2g}-\Delta\epsilon_{1g})$$

$$= [-24.5+\frac{43}{60}-570.6-(-24.5)]\cdot 10^{-6} = -415.9\cdot 10^{-6}$$

② $\Delta f_{pg}=E_p\cdot\Delta\epsilon_{pg}=2\cdot 10^6\cdot(-415.9\cdot 10^{-6})=-831.8kgf/cm^2$

(6.3) 크리이프 이외에 강재의 릴랙세이션, 콘크리트의 건조수축에 의한 긴장재 응력의 추가감소를 산정한다.

① 릴랙세이션에 의한 긴장재 응력의 감소

예 표 9.1에서 $t=30$일일 때 $\Delta\left(\frac{f_p}{f_{p_i}}-1\right)=-0.082$ 이므로

$$\Delta f_{pr}=\Delta\left(\frac{f_p}{f_{p_i}}-1\right)\cdot f_{p_i}=-0.082\cdot 12{,}300=-1{,}008.6kgf/cm^2$$

② 건조수축에 의한 강재응력의 감소

$$\Delta f_{psh}=E_p\cdot\Delta\epsilon_{sh,30}=2\cdot 10^6\cdot(-277.8\cdot 10^{-6})=-555.6kgf/cm^2$$

(6.4) 크리이프, 릴랙세이션, 건조수축에 의한 강재응력의 총 손실량

$$\Delta f_p = \Delta f_{pg}+\Delta f_{pr}+\Delta f_{psh}$$

$$= -831.8-1{,}008.6-555.6$$

$$= -2{,}396.0\ kgf/cm^2$$

(6.5) $\triangle f_p$에 의한 보 단면 상 · 하단 콘크리트 응력 및 변형률 변화량

① $$\triangle f_1 = -\frac{\triangle P}{A_c}\left(1-\frac{ec_1}{r^2}\right)$$

$$= \frac{-2,396 \cdot 6.2}{1,080}\left(1-\frac{13 \cdot 30}{428}\right) = 1.22kgf/cm^2$$

$$\triangle f_2 = -\frac{\triangle P}{A_c}\left(1+\frac{ec_1}{r^2}\right)$$

$$= \frac{-2,396 \cdot 6.2}{1,080}\left(1+\frac{13 \cdot 30}{428}\right) = 26.29kgf/cm^2$$

② Δf_1 및 Δf_2에 따른 보 단면 상 · 하단 콘크리트 변형률 변화량

$$\Delta\epsilon_1 = \frac{\triangle f_1}{E_C} = \frac{1.22}{280,624} = 4.35 \cdot 10^{-6}$$

$$\triangle\epsilon_2 = \frac{\triangle f_2}{E_C} = \frac{26.29}{280,624} = 95.86 \cdot 10^{-6}$$

(6.6) 상기 (6.1)단계에서 구한 크리이프만에 의한 보 상하단 콘크리트 변형률 변화량과 크리이프, 릴랙세이션, 건조수축 전체에 의한 강재의 응력 변화량 Δf_1과 Δf_2에 의한 보 상하단 콘크리트 변화량을 더한 최종 콘크리트 변형률 변화량을 산정한다.

$$\triangle\epsilon_{1total} = \triangle\epsilon_{1g} + \triangle\epsilon_1 = (-24.5+4.35) \cdot 10^{-6}$$

$$= -20,15 \cdot 10^{-6}$$

$$\triangle\epsilon_{2total} = \triangle\epsilon_{2g} + \triangle\epsilon_2 = (-570.6+95.86) \cdot 10^{-6}$$

$$= -474.74 \cdot 10^{-6}$$

(6.7) $t=30$일일 때의 프리스트레싱력에 의한 추가곡률 및 추가 처짐

$$\Delta\phi_{30} = \frac{\Delta\epsilon_{2total} - \Delta\epsilon_{1total}}{h}$$

$$= \frac{-474.74-(-20.15)}{60} \cdot 10^{-6}$$

$$= -7.58 \cdot 10^{-6}$$

이 추가곡률은 강재가 일정한 편심을 갖는 직선형태의 배치를 가지므로 보 길이방향으로 일정한 값을 갖는다. 따라서 프리스트레싱력에 의한 추가 처짐 Δy_{p30}는 다음과 같다.

$$\Delta y_{p30} = \frac{\Delta\phi_{30} \cdot \ell^2}{8} = \frac{-7.58 \cdot 10^{-6} \cdot (12 \cdot 10^2)^2}{8} = -1.36cm$$

전체 프리스트레싱력에 의한 처짐은

$$y_{p30} = y_{p_i} + \Delta y_{p30} = -1.44 + (-1.36) = -2.8cm \text{ (솟음)}$$

(6.8) $t = 30$일일 때 자중에 의한 처짐

$$y_{st} = y_{so}(1 + C_t), \quad C_t = \frac{t^{0.6}}{10 + t^{0.6}} \cdot C_u \text{ 이므로}$$

자중에 의한 순간 처짐

$$y_{so} = \frac{5w_s L^4}{384E_c I_c} = \frac{5 \cdot 2.592 \cdot 1,200^4}{384 \cdot 280,624 \cdot 462,240} = 0.54cm$$

$$C_{30} = \frac{30^{0.6}}{10 + 30^{0.6}} \cdot 2.6 = 1.131$$

$$y_{s30} = y_{s0}(1 + C_{30}) = 0.54(1 + 1.131) = 1.151\,cm$$

(6.9) 활하중에 의한 순간 처짐

$$y_l = \frac{5w_l L^4}{384 E_C I_C} = \frac{5 \cdot 8 \cdot 1{,}200^4}{384 \cdot 280{,}624 \cdot 462{,}240} = 1.665\,cm$$

(6.10) 프리스트레싱력, 자중, 활화중에 의한 전체 처짐

$$y_{30} = y_{p30} + y_{s30} + y_l$$

$$= -2.8 + 1.151 + 1.665 = 0.016\ cm\ \ (\text{처짐})$$

만일 활하중이 가해지지 않을 경우

$$y_{30} = y_{p30} + y_{s30}$$

$$= -2.8 + 1.151 = -1.649\ cm\ \ (\text{솟음})$$

7) $t = 180$ 일

(7.1) 먼저 $t = 30$일일 때, 보 단면 상·하단의 변형률의 변화량을 콘크리트 크리이프에 근거하여 우선 산정한다.

① $t = 30$일일 때의 보 상하단 콘크리트 응력 $f_{1,30}$, $f_{2,30}$을 산정한다.

$$f_{1,30} = f_1 + \triangle f_1 = -6.58 + 1.22 = -5.36\ kgf/cm^2$$

$$f_{2,30} = f_2 + \triangle f_2 = -141.6 + 26.29 = -115.31 kgf/cm^2$$

② $t = 180$ 일 때의 크리이프만에 의한 상·하단 변형률 변화량

$$\Delta\epsilon_{1g} = f_{1,30} \cdot \Delta\delta_{180} = -5.36 \cdot 2.39 \cdot 10^{-6} = -12.81 \cdot 10^{-6}$$

$$\triangle\epsilon_{2g} = f_{2,30} \cdot \Delta\delta_{180} = -115.31 \cdot 2.39 \cdot 10^{-6} = -275.60 \cdot 10^{-6}$$

(7.2) 크리이프만에 의한 강재응력의 감소를 산정한다.

$$① \ \Delta\epsilon_{pg} = \Delta\epsilon_{1g} + \frac{d_p}{h}(\Delta\epsilon_{2g} - \Delta\epsilon_{1g})$$

$$= \left(-12.81 + \frac{43}{60}(-275.6 - (-12.81))\right) \cdot 10^{-6}$$

$$= -201.14 \cdot 10^{-6}$$

$$② \ \Delta f_{pg} = E_P \cdot \Delta\epsilon_{pg} = 2 \cdot 10^6 \cdot (-201.14 \cdot 10^{-6})$$

$$= -402.28 kgf/cm^2$$

(7.3) 크리이프 이외에 강재의 릴랙세이션, 콘크리트의 건조수축에 의한 강재응력의 추가 감소를 산정한다.

① 릴랙세이션

예 표 9.1로부터 $\Delta\left(\frac{f_p}{f_{p_i}} - 1\right) = -0.022$. 따라서

$$\Delta f_{pr} = \Delta\left(\frac{f_p}{f_{p_i}} - 1\right) \cdot f_{p_i} = -0.022 \cdot 12{,}300 = -270.6 \ kgf/cm^2$$

② 건조수축

$$\Delta f_{psh} = E_P \cdot \Delta\epsilon_{sh,180}$$

$$= 2 \cdot 10^6 \cdot (-262.8 \cdot 10^{-6})$$

$$= -525.6 kgf/cm^2$$

(7.4) 크리이프, 릴랙세이션, 건조수축에 의한 강재응력의 총 손실량

$$\Delta f_p = \Delta f_{pg} + \Delta f_{pr} + f_{psh}$$

$$= -402.28 - 270.6 - 525.6$$

$$= -1{,}198.5 kgf/cm^2$$

(7.5) $\triangle f_p$에 의한 보 단면 상 · 하단 콘크리트 응력 및 변형률 변화량

① $\triangle f_1 = -\frac{\triangle P}{A_c}(1-\frac{ec_1}{r^2})$

$= -\frac{-1,198.5 \cdot 6.2}{1,080}(1-\frac{13 \cdot 30}{428})$

$= 0.61\ kgf/cm^2$

$\triangle f_2 = -\frac{A_p}{A_c}(1+\frac{ec_2}{r^2})$

$= -\frac{-1,198.5 \cdot 6.2}{1,080}(1+\frac{13 \cdot 30}{428})$

$= 13.15\ kgf/cm^2$

② Δf_1 및 Δf_2에 따른 보 단면 상 · 하단 콘크리트 변형률 변화량

$$\Delta \epsilon_1 = \frac{\triangle f_1}{E_c} = \frac{0.61}{280,624} = 2.17 \cdot 10^{-6}$$

$$\triangle \epsilon_2 = \frac{\triangle f_2}{E_c} = \frac{13.15}{280,624} = 46.86 \cdot 10^{-6}$$

(7.6) 상기 (7.1)단계에서 구한 크리이프만에 의한 보 상·하단 콘크리트 변형률 변화량과 크리이프, 릴랙세이션, 건조수축 전체에 의한 강재의 응력 변화량 Δf_1과 Δf_2에 의한 보 상 · 하단 콘크리트 변화량을 더한 최종 콘크리트 변형률 변화량을 산정한다.

$$\triangle \epsilon_{1total} = \triangle \epsilon_{1g} + \triangle \epsilon_1 = (-12.81+2.17) \cdot 10^{-6} = -10.64 \cdot 10^{-6}$$
$$\triangle \epsilon_{2total} = \triangle \epsilon_{2g} + \triangle \epsilon_2 = (-275.60+46.86) \cdot 10^{-6} = -228.74 \cdot 10^{-6}$$

(7.7) $t=180$일 때의 프리스트레싱력에 의한 추가곡률 및 추가 처짐

$$\Delta\phi_{180} = \frac{\Delta\epsilon_{2total} - \Delta\epsilon_{1total}}{h}$$

$$= \frac{-228.74-(-10.64)}{60} \cdot 10^{-6}$$

$$= -3.64 \cdot 10^{-6}$$

$$\Delta y_{p180} = \frac{\Delta\phi_{180} \cdot \ell^2}{8} = -3.64 \cdot 10^{-6} \cdot 1{,}200^2/8 = -0.65cm$$

$$y_{p180} = y_{p30} + \Delta y_{p180}$$

$$= (y_{p_i} + \Delta y_{p30}) + \Delta y_{p180}$$

$$= -2.8 - 0.65 = -3.45cm \quad (솟음)$$

(7.8) $t = 180$일 때 자중에 의한 처짐

$$C_{180} = \frac{180^{0.6}}{10+180^{0.6}} \cdot 2.6 = 1.082$$

$$y_{s180} = y_{s0} \cdot (1 + C_{180}) = 0.54 \cdot (1+1.802) = 1.513cm \quad (처짐)$$

(7.9) 프리스트레싱력, 자중, 활화중에 의한 전체 처짐

$$y_{180} = y_{p180} + y_{s180} + y_l = -3.45 + 1.513 + 1.665 = -0.272cm \quad (솟음)$$

8) $t = 360$일 때

(8.1) $t = 360$일일 때, 보 단면 상 · 하단의 변형률의 변화량을 콘크리트 크리이프에 근거하여 우선 산정한다.

① $f_{1,180} = f_{1,30} + \Delta f_1 = -5.36 + 0.61 = -4.75kgf/cm^2$

$f_{2,180} = f_{2,30} + \Delta f_2 = -115.31 + 13.15 = -102.16kgf/cm^2$

② $\epsilon_{1g} = f_{1,180} \cdot \Delta\delta_{360} = -4.75 \cdot 0.74 \cdot 10^{-6} = -3.53 \cdot 10^{-6}$

$$\epsilon_{2g} = f_{2,180} \cdot \Delta\delta_{360} = -102.16 \cdot 0.74 \cdot 10^{-6} = -75.60 \cdot 10^{-6}$$

(8.2) 크리이프만에 의한 강재응력의 감소를 산정한다.

① $$\Delta\epsilon_{pg} = \Delta\epsilon_{1g} + \frac{d_p}{h}(\Delta\epsilon_{2g} - \Delta\epsilon_{1g})$$

$$= [-3.52 + \frac{43}{60} - 75.6 - (-3.52)] \cdot 10^{-6}$$

$$= -55.18 \cdot 10^{-6}$$

② $$\Delta f_{pg} = E_p \cdot \Delta\epsilon_{pg} = 2 \cdot 10^6 \cdot (-55.18 \cdot 10^{-6}) = -110.36 kgf/cm^2$$

(8.3) 크리이프 이외에 강재의 릴랙세이션, 콘크리트의 건조수축에 의한 긴장재 응력의 추가감소를 산정한다.

① $$\Delta(\frac{f_p}{f_{p_i}} - 1) = -0.009$$

$$\Delta f_{pr} = \Delta(\frac{f_p}{f_{p_i}} - 1) \cdot f_{p_i} = -0.009 \cdot 12{,}300 = -110.7 kgf/cm^2$$

② $$\Delta f_{psh} = E_p \cdot \Delta\epsilon_{sh,360}$$

$$= 2 \cdot 10^6 \cdot (-56.4 \cdot 10^{-6})$$

$$= -112.8 kgf/cm^2$$

(8.4) 크리이프, 릴랙세이션, 건조수축에 의한 강재응력의 총 손실량

$$\Delta f_p = \Delta f_{pg} + \Delta f_{pr} + \Delta f_{psh}$$

$$= -110.36 - 110.7 - 112.8$$

$$= -333.86 kgf/cm^2$$

(8.5) Δf_p에 의한 보 단면 상 · 하단 콘크리트 응력 및 변형률 변화량

① $\Delta f_1 = -\frac{P}{A_c}\left(1-\frac{ec_1}{r^2}\right)$

$= -\frac{-333.86 \cdot 6.2}{1,080}\left(1-\frac{13.30}{428}\right)$

$= 0.170\ kgf/cm^2$

② $\Delta \epsilon_1 = \frac{\Delta f_1}{E_c} = \frac{0.170}{280,624} = 0.606 \cdot 10^{-6}$

$\Delta \epsilon_2 = \frac{\Delta f_2}{E_c} = \frac{3.66}{280,624} = 13.04 \cdot 10^{-6}$

(8.6) 상기 (8.1)단계에서 구한 크리이프만에 의한 보 상·하단 콘크리트 변형률 변화량과 크리이프, 릴랙세이션, 건조수축 전체에 의한 강재의 응력 변화량 Δf_1과 Δf_2에 의한 보 상 · 하단 콘크리트 변화량을 더한 최종 콘크리트 변형률 변화량을 산정한다.

$\Delta \epsilon_{1total} = \Delta \epsilon_{1g} + \Delta \epsilon_1 = (-3.52 + 0.606) \cdot 10^{-6} = -2.914 \cdot 10^{-6}$

$\Delta \epsilon_{2total} = \Delta \epsilon_{2g} + \Delta \epsilon_2 = (-75.60 + 13.04) \cdot 10^{-6} = -62.56 \cdot 10^{-6}$

(8.7) $t = 360$일일 때의 프리스트레싱력에 의한 추가곡률 및 추가 처짐

$\Delta \phi_{360} = \frac{\Delta \epsilon_{2total} - \Delta \epsilon_{1total}}{h}$

$= \frac{-62.56 - (-2.914)}{60} \cdot 10^{-6}$

$= -0.994 \cdot 10^{-6}$

$\Delta y_{p360} = \frac{\Delta \phi_{360} \cdot \ell^2}{8} = -0.994 \cdot 10^{-6} \cdot 1,200^2/8 = -0.179cm$

$y_{p360} = y_{p180} + \Delta y_{p360}$

$= (y_{p_i} + \Delta y_{p30} + \Delta y_{p180}) + \Delta y_{p360}$

$= -3.45 - 0.170$

$= -3.629cm$ (솟음)

(8.8) $t=360$일일 때 자중에 의한 처짐

$$C_{360}=\frac{360^{0.6}}{10+360^{0.6}}\cdot 2.6=2.012$$

$$y_{s360}=y_{s0}(1+C_{360})=0.54(1+2.012)=1.625cm \text{ (처짐)}$$

(8.9) 프리스트레싱력, 자중, 활화중에 의한 전체 처짐

$$\begin{aligned} y_{360} &= y_{p360}+y_{s360}+y_l \\ &= -3.629+1.626+1.665 \\ &= -0.338cm \quad \text{(솟음)} \end{aligned}$$

(8.10) $t=360$일 때의 보 상·하단의 응력

$$f_{1,360}=f_{1,180}+\triangle f_1=-4.75+0.170=-4.58\,kgf/cm^2$$

$$f_{2,360}=f_{2,180}+\triangle f_2=-102.16+3.66=-98.5\ \ kgf/cm^2$$

아래 〈예 표 9.2〉, 〈예 표 9.3〉, 〈예 표 9.4〉는 상기에서 계산된 값들을 경과일수 별로 나타내고 있다. 예 그림 9.2는 경과일수에 따른 단면 내 변형률 및 곡률의 변화량을 나타낸다. 예 그림 9.3은 경과일수에 따른 처짐량을 나타내고 있다. 예 그림 9.3에 나타난 것과 같이 활하중에 의한 처짐은 순간 처짐으로서 경과일수에 상관없이 일정한 처짐 값을 갖는다. 자중은 지속적으로 보에 작용하므로 시간이 경과함에 따라 아랫방향으로의 처짐을 증가시킨다. 그러나 360일이 경과한 후에는 자중에 의한 장기 처짐이 거의 발생하지 않음을 알 수 있다. 한편, 프리스트레싱력에 의한 상방향 솟음은 초기 30일이 경과할 때까지 급격히 증가하다가 그 후 시간이 경과함에 따라 그 양이 감소하여 360일이 경과한 후에는 거의 솟음이 발생하지 않음을 볼 수 있다. 이 보의 경우, 360일이 경과한 후에 상방향 솟음이 $0.338cm$ 발생하여 거의 수평을 유지하게 됨을 알 수 있다.

〈예 표 9.2〉 경과일수 별 긴장재의 변형률 및 응력 변화량

시 간	상,하단 콘크리트 응력 (kgf/cm^2)		변형률 ($\times 10^{-6}$)			긴장재의 응력변화량 (kgf/cm^2)			
일 수	f_1	f_2	$\Delta\epsilon_{1g}$	$\Delta\epsilon_{2g}$	$\Delta\epsilon_{pg}$	Δf_{pg}	Δf_{pr}	Δf_{psh}	Δf_p
0	-6.58	-141.6	-23.4	-504.6	-	-	-	-	-
30	-5.36	-115.31	-24.5	-570.6	-415.9	-831.8	-1,008.6	-555.6	-2,396.0
180	-4.75	-102.16	-12.81	-275.6	-201.14	-402.28	-279.6	-525.6	-1,198.5
360	-4.58	-98.5	-3.52	-75.6	-55.18	-110.36	-110.7	-112.8	-333.86

〈예 표 9.3〉 경과일수 별 상 · 하단 응력, 변형률 및 곡률 변화량

시 간	Δf_p에 의한 콘크리트 상 · 하단 응력(kgf/cm^2) 및 변형률($\times 10^{-6}$) 변화량						곡률 변화량 ($\times 10^{-6}$)	
일수	Δf_1	Δf_2	$\Delta\epsilon_1$	$\Delta\epsilon_2$	$\Delta\epsilon_{1total}$	$\Delta\epsilon_{2total}$	$\Delta\phi_t$	ϕ_t
0	-	-	-	-	-23.4	-504.6	-8.02	-8.0
30	1.22	26.9	4.35	95.86	-20.15	-474.74	-7.58	-15.6
180	0.61	13.15	2.17	46.86	-10.64	-228.74	-3.64	-19.2
360	0.170	3.66	0.606	13.04	-2.914	-62.56	-0.994	-20.2

〈예 표 9.4〉 경과일수 별 처짐 또는 솟음

시 간	처짐(+) 또는 솟음(-)					
일 수	Δy_{pt}	y_{pt}	y_{st}	y_l	$y_{pt}+y_{st}$	$y_t(y_{pt}+y_{st}+y_l)$
0	-1.44	-1.44	0.54	-	-0.9	
30	-1.36	-2.8	1.151	1.665	-1.649	0.016
180	-0.66	-3.45	1.513	1.665	-1.937	-0.272
360	-0.179	-3.629	1.626	1.665	-2.066	-0.338

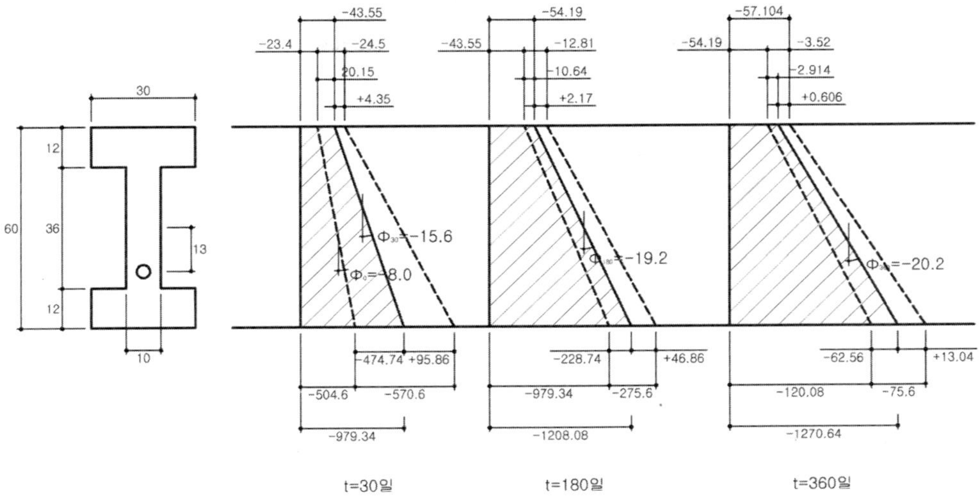

예 그림 9.2 경과일수 별 단면 변형률 및 곡률의 변화 $(\times 10^{-6})$

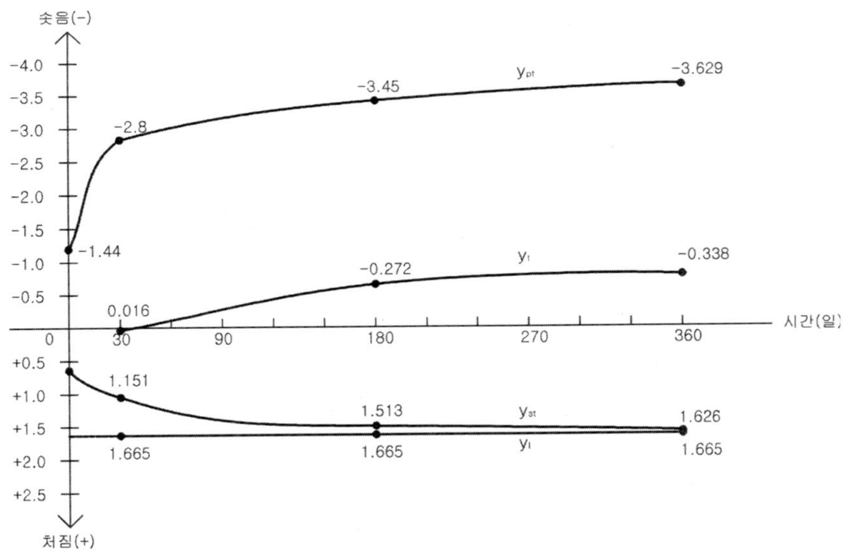

예 그림 9.3 경과일수별 자중(y_{st}), 활하중(y_l), 프리스트레싱력(y_{pt}), 전체하중(y_t)에 의한 처짐(cm)

예 9·2 근사계산에 의한 장기처짐 산정

예 그림 9.1의 보에 대하여 360일 경과한 후의 장기 처짐값을 근사계산으로 구하라.
앞의 식 (9.9)를 이용하면

$$\begin{aligned}\Delta &= -\Delta_{p_i} + (\Delta_{p_i} - \Delta_{p_e}) - \left(\frac{\Delta_{p_i} + \Delta_{p_e}}{2}\right) \cdot C_u \qquad (9.9)\\ &= -\Delta_{p_e} - \left(\frac{\Delta_{p_i} + \Delta_{p_e}}{2}\right) \cdot C_u\end{aligned}$$

만일 y가 처짐(+) 및 솟음(-)에 대한 부호를 포함한다면 위 식은 다음과 같이 쓸 수 있다.

$$y_{p360} = y_{pe} + \left(\frac{y_{p_i} + y_{pe}}{2}\right) \cdot C_t$$

여기서 $C_t = \dfrac{t^{0.6}}{10 + t^{0.6}} \cdot C_u = \dfrac{360^{0.6}}{10 + 360^{0.6}} \cdot 2.6 = 2.012$ 이다.

$t = 360$일이 경과한 후의 긴장재 응력의 손실량은 (6.4), (7.4), (8.4) 계산결과로부터

$$\begin{aligned}\Delta f_p &= \Delta f_p(130) + \Delta f_p(1,180) + \Delta f_p(1,360)\\ &= -2,396.0 + (-1,198.5) + (-333.86)\\ &= -3,928.36\ kgf/cm^2\end{aligned}$$

따라서 360일이 경과한 후의 긴장재의 유효 프리스트레싱력 P_e의 값은

$$\begin{aligned}P_e &= P_i - \Delta P = 80\ tf - |A_p \cdot \Delta f_p|\\ &= 80 \cdot 10^3 - 6.2 \cdot 3,928.36\\ &= 55,644.12\ kgf\end{aligned}$$

P_i에 의한 즉시 솟음 :

$$\begin{aligned}y_{p_i} &= \phi_{p_i} \cdot \frac{\ell^2}{8} = \frac{-P_i \cdot e}{E_c \cdot I_c} \cdot \frac{\ell^2}{8}\\ &= \frac{-80 \cdot 10^3 \cdot 13}{280,624 \cdot 462,240} \cdot \frac{1,200^2}{8}\\ &= -1.44\ cm\end{aligned}$$

P_e에 의한 솟음 :

$$y_{pe} = \phi_{p_e} \cdot \frac{\ell^2}{8} = \frac{-P_e \cdot e}{E_c \cdot I_c} \cdot \frac{\ell^2}{8} = y_{p_i} \cdot \frac{P_e}{P_i}$$

$$= -1.44 \cdot \frac{55,644.12}{80 \cdot 10^3}$$

$$= -1.00\ cm$$

따라서 360일이 경과한 후의 근사 처짐은 식 (9.9)에 의하여 다음과 같다.

$$y_{p360} = y_{p_e} + \left(\frac{y_{p_i} + y_{p_e}}{2}\right) \cdot C_t$$

$$= -1.00 + \left(\frac{-1.44 + (-1.00)}{2}\right) \cdot 2.012$$

$$= -3.45\ cm$$

근사식인 식 (9.9)에 따라 구한 이 값은 앞의 예 9.1에서 시간 단계별로 구한 값인 $y_{p360} = -3.629\ cm$에 매우 근접한 값임을 알 수 있다.

두 값의 상대 오차는 $\left|\frac{-3.45-(-3.629)}{-3.629}\right| \times 100 = 4.9\%$이다.

연습문제

9.1 문 그림 9.1과 같이 중앙에 집중 활하중 $W=10.0tf$를 받는 포스트텐션된 프리스트레스트보의 처짐을 근사법에 근거하여 초기 프리스트레싱력이 가해질 때와 1년 및 2년 경과 시 산정하라. 긴장재의 단면적은 $A_p=8.5cm^2$이고 항복강도 및 최대강도는 각각 $f_{py}=16,000kgf/cm^2$ 및 $f_{pu}=19,000kgf/cm^2$이다. 초기 프리스트레싱 긴장력은 $P_i=100.0tf$이고 유효율은 $R=0.85$이다. 이 보는 타설 3일 후에 긴장되었으며 증기 양생되었다. 최종 건조수축 변형률 값은 $\epsilon_{sh,u}=650 \cdot 10^{-6}$으로 한다. 콘크리트의 강도는 $f_{ck}=350kgf/cm^2$이다.

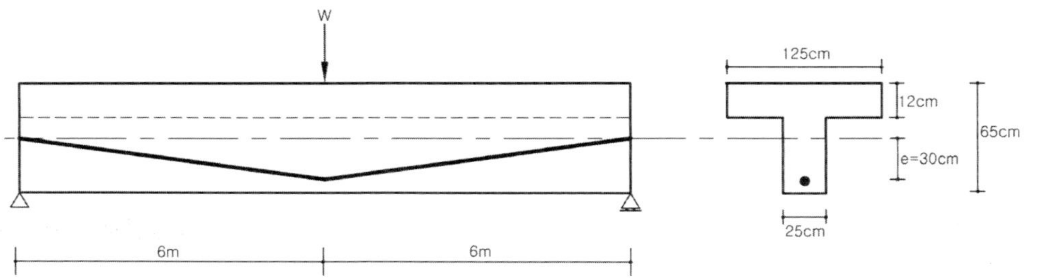

문 그림 9.1 한번 절곡된 직선 긴장재로 포스트텐션된 프리스트레스트 보

9.2 문 그림 9.1의 보에 대하여 시간 증가분에 의한 계산법으로 초기 프리스트레싱력이 가해질 때와 1개월, 3개월, 6개월, 1년 및 2년 경과 시 산정하라. 또 문제 9.1의 결과와 비교하라.

9.3 보 길이 방향으로 3등분 점에 집중 활하중 $W/2=5.0tf$를 받는 포스트텐션된 프리스트레스트보가 있다(문 그림 9.3). 하중 조건만 다르고 기타 조건은 문제 9.1에서의 조건과 동일할 경우, (1) 근사법과 (2) 시간 증가분에 의한 처짐량을 초기 프리스트레싱력이 가해질 때와 2년 경과 시 산정하라.

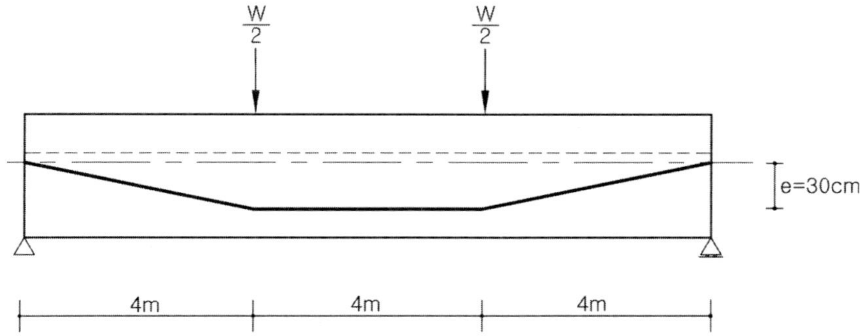

문 그림 9.3 두 번 절곡된 직선 긴장재로 포스트텐션된 프리스트레스트 보

9.4 등분포 사용 활하중 $w_l = 1.8\,tf/m$와 사용 고정하중 $w_d = 0.6\,tf/m$을 받는 경간 $\ell = 24.0\,m$의 단순 지지된 포스트텐션된 보가 있다(문 그림 9.4). 포물선 긴장재의 단면적은 $A_p = 25.0\,cm^2$이고 사용된 긴장재의 항복강도 및 최대강도는 각각 $f_{py} = 16{,}000\,kgf/cm^2$ 및 $f_{pu} = 19{,}000\,kgf/cm^2$이다.

초기 프리스트레싱 긴장력은 $P_i = 640.0\,tf$이고 시간이 경과한 후, 유효 프리스트레싱력은 $P_e = 540.0\,tf$이다. 이 보는 타설 3일 후에 긴장되었으며 증기 양생되었다. 최종 건조수축 변형률값은 $\epsilon_{sh,u} = 650 \cdot 10^{-6}$으로 한다. 콘크리트의 강도는 $f_{ck} = 350\,kgf/cm^2$이다. 이 보의 3년 후 장기처짐을 시간 증가분에 의한 계산법에 근거하여 산정하라.

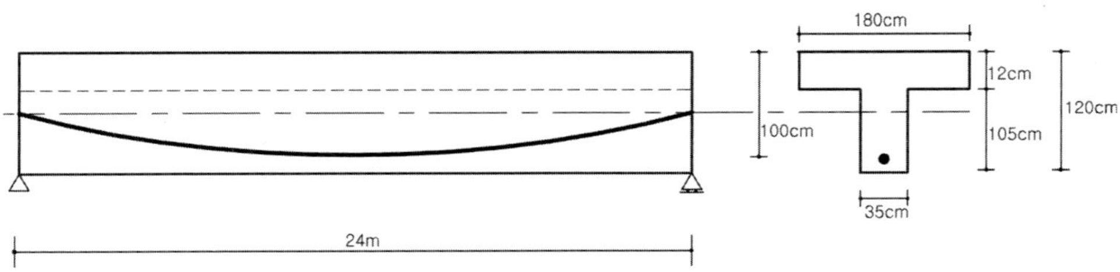

문 그림 9.4 포물선 긴장재로 배근된 포스트텐션 프리스트레스트 T-형 보

10장
슬 래 브

10.1 서 론

포스트텐션 콘크리트 슬래브는 창고건물, 업무용빌딩, 주차 빌딩, 쇼핑센터, 주거용 빌딩 및 교량 슬래브에 많이 사용되어 왔으며, 이는 슬래브 두께의 감소, 장 경간, 거푸집의 조기탈형 등 공기단축이라는 경제적 이유로 인하여 해외에서는 광범위하게 사용되고 있다. 포스트텐셔닝의 사용은 엔지니어가 사용하중 시 균열과 처짐에 대해 제어할 수 있는 장점을 가지고 있다는 것이다. 그림 10.1과 같이 여러 가지 종류의 포스트텐션 슬래브 형식을 볼 수 있다. 1방향 슬래브는 6.0~9.0m의 경간을 가지며 경간 대 춤의 비는 약 45 정도가 된다.

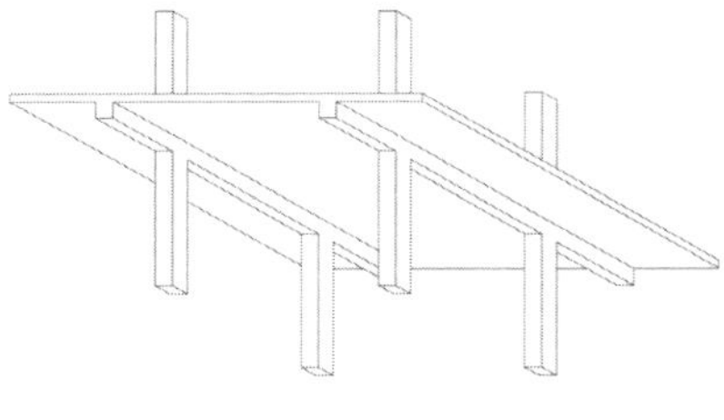

(a) 1방향 슬래브

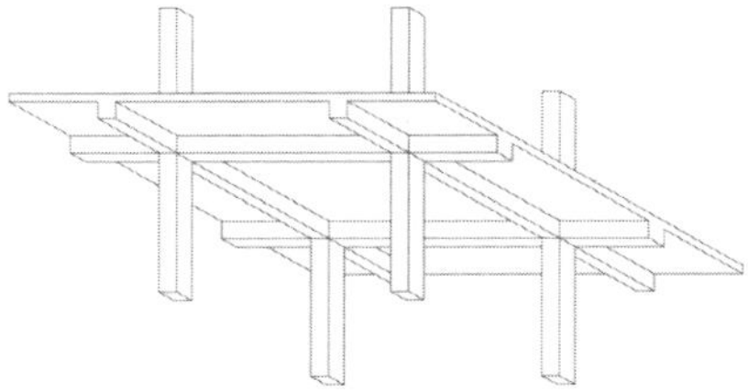

(b) 2방향 슬래브

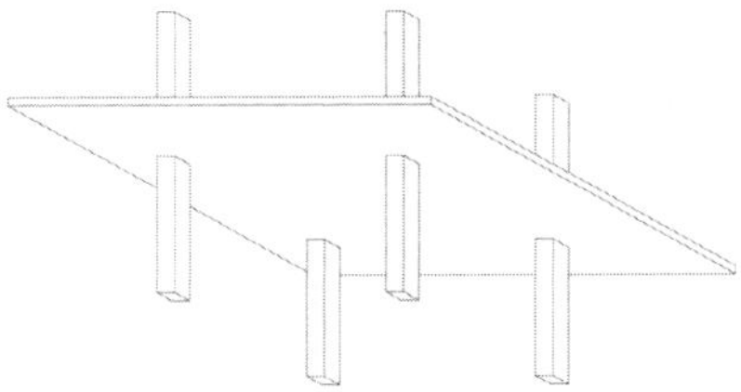

(c) Flate 슬래브

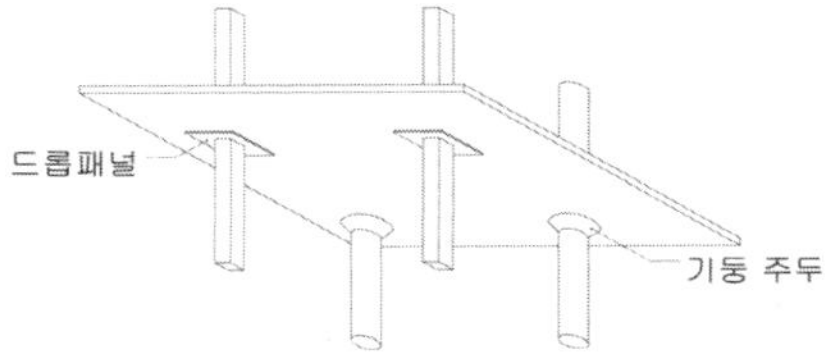

(d) Drop Panel과 주두를 가진 슬래브

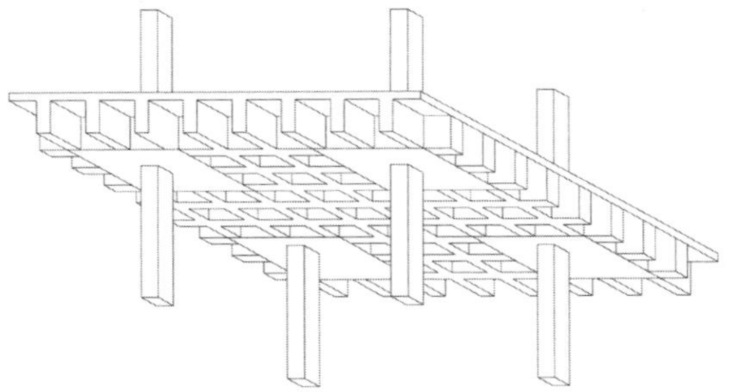

(e) Waffle 슬래브

그림 10.1 포스트텐션 슬래브의 종류

한편, 경간이 7.0~12.0m이고 적재하중이 최대 $500kgf/m^2$인 경우, 또는 아파트와 같이 층고가 문제가 되는 건축물의 경우 플랫플레이트 구조 또는 폭이 넓은 얕은 보(wide shallow beam)가 많이 사용된다.

플랫플레이트 구조의 경우, 경간 대 두께의 비율이 45 정도가 일반적으로 사용된다. 넓은 경간이나 적재하중이 큰 경우 기둥의 주두나 드롭패널(drop panel)을 가진 플랫슬래브, 와플슬래브, 보를 경간으로 하는 2방향 슬래브가 사용된다. 드롭패널을 가진 슬래브는 대략 55 정도의 경간 대 두께의 비율을 가지지만, 와플슬래브는 대략 35 정도의 경간 대비 총 두께의 비율을 가진다. 와플슬래브의 경우 슬래브 두께를 최소로 하고 보를 장선보 형태를 사용하므로 철근 사용량의 제한이 따르며, 처짐으로 인한 큰 비율의 춤을 사용하여야 하는 경우가 많이 발생한다.

포스트텐션 슬래브의 설계는

① 콘크리트의 응력이 사용하중상태에서 과도하지 않아야 하며
② 강도는 극한하중에 저항할 수 있어야 하고
③ 슬래브의 수직 처짐은 허용한계 내에 있어야 한다.

상기의 조건 범위에서 설계되어야 하며, 처짐의 문제는 엔지니어마다 다소 다르게 적용되며, 이는 경험을 바탕으로 한다. 특히 콘크리트 부재의 경우 처짐의 제한을 어떻게 두느냐에 따라 균열의 폭 및 양을 제어할 수 있다. 2방향 포스트텐션 슬래브는 하중의 전이에 있어 여러 가지의 방식을 가지고 있는 효율적인 구조시스템이며, 플랫플레이트의 경우 2면 전단으로 인한 취성파괴를 주의하여야 한다.

1) 슬래브 계획 시 고려할 사항

플랫플레이트, 플랫 슬래브의 경우 주간대 및 주열대는 경간의 $\ell/4$을 경계로 하여 구간을 설정하며, 주열대의 구간 내에 덕트 및 공간이 위치할 경우 그림10.2와 같이 최대치수를 설정하여 제한하여야 한다. 특히 슬래브 테두리에 보의 사용 유,무에 따라 철근 배근의 사용형태 및 균열의 발생에 영향을 끼친다.

슬래브의 두께 산정 시, 설계자는 처짐, 진동, 전단, 내화피복, 철근의 부식방지를 고려하여야 한다.

설계준비 단계에서 처짐을 계산하는 것이 필요하지만, 경험적인 경간 대 춤의 비에 근거해 처짐을 고려한 슬래브의 최소 두께를 산정하는 것이 일반적이다. 〈표 10.1〉은 경제적 포스트텐션 슬래브를 산정할 수 있는 "경간 대 춤"의 비를 제시한 것이다.

〈표 10.1〉 경간 대 춤의 비

1방향 슬래브	48
2방향 슬래브	45
Drop Panel을 가진 2방향 슬래브 (각 방향으로 최소 $\ell/6$의 Drop panel)	50
2방향 보가 있는 2방행 슬래브	55
Waffle	35
보의 폭 ≒ $h/3$	20
보의 폭 ≒ $3h$	30

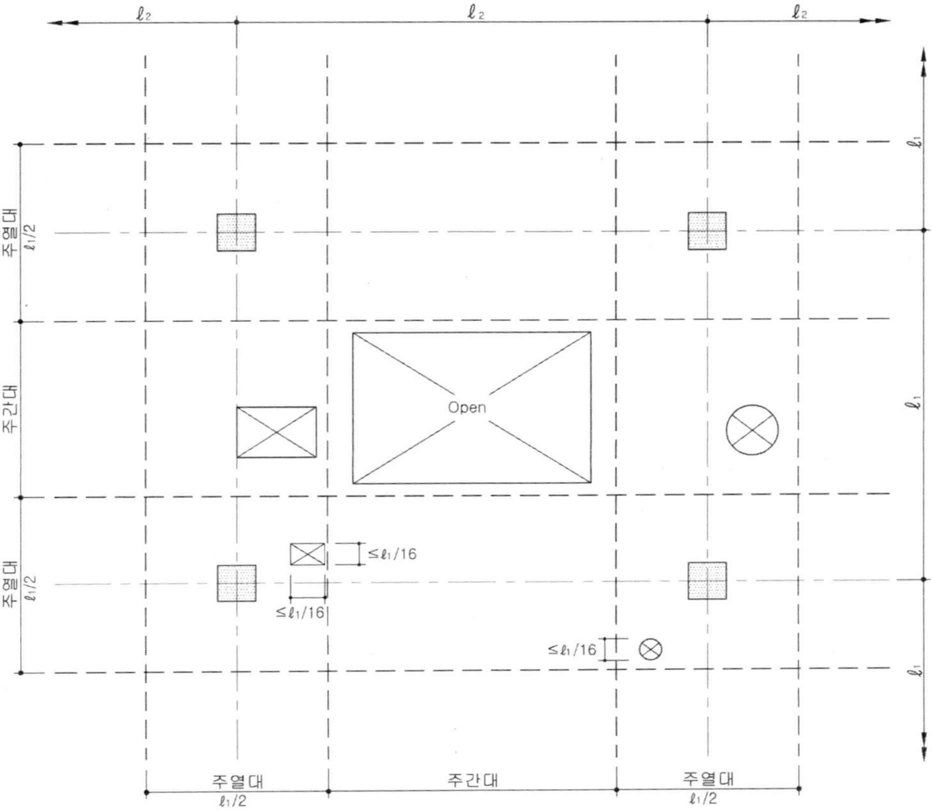

그림 10.2 플랫, 플랫플레이트 슬래브의 Open 치수의 제한

2) 비 부착식 긴장재의 부식방지

포스트텐션 슬래브는 일반적으로 비 부착식 단일 스트랜드 긴장재로 긴장되기 때문에 설계자는 부식방지를 신중하게 고려하여야 한다. 긴장재를 보호하는 3가지 대책은

① 콘크리트피복
② plastic 쉬스
③ 그리스

기준에서는 부식성에 대해 콘크리트 피복과 콘크리트 품질을 증가시킬 것을 요구하고 있다. 제일 중요하게 취급되어야 할 콘크리트에 대한 대책은 단부 정착장을 보호하는 것이며, 단부정착구의 보호가 나쁘면 긴장재 파괴의 주요 원인이 된다.(그림 10.3 (a), (b) 참조)

(a) 정착구 피복 후　　　(b) 정착구 피복 전

그림 10.3 정착구의 피복

10.2 하중평형

그림 10.4에 표현된 일반적인 긴장재의 경우 경간 중앙부 근처에서 긴장재의 곡률반경은 $\ell^2/(8 \cdot y_1)$의 포물선으로부터 산정될 수 있다. 그림 10.4에 도시된 오목부분은 1개의 긴장재에서 $w = 8 \cdot P \cdot y_1/\ell_1^2$의 유효 상향하중이 콘크리트에 작용한다.

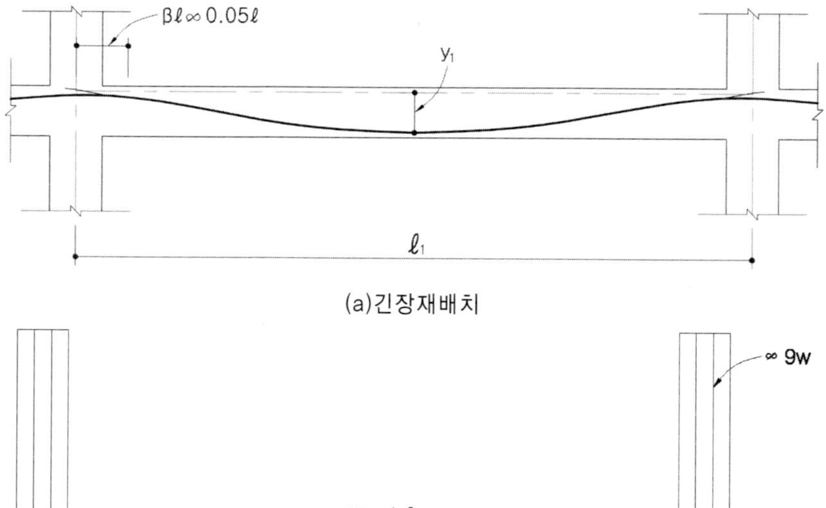

(a)긴장재배치

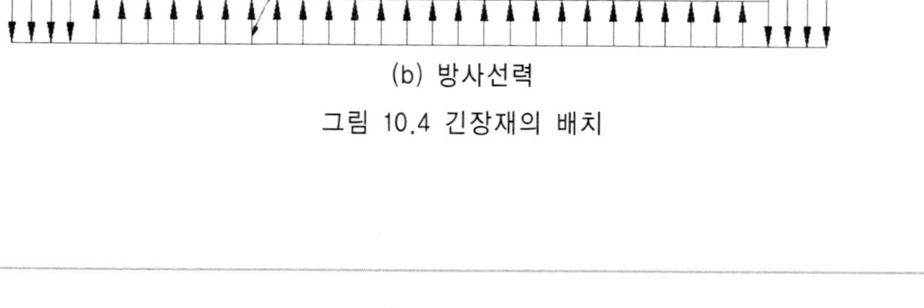

(b) 방사선력

그림 10.4 긴장재의 배치

2방향 포스트텐션 슬래브의 하중평형개념을 설명하기 위해서는, 2방향으로 긴장재가 동일한 간격으로 배치된 정방형 패널에 대한 플랫슬래브 구조를 설명하면(그림 10.7), 경간의 90% 이상이 상향 긴장재 곡률이고 긴장재의 형상 및 긴장재력은 곡률이 상향으로 형성된 부분에서 단위면적당 w의 상향하중을 각 방향으로 발생시킨다는 것을 가정한다.

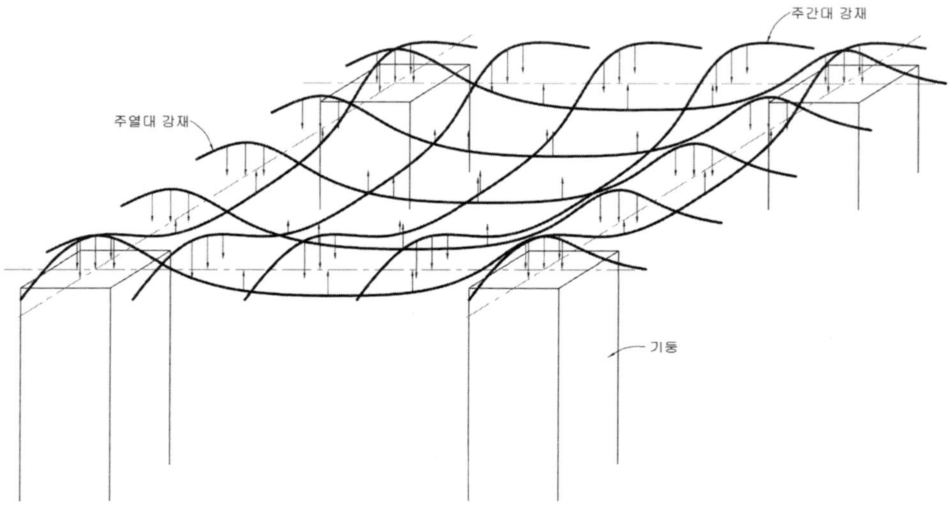

(a) 등분포 배치된 긴장재의 콘크리트에 대한 방사선력

(b) 등간격의 긴장재 배치

그림 10.5 등분포 배치된 긴장재의 콘크리트에 대한 방사선력

그림 10.5는 등 간격으로 배치된 긴장재로부터 발생된 콘크리트에 작용하는 힘을 보여준다.

수평방향 긴장재는 경간의 90% 이상에서 단위면적당 w의 상향력을 발생시키고 나머지 10%는 경간에서 단위면적당 $9w$의 하향력을 발생시킨다. 평면상의 수직방향 긴장재도 동일한 결과를 보여준다.

배치된 긴장재에서 발생하는 콘크리트의 하중을 정리하면 그림 10.6(d)에 표현된 단위면적당 하중으로 나타난다. 슬래브의 고정하중이 단위면적당 동일한 w를 유발한다면 프리스트레싱 긴장재의 효과와 슬래브의 고정하중은 그림 10.6(e)에 나타난 것과 같다. 슬래브의 서로 다른 부위에서 나타나는 힘은 그림 10.6(f)에 나타난다. 즉, 그림 10.6의 중간 부분에서의 균형하중과 자중에 의한 총 합이 w이므로 이에 의한 전체하중의 합은 (w · 하중받는 슬래브 면적)이므로

$$\text{전체하중} = w \cdot (\ell - 0.05\ell) \cdot (\ell - 0.05\ell) = 0.81 w\ell^2$$

이 된다 (그림 10.6(f) 참조). 슬래브 나머지 부분에 대하여도 동일한 방법으로 산정할 수 있다.

긴장재가 균일하게 배치된 것보다 기둥 근처에 집중되어 있으면 슬래브의 고정하중에 대해 보다 안정된 힘의 평형이 이루어진다. 그림 10.7(a)는 주간대(Middle Strip)에 25%의 강선이 배치되어 있고 주열대(Column Strip)에 75%의 긴장재가 배치된 것을 보여준다. 그림 10.7(e)에서, 긴장재의 이러한 배치가 슬래브의 중앙 부분에서 상향 또는 하향하중이 없는 평형된 상태를 보여줌을 알 수 있다. 이러한 방법으로 포스트텐션된 경우 그림 10.7(e), (f)에서 슬래브의 처짐은 매우 적으며, 슬래브의 상부균열 또한 적으므로 매우 효율적인 구조시스템이다.

그림 10.8 긴장재 배치형상

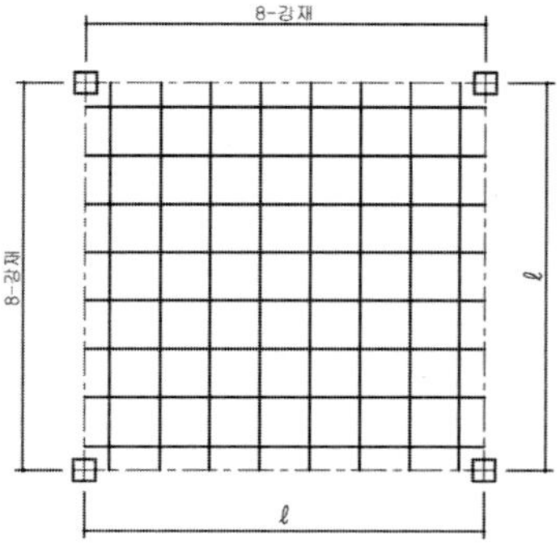

(a) 긴장재의 등분포배치

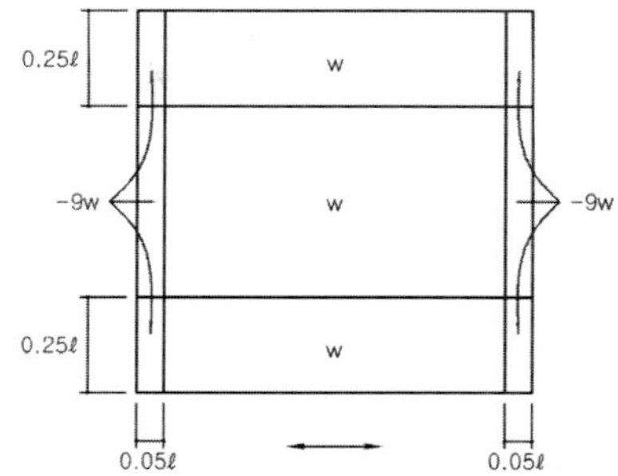

(b)동-서방향

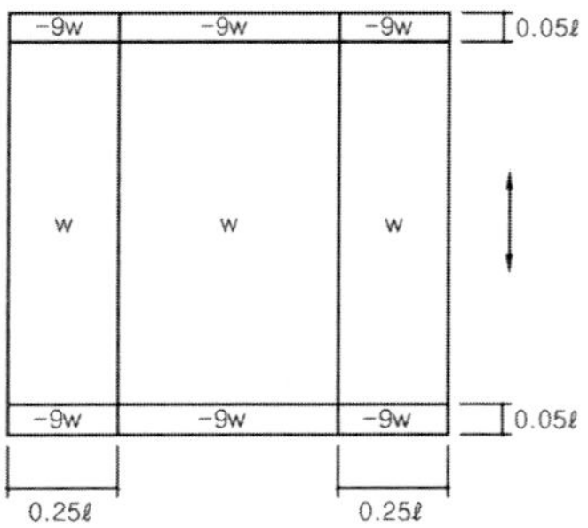

(c) 남-북방향 긴장재

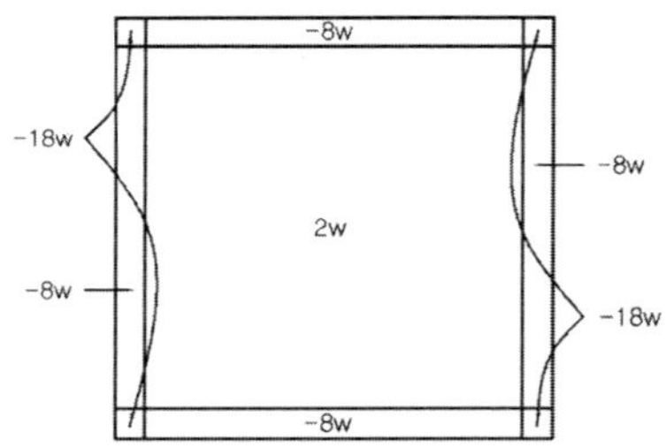

(d) 동-서 및 남-북긴장재

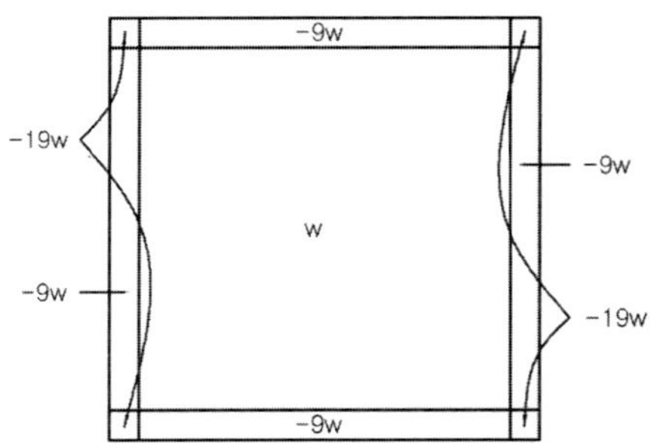

(e) w의 하중을 가진 동-서 및 남-북 긴장재

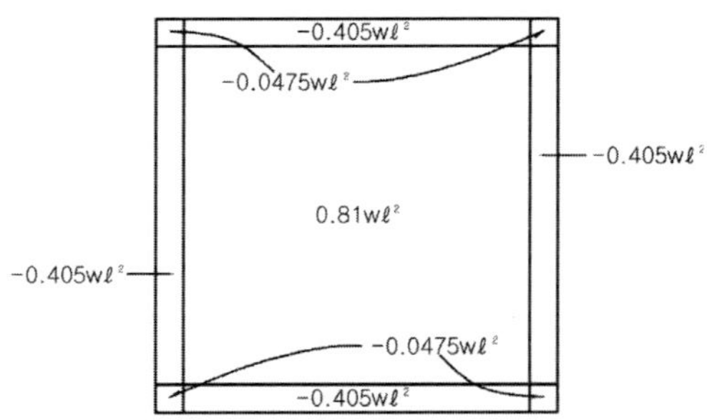

(f) 면적력

그림 10.6 등분포 배치된 긴장재를 가진 2방향 슬래브의 하중평형

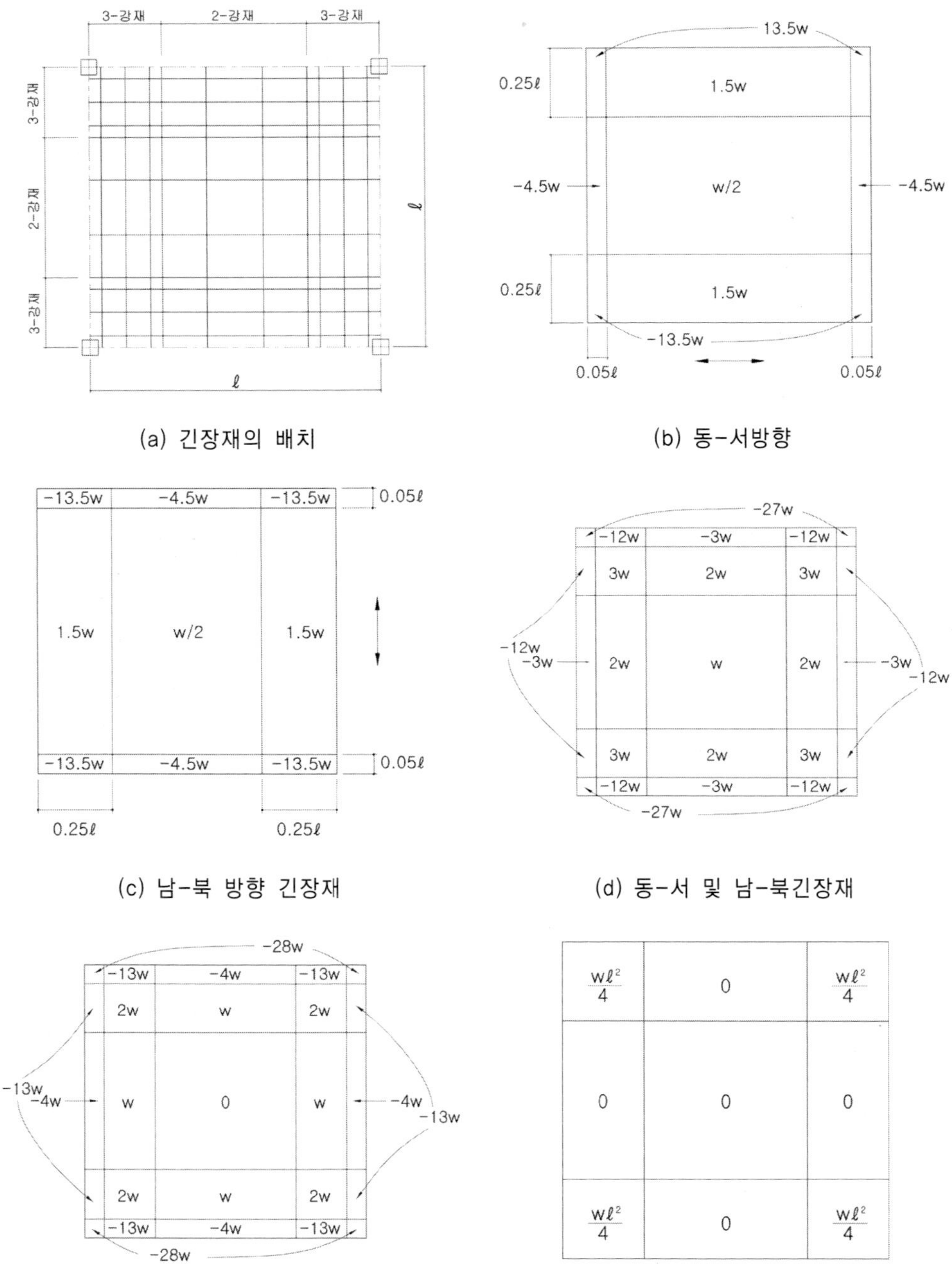

(a) 긴장재의 배치

(b) 동-서방향

(c) 남-북 방향 긴장재

(d) 동-서 및 남-북긴장재

(e) w의 하중을 가진 동-서 및 남-북 긴장재

(f) 면적력

그림 10.7 주열대에 75%의 긴장재를 가진 2방향 슬래브의 하중평형

10.3 2방향 슬래브의 강선 배치

앞에서 언급하였듯이, 긴장재가 주열대에 집중되어 있을 때 보다 안정된 하중평형이 이루어진다. 그림 10.9(b),(c)는 기둥주변의 광폭보 요소에 긴장재를 집중시킨 배치 예이다. 이런 긴장재요소는 각 슬래브의 단부가 지지된 프리스트레스트된 콘크리트 보로 작용한다. 이때 각 내부 슬래브는 보에 지지된 2방향 슬래브로 작용하므로 철근보강이 필요하다.

다른 방안의 긴장재배치는 한 방향으로 강선이 보강된 광폭보(band beam)요소와 그 직각방향으로 균등 배치된 강선이 있어야 한다.(그림 10.9(b)) 이런 긴장재의 배치는 강선 band에 의해 형성된 프리스트레스 콘크리트 보로 지지되어 등 간격 긴장재 방향으로 1방향 슬래브의 거동양상을 나타낸다. 이와 같이 프리스트레스트된 긴장재력에 의해 슬래브가 압축변형을 유발하여 외곽부에서 균열이 발생하므로 이에 대한 보강방안으로 테두리 보 또는 철근보강이 수반되어야 하며, 특히 기둥주변에서 많은 균열이 발생되므로 필히 철근 보강을 하여야 한다.(그림 10.18 참조) 그림 10.9(b)는 등분포하중에 대해 평형을 이룰 수 있고 긴장재를 단순하게 배치할 수 있는 장점이 있어 구조설계 시 많이 사용될 수 있는 방법이다.

일반적인 2방향 슬래브의 긴장재배치는 그림 10.9(d)에 나타나 있다. 바람직한 긴장재의 배치는 주열대에 긴장재의 65～75%를 배치하고, 나머지를 주간대에 배치하거나 기둥선상에 긴장재의 50%를 직접배치하고 나머지는 기둥간격 사이에 등간격으로 배치하는 것이다.

2방향으로 등 간격 배치된 긴장재보다 주열대에 band 형태 또는 집중 배치한 강선을 이용한 장점은 다음과 같다.

① 보다 균등한 하중평형효과가 이루어진다.
② 긴장재 배치는 슬래브의 모멘트 분포와 매우 유사하다.
③ 기둥내부에 긴장재의 집중배치는 슬래브의 2면 전단강도를 증가시킨다.
④ 기둥 주변 및 기둥을 관통하는 영역에 집중된 긴장재는 슬래브-기둥 연결부의 모멘트 전이강도를 증가시킨다. (Shear Racking 효과의 증진)
⑤ 한 방향으로 band 형태의 긴장재 또는 2방향의 긴장재 배치, 반면에 양방향의 등간격 긴장재 배치는 필요 긴장재배치를 확보하기 위해 긴장재의 새로운 배치를 하여야 한다.

상기의 사항과 같이 긴장재 배치를 할 경우 각 방향으로 처짐을 제어할 수 있어 처짐으로 인한 응력의 불균형을 해소하는데 매우 유리하며, ③항의 경우 기둥 부위의 정착구 쐐기에 의해 기둥단면이 손실될 우려가 있으므로 이를 고려한 긴장재 배치계획을 하여야 한다.

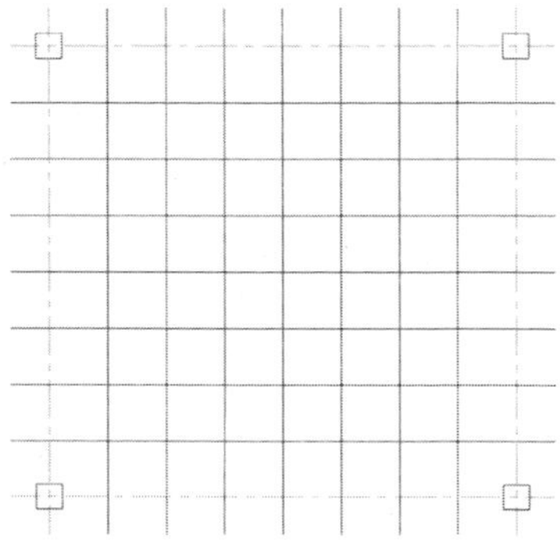

(a) 등간격 배치

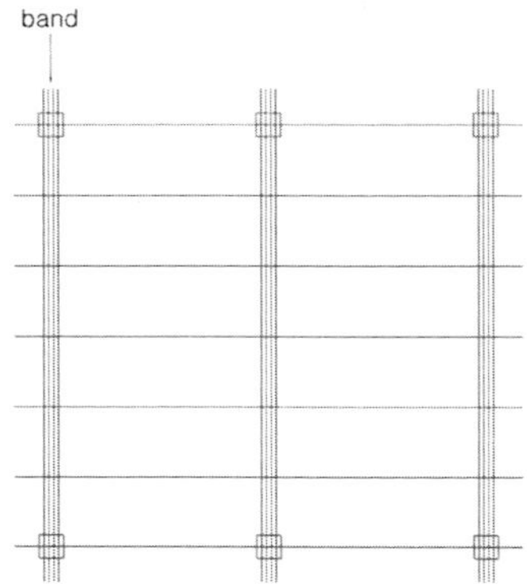

(b) Band배치+등간격배치

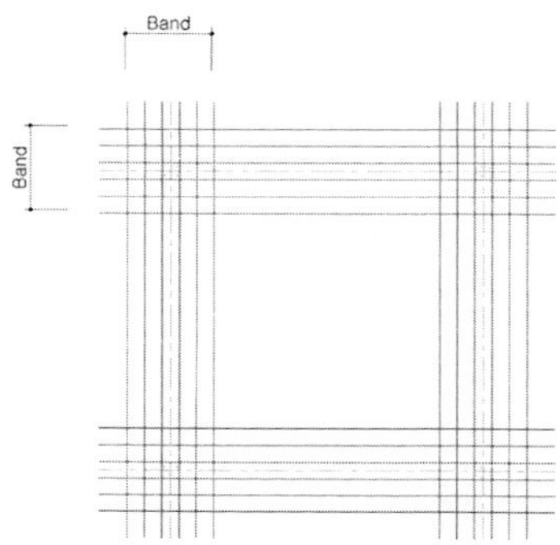

(c) 100% 주열대 강선배치

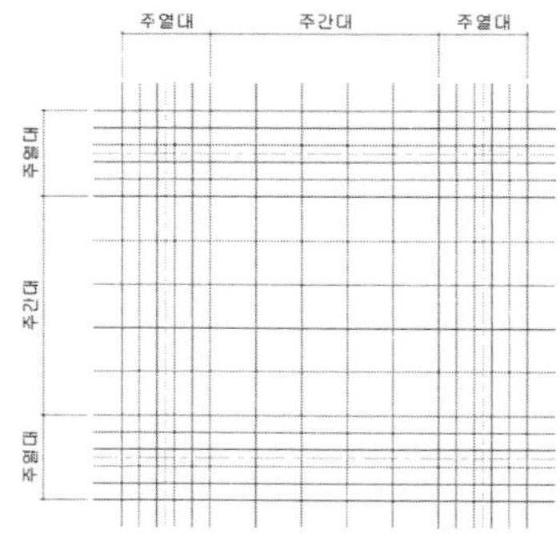

(d) 75%주열대+25%슬래브 배치

그림 10.9 긴장재배치의 사례

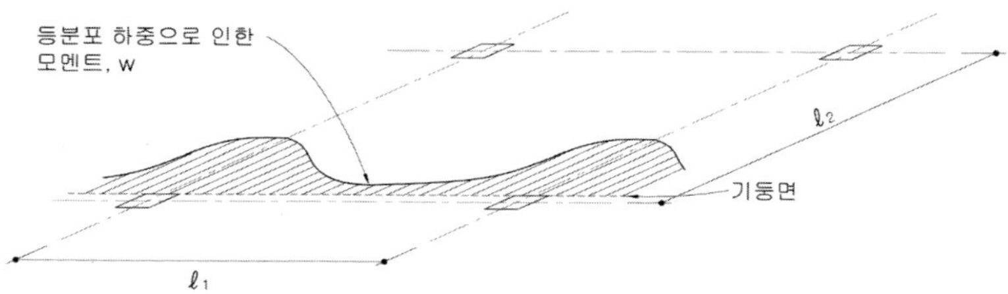

그림 10.10 기둥라인의 탄성적 모멘트 분포

10.4 등가 골조법을 이용한 해석

10.4.1 골조해석

등가골조법은 허용상태 및 극한상태의 경우 2방향 포스트텐션 슬래브를 해석하는데 효율적으로 사용된다. 등가골조법은 플랫슬래브를 포함한 2방향 포스트텐션 슬래브, 보를 경간으로 하는 슬래브, 플랫플레이트슬래브, 와플슬래브 등 광범위하게 사용된다.

해석과정은 다음과 같이 정리할 수 있다.

1) 슬래브를 주간대 및 주열대로 분리.

슬래브를 2개의 주방향(수평, 수직방향)에서 설계대를 분리한다. 각 설계대 폭은 설계대 방향의 경간 중심 ℓ_1 및 직각방향의 경간중심 ℓ_2의 함수이다.

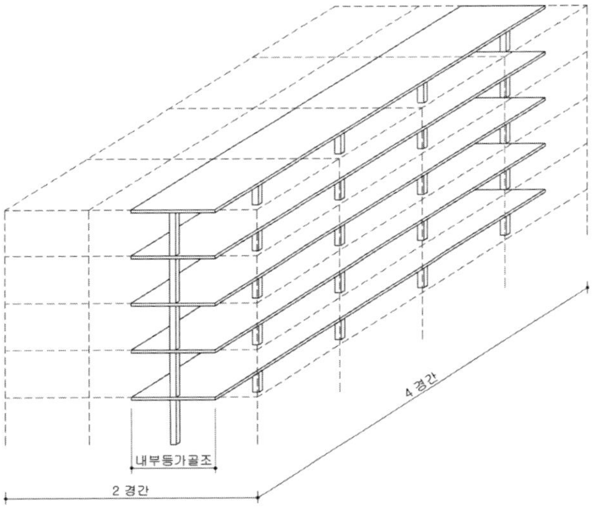

(a) 5층 건물의 등가골조

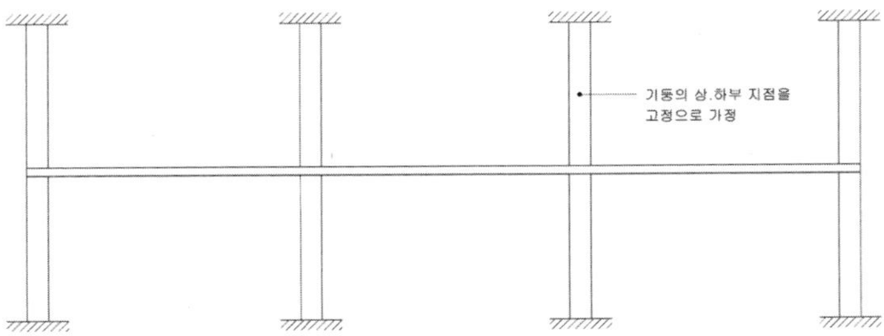

(b) 설계대 폭에 대한 2차원 프레임

그림 10.11 등가골조

2) 등가골조 부재의 강성 계산

슬래브와 기둥의 휨 강성은 그림 10.13과 같이 결정된다. 기둥의 강성은 그림 10.14에서 보는 바와 같이 슬래브의 뒤틀림 때문에 감소되며, 경우에 따라 슬래브가 광폭보 역할을 하므로 기둥 주변에 Warping Torsion에 의한 응력이 발생한다.

이와 같이 비틀림을 고려한 등가기둥 강성K_{ec}은 식(10.3)과 같다.

$$\frac{1}{K_{ec}} = \frac{1}{\Sigma K_c} + \frac{1}{K_t} \tag{10.3}$$

여기서, ΣK_c는 접합부에서 기둥 휨 강성의 총합.

K_t는 가정한 비틀림 부재의 비틀림강성

K_c에 대한 값은

$$K_c = \frac{4 \cdot E \cdot I}{(\ell - 2 \cdot h)}$$

만약 비틀림 균열을 고려하지 않는다면

$$K_t = \frac{\Sigma 9 \cdot E_{cs} \cdot C}{l_2 \cdot (1 - C_2/l_2)^3}$$

여기서, $C = \dfrac{(1 - 0.63x/y)x^3 \cdot y}{3}$

C의 값에서 x, y의 함수로 표현한 것은 비틀림에 대한 기여도를 어느 정도 반영한다는 것이다. x, y는 보가 없는 슬래브의 경우 슬래브 두께와 슬래브와 연결된 기둥 폭을 나타내고, 슬래브의 비틀림 강성을 표현하는 것이다.

3) 등가골조 해석

다른 설계대의 경우 모든 응력이 손실된 후 최종 긴장으로 인한 단부 고정모멘트를 결정한다. 최종 긴장력은 한 묶음의 총 손실을 가정함으로서 근사적으로 구할 수 있다.

등가골조의 해석 시 설계하중은

① 슬래브 자중

② 추가 마감하중

③ 활하중

④ 프리스트레스 하중

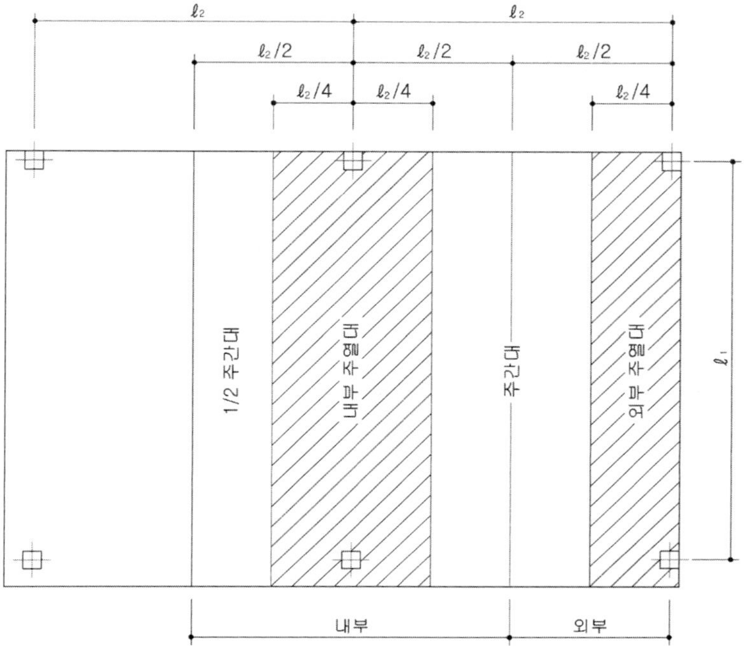

(a) 주열대 $\ell_2 \leq \ell_1$

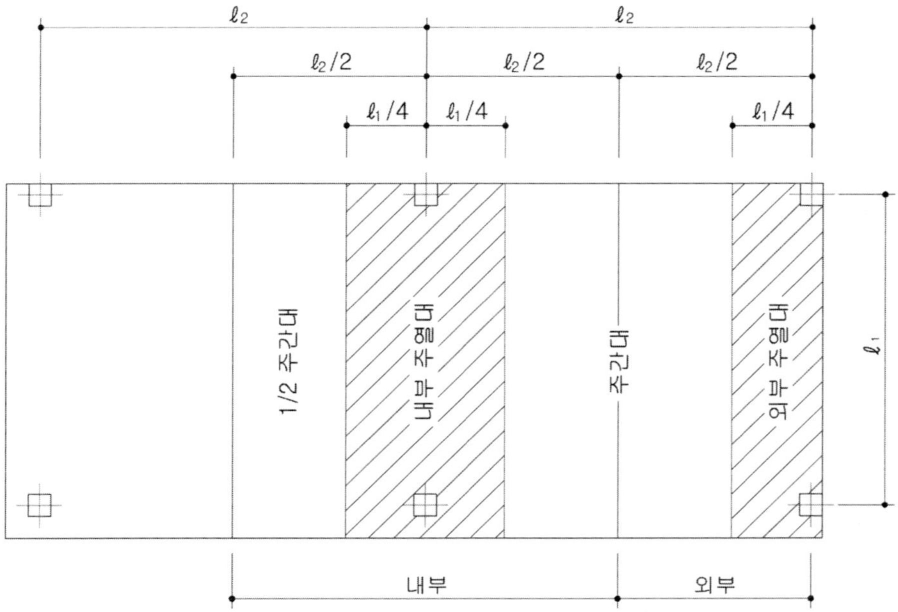

(b) 주열대 $\ell_2 \geq \ell_1$

그림 10.12 설계 스트립의 정의

으로 하중을 분리하여 수행한다.

프리스트레싱 작업을 하는 동안 슬래브 위의 기둥은 슬래브의 시공여부에 따라 구속을 할 수도 있고 그렇지 않을 수도 있다. 유효 프리스트레싱력을 결정하는데 사용된 등가골조와 긴장 직후의 슬래브 자중은 그림 10.15와 같이 서로 다른 하중효과로 인한 모멘트를 결정하는데 사용한 골조와 서로 다를 수 있다. 골조의 연속시공은 정역학적으로 초기 모멘트를 증가시키지만, 크리이프는 콘크리트 타설 후 2개월 내에 40% 정도 발생하므로, 응력 이완작용으로 연속시공의 영향을 감소시킨다. 그리하여 2방향 슬래브의 모멘트 결정시 연속시공의 영향은 일반적으로 무시한다. 등가골조법으로 계산된 모멘트는 계수하중에서 슬래브의 응력과 슬래브의 소요 휨 내력을 검토하는데 사용된다.

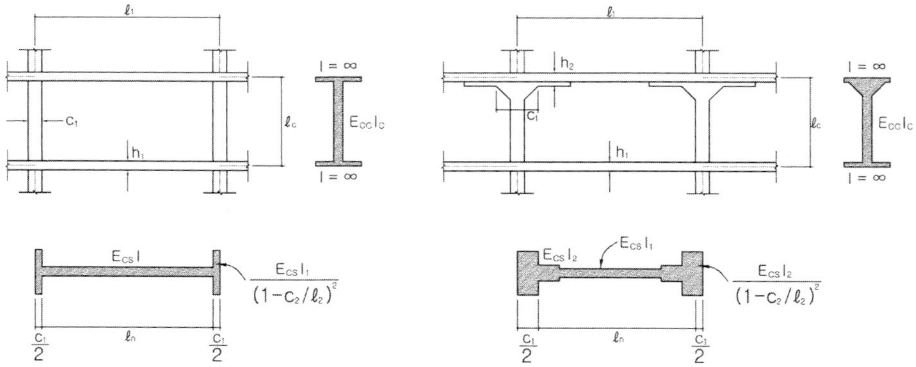

그림 10.13 슬래브와 기둥 강성의 정의

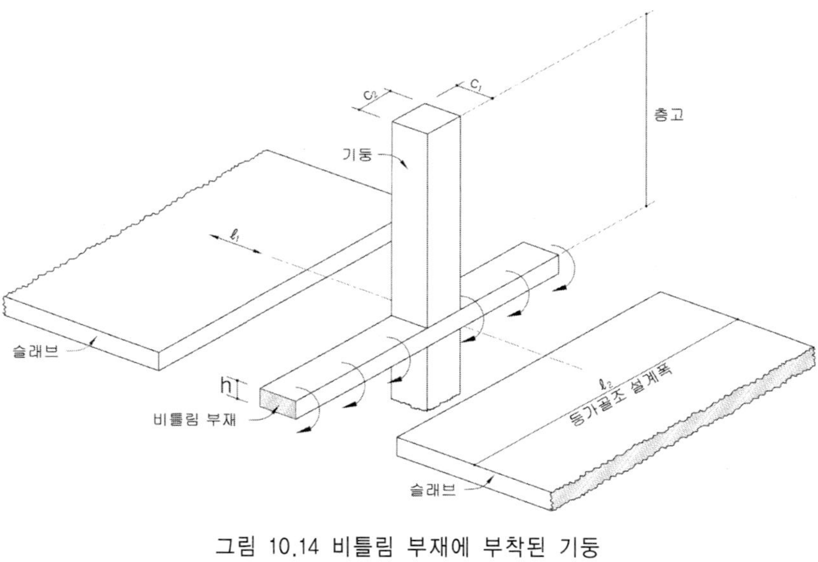

그림 10.14 비틀림 부재에 부착된 기둥

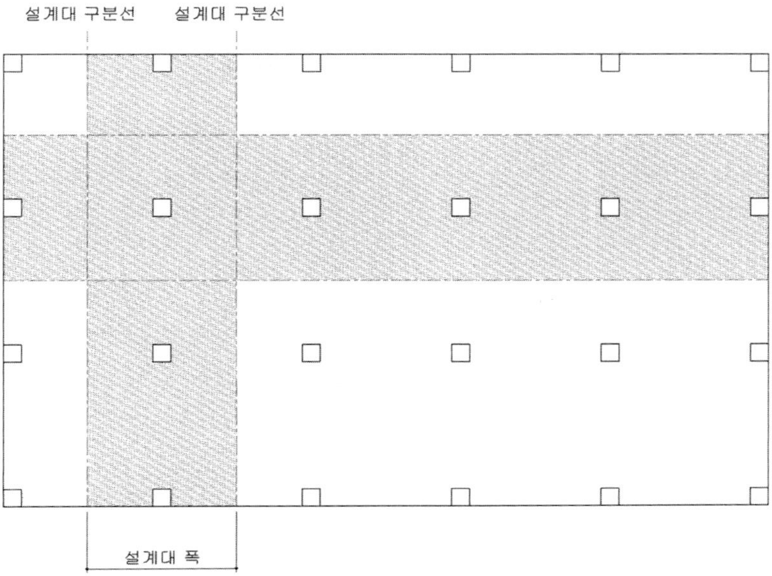

(a) 바닥구조의 설계 스트립

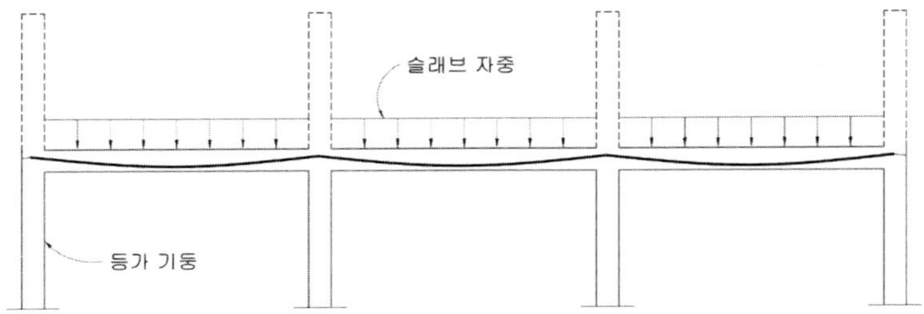

(b) 프리스트레싱에 대한 등가골조와 슬래브자중

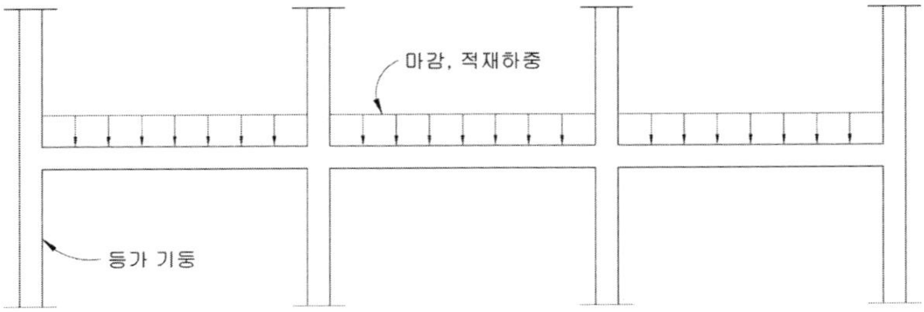

(c) 추가 마감하중과 적재하중에 대한 등가골조

그림 10.15 해석시의 등가골조

10.4.2 응력검토와 균열조절

기준에서는 콘크리트 인장응력을 $1.06\sqrt{f_{ck}}\,kg/cm^2$으로 제한하고 최소 철근량을 규정함으로서 균열조절을 하고 있다. 사용하중 수준에서의 응력은 등가골조해석에서 계산된 모멘트를 사용하여 결정한다. 응력을 계산하는데 사용된 모멘트는 설계 대 폭에서 발생한 평균모멘트이다.

철근보강의 경우 〈표 10.4〉와 같이 제한치를 두고 있다. 부모멘트 영역에서 소요되는 철근보강은 기둥면에서 슬래브 두께의 1.5배 되는 구간 내의 범위에 균등하게 배근되어야 한다. 각 방향으로 최소 4대 이상의 철근이 배근되어야 하고, 이런 철근 보강의 간격은 30cm를 초과하지 않아야 한다. 이런 철근 보강근의 길이는 지점면에서 최소 순경간의 1/6 이상 길이로 기둥양쪽으로 배근되어야 한다.

정모멘트 영역의 소요철근은 최소 순경간의 1/3 이상 길이로 배근되어야 하며, 정모멘트 영역의 중앙에 배치하여야 한다.

그림 10.16은 8.2m 중앙에 있는 60㎝ 정방형 기둥의 받침부에는 비 부착식 강선을 가지고 포스트텐션된 20㎝ 두께의 플랫플레이트의 부모멘트 영역에 소요되는 최소 철근량을 배근한다.

〈표 10.4〉 부착되지 않은 프리스트레싱 긴장재가 배치된 최소 부착 철근량

긴장재 형태	부착	비부착
보 및 1방향 슬래브	0	$0.004A$
Flat Plates		
부모멘트 영역	0	$0.00075h\ell$
정모멘트 영역	0	$N_c/(0.5f_y)$

N_C : • 고정하중과 적재하중 작용 시 콘크리트의 인장력
• 계산된 인장응력 $\le 0.53\sqrt{f_{ck}}$
• f_y는 4,000 kgf/cm^2를 초과하지 않아야 한다.

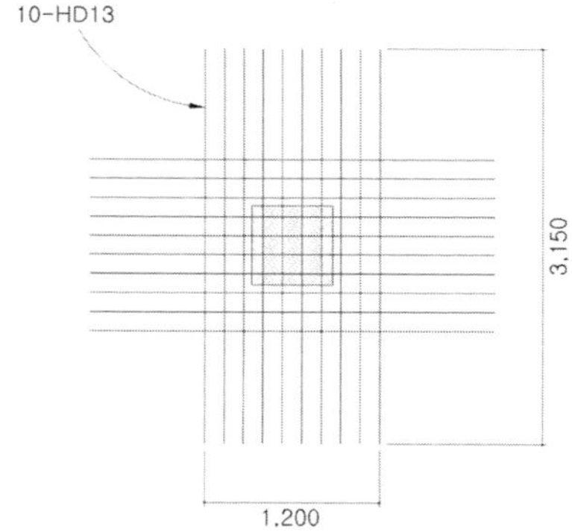

그림 10.16 내부기둥에서 슬래브 상부의 철근보강 사례

10.4.3 단부와 모서리 슬래브에 대한 특기사항

그림 10.17은 긴장재 모두 기둥을 관통하여 한 방향으로 배치된 상황을 설명하고 있다. 정착구에서 압축응력의 확장으로 슬래브 단부에는 프리스트레스의 영향을 받지 않는다. 이런 영역은 철근 보강이 슬래브의 테두리선과 직각방향으로 배치되어야 한다.

슬래브의 모든 단부에 테두리 선과 직각방향으로 최소보강을 하여야 하며, 슬래브단위 폭당 최대 정 휨모멘트와 같은 크기의 휨모멘트에 저항할 수 있을 만큼 충분해야 한다.

소요 철근비는 식 (10.6)과 같이 계산된다.

$$\rho_s = 0.0015 - 0.5\rho_P \geq 0.0005 \qquad (10.6)$$

여기서, ρ_s : 철근 산정 시 계산된 평균 유효두께(d)에 대한 철근비, $\rho_s = \dfrac{A_s}{b \cdot d}$

ρ_P : 프리스트레싱 강선 산정 시 사용된 유효두께d_P에 근거한 프리스트레싱 강선비, $\rho_p = \dfrac{A_s}{b \cdot d}$

하부 철근배치는 그림 10.17에 나타나 있는 것과 같다.

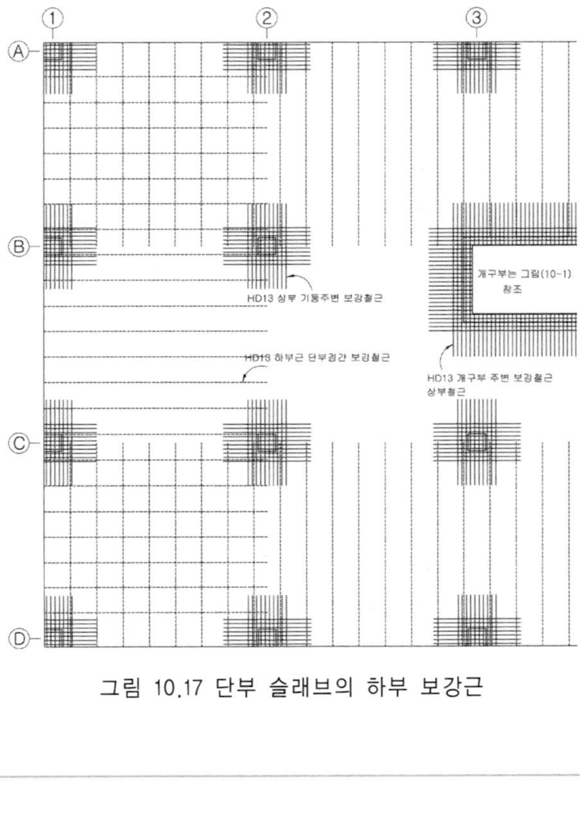

그림 10.17 단부 슬래브의 하부 보강근

10.4.4 슬래브의 휨 내력

슬래브의 휨 내력은 일반적으로 등가골조해석에서 결정된 계수하중에 의한 모멘트(M_u)로 산정된다. 2방향 슬래브는 고난도의 정역학적 부정확성을 가지므로 슬래브의 휨파괴 이전에 상당한 모멘트의 재분배가 발생한다. 등가골조해석에서 산정된 부모멘트는 식(10.7)과 같이 증감이 있을 수 있다.

$$\text{모멘트 변화율} = 20 \cdot \left[1 - \frac{w_p + \dfrac{d}{d_p}(w - w')}{0.36 \cdot \beta_1}\right] \tag{10.7}$$

하지만 위의 식(10.7)에 의해 산정된 수치가 6.7%보다 적을 경우 재분배는 허용되지 않는다.

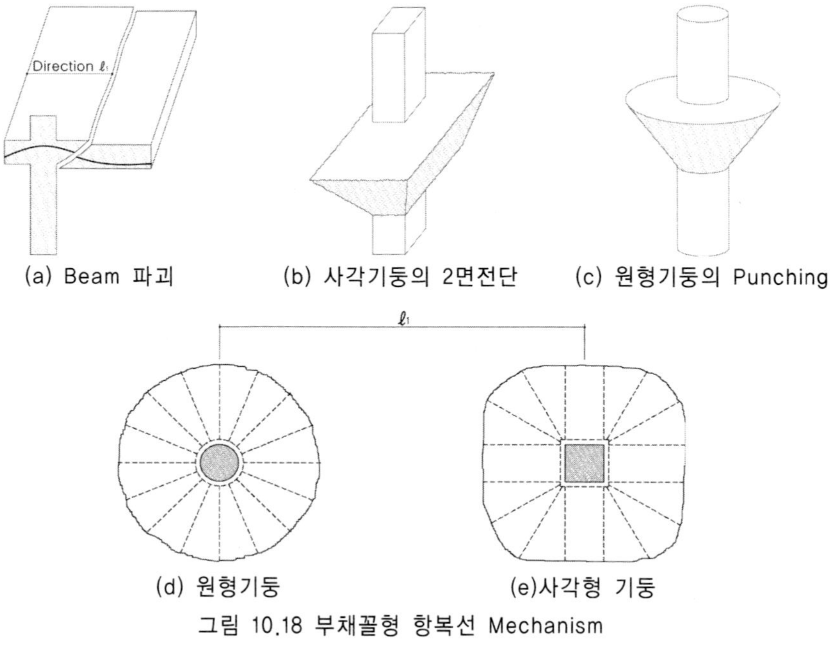

(a) Beam 파괴 (b) 사각기둥의 2면전단 (c) 원형기둥의 Punching

(d) 원형기둥 (e)사각형 기둥

그림 10.18 부채꼴형 항복선 Mechanism

10.5 슬래브의 전단설계

그림 10.19에서 보는 바와 같이, 전단파괴는 전체 슬래브 폭을 관통하여 발생하는 광폭보 전단파괴(wide-beam shear failure) 또는 기둥주변의 국부적 뚫림 전단파괴(punching shear failure) 형태로 발생한다.

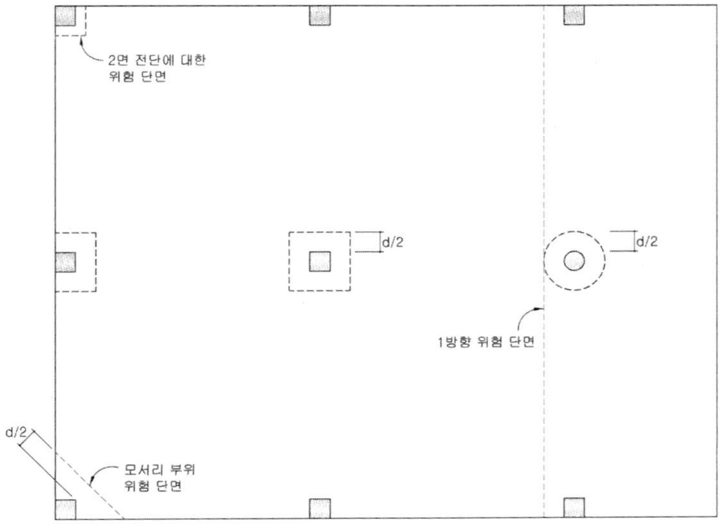

그림 10.19 슬래브의 전단파괴 형태

광폭보 전단파괴에 대한 공칭전단강도는 1방향 보 전단 규정을 사용하여 보다 안전하게 산정할 수 있다.

$$V_c \;=\; 0.53\sqrt{f_{ck}}\,b_w d \tag{10.12}$$

여기서 b_w : 전단파괴면의 길이

d : 압축측 최외단에서 인장철근 중심까지의 거리, $d \le 0.8 \cdot h$

설계전단강도 ϕV_c는 기둥면에서 부재단면의 $h/2$ 지점에서 계수하중에 의한 전단 값 이상이어야 한다. 2방향 프리스트레스트 콘크리트 슬래브의 경우 내부기둥 주변의 2면 전단강도 검토는 식(10.13)과 같다.

$$V_c = (\beta_p\sqrt{f_{ck}} + 0.3 \cdot f_{pc})b_0 \cdot d + V_p \tag{10.13}$$

여기서, $\beta_p =$ 0.93, 또는 $0.265(\alpha_s \cdot d/b_0 + 1.5)$ 중 작은 값

$\alpha_s =$ 40:내부기둥, 30:테두리 기둥(모서리 기둥제외), 20:모서리 기둥

b_0 = 기둥 주변의 위험단면에 대한 둘레길이(기둥면에서 d/2보다 적을 필요는 없음)

f_{pc} = 2방향에 대한 P/A의 평균값

P/A는 각 방향에서 8.8 kgf/cm^2보다 커야 하며, 35 kgf/cm^2보다 작거나 같아야 한다. f_{pc}가 8.8 kgf/cm^2보다 작으면 식(10.14)가 적용되어야 한다.

f_{ck} = 콘크리트의 압축강도 ($\leq$ 350 kgf/cm^2)

V_p = 위험단면의 모든 유효 프리스트레스력의 수직요소

식(10.13)에서 Flat 슬래브의 b_0에 대한 2면 전단 길이는 드롭패널 부분 및 슬래브 부분에 대하여 그림 10.20과 같이 산정한다.

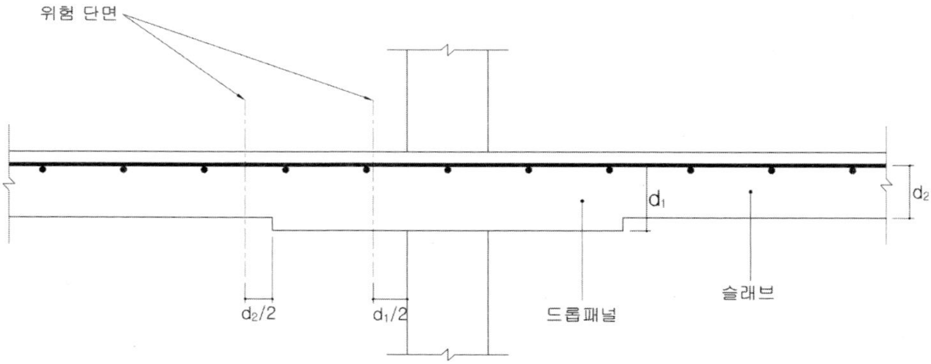

그림 10.20 기둥면에서의 전단거리

기둥 단면의 어떤 일부분이 슬래브 테두리로부터 슬래브 두께의 4배 이내에 위치한 테두리 기둥의 경우, f_{ck}가 350 kgf/cm^2이상이거나 f_{pc}가 상기의 범위밖에 있을 경우 공칭전단 내력은 다음과 같다.

$$V_c = 0.53(1+\frac{2}{\beta_c}) \cdot \sqrt{f_{ck}} \cdot b_0 \cdot d \tag{10.14a}$$

단,

$$V_c = 0.53(\frac{\alpha_s \cdot d}{2 \cdot b_0}+1) \cdot \sqrt{f_{ck}} \cdot b_0 \cdot d \tag{10.14b}$$

그리고

$$V_c = 1.06\sqrt{f_{ck}} \cdot b_0 \cdot d \tag{10.14c}$$

여기서, β_c : 집중하중이나 반력을 받는 면적에 대한 기둥의 장변 대 단변의 비

그림 10.21은 프리스트레싱에 대한 수직성분의 계산 방법을 설명한다. 위험단면을 관통하는 프리스트레스력의 수직성분은 강선에 작용하는 방사선 형태의 힘γ과 균형을 이루어야 한다는 것을 그림 10.21(b)는 보여주고 있다.

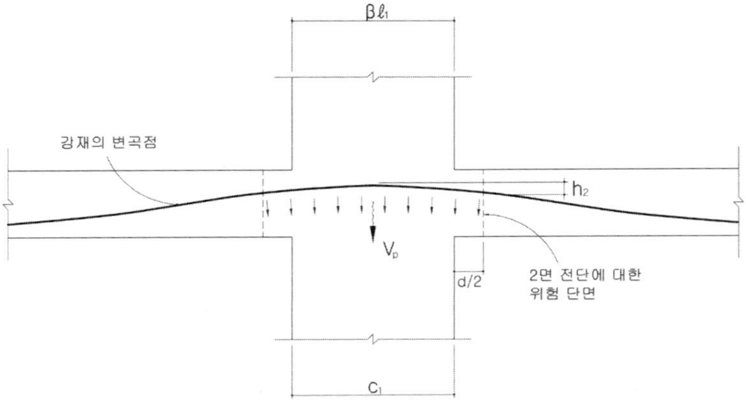

(a) 기둥을 관통하는 긴장재배치

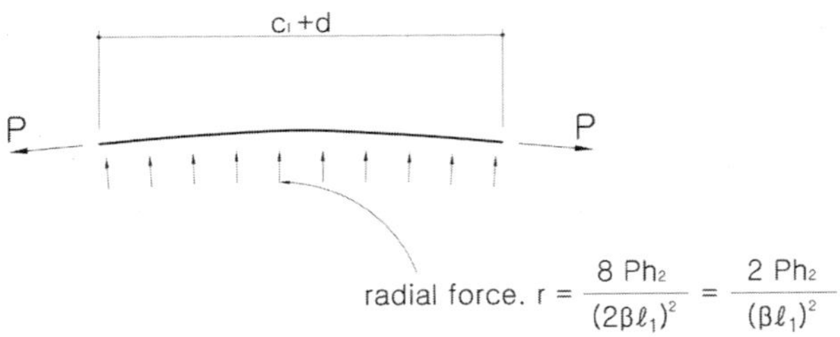

(b) 긴장재의 자유물체도

그림 10.21 V_p값의 결정

하나의 강선에 대한 V_p는 식(10.15)와 같이 산정된다.

$$V_p = \frac{2 \cdot P \cdot h_2}{(\beta \cdot \ell_1)^2}(C_1 + d) \tag{10.15}$$

여기서, $\beta \cdot \ell_1 = \dfrac{C_1}{2} + \dfrac{d}{2} = \dfrac{C_1}{2} + \dfrac{0.8 \cdot h}{2}$

전체 V_p는 위험단면에 대한 양방향의 모든 강선에 대한 기여도를 합산함으로써 얻어진다. 실제 강선배치에서 작은 변화는 V_p 값에 중요한 결과를 나타낸다.

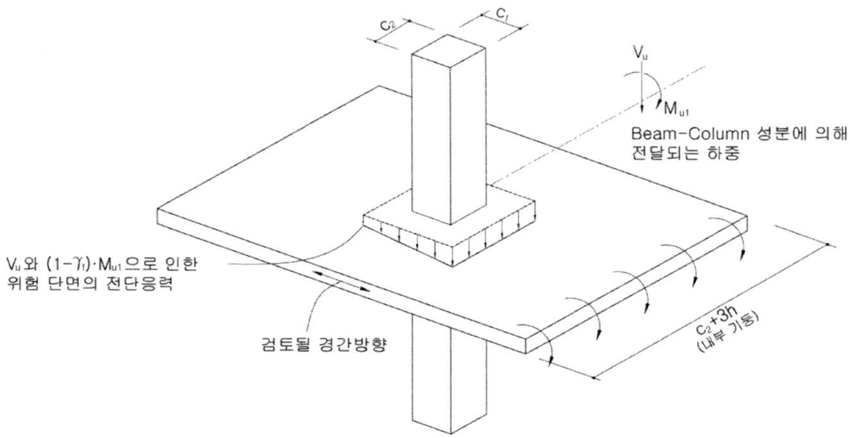

그림 10.22 슬래브-기둥 연결부에서 전단과 모멘트 전이

불균형 모멘트의 일부($\gamma_f \cdot M_{u1}$)가 기둥의 반대편면에서 $1.5 \cdot h$바깥쪽 선 사이에 슬래브 폭의 휨 응력을 전달하는 것으로 가정하였다.(그림 10.22 참조)

휨에 의해 전이되지 않는 불균형 모멘트의 일부($\gamma_v \cdot M_{u1}$)는 위험단면 주변의 전단응력의 선형변화에 의해 전이되는 것으로 간주된다. 결과적으로 위험단면 주변의 전단응력분포는 전단력 V_f으로 인한 등분포 전단응력과 모멘트$\gamma_v \cdot M_{u1}$로 인하여 선형적으로 변하는 전단응력을 조합하여 얻어진다.(그림 10.23 참조)

만약 휨모멘트가 직각의 2방향(방향1과 2)으로 전이된다면, 최대 전단응력은 다음과 같이 정리된다.

$$v_u = \frac{V_u}{A} + \frac{\gamma_{v1} \cdot M_{u1} \cdot e_1}{J_1} + \frac{\gamma_{v2} \cdot M_{u2} \cdot e_2}{J_2} \tag{10.16}$$

여기서 위 수식의 합은 그림 10.24의 정방형 기둥의 경우에 대해 정의된다. 모멘트 M_{u1}과 M_{u2}는 위험단면의 중립축에 대한 모멘트이다.

직경 D인 원형내부 기둥의 경우, J/e항은 다음과 같다.

$$(D+\ d)^2 d + \frac{d^3}{3}$$

계수전단력과 휨모멘트로 인해 산정된 최대 전단응력은 허용전단응력v_c를 초과하지 않도록 하고 있다. 여기서,

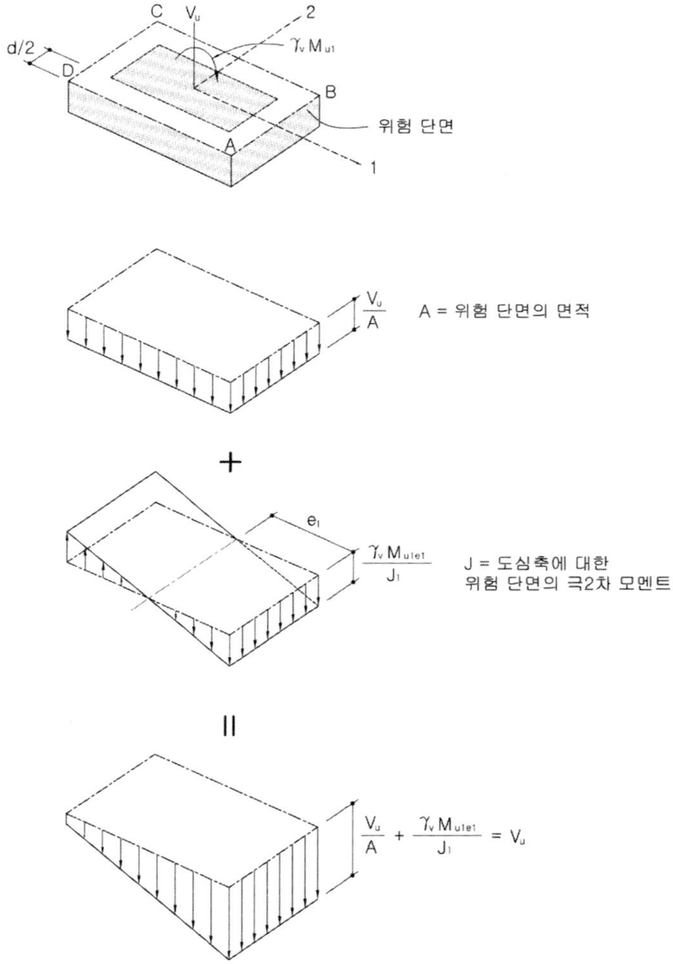

그림 10.23 내부기둥의 전단응력

$$v_c = \frac{\phi \cdot V_c}{b_0 \cdot d} \tag{10.17}$$

따라서 V_c는 수식(10.13) 또는 (10.14)를 이용해서 얻어진다.

전단보강이 이루어진 슬래브의 공칭전단강도 V_n는 $V_c + V_s$로서 식 (10.18)과 같이 계산된다.

$$V_n = 0.53\sqrt{f_{ck}}\, b_0 d + \frac{A_v \cdot f_y \cdot d}{S} \quad \leq \quad 1.59\sqrt{f_{ck}}\, b_0 d \tag{10.18}$$

(1) 내부기둥

$$A = 2d(c_1 + c_2 + 2d)$$
$$e_1 = (c_1 + d)/2$$
$$J_1 = (c_1 + d)d^3/6 + (c_1 + d)^3 d/6 + d(c_2 + d)(c_1 + d)^2/2$$

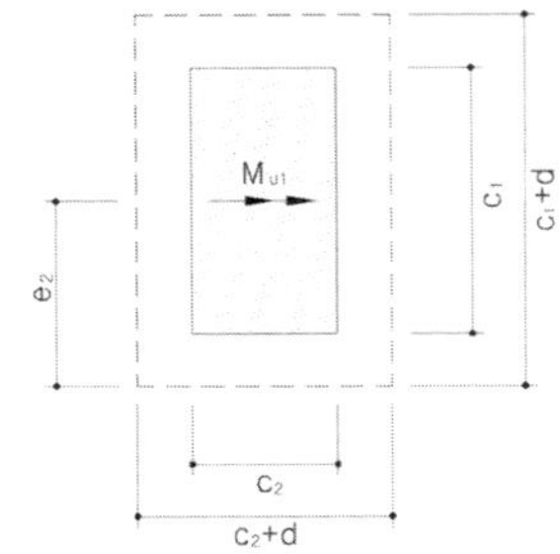

(2) 외부기둥

$$A = d(c_1 + c_2 + 2d)$$
$$e_1 = (c_1 + d/2)^2/(2c_1 + c_2 + 2d)$$
$$e_2 = (c_2 + d)/2$$
$$J_1 = [(c_1 + d/2)d^3 + (c_1 + d/2)^3 d]/6 + (c_2 + d)d[e_1]^2 + 2(c_1 + d/2)d[(c_1 + d/2)/2 - e_1]^2$$
$$J_2 = [(c_2 + d)d^3 + (c_2 + d)^3 d]/12 + 2(c_1 + d/2)d[e_2]^2$$
$$\gamma_{v1} = 1 - \frac{1}{1 + \frac{2}{3}\sqrt{\frac{c_1 + d/2}{c_2 + d}}}$$
$$\gamma_{v2} = 1 - \frac{1}{1 + \frac{2}{3}\sqrt{\frac{c_2 + d}{c_1 + d/2}}}$$

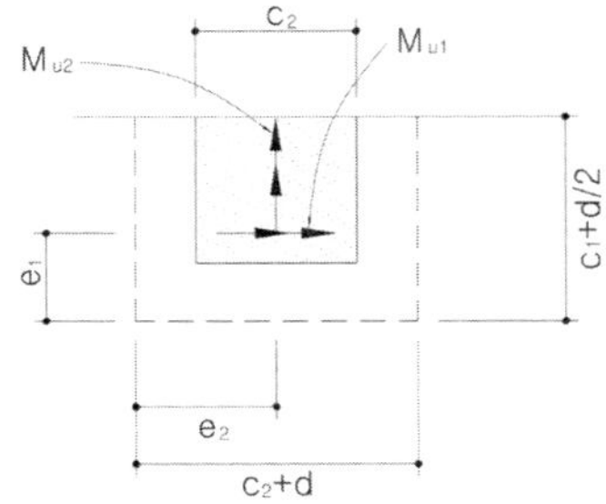

(3) 모서리기둥

$$A = d(c_1 + c_2 + d)$$
$$e_1 = (c_1 + d/2)^2/[2(c_1 + c_2 + d)]$$
$$J_1 = [(c_1 + d/2)d^3 + (c_1 + d/2)^3 d]/12 + (c_2 + d/2)de^2 + (c_1 + d/2)d[(c_1 + d/2)/2 - e]^2$$
$$\gamma_v = 1 - \frac{1}{1 + \frac{2}{3}\sqrt{\frac{c_1 + d/2}{c_2 + d/2}}}$$

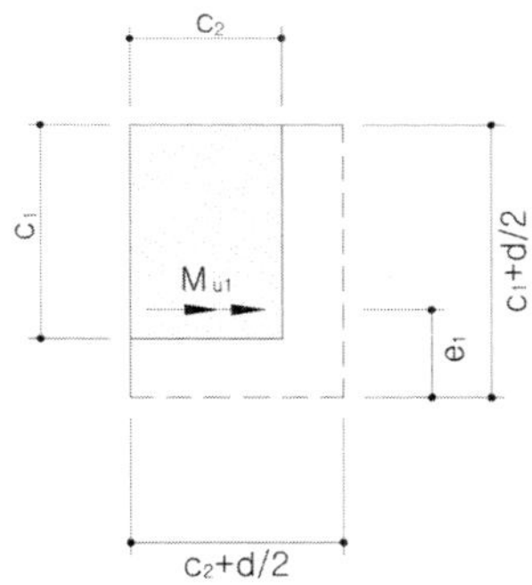

그림 10.24 사각기둥 주변의 전단응력 산정 시 사용되는 계수

10.5 슬래브의 처짐 산정

1) 2방향 슬래브의 처짐

모든 프리스트레스트 콘크리트 구조물의 처짐은 적재하중으로 인한 즉시 처짐과 지속하중으로 인한 장기 처짐 모두 검토되어야 한다. 슬래브의 수직하중에 의한 처짐은 프리스트레스로 인한 상향 솟음(camber)에 의해 감소된다. 프리스트레스로 인한 상향 솟음의 경우 설계 시에

검토를 제대로 하지 못할 경우 사용 중 균열로 이어질 수 있으므로 충분한 검토가 있어야 한다. 따라서 구조해석 시 하중은 고정하중, 마감하중, 적재하중으로 분리하여 입력하여야 한다. 국내 구조사무실의 경우 대부분 이런 하중의 구분이 없이 구조해석 작업을 수행하고 있는 것으로 알고 있으며, 이는 구조해석 후 많은 검토 작업에서 걸림돌이 발생한다.

2방향 포스트텐션 슬래브의 정확한 처짐 계산은 경계조건, 부분재하하중(pattern loading), 하중이력, 국부적 균열로 인한 강성의 감소, 프리스트레스력의 감소, 크리이프 등 고려하여야 할 요소가 아주 복잡하다. 이중에서 프리스트레스력의 감소와 크리이프는 중요한 인자가 되며, 실제 설계시 반영여부에 따라 시공 후 구조체의 즉시 균열여부를 좌우한다. 그림 10.25(a)는 2방향 슬래브의 전형적인 처짐 형상을 보여준다. 슬래브 중앙부의 처짐은 2개의 직각방향 설계대의 처짐을 고려함으로서 산정할 수 있다. 이런 광폭 설계대의 처짐을 계산하는데 있어, 그림 10.25(b)에 표현된 수식이 유용하다. 예를 들어, 경간이 동일한 (3경간 × 3경간)의 2방향 슬래브의 내부 슬래브의 최대 처짐은 적재하중 w에 의해 결정된다.

그림 10.25(b)의 식은 3연속경간 이상의 슬래브에서 정확성에 있어 많은 오차율 없이 적용될 수 있다. 만약 균열발생이 예상된다면, 유효 2차모멘트가 처짐에 대해 균열의 영향을 산정하는데 이용될 수 있다.

식 (10.19)에서 $w \cdot \ell$은 면적하중을 단위폭 당 하중으로 환산한 것이며, $\ell \times h^3/12$는 슬래브 설계대의 단면2차모멘트이다. (2.6+2.6)/384는 2방향 슬래브의 방향성을 나타낸 수치로서 1방향에 대한 처짐을 2방향화 한 것이다.

$$\Delta = \left(\frac{2.6+2.6}{384}\right) \cdot \frac{w \cdot \ell \times \ell^4}{E \times \ell \times h^3/12} \tag{10.19}$$

$$= 0.163 \cdot \frac{w \cdot \ell^4}{E \cdot h^3}$$

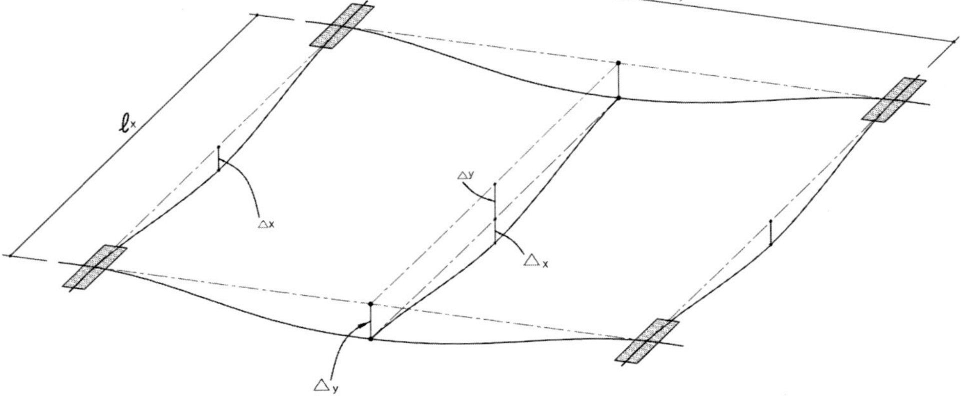

(a) 2방향에 대한 보 설계대의 개략적 처짐

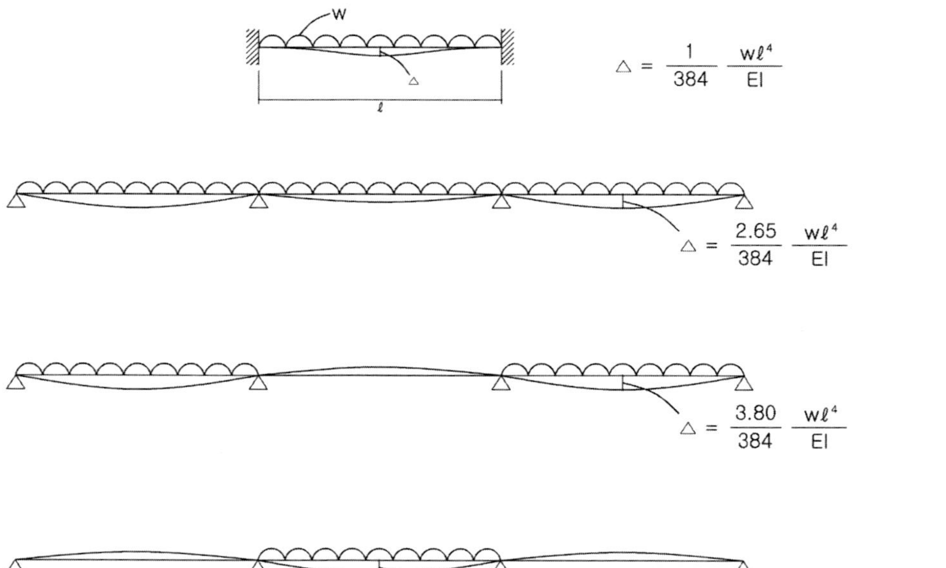

(b) 보 설계대의 처짐에 대한 식

그림 10.25 슬래브의 처짐 산정

2) 슬래브의 설계 흐름

2방향 슬래브 설계의 흐름도를 아래에 제시하였다.

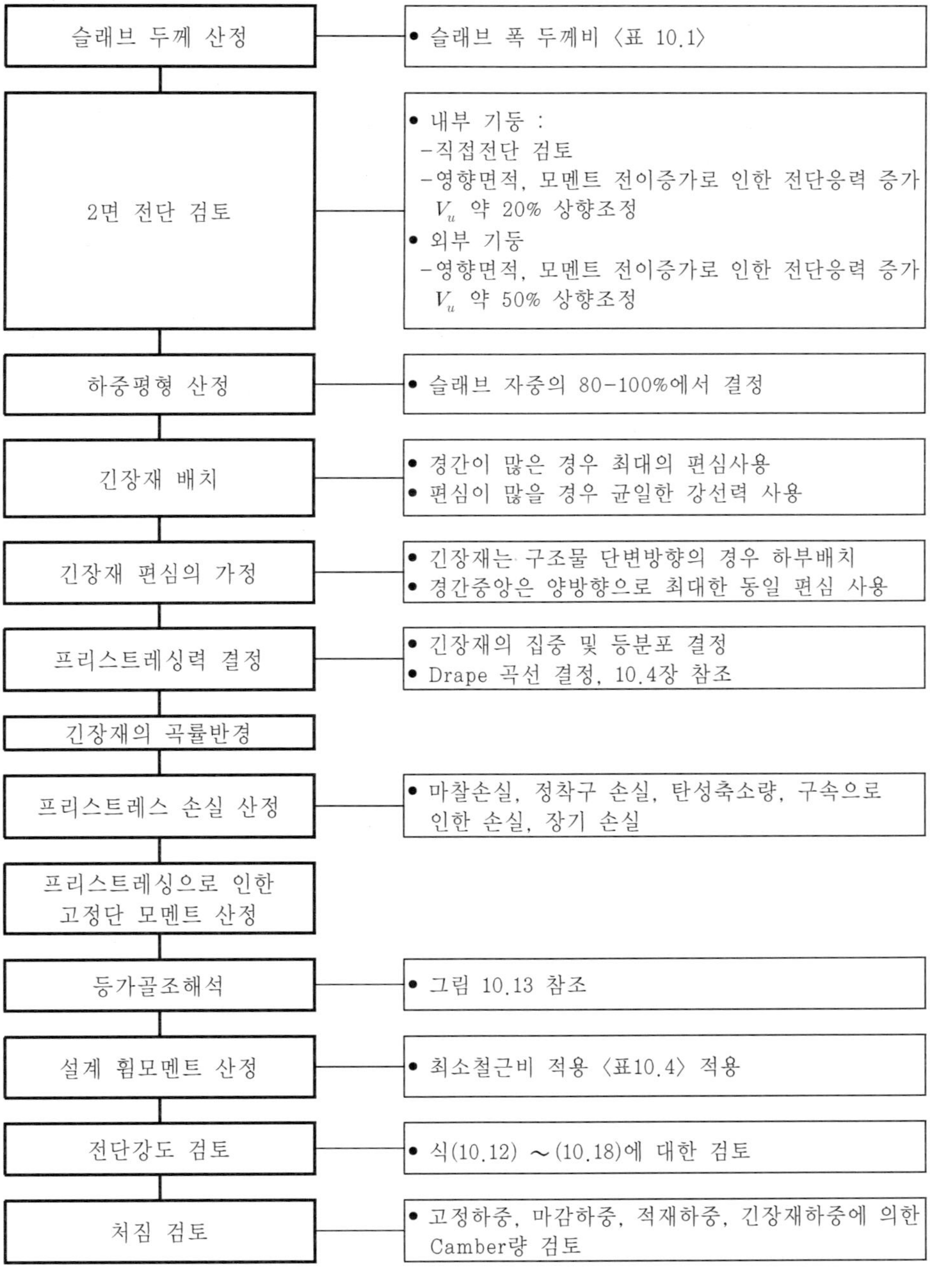

예 10·1 2방향 플랫플레이트 슬래브 설계 예

다음과 같은 플랫플레이트 슬래브의 설계대에 대하여 비부착 강선을 적용하여 설계하라. 제1경간 및 제3경간은 5.0m(ℓ_1방향), 제2경간은 7.5m(ℓ_2방향)이고 외부기둥은 $c_1 \cdot c_2 = 30 \cdot 35$㎝, 내부기둥은 $c_1 \cdot c_2 = 50 \cdot 35cm$이다. 층간높이는 2.6m이다. 하중은 활하중 $200\,kgf/m^2$, 칸막이 하중 $70\,kgf/m^2$이다. 기둥과 슬래브는 압축강도 $f_{ck} = 300kgf/cm^2$의 동일한 콘크리트로 타설한다. 강선은 비부착으로 $f_{pu} = 19.0\,tf/cm^2$인 직경 12.7㎜(단면적 0.987㎠)의 7연선 스트랜드를 사용한다. 비긴장용 부착철근은 항복강도 $f_y = 4{,}000\,kgf/cm^2$인 이형철근을 사용한다.

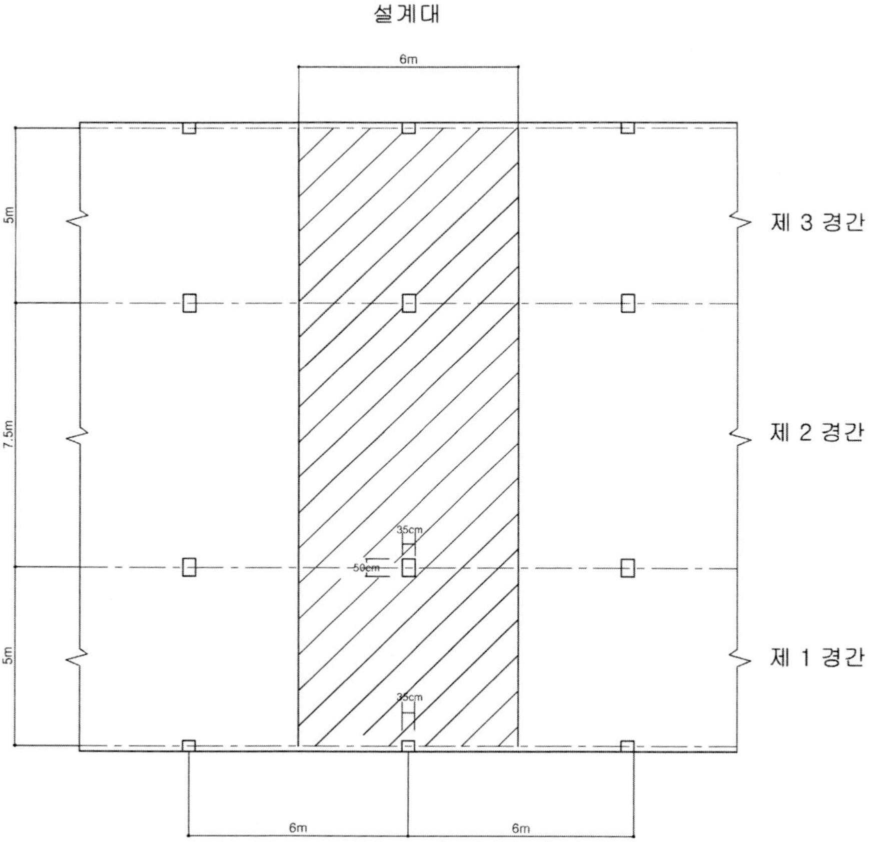

(a) 평면도

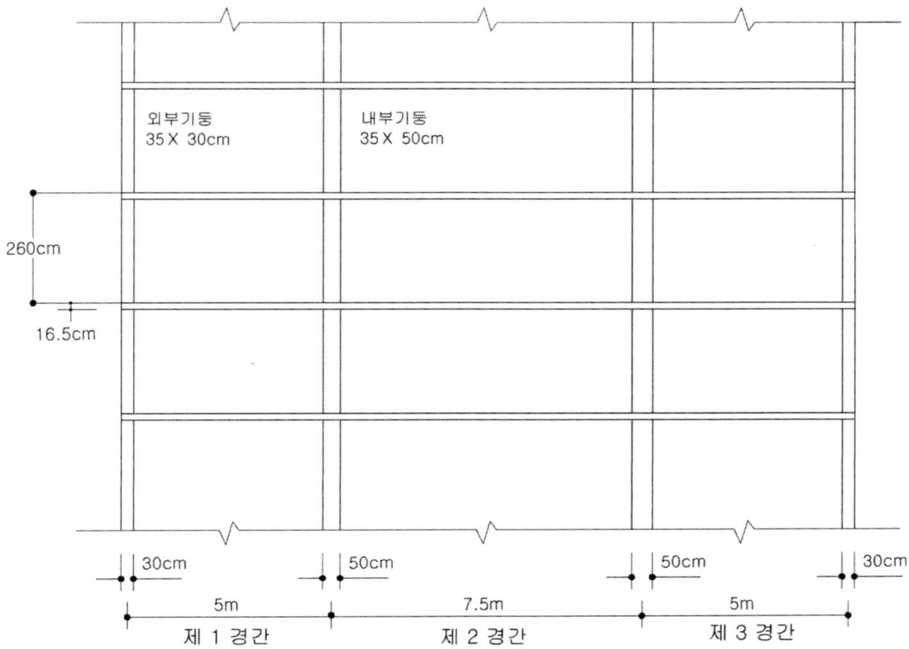

(b) 단면도

그림 10.26 프리스트레스트 플랫플레이트 슬래브 설계 대상 건물

1. 슬래브 두께

일반적으로 2방향 슬래브의 경우, 경제성과 구조적인 안정성을 고려할 때 경간/두께비를 45로 둘 수 있다.

1) 슬래브 두께:

x-방향: $600/45 = 13.3cm$

y-방향: $750/45 = 16.7cm$

따라서 슬래브 두께 $16.5cm$로 설계한다.

2) 슬래브 하중

슬래브 자중 : $(16.5 \cdot 10^{-2})(2.4 \cdot 10^3) = 396\ kgf/m^2$

칸막이 하중 : $70\ kgf/m^2$

계수고정하중 : $1.4 \cdot (396 + 70) = 652.4\ kgf/m^2$

계수활하중 : $1.7 \cdot 200 = 340\ kgf/m^2$

총하중; 사용하중 합 : $w_s = 666\ kgf/m^2$

계수하중 합 : $w_u = 992.4\ kgf/m^2$

2. 설계

설계는 첫 단계로 사용하중 시 허용응력이 만족되도록 하고 두 번째 단계로 극한하중 시 내력이 만족되도록 한다. 포물선 강선을 이용하여 주어진 사용하중에 대하여 하중 일부가 강재에 의한 등가력과 평형을 이루도록 한다. 또 이때의 응력이 허용 응력값을 만족하도록 한다. 극한하중 시에 대비하여 하중조합에 의한 설계하중에 대하여 휨내력 및 전단력에 대하여 안전하도록 설계한다.

아래 풀이에서는 3)부터 7)까지 풀이단계가 사용하중 단계에 대한 설계이며 8)부터 10)까지 풀이단계가 휨강도 부분에 대한 설계에 해당된다.

3. 사용하중에 대한 하중균형(Load Balancing)에 근거한 설계

최대 sag를 갖는 단면 내에 하중균형을 이루는 프리스트레싱력 P_e 에 의하여 평균적으로 $f_{pc} = 12.0\ kgf/cm^2$응력이 발생한다고 가정하자.

$$P_e = 12.0 \cdot 16.5 \cdot 100 = 19{,}800\ kgf/m$$

단기 및 장기손실은 2,100 kgf/cm^2을 가정한다.

강선 한개 당 유효 긴장력(p_e) : 정착직 후의 강선의 인장응력을 2,100 kgf/cm^2라고 하면

$$p_e = 0.987 \cdot [0.7 \cdot 19 \cdot 10^3 - 2{,}100] = 11{,}054.4kgf$$

- 6.0m경간에 대하여 필요한 강선의 수 :

$$\frac{6 \cdot 19{,}800}{11{,}054.4} = 10.7.$$

따라서 12.7mm 강선 11개를 6m 전체 경간에 대하여 사용한다.

- 단위 폭 1m에 작용하는 긴장력 및 단면 내 압축응력의 재산정 :

$$P_e = 11 \cdot 11{,}054.4/6 = 20.266.4kgf/m$$

$$f_{pc} = -20{,}266.4/(16.5 \cdot 100) = -12.3kgf/cm^2 \qquad (10.20\text{-}1)$$

4. 강선배치

그림 10.27과 같이 강선을 배치한다.

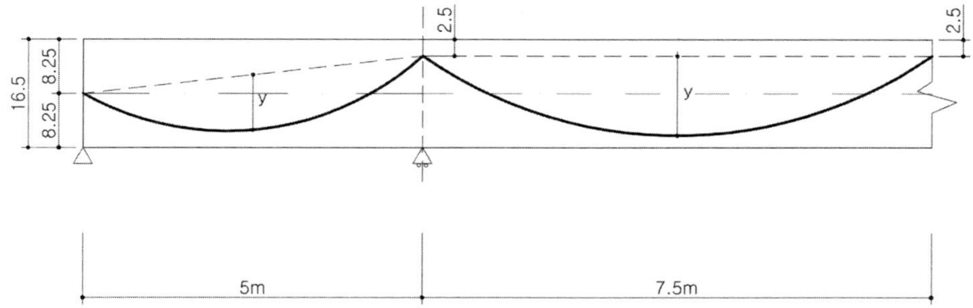

그림 10.27 강선의 배치

1) 경간 1 및 3 ($\ell_1 = 5m$) :

이들 경간 내에서의 최대 sag, y :

$$y = 0.5 \cdot (8.25 + (16.5 - 2.5)) - 4.5 = 6.625cm$$

단위 폭 1m에 대한 프리스트레싱력 $P_e = 20.266.4kgf/m$에 의한 등가력:

$$w_{net} = w_s - w_{bal} = 666 - 429.6 = 236.4kgf/m^2$$

$$w_{bal} = \frac{8P_e y}{\ell_1^2} = \frac{8 \cdot 20{,}266 \cdot 6.625 \cdot 10^{-2}}{5^2} = 429.6\,kgf/m^2 \qquad (10.20\text{-}2)$$

휨을 발생시키는 순 분포하중:

$$w_{net} = w_s - w_{bal} = 666 - 429.6 = 236.4kgf/m^2 \qquad (10.20\text{-}3)$$

2) 경간 2 ($\ell_1 = 7.5m$) :

- 경간 내 최대 sag, y:

$$y = 16.5 - 2.5 - 2.5 = 11.5cm$$

- 단위 폭 1m에 대한 프리스트레싱력 $P_e = 20.266.4kgf/m$에 의한 등가력 :

$$w_{bal} = \frac{8P_e y}{\ell_1^2} = \frac{8 \cdot 20{,}266 \cdot 11.5 \cdot 10^{-2}}{7.5^2} = 331.5\,kgf/m^2 \qquad (10.20\text{-}4)$$

- 휨을 발생시키는 순 분포하중:

$$w_{net} = w_s - w_{bal} = 666 - 331.5 = 334.5\,kgf/m^2 \quad (10.20\text{-}5)$$

5. 등가골조 특성

설계대를 중심으로 하는 등가골조 특성을 산정한다. 이들 값들을 기초로 하여 등가골조의 슬래브 및 기둥의 휨강성을 구하고 이들 비를 취하여 모멘트 분배계수를 결정한다. 모멘트 분배계수 값에 의한 슬래브 내 분배 모멘트를 산정한다.

1) 기둥 강성

기둥의 강성은 다음의 개략식에 근거하여 산정한다.

$$K_c = 4EI/(\ell - 2h)$$

여기서 $\ell =$ 기둥 중심간 길이, $h =$ 슬래브 두께

(1) 외부기둥($c_1 = 30cm, c_2 = 35cm$) :

$$I = 35 \cdot 30^3/12 = 78{,}750cm^4,$$
$$E_c/E_s = 1.0$$

기둥과 슬래브는 동일한 콘크리트로 타설되며 휨 강성의 비율만이 고려되므로 계산상의 편의를 위하여 $E_c/E_s = 1.0$으로 하였다.

- 기둥 한 개의 강성:

$$K_c = 4EI/(\ell - 2h) = 4 \cdot 1.0 \cdot 78{,}750/(260 - 2 \cdot 16.5) = 1{,}387.7cm^3$$

- 슬래브 상하 기둥의 강성 합:

$$\Sigma K_c = 2 \cdot 1{,}387.7 = 2{,}775.4$$

- 기둥과 연결된 슬래브의 비틀림 강성:

$$C = (1 - 0.63x/y)x^3y/3$$
$$= (1 - (0.63 \cdot 16.5/30) \cdot 16.5^3 \cdot 30)/3 = 29{,}356.0cm^4$$

$$K_t = \frac{9C \cdot E_{cs}}{\ell_2(1-c_2/\ell_2)^3}$$

$$= \frac{9 \cdot 29{,}356 \cdot 1.0}{600 \cdot (1-35/600)^3} = 527.3cm^3$$

- 절점에서의 비틀림 강성의 합:

$$\Sigma K_t = 2 \cdot 527.3 = 1{,}054.7cm^3$$

- 외부등기기둥의 강성:

$$1/K_{ec} = 1/\Sigma K_t + 1/\Sigma K_c$$

$$K_{ec} = (1/1{,}054.7 + 1/2775.4)^{-1} = 764.3cm^3$$

(2) 내부기둥($c_1 = 50cm, c_2 = 35cm$)

$$I = 35 \cdot 50^3/12 = 364{,}583.3cm^4$$

$$K_c = (4 \cdot 1.0 \cdot 364{,}583.3)(260 - 2 \cdot 16.5) = 6{,}424.4cm^3$$

- 절점에서의 비틀림 강성의 합 :

$$\Sigma K_c = 2 \cdot 6{,}424.4 = 12{,}848.8cm^3$$

- 기둥과 연결된 슬래브의 비틀림 강성:

$$C = [1-(0.63 \cdot 16.5/50)](16.5^3 \cdot 50)/3 = 59{,}303.5cm^4$$

$$K_t = \frac{9 \cdot 59{,}303.5 \cdot 1.0}{600(1-35/600)^3} = 1{,}065.3cm^3$$

- 절점에서의 비틀림 강성의 합:

$$\Sigma K_t = 2 \cdot 1{,}065.3 = 2{,}130.6cm^3$$

- 외부등기기둥의 강성:

$$K_{ec} = (1/2{,}130.6 + 1/12{,}848.8)^{-1} = 1{,}827.6cm^3$$

2) 슬래브 강성

슬래브와 기둥절점 내의 무한강성영향을 포함한 슬래브의 강성은 아래의 개략적인 식으로 산정할 수 있다.

$$K_s = 4EI/(\ell_1 - c_1/2)$$

여기서, 슬래브 단면2차모멘트는 $I_s = \dfrac{600 \cdot 16.5^3}{12} = 224{,}606.3cm^4$ 이다.

- 외부기둥 강성:

$$K_s = (4 \cdot 1.0 \cdot 224{,}606.3)/(500 - 30/2) = 1{,}852.4cm^3$$

- 내부기둥 강성(제 1 경간 및 제 3 경간):

$$K_s = (4 \cdot 1.0 \cdot 224{,}606.3)/(500 - 50/2) = 1{,}891.4cm^3$$

- 내부기둥 강성(제 2 경간):

$$K_s = (4 \cdot 1.0 \cdot 224{,}606.3)/(750 - 50/2) = 1{,}239.2cm^3$$

3) 모멘트분배를 위한 분배계수 결정

슬래브에 대한 모멘트 분배계수는 $DF = \dfrac{K_s}{K_s + K_{ec}}$ 로 결정된다.

- 제1경간 및 제3경간의 외부절점:

$$1{,}852.4/(1{,}852.4 + 764.3) = 0.71$$

- 제1경간 및 제3경간의 내부절점:

$$1{,}891.4/(1{,}891.4 + 1{,}239.2 + 1{,}827.6) = 0.38$$

- 제2경간의 내부절점:

$$1{,}239.2/(1{,}891.4 + 1{,}239.2 + 1{,}827.6) = 0.25$$

6. 순 분포하중(w_{net})에 대한 모멘트 분배

순 분포하중(w_{net})의 크기는 사용하중(w_s)에서 프리스트레싱력에 의한 등가하중인 w_{bal}을 감한 하중이다($w_{net} = w_s - w_{bal}$).

이 순 분포하중은 제 1 경간의 경우 $w_{net} = 236.4kgf/m^2$(식 (10.20-3) 참조)이고 제 2 경간의 경우 $w_{net} = 334.5\,kgf/m^2$ (식 (10.20-4) 참조)이다. 모멘트 분배를 위한 고정단모멘트(FEM: Fixed End Moment))는 $FEM = w\ell^2/12$로 산정되며 이 때 전달계수(COF: Carry-

Over Factor)는 동일한 단면의 슬래브를 적용하므로 1/2로 한다.

- 제1경간 및 제 3 경간의 고정단 모멘트:

$$FEM = 236.4 \cdot 5^2 \cdot 10^{-3}/12 = 0.493tf \cdot m/m$$

- 제2경간의 고정단 모멘트:

$$FEM = 334.5 \cdot 7.5^2 \cdot 10^{-3}/12 = 1.57tf \cdot m/m$$

그림 10.28는 각 경간별 순 분포하중에 대한 슬래브 내 모멘트분배를 나타낸다.

7. 사용하중에 대한 허용응력 만족여부 검토

기둥 접합부에서의 슬래브 부모멘트에 의한 인장 및 압축응력은 기둥 중심선에서의 모멘트 대신에 이를 기둥면에서의 모멘트로 수정하여 적용한다. 제 1 경간 및 제 2 경간에서의 부모멘트를 비교할 때, 제 2 경간 기둥 내부면에서의 부모멘트가 더 크므로 이 모멘트에 의한 응력이 허용응력 내에 들면 제 1 경간에서의 응력은 검토할 필요가 없다.

1) 제 2 경간 기둥 내부 면에서의 부모멘트에 의한 응력 검토

(1) 응력검토

기둥면에서의 부모멘트 = 기둥중심선에서의 부모멘트 $- Vc_1/3$이므로

$$-M_{\max} = -1.45 + \frac{1}{3}\left(\frac{0334.5 \cdot 10^{-3} \cdot 7.5}{2}\right)\left(\frac{50}{100}\right) = -1.24tf \cdot m/m \quad (30a)$$

- 슬래브 단면계수 및 프리스트레싱력에 의한 단면 내 압축응력:

$$S = \frac{bh^2}{6} = \frac{100 \cdot 16.5^2}{6} = 4{,}537.5\,cm^3$$

$$f_{pc} = -12.3kgf/cm^2$$

- 슬래브 상부 인장응력 검토:

$$f_t = M_{\max}/S + f_{pc} = 1.24 \cdot 10^5/4{,}537.5 - 12.3 = 15.03kgf/cm^2 \quad (10.20\text{-}6)$$

$$1.6\sqrt{f_{ck}} = 1.6\sqrt{300} = 27.7kgf/cm^2 > 15.03kgf/cm^2$$ 만족

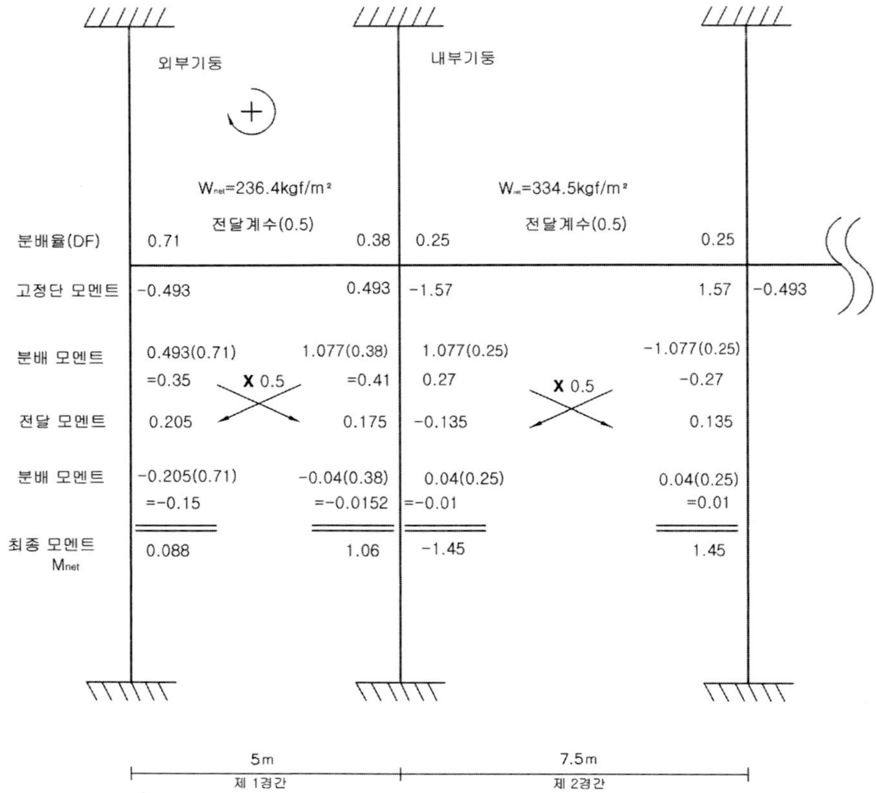

그림 10.28 순 분포하중(w_{net})에 대한 슬래브 내 모멘트 분배

- 슬래브 하부 압축응력 검토:

$$f_c = \frac{-M_{\max}}{S} + f_{pc} = \frac{-1.24 \cdot 10^5}{4,537.5} - 12.3 = -39.6kgf/cm^2 \qquad (10.20\text{-}7)$$

$$0.4f_{ck} = 0.4(300) = 120kgf/cm^2 > |-39.6|kgf/cm^2$$. 만족.

(2) 최소 부착 철근량 계산

기준에서는 비부착 프리스트레싱 강재를 배치할 경우, 부모멘트 영역에서의 최소 부착 철근량을 아래와 같이 규정하고 있다.

① 본 예제 건물과 같이 두께가 일정한 2방향 플랫 플레이트의 경우, 기둥받침부의 부모멘트 구역에서는 다음과 같은 최소 부착 철근량(A_s)을 각 방향으로 배근하여야 한다.

$$A_s = 0.00075h\ell \qquad (10.20\text{-}8)$$

여기서 h는 슬래브 두께, ℓ은 철근 배근방향과 평행한 방향의 경간 길이로서 단위는 ㎝이다. 위의 식 (10.20-8)에 의하여 계산된 최소 부착 철근량은 기둥 받침부 전면에서 $1.5h$ 떨어진 슬래브 폭 내에 균등하게 최소 4개 이상의 철근 또는 철선을 각 방향으로 30㎝ 이하의 간격으로 배근한다.

② 부모멘트 구역에서 받침부의 양쪽으로 순경간의 1/6 이상의 길이로 최소부착철근을 연장하여야 한다.

본 예제의 경우, $A_s = 0.00075 \cdot 16.5 \cdot (500+700)/2 = 7.73cm^2$이므로 D13 철근을 사용할 경우,

$$\text{소요 철근갯수,} \quad n = 7.73/1.27 = 6$$

$1m$ 폭에 대한 철근량은

$$6 \cdot 1.27cm^2/6m = 1.27cm^2/m \qquad (10.20\text{-}9)$$

따라서 6-D13을 제 2 경간 기둥 내부면에서 $c_2 + 1.5h = 35 + 1.5 \cdot 16.5 \simeq 60cm$ 슬래브 폭 내에 슬래브 상단에 균등하게 $15cm$ 간격으로 배근한다. 철근의 길이는 각 방향으로 순경간 /6 이므로

$$\text{철근길이} = 2 \cdot (750-50)/6 + 50 = 283.3cm \simeq 285cm$$

2) 제 2 경간 슬래브 경간 중심에서의 정모멘트에 의한 응력 검토

(1) 응력검토

- 경간 중심에서의 정모멘트 크기 :
  $+M_{\max} = 334.5 \cdot 7.5^2 \cdot 10^{-3}/8 - 1.45 = 0.90tf \cdot m/m$

- 슬래브 상부 압축응력 검토 :

$$f_c = -M_{\max}/S + f_{pc} = -0.9 \cdot 10^5/4{,}537.5 - 12.3 = -32.13kgf/cm^2$$
$$0.4f_{ck} = 0.4(300) = 120kgf/cm^2 > |-32.13|kgf/cm^2 \text{ .만족.}$$

• 슬래브 하부 인장응력 검토 :

$$f_t = \frac{0.9 \cdot 10^5}{4,537.5} - 12.3 = 7.53kgf/cm^2 < 1.6\sqrt{f_{ck}} = 27.7kgf/cm^2 \quad \text{.만족.}$$

(2) 최소 부착 철근량 계산

기준에서는 비부착 프리스트레싱 강재를 배치할 경우, 정모멘트 영역에서의 최소 부착 철근량을 아래와 같이 규정하고 있다.

① 본 예제 건물과 같이 두께가 일정한 2방향 플랫 플레이트의 경우, 사용하중 하에서 계산된 콘크리트의 인장응력(모든 프리스트레싱력 손실을 고려한 후)이 $0.53\sqrt{f_{ck}}$를 초과하는 경우, 정모멘트가 발생하는 구역에 배근할 최소 부착 철근량은 다음과 같다.

$$A_s = \frac{N_c}{0.5f_y} \qquad (10.20\text{-}10)$$

상기 식에서 N_c는 고정하중과 활하중의 합에 의한 콘크리트 인장력이며 f_y값은 $4,000kgf/cm^2$을 취하도록 한다.

② 상기 ①의 경우에 해당되지 않는 경우, 최소 부착 철근량은 다음과 같이 산정한다.

$$A_s = 0.04A$$

여기서 A는 콘크리트 전체 단면의 도심축과 인장연단 사이의 단면적(cm^2)이다.

③ 상기 ① 및 ②에 의한 최소부착철근은 가능한 한 인장연단에 가깝게 프리스트레싱 압축 인장역에 균등하게 배근하여야 한다.

④ 정모멘트 구역에서 그 구역을 중심으로 최소 부착 철근량을 순경간의 1/3 이상의 길이로 배치하여야 한다.

본 예제의 경우,

$$0.53\sqrt{f_{ck}} = 0.53\sqrt{300} = 9.18kgf/cm^2 > 7.53\,kgf/cm^2$$

이므로 상기 ②항에 의하여 최소 부착 철근량을 산정하고 ④항에 의하여 배근을 한다.

$$A_s = 0.004A = 0.004 \cdot 100 \cdot 16.5/2 = 3.3cm^2 \tag{10.20-11}$$

D13($1.27cm^2$/개)을 사용하면 $n = 3.3/1.27 = 2.59$. 따라서 3-D13을 정모멘트 영역에 배근한다. 배근 길이는 제 2 내부경간의 순경간 1/3을 취한 길이로 한다.

$$\text{배근길이} = (750 - 50)/3 = 233cm \simeq 240cm \tag{10.20-12}$$

8. 휨 강도

포스트텐션닝을 가한 부정정 구조물의 경우, 설계모멘트(M_{design})는 다음과 같이 산정된다.

$$M_{design} = M_u + M_2 \tag{10.20-13}$$

여기서 M_u=계수하중($1.4D + 1.7L$)에 의한 부재 내 모멘트이고 M_2 =강재의 프리스트레싱력에 의하여 부재 내에 전가되는 2차모멘트이다. 2차모멘트 M_2의 값은 프리스트레싱력에 의한 등가력(식 (10.20-2) 또는 식 (10.20-4)의 w_{bal})에 의하여 발생되는 모멘트(M_{bal})로부터 1차모멘트(프리스트레싱력에 편심을 곱한 모멘트, $P_e \times e$)를 감한 값이다. 즉,

$$M_2 = M_{bal} - M_1 = M_{bal} - P_e \cdot e \tag{10.20-14}$$

1) 모멘트 분배법에 따른 프리스트레싱력 등가력(w_{bal})에 대한 모멘트 산정

프리스트레싱력에 대한 등가력을 이용하여 슬래브 내의 모멘트를 우선 산정한다. 이 때 산정되는 모멘트는 M_{bal} 로서 M_1과 M_2의 합이다.

〈표 10.5〉 등가력(w_{bal})에 대한 모멘트 분배

모멘트 \ 분배계수(DF)	0.71	0.38	0.25
고정단 모멘트(FEM)	0.895	−0.895	1.55
분 배 모 멘 트	−0.895(0.71) = −0.636	−0.655(0.38) = −0.249	−0.655(0.25) = −0.164
전 달 모 멘 트	−0.249(0.71) = −0.125	−0.636(0.5) = −0.318	0.164(0.5) = 0.082
분 배 모 멘 트	0.125(0.71) = 0.088	0.233(0.38) = 0.09	0.233(0.25) = 0.058
전 체 모 멘 트(M_{bal})	0.222	−1.37	1.526

(1) M_{bal} 산정

- 경간 1 및 3 ($\ell_1 = 5m$)의 등가력 :

$$w_{bal} = 429.6\ \ kgf/m^2$$

- 등가력에 의한 고정단 모멘트 :

$$FEM = w_{bal}\ell_1^2/12 = 429.6 \cdot 5^2 \cdot 10^{-3}/12 = 0.895\,tf \cdot m/m$$

- 경간 2 ($\ell_1 = 7.5m$)의 등가력 :

$$w_{bal} = 331.5\,kgf/m^2$$

- 등가력에 의한 고정단 모멘트 :

$$FEM = 331.5 \cdot 7.5^2 \cdot 10^{-3}/12 = 1.55tf \cdot m/m$$

- 모멘트 분배 : 표 1 참조

(2) M_2 산정

표 1의 최종모멘트인 M_{bal}로부터 2차모멘트를 산정한다.

$$M_2 = M_{bal} - M_1$$

① 외부기둥 중심선에서의 2차 모멘트 :

$$M_2 = 0.222 - 20{,}266 \cdot 10^{-3} \cdot 0 = 0.222tf \cdot m/m$$

② 내부기둥 중심선에서의 2차 모멘트 :

- 제 1 경간 또는 제 2 경간

$$M_2 = -1.37 + 20{,}266 \cdot (8.25 - 2.5) \cdot 10^{-5} = -0.2tf \cdot m/m$$

- 제 2 경간

$$M_2 = 1.526 - 20{,}266 \cdot (8.25 - 2.5) \cdot 10^{-5} = 0.36tf \cdot m/m$$

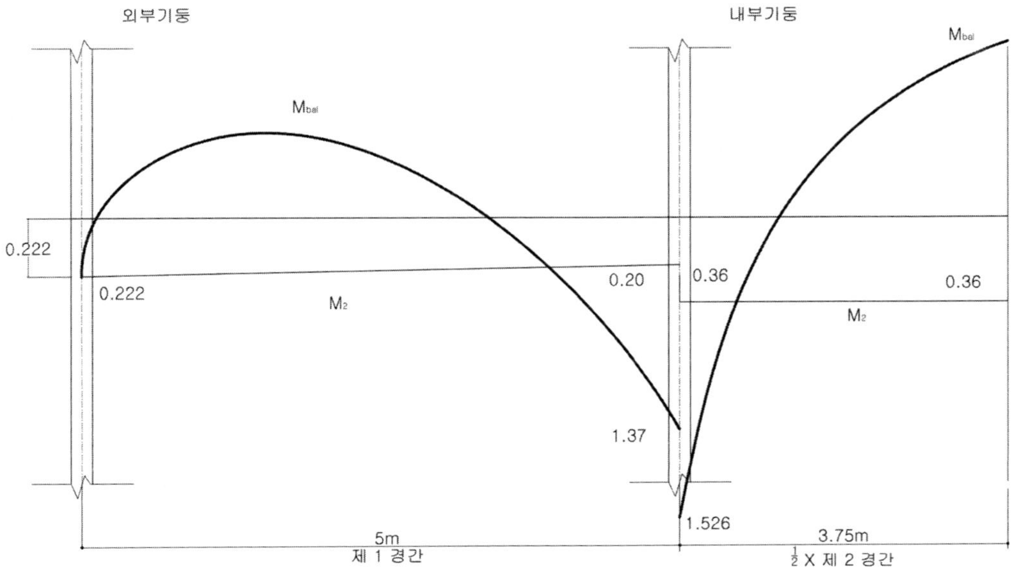

그림 10.29 제1 및 제2 경간에서 w_{bal}에 의한 M_{bal} 및 M_2

그림 10.29는 위에서 산정된 w_{bal}에 의한 M_{bal} 및 M_2의 크기를 나타낸다.

2) 모멘트 분배법에 따른 계수하중($w_u = 992.4\,kgf/m^2$)에 대한 모멘트 산정

- 경간 1 및 3 ($\ell_1 = 5m$)의 고정단 모멘트 :

$$FEM = 992 \cdot 5^2 \cdot 10^{-3}/12 = 2.07tf \cdot m/m$$

- 경간 2 ($\ell_1 = 7.5m$)의 고정단 모멘트 :

$$FEM = 992 \cdot 7.5^2 \cdot 10^{-3}/12 = 4.65tf \cdot m/m$$

〈표 10.6〉은 모멘트 분배법에 의한 최종 계수모멘트를 나타낸다.

3) $M_{design} = M_u + M_2$의 산정

상기 8.1 및 8.2의 결과로부터 설계모멘트(M_{design})를 산정한다. 부모멘트에 대한 설계는 기둥면에서의 모멘트를 고려한다. 〈표 10.7〉에 설계모멘트를 정리하였다.

〈표 10.6〉 계수하중 w_u에 대한 모멘트 분배

모멘트 \ 분배계수(DF)	0.71	0.38	0.25
고정단 모멘트(FEM)	-2.07	2.07	-4.65
분 배 모 멘 트	2.07(0.71)= 1.470	2.58(0.38)= 0.98	2.58(0.25)= 0.645
전 달 모 멘 트	0.98(0.5)= 0.490	1.47(0.5)= 0.735	-0.645(0.5)= -0.323
분 배 모 멘 트	-0.490(0.71)= -0.348	-0.412(0.38)= -0.157	-0.412(0.25)= -0.103
전 체 모 멘 트(M_u)	-0.458	3.628	-4.431

〈표 10.7〉 설계모멘트

모멘트 \ 경간	제1경간 (경간 5m)		제2경간 (경간 7.5m)
계수하중 모멘트(M_u)	-0.458	3.628	-4.431
2차 모멘트(M_2)	0.222	-0.20	0.360
기둥 중심선에서의 모멘트 ($M_{cc}=M_u+M_2$)	-0.236	3.428	-0.4071
기둥면에서의 모멘트 감소량 ($V_{c1}/3$)	$-992\cdot 10^3\times\frac{5}{2}\cdot\frac{30}{100}/3$ $=-0.248$	$-992\cdot 10^3\times\frac{5}{2}\cdot\frac{50}{100}/3$ $=-0.413$	$-992\cdot 10^3\times\frac{7.5}{2}\cdot\frac{50}{100}/3$ $=-0.62$
기능면에서의 설계모멘트 $M_{u,cf}=M_{cc}-V\cdot C_1/3$	0.012	3.015	-3.451

4) 정모멘트의 산정

① 제1경간

그림 10.30의 자유물체도로부터 외부기둥에서의 전단력을 산정한다.

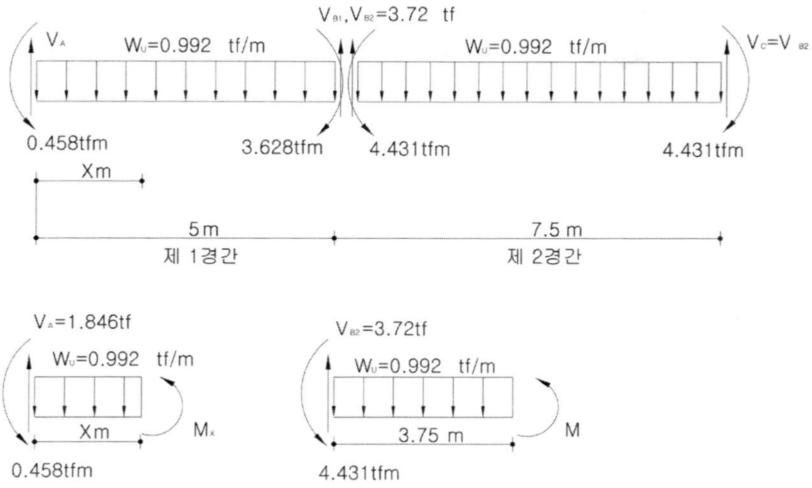

그림 10.30 자유물체도

$$\Sigma M = 0 : V_A \cdot 5 - 0.458 \cdot 10^3 - 992 \cdot 5 \cdot 1/2 + 3.628 \cdot 10^3 = 0 \text{로부터}$$

$$V_A = 992 \cdot 5/2 - (3.628 - 0.458) \cdot 10^3/5 = 1{,}846 kgf/m \qquad (10.20\text{-}15)$$

마찬가지로

$$V_{B1} = 992 \cdot 5 - 1{,}846 = 3{,}114 kgf/m \qquad (10.20\text{-}16)$$

외부기둥 중심선으로부터 최대정모멘트 위치(x)는 전단력이 영(0)이 되는 곳에 위치하므로

$$V_A - 992 \cdot x = 0\ , \quad x = \frac{V_A}{992} = \frac{1{,}846}{992} = 1.86m$$

$x = 1.86m$에서의 최대모멘트(M_x)는 $1{,}846x - 0.458 - 0.992 \cdot x^2/2 - M_x = 0$ 으로부터

$$M_x = 1{,}846 \cdot 1.86 - 0.458 - 0.992 \cdot 1.86^2/2 = 1{,}260 tf \cdot m/m$$

- 외부기둥으로부터 $x = 1.86m$ 위치한 곳에서의 2차모멘트 :

$$M_2(x = 1.86m) = 0.222 + \frac{1.86}{5} \cdot (0.2 - 0.222) = 0.214 tf \cdot m/m$$

• 설계 정모멘트의 크기 :

$$M = 1,206 + 0.214 = 1.474tf \cdot m/m$$

② 제 2 경간

• 전단력 :

$$V_{B2} = 992 \cdot 7.5/2 = 3,720kgf/m \qquad (10.20\text{-}17)$$

• 경간 내부 정모멘트 산정 :
자유물체도로부터

$$\Sigma M = 0 \quad ; -4,431 + 0.992 \cdot 3.75^2/2 - M = 0$$
$$M = 2,544tf \cdot m/m$$

경간 중간에서의 $M_2 = 0.36tf \cdot m/m$

• 설계 정모멘트의 크기 :

$$M = 2,544 + 0.36 = 2,904tf \cdot m/m$$

5) 휨강도 산정

(1) 제 2 경간 내부기둥 받침부에서의 부모멘트 휨강도

① 강선의 응력산정

6.0m 설계대에 대하여 11개의 강선을 사용하였으므로

$$\rho_p = A_{ps}/bd_p = 11 \cdot 0.987/(600 \cdot 14) = 0.00129$$

철근비는 식 (10.20-9)로부터

$$\rho = \frac{A_s}{bd} = \frac{1.27}{100 \cdot 14} = 0.000907$$

비부착 강선일 경우, 응력은 $f_{ps} = f_{se} + 700 + \frac{f_{ck}}{300\rho_p}$, $f_{ps} \le f_{py}$, $f_{se} + 2,100$이다.

$$f_{se} = 0.7 \cdot 19,000 - 2,100 = 11,200kgf/cm^2$$

$$f_{ps} = 11,200 + 700 + \frac{300}{300 \cdot 0.00129} = 12,675.2kgf/cm^2$$

$$f_{ps} = 12,675.2kgf/cm^2 \le f_{py} = 0.85f_{pu} = 16,150kgf/cm^2$$

$$f_{ps} = 12,675.2kgf/cm^2 \le f_{se} + 2,100 = 13,300kgf/cm^2$$ 만족.

② 휨강도 산정

- 강선 및 철근의 인장력 :

$$A_{ps}f_{ps} = 11 \cdot 0.987 \cdot 12,675/6 = 22,935kgf/m$$

$$A_sf_y = 1.27 \cdot 4,000 = 5,080kgf/m$$

- 철근비 검토 :

$$\omega_p = \rho_p f_{ps}/f_{ck} = 0.00129 \cdot 12,675.2/300 = 0.0545$$

$$\omega = \rho f_y/f_{ck} = 0.000907 \cdot 4,000/300 = 0.0121$$

$$\omega_p + \omega = 0.0666 < 0.36\beta_1 = 0.36 \cdot 0.836 = 0.301$$ 만족

$$\beta_1 = 0.85 - \left(\frac{f_{ck} - 280}{10}\right) \cdot 0.007 = 0.836 \ge 0.65$$

- 등가 응력블럭의 깊이 :

$$a = \frac{A_{ps}f_{ps} + A_sf_y}{0.85f_{ck}b} = \frac{22,935 + 5,080}{0.85 \cdot 300 \cdot 100} = 1.167cm$$

- 강선 및 철근의 모멘트 팔길이 :

$$\left(d - \frac{a}{2}\right) = \left(14 - \frac{1.167}{2}\right) = 13.4cm$$

- 기둥 중심선에서의 휨강도 :

$$\phi M_n = \phi(A_{ps}f_{ps} + A_sf_y)\left(d - \frac{a}{2}\right) = 0.9 \cdot (22,935 + 5,080) \cdot 13.4$$

$$= 337,860.9kgf \cdot cm/m = 3.38tf \cdot m/m < 3.451tf \cdot m/m$$ 강도 부족

따라서 정모멘트 영역에서의 휨강도를 구한 후에 모멘트 재분배에 따른 단면의 적정성을 검토할 필요가 있다.

(2) 제 2 경간 중앙에서의 정모멘트 휨강도

① 강선의 응력:

$$f_{ps} = 12,675.2kgf/cm^2$$

② 휨강도 산정:

최소 비부착 철근규정에 의하여 3-D13의 철근을 배근하였으므로 (식 (10.20-11) 및 (10.20-12) 참조) 정모멘트에 대한 휨강도는 다음과 같다.

- 강선 및 철근의 인장력 :

$$A_{ps}f_{ps} = 22,935kgf/cm^2/m$$

$$A_sf_y = 1.27 \cdot 3 \cdot 4,000 = 15,240kgf/cm^2/m$$

- 등가 응력블럭의 깊이 :

$$a = \frac{22,935 + 15,240}{0.85 \cdot 300 \cdot 100} = 1.50cm$$

- 강선 및 철근의 모멘트 팔길이 :

$$\left(d - \frac{a}{2}\right) = \left(14 - \frac{1.5}{2}\right) = 13.25cm$$

- 정모멘트에 대한 휨 강도 :

$$\phi M_n = 0.9 \cdot (22,935 + 15,240) \cdot 13.25 = 455,236.9kgf \cdot cm/m$$
$$= 4.55tf \cdot m/m$$

③ 정모멘트 영역에서의 여유휨강도 추정

소요휨강도가 $2.904tf \cdot m/m$이므로 정모멘트 영역에서의 여유휨강도는

$$\phi M_n - M_{design} = 4.55 - 2.904 = 1.646tf \cdot m/m$$

(3) 모멘트 재분배

① 모멘트 재분배 가능성 검토

부모멘트에 대한 슬래브의 휨강도가 부족하므로 모멘트 재분배를 통하여 단면의 적정성을 재검토한다.

$$\text{모멘트 재분배율} = 20\left(1 - \frac{\omega_p + \frac{d}{dp}(\omega - \omega')}{0.36\beta_1}\right)\%$$

$$= 20\left(1 - \frac{0.0545 + \frac{14}{14}(0.0121 - 0)}{0.36 \cdot 0.836}\right) = 15.57\%$$

• 작용 가능성 검토 :

$$\omega_p + \left(\frac{d}{d_p}\right)(\omega - \omega') = 0.0545 + \left(\frac{14}{14}\right)(0.0121 - 0) \qquad \text{. 적용가능.}$$

$$= 0.067 < 0.24\beta_1 = 0.24(0.836) = 0.201$$

최대 재분배 모멘트 크기 $= 0.1557 \times 3.451 = 0.537 tf \cdot m/m$

② 모멘트 재분배

여유휨강도 범위 및 최대재분배 모멘트 값 내에서 재분배를 한다. $0.3tf \cdot m/m$ 만큼의 모멘트를 재분배하면

$$-M = 3.451 - 0.30 = 3.151 tf \cdot m/m < \phi M_n = 3.38 tf \cdot m/m \qquad \text{만족}$$

$$+M = 2.904 + 0.3 = 3.204 tf \cdot m/m < 4.55 tf \cdot m/m \qquad \text{만족}$$

따라서 모멘트 재분배를 고려한 외부 모멘트에 대하여 단면강도는 부모멘트 영역 및 정모멘트 영역에서 안전하다. 상기의 모멘트 재분배 과정에 대하여 그림 (10-31)에 정리하였다.

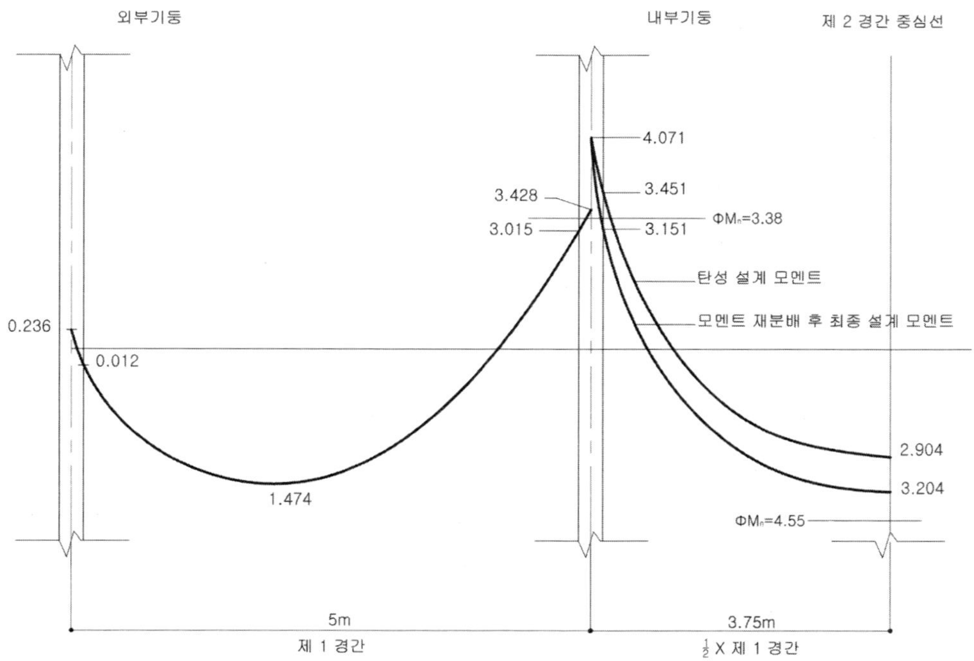

그림 10.31 제 2 경간 내의 모멘트 재분배에 따른 모멘트 변화

9. 제 1 경간 외부기둥에서의 전단 및 모멘트 전달

1) 전단 및 모멘트 전달

- 식 (10.20-15)에 의하여 외부 기둥에 가하여지는 전단력 :

$$V_u = 992 \cdot 5/2 - (3{,}628 - 0.458) \cdot 10^3/5 = 1{,}846 kgf/m \qquad (10.20\text{-}18)$$

- 건물의 외장무게를 $600kgf/m$이라고 가정할 때 외부 기둥에 접한 $6.0m$ 설계대 슬래브의 전체 전단력 :

$$V_u = (1.4 \cdot 600 + 1{,}846) \cdot 6 = 16{,}116 kgf \qquad (10.20\text{-}19)$$

- 외부기둥 중심선 모멘트($0.236tf \cdot m/m$)에 의한 전달모멘트 :

$$6 \cdot 0.236 = 1.416 tf \cdot m$$

2) 외부기둥 내측 위험단면에서의 조합전단응력

조합전단응력은 아래 식으로 산정한다.

$$v_u = \frac{V_u}{A_c} + \frac{\gamma_v M_u c}{J}$$

유효깊이 $d \approx 0.8 \times 16.5 = 13.2cm$, $c_1 = 30cm$, $c_2 = 35cm$를 적용하면,

$$b_1 = c_1 + \frac{d}{2} = 30 + \frac{13.2}{2} = 36.6cm$$

$$b_2 = c_2 + d = 35 + 13.2 = 48.2cm$$

$$c = \frac{b_1^2}{(2b_1 + b_2)} = \frac{36.6^2}{2 \cdot 36.6 + 48.2} = 11.03cm$$

$$A_c = (2b_1 + b_2)d = (2 \cdot 36.6 + 48.2) \cdot 13.2 = 1{,}602.5cm^2$$

$$\begin{aligned} J/c &= \left[2b_1 d(2b_1 + b_2) + d^3(2b_1 + b_2)/b_1\right]/6 \\ &= \left[2 \cdot 36.6 \cdot 13.2 \cdot (36.6 + 2 \cdot 48.2) + 13.2^3 \cdot (2 \cdot 36.6 + 48.2)/36.6\right]/6 \\ &= 128{,}509.92 + 7{,}628.86 = 22{,}689.8cm^3 \end{aligned}$$

$$\begin{aligned} \gamma_v &= 1 - \gamma_f \\ &= 1 - \frac{1}{1 + (\frac{2}{3})\sqrt{\frac{b_1}{b_2}}} = 1 - \frac{1}{1 + (\frac{2}{3})\sqrt{\frac{36.6}{48.2}}} = 0.367 \end{aligned}$$

$$\begin{aligned} v_u &= \frac{V_u}{A_c} + \frac{\gamma_v M_u c}{J} \\ &= \frac{16,116}{1,602.5} + \frac{0.367(1.416 \cdot 10^5)}{22,689.8} \\ &= 12.34 kgf/cm^2 \end{aligned}$$

3) 외부기둥에서의 전단강도(전단배근이 없는 경우)

$$\phi v_n = \phi 1.06\sqrt{f_{ck}} = 0.85(1.06)\sqrt{300}$$ 만족

$$= 15.6 kgf/cm^2 > 12.34 kgf/cm^2$$

4) 모멘트 전달 강도

전달 모멘트의 크기는 작으므로 슬래브 유효폭 (기둥폭+1.5×슬래브 두께)에 대한 휨강도를 검토할 필요는 없다. 그러나 계산 예를 제시하기 위하여 아래에 풀이과정을 서술하였다.

본 예제에 적용된 건물의 경우, $6.0m$ 슬래브 설계대에 11개의 강선을 배치하도록 하였다. 이 중 3개의 강선을 묶음으로 하여 기둥 내를 직접 통과하도록 배치한다. 이렇게 배근할 경우, 휨강도를 확보할 뿐 아니라 전단강도도 증진시키는 효과를 도모할 수 있다.

(1) 최소부착철근

외부기둥의 부모멘트 구역에서 받침부의 양쪽으로 순경간의 1/6 이상의 길이로 최소부착철근을 연장하여야 한다. 본 예제의 경우, $A_s = 0.00075 h\ell$ 로부터

$$A_s = 0.00075 \cdot 16.5 \cdot 500 = 6.18 cm^2$$

D13 철근을 사용할 경우,

소요 철근 개수, $n = 6.18/1.27 = 4.87$

6-D13으로 $150.0cm$ 길이로 배근한다. $1.0m$ 폭에 대한 철근량은

$$6 \cdot 1.27 cm^2 / 6m = 1.27 cm^2/m$$

(2) 전달모멘트의 계산

- 분배계수 :

$$\gamma_f = \frac{1}{1+\frac{2}{3}\sqrt{\frac{b_1}{b_2}}} = \frac{1}{1+(\frac{2}{3})\sqrt{\frac{36.6}{49.2}}} = 0.633$$

- 전달모멘트 :

$$\gamma_f \cdot M_u = 0.633 \cdot (1.416) = 0.896\,tf \cdot m$$

(3) 유효슬래브 폭에 대한 휨강도 산정

- 유효슬래브 폭 :

$$b_{eff} = c_2 + 2(1.5 \cdot h) = 35 + 2(1.5 \cdot 16.5) = 84.5cm$$

- 유효슬래브 폭 내의 비부착 강선응력 :

$$\begin{aligned} f_{ps} &= f_{se} + 700 + \frac{f_{ck}}{300\rho_p} \\ &= 11,200 + 700 + \frac{300}{300 \cdot 0.00425} \\ &= 12,135.3\,kgf/cm^2 \end{aligned}$$

여기서 $\rho_p = \frac{A_{ps}}{b_{eff} \cdot d_p} = \frac{3 \cdot 0.987}{84.5 \cdot 8.25} = 0.00425$

- 긴장재 인장력 :

$$A_{ps} \cdot f_{ps} = 3 \cdot 0.987 \cdot 12,135.3 = 35,932.6\,kgf$$

- 비부착철근 인장력 :

$$A_s \cdot f_y = 6 \cdot 1.27 \cdot 4,000 = 30,480\,kgf$$

- 인장력 합 :

$$A_{ps} \cdot f_{ps} + A_s \cdot f_y = 35,932.6 + 30,480 = 66,412.6\,kgf$$

- 등가응력블록 깊이 :

$$a = \frac{A_{ps}f_{ps} + A_s f_y}{0.85 f_{ck} b_{eff}} = \frac{66,412.6}{0.85 \cdot 300 \cdot 84.5} = 3.08cm$$

- 강재의 모멘트 팔길이 :

$$(d_p - a/2) = \left(8,25 - \frac{3.08}{2}\right) = 6.71cm$$

- 비부착 철근의 팔길이 :

$$(d - a/2) = \left(14 - \frac{3.08}{2}\right) = 12.46cm$$

- 휨강도 :

$$\phi M_n = 0.9(35,932.6 \cdot 6.71 + 30,480 \cdot 12.46)$$

$$= 558,799.7\ kgf \cdot cm = 5.59\ tf \cdot m$$

(4) 안정성 검토 :

$$\gamma_f M_u = 0.896tf \cdot m < \phi M_n = 5.59tf \cdot m$$.만족.

10. 내부 기둥에서의 전단 및 모멘트 전달

1) 전단 및 모멘트 전달

내부 기둥의 경우, 양쪽 슬래브로부터 전단력이 전달된다. 식 (10.20-16) 및 식 (10.20-17)에 의하여 6m 폭의 슬래브 설계대로부터 내부기둥에 전달되는 전체 전단력은 다음과 같다.

$$V_u = (V_{1i} + V_2) \cdot \ell_s = (3,114 + 3,720) \cdot 6 = 41,004\ kgf$$

$6.0m$ 폭의 슬래브 설계대에서 내부기둥 중심선에 전달되는 불균형 모멘트는 표 3의 제1경간 및 제 2 경간에서의 모멘트 값들을 적용하여 다음과 같이 산정할 수 있다.

$$\text{불균형 모멘트} = (4.071 - 3.428) \cdot 6 = 3.86tf \cdot m$$

2) 내부기둥 위험단면에서의 조합전단응력

$$v_u = \frac{V_u}{A_c} + \frac{\gamma_v M_u c}{J}$$

$$d \approx 0.8 \cdot 16.5 = 13.2cm, c_1 = 50cm, c_2 = 35cm$$

$$b_1 = c_1 + d = 50 + 13.2 = 63.2cm, b_2 = c_2 + d = 35 + 13.2 = 48.2cm$$

$$A_c = 2(b_1 + b_2)d = 2 \cdot (63.2 + 48.2) \cdot 13.2 = 2{,}941.0cm^2$$

$$J/c = \left[b_1 d(b_1 + 3b_2) + d^3\right]/6$$

$$= [63.2 \cdot 13.2(63.2 + 3 \cdot 48.2) + 13.2^3]/3$$

$$= 58{,}551.7cm^3$$

$$\gamma_v = 1 - \gamma_f$$

$$= 1 - \frac{1}{1 + (\frac{2}{3})\sqrt{\frac{b_1}{b_2}}} = 1 - \frac{1}{1 + (\frac{2}{3})\sqrt{\frac{63.2}{48.2}}}$$

$$= 0.433$$

$$v_u = \frac{V_u}{A_c} + \frac{\gamma_c M_u c}{J}$$

$$= \frac{41{,}004}{2{,}941} + \frac{0.433 \cdot 3.86 \cdot 10^5}{58{,}551.7}$$

$$= 16.80kgf/cm^2$$

3) 내부 기둥에서의 전단강도

- 전단강도 :

$$\phi v_n = \phi\left(\beta_p \sqrt{f_{ck}} + 0.3f_{pc} + \frac{V_p}{b_o d}\right)$$

여기서 $\beta_p = 0.265(\alpha_s d/b_o + 1.5) \leqq 0.93$

$b_o = 2[(50 + 13.2) + (35 + 13.2)] = 222.8cm$, $\alpha_s = 40$

$d = 13.2cm$

$\beta_p = 0.265(40 \cdot 13.2/222.8 + 1.5) = 1.026 > 0.93$

따라서 $\beta_p = 0.93$

식 (10.20-1)에 의하여 $f_{pc} = 12.3kgf/cm^2$이므로 상기의 값들로부터 전단강도를 구하면,

$$\phi v_n = \phi(0.93 \cdot \sqrt{300} + 0.3 \cdot 12.3) = 16.8kgf/cm^2$$

따라서 $\phi v_n (= 16.8kgf/cm^2) = v_u (= 16.8kgf/cm^2)$이므로 만족.

4) 모멘트 전달 강도

(1) 최소부착철근

$$A_s = 0.00075 \cdot h\ell = 0.00075 \cdot 16.5 \cdot (500+750)/2 = 7.7cm^2$$

D13 철근을 사용하면 필요철근 개수는 $n = 7.7/1.27 = 6.0$. 따라서 6-D13 사용.

(2) 전달모멘트의 계산

- 분배계수:

$$\gamma_f = \frac{1}{1+\frac{2}{3}\sqrt{\frac{b_1}{b_2}}} = \frac{1}{1+(\frac{2}{3})\sqrt{\frac{63.2}{48.2}}} = 0.567$$

- 전달모멘트:

$$0.567 \cdot 3.86 = 2.19tf \cdot m$$

(3) 유효슬래브 폭에 대한 휨강도 산정

- 유효슬래브 폭 :

$$b_{eff} = c_2 + 2(1.5 \times h) = 35 + 2(1.5 \times 16.5) = 84.5cm$$

- 강선의 인장력 : 외부 기둥과 동일하게 가정한다.

$$A_{ps}f_{ps} = 3 \cdot 0.987 \cdot 12{,}135.3 = 35{,}932.6kgf$$

- 철근의 인장력 :

$$A_sf_y = 6 \cdot 1.27 \cdot 4{,}000 = 30{,}480kgf$$

• 인장력의 합 :

$$A_{ps}f_{ps}+A_sf_y=(35,932.6+30,480)=66,412.6kgf$$

• 등가 응력블럭 깊이 :

$$a=\frac{A_{ps}f_{ps}+A_sf_y}{0.85f_{ck}b_{eff}}=\frac{66,412.6}{0.85\cdot 300\cdot 84.5}=3.08cm$$

• 강선 및 철근의 모멘트 팔길이 :

$$(d-a/2)=\left(14-\frac{3.08}{2}\right)=12.46cm$$

• 휨강도 :

$$\phi M_n=0.9\cdot 66,412\cdot 12.46\cdot 10^{-5}=7.45tf\cdot m$$

(4) 안정성 검토 :

$$\gamma_f\cdot M_u=2.19tf\cdot m<\phi M_n=7.45tf\cdot m$$ 만족

11. 강선 배치

10.6.10장 4)항에 따라 6m 슬래브 설계대에 전체 11개의 강선을 배치하되 이 중 3개를 기둥 저면으로 직접 통과시키도록 한다. 나머지 8개의 강선은 나머지 6m - 0.35m = 5.65m에 동일한 간격으로 배치하도록 한다. 즉, 강선간의 간격은 565㎝/(8 + 1) = 62.8㎝로서 슬래브 두께 $16.5cm$의 3.8배 정도이다.

직교하는 설계대에 대한 강선은 기둥을 중심으로 하는 좁은 띠를 따라 배근되어야 한다. 그림 10.32는 본 예제의 설계대 및 이와 직교하는 방향의 강선배치를 나타낸다.

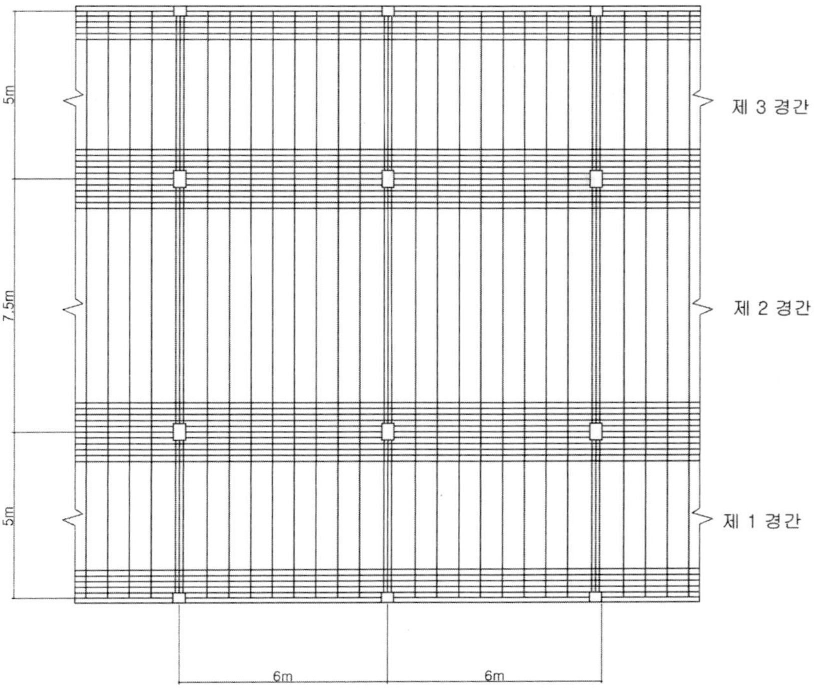

그림 10.32 설계대 및 설계대 직교방향의 강선배치

연습문제

10.1 2방향 슬래브의 긴장재배치 종류를 8가지 이상 예를 들어 설명하고, 그 특성에 대해 열거하시오.

10.2 그림 10.26의 예에서 시공 시와 사용하중에 대해 최대 처짐량을 산정하시오.

10.3 다음 그림과 같이 슬래브의 강선에 대해

① 단위길이 당 마찰손실을 산정하고,

아래의 조건과 같이 긴장하였을 때

② 강선의 인장응력

③ 최대Camber량

을 구하시오

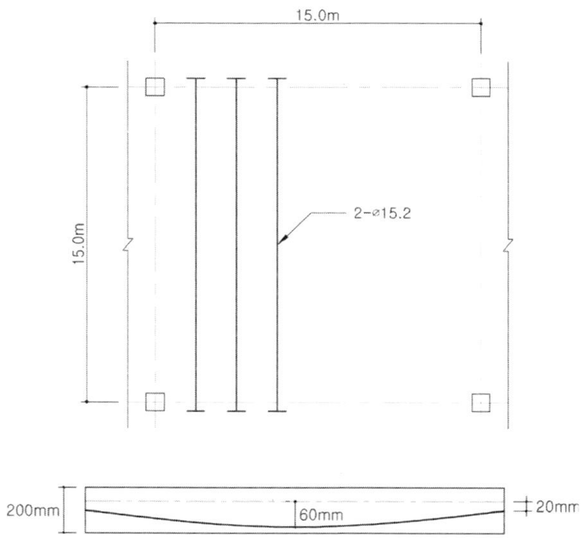

슬래브 두께 : 200 mm

긴 장 재 : $SWPC\ 7B\quad 2-\phi 15.2$

파상계수 : $k=0.001/m$

곡률계수 : $\mu=0.06$

$f_{ck}=350\ kgf/cm^2$

$A_{ps}=138.7mm^2$

$f_{pu}=26.6tf/strand$

$P_i=0.75\cdot f_{pu}$

$R=0.85$

마감하중 : 0.05 tf/m^2

활 하 중 : 0.5 tf/m^2

문 그림 10.1

11장 설 계 예 제

11.1 설계 개요

11.1.1 설계기준(DESIGN CODE REFERENCES)

구 분	내 용	비 고
적용기준	▸건축물의 구조기준 등에 관한 규칙 ▸건축구조설계기준 ▸구조물 기초 설계 기준 ▸프리캐스트 콘크리트 조립식 건축구조 설계기준 및 해설 ▸프리캐스트 콘크리트 조립식 건축표준공사 시방서 ▸콘크리트 표준시방서 ▸건축물의 구조기준 등에 관한 규칙	건설교통부령 대한건축학회 건설교통부령 건설부 건설부 대한토목학회 건설부
참고도서	▸철근콘크리트 구조 설계기준 ▸철근콘크리트 내력벽식 건축물 구조설계 지침(안) ▸건축물하중기준 및 해설 ▸ACI 318-99 Code ▸PCI DESIGN HANDBOOK	건설교통부 대한건축학회 대한건축학회

11.1.2 건물개요 (BUILDING DESCRIPTION)

1) 건물규모 : 지상 3층
2) 건물용도 : 주차장
3) 지상구조 : 비부착 프리스트레스트 철근콘크리트 구조

11.1.3 구조재료강도

1) 콘크리트 : $f_{ck}= 350\,kgf/cm^2$ (재령28일 압축강도)
(1) 프리스트레스 전달직후의 허용응력 (Stressing Stage)
① 압축연단에서의 최대 압축응력 : $0.6 \cdot f_{ci}$
② ③의 경우를 제외한 인장측의 최대 인장응력 : $0.8 \cdot \sqrt{f_{ci}}$
③ 단순지지 부재의 단부에서의 최대 인장응력 : $1.6 \cdot \sqrt{f_{ck}}$
(2) 모든 프리스트레스력 손실을 허용한 후 허용응력(Working Stage)
① 압축연단에서의 최대 압축응력 :$0.4 \cdot f_{ck}$
② 압축 프리스트레스가 가해진 인장영역내의 최대 인장응력 :$1.6 \cdot \sqrt{f_{ck}}$

2) 철 근 : $f_y= 4{,}000\,kgf/cm^2$ (SD40)
3) 긴 장 재 : $\phi 15.2\ mm$ (KS D 7002 SWPC 7B, 2종)
(1) 강선 사양
① 공칭 인장강도(f_{pu}) : $24.5tf/strand$
② 항복 강도(f_{py}) : $20.8tf/strand$
③ 초기 인장력 : $17.89tf/strand$ ($0.73 \cdot f_{pu}$)
마찰손실을 고려한 긴장재(Tendon)의 인장력은 보 및 슬래브에 $17.5tf$을 적용하여 계산하였으며, 이는 시공 시 검토되어야 할 사항임.
④ 곡률마찰계수(μ) : 0.06
⑤ 파상마찰계수(k) : 0.001
⑥ 강선의 단면적(A_p) : 1.387 cm^2 【11.1.5 강선 사양 참조】
전 단면적 : ($A_{ps}= A_p \cdot$ 강재수)
4) 파 일 기 초 : $f_p= 70\ tf/ea$
5) 지 하 수 위 : G.L - M

11.1.4 사용 구조해석 프로그램

1) 해석 프로그램 : MIDAS, STAAD3

11.1.5 강선 사양

PC강선 및 강연선(KSD 7002-1988)

종 류			기호	호칭경 mm	표준 지름 mm	공칭 단면적 mm²	단위 중량 Kgf/m	인장하중 Kgf	0.2%영구 연신율 하중 Kgf	연신율 (%)	릴랙세이션 1종 10시간후	릴랙세이션 2종 1000시간후
PC강선	원형선 및 이형선		SWPC1 및 SWPD1	5	5.00	19.64	154	3,250 이상	2,850 이상	4.0이상	3.0이하	2.5이하
				7	7.00	38.48	302	5,950 이상	5,200 이상	4.5이상	〃	〃
				8	8.00	50.27	395	7,550 이상	6,550 이상	4.5이상	〃	〃
				9	9.00	63.62	499	9,200 이상	7,950 이상	4.5이상	〃	〃
PC강연선	2연선		SWPC2	2.9	2.9	13.21	104	2,600 이상	2,300 이상	3.5이상	〃	〃
	3연선		SWPD3	2.9	2.9	19.82	156	3,900 이상	3,450 이상	〃	〃	〃
	7연선	A종	SWPC 7A	9.3	9.3	51.61	405	9,050 이상	7,700 이상	〃	〃	〃
				10.8	10.8	69.68	546	12,200 이상	10,400 이상	〃	〃	〃
				12.4	12.4	92.90	729	16,300 이상	13,900 이상	〃	〃	〃
				15.2	15.2	138.7	1101	24,500 이상	20,800 이상	〃	〃	〃
		B종	SWPC 7B	9.5	9.5	54.84	432	10,400 이상	8,850 이상	〃	〃	〃
				11.1	11.1	74.19	580	14,100 이상	12,000 이상	〃	〃	〃
				12.7	12.7	98.71	774	18,700 이상	15,900 이상	〃	〃	〃
				15.2	15.2	138.7	1101	26,600 이상	22,600 이상	〃	〃	〃
	19연선		SWPC 19	17.8	17.8	208.4	1652	39,500 이상	33,600 이상	〃	〃	〃
				19.3	19.3	243.7	1931	46,000 이상	39,500 이상	〃	〃	〃
				20.3	20.3	270.9	2149	50,500 이상	43,000 이상	〃	〃	〃
				21.8	21.8	312.3	2482	58,400 이상	50,500 이상	〃	〃	〃

※ 1. 7연선 A종은 인장강도 175 Kgf/mm^2 급을, B종은 190 Kgf/mm^2 급을 나타낸다.
2. 7연선 및 19연선의 표준 지름은 연선의 외접원의 지름으로 한다.

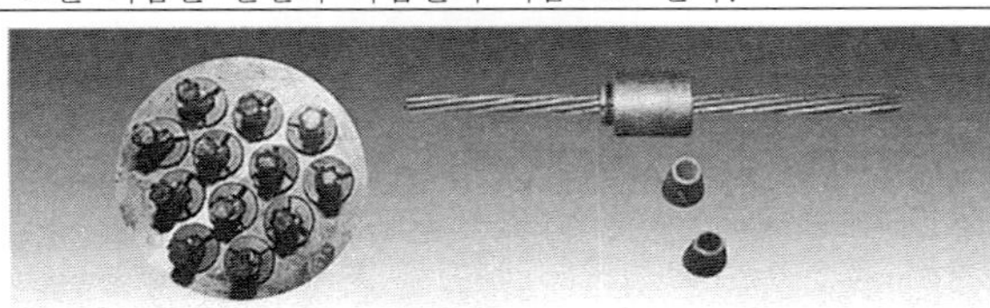

11.2 구조계획 시 고려할 사항

11.2.1 구조평면도의 작성

건축도면을 숙지한 후 충분한 구조검토에 의해 건축과 협의하여 구조시스템을 선정하고 이에 적합한 구조평면도를 작성하게 된다. 구조평면도 작성 시 고려할 사항은 경제성, 시공성, 사용성, 구조적 안전성 및 안정성 등의 항목이 있으며, 건축주와 설계사무소의 의견에 따라 구조시스템 선정시 고려할 항목이 정하여진다. 이후 구조해석과 접합부 등을 염두해 두고 구조평면도를 신중하게 작성하여야 하며, 구조평면도가 완성되었을지라도 구조해석이 되지 않는 평면이라면 무용지물이 될 수도 있다.

보와 기둥의 접합부는 되도록 편심이 발생하지 않도록 배치하여 Beam-Column의 안정성을 확보하여야 하며, 설계사무소의 요청이 있을시 모델링 작업에 편심하중의 계산결과를 입력하여야 한다.

구조평면도는 현장에서 곧바로 적용하는 도면이므로 표기기호 및 부호는 공식적인 제도(Drawing)의 표준화된 기호를 사용하는 것이 바람직하며, 구조사무실마다 표기기호가 다르게 적용되는 경우가 많아 현장에서 인식하는데 어려움이 많은 것으로 알고 있다. 이의 해결을 위해서 구조도면의 작성은 구조사무실에서 국제기호에 의한 표준화된 규격에 따라 작성하는 것이 바람직한 것으로 판단되며, 모두가 인식은 하고 있으나 여러 가지 이유로 인하여 실행이 되지 않고 있는 상황이다.

그리고 슬래브의 주근방향은 구조계산서의 리스트 및 구조평면도에 표기하는 것이 바람직하며, 방향을 표기하지 않으면 구조설계자의 의도를 파악하기가 매우 어려운 사항이다. 특히 플랫 슬래브, 2방향 슬래브의 경우 경간의 비가 거의 비슷하거나, 근접한 슬래브의 크기가 서로 직각으로 배치된 경우 현장에서 임의로 판단하여 배근의 방향이 잘못되는 경우가 발생한다. 플랫 슬래브는 구간별로 배근이 달리되므로 주열대(Column Strip) 및 주간대(Middle Strip)의 구간을 명기하고 이음의 위치, 이음길이 및 정착길이를 정확히 표현해주는 것이 공사 후 구조체의 균열을 줄일 수 있는 방안이라 생각한다. 일반적으로 구간의 구분 없이 배근을 하거나 이음위치의 표기 없이 설계하는 경우가 종종 있다. 특히 비부착 프리스트레스트 슬래브의 경우 1방향 슬래브 및 2방향 슬래브의 경우 철근이 하는 역할은 크며, 균열이 많이 발생하므로 주의하여 표기하여야 한다.

구조계획 시 Core벽체가 있을 경우 코아 벽체와 프리스트레스트 구조체는 완전히 분리하여 배치하여야한다. 벽체는 횡 강성이 매우 크므로 수평변위가 구속되어 벽체주변의 슬래브에서 균열을 유발한다. 이를 위해 조인트(Joint)개념으로 수축대(Strip Zone)를 설치하는 방안과 슬래브에 철근을 보강하여 설계하는 것이 바람직하다. 이러한 사항은 주로 시공 시 균열이 상당히 많이 발생하므로 구조계획 및 설계 시 Joint의 위치를 선정하여 건조수축, 크리이프 및 콘크리트인장으로 균열이 발생하지 않도록 반영하여야 한다. 슬래브의 보강은 상세한 바닥판 해석을 통하여 이루어지며, 보강부위의 판단은 상세한 구조검토를 필요로 하므로 시간이 다소 소요되는 것으로 판단되며, 슬래브의 보강근은 철근이 압축을 받게 되므로 역학적, 물리적 거동형상을 파악하여야 한다. 이런 코아 벽체의 횡강성을 고려한 슬래브의 지연조인트(Strip Zone)는 다음 그림과 같이 충분한 변형이 고려된 뒤 콘크리트를 타설하여야 한다.

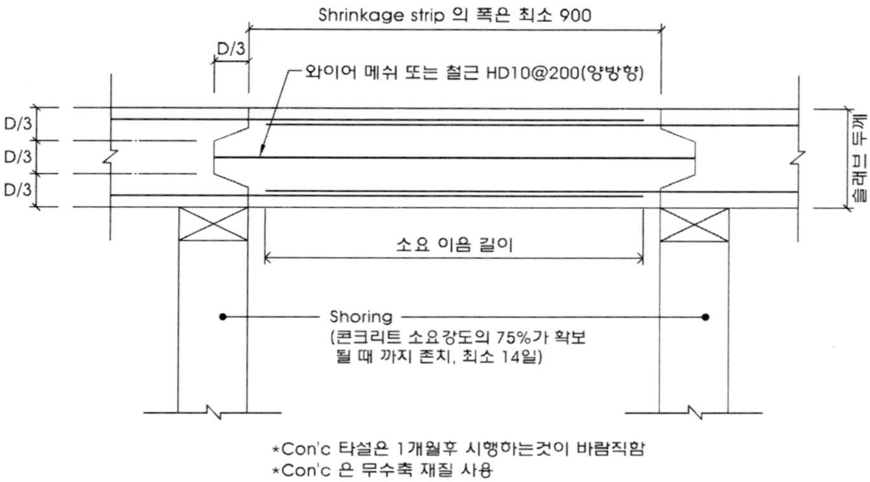

그림 11.1 지연조인트(Delayed Joint) 상세

기둥은 긴장재의 배치를 고려하여 평면상의 치수를 결정하여야 하며, 시공 시 효율적인 배근이 되도록 철근의 간격조정이 있어야 하며, 긴장재로 인한 단면손실 등 설계 시에 고려하여야 할 사항을 염두에 두고 기둥의 최적단면을 산정하여야 한다.

11.2.2 단면가정

일반적으로 적재된 하중에 따라 경간의 1/20~1/30 범위 내에서 부재 단면의 춤을 가정하고, 구조검토 후 정착구의 종류 및 수에 따라 단면의 폭을 달리한다.

이 사항은 준수사항이 아니라 일반적으로 개략적 단면가정을 하기 위해 처짐을 계산하지 않고 부재의 춤을 단순하게 산정할 수 있는 방법이다. 보다 정확한 단면은 구조해석을 수차례 수행한 후 산정된다. 현재 국내 구조기술자들의 경우 대부분 구조 모델링 시 임의의 단면을 입력하여 구조해석을 하고 출력물을 정리하여 구조설계를 종료하는 경우도 있다. 이런 경우는 시공 후 부재들의 응력이 계산치와 다르게 나타나며, 부재에 상당히 많은 균열을 유발하는 경우가 많다. 설계된 부재들의 작용모멘트도 정확한 값과 다르게 나타나는 경우가 발생하므로 구조부재들의 단면가정시 흐름도는 〈표 11.1〉을 참조하기 바란다.

〈표 11.1〉 기둥단면의 가정

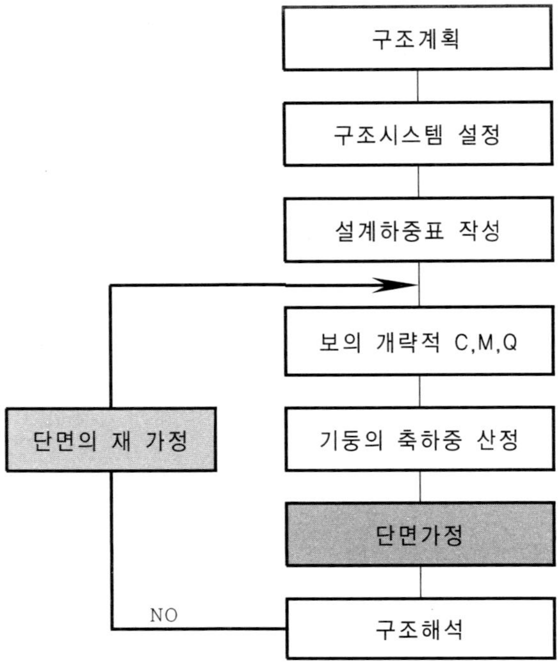

이상과 같은 순서로 부재의 단면을 가정하는 것이 바람직하지만 오늘날의 구조기술자는 발달된 컴퓨터의 도움으로 인하여 이와 같은 순서를 거치지 않고 구조설계를 하는 경우가 종종 있으며, 설계자의 의도대로 구조해석 후 단면을 변경하여 구조물을 설계한다. 그런 경우 구조물의 안정성(Stability) 및 안전성(Safety)에 문제가 없다면 다행이지만 대부분 안정성 측면에서 이상 징후가 나타날 가능성이 많다.

비부착 프리스트레스트 구조의 경우 강연선의 사용개수에 따라 부재단면 및 처짐값이 차이를 나타내며, 긴장재 및 처짐에 따라 부재의 배근이 달리되므로 이점 유의하여 설계하여야 한다. 그리고 Settlement의 길이를 가정에 의하여 계산이 수행되므로 현장의 시공조건, 크리이프, 건조수축 및 릴랙세이션에 의해 부재의 초기 및 유효응력이 다르게 나타날 수 있으므로 초기긴장 후 강연선의 잭킹(Jacking)점검을 반드시 실시하여 계산치와 비교하여야 한다.

11.2.3 보의 배치

철근콘크리트 보의 효율적인 경간은 6m×9m이지만 사용자는 공간을 다소 효율적으로 사용하기를 희망하므로 건축주나 설계사무소에서 경간을 증가시켜주기를 요구한다. 이에 따라 경간을 증가시켜 구조설계의 수행 시 공사비가 상당히 증가하는 것을 자주 접하게 된다. 비부착 프리스트레스트의 경우 보의 경간을 철골 보와 같이 경간을 증가시켜 사용하는 것이 가능해지므로, 공간의 사용성 및 경제성에 있어 매우 효율적인 구조가 된다.

여기서는 비부착 프리스트레스트의 경우 큰 경간은 아니지만 $16.4m$의 경간을 사용하여 구조계산을 수행한 예를 제시하도록 한다.

보 춤을 가정하면 [11.2.2]절에서 예시한바와 같이 산정한다.

$$\frac{16.4m}{20} = 0.82\ m$$

보 춤을 $80.0cm$로 가정하여 구조계산 할 경우 다소 유리한 조건으로 가정한 것이므로 단면의 여유가 다소 있으며, 철근이나 긴장재를 절약할 수 있는 방법이 된다.

만약 보 춤을 중간 값으로 가정한다면 다음과 같이 산정할 수 있다.

$$\frac{16.4m}{25} = 0.656\ m$$

이와 같은 수치는 보 춤이 적어 보폭을 증가시켜야 하는 경우이며, 보폭이 넓어지면 강성값의 증가가 쉽게 이루어지지 않으므로 철근량, 긴장재, 처짐량 등이 증가하는 현상을 나타내므로 공사비가 증가되는 원인이 된다. 비부착 프리스트레스트의 경우 긴장재의 배치 및 긴장작업을 편리하게 하는 것이 공기 및 시공성에 도움을 준다. 일반적인 사례를 보면 긴장재의 배치는 일방향성을 유지한다. 이런 특성을 이용하여 슬래브와 보의 긴장재를 직각으로 배치하고 슬래브의 긴장재배치와 동일한 방향의 보는 삽입하지 않는 경우도 있으며, 이는 공사의 편리성 및 긴장의 차이로 인한 구조체의 균열(변형의 차이로 인한 강성체 주변과 평행한 균열)을 줄일 수 있다. 하지만 보와 슬래브의 긴장재 방향이 동일한 경우 단부 잭킹으로 인한 콘크리트의 균열이 유발될 수 있으므로 유의하여 구조설계를 하면 훌륭한 건물이 탄생할 수 있을 것으로 생각된다.

11.2.4 기둥의 배치

일반적으로 철근콘크리트 구조의 경우 기둥 배치는 6.0~9.0m 정도의 범위로 배치하는 것이 경제적이다. 이와 같은 배치는 공간의 사용성 및 경제적으로 불리하게 작용하는 요인이었으며, 경간을 증가시킬 수 있는 방법이 있으면 효율적일 것이라 생각하여 왔다. 이에 따라 철근콘크리트 구조에 긴장재를 삽입하여 배치할 경우 장경간임에도 불구하고 모멘트를 급격하게 줄일 수 있어 구조적으로 작은 크기의 기둥 배치가 가능하게 된다. 긴장재를 삽입함으로서 보 부재를 최소화할 수 있고 기둥부재도 최소화하여 구조설계에 반영할 수 있다. 현재 적용된 평면의 효율적인 배치는 6.0m이지만 주차를 고려하여 7.4m 경간으로 배치한다.

기둥의 배치 시에 보와의 관계를 고려하여 보는 기둥의 중심선에 배치하는 것이 원칙이며, 그렇지 못할 경우 각 경우에 대한 편심모멘트를 구조해석 시에 적용하여야 한다. 특히 비부착 프리스트레스트 구조의 경우 강연선의 개수 및 강도에 의해 초기 인장과 유효인장에 많은 차이를 나타내며, 이는 곧 기둥의 모멘트와 연결된다. 본 예제에서는 프레임의 응력을 효율적으로 파악하기 위해 시공 단계별로 구조해석을 수행하여 응력을 평가하는 방법을 사용한다.

11.2.5 구조설계의 흐름도

〈표 11.2〉 구조설계 Flow Chart

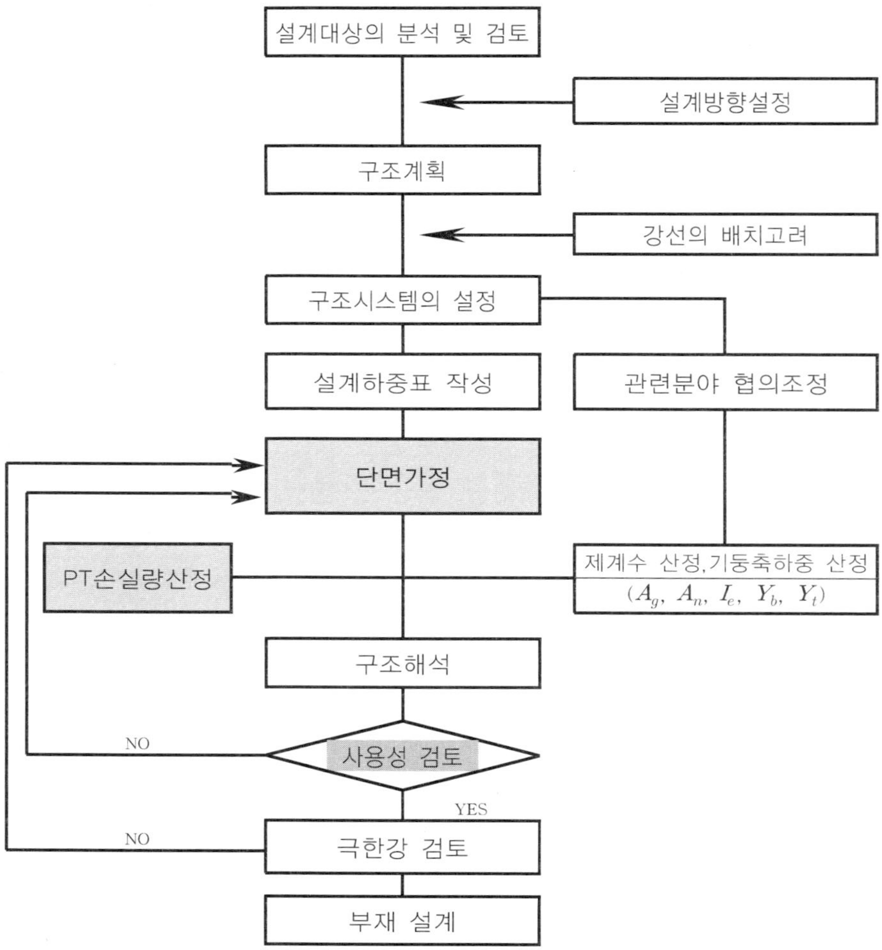

11.4 설 계 하 중

11.4.1 설계하중

〈표 11.3 설계하중표〉

용도 \ 하중	고정하중(D)		활하중(L)	1.0D+1.0L	1.4D+1.7L
주차장 지붕	무근콘크리트(t=150)	345	400	1,267	1,894
	보호모르타르(t=30)	60			
	액체방수2차	30			
	콘크리트슬래브(t=180)	432			
	소 계	867			
주차장 지붕차로	무근콘크리트(t=150)	345	600	1,467	2,234
	보호모르타르(t=30)	60			
	액체방수2차	30			
	콘크리트슬래브(t=180)	432			
	소 계	867			
주차장 램프	무근콘크리트(t=140)	322	600	1,402	2,143
	콘크리트슬래브(t=200)	480			
	소 계	802			
주차장	하드너	10	400	842	1,299
	콘크리트슬래브(t=180)	432			
	소 계	442			
주차장 차로	하드너	10	600	1,042	1,639
	콘크리트슬래브(t=180)	432			
	소 계	442			
1층 주차장	하드너	10	400	890	1,366
	콘크리트슬래브(t=200)	480			
	소 계	490			
1층 주차장 차 로	하드너	10	600	1,090	1,706
	콘크리트슬래브(t=200)	480			
	소 계	490			

11.4.2 하중조합

일반적으로 하중조합은 처짐과 부재설계 및 사용성을 위해 구성되며, 어떤 구조의 형식을 취하든 처짐은 사용하중(Service Load)으로 검토하며, 기초의 지내력검토 및 기초의 저면적도 사용하중으로 검토한다.

처짐은 구조체에 균열을 유발하며 진폭으로 인한 진동문제를 발생시킨다. 처짐은 설계자에 의해 조정되며 부재의 단면을 최소로 조정할 수 있는 요소가 되기도 한다.

균열의 기준과 시공과정, 경험에 의해 적절하게 처짐을 조정할 수 있다면 최적의 구조설계를 할 수 있을 것으로 생각되며, 이와 같이 처짐을 잘 이용한다면 구조적으로 물량을 줄일 수 있는 요소가 된다. 특히 철골구조와 긴장재를 사용하는 구조물의 경우 공사비의 절대적 조절인자가 된다.

비부착 프리스트레스트 구조와 같은 구조물의 처짐은 사용성 및 안정성과 밀접한 관련이 있으므로 처짐의 제어는 구조체의 균열에 대해 상당히 중요한 요소이며, 각각의 하중조합에 대해 검토하여 부재 및 긴장재량을 산정하여야 한다.

긴장재의 마찰손실은 구조물의 형태와 Mass에 따라 유동적인 사항으로 현장경험이 중요한 요소이며, 이론과 다소의 경험을 필요로 하는 구조시스템이다.

본 구조체에 적용한 하중 조합은 다음과 같다.

1) 수직하중

① 고정하중 (Dead Load)

$1.0 \cdot W_d$

② 마감하중 (Misc. Load)

$1.0 \cdot W_{sd}$

③ 활하중 (Live Load)

$1.0 W_l$

2) 처짐 및 지압검토 (프리스트레스)

④ 프리스트레스(Prestress)

$1.0 P_l$

⑤ Stress Stage (잭킹 시에 부재에 응력이 가해지는 단계)

$1.0 W_d + 1.0 \cdot P_i$

- 자중에 의한 처짐, 릴랙세이션으로 인한 긴장 확인 및 치솟음을 고려한 최종적인 긴장력의 검토, 부재의 크기를 결정하는데 중요한 하중조합이다.

⑥ Working Stage(구조물에 모든 하중이 작용하였을 시 부재의 처짐 검토)

$1.0 \cdot W_d + 1.0 \cdot W_{sd} + 1.0 \cdot W_l + \varphi \cdot P_i$

- 부재의 지압, 응력검토 및 사용성을 위한 하중조합

3) 부재설계

⑦ Ultimate Stage (구조부재의 설계내력)

$1.4 \cdot W_d + 1.4 \cdot W_{sd} + 1.7 \cdot W_l$

⑧ Post Tension (긴장재의 마찰손실 고려)

$\phi \cdot P_i$

⑨ 기둥 설계용

$1.4 \cdot W_d + 1.4 \cdot W_{sd} + 1.7 \cdot W_l + \phi \cdot P_i$

- 시공단계별 구조해석 시 필요하며, 기둥부재의 설계를 위한 하중조합

11.5 구조해석

11.5.1 모델링에 대한 설명

구조해석의 목표는 경제적 측면에서보다 단순화된 모델에서 정확한 해를 얻는데 있다. 그러나 단순화가 곧 경제적인 것은 아니며 전체적인 시간 및 비용 면에서 효과적이어야 한다. 구조물을 해석할 때 여러 가지 요소(linear, shell, solid)로 모델링이 가능한 경우, 요소(mesh)의 선택은 해석의 정밀도, 출력결과의 판독, 이용성, 경제성 등을 고려해야 한다.

일반적인 해석결과치의 오류는 매뉴얼의 숙지 부족과 요소(mesh)의 특성 및 사용한계를 이해하지 못한 경우에 발생한다. 유한요소프로그램은 지배방정식의 구성에 의해 좌우되는데 주상복합구조물을 예를 들면 이런 구조체는 선형요소와 판 요소의 조합으로 이루어지며 범용해석프로그램이 이런 조건을 정확하게 반영하여 출력결과 값을 보여주는지 검토 후 적용하는 것이 올바른 사용의 예라 할 수 있다.

모델링이라 함은 구조해석 수행 시 컴퓨터에 데이터입력을 하기위해 프레임에 대한 좌표, 경계조건, 하중, 강성값, 좌굴장 등의 입력으로 보는 것이 타당할 것으로 사료된다. 특히 요즈음의 구조해석 프로그램은 유한요소해석으로 수행되기 때문에, 모델링작업을 수행하기 전에 유한요소에 대해 다소의 지식을 가지고 접근한다면 상당한 도움이 될 것으로 사료된다.

컴퓨터의 출력결과는 단순하게 설계자가 입력한 결과치이며, 이를 이용한 결과치의 검토 및 부재치수의 조정 작업이 필요하다. 모델링은 단순화하여 Lumped시킨 것과 구조체를 그대로 형상화하여 3D로 모델링 하는 방법이 있다. 2D로 수행하는 방법은 간단한 구조물일 경우는 응력 값의 차이가 없지만 다소 복잡한 구조체 및 구조가 3차원적인 요소 즉, 횡 하중, 편심하중, 뒤틀림(Twisting)에 대한 요소 등이 함유되면 구조체의 해석결과는 상당한 차이를 나타낸다. 2D로 해석 시 경계조건 및 지점의 조건을 잘 파악하여 모델링을 수행한다면 시간적 차원에서 최적의 결과를 도출할 수 있다. 또한 유한요소프로그램의 종류 즉, 매트릭스해법에 따라 구조체의 종류별로 결과 값의 오차율은 상당한 차이를 보여주는 경우가 있다. 즉 세장한 구조물일 경우와 평면적으로 Massive한 구조물일 경우 구조해석의 결과, 수치해석 및 모드조합방법에 따라 결과는 상당한 차이를 나타낸다. 이는 Eigen Vector값의 수렴치를 정확하게 판독할 수 있

는지 또는 근접 값의 처리결과에 따라 매트릭스 해법, 모드(Mode)의 조합 값에 완전히 다른 결과 값을 부여하거나, 정확한 값을 판독하지 못하는 경우(diagonal width에 따른 오차율)가 있으므로 수치해석과정을 알고서 해석에 참여하면 유한요소 프로그램의 이용에 많은 도움을 받을 수 있을 것으로 생각된다.

3차원적인 건물을 2차원으로 모델링하는 예는 원형 실린더의 모델링이다. 이는 수직적인 선형요소로 모델링을 하며 Lumped Mass로 각 절점에 Mass를 Match시켜 사용하는 방법이며, 이런 해석방법은 근사 결과치를 얻을 수 있으며, 출력 결과치로 다시 응력산정을 수행하여야 한다.

요즈음 건설 양의 상당부분을 차지하고 있는 고층아파트, 주상복합형태의 구조물은 특히 어떤 프로그램을 사용하느냐에 따라, 모델링을 어떻게 하느냐에 따라 결과는 전혀 다르게 나타남을 보여준다. 이에 따라 구조실무 담당자는 경험 및 분석에 의하여 어떤 프로그램을 사용할 것인지에 대해 정확한 정보를 가지고 있어야 함은 당연한 것으로 여겨진다.

구조해석의 경우 단순하게 한, 두 번의 iteration과정으로 구조해석이 종료되는 경우가 있지만 그렇지 않은 경우도 많이 존재한다. 특히 케이블구조의 경우 여러 번의 구조해석 작업을 통하여 결과를 도출할 수 있으며, 해석 시 고려할 사항들이 존재한다. 그리고 주상복합의 경우 아파트부분과 하부의 프레임부분과 같이 존재하지만, 두 부분을 분리하여 구조해석을 수행하는 경우가 종종 있다. 이와 같은 경우 구조체의 변위, 벽체단부에서의 보 응력, 변위의 누적으로 인한 2차 응력효과, 주기, 밑면전단력, 벽체의 전단력, Arch Action에 의한 보의 인장응력 등 정확한 결과를 판단하기가 어렵다.

기초부분의 레벨단차로 인한 모델링은 어떤 프로그램은 고려가 되지 않는 것도 있으며, 모델링 된다고 하더라도 해석결과가 제대로 반영이 되지 않는 프로그램이 있다. 이와 같은 경우 설계자가 2차 모델링을 하여 부분적인 구조해석을 수행하여야 하며, 3축 하중이 작용하는 구조체의 경우 일반 범용해석 프로그램이 아닌 정밀한 유한요소 프로그램을 사용하여야 하며, 3축 하중으로 인한 판요소의 두께, 뒤틀림으로 인한 Torsion값을 산정하여야 한다.

11.5.2 하중 데이타의 입력

구조해석을 수행하기 위해서는 구조체의 정확한 하중 입력과 모델링이 최적의 출력물을 산출하기 위한 조건이라 할 수 있다. 하중의 입력은 고정하중, 활하중, 지진하중, 풍하중, 온도하중, 크레인하중, 기계진동하중 등 다양하게 입력하고 있으나, 이와 같은 하중은 표면적으로 나타나는 하중으로 쉽게 파악이 되지만, 그 외의 하중들은 쉽게 파악이 되지 않는다. 즉 그 외의 하중들은 모델링을 선형요소로 단순화하여 입력 시 발생하는 문제로서 간단한 예를 들어보면 기둥과 보가 만나는 경우 편차(Offset)로 인한 편심모멘트가 있다. 이와 같은 편심모멘트는 보의 전단력에 편심거리를 곱해서 산출된 값을 각각의 절점(Node)에 입력하여야 하지만 대부분의 구조해석 시 이와 같은 하중은 입력하고 있지 않는 실정이다. 이런 성분은 기둥의 좌굴과 기

등의 모멘트, 기둥의 곡률(+, -) 즉, Single Curvature, Double Curvature를 결정하여 주는 요소(Isotropic, homogeneous의 전제)로서 하중 데이터의 잘못된 입력으로 기둥부재는 정반대의 응력결과를 발생시킨다. 동일한 배근량과 단면으로 설계되지만 설계자의 판단에 의하여 부재는 안전하게 설계될 수도 있고 파괴부재로 설계할 수도 있다. 이 같은 설계요소는 오로지 설계자의 판단에 의하여 결정되는 요소이므로 오류를 범하는 사례를 없애야 한다. 그리고 기둥의 곡률(Curvature)은 구조안정성(Stability) 측면에서 경우에 따라 부재의 안전과 파괴로 나누어지는데 구조설계 시 이 요소를 간과하여 누락하는 경우가 많은 것으로 생각된다. 특히, 수직하중과 지진하중의 조합 시 Curvature의 형상을 잃어버린다.

하중입력은 편의를 위해 바닥하중 입력기능들이 포함된 프로그램들이 다수 있으나, 이는 평면의 비정형 등 하중입력이 누락되는 경우가 있으므로 유의하여 항상 검토하여야 할 사항이다. 그리고 하중을 부재에 직접 입력하는 경우 하중의 종류에 따라 좌표계(Global, Local Coordinate)를 달리하는 프로그램들이 존재하므로 구조 설계자는 이를 구분하여 하중을 입력하는데 유의하여야 한다. 하중의 좌표계 개념을 잘못가지고 있으면 출력물의 결과(특히 판 요소와 부재내의 비틀림 응력)가 다른 수치로 출력되어 구조설계에 잘못된 결과를 반영하는 것이다. 예를 들면 M_{xx}, M_{xy}, F_{xx}, F_{xy} 등 역학적인 기호가 해석 결과치에 표기가 되지만 이의 개념을 몰라서 면요소의 경우 잘못 판독하는 경우가 있다.

그림 11.7은 보부재의 길이가 다르거나 외곽 측 및 내부 기둥은 보의 전단력으로 인한 편심 모멘트가 구조해석에 적용이 되어야 한다. 그림 11.8과 같은 경우도 테두리보(Spandrel Beam)가 기둥의 중심과 일치하지 않을 경우 기둥해석에 편심모멘트를 계산하여 입력하여야 한다.

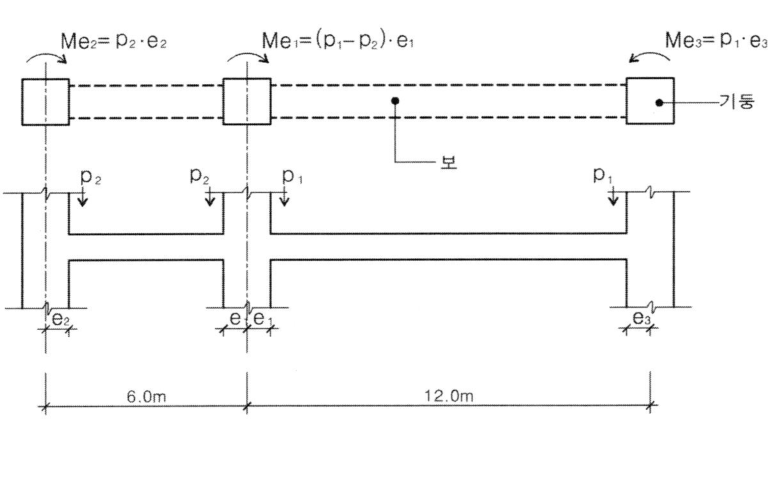

그림 11.7 기둥과 보의 편심

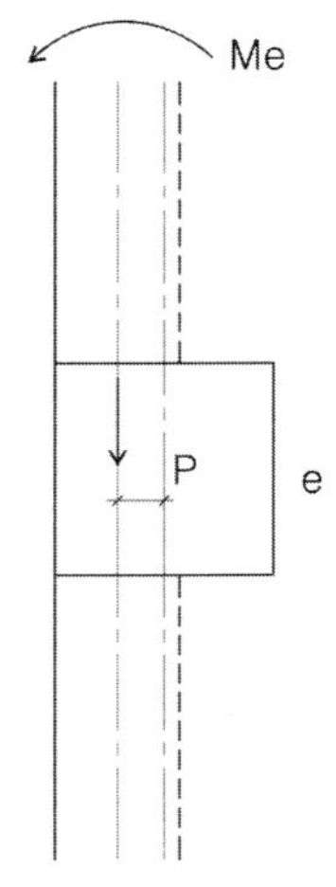

그림 11.8 기둥편심

하중의 입력은

1) 수직하중
   ① 고정하중 : 구조체하중과 마감하중으로 분리하여 입력
   ② 활하중
   ③ 기둥과 보의 불균형전단력으로 인한 편심모멘트
2) 수평하중
   ① 지진하중
   ② 풍하중
   ③ 크레인 하중
   ④ 프리스트레스
   ⑤ 온도하중 등

이상과 같이 분류하여 설계 시 아래의 하중표를 작성하여 입력한다.

〈표 11.4〉 설계 시 적용할 하중

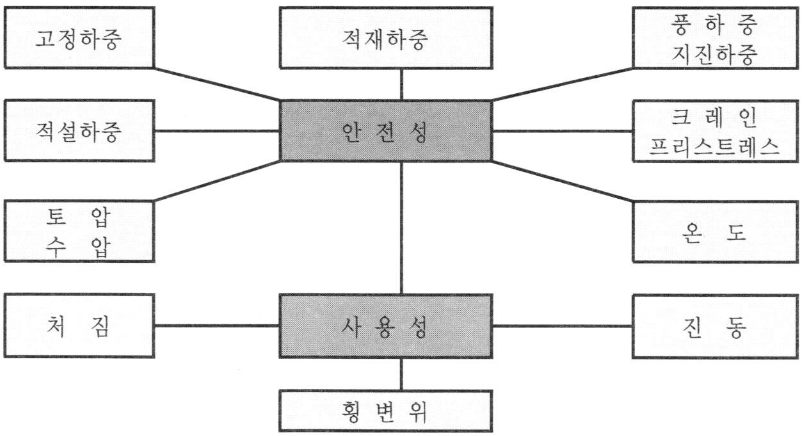

수평하중의 입력 시 지진하중은 범용프로그램 내에서 수평요소 즉, Diaphragm의 전제를 가지고 시작한다. 물론 Diaphragm을 사용하지 않고 슬래브의 강성을 고려하여 판 요소를 모델링 하여 입력하면 더 정확한 결과 값을 산출하겠지만, 실무는 시간과 경제적 전제를 가지고 있으므로 무한정으로 모델링만 하고 있을 수 없는 일이다. 이와 같이 Diaphragm요소를 입력 시 내부의 개구부(Open)공간 및 Diaphragm의 분리된 요소는 정확하게 반영하여 기둥, 보 및 슬래브의 전단 및 모멘트를 정확하게 산출하여야 한다.

고정하중과 활하중을 세분화하면 고정하중은 구조체자중과 마감하중으로 분류될 수 있다. 여기서 마감하중은 시공이 구조체공사와 분리되어 이루어지므로 구조해석 시 분리하여 수행하고

처짐의 양도 별도로 취급하여 다루어야 한다. 일반적으로 구조설계 시 모델링의 고정하중 란에 구조체자중과 마감하중을 모두 반영하여 해석을 수행한다. 이는 비부착 프리스트레스트의 경우 긴장력의 판단을 흐리게 하는 결과를 산출하며, 구조체의 균열제어 및 긴장력의 판단기준이 되므로 정확하게 분리 입력하여 안정성을 확보하여야 한다. 이와 같은 사항은 모든 구조해석에 동일하게 적용되는 것으로 구조설계자는 유의하여야 할 사항으로 판단된다.

처짐과 진동은 건물의 사용 시 거주자에게 상당한 불쾌감이나 쾌적성을 방해하는 요소로 구조해석 시 많이 누락하고 있으나, 이는 분명 정확하게 고려되어야 할 요소이며, 진동 및 고유주기에 많은 변수가 되는 감쇄(Damping)는 보다 정확성에 근거한 자료를 참조하거나 측정치에 근거한 가정에 의하여 구조해석 시보다 정확한 가정이 적용되어야 할 것으로 판단되며, 진동 측정 시 측정조건을 어떻게 할 것인지 정립하고 가하중의 조건 등을 판단하여 보다 정확한 측정이 이루어져야 하며, 진폭의 정확한 검토 및 계산이 수행되어야 한다.

토압 및 수압은 건축구조실무자가 대학에서 거의 배우지 않는 것으로 알고 있으나 실무는 토질에 대한 기본지식을 요구하고 있으며, 기본지식에 근거한 판단을 요구하거나 지하 구조체의 안전에 중요한 인자가 된다. 특히 수압은 현실적으로 구조체의 안전을 위협하는 경우가 많이 있으므로 보다 정확한 개념과 물리적인 특성의 파악에 주력하여 구조설계에 보다 정확한 결과를 산출하여야 한다. 특히 토압의 산정 시 주변의 여건을 정확히 파악하는 것이 안전을 위해 중요한 것으로 생각되며, 토질분류의 판단에 따라 건물의 부등침하를 유발한다.

11.5.3 모델링 시의 주의사항

모델링은 최대한 구조평면도와 근접하도록 하여야 하며, 부재의 좌굴장은 구조 평면도에 의한 층고의 반영치를 정확하게 입력하여야 한다.

강성 값도 마찬가지로 구조해석프로그램이 모든 것을 알아서 해결해준다는 생각으로 모델링을 하면 상당한 오차가 발생한다는 사실을 염두에 두어야 한다. 즉, 기둥과 보의 강성 값을 제대로 입력하여 구조해석을 수행하는 경우와 강성 값을 입력하지 않고 모델링하는 경우 부재요소의 크기가 달라진다는 것을 파악하여야 한다. 즉, 범용프로그램의 대부분은 유한요소로 구성되어져 있으며, 이를 이용 시 보 및 기둥의 요소를 세분화하여 입력한다. 그런 경우 보 및 기둥의 강성은 도면의 상황과 달라지므로 구조설계자가 별도로 그 기능을 사용하여 정의를 해주지 않으면 결과치가 다르게 나타나며, 구조설계의 오류를 범하게 된다. 이와 같은 경우 부재의 강성치 및 좌굴장, 세장비 등을 정확하게 입력하여야 하며, 유한요소를 사용할 경우 선형부재를 여러 개로 나누어 입력 시 부재의 응력비는 실제로 수 계산과의 차이를 나타낼 수밖에 없다. 이는 세분화된 요소로 입력된 부재들의 좌굴길이, 강성에 대한 수치가 입력되지 않고 프로그램에서 정의되는 값으로 사용되기 때문이다.

비틀림 거동이 예상되는 구조물은 구조해석을 3차원으로 모델링 하여 질량중심과 강성 중심 간의 비틀림에 대한 영향을 반영할 수 있도록 하여야 한다. 그리고 해석에서 3차원으로 모델링하였다고 하여 모든 것이 해결되는 것이 아니라 결과 값을 어떻게 활용하는지가 중요한 요소이며, 요즈음의 프로그램은 해석과 동시에 배근 결과 값을 보여주는 프로그램들이 많이 있으나, 이런 성분을 반영하여 설계하는 것은 어려운 부분을 많이 내포하고 있으며, 실제 부재설계에는 Torsion을 반영한 설계가 누락되는 경우가 많이 있다. Torsion값에도 St. Venant Torsion과 Warping Torsion값으로 분류되어 있으나, 기준에서는 두 가지 모두 고려하도록 되어 있어 정확한 개념을 인지하고 접근하면 부재설계 시 많은 도움을 받을 수 있으며, 변형과 응력의 개념으로 이해하여 부재설계를 하여야 하며, 요즈음 주상복합 건물에서 많이 사용하고 있는 Mat Flat의 경우도 Torsion을 고려하여야 하나 Flat에 어떤 응력이 발생하는지 파악하지 못하고 설계 시 누락하여 계산하는 경우가 많이 있는 것으로 알고 있다. 판요소의 경우 해석결과는 비틀림에 대한 수치를 출력하지 못하므로 직접계산에 의하여 결과를 산정하여야 한다.

이와 같이 모델링은 단순화시키는 것만이 능사가 아니다. 가능한 정확한 출력결과와 해석의 정밀도, 경제성, 안전성 등을 고려한 모델링이 되어야 한다. 즉, 지하층의 경우 수직하중보다 수평하중이 더 크게 되는 경우가 많지만 구조 모델링 시 수평하중을 입력하지 않고 수직하중만으로 구조설계를 수행하고 있다.

모델링 시 구조체의 특성을 파악하여 프로그램에서 어떤 기능을 사용할 지를 먼저 파악하는 것도 해석에 매우 도움이 될 것으로 본다. 특히 아파트 같은 경우 내력벽이 판 요소 개념인지, 강성체 개념인지를 파악하고 있다면 어떤 프로그램을 사용하여야 할 것인지는 파악될 것이라 사료되지만, 현재 사용되는 사례를 보면 무조건적으로 프로그램을 사용하고 있어 결과 치에 의문점을 가지게 된다.

주상복합과 같은 구조물은 특히 수직변형에 민감하며 구조설계자가 수직변형을 어떻게 처리하며, 어떤 구조해석 프로그램을 사용하느냐에 따라 구조부재의 치수와 구조물량은 엄청난 차이를 보이는 것을 경험할 수 있다. 그리고 벽체와 전이보(Transfer Line)의 중심선이 일치하지 않는데 편의상 보와 일치되게 모델링 하여 구조해석을 수행하는 것이 일반적이라 생각된다. 이런 경우는 위의 항에서 언급된 바와 같이 편심하중으로 고려하는 것이 합리적이라 생각한다. 특히 벽체에 하중을 전이시키기 위해 가상보(Dummy beam)을 사용하는 경우가 많으며, 가상보의 강성을 어떻게 사용할 것이며, 하중이 어떻게 흘러가는지 파악하고 있다면 구조해석에 많은 도움이 될 것으로 본다.

기둥의 모델링 시 기둥의 강성을 고려한 계수(Factor)를 산정하여 입력하여야 구조해석이 정확하게 된다. 이에 따라 기둥의 강성 값은 보의 강성과 함께 산정 시 많은 시간이 소요되지만 효율적인 구조해석을 위해 필요한 작업이다. 또한 기둥의 정확한 치수입력을 위해서 먼저 축하중 작업 후 기둥단면을 가정하여 입력하는 것이 순서인 것으로 생각된다. 기둥단면의 가정입력은 부재의 응력 흐름을 완전히 뒤바꾸는 현상을 나타낸다. 경사기둥 및 기둥의 전이형태(Cut Off Column)는 평면전체에 뒤틀림현상을 유발하는 경우가 있으며, Shear Rack 현상에 의한 평면의 변형 및 수직 방향의 열별 변형을 유발하므로 구조해석 후 이와 같은 현상을 파악하여 부재의 단면결정에 반영하여야 한다. 일반적으로 이런 현상이 발생하는 것을 전체 평면상에서 부재를 증가시켜 응력해석을 수행하여 종료하는 사례가 많은 것으로 생각된다.

11.6 부재 설계

11.6.1 부재리스트

1) 슬래브

SLAB LIST

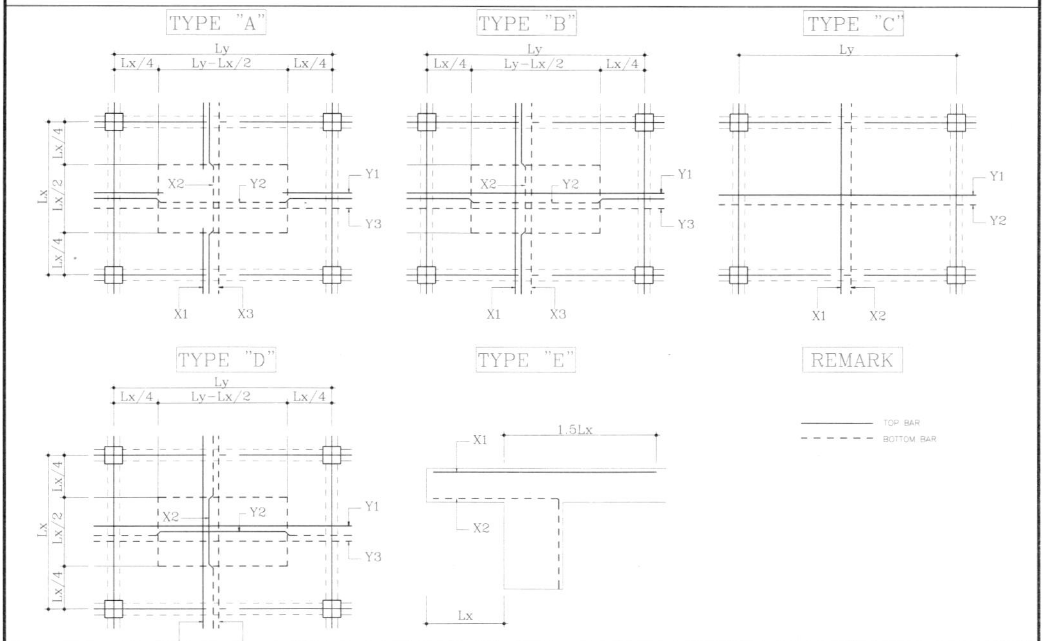

슬래브 부호	TYPE	두께	철근 X1 / Y1	철근 X2 / Y2	철근 X3 / Y3	비 고
2,RS1	C	180	HD 13 @ 200	HD 13 @ 200	HD @	
			HD 13 @ 300	HD 13 @ 300	HD @	
2,RS2	C	180	HD 10 @ 200	HD 10 @ 200	HD @	
			HD 10 @ 250	HD 10 @ 250	HD @	
2,3S3	C	180	HD 10+13 @ 150	HD 10+13 @ 150	HD @	
			HD 10 @ 200	HD 10 @ 200	HD @	
RSA1	C	200	HD 10 @ 150	HD 13 @ 150	HD @	Ramp Slab
			HD 10 @ 200	HD 10 @ 200	HD @	
1S1	C	200	HD 13 @ 150	HD 13 @ 150	HD @	
			HD 13 @ 300	HD 13 @ 300	HD @	
			HD @	HD @	HD @	
			HD @	HD @	HD @	

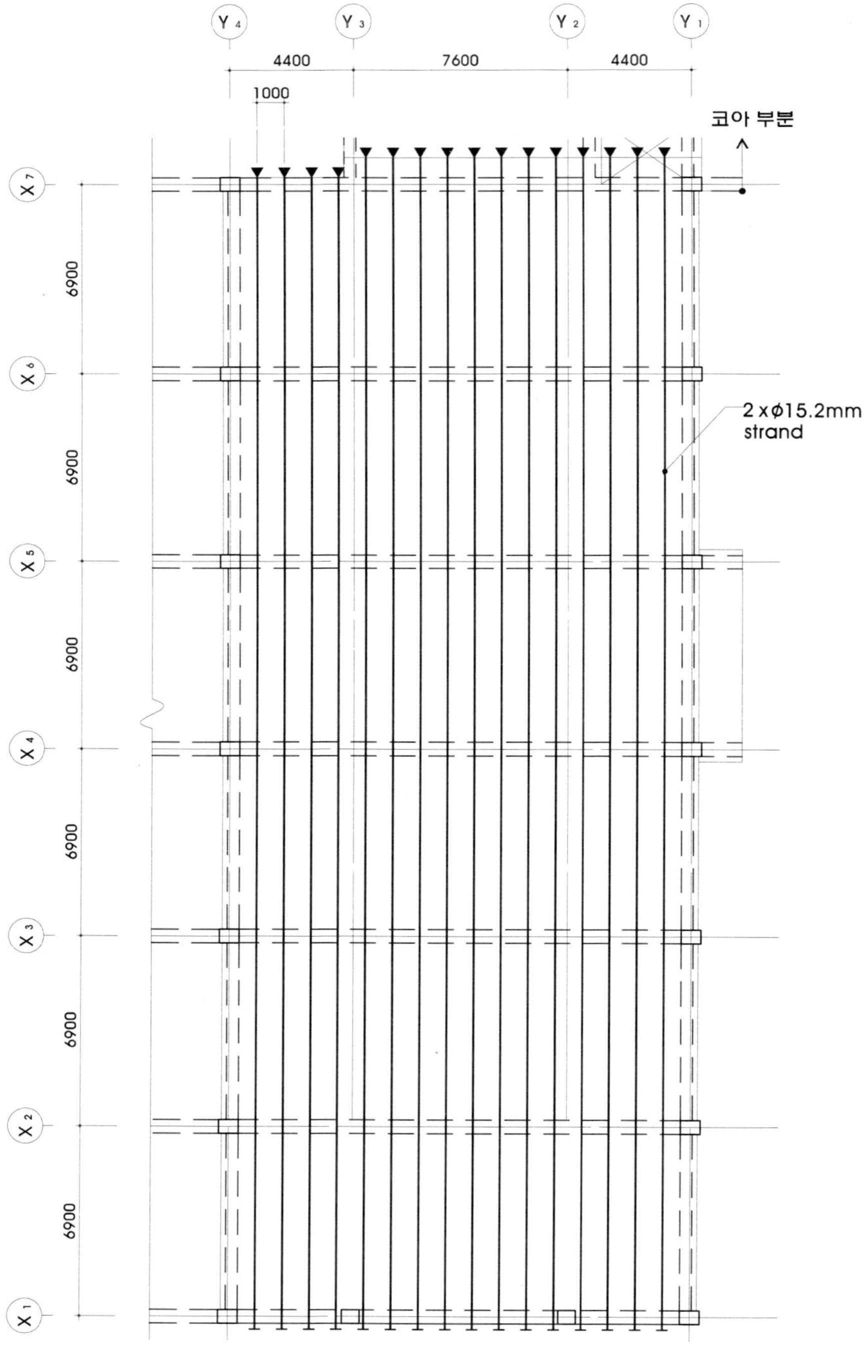

그림 11.9 슬래브 강선배치도

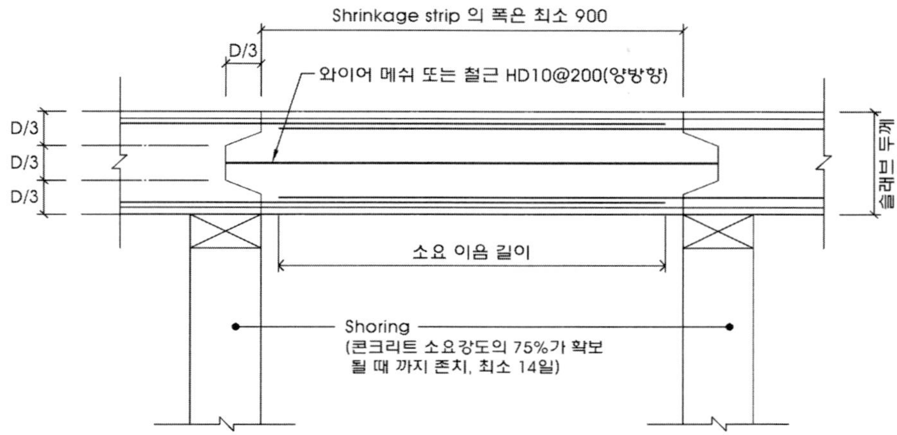

그림 11.10 지연 조인트(Delayed Joint)

2) 기 초

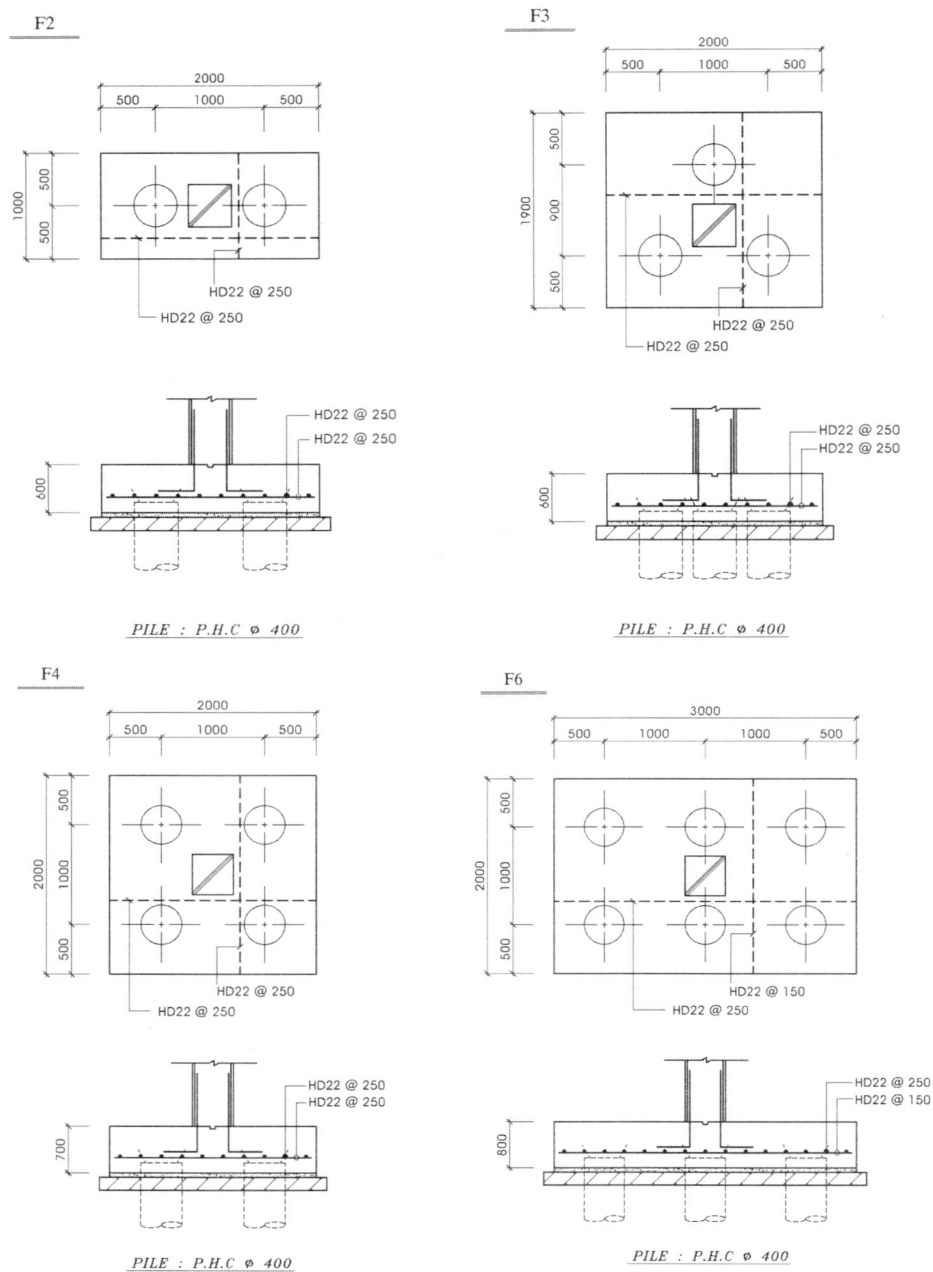

그림 11.11 파일기초 배치 및 배근도

3) 보

보 배 근 도

BEAM NO.	tpG1	
LOCATION	ENDS	CENTER
B x D 1000 x 750 (slab thk=180)	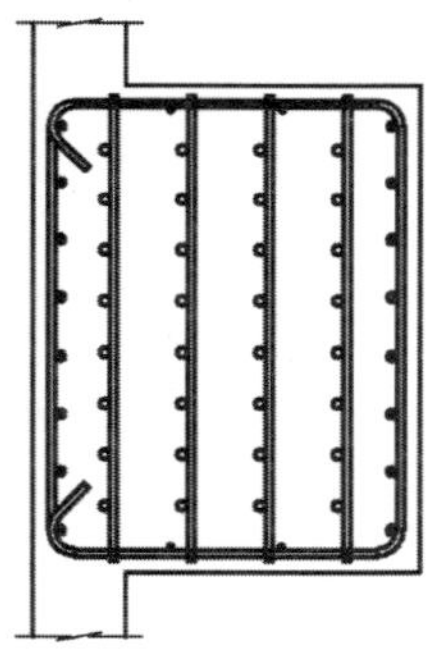	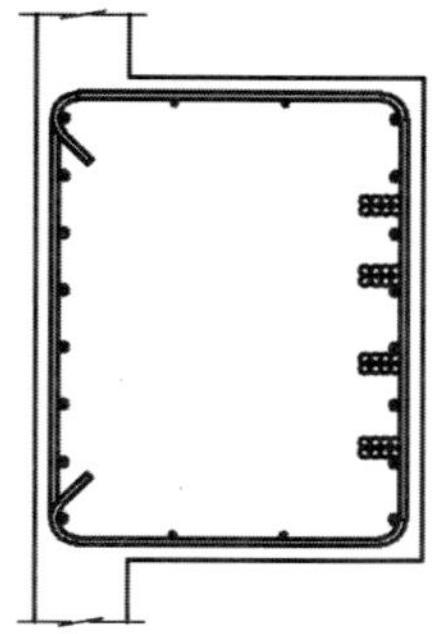
TOP BARS	8 x HD25	8 x HD25
BOT. BARS	8 x HD25	8 x HD25
ADD. BARS	4 x HD13	4 x HD13
STIRRUP	HD13 @ 150	HD13 @ 250
POST TENSIONING	32 x ϕ15.2mm	32 x ϕ15.2mm
CABLE SUPPORT BAR(S)	4 x HD16 @ 750	-

그림 11.12 TPG1 배근도

보 배 근 도

BEAM NO.	tp G2	
LOCATION	ENDS	CENTER
B x D 500 x 750 (slab thk=180)	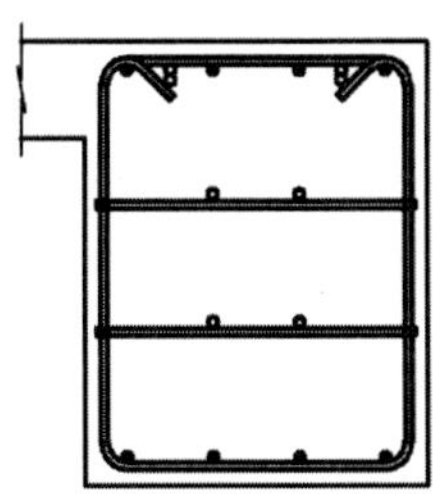	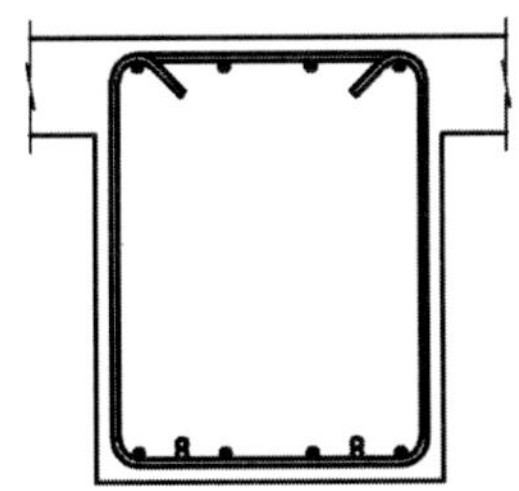
TOP BARS	4 x HD22	4 x HD22
BOT. BARS	4 x HD22	4 x HD22
STIRRUP	HD10 @ 200	HD10 @ 250
POST TENSIONING	4 x ϕ15.2mm	4 x ϕ15.2mm
CABLE SUPPORT BAR(S)	2 x HD16 @ 750	–

그림 11.13 TPG2 배근도

보 배근도

BEAM NO.	tp G3	
LOCATION	ENDS	CENTER
B x D 500 x 750 (slab thk=180)	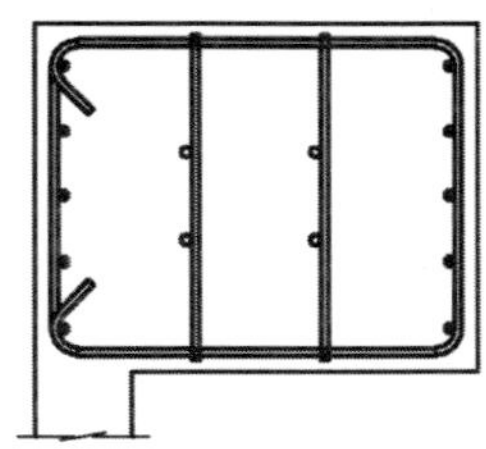	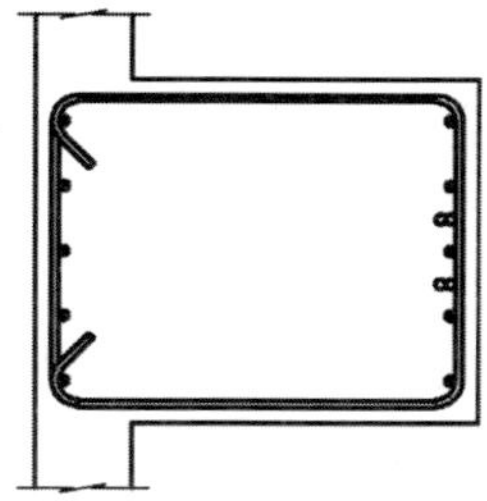
TOP BARS	5 x HD22	5 x HD22
BOT. BARS	5 x HD22	5 x HD22
STIRRUP	HD13 @ 200	HD13 @ 250
POST TENSIONING	4 x ϕ15.2mm	4 x ϕ15.2mm
CABLE SUPPORT BAR(S)	2 x HD16 @ 750	-

그림 11.14 TPG3 배근도

4) 정착구

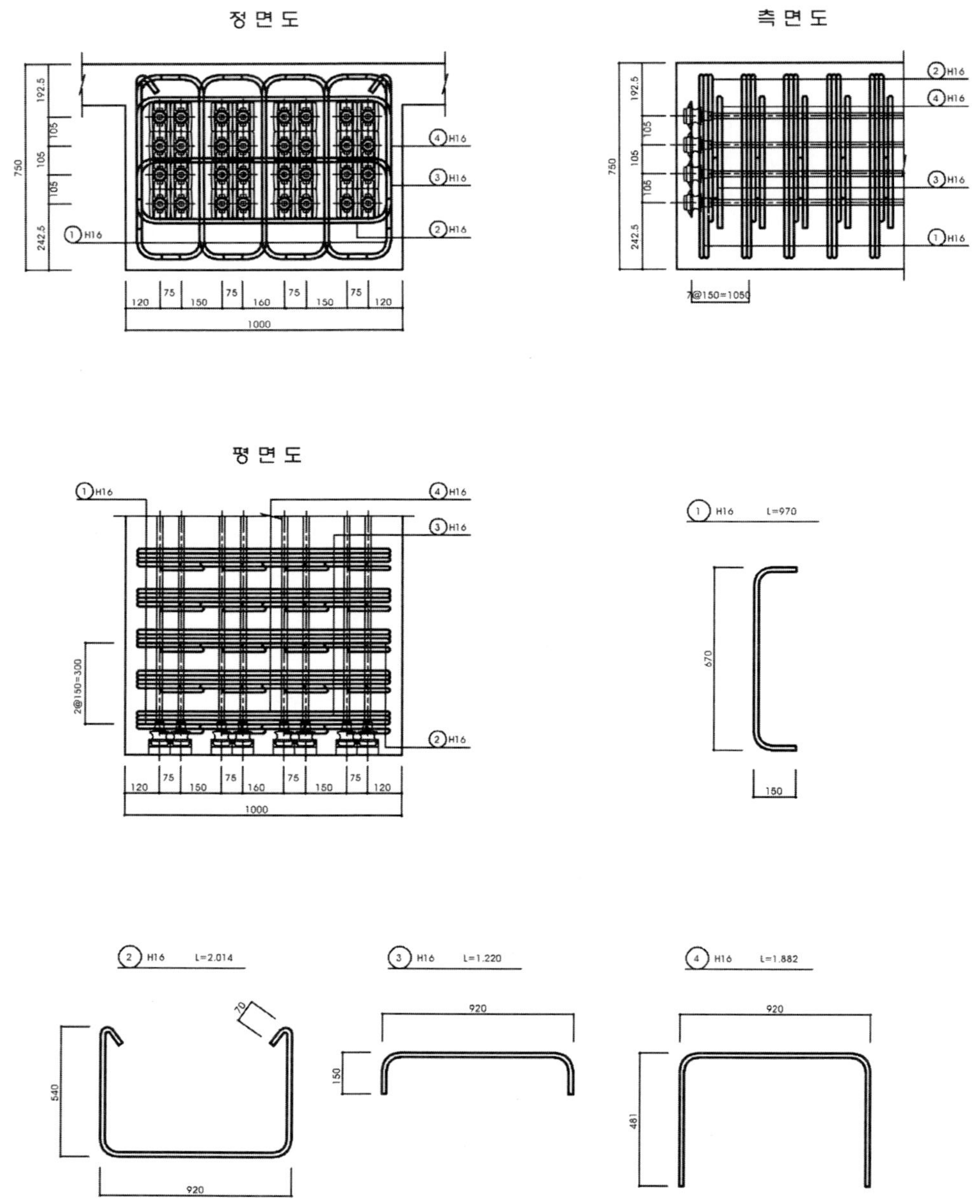

그림 11.15 정착구 보강상세도

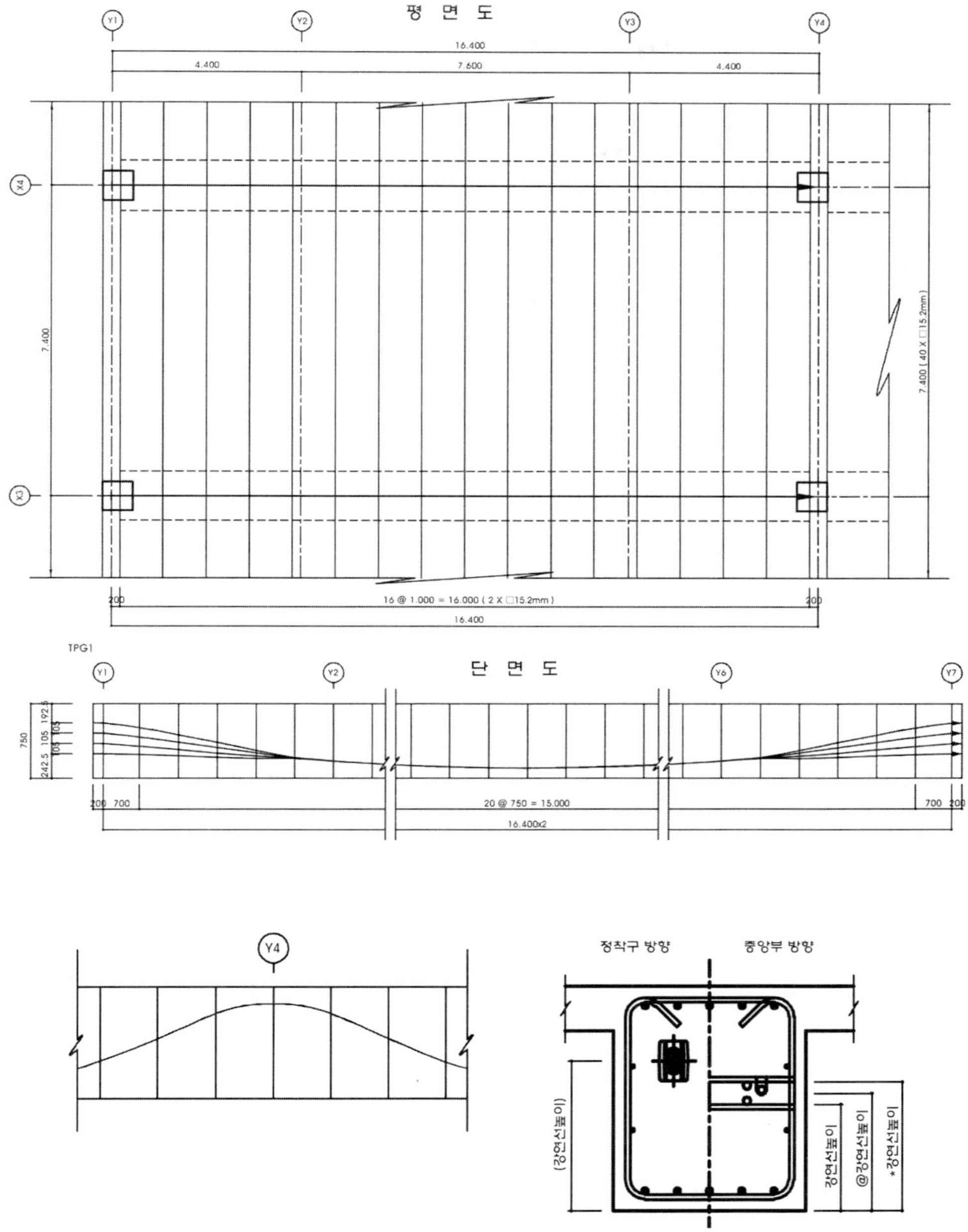

그림 11.16 강연선 배치도

5) 기 둥

COLUMN TIE SCHEDULE	
NO	C1
형 태 및 배 근	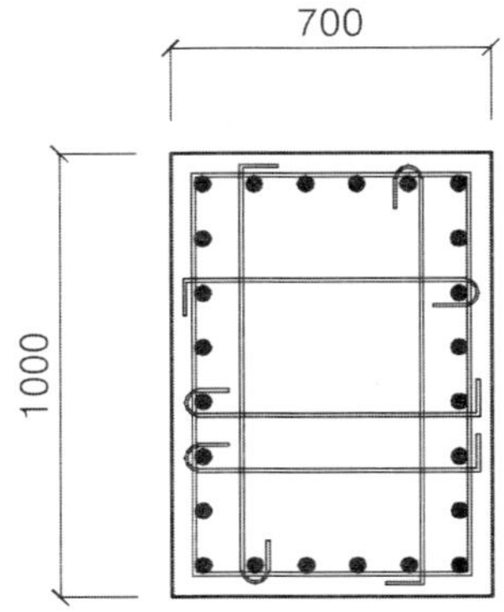
주 근	24-HD22
단 부	HD13@150
중앙부	HD13@300
	C2
형 태 및 배 근	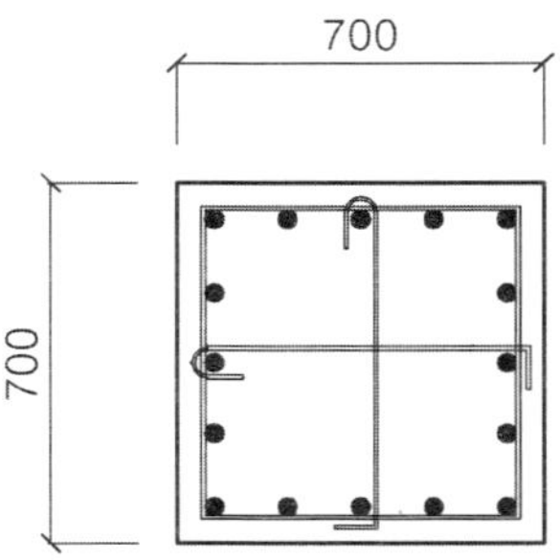
주 근	16-HD22
단 부	HD13@150
중앙부	HD13@300

그림 11.17 기둥 배근도

COLUMN TIE SCHEDULE		
NO	C3	C4
형 태 및 배 근	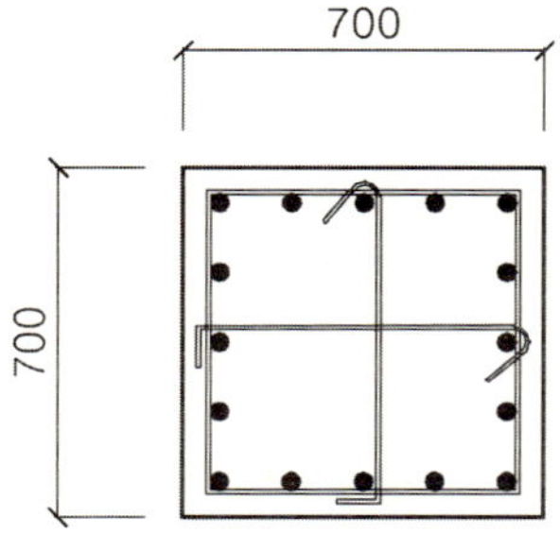	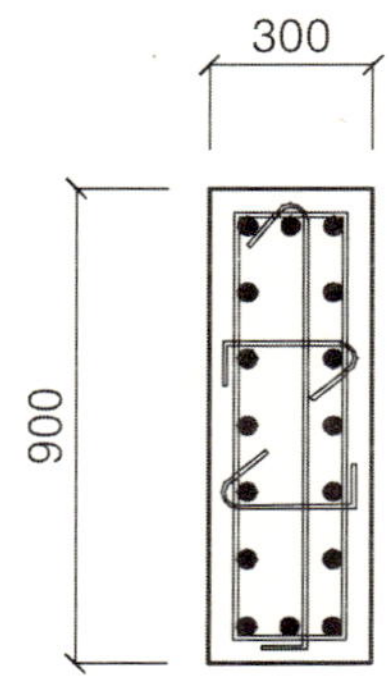
주 근	16-HD22	16-HD22
단 부	HD13@150	HD13@150
중앙부	HD13@300	HD13@300
	C5	1층 바닥하부(Pedestal)
형 태 및 배 근	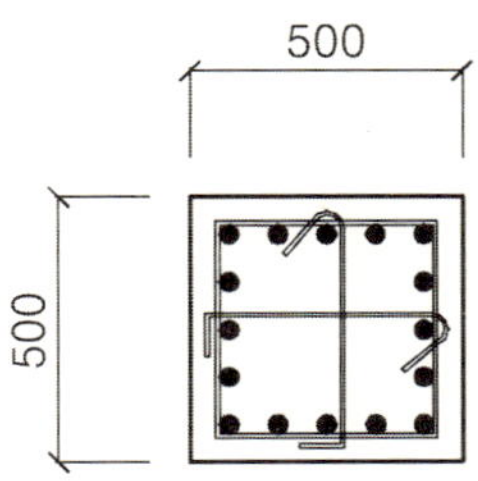	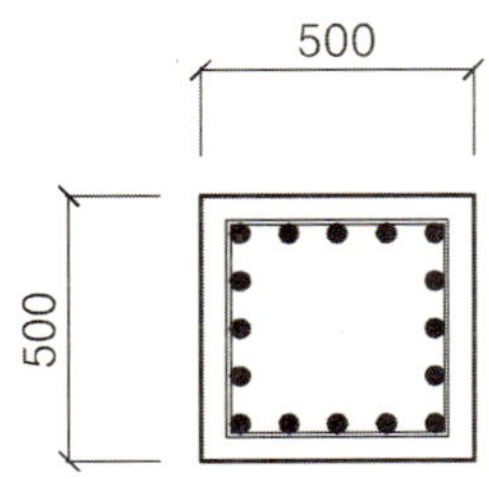
주 근	16-HD22	12-HD22
단 부	HD13@150	HD10@100
중앙부	HD13@300	HD10@100

그림 11.18 기둥배근도

6) 기타 배근도

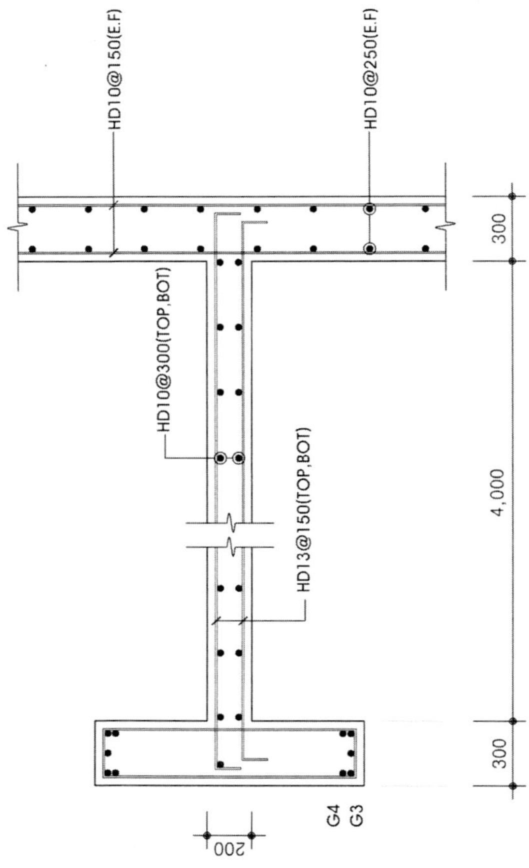

그림 11.19 램프 배근도

11.6.2 철근콘크리트 슬래브 설계

1) $_1S_1$ 슬래브

(1) 설계조건

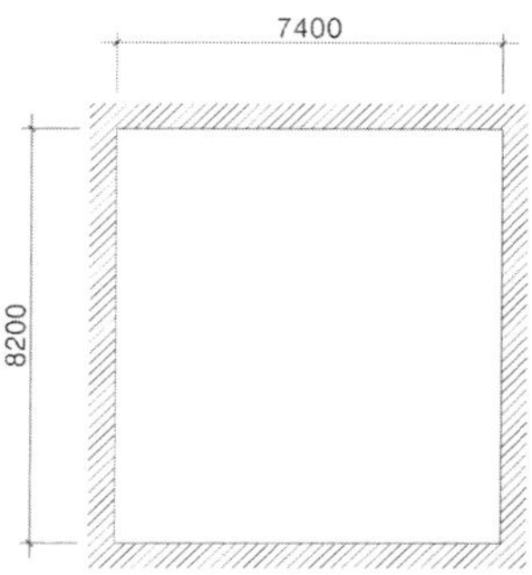

Design Code : KCI-USD99 (Build)
재 료 : $f_{ck}=$ 350 kgf/cm^2
$f_y=$ 4,000 kgf/cm^2
슬래브 치수 : 7,400 × 8,200 (Four End Fixed)
슬래브 두께 : 200mm ($d_c=30mm$)
테두리 보 치수
B1 = 35 × 80cm , B2 = 50 × 80cm
B3 = 70 × 80cm , B4 = 70 × 80cm

(2) 작용하중

고정하중 : $W_d=$ 0.49 tf/m^2

적재하중 : $W_l=$ 0.6 tf/m^2

$W_u=$ 1.4 · W_d+ 1.7 · $W_l=$ 1.71 tf/m^2

(3) 슬래브 두께 검토

α_m = (5.01+6.52+9.28+9.28)/4 = 7.52

β = L_{ny}/L_{nx} = 1.16

$h_{\min}=$ 90 mm

$$h=\frac{\ell_n\left(800+\frac{f_y}{14}\right)}{36000+9000\beta}=\ 182\ mm$$

Thk = 200 〉 $Req'd$ Thk = 182mm ....O.K

(4) 철근량

① 단변방향

$M_u=$ 4.51 $tf\cdot m/m$ ($B\cdot d=100\cdot 17$)

$$R_n = \frac{M_u}{\phi \cdot B \cdot d^2} = \frac{4.51 \cdot 10^5}{0.9 \cdot 100 \cdot 17^2} = 17.33$$

$$\rho = \frac{(0.85 \cdot f_{ck})}{f_y} \cdot \left(1 - \sqrt{1 - \frac{2 \cdot R_n}{0.85 \cdot f_{ck}}}\right) = 0.0044$$

$$Req'd\ A_s = 0.0044 \cdot 100 \cdot 17 = 7.59\,cm^2/m$$

	Short Span		Long Span		Minimum Ratio
	Cont.	Cent.	Cont.	Cent.	
Coefficient	0.059	0.020(D) 0.036(L)	0.032	0.012(D) 0.020(L)	
Mu(tf-m)	4.51	3.60	3.34	1.73	
ρ(%)	0.447	0.223	0.328	0.168	0.200
Ast (㎠)	8.590	3.96	5.58	2.860	4.00
D10 D10+13 D13 D13+16	@90 @130 @160 @210	@170 @240 @300 @400	@110 @160 @200 @260	@230 @320 @400 @400	@170 @240 @310 @400

(5) 전단검토

① 단변방향 전단

$$V_{ux} = 3.69 < \phi \cdot V_c = 13.35\ tf \qquad O.K$$

$$\phi \cdot V_c = 0.85 \cdot 0.54 \cdot 100 \cdot 13.35 \cdot \sqrt{350} = 11.25tf$$

② 장변방향전단

$$V_{ux} = 2.35 < \phi \cdot V_c = 10.7\ tf \qquad O.K$$

$$\phi \cdot V_c = 0.85 \cdot 0.54 \cdot 100 \cdot 12.7 \cdot \sqrt{350} = 10.7tf$$

11.6.3 기초

1) 기초설계 시 지진에 의한 단기하중의 하중계수 적용

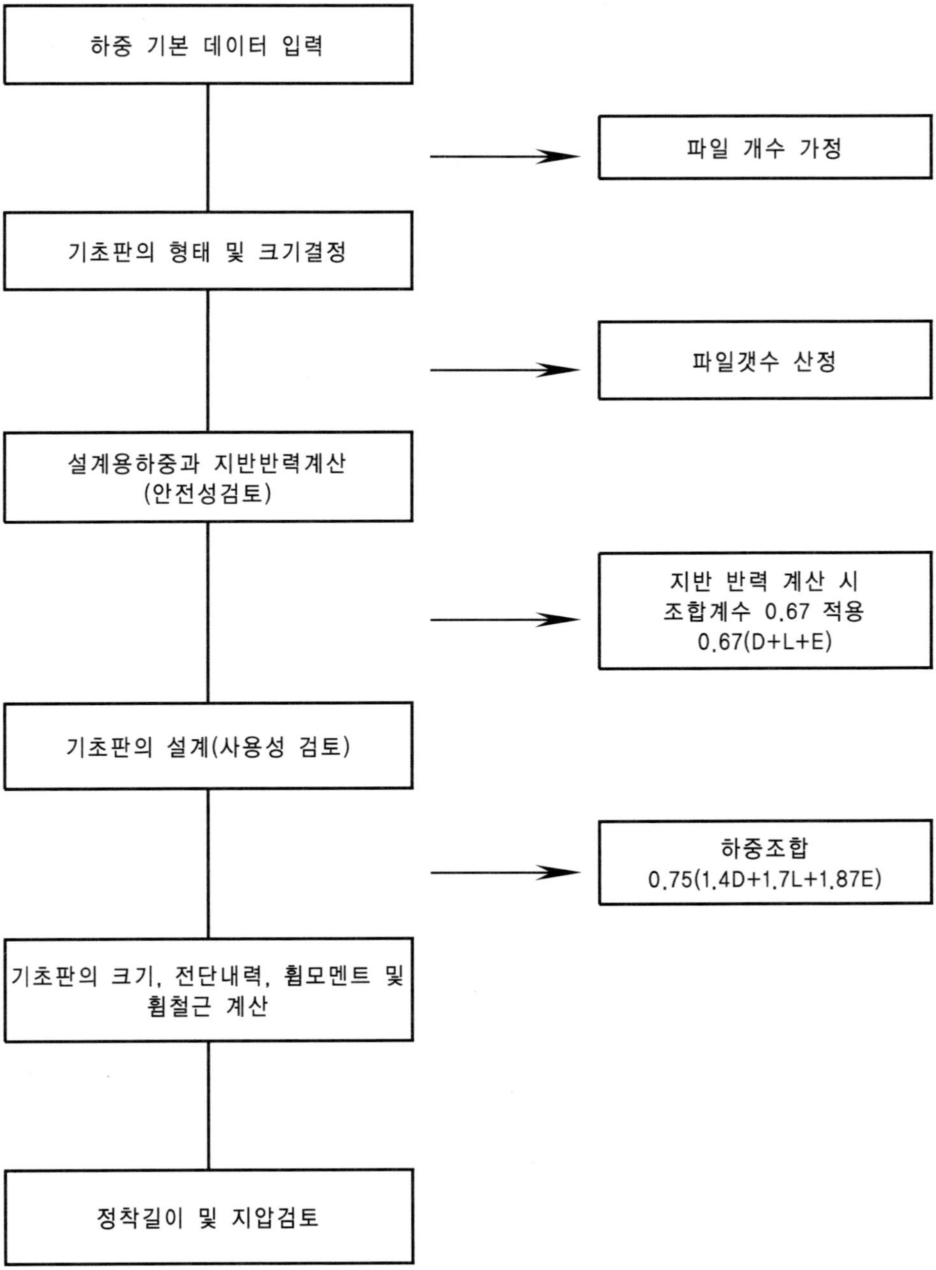

2) 파일수량 산출

(1.1) 기둥 축하중 C1 : 하중산정 내용은 "기둥축하중 참조"

부재	EACH FLOOR AXIAL FORCE					UPPER FLOOR TOTAL SUM			
	층	D.L	L.L	DL+LL	1.4D+1.7L	D.L	L.L	DL+LL	1.4D+1.7L
C1	RF	68.89	31.67	100.56	150.29	68.89	31.67	100.56	150.29
	2F	48.80	31.67	80.47	122.17	117.69	63.34	181.04	272.45
	1F	34.05	12.14	46.18	68.30	151.74	75.48	227.22	340.75

(1.2) 기둥 C1의 파일 개수 산정

총하중 = 227.22 tf, 파일의 내력 = 70.0 tf

$$\text{파일개수} = \frac{(\text{기둥축하중} + \text{기초판자중})}{\text{파일내력}}$$

$$= \frac{227.22 + 2.0 \cdot 2.0 \cdot 0.7 \cdot 2.4}{70}$$

$$= 3.34\text{개} \rightarrow 4.0\text{개}$$

(2.1) 기둥 축하중 C2

부재	EACH FLOOR AXIAL FORCE					UPPER FLOOR TOTAL SUM			
	층	D.L	L.L	DL+LL	1.4D+1.7L	D.L	L.L	DL+LL	1.4D+1.7L
C2	RF	121.77	63.34	185.12	278.17	121.77	63.34	185.12	278.17
	2F	75.90	63.34	139.24	213.94	197.67	126.69	324.36	492.11
	1F	44.94	24.27	69.21	104.18	242.61	150.96	393.57	596.28

(2.2) 기둥 C2의 파일 개수 산정

총하중 = 393.57 tf, 파일의 내력 = 70.0 tf

$$\text{파일개수} = \frac{393.57 + 3.0 \cdot 2.0 \cdot 0.7 \cdot 2.4}{70}$$

$$= 5.76\text{개} \rightarrow 6.0\text{개}$$

(3.1) 기둥 축하중 C3

부재	EACH FLOOR AXIAL FORCE					UPPER FLOOR TOTAL SUM			
C3	층	D.L	L.L	DL+LL	1.4D+1.7L	D.L	L.L	DL+LL	1.4D+1.7L
	RF	32.41	18.53	50.94	76.87	32.41	18.53	50.94	76.87
	2F	26.68	18.53	45.21	68.86	59.09	37.06	96.15	145.73
	1F	28.29	18.53	46.83	71.12	87.38	55.60	142.98	216.85

(3.2) 기둥 C3의 파일 개수 산정

총 하중 = 142.98 tf, 파일의 내력 = 70.0 tf

$$파일개수 = \frac{142.98 + 1.9 \cdot 2.0 \cdot 0.6 \cdot 2.4}{70}$$

$$= 2.12개 \rightarrow 3.0개$$

(4.1) 기둥 축하중 C4

부재	EACH FLOOR AXIAL FORCE					UPPER FLOOR TOTAL SUM			
C4	층	D.L	L.L	DL+LL	1.4D+1.7L	D.L	L.L	DL+LL	1.4D+1.7L
	2F	26.71	10.63	37.34	55.46	26.71	10.63	37.34	55.46
	1F	35.39	21.25	56.64	85.67	62.10	31.88	93.98	141.13

(4.2) 기둥 C4의 파일 개수 산정

총 하중 = 93.98 tf, 파일의 내력 = 70.0 tf

$$파일개수 = \frac{93.98 + 1.0 \cdot 2.0 \cdot 0.6 \cdot 2.4}{70}$$

$$= 1.38개 \rightarrow 2.0개$$

(5.1) 기둥 축하중 C5

부재	EACH FLOOR AXIAL FORCE					UPPER FLOOR TOTAL SUM			
	층	D.L	L.L	DL+LL	1.4D+1.7L	D.L	L.L	DL+LL	1.4D+1.7L
C5	2F	25.92	8.78	34.70	51.21	25.92	8.78	34.70	51.21
	1F	37.65	16.09	53.75	80.07	63.57	24.87	88.44	131.28

(5.2) 기둥 C5의 파일 개수 산정

총하중 = 88.44 tf, 파일의 내력 = 70.0 tf

$$\text{파일개수} = \frac{88.44 + 1.0 \cdot 2.0 \cdot 0.6 \cdot 2.4}{70}$$

$$= 1.31\text{개} \rightarrow 2.0\text{개}$$

(6.1) 램프 내부 벽체

부재	EACH FLOOR AXIAL FORCE					UPPER FLOOR TOTAL SUM			
	층	D.L	L.L	DL+LL	1.4D+1.7L	D.L	L.L	DL+LL	1.4D+1.7L
W1	3F	4.71	2.31	7.02	10.52	4.71	2.31	7.02	10.52
	2F	4.71	2.31	7.02	10.52	9.42	4.62	14.04	21.04
	1F	5.81	3.43	9.25	13.98	15.24	8.06	23.29	35.02

(6.2) 램프벽체 W1의 파일 개수 산정

총하중 = 23.29 tf, 파일의 내력 = 70.0 tf

$$\text{파일개수} = \frac{23.29 + 1.0 \cdot 2.5 \cdot 0.6 \cdot 2.4}{70}$$

$$= 0.384\text{개} \fallingdotseq 2.6m\text{간격} \Rightarrow 2.5m\text{간격}$$

11.6.4 파일기초 Cap 설계

1) 파일 Cap 설계

(1) F6 기초

① 설계조건

Design Code	: KCI-USD99
재　　료	: $f_{ck}=$ 350 kgf/cm^2
	$f_y=$ 4,000 kgf/cm^2
기 초 치 수	: $2{,}200\times 3{,}200\times 800\,(d_c=$ $100mm)$
자　　중	: $13.5tf$
파일 직경 및 개수	: Φ400 - 6 EA
파 일 내 력	: $q_a=$ 70.0 tf
기 둥 치 수	: 70×70

② 작용하중

$P_s=$ 393.57, $P_u=$ $596.28tf$

③ 파일 내력 검토

• 허용내력

$q_{s(\max)}=67.85$ $tf<$ $q_a=70.0tf$

• 설계내력

$q_u=$ $99.38tf$

④ 전단검토

• 1면 전단

$V_u=$ 0.00 tf (1면 전단 내에 파일배치)

d = 기둥폭/2 + 기초두께 = 70/2 + 65 = $100.0cm$

(기둥면에서 파일기초의 중심까지 $65.0cm$ 임)

- 2면 전단

  전단면 = 기둥폭/2 + 기초두께/2

  = 70/2 + 65/2

  = $67.5cm$

  $V_{u4} = 397.52\ tf < \phi \cdot V_{n4}$

  $V_{n4} = 0.85 \cdot 1.1 \cdot 540 \cdot 65 \cdot \sqrt{350} = 613.98\ tf$

※ V_{u4}는 파일기초의 지지율은 14.1%를 제외한 나머지 하중이 2면 전단으로 산정

⑤ 휨 모멘트 검토

- X-X축 (Y방향)

  $M_{ux} = 99.38 \cdot 0.65 \cdot 2ea = 129.19\ tf \cdot m$

  $$R_n = \frac{M_u}{\phi \cdot B \cdot d^2} = \frac{129.19 \cdot 10^5}{0.9 \cdot 220 \cdot 65^2} = 15.43$$

  $$\rho = \frac{(0.85 \cdot f_{ck})}{f_y} \cdot \left(1 - \sqrt{1 - \frac{2 \cdot R_n}{0.85 \cdot f_{ck}}}\right)$$

  $= 0.00396$

  $Req'd\ A_s = 0.00396 \cdot 100 \cdot 65 = 25.74\,cm^2/m$

  ※ $use\ \ HD22@150$

- Y-Y축 (X방향)

  $M_{uy} = 99.38 \cdot 0.15 \cdot 2ea = 29.81\ tf \cdot m$

  $$R_n = \frac{M_u}{\phi \cdot B \cdot d^2} = \frac{29.81 \cdot 10^5}{0.9 \cdot 220 \cdot 61.7^2} = 8.7$$

  $$\rho = \frac{(0.85 \cdot f_{ck})}{f_y} \cdot \left(1 - \sqrt{1 - \frac{2 \cdot R_n}{0.85 \cdot f_{ck}}}\right)$$

  $= 0.0022$

  $Req'd\ A_s = 0.0022 \cdot 100 \cdot 61.7 = 13.57\,cm^2/m$

  ※ $use\ \ HD22@285$

11.6.5 철근콘크리트 보 설계

1) B1 보 설계

(1) 설계조건

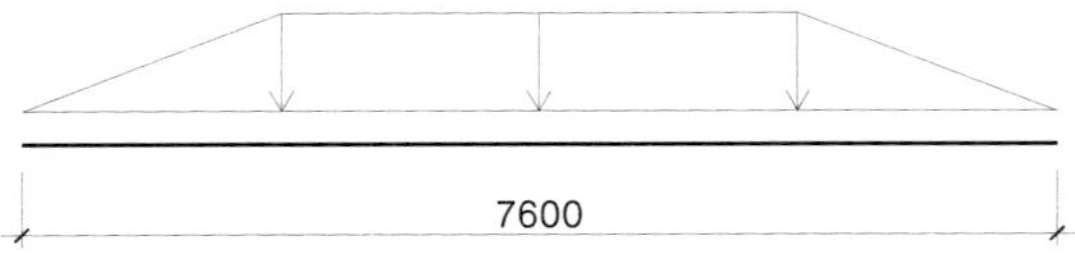

Dead Load $= 0.562\,tf/m^2$
Live Load $= 0.6\,tf/m^2$
$w_u = 2.487\,tf/m^2$

(2) 휨 철근 산정

$\ell = 7.6\ m,\quad a = 1.5\ m$

$$M_{u1} = \frac{w \cdot (3 \cdot \ell^2 - 4 \cdot a^2)}{24}$$

$$= \frac{5.421 \cdot (3 \cdot 7.6^2 - 4 \cdot 1.5^2)}{24} = 37.1\ tf \cdot m$$

$\therefore$ Try $B \times D = 400 \times 700$

$$M_{u2} = \frac{w_u \cdot \ell^2}{8} = \frac{0.7 \cdot 7.9^2}{8} = 5.46\,tf \cdot m$$

Total $M_u = 42.56\,t \cdot m$

$$R_n = \frac{M_u}{\phi \cdot B \cdot d^2} = 31.1$$

$$\rho = \frac{(0.85 \cdot f_{ck})}{f_y} \cdot \left(1 - \sqrt{1 - \frac{2 \cdot R_n}{0.85 \cdot f_{ck}}}\right) = 0.0082$$

$\mathrm{Req'd A_s} = 0.0082 \cdot 40 \cdot 61.7 = 20.24\ \mathrm{cm}^2$

Use $6 - HD22$

(3) 전단검토

$$V_{u1} = \frac{w \cdot (\ell - a)}{2} = \frac{5.421 \cdot (7.6 - 1.5)}{2} = 16.53\,tf$$

$$V_{u2} = \frac{w \cdot \ell}{2} = \frac{0.7 \cdot 7.6}{2} = 2.66\,tf$$

Total $V_u = 19.19\,tf$

$$\varnothing \cdot V_c = 0.85 \cdot 0.53 \cdot 40 \cdot 61.7 \cdot \sqrt{350}$$

$$= 20.8\ t \quad > V_u$$

2) G3 보 설계

(1) 설계조건

$M_u = 32.3 tf \cdot m$

$V_u = 26.2 tf$

$T_u = 2.44 tf \cdot m$

$f_{ck} = 350\,kgf/cm^2, \quad f_y = 4{,}000\,kgf/cm^2$

$d = 1{,}600\ mm,$ 스트럽 $HD10$

(2) 스트럽 간격 산정

① 비틀림 효과 고려여부 검토

$$0.85 \cdot 1.05/4 \cdot \sqrt{f_{ck}} \cdot A_{cp}^2/P_{cp} = 0.85 \cdot 0.26 \cdot \sqrt{350} \cdot 69428.57$$

$$= 2.87tf \cdot m$$

∴ 비틀림효과 무시

$A_{cp} = 30 \cdot 180 = 5{,}400.0\,cm^2$

$P_{cp} = 2 \cdot (30+180) = 420.0\ cm$

② 비틀림에 대한 스트럽 소요면적 산정

$\varphi \cdot T_n = 2 \cdot A_o \cdot A_t \cdot f_{yv} \cdot \cot\theta/s$

$A_t/s = T_u/(2 \cdot \varphi \cdot A_o \cdot f_{yv} \cdot \cot\theta)$

$$= \frac{2.4 \cdot 10^5}{2 \cdot 0.85 \cdot 3052.35 \cdot 4{,}000 \cdot 1} = 0.0118\ cm^2/cm/leg$$

$A_o = 0.85 \cdot A_{oh} = 3052.35\ cm^2$

$A_{oh} = (30-8-1) \cdot (180-8-1) = 3{,}591.0cm^2$

※ St. Venant Torsion에 의한 추가 철근량

③ 전단에 대한 스트럽의 소요 단면적 산정

$\varphi \cdot V_c = 0.85 \cdot 0.53 \cdot \sqrt{f_{ck}} \cdot b \cdot d = 40.45tf > V_u$

$$A_v/S = \frac{V_u - \varphi V_c}{\varphi \cdot f_{yu} \cdot d} = -0.021\ cm^2/cm/2legs$$

④ 전단과 비틀림이 조합된 스트럽량 산정

$A_t/S + A_v/2s = 0.0118,$ $\qquad$ $Use\ \ 2-HD10$

$S = A_d/A_{comb} = 0.71/0.0118 = 60.4\ cm$

⑤ 최대 스트럽 간격 검토

$P_h/8$ or $300\ mm$ 중 작은 값

$P_h = 2 \cdot (21+171) = 384\ cm$

$P_h/8 = 2 \cdot (21+171)/8 = 48\,cm \ \rightarrow HD10$ @300

⑥ 비틀림을 위한 길이방향 철근량 산정

$A_l = (A_t/s) \cdot P_h \cdot (f_{yv}/f_{yl}) \cdot \cot^2\theta$

$= 0.0118 \cdot 384 \cdot (4000/4000) \cdot 1 = 4.51\ cm^2$

$$A_{l,}\min = \frac{1.33 \cdot \sqrt{f_{ck}} \cdot A_{cp}}{f_{yl}} - \left(\frac{A_t}{s}\right) \cdot P_h \cdot \frac{f_{yv}}{f_{yl}} = 0.0131\ cm^2/cm$$

∴ 단, $\dfrac{A_t}{s} > 1.75 \cdot \dfrac{b_w}{f_{yv}}$

$A_{l,}\min = 31.14\,cm^2$

→ 최종 $A_l = 31.14\ cm^2$

※ Warping Torsion에 의한 추가 철근량

3) 주근산정

$M_u = 32.31\,tf \cdot m$

$R_n = 4.67$

$$\rho = \frac{(0.85 \cdot f_{ck})}{f_y} \cdot \left(1 - \sqrt{1 - \frac{2 \cdot R_n}{0.85 \cdot f_{ck}}}\right) < \rho_{\min} = 0.0035$$

$= 0.00117$

$Req'd\,A_s = 0.00117 \cdot 30 \cdot 1{,}600 = 5.62\ cm^2$ $\qquad$ $Use\ \ 6-HD22$

11.7 비부착 프리스트레스트 슬래브 설계

11.7.1 슬래브 모델

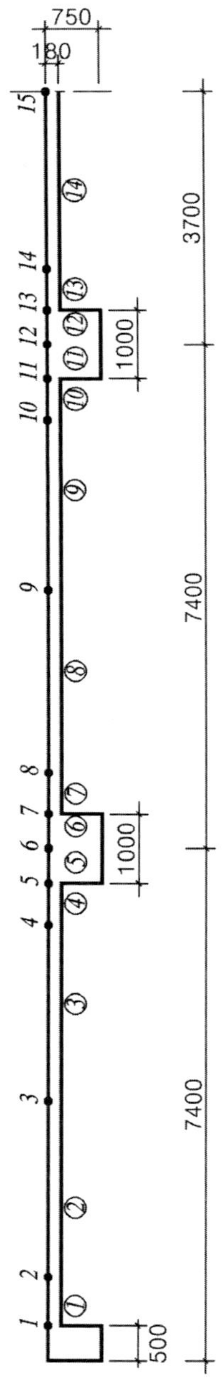

그림11.20 슬래브 모델

7.1.1 하중 및 단면성능

1)하 중

① Selfweight : $0.18 \times 2.4 = 0.432\ tf/m$

② Super Imposed D.L : $0.01\ tf/m$

③ Live Load : $0.6\ tf/m$

④ Post Tension : $P_i = 17.5\ tf/ea$

2) 단면성능

① Slab

$A_g = 0.18\ m,$

$I_e = 0.000486\,m^4,$

$y_1 = y_2 = 0.09\,m$

② Girder

$A_g = 0.75\ m$

$I_e = 0.035156\,m^4,$

$y_1 = y_2 = 0.375\,m$

11.7.2 강선형상 및 등가하중

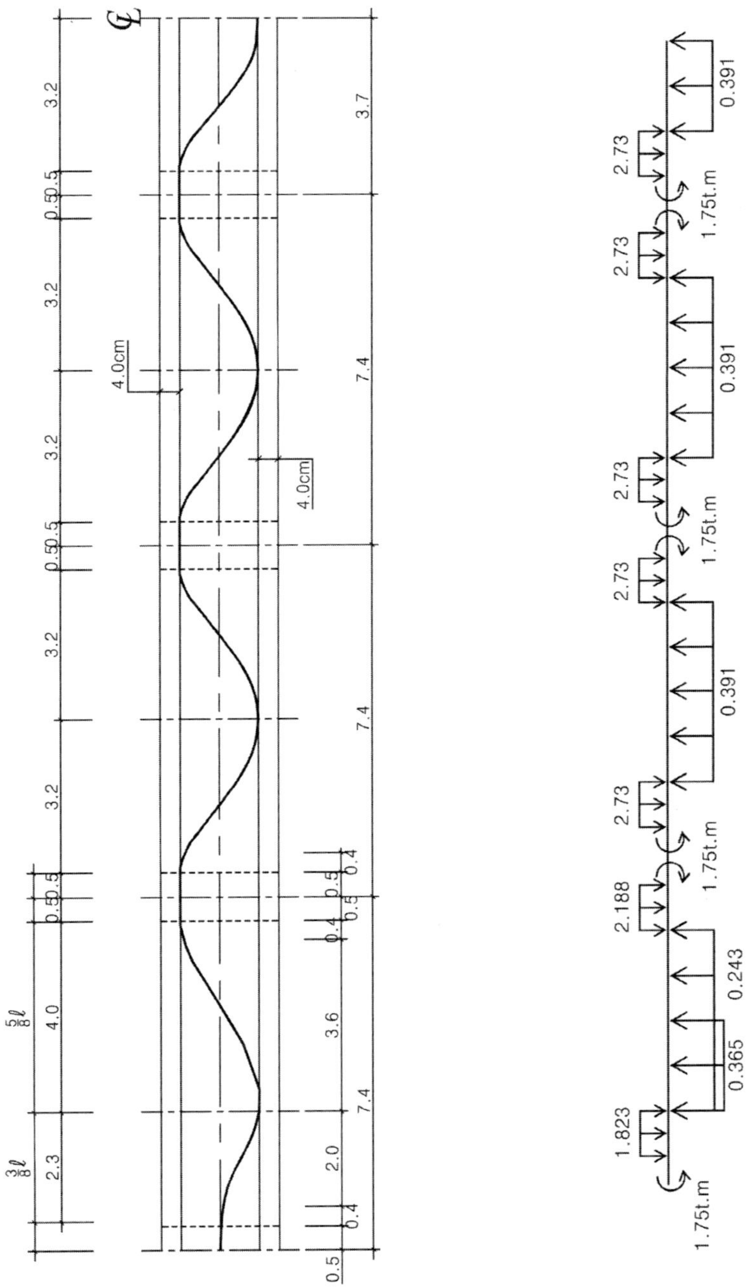

그림 11.21 강선형상 및 등가하중

11.7.3 강선의 마찰손실에 의한 응력 산정($P_{i,av}$)

1) 강선의 평균인장력 산정

(1) 제반 계수 : 【〈표 7.2〉, 〈표 7.3〉 참조】

① 파상계수(Wobble Coefficient) : $k = 0.001/m$

② 곡률계수(Curvature Coefficient) : $\mu = 0.06$

③ $\alpha = 8 \cdot \dfrac{y}{x} = 8 \cdot \dfrac{0.1}{3.7} = 0.216\ rad$

④ 초기 인장력 ($P_i/strand$)

$P_i = 0.73 \cdot f_{pu} = 0.73 \cdot 24.5\ tf = 17.89\ tf/strand$

⑤ 포물선에 대한 계수

$$\mu \cdot \alpha + k \cdot L = 0.06 \cdot 0.216 + 0.001 \cdot 7.4$$
$$= 0.0204$$

⑥ $\Delta_{set} = 0.2\ cm$ (가정)

(2) 각 위치별 인장력 (강선 1개당 인장력)

① $P_i = P_0 = 17.89 tf$

② 7.4m 떨어진 곳에서의 인장력

$$P_{7.4} = P_0 \cdot e^{-(\mu \cdot \alpha + k \cdot L)}$$
$$= 17.89 \times e^{-0.0204}$$
$$= 17.53\ tf$$

(3) 단위길이 당 마찰손실

$$\Delta P = \frac{P_0 - P_{7.4}}{L} = \frac{17.89 - 17.53}{7.4} = 0.0486 tf/m$$

$$\ell_{set} = \sqrt{\frac{\Delta_{set} \cdot E_p \cdot A_{ps}}{\Delta P}} = \sqrt{\frac{0.002 \cdot 1950 \cdot 1.387}{0.0486}} = 10.55\ m$$

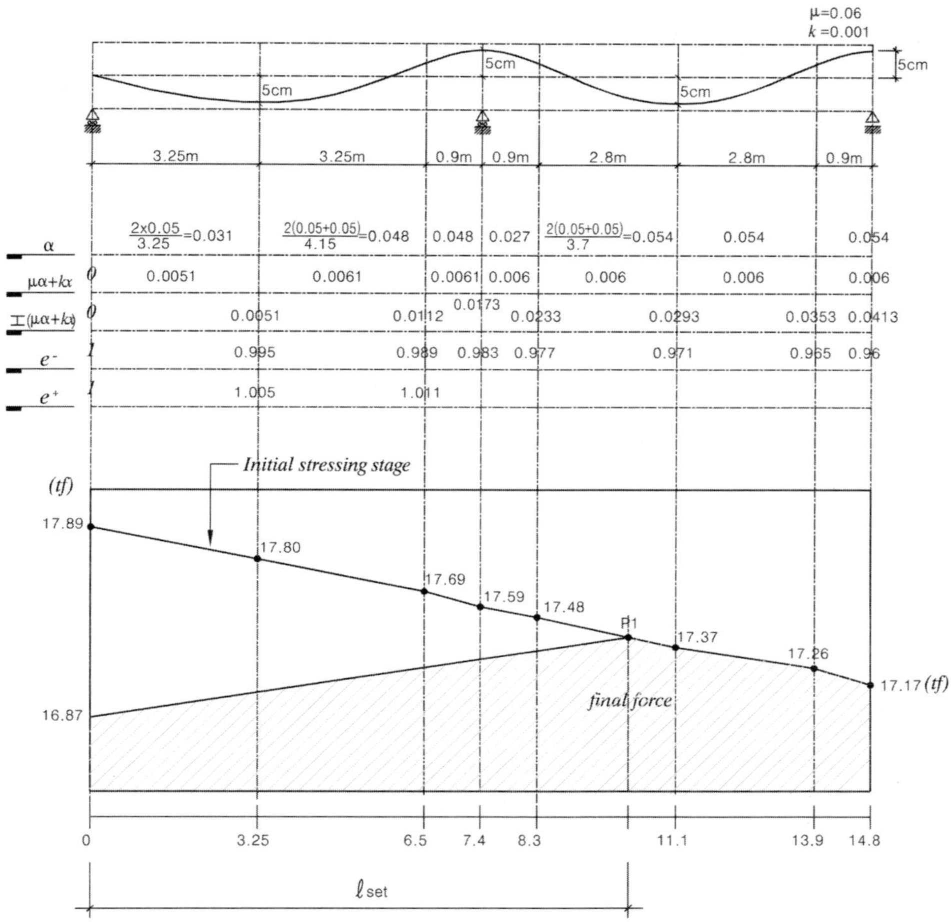

그림 11.22 슬래브 마찰손실

(4) 단위길이 당 마찰손실을 고려한 인장력

$$P_1 = 17.89 - 0.0486 \cdot 10.55 = 17.38\ tf$$

$$\begin{aligned} P_{i,av} = &\ [\frac{1}{2} \cdot (17.89 + 17.8) \cdot 3.25 + \frac{1}{2} \cdot (17.8 + 17.69) \cdot 3.25 \\ &+ \frac{1}{2} \cdot (17.69 + 17.59) \cdot 0.9 + \frac{1}{2} \cdot (17.59 + 17.48) \cdot 0.9 \\ &+ \frac{1}{2} \cdot (17.48 + 17.37) \cdot 2.8 + \frac{1}{2} \cdot (17.37 + 17.26) \cdot 2.8 \\ &+ \frac{1}{2} \cdot (17.26 + 17.17) \cdot 0.9]/14.8 \\ = &\ 17.574\ tf \end{aligned}$$

(5) P_e값의 산정

일반적으로 각 변화량이나 경간의 길이가 계산치와 다르므로 효율성을 고려해 $P_{i,av}$값은 대략 17.0 ~ 18.0tf을 적용한다. 따라서 $P_{i,av} = 17.574\ tf/strand$로 산정되며, P_e값은 효율비 $R = 0.86$을 적용하여 아래와 같이 산정하였다.

$$P_e = R \times P_i = 0.86 \times 17.5$$

$$= 15.05\ tf/strand$$

11.7.4 강선의 극한 시 응력산정(f_{ps})

1) 제반계수

① $f_{ck} = 350\,kgf/cm^2$ (콘크리트 강도)

② $P_i = 17.5\ tf/ea$

③ $\beta_1 = 0.85 - 0.05 \cdot \dfrac{f_{ck} - 280}{70} \geq 0.65 \quad \therefore\ \beta_1 = 0.8$

④ $A_{ps} = 2.774\,cm^2$ (강선의 단면적) $= 1.387cm^2 \times 2$개

⑤ $b = 100.0\,cm$

⑥ $d_p = 14.0\ cm$ (압축단에서 긴장재 중심까지의 거리)

2) Post Tension의 보강재비

① $\rho_p = \dfrac{A_{ps}}{b \cdot d_p} = \dfrac{2.774}{100 \cdot 14} = 1.98 \cdot 10^{-3}$ (PC강재비)

② 프리스트레스트 보강재의 유효응력, kgf/cm^2 (PC강재의 인장강도)

$$f_{pe} = \frac{P_e}{A_{ps}} = \frac{0.86 \cdot 17.5 \cdot 10^3}{1.387} = 10,850\,kgf/cm^2$$

$$> 0.5 \cdot f_{pu} = 0.5 \times 24,500/1.387 = 8,832\ kgf/cm^2$$

$$\therefore\ P_e = 0.86 \times P_i$$

3) 긴장재의 인장응력(f_{ps})

$$f_{ps} = f_{pe} + 700 + \frac{f_{ck}}{100 \cdot \rho_p} = 10{,}850 + 700 + \frac{350}{100 \cdot 0.0198}$$

$$= 11{,}726\ kgf/cm^2$$

4) 긴장재 및 철근량비

$$\omega_p + d/d_p(\omega - \omega') = \rho_p \cdot \frac{f_{ps}}{f_{ck}} + \rho \cdot \frac{f_s}{f_{ck}} = 0.00198 \cdot \frac{11{,}726}{350}$$

$$= 0.066 \quad < \quad 0.36 \cdot \beta_1 = 0.3$$

11.7.5 하중조합

1) 등가하중의 산정

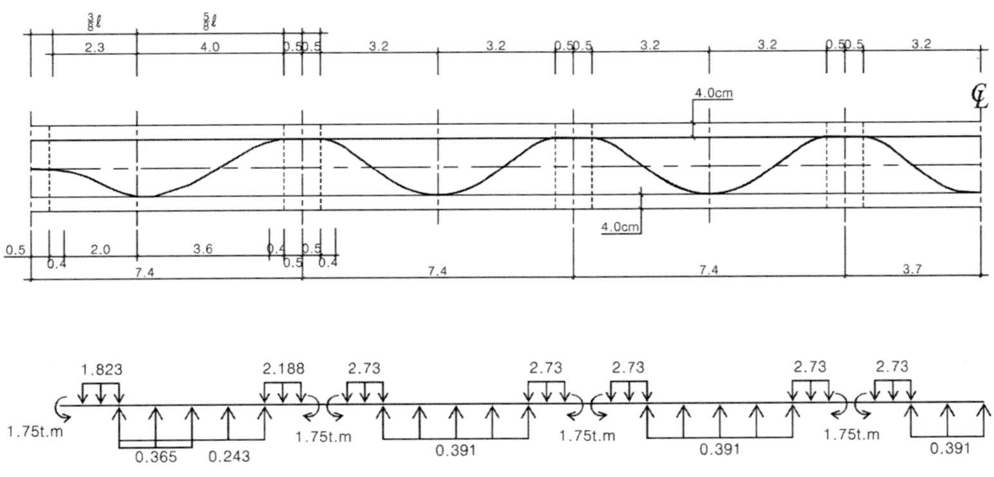

그림 11.23 등가하중

$$P_i = 17.5\,tf$$

$$M_e = 4.88\,tf \cdot m$$

$$w_1 \;=\; -\frac{2\cdot P\cdot e}{L_1\cdot(L_1+L_2)}$$

$$w_2 \;=\; +\frac{2\cdot P\cdot e}{L_2\cdot(L_1+L_2)}$$

2) 하중조합

(1) 하중조합

① 수직하중

Load Case 1. 1.0 (Dead Load)

Load Case 2. 1.0 (Misc. Load)

Load Case 3. 1.0 (Live Load Pattern1)

Load Case 4. 1.0 (Live Load Pattern2)

Load Case 5. 1.0 (Live Load Pattern3)

Pattern Load에 대한 사항은 그림 11.33 참조

② 처짐 검토 (Prestress)

Load Case 7. 1.0 (Post Tension)

Load Case 8. 1.0 (Stress Stage)

Load Case 9. 1.0 (Working Stage)

③ 부재설계

Load Case 10. 계수하중 (Ultimate Stage)

Load Case 11. 계수하중 (Post Tensioning)

④ 하중조합 예시

〈표 11.5〉 슬래브의 하중조합

하중조합 \ 하중	하중 종류						비고
	1	2	3	4	5	6	각 종류별 하중
7	1.0					2.0	시공 시 초기긴장에 대한 하중조합
8	1.0	1.0	1.0			1.72	긴장 후 부재의 처짐을 고려한 하중조합
9	1.0	1.0		1.0		1.72	
10	1.0	1.0			1.0	1.72	
11	1.4	1.4	1.7				부재에 모든 하중이 적용된 하중조합
12	1.4	1.4		1.7			
13	1.4	1.4			1.7		
14						1.72	마찰손실을 고려한 하중조합

11.7.6 응력검토

1) 초기단계 (프리스트레스 도입직후 단계에서의 응력검토)

(1) 긴장 도입 단계의 응력도

단위:$m, t \cdot m$

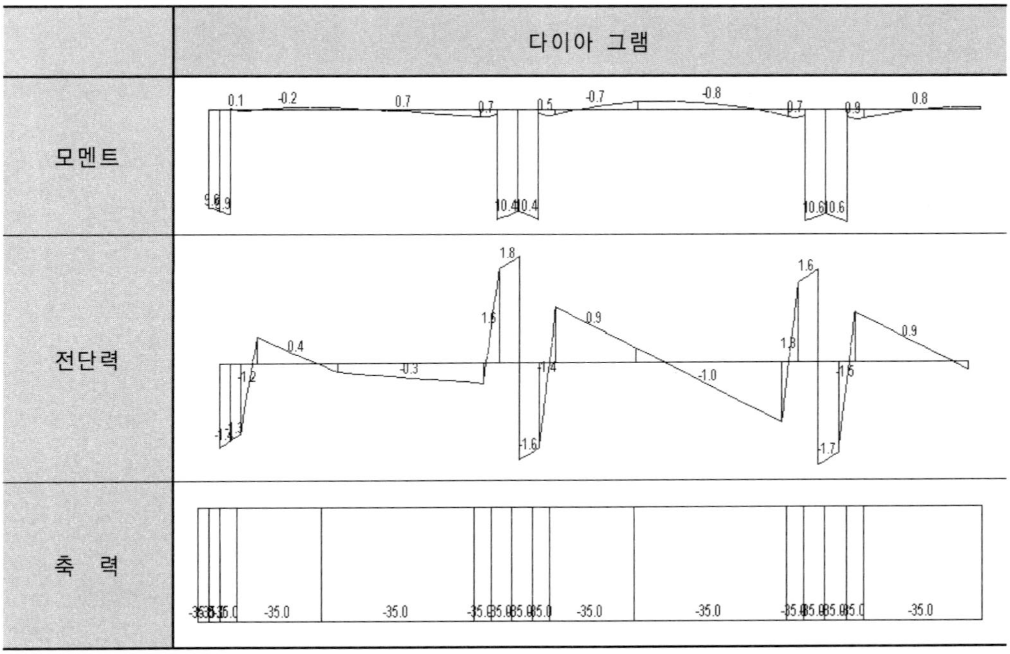

그림 11.24 초기단계의 응력도

(1) 단부

① 상단부 응력

$$f_{1i} = -\frac{P_{b,i}}{A_g} + \frac{M_{p,i} \cdot y_1}{I_e}$$

$$= -\frac{35.0 \cdot 10^3}{1,800} + \frac{0.86 \cdot 10^5 \cdot 5 \cdot 9}{48,600}$$

$$= -19.44 + 15.93$$

$$= \mid -3.51 \mid kgf/cm^2 < 0.6 \cdot f_{ci} = 157.5 \ kgf/cm^2$$

② 하단부 응력

$$f_{2i} = -\frac{P_{b,i}}{A_g} - \frac{M_{p,i} \cdot y_2}{I_e}$$

$$= -\frac{35.0 \cdot 10^3}{1,800} - \frac{0.86 \cdot 10^5 \cdot 9}{48,600}$$

$$= -19.44 - 15.93$$

$$= |-35.37|\ kgf/cm^2 < 0.6 \cdot f_{ci} = 157.5\ kgf/cm^2$$

(2) 중앙부

① 상단부 응력

$$f_{1i} = -\frac{P_{b,i}}{A_g} + \frac{M_{p,i} \cdot y_1}{I_e} - \frac{M_d \cdot y_1}{I_e}$$

$$= -\frac{35.0 \cdot 10^3}{1,800} + \frac{0.8 \cdot 10^5 \cdot 9}{48,600} - \frac{2.35 \cdot 10^5 \cdot 9}{48,600}$$

$$= -19.44 + 15.93 - 43.52$$

$$= |-47.03|\ kgf/cm^2 < 0.6 \cdot f_{ci} = 157.5\ kgf/cm^2$$

② 하단부 응력

$$f_{2i} = -\frac{P_{b,i}}{A_g} - \frac{M_{p,i} \cdot y_2}{I_e} + \frac{M_d \cdot y_2}{I_e}$$

$$= -\frac{35.0 \cdot 10^3}{1,800} - \frac{0.8 \cdot 10^5 \cdot 9}{48,600} + \frac{2.35 \cdot 10^5 \cdot 9}{48,600}$$

$$= -19.44 - 15.93 + 43.52$$

$$= |-8.15|\ kgf/cm^2 < 0.6 \cdot f_{ci} = 157.5\ kgf/cm^2$$

2) 사용하중 단계 (적재하중이 모두 재하 되었을 시 응력검토)

(1) 유효응력 단계의 응력도

단위:$m, t \cdot m$

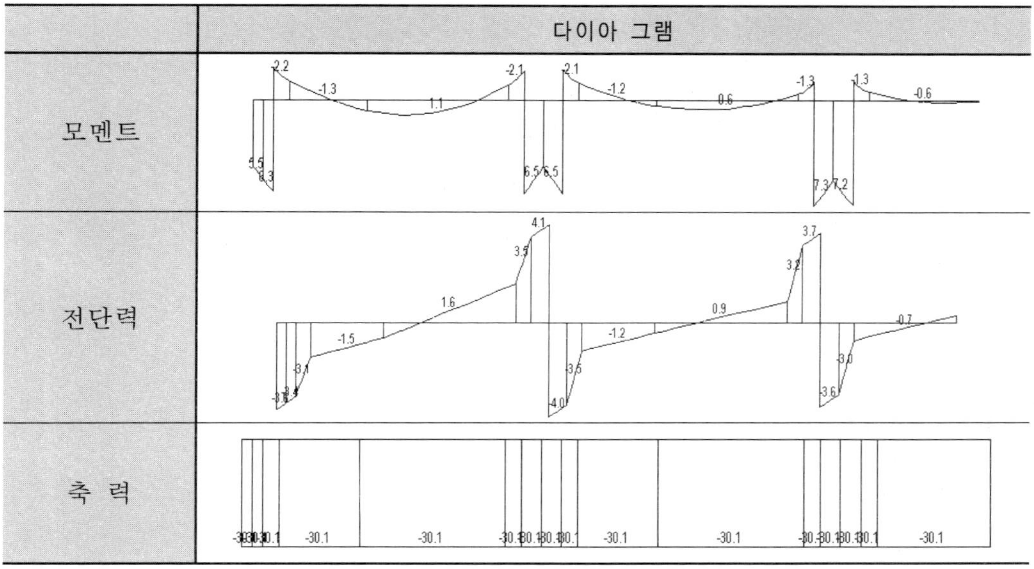

그림 11.25 사용하중상태의 응력도

(2) 단부

① 상단부 응력

$$f_{1e} = -\frac{P_{b,e}}{A_g} + \frac{M_{p,e} \cdot y_1}{I_e} - \frac{M_d \cdot y_1}{I_e} - \frac{M_{sd} \cdot y_1}{I_e} - \frac{M_l \cdot y_1}{I_e}$$

$$= -\frac{30.1 \cdot 10^3}{1,800} + \frac{2.24 \cdot 10^5 \cdot 9}{48,600} - \frac{2.35 \cdot 10^5 \cdot 9}{48,600}$$

$$- \frac{0.05 \cdot 10^5 \cdot 9}{48,600} - \frac{3.26 \cdot 10^5 \cdot 9}{48,600}$$

$$= -16.72 + 41.48 - 43.52 - 0.93 - 60.37$$

$$= | -80.06 | \ kgf/cm^2 < 0.45 \cdot f_{ck} = 157.5 \ kgf/cm^2$$

(2) 중앙부

① 하단부 응력

$$f_{2e} = -\frac{P_{b,e}}{A_g} - \frac{M_{p,e} \cdot y_2}{I_e} + \frac{M_d \cdot y_2}{I_e} + \frac{M_{sd} \cdot y_2}{I_e} + \frac{M_l \cdot y_2}{I_e}$$

$$= -\frac{30.1 \cdot 10^3}{1,800} - \frac{1.06 \cdot 10^5 \cdot 9}{48,600} + \frac{1.06 \cdot 10^5 \cdot 9}{48,600}$$

$$+ \frac{0.02 \cdot 10^5 \cdot 9}{48,600} + \frac{1.47 \cdot 10^5 \cdot 9}{48,600}$$

$$= -16.72 - 19.63 + 19.63 + 0.37 + 27.22$$

$$= | +10.87 | \ kgf/cm^2 < 0.45 \cdot f_{ck} = 157.5 \ kgf/cm^2$$

(3) 평균콘크리트 압축응력

평균콘크리트의 압축응력은

$$\frac{P_e}{b \cdot h} = \frac{30.1 \cdot 10^3}{1,800} = 16.72 \, kgf/cm^2$$

이므로 만족된다.

11.7.6 극한 휨내력 검토

1) 단부 및 중앙부 내력 산정

(1) 제반계수

① $f_y = 4,000 \, kgf/cm^2$

② $A_s = 5.08 \ cm^2 (HD13@200)$ 〉 HD13 @352 적절

$Min.A_s = 0.004 \cdot A = 0.004 \cdot 100 \cdot 18 = 3.6 \ cm^2$

③ $d = h - 3 = 15.0 \, cm$

$a = (A_{ps} \cdot f_{ps} + A_s \cdot f_y) / (0.85 \cdot f_{ck} \cdot b)$

$$= \frac{(2.774 \cdot 11,726 + 6.35 \cdot 4,000)}{0.85 \cdot 350 \cdot 100} = 1.947 \ cm$$

$$\phi \cdot M_n = 0.9 \cdot (A_{ps} \cdot f_{ps} + A_s \cdot f_y) \cdot (d - a/2)$$

$$= 0.9 \cdot (2.774 \cdot 11,726 + 6.35 \cdot 4,000) \cdot \left(15 - \frac{1.947}{2}\right)$$

$$= 7.31 tf \cdot m$$

$$M_{cr} = \left(f_r + \frac{P_e}{A_c} + \frac{M_e}{I} \cdot y\right) \cdot \frac{I}{y}$$

$$= \left(37.42 + \frac{30.1 \cdot 10^3}{1,800} + \frac{2.24 \cdot 10^5}{48,600} \cdot 9\right) \cdot \frac{48,600}{9}$$

$$= 5.164 tf \cdot m$$

$\phi \cdot M_n / M_{cr} = 1.42 \quad > \quad 1.2$ O.K

2) 2차 모멘트 산정

단위: $m, t \cdot m$

모멘트 \ 위치		1-L	1-C	1-R	2-L	2-C	2-R	비 고
Strand 수		2	2	2	2	2	2	
긴장재에 의한 모멘트	$M_{pt}(t \cdot m)$	1.15	-1.52	1.76	1.67	-1.43	1.48	Post Tension (Load Case 14)
	$M_{e1}(t \cdot m)$	0.0	-1.51	1.51	1.51	-1.51	1.51	Primary Moment (Eccentric Moment)
	$M_{e2}(t \cdot m)$	1.15	-0.01	0.25	0.16	0.08	0.03	$M_{e2} = M_{pt} - M_{e1}$
극한 하중 상태	$M_u'(t \cdot m)$	-5.33	4.02	-6.03	-5.96	3.27	-4.32	Load Case 11 $M_u' = 1.4 \times DL + 1.7 \times LL$
	$M_u(t \cdot m)$	-4.18	4.01	-5.78	-5.8	3.35	-4.29	$M_u = M_u' + M_{e2}$
	$P_e(tf)$	30.1	30.1	30.1	30.1	30.1	30.1	초기인장력의 86% (약14% 손실 가정)
	d_s (m)	0.15	0.15	0.15				긴장재의 피복두께
	d_p (m)	0.09	0.14	0.09				긴장재 중심에서 부재 하단까지의 거리
	$A_s(cm^2)$	6.35	6.35	6.35	6.35	6.35	6.35	5-HD13
	$F_p(tf)$	49	49	49	49	49	49	Tendon Total Force
	$F_s(tf)$	25.4	25.4	25.4	25.4	25.4	25.4	Steel Total Force
	a (m)	1.947	1.947	1.947				
	$\phi \cdot M_n(t \cdot m)$	-7.31	7.31	-7.31	-7.31	7.31	-7.31	공칭저항 모멘트

※ 프리스트레스의 마찰손실은 부재의 길이, 긴장재 수량, 부재의 두께, 각 변화량, 신장률 등 여러 가지 조건에 의해 좌우되므로 현장의 경험이 상당히 좌우한다.

11.8 비부착 프리스트레스트 보 설계

11.8.1 FRAME 모델

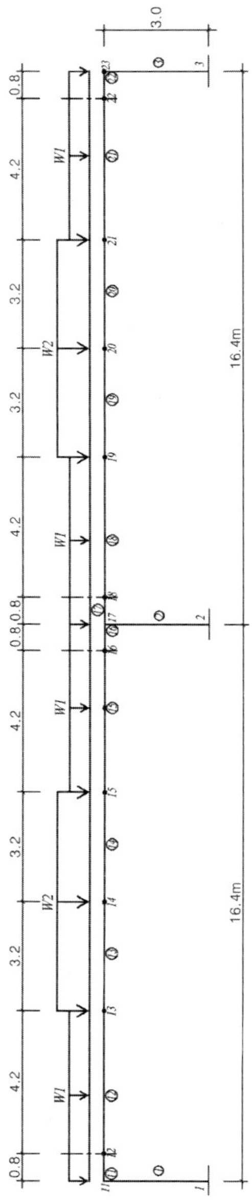

그림 11.26 프레임 모델

1) 단면형상

(1) 단면

① 슬래브 $=t_f \times b_f = 180 \times 7,400$

② 보 $=B \times h = 1,000 \times 750$

③ 유효폭 = $16 \cdot t + b = 16 \times 18 + 100 = 3.88m$

③ $A_g = 1.902\,m^2$(자중 산정용),

$A_e = 1.2684\,m^2$

④ $I_e = 0.0615\,m^4$ (T형보)

⑤ $y_1 = 0.26\,m,\ y_2 = 0.49\ m$

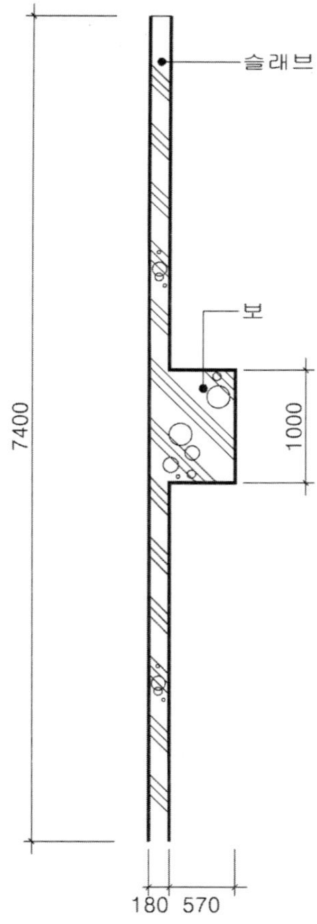

그림 11.27 단면형상

2) 강선형상 및 등가하중

(1) 강선형상

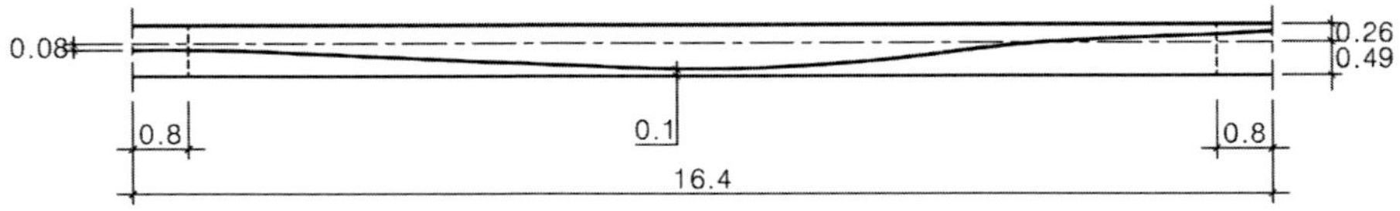

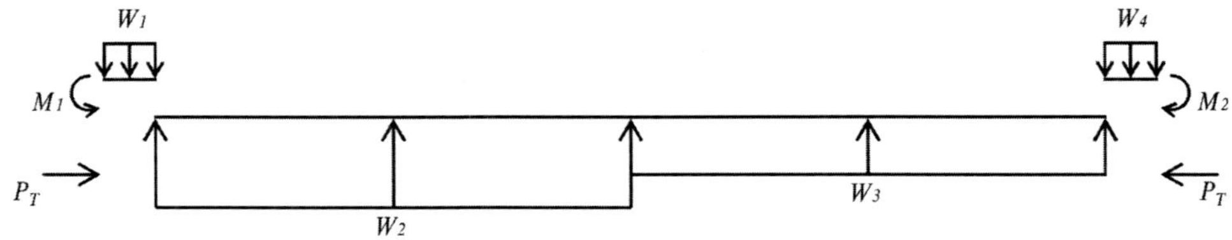

그림 11.28 강선형상 및 등가하중 분포도

(2) 등가하중 산정

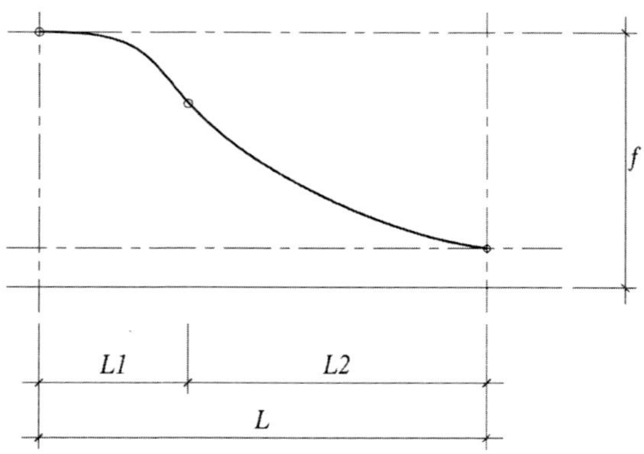

그림 11.29 긴장재의 포물곡선

$$w_1 = - \frac{2 \cdot P \cdot e}{L_1 \cdot (L_1 + L_2)}$$

$$w_2 = + \frac{2 \cdot P \cdot e}{L_2 \cdot (L_1 + L_2)}$$

11.8.2 강선의 마찰손실에 의한 응력 산정 ($P_{i,av}$)

1) 강선의 평균인장력 산정

(1) 제반 계수

① 파상계수(Wobble Coefficient) : k = 0.001 /m

② 곡률계수(Curvature Coefficient) : μ = 0.06

③ $\alpha = 8 \cdot \dfrac{y}{x} = 0.293\ rad$

④ 초기 인장력

$P_i = 0.73 \cdot f_{pu} = 0.73 \cdot 24.5\ tf = 17.89\ tf/strand$

⑤ 포물선에 대한 계수

$\mu \cdot \alpha + k \cdot L = 0.06 \cdot 0.293 + 0.001 \cdot 16.4 = 0.034$

⑥ $\delta_{set} = 0.2\ cm$ (가정)

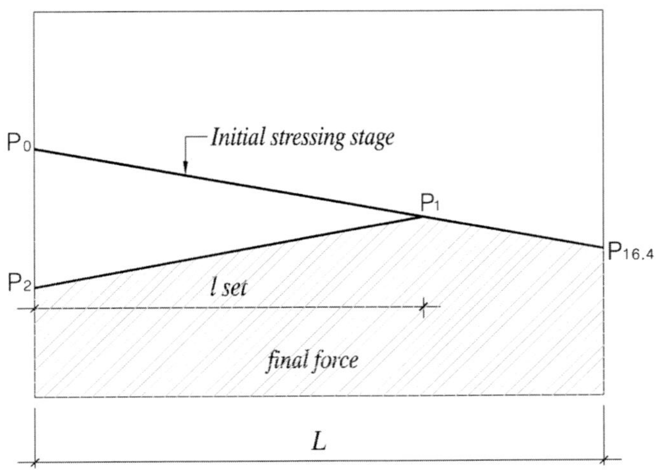

그림 11.30 보 긴장재의 마찰손실

(2) 각 위치별 강선 1개당 인장력

① $P_i = P_0 = 17.89\ tf$

② 16.4m 떨어진 곳에서의 강재 인장력

$$P_{16.4} = P_0 \cdot e^{-(\mu \cdot \alpha + k \cdot L)} = 17.89 \cdot e^{-0.034} = 17.29\ tf$$

(3) 단위길이 당 마찰손실

$$\Delta P = \frac{P_0 - P_{16.4}}{L} = \frac{17.89 - 17.29}{16.4} = 0.04\,tf/m \fallingdotseq 0.0366$$

$$l_{set} = \sqrt{\frac{\Delta_{set} \cdot E_p \cdot A_{ps}}{\Delta P}} = \sqrt{\frac{0.002 \cdot 1950 \cdot 1.387}{0.04}} = 11.78\ m$$

(4) 단위길이 당 마찰손실을 고려한 강선 1개당 인장력

$$P_1 = 17.89 - 0.04 \times 11.78 = 17.42\ tf$$
$$P_2 = 17.89 - 0.04 \times 11.78 \times 2 = 16.95\ tf$$

$$P_{i,av} = \frac{\left[\frac{1}{2} \cdot (17.42 + 16.95) \cdot 11.78 + \frac{1}{2} \cdot (17.42 + 17.29) \cdot 4.62\right]}{16.4}$$

$$= 17.23\ tf$$

(5) P_e값의 산정

슬래브와 동일하게 효율성을 고려해 $P_{i,av}$값은 대략 $17.0 \sim 18.0tf$을 적용하지만 $P_i = 17.89\ tf/strand$인 점을 고려하여 $P_i = 17.5tf$으로 택한다. P_i값에 근거하여 P_e값은 $R = 0.86$을 적용하여 아래와 같이 산정하였다.

$$P_e = R \cdot P_i = 0.86 \cdot 17.5 = 15.05\ tf/strand$$

11.8.3 강선의 극한 시 응력산정(f_{ps})

1) 제반 계수

① $f_{ck} = 350\ kgf/cm^2$ (콘크리트 강도)

② $\beta_1 = 0.85 - 0.05 \cdot \dfrac{f_{ck} - 280}{70} \geq 0.65 \quad \therefore \ \beta_1 = 0.8$

③ $A_{ps} = 44.34\ cm^2$ (강선의 단면적) $=1.387cm^2 \times 32$개

④ $b =$ 100.0 cm (보 부재의 폭)

⑤ $d_p =$ 65.0cm (압축단에서 긴장재 중심까지의 거리)

⑥ $b_f =$ 388.0cm (플랜지의 유효폭)

2) Post Tension의 보강재비

$$\rho_p = \frac{A_{ps}}{b_f \cdot d_p} = \frac{44.384}{388 \cdot 65} = 1.76 \cdot 10^{-3} (\text{PC강재비})$$

① 프리 스트레스트 보강재의 유효응력, kgf/cm^2 (PC강재의 인장강도)

$$f_{pe} = \frac{P_e}{A_{ps}} = \frac{0.86 \cdot 17.5 \cdot 10^3}{1.387} = 10,850.0\,kgf/cm^2$$

$$> 0.5 \cdot F_u = 8,832\,kgf/cm^2$$

3) 강선의 인장응력(f_{ps})

① 경간 / 보춤 = 1640 / 75 = 21.87 〈 35 이므로

$$f_{ps} = f_{pe} + 700 + \frac{f_{ck}}{100 \cdot \rho_p}$$

$$= 10,850 + 700 + \frac{350}{100 \cdot 0.00176}$$

$$= 13,538\,kgf/cm^2$$

4) 강연선 및 철근량 비 (최대철근비)

$$\omega_p + d/d_p(\omega - \omega') = \rho_p \cdot \frac{f_{ps}}{f_{ck}'} + \rho \cdot \frac{f_s}{f_{ck}}$$

$$= 0.00176 \cdot \frac{13,538}{350}$$

$$= 0.068 < 0.36 \cdot \beta_1 = 0.29$$

11.8.4 하중조합

1) 등가하중의 산정

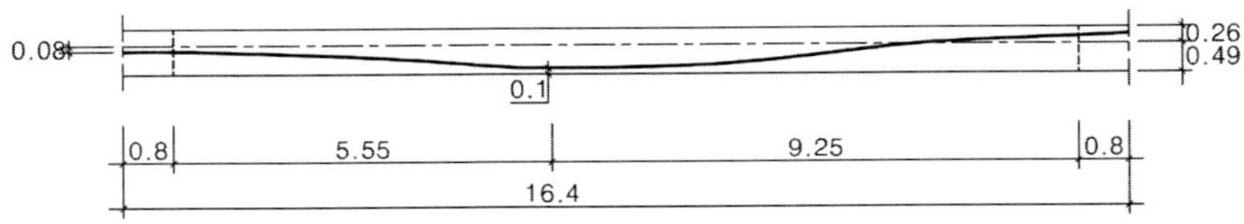

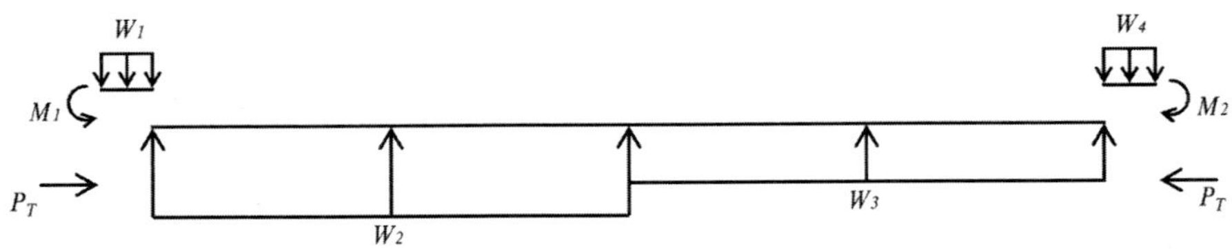

그림 11.31 등가하중 분포도

$P_i = 17.5\ tf/strand,\ e_1 = 0.275\ m,\quad e_2 = 0.55\ m$

$M_{e1} = 17.5 \cdot 0.08 = 1.40tf \cdot m,\ M_{e2} = 17.5 \cdot 0.16 = 2.80tf \cdot m$

$$w_1 = -\frac{2 \cdot P_i \cdot e_1}{L_1 \cdot (L_1 + L_2)} = -\frac{2 \cdot 17.5 \cdot 0.275}{0.8 \cdot (0.8 + 5.55)} = -1.895\,tf/m$$

$$w_3 = +\frac{2 \cdot P_i \cdot e_2}{L_2 \cdot (L_1 + L_2)} = +\frac{2 \cdot 17.5 \cdot 0.55}{9.25 \cdot (0.8 + 9.25)} = +0.207\,tf/m$$

$$w_2 = +\frac{2 \cdot P_i \cdot e_1}{L_2 \cdot (L_1 + L_2)} = +\frac{2 \cdot 17.5 \cdot 0.275}{5.55 \cdot (0.8 + 5.55)} = +0.273\,tf/m$$

$$w_4 = -\frac{2 \cdot P_i \cdot e_2}{L_1 \cdot (L_1 + L_2)} = -\frac{2 \cdot 17.5 \cdot 0.55}{0.8 \cdot (0.8 + 9.25)} = -2.394\,tf/m$$

2) 하중조합

(1) 하중조합

① 수직하중

Load Case 1. 1.0 (Dead Load)

Load Case 2. 1.0 (Misc. Load)

Load Case 3. 1.0 (Live Load Pattern1)

Load Case 4. 1.0 (Live Load Pattern2)

Load Case 5. 1.0 (Live Load Pattern3)

Load Case 6. 1.0 (Live Load Pattern4)

Pattern Load에 대한 사항은 그림 11.33 참조

② 처짐검토 (Prestress)

Load Case 7. 1.0 (Post Tension)

Load Case 8. 1.0 (Stress Stage)

Load Case 9. 1.0 (Working Stage)

③ 부재설계

Load Case 10. 계수하중 (Ultimate Stage)

Load Case 11. 계수하중 (Post Tensioning)

Load Case 12. 계수하중 (Only for Column)

④ 하중조합 예시

〈표 11.6〉 프레임 해석 하중조합

하중 / 하중조합	하중 종류							비고
	1	2	3	4	5	6	7	각 종류별 하중
8	1.0						32.0	시공 시 초기긴장에 대한 하중조합
9	1.0	1.0	1.0				27.52	긴장 후 부재의 처짐을 고려한 하중 조합
10	1.0	1.0		1.0			27.52	
11	1.0	1.0			1.0		27.52	
12	1.0	1.0				1.0	27.52	
13	1.4	1.4	1.7					부재에 모든 하중이 적용된 하중 조합
14	1.4	1.4		1.7				
15	1.4	1.4			1.7			
16	1.4	1.4				1.7		
17							27.52	마찰손실을 고려한 하중조합
18	1.4	1.4	1.7				27.52	기둥부재 설계를 위한 하중조합

(2) 하중 산정

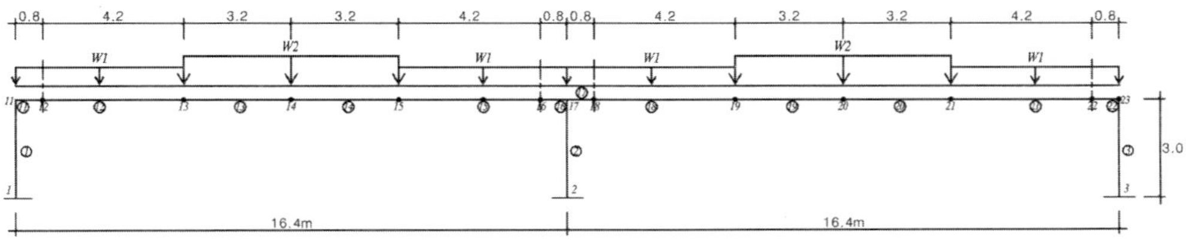

그림 11.32 모델링 및 하중

- Seifweight : $1.902 \times 2.4 = 4.5648\ tf/m$
- Super Imposed D.L : $0.01 \times 7.4 = 0.074\ tf/m$
- Live Load : $w_1 = 0.4 \times 7.4 = 2.96\ tf/m$

  $w_2 = 0.6 \times 7.4 = 4.44\ tf/m$

(3) 부분재하 (Pattern Load)

위의 활하중(Live Load)에 대하여 부재에서 발생할 수 있는 모든 조건을 고려하기 위해 부분재하(Pattern Load)를 다음 그림과 같이 적용하였다.

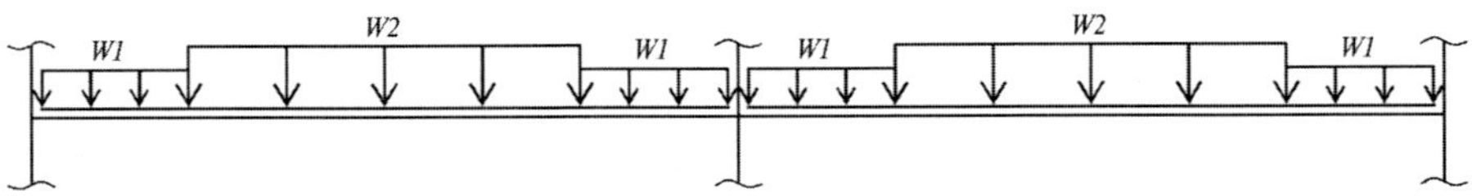

그림 11.33a 부분재하-1

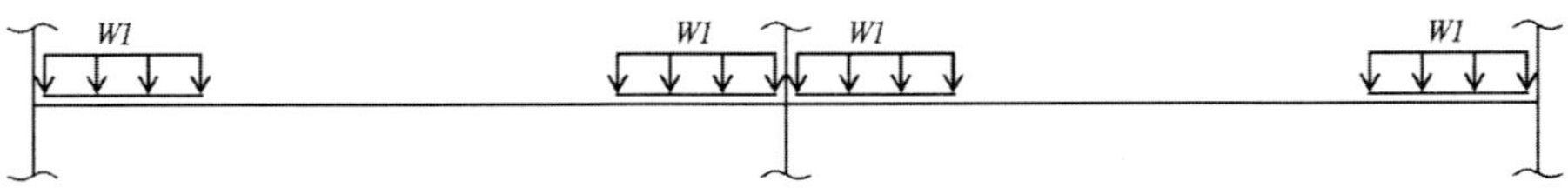

그림 11.33b 부분재하-2

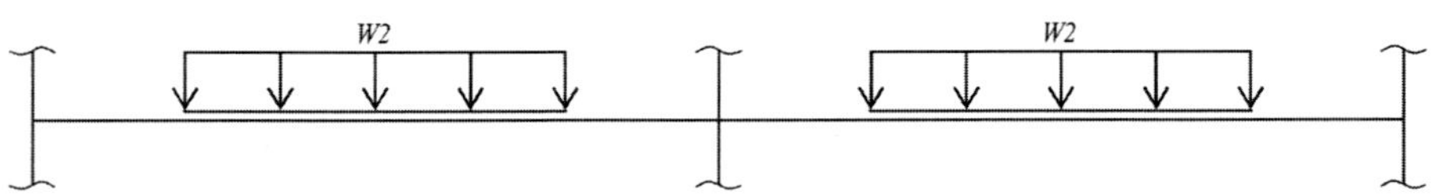

그림 11.33c 부분재하-3

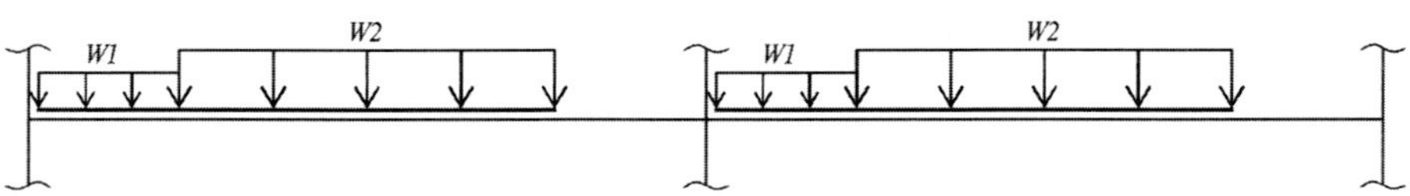

그림 11.33d 부분재하-4

11.8.5 응력검토

1) 초기단계 (프리스트레스 도입직후 단계에서의 응력검토)

(1) 각층이 완성된 시점에서 프리 스트레싱력을 가해 중첩 해석한 경우

단위:m, t · m

	각 층의 Post-Tension된 응력										Total Action				
	2층					지붕									
	P	V	M 외단	M 중앙	M 내단	P	V	M 외단	M 중앙	M 내단	P	V	M 외단	M 중앙	M 내단
2nd	536.13	46.07	33.12	-36.23	52.36	49.06	-10.25	21.22	9.04	-10.25	-585.19	35.82	54.34	-27.19	42.11
Roof						-518.99	49.97	38.97	-33.68	49.97	-518.99	49.97	38.97	33.68	49.97

(2) 시공단계별 1층 프레임 응력도

단위:m, t · m

	다이아 그램
모멘트	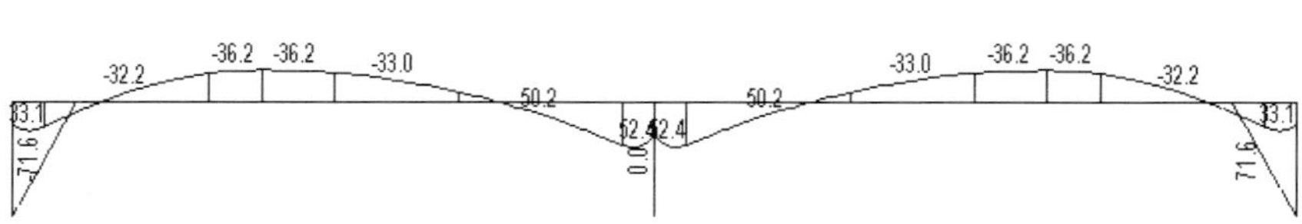
전단력	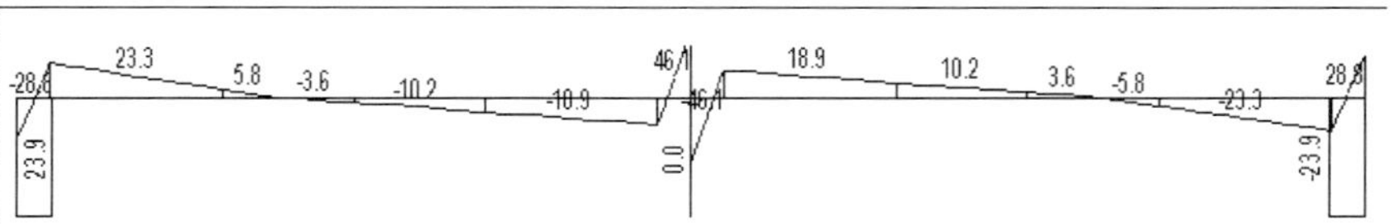
축 력	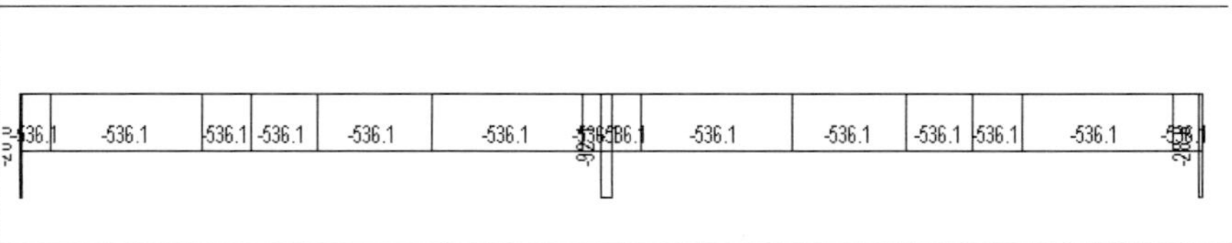

그림 11.34 1층 프레임 응력도

(3) 시공단계별 2층 프레임 응력도

단위:m, t・m

	다이아 그램
모멘트	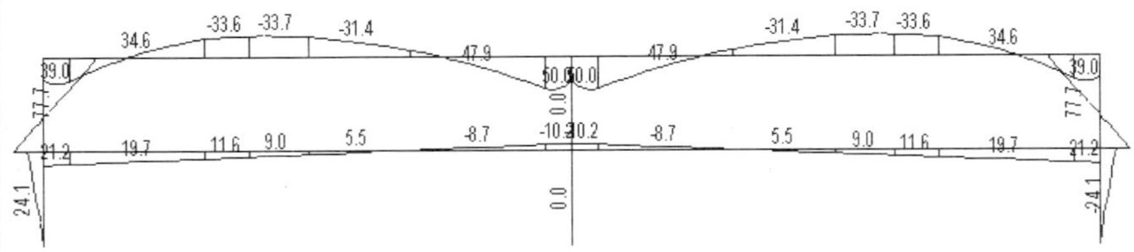
전단력	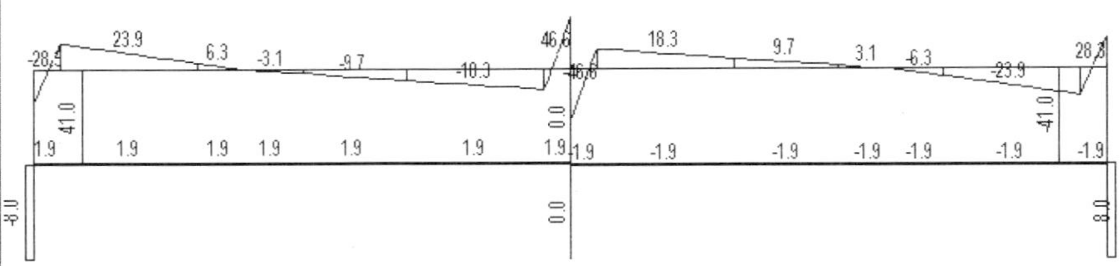
축 력	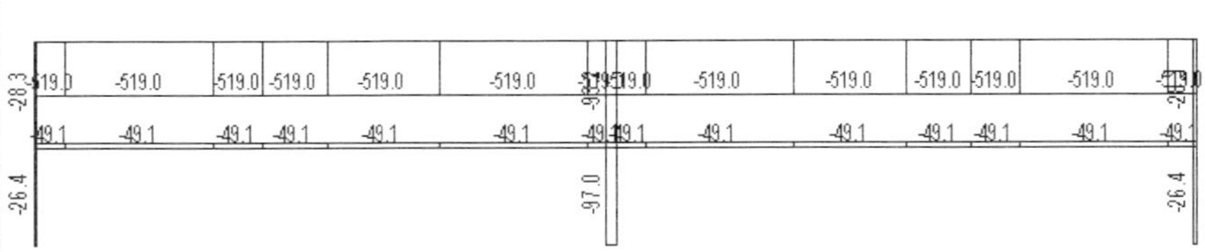

그림 11.35 2층 프레임 응력도

(4) 단 부

① 상단부 응력

$$f_{1i} = -\frac{P_{b,i}}{A_g} + \frac{M_{p,i} \cdot y_1}{I_e} - \frac{M_d \cdot y_1}{I_e}$$

$$= -\frac{585.19 \cdot 10^3}{12,684} + \frac{33.12 \cdot 10^5 \cdot 26}{6,150,000} - \frac{124.49 \cdot 10^5 \cdot 26}{6,150,000}$$

$$= -46.13 + 14.00 - 52.63$$

$$= \mid -84.76 \mid kgf/cm^2 < 0.6 \cdot f_{ci} = 157.5 \ kgf/cm^2$$

② 하단부 응력

$$f_{2i} = -\frac{P_{b,i}}{A_g} - \frac{M_{p,i} \cdot y_2}{I_e} + \frac{M_d \cdot y_2}{I_e}$$

$$= -\frac{585.19 \cdot 10^3}{12,684} - \frac{33.12 \cdot 10^5 \cdot 49}{6,150,000} + \frac{124.49 \cdot 10^5 \cdot 49}{6,150,000}$$

$$= -46.13 - 26.39 + 99.19$$

$$= | +26.67 | \ kgf/cm^2 < \ 0.6 \cdot f_{ci} = \ 157.5 \ kgf/cm^2$$

(5) 중앙부

① 상단부 응력

$$f_{1i} \ = \ -\frac{P_{b,i}}{A_g} + \frac{M_{p,i} \cdot y_1}{I_e} - \frac{M_d \cdot y_1}{I_e}$$

$$= \ -\frac{585.19 \cdot 10^3}{12,684} + \frac{33.12 \cdot 10^5 \cdot 26}{6,150,000} - \frac{64.44 \cdot 10^5 \cdot 26}{6,150,000}$$

$$= \ -46.13 + 26.39 - 27.24$$

$$= \ | -26.39 | \ kgf/cm^2 < \ 0.6 \cdot f_{ci} = \ 157.5 \ kgf/cm^2$$

② 하단부 응력

$$f_{2i} \ = \ -\frac{P_{b,i}}{A_g} - \frac{M_{p,i} \cdot y_2}{I_e} + \frac{M_d \cdot y_2}{I_e}$$

$$= \ -\frac{585.19 \cdot 10^3}{12,684} - \frac{33.12 \cdot 10^5 \cdot 49}{6,150,000} + \frac{64.44 \cdot 10^5 \cdot 49}{6,150,000}$$

$$= \ -46.13 - 26.39 + 51.34$$

$$= \ | -21.18 | \ kgf/cm^2 < \ 0.6 \cdot f_{ci} = \ 157.5 \ kgf/cm^2$$

2) 사용하중단계 (적재하중이 모두 재하 되었을 시 응력검토)

(1) 각층이 완성된 시점에서 프리스트레싱력을 가해 중첩 해석한 경우

	각층의 Post-Tension된 응력										Total Action				
	2층					지붕									
	P	V	M			P	V	M			P	V	M		
			외단	중앙	내단			외단	중앙	내단			외단	중앙	내단
2nd	479.87	78.51	-33.33	36.9	-88.79	16.33	1.01	11.34	4.94	-5.19	496.2	79.52	21.99	83.85	93.98
Roof						470.09	78.81	-29.77	38.16	-90.11	470.09	78.81	-29.77	38.16	-90.44

(2) 시공단계별 1층 프레임 응력도

단위:m, t · m

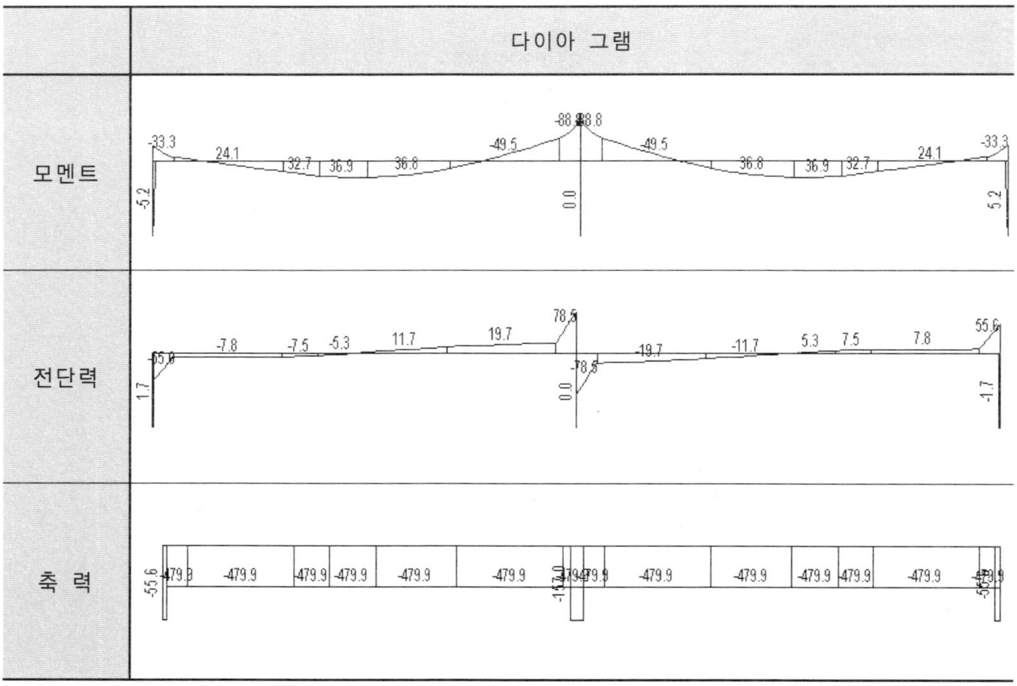

그림 11.36 1층 프레임의 응력도

(3) 시공단계별 2층 프레임 응력도

단위:m, t · m

	다이아 그램
모멘트	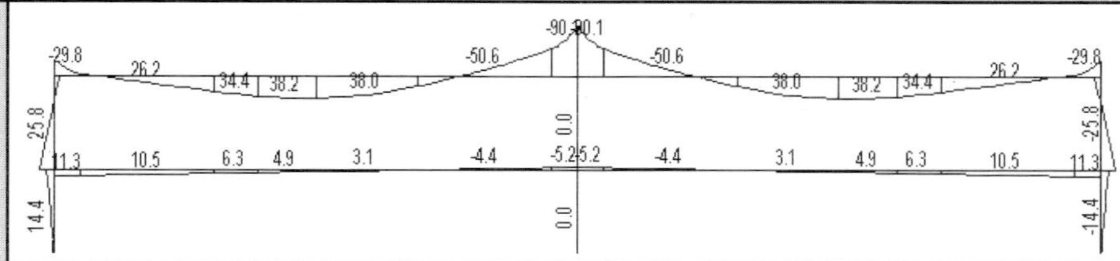
전단력	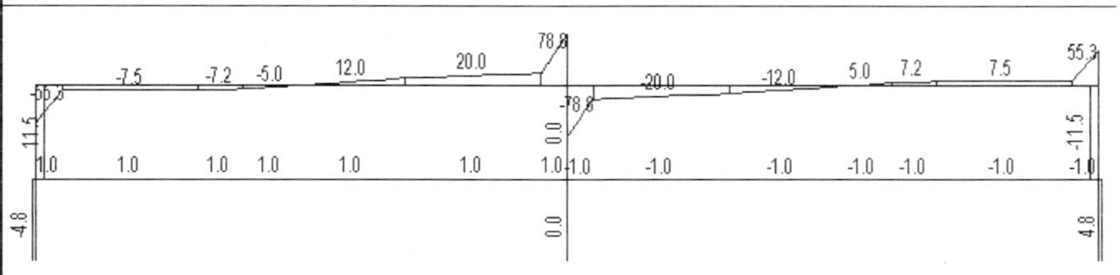
축 력	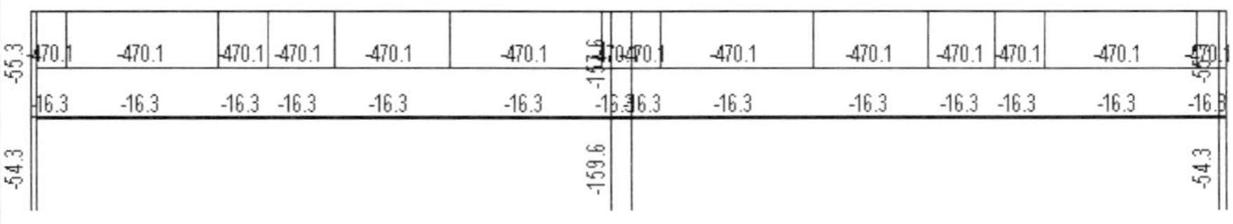

그림 11.37 2층 프레임의 응력도

(4) 단부 응력

① 상단부 응력

$$f_{1e} = -\frac{P_{b,e}}{A_g} + \frac{M_{p,e} \cdot y_1}{I_e} - \frac{M_d \cdot y_1}{I_e} - \frac{M_{sd} \cdot y_1}{I_e} - \frac{M_l \cdot y_1}{I_e}$$

$$= -\frac{496.2 \cdot 10^3}{12,684} + \frac{93.98 \cdot 10^5 \cdot 26}{6,150,000} - \frac{123.45 \cdot 10^5 \cdot 26}{6,150,000}$$

$$-\frac{2.0 \cdot 10^5 \cdot 26}{6,150,000} - \frac{102.32 \cdot 10^5 \cdot 26}{6,150,000}$$

$$= -39.12 + 39.73 - 52.19 - 0.85 - 43.26$$

$$= |-95.69|\ kgf/cm^2 < 0.45 \cdot f_{ck} = 157.5\ kgf/cm^2$$

② 하단부 응력

$$f_{2e} = -\frac{P_{b,e}}{A_g} - \frac{M_{p,e} \cdot y_2}{I_e} + \frac{M_d \cdot y_2}{I_e} + \frac{M_{sd} \cdot y_2}{I_e} + \frac{M_l \cdot y_2}{I_e}$$

$$= -\frac{425.58 \cdot 10^3}{12,684} - \frac{137.66 \cdot 10^5 \cdot 49}{6,150,000} + \frac{123.45 \cdot 10^5 \cdot 49}{6,150,000}$$

$$+ \frac{2.0 \cdot 10^5 \cdot 49}{6,150,000} + \frac{102.32 \cdot 10^5 \cdot 49}{6,150,000}$$

$$= -39.12 - 74.88 + 98.36 + 1.59 + 81.52$$

$$= | +67.47 | \ kgf/cm^2 < 3.2 \cdot \sqrt{f_{ck}} = 59.87 \ kgf/cm^2$$

(5) 중앙부

① 상단부 응력

$$f_{1e} = -\frac{P_{b,e}}{A_g} - \frac{M_{p,e} \cdot y_1}{I_e} + \frac{M_d \cdot y_1}{I_e} + \frac{M_{sd} \cdot y_1}{I_e} + \frac{M_l \cdot y_1}{I_e}$$

$$= -\frac{496.2 \cdot 10^3}{12,684} - \frac{83.85 \cdot 10^5 \cdot 26}{6,150,000} + \frac{63.95 \cdot 10^5 \cdot 26}{6,150,000}$$

$$+ \frac{1.04 \cdot 10^5 \cdot 26}{6,150,000} + \frac{56.32 \cdot 10^5 \cdot 26}{6,150,000}$$

$$= -39.12 - 35.45 + 27.04 + 0.44 + 23.81$$

$$= | -23.28 | \ kgf/cm^2 < 3.2 \cdot \sqrt{f_{ck}} = 59.87 \ kgf/cm^2$$

② 하단부 응력

$$f_{2e} = -\frac{P_{b,e}}{A_g} + \frac{M_{p,e} \cdot y_2}{I_e} - \frac{M_d \cdot y_2}{I_e} - \frac{M_{sd} \cdot y_2}{I_e} - \frac{M_l \cdot y_2}{I_e}$$

$$= -\frac{496.2 \cdot 10^3}{12,684} + \frac{83.85 \cdot 10^5 \cdot 49}{6,150,000} - \frac{63.95 \cdot 10^5 \cdot 49}{6,150,000}$$

$$- \frac{1.04 \cdot 10^5 \cdot 49}{6,150,000} - \frac{56.32 \cdot 10^5 \cdot 49}{6,150,000}$$

$$= -39.12 + 66.81 - 50.95 - 0.83 - 44.87$$

$$= | -68.96 | \ kgf/cm^2 < 0.45 \cdot f_{ck} = 157.5 \ kgf/cm^2$$

11.8.6 극한 휨내력검토

1) 내단부 내력 산정

(1) 제반 계수

① $f_y = 4{,}000\,kgf/cm^2$

② $A_s = 40.56\ cm^2$ (8-HD25)

③ $d = h - 5 = 70.0\,cm$

$$a = (A_{ps} \cdot f_{ps} + A_s \cdot f_y) / (0.85 \cdot f_{ck} \cdot b_f)$$

$$= \frac{(44.38 \cdot 13{,}538 + 40.56 \cdot 4000)}{0.85 \cdot 350 \cdot 100} = 25.65\ cm$$

(2) 공칭 저항모멘트

$$\phi \cdot M_n = 0.9 \cdot (A_{ps} \cdot f_{ps} + A_s \cdot f_y) \cdot (d - a/2)$$

$$= 0.9 \cdot (44.38 \cdot 13{,}538 + 40.56 \cdot 4000) \cdot \left(70 - \frac{25.65}{2}\right)$$

$$= 392.65\ tf \cdot m$$

(3) 균열모멘트

$$M_{cr} = \left(f_r + \frac{P_e}{A_c} + \frac{M_e}{I} \cdot y\right) \cdot \frac{I}{y}$$

$$= \left(37.42 + \frac{496.2 \cdot 10^3}{12{,}684} + \frac{93.98 \cdot 10^5}{6{,}150{,}000} \cdot 26\right) \cdot \frac{6{,}150{,}000}{26}$$

$$= 275.02\ tf \cdot m$$

$\phi \cdot M_n / M_{cr} = 1.43 \quad > \quad 1.2$ O.K

2) 중앙부 내력 산정

(1) 제반 계수

① $f_y \;=\; 4{,}000\ kgf/cm^2$

② $A_s \;=\; 40.56\ cm^2$ (8-HD25)

③ $d \;=\; h-5=\; 70.0\,cm$

$$a=(A_{ps}\cdot f_{ps}+\ A_s\cdot f_y)/\ (0.85\cdot f_{ck}\cdot b_f)$$

$$=\frac{(44.38\cdot 13{,}538+\ 40.56\cdot 4{,}000)}{0.85\cdot 350\cdot 388}$$

$$=\ 6.61\ cm$$

(2) 공칭 저항모멘트

$$\phi\cdot M_n \;=\; 0.9\cdot(A_{ps}\cdot f_{ps}+A_s\cdot f_y)\cdot(d-a/2)$$

$$=\; 0.9\cdot(44.38\cdot 13{,}538+\ 40.56\cdot 4{,}000)\cdot\left(70-\frac{6.61}{2}\right)$$

$$=\; 458.0\ tf\cdot m$$

(3) 균열모멘트

$$M_{cr} \;=\; \left(f_r+\frac{P_e}{A_c}+\frac{M_{pe}\cdot e}{I}\cdot y\right)\cdot\frac{I}{y}$$

$$=\; \left(37.42+\frac{496.2\cdot 10^3}{12{,}684}+\frac{93.98\cdot 10^5}{6{,}150{,}000}\cdot 49\right)\cdot\frac{6{,}150{,}000}{49}$$

$$=\; 190.05\ tf\cdot m$$

$\phi\cdot M_n/M_{cr}=\ 2.41 \quad > \quad 1.2$ $\qquad\qquad$ $O.K$

3) 2차 모멘트 산정

단위: $m, t \cdot m$

모멘트 \ 위치		내단 부	중앙부	비 고
Strand 수		32개	32개	
Moment due to P.T	$M_{pt}(t \cdot m)$	140.88	-85.99	Post Tension (Load Case 17)
	$M_{e1}(t \cdot m)$	-79.39	-193.52	Primary Moment (Eccentric Moment)
	$M_{e2}(t \cdot m)$	220.27	107.53	$M_{e2} = M_{pt} - M_{e1}$
Ultimate Stage	$M_u'(t \cdot m)$	-352.49	188.09	$M_u' = 1.4 \cdot DL + 1.7 \cdot LL$
	$M_u(t \cdot m)$	-132.22	295.62	$M_u = M_u' + M_{e2}$
	$P_e(tf)$	496.2	496.2	초기인장력의 86% (약 14% 손실 가정)
	d_s (m)	0.7	0.7	긴장재의 피복두께
	d_p (m)	0.65	0.65	긴장재의 중심에서 부재 하단까지의 거리
	$A_s(cm^2)$	40.56	40.56	8-HD25
	$F_p(tf)$	784	784	Tendon Total Force
	$F_s(tf)$	162.24	162.24	Steel Total Force
	a (m)	0.2565	0.0661	
	$\phi \cdot M_n(t \cdot m)$	-392.65	458.0	공칭 저항모멘트

11.8.7 전단강도

1) 제반 계수

① $d_p = 40.0\,cm$

② $M_u = 132.22\,t \cdot m$

③ $V_u = 114.18\,t$ (Ultimate Stage)

④ $A_v = 2.54\,cm^2$ $(2-HD13)$, $s = 15.0\ cm$

2) 전단저항력 계산

$$V_c = \left[0.16 \cdot \sqrt{f_{ck}} + \frac{49 \cdot V_u \cdot d_p}{M_u}\right] \cdot b \cdot 0.8 \cdot h$$

$$= \left[0.16 \cdot \sqrt{350} + \frac{49 \cdot 114.18 \cdot 0.4}{132.22}\right] \cdot 100 \cdot 0.8 \cdot 75$$

$$= 119.51\,tf \;<\; 1.33 \cdot \sqrt{f_{ck}}\,b \cdot d \;=\; 1.33 \cdot \sqrt{350} \cdot 100 \cdot 68.6 = 170.69\ tf$$

$$\therefore\ V_c \;=\; 140.59\ tf$$

$$V_s = \frac{A_v \cdot f_y \cdot d}{s}$$

$$= \frac{1.27 \cdot 2 \cdot 4{,}000 \cdot 68.6}{15}$$

$$= 46.47\,tf$$

$$\phi \cdot V_n = 0.85 \cdot (V_c + V_s)$$

$$= 0.85 \cdot (119.51 + 46.47)$$

$$= 141.1\ tf$$

※ $\phi \cdot V_n > V_u$

11.8.8 정착구

1) 단면성능

정착구 보강철근은 설계 시, 프리스트레스의 도입력이 정착단에서 d만큼 떨어진 위치에서 분포되는 것으로 본다. 정착구의 응력산정 및 보강근의 산정은 여러 가지로 산정할 수 있는 방법들이 제시 되어있으며, 각 업체들의 정착구의 상세에 따라 보강하는 방안과 설계자가 현장의 시공방법에 적절하게 설계안을 선정하여야 할 것으로 생각한다.

이 위치에서는 표준단면을 가지며, 표준단면의 제원은 다음과 같이 산정할 수 있다.

(1) 제계수

$$A_g = 1.902\ m^2,\quad I_e = 0.0615\,m^4,\ y_1 = 0.26\ cm,$$
$$y_2 = 0.49\ cm,\quad Z_1 = 0.236\,m^3,\quad Z_2 = 0.126\ m^3$$

2) 파열력 (Bursting Force)

Primary Prism의 크기는 대부분 정착구간 간격의 크기로 결정되며, 정착구간의 간격은 P.S.C업체마다 사용하는 상세가 다르므로 이는 설계자가 어떤 제품을 사용할 것인지 먼저 선정한 후 정착부의 설계가 진행되어야 한다.

(1) 초기 인장력

$$P_i = 0.73 \cdot 24.5\,tf \cdot 32ea = 572.32\,tf$$

(2) 정착부 응력

$$\sigma_1 = \frac{P_i}{A_g} - \frac{M_i \cdot y_1}{I_e} = \frac{572.32}{1.902} - \frac{572.32 \cdot 0.08 \cdot 0.26}{0.0615}$$
$$= 300.9 - 193.6 = 107.3\ tf/m^2$$
$$\sigma_2 = \frac{P_i}{A_g} + \frac{M_i \cdot y_2}{I_e} = \frac{572.32}{1.902} + \frac{572.32 \cdot 0.08 \cdot 0.49}{0.0615}$$
$$= 300.9 + 364.8 = 665.7\ tf/m^2$$

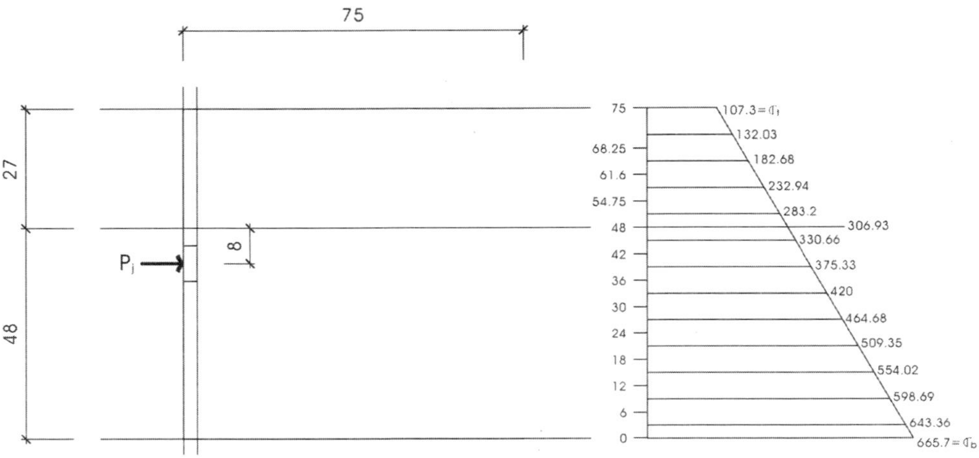

그림 11.38 정착구 응력분포도

3) 정착부 보강근

정착부는 부착(Bonded)구조형식인 경우 물량이 다소 많으며, 구조시스템의 경우에 따라 마찰계수가 다르게 적용된다. 반면, 비부착(Unbonded)구조형식은 건축에서 일반적으로 사용하며 하중이 가벼울 경우 추천할 수 있는 구조 형식이라 할 수 있다.

(1) 보강철근 산정

스트럿-타이 모델에 의한 인장타이에 발생되는 인장응력은 파열력 부분과 할렬력 부분으로 나누어 산정하면 필요한 수직 철근량은 다음과 같다.

① 파열부분(Bursting Zone)의 보강철근

$$T_b = \frac{M_{\max}}{h-x} = \frac{37.98 \cdot 10^2}{75-18.75} = 67.52\ tf$$

$$Req'd\ A_s = \frac{T_b}{f_s} = \frac{67.52 \cdot 10^3}{1{,}400} = 48.23\ cm^2$$

$HD16$ @3열 배치

② 할렬력(Spalling Zone force)에 대한 보강철근

$$T_s = \frac{M}{h-x} = \frac{72.59 \cdot 10^2}{70-18.75} = 129.05\ tf$$

$$Req'd\ A_s = \frac{T_s}{f_s} = \frac{129.05 \cdot 10^3}{1{,}400} = 92.18\ cm^2$$

$HD16$ @5열 추가배치

(2) 정착부 모멘트

Segment No.	Moment of Concrete Stresses	Moment of Prestress Force	Net Moment
0	0	0	0
6	1.16	0	1.16
12	3.23	0	3.23
18	4.99	0	4.99
24	6.42	0	6.42
30	7.53	0	7.53
36	8.316	0	8.316
42	49.43	-11.45	37.98
48	62.86	-45.79	17.04
54.75	79.35	-84.42	-5.07
61.5	97.39	-123.05	-25.66
68.25	118.46	-161.68	-43.22
75	127.72	-200.31	-72.59

11.8.9 처 짐

비부착 프리스트레스트 구조의 특성은 초기 인장 시 부재에 치솟음이 발생하는 것이다. 이 솟음은 일반 철근콘크리트구조의 Camber와는 다소 차이가 있다. 긴장재의 긴장으로 인한 솟음은 Ponding 현상 시 발생하는 하중의 증가처럼 콘크리트 량의 증가나 솟음이 적을시 보나 슬래브 두께 및 피복두께가 적어지는 현상과 다소 다른 점이다. 시간의 경과에 따라 발생하는 긴장재의 Relaxation은 Cable의 특성이지만 이는 다시 한 번 잭킹에 의한 점검이 필요하며, 부재의 응력 재검토 및 설계 시 현장에서의 확인에 의한 경험치가 요구되는 사항이기도 하다.

처짐은 각각의 하중조합에 의하여 산정된 처짐 및 솟음에 의한 결과 치에 PCI계수를 적용하여 〈표 11.7〉과 같이 사용성을 검토하였다.

〈표 11.7〉 보의 처짐

하중구분 \ 처짐	TPG1				
	처짐 δ_i	PCI계수	가설 시 처짐 δ_e	PCI계수	최종처짐 δ_f
Prestress	-0.04 ↑	1.8	-0.072	2.2	-0.088 ↑
W_d	+0.79 ↓	1.85	+1.46 ↓	2.4	+1.896 ↓
소 계			+1.388 ↓		+1.808 ↓
W_{sd}	+0.01 ↓			3.0	+0.03 ↓
W_l	+0.68 ↓				+0.68 ↓
총 계					+2.518 ↓

① 최종 처짐 $= 2.518\ cm \quad < \quad 4.56\ cm$

② 허용 처짐 $= Span/360 = 1{,}640/360 = 4.56\,cm$

11.9 기 둥

11.9.1 기 둥 축 하 중

1) 기둥 축 하중 산정

(1) C1 기둥

① 고정하중

부재	Floor	Load Type	$t^2,tf/m$	m^2,m	w(ton)	SUM	TOTAL SUM
C1	RF	ROOF B×D 1000×750 B×D 500×750	.867 1.368 .684	60.68 8.20 7.40	52.61 11.22 5.06	68.89	68.89
	2F	ROOF B×D 1000×750 B×D 500×750	.442 1.368 .684 1.728	60.68 8.20 7.40 3.30	26.82 11.22 5.06 5.70	48.80	117.69
	1F	1F B×D 600×800 WALL 200	.490 .864 1.728	30.34 15.60 3.30	14.87 13.48 5.70	34.05	151.74

② 적재하중

부재	Floor	Load Type	$t^2,tf/m$	m^2,m	W(ton)	SUM	TOTAL SUM
C1	RF	RAMP PARKING	.600 .400	37.00 23.68	22.20 9.47	31.67	31.67
	2F	RAMP PARKING	.600 .400	37.00 23.68	22.20 9.47	31.67	63.34
	1F	PARKING	.400	30.34	12.14	12.14	75.48

③ 하중 총계

부재		EACH FLOOR AXIAL FORCE				UPPER FLOOR TOTAL SUM			
	층	D.L	L.L	DL+LL	1.4D+1.7L	D.L	L.L	DL+LL	1.4D+1.7L
C1	RF 2F 1F	68.89 48.80 34.05	31.67 31.67 12.14	100.56 80.47 46.18	150.29 122.17 68.30	68.89 117.69 151.74	31.67 63.34 75.48	100.56 181.04 227.22	150.29 272.45 340.75

(2) C2 기둥

① 고정하중

부재	Floor	Load Type	$t^2,tf/m$	m^2,m	W(ton)	SUM	TOTAL SUM
C2	RF	ROOF	.867	121.36	105.22	121.77	121.77
		B×D 1000×750	1.368	8.40	11.49		
		B×D 500×750	.684	7.40	5.06		
	2F	2F	.442	121.36	53.64	75.90	197.67
		B×D 1000×750	1.368	8.40	11.49		
		B×D 500×750	.684	7.40	5.06		
		WALL 200	1.728	3.30	5.70		
	1F	1F	.490	60.68	29.73	44.94	242.61
		B×D 600×800	.864	11.00	9.50		
		WALL 200	1.728	3.30	5.70		

② 적재하중

부재	Floor	Load Type	$t^2,tf/m$	m^2,m	W(ton)	SUM	TOTAL SUM
C2	RF	RAMP	.600	74.00	44.40	63.34	63.34
		PARKING	.400	47.36	18.94		
	2F	RAMP	.600	74.00	44.40	63.34	126.69
		PARKING	.400	47.36	18.94		
	1F	PARKING	.400	60.68	24.27	24.27	150.96

③ 하중 총계

부재		EACH FLOOR AXIAL FORCE				UPPER FLOOR TOTAL SUM			
C2	층	D.L	L.L	DL+LL	1.4D+1.7L	D.L	L.L	DL+LL	1.4D+1.7L
	RF	121.77	63.34	185.12	278.17	121.77	63.34	185.12	278.17
	2F	75.90	63.34	139.24	213.94	197.67	126.69	324.36	492.11
	1F	44.94	24.27	69.21	104.18	242.61	150.96	393.57	596.28

(3) C3 기둥

① 고정하중

부재	Floor	Load Type	$t^2,tf/m$	m^2,m	W(ton)	SUM	TOTAL SUM
C3	RF	ROOF B×D 350×800	.867 .546	33.60 6.00	29.13 3.28	32.41	32.41
	2F	2F B×D 350×800 COL 900×1200	.442 .546 2.592	33.60 6.00 3.30	14.85 3.28 8.55	26.68	59.09
	1F	1F B×D 350×800 COL 900×1200	.490 .546 2.592	33.60 6.00 3.30	16.46 3.28 8.55	28.29	87.38

② 적재하중

부재	Floor	Load Type	$t^2,tf/m$	m^2,m	W(ton)	SUM	TOTAL SUM
C3	RF	RAMP PARKING	.600 .400	25.46 8.14	15.28 3.26	18.53	18.53
	2F	RAMP PARKING	.600 .400	25.46 8.14	15.28 3.26	18.53	37.06
	1F	RAMP PARKING	.600 .400	25.46 8.14	15.28 3.26	18.53	55.60

③ 하중 총계

부재		EACH FLOOR AXIAL FORCE				UPPER FLOOR TOTAL SUM			
C3	층	D.L	L.L	DL+LL	1.4D+1.7L	D.L	L.L	DL+LL	1.4D+1.7L
	RF 2F 1F	32.41 26.68 28.29	18.53 18.53 18.53	50.94 45.21 46.83	76.87 68.86 71.12	32.41 59.09 87.38	18.53 37.06 55.60	50.94 96.15 142.98	76.87 145.73 216.85

(4) C4 기둥

① 고정하중

부재	Floor	Load Type	$t^2, tf/m$	m^2, m	W(ton)	SUM	TOTAL SUM
C4	2F	RAMP B×D 300×1800 WALL COLUMN 300×900	.802 1.296 .648	17.71 8.00 3.30	14.20 10.37 2.14	26.71	26.71
	1F	RAMP B×D 300×1800 WALL COLUMN 300×900 1F	.802 1.296 .648 .490	17.71 8.00 3.30 17.71	14.20 10.37 2.14 8.68	35.39	62.10

② 적재하중

부재	Floor	Load Type	$t^2, tf/m$	m^2, m	W(ton)	SUM	TOTAL SUM
C4	2F	RAMP	.600	17.7	10.63	10.63	10.63
	1F	RAMP RAMP	.600 .600	17.7 17.7	10.63 10.63	21.25	31.88

③ 하중 총계

부재		EACH FLOOR AXIAL FORCE				UPPER FLOOR TOTAL SUM			
C4	층	D.L	L.L	DL+LL	1.4D+1.7L	D.L	L.L	DL+LL	1.4D+1.7L
	2F 1F	26.71 35.39	10.63 21.25	37.34 56.64	55.46 85.67	26.71 62.10	10.63 31.88	37.34 93.98	55.46 141.13

(5) C5 기둥

① 고정하중

부재	Floor	Load Type	$t^2,tf/m$	m^2,m	W(ton)	SUM	TOTAL SUM
C5	2F	RAMP $B \times D$ 300×700 COL 600×600 BRICK H=2.6m	.802 .374 .864 1.248	14.63 8.45 3.30 6.55	11.73 3.16 2.85 8.17	25.92	25.92
	1F	RAMP $B \times D$ 300×700 COL 600×600 BRICK H=2.6m RAMP	.802 .374 .864 1.248 .802	14.63 8.45 3.30 6.55 14.63	11.73 3.16 2.85 8.17 11.73	37.65	63.57

② 적재하중

부재	Floor	Load Type	$t^2,t/m$	m^2,m	W(ton)	SUM	TOTAL SUM
C5	2F	RAMP	.600	14.63	8.78	8.78	8.78
	1F	RAMP STARAGE	.600 .500	14.63 14.63	8.78 7.32	16.09	24.87

③ 하중 총계

부재		EACH FLOOR AXIAL FORCE				UPPER FLOOR TOTAL SUM			
C5	층	D.L	L.L	DL+LL	1.4D+1.7L	D.L	L.L	DL+LL	1.4D+1.7L
	2F	25.92	8.78	34.70	51.21	25.92	8.78	34.70	51.21
	1F	37.65	16.09	53.75	80.07	63.57	24.87	88.44	131.28

2) 기둥의 모멘트 (공사단계별 구조해석에 따른 모멘트)

① 누적 기둥 모멘트

		포스트텐션이 가해진 바닥		TOTAL SUM	P_u
		1F	2F		
1F	BOT	0	0	0	272.45
	TOP	-51.28	-8.12	-8.12	
2F	BOT		-12.53	-12.53	150.29
	TOP		-49.38	-49.38	

② 시공 단계별 해석에 의한 기둥의 모멘트도

1개층 공사 시 기둥 모멘트	2개층 공사 시 기둥 모멘트

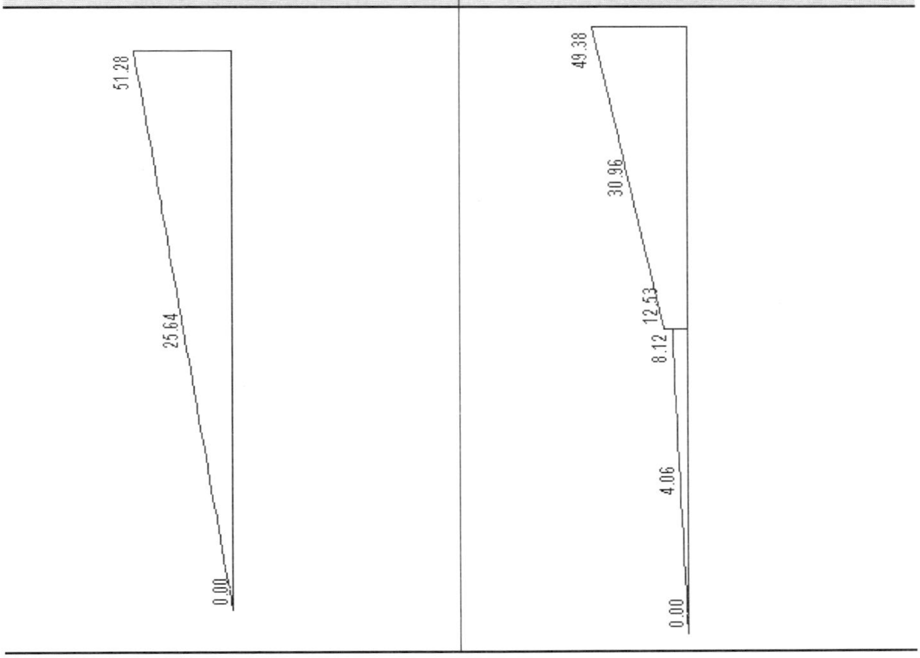

그림 11.39 기둥의 시공단계별 모멘트

11.9.2 기둥 설계

MIDAS/SET **Column Design [C1-1F]**

	Company		Project Name	
	Author		File Name	

1. Geometry and Materials

Design Code : KCI-USD99 (Build.)
Stress Profile : Block
Material Data : f_{ck} = 350 kgf/cm^2 (β_1 = 0.801)
f_y = 4000, f_{ys} = 4000 kgf/cm^2
Section Dim. : 100 * 70 cm
Effective Len : KL_u = 450 cm
Rebar Pattern : 24 - 8 - D22 (d_c = 6.00 cm)
Total Rebar area A_{st} = 92.90 cm^2 (ρ_{st} = 0.0133)

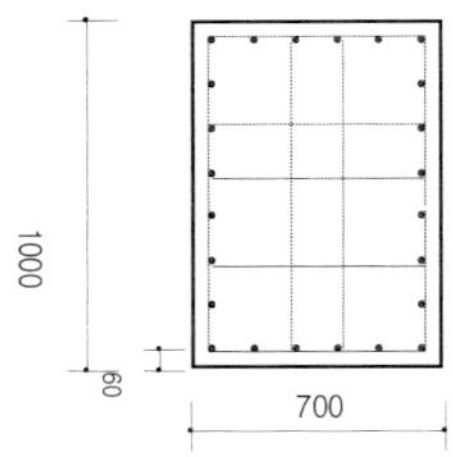

2. Magnified Moment

KL_u/r_x = 450/29 = 15.59 < 34-12(M_1/M_2) = 22.00
δ_x = 1.000

KL_u/r_y = 450/20 = 22.27 > 34-12(M_1/M_2) = 22.00
δ_y = MAX[1.00/(1-P_u/0.75/7659), 1.0] = 1.051

3. Member Force and Moment

P_u = 278.17 tf (Φ = 0.700)
M_{ux} = 142.20, M_{uy} = 0.00 tf-m
$\delta_x M_{ux}$ = δ_x*MAX[M_{ux}, $P_u e_{min}$] = 142.20 tf-m
$\delta_y M_{uy}$ = δ_y*MAX[M_{uy}, $P_u e_{min}$] = 10.52 tf-m
M_u = $\sqrt{\delta_x M_{ux}^2+\delta_y M_{uy}^2}$ = 142.59 tf-m
V_{ux} = 0.00, V_{uy} = 0.00 tf

4. Axial Force and Moments Capacity Check

Neutral Axis Angle and Position Θ = 4.23°, c = 36.70 cm
Concentric Max. Axial Load $\Phi P_{n(max)}$ = 1358.83 tf
Design Axial Load Strength ΦP_n = 277.97 tf
Design Moment Strength ΦM_n = 199.96 tf-m
Strength Check Ratio : Applied/Design = 0.713 < 1.000 .... O.K

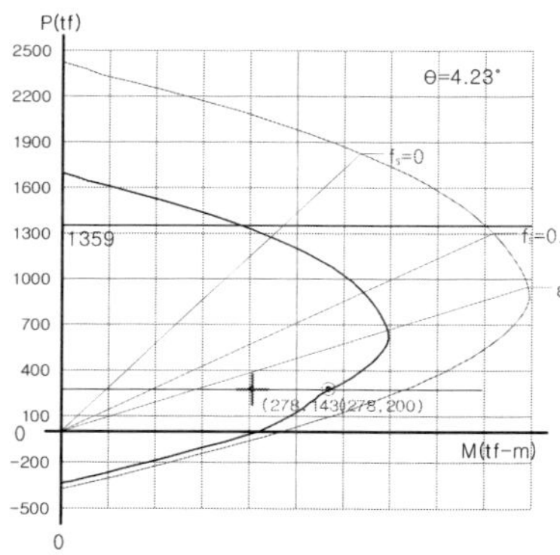

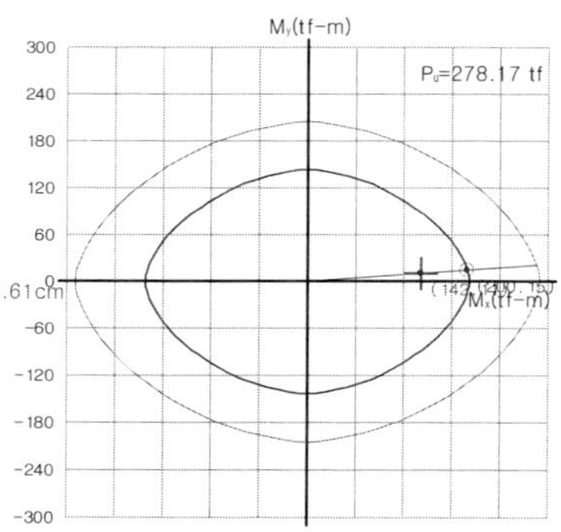

MIDAS/SET **Column Design [C1-2F]**

	Company		Project Name	
	Author		File Name	

1. Geometry and Materials

Design Code : KCI-USD99 (Build.)
Stress Profile : Block
Material Data : f_{ck} = 350 kgf/cm^2 (β_1 = 0.801)
f_y = 4000, f_{ys} = 4000 kgf/cm^2
Section Dim. : 100 * 70 cm
Effective Len : KL_u = 450 cm
Rebar Pattern : 24 - 8 - D22 (d_c = 6.00 cm)
Total Rebar area A_{st} = 92.90 cm^2 (ρ_{st} = 0.0133)

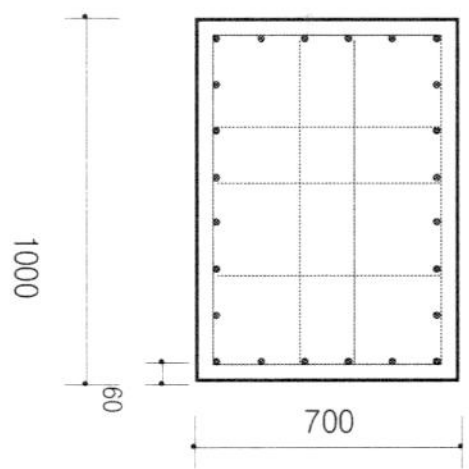

2. Magnified Moment

KL_u/r_x = 450/29 = 15.59 < 34-12(M_1/M_2) = 22.00
δ_x = 1.000

KL_u/r_y = 450/20 = 22.27 > 34-12(M_1/M_2) = 22.00
δ_y = MAX[1.00/(1-P_u/0.75/7659), 1.0] = 1.027

3. Member Force and Moment

P_u = 150.29 tf (Φ = 0.777)
M_{ux} = 166.87, M_{uy} = 0.00 tf-m
$\delta_x M_{ux}$ = δ_x*MAX[M_{ux}, $P_u e_{min}$] = 166.87 tf-m
$\delta_y M_{uy}$ = δ_y*MAX[M_{uy}, $P_u e_{min}$] = 5.56 tf-m
M_u = $\sqrt{\delta_x M_{ux}^2+\delta_y M_{uy}^2}$ = 166.96 tf-m
V_{ux} = 0.00, V_{uy} = 0.00 tf

4. Axial Force and Moments Capacity Check

Neutral Axis Angle and Position θ = 1.91°, c = 23.10 cm
Concentric Max. Axial Load $\Phi P_{n(max)}$ = 1358.83 tf
Design Axial Load Strength ΦP_n = 150.39 tf
Design Moment Strength ΦM_n = 181.40 tf-m
Strength Check Ratio : Applied/Design = 0.920 < 1.000 .... O.K

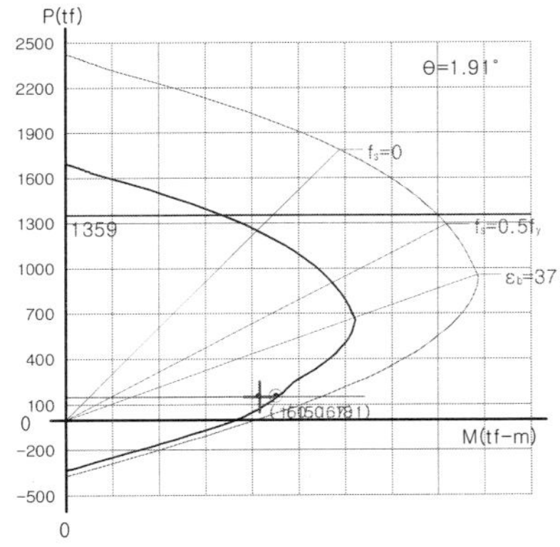

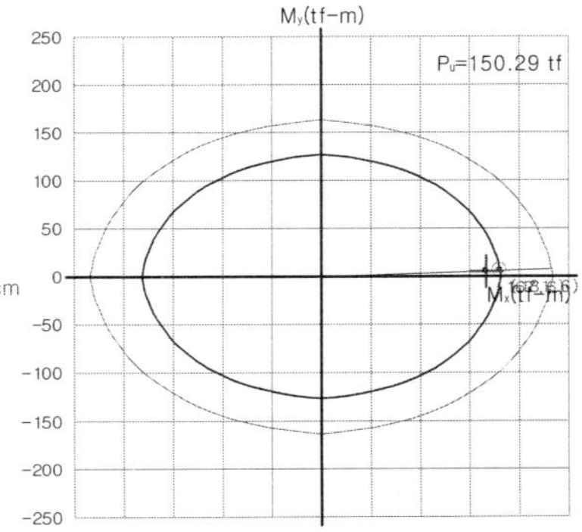

MIDAS/SET **Column Design [C2-1F]**

Company		Project Name	
Author		File Name	

1. Geometry and Materials

Design Code : KCI-USD99 (Build.)
Stress Profile : Block
Material Data : f_{ck} = 350 kgf/cm^2 (β_1 = 0.801)
f_y = 4000, f_{ys} = 4000 kgf/cm^2
Section Dim. : 70 * 70 cm
Effective Len : KL_u = 450 cm
Rebar Pattern : 16 - 5 - D22 (d_c = 6.00 cm)
Total Rebar area A_{st} = 61.94 cm^2 (ρ_{st} = 0.0126)

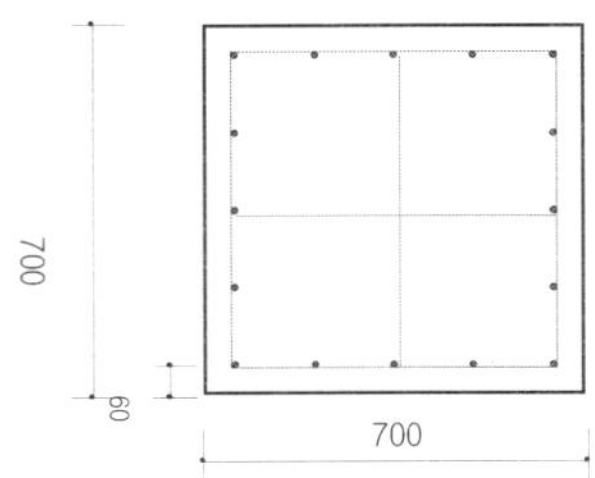

2. Magnified Moment

KL_u/r_x = 450/20 = 22.27 > 34-12(M_1/M_2) = 22.00
δ_x = MAX[1.00/(1-P_u/0.75/5122), 1.0] = 1.147

KL_u/r_y = 450/20 = 22.27 > 34-12(M_1/M_2) = 22.00
δ_y = MAX[1.00/(1-P_u/0.75/5122), 1.0] = 1.147

3. Member Force and Moment

P_u = 492.11 tf (Φ = 0.700)
M_{ux} = 0.00, M_{uy} = 0.00 tf-m
$\delta_x M_{ux}$ = δ_x*MAX[M_{ux}, $P_u e_{min}$] = 20.32 tf-m
$\delta_y M_{uy}$ = δ_y*MAX[M_{uy}, $P_u e_{min}$] = 20.32 tf-m
M_u = $\sqrt{\delta_x M_{ux}^2+\delta_y M_{uy}^2}$ = 28.74 tf-m
V_{ux} = 0.00, V_{uy} = 0.00 tf

4. Axial Force and Moments Capacity Check

Neutral Axis Angle and Position Θ = 45.00°, c = 58.54 cm
Concentric Max. Axial Load $\Phi P_{n(max)}$ = 944.76 tf
Design Axial Load Strength ΦP_n = 491.95 tf
Design Moment Strength ΦM_n = 106.44 tf-m
Strength Check Ratio : Applied/Design = 0.274 < 1.000 .... O.K

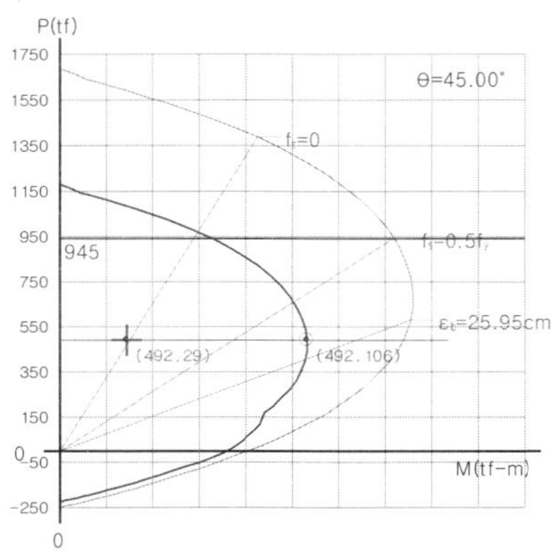

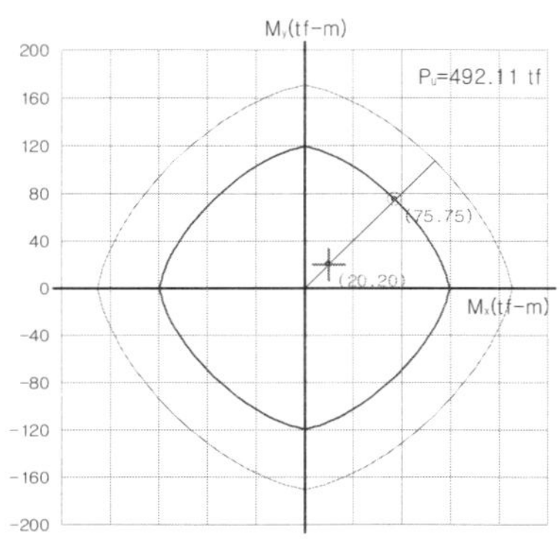

11.10 램프 설계

11.10.1 램프벽체 설계

1) 설계조건

Wall Thk = 30.0 cm

층　　고 = 330.0 cm

$f_{ck}=$ 350 kg/cm^2

2) 휨철근 산정

$$M_u = 2.36\ t \cdot m/m$$

$$R_n = \frac{M_u}{\phi \cdot B \cdot \sqrt{d}}$$

$$= \frac{4.08 \cdot 10^5}{0.9 \cdot 100 \cdot \sqrt{26}}$$

$$= 6.71$$

$$\rho = \frac{(0.85 \cdot f_{ck})}{f_y} \cdot \left(1 - \sqrt{1 - \frac{2 \cdot R_n}{0.85 \cdot f_{ck}}}\right)$$

$$= 0.0017$$

$$Req'd\,A_s = 0.0017 \cdot 100 \cdot 26 = 4.42\ cm^2$$

$$Min.\ A_s = 0.002 \cdot 100 \cdot 30 = 7.5\ cm^2$$

<u>$Use\ HD13\ \ @250$</u>

3) 전단검토

$$V_u = 2.14\ t$$

$$\phi \cdot V_c = 0.85 \cdot 0.53 \cdot 100 \cdot 26 \cdot \sqrt{350}$$

$$= 21.91\ tf \quad > V_u$$

부 록

〈부표 Ⅰ－1〉 길 이

meter (m)	inch (in)	feet (ft)	yard (yd)	치	척	간
1.0	39.3701	3.28084	1.09361	33.0	3.3	0.55
0.02540	1.0	0.08333	0.02778	0.8382	0.08382	0.01397
0.30480	12.0	1.0	0.3333	10.0584	1.00584	0.16764
0.91440	36.0	3.0	1.0	30.1752	3.01752	0.50292
0.03030	1.19303	0.09942	0.03314	1.0	0.1	0.01667
0.30303	11.9303	0.99419	0.33140	10.0	1.0	0.16667
1.81818	71.5820	5.96516	1.98839	60.0	6.0	1.0

〈부표 Ⅰ－2〉 면 적

m^2	in^2	ft^2	yd^2	평방치	평방척	평
1.0	1550.0	10.7639	1.19599	1089.0	10.89	0.3025
0.000645	1.0	0.00694	0.000772	0.70258	0.00703	0.000195
0.09290	144.0	1.0	0.1111	101.171	1.01171	0.02810
0.83613	1296.0	9.0	1.0	910.543	9.10543	0.25293
0.000918	1.42333	0.00988	0.00100	1.0	0.01	0.000278
0.09183	142.333	0.98842	0.10983	100.0	1.0	0.02778
3.30579	5,123.98	35.5832	3.95369	3,600.0	36.0	1.0

〈부표 Ⅰ－3〉 체 적

m^3	liter (l)	ft^3	yd^3	gallon	입방척	되
1.0	1,000.0	35.3147	1.30795	219.98	35.937	554.35
0.001	1.0	0.035315	0.001308	0.21998	0.03594	0.55435
0.02832	28.3168	1.0	0.03704	6.22902	1.01762	15.6975
0.76455	764.55	27.0	1.0	168.183	27.4758	423.833
0.004546	4.54596	0.16054	0.005946	1.0	0.16337	2.52006
0.02783	27.8265	0.98268	0.03640	6.12114	1.0	15.4257
0.001804	1.80391	0.06370	0.002359	0.396814	0.06482	1.0

〈부표 Ⅰ－4〉 힘

N	gf	kgf	tf	ounce	pound (lb)
1.0	101.97	0.10197	0.000102	3.596886	0.22481
0.009807	1.0	0.001	0.000001	0.03527	0.00220
9.80665	10^3	1.0	0.001	35.2734	2.20459
9,806.65	10^6	10^3	1.0	35,273.4	2,204.59
0.278018	28.34592	0.02835	0.000028	1.0	0.0625
4.44822	453.59	0.45360	0.00045	16.0	1.0

〈부표 Ⅰ - 5〉 단위길이 당 힘

N/m	kgf/m	tf/m	lb/in	lb/ft	lb/yd
1.0	0.10197	0.000102	0.0057101	0.068522	0.205565
9.80665	1.0	0.001	0.0560	0.67195	2.0159
9,806.65	10^3	1.0	55.996	671.95	2,015.9
175.127	17.858	0.01786	1.0	12.0	36.0
14.5943	1.4882	0.001488	0.08333	1.0	3.0
4.86469	0.49606	0.000496	0.02778	0.3333	1.0

〈부표 Ⅰ - 6〉 단위면적 당 힘

N/m^2 (Pascal)	kgf/cm^2	tf/m^2	lb/in^2	lb/ft^2
1.0	0.0000102	0.000102	0.000145	0.020885
98,066.5	1.0	10.0	14.2230	2,048.1
9,806.65	0.1	1.0	1.42230	204.81
6,894.86	0.070308	0.70308	1.0	144.0
47.8803	0.000488	0.00488	0.006944	1.0

〈부표 Ⅰ - 7〉 단위 체적당 힘

N/m^3	gf/cm^3	kgf/m^3	tf/m^3	lb/in^3	lb/ft^3
1.0	0.000102	0.10197	0.000102	3,684.23	6,366.349
9,806.65	1.0	1,000.0	1.0	0.03613	62.427
9.80665	0.001	1.0	0.001	0.000036	0.06243
9,806.65	1.0	1,000.0	1.0	0.03613	62.427
2.714×10^{-4}	27.680	27,680.0	27.680	1.0	1,728.0
1.500×10^{-7}	0.016019	16.0187	0.01602	0.000579	1.0

〈부표 Ⅰ - 8〉 모멘트

$N \cdot m$	$kgf \cdot cm$	$kgf \cdot m$	$tf \cdot m$	$lb \cdot in$	$lb \cdot ft$
1.0	10.1972	0.10197	0.0001020	8.850627	0.737552
0.098067	1.0	0.01	0.0001	0.86795	0.072329
9.80665	100.0	1.0	0.001	86.795	7.2329
9,806.65	10^5	10^3	1.0	86,795	7,232.9
0.112987	1.15214	0.011521	0.0000115	1.0	0.08333
1.35584	13.8257	0.13826	0.000138	12.0	1.0

〈부표 Ⅰ - 9〉 이형철근의 단면적(cm^2)

철근 명칭	철근 개수									
	1	2	3	4	5	6	7	8	9	10
D10	0.71	1.42	2.13	2.84	3.55	4.26	4.97	5.68	6.39	7.10
D13	1.27	2.54	3.81	5.08	6.35	7.62	8.89	10.16	11.43	12.70
D15	1.99	3.98	5.97	7.96	9.95	11.94	13.93	15.92	17.91	19.90
D19	2.87	5.74	8.61	11.48	14.35	17.22	20.09	22.96	25.83	28.70
D22	3.87	7.74	11.61	15.48	19.35	23.22	27.09	30.96	34.83	38.70
D25	5.07	10.14	15.21	20.28	25.35	30.42	35.49	40.56	45.63	50.70
D29	6.42	12.84	19.26	25.68	32.10	38.52	44.94	51.36	57.78	64.20
D32	7.94	15.88	23.82	31.76	39.70	47.64	55.58	63.52	71.46	79.40
D35	9.57	19.14	28.71	38.28	47.85	57.42	66.99	76.56	86.13	95.70
D38	11.40	22.80	34.20	45.60	57.00	68.40	79.80	91.20	102.60	114.00
D41	13.40	26.80	40.20	53.60	67.00	80.40	93.80	107.20	120.60	134.00
D51	20.27	40.54	60.81	81.08	101.35	121.62	141.89	162.16	182.43	202.70

〈부표 Ⅰ - 10〉 이형철근의 둘레길이(cm)

철근 명칭	철근 개수									
	1	2	3	4	5	6	7	8	9	10
D10	3.0	6.0	9.0	12.0	15.0	18.0	21.0	24.0	27.0	30.0
D13	4.0	8.0	12.0	16.0	20.0	24.0	28.0	32.0	36.0	40.0
D15	5.0	10.0	15.0	20.0	25.0	30.0	35.0	40.0	45.0	50.0
D19	6.0	12.0	18.0	24.0	30.0	36.0	42.0	48.0	54.0	60.0
D22	7.0	14.0	21.0	28.0	35.0	42.0	49.0	56.0	63.0	70.0
D25	8.0	16.0	24.0	32.0	40.0	48.0	56.0	64.0	72.0	80.0
D29	9.0	18.0	27.0	36.0	45.0	54.0	63.0	72.0	81.0	90.0
D32	10.0	20.0	30.0	40.0	50.0	60.0	70.0	80.0	90.0	100.0
D35	11.0	22.0	33.0	44.0	55.0	66.0	77.0	88.0	99.0	110.0
D38	12.0	24.0	36.0	48.0	60.0	72.0	84.0	96.0	108.0	120.0
D41	13.0	26.0	39.0	52.0	65.0	78.0	91.0	104.0	117.0	130.0
D51	16.0	32.0	48.0	64.0	80.0	96.0	112.0	128.0	144.0	160.0

〈부록 II〉 긴장재의 종류 및 규격 (KISW 규격)

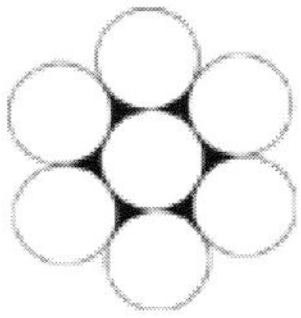 1×7 구성 1×(1+6)	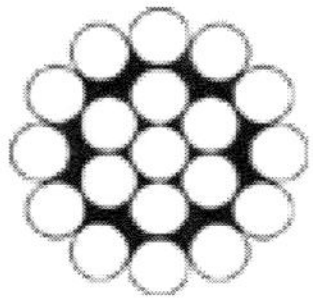 1×19 구성 1×(1+6+12)	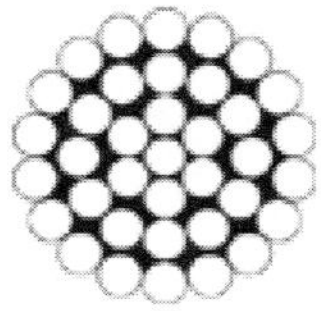 1×37 구성 1×(1+6+12+18)
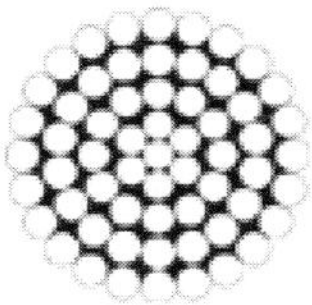 1×61 구성 1×(1+6+12+18+24)	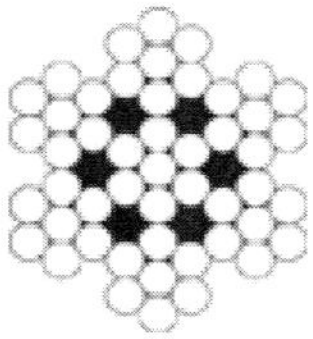 7×7 구성 6×(1+6)+(1+6)	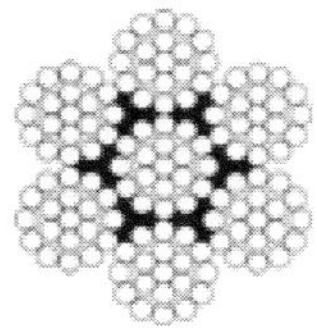 7×19 구성 6×(1+6+12)+1×(1+6+12)
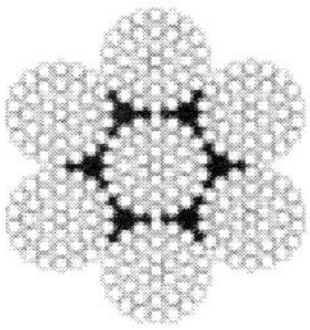 7×37 구성6×(1+6+12+18)+ 1×(1+6+12+18)	 6×WS(36)+CFRC 구성 6×[1+7+(7+7)+14]+7×7	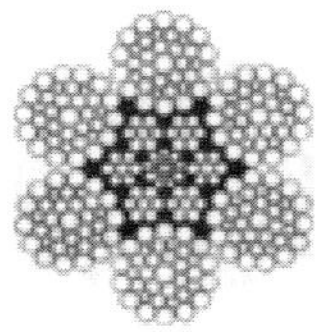 6×WS(36)+CFRC 구성 6×[1+7+(7+7)+14]+6×(1+6)+[1×(1+9+9)]
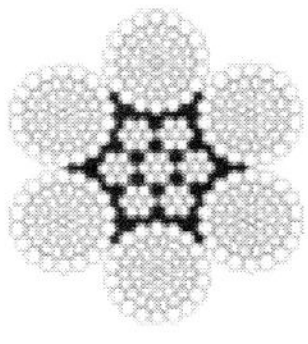 6×SeS(55)+CFRC 구성 6×(1+6+12+18+18)+7×7	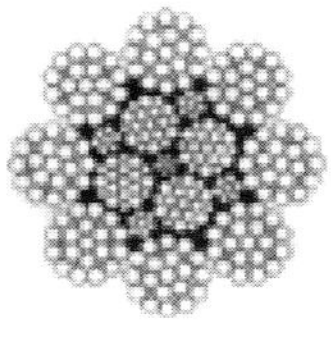 8×Fi(25)+CFRC 구성 8[1+6+(6)+12]+4(1+6)+4[1+6+(6+6)]+1×(1+6)	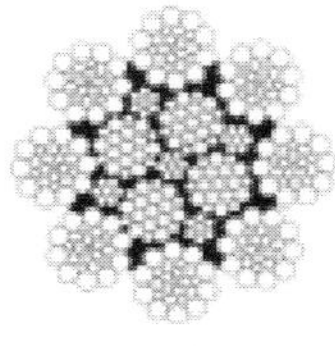 8×WS(26)+CFRC 구성 8[1+5+(5+5)+10]+4(1+6)+4[1+6+(6+6)]+1(1+6)
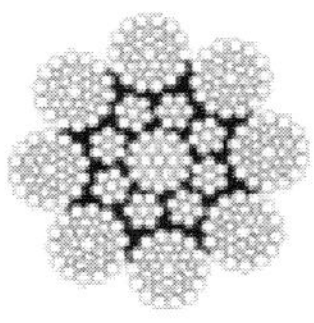 8×WS(36)+CFRC 구성 8×[1+7+(7+7)+14]+[8×(1+6)+1×19]	 8×WS(36)+IWRC 구성 8×[1+7+(7+7)+14]+7×(1+9+9)	

<부록 III 표 1 - 1> 프리스트레싱 강선 및 강연선(KS D 7002-1995)

종 류		기 호	호 칭 명	표준 지름 (mm)	공칭 단면적 (mm^2)	0.2% 영구 변형률에 대한 하중		인장하중		변형률 (%)	릴랙세이션값(%)	
						kN	kgf	kN	kgf		N	L
강선	원형선 및 이형선	SWPC 1 및 SWPD 1	5mm	5.00	19.64	27.9 이상	2,850 이상	31.9 이상	3,250 이상	4.0 이상	8.0 이하	2.5 이하
			7mm	7.00	38.48	51.0 이상	5,200 이상	58.3 이상	5,950 이상	4.5 이상	8.0 이하	2.5 이하
			8mm	8.00	50.27	64.2 이상	6,550 이상	74.0 이상	7,550 이상	4.5 이상	8.0 이하	2.5 이하
			9mm	9.00	63.62	78.0 이상	7,950 이상	90.2 이상	9,200 이상	4.5 이상	8.0 이하	2.5 이하
강연선	2연선	SWPC 2	2.9mm 2연선	2.90	13.21	22.6 이상	2,300 이상	25.5 이상	2,600 이상	3.5 이상	8.0 이하	2.5 이하
	이형 3연선	SWPD 3	2.9mm 3연선	2.90	19.82	33.8 이상	3,450 이상	38.2 이상	3,900 이상	3.5 이상	8.0 이하	2.5 이하
	7연선 A종	SWPC 7A	7연선 9.3mm	9.3	51.61	75.5 이상	7,700 이상	88.8 이상	9,060 이상	3.5 이상	8.0 이하	2.5 이하
			7연선 10.8mm	10.8	69.68	102 이상	10,400 이상	120 이상	12,200 이상	3.5 이상	8.0 이하	2.5 이하
			7연선 12.4mm	12.4	92.90	136 이상	13,900 이상	160 이상	16,300 이상	3.5 이상	8.0 이하	2.5 이하
			7연선 15.2mm	15.2	138.7	204 이상	20,800 이상	240 이상	24,500 이상	3.5 이상	8.0 이하	2.5 이하
	7연선 B종	SWPC 7B	7연선 9.5mm	9.5	54.84	86.8 이상	8850 이상	102 이상	10,400 이상	3.5 이상	8.0 이하	2.5 이하
			7연선 11.1mm	11.1	74.19	118 이상	12,000 이상	138 이상	14,100 이상	3.5 이상	8.0 이하	2.5 이하
			7연선 12.7mm	12.7	98.71	156 이상	15,900 이상	183 이상	18,700 이상	3.5 이상	8.0 이하	2.5 이하
			7연선 15.2mm	15.2	138.7	222 이상	22,600 이상	261 이상	26,600 이상	3.5 이상	8.0 이하	2.5 이하
	19연선	SWPC 19	19연선 17.8mm	17.8	208.4	330 이상	33,600 이상	387 이상	39,500 이상	3.5 이상	8.0 이하	2.5 이하
			19연선 19.3mm	19.3	243.7	387 이상	39,500 이상	451 이상	46,000 이상	3.5 이상	8.0 이하	2.5 이하
			19연선 20.3mm	20.3	270.9	422 이상	43,000 이상	495 이상	50,500 이상	3.5 이상	8.0 이하	2.5 이하
			19연선 21.8mm	21.8	312.9	495 이상	50,500 이상	573 이상	58,400 이상	3.5 이상	8.0 이하	2.5 이하

[주] (1) 7연선 A종은 인장강도 175kgf/mm^2(1,720N/mm^2)급을, B종은 190kgf/mm^2(1,860N/mm^2)급을 나타낸 것이다.
(2) 7연선 및 19연선의 표준 지름은 연선의 외접원의 지름이다.
(3) 릴랙세이션값은 1,000시간 값을 기준으로 한 것이며, N은 보통의 프리스트레싱 강선, 강연선에 대한 값이고, L은 저 릴랙세이션 프리스트레싱 강선, 강연선에 대한 값이다.

〈부록 III 표 1 - 2〉 프리스트레싱 강봉(KS D 3505-1997)

종류			기호	호칭명	표준지름 (mm)	공칭 단면적 (mm^2)	내력		인장강도	
							N/mm^2	kgf/mm^2	N/mm^2	kgf/mm^2
원형강봉	A종	2호	SBPR 785/1,030	9.2mm 11mm 13mm 17mm 23mm 26mm 32mm 36mm 40mm	9.2 11.0 13.0 17.0 23.0 26.0 32.0 36.0 40.0	66.48 95.03 132.7 227.0 415.5 530.9 804.2 1,018.0 1,257.0	785 이상	80 이상	1,030 이상	105 이상
	B종	1호	SBPR 930/1,080				930 이상	95 이상	1,080 이상	110 이상
		2호	SBPR 930/1,180				930 이상	95 이상	1,180 이상	110 이상
	C종	1호	SBPR 1,080/1,230				1,080 이상	110 이상	1,230 이상	125 이상
이형강봉	B종	1호	SBPD 930/1,080	7.4mm 9.2mm 11mm 13mm	7.4 9.2 11.0 13.0	40.0 64.0 70.0 125.0	930 이상	95 이상	1,080 이상	110 이상
	C종	1호	SBPD 1,080/1,230				1,080 이상	110 이상	1,230 이상	125 이상
	D종	1호	SBPD 1,275/1,420				1,275 이상	130 이상	1,420 이상	145 이상

[주] (1) 내력은 0.2% 영구 신장도(변형률)에 대한 응력이다.

(2) 이 규격에서 신장도(변형률)는 모든 강봉에 대하여 5% 이상을 요구하고 있고, 릴랙세이션 값은 원형강봉에 대하여는 4% 이하, 이형강봉에 대하여는 1.5% 이하를 요구하고 있다.

〈부록 Ⅳ〉 프리스트레스력과 하중에 대한 회전계수 및 처짐

	프리스트레스 종류	등가모멘트 또는 하중	등가 하중	솟음 (+)	단부 회전각 (+, 좌단)	단부 회전각 (+, 우단)
①	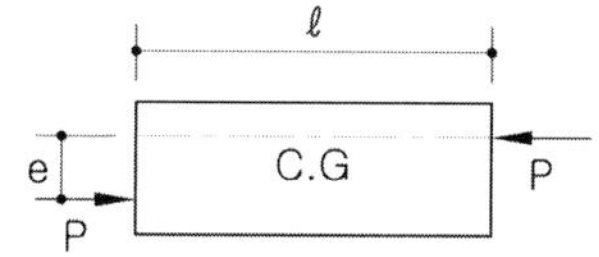	$M=P\cdot e$	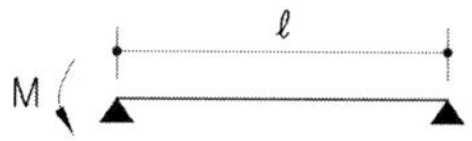	$+\dfrac{M\cdot \ell^2}{16EI}$	$+\dfrac{M\cdot \ell}{3EI}$	$-\dfrac{M\cdot \ell}{6EI}$
②	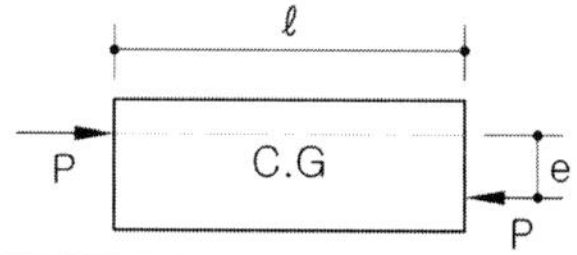	$M=P\cdot e$	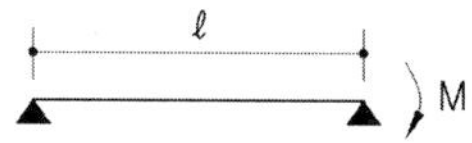	$+\dfrac{M\cdot \ell^2}{16EI}$	$+\dfrac{M\cdot \ell}{6EI}$	$-\dfrac{M\cdot \ell}{3EI}$
③	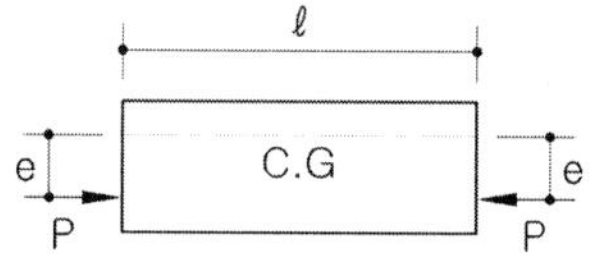	$M=P\cdot e$	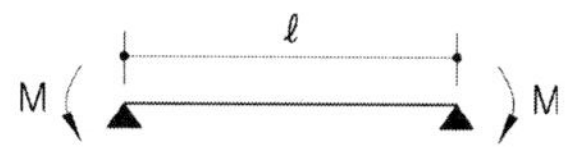	$+\dfrac{M\cdot \ell^2}{8EI}$	$+\dfrac{M\cdot \ell}{2EI}$	$-\dfrac{M\cdot \ell}{2EI}$
④	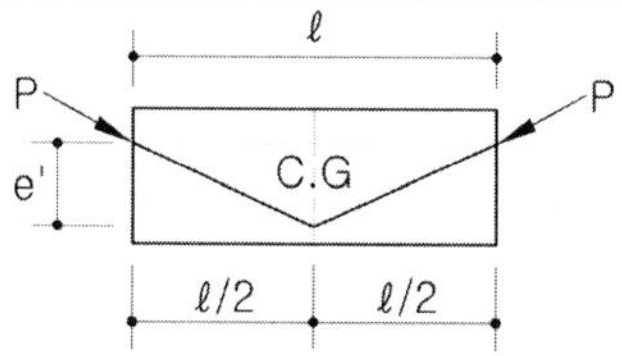	$N=\dfrac{4Pe'}{\ell}$	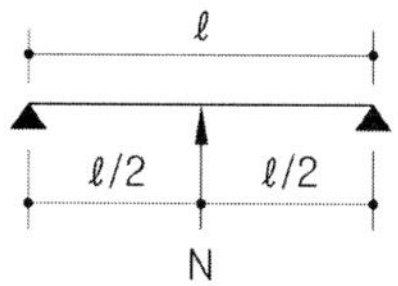	$+\dfrac{N\cdot \ell^2}{48EI}$	$+\dfrac{N\cdot \ell^2}{16EI}$	$-\dfrac{N\cdot \ell^2}{16EI}$
⑤	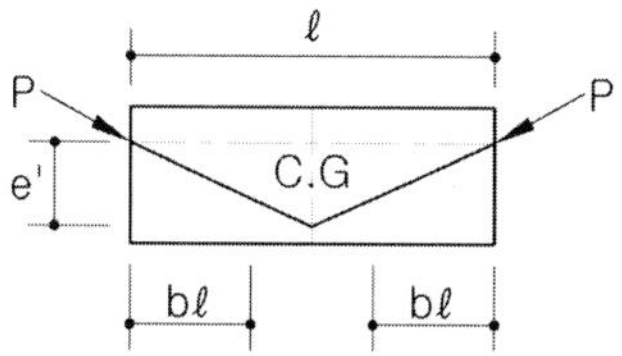	$N=\dfrac{Pe'}{b\ell}$	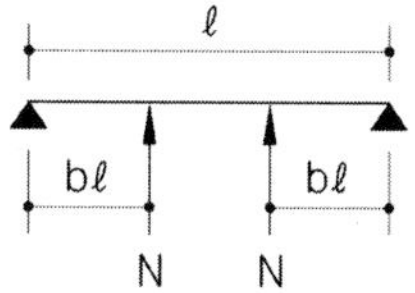	$+\dfrac{b(3-4b^2)N\cdot \ell^3}{24EI}$	$+\dfrac{b(1-b^2)N\cdot \ell^3}{2EI}$	$-\dfrac{b(1-b^2)N\cdot \ell^3}{2EI}$

⑥	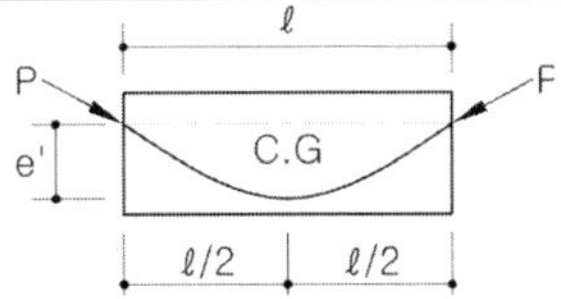	$w=\dfrac{8P\cdot e'}{\ell^2}$	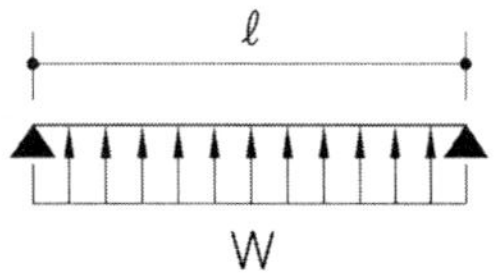	$+\dfrac{5w\cdot\ell^4}{384EI}$	$+\dfrac{w\cdot\ell^3}{24EI}$	$-\dfrac{w\cdot\ell^3}{24EI}$
⑦	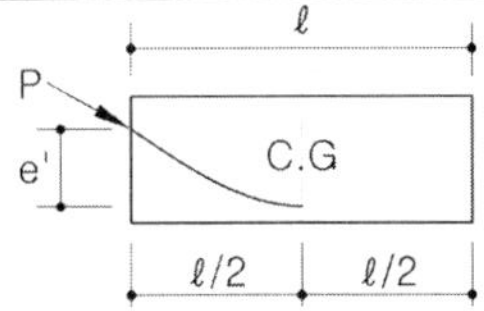	$w=\dfrac{8P\cdot e'}{\ell^2}$	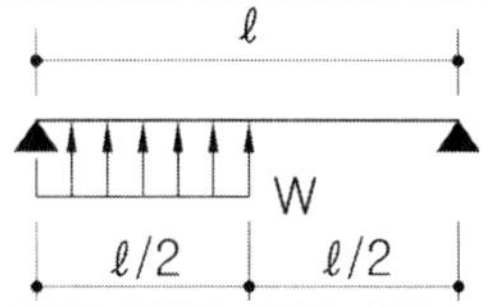	$+\dfrac{5w\cdot\ell^4}{768EI}$	$+\dfrac{9w\cdot\ell^3}{384EI}$	$-\dfrac{7w\cdot\ell^3}{384EI}$
⑧	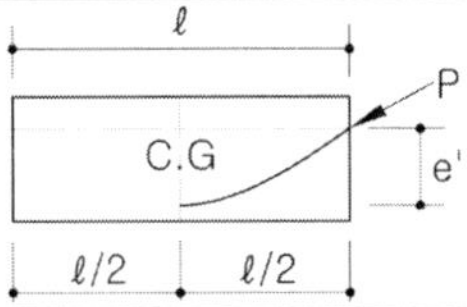	$w=\dfrac{8P\cdot e'}{\ell^2}$	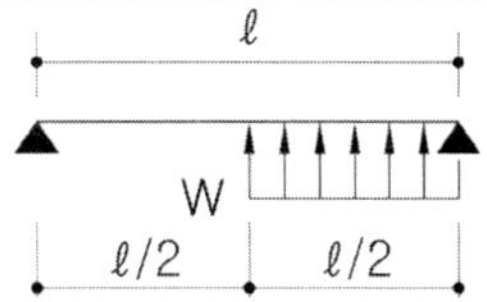	$+\dfrac{5w\cdot\ell^4}{768EI}$	$+\dfrac{7w\cdot\ell^3}{384EI}$	$-\dfrac{9w\cdot\ell^3}{384EI}$
⑨	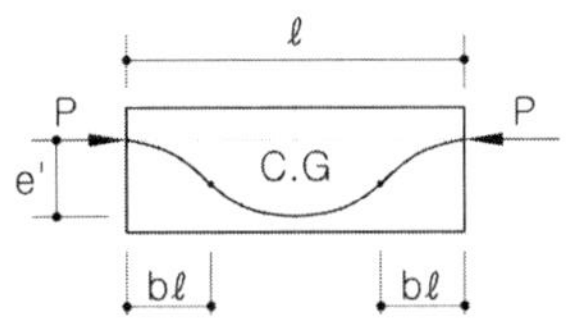	$w=\dfrac{4P\cdot e'}{(0.5\cdot b)\ell^2}$ $w_1=\dfrac{w}{b}(0.5\cdot b)$	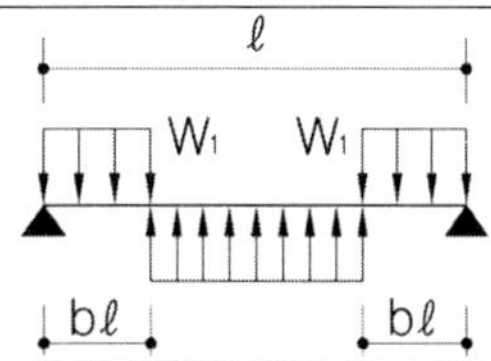	$\left[\dfrac{5}{8}-\dfrac{b}{2}(3-2b^2)\right]\dfrac{w\ell^4}{48EI}$	$-\dfrac{(1-b)(1-2b)w\ell^3}{24EI}$	$-\dfrac{(1-b)(1-2b)w\ell^3}{24EI}$
⑩	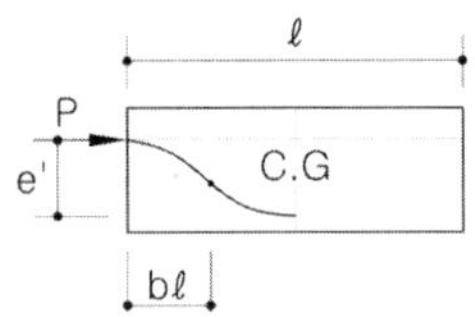	$w=\dfrac{4P\cdot e'}{(0.5\cdot b)\ell^2}$ $w_1=\dfrac{w}{b}(0.5\cdot b)$	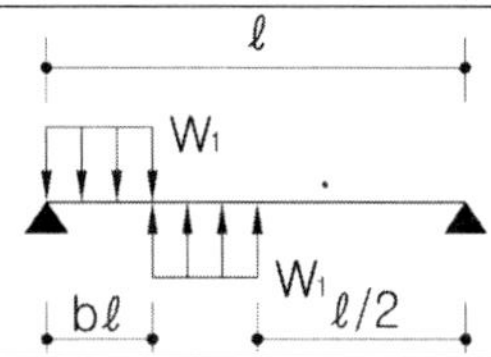	$\left[\dfrac{5}{16}-\dfrac{b}{4}(3-2b^2)\right]\dfrac{w\ell^4}{48EI}$	$\left[\dfrac{9}{8}-b(2-b)^2\right]\dfrac{w\ell^3}{48EI}$	$\left[-\dfrac{7}{8}+b(2-b)^2\right]\dfrac{w\ell^3}{48EI}$
⑪	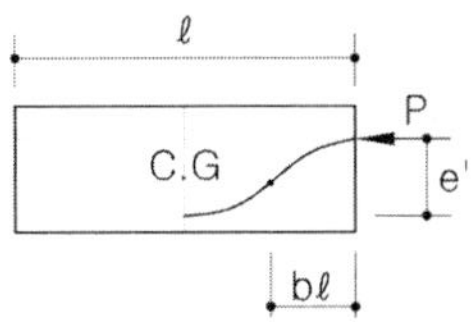	$w=\dfrac{4P\cdot e'}{(0.5\cdot b)\ell^2}$ $w_1=\dfrac{w}{b}(0.5\cdot b)$	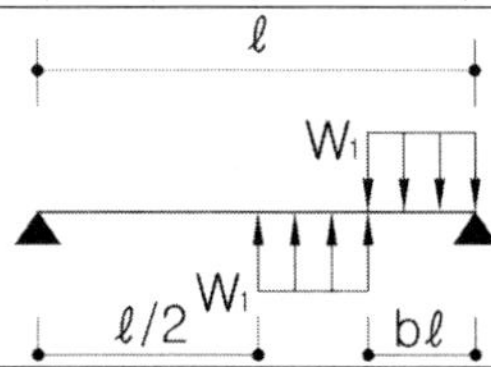	$\left[\dfrac{5}{16}-\dfrac{b}{4}(3-2b^2)\right]\dfrac{w\ell^4}{48EI}$	$\left[\dfrac{7}{8}-b(2-b)^2\right]\dfrac{w\ell^3}{48EI}$	$\left[-\dfrac{9}{8}+b(2-b)^2\right]\dfrac{w\ell^3}{48EI}$

〈부록 V〉 고정단의 단부 모멘트

하중	A지점 모멘트	중앙부 모멘트	B지점 모멘트
① 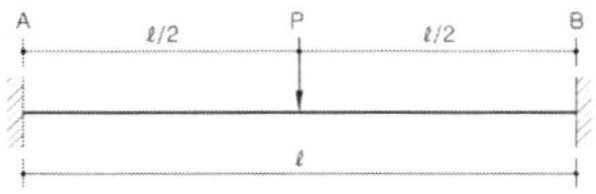	$-\frac{P\cdot\ell}{8}$	$+\frac{P\cdot\ell}{8}$	$-\frac{P\cdot\ell}{8}$
② 	$-P\ell a(1-a)^2$		$-P\ell a(1-a)^2$
③ 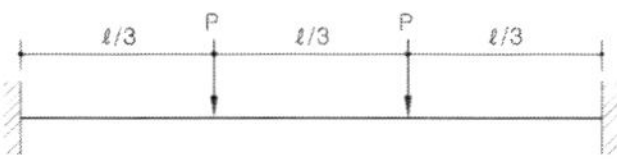	$-\frac{2P\ell}{9}$	$+\frac{P\ell}{9}$	$-\frac{2P\ell}{9}$
④ 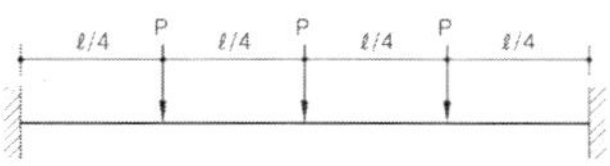	$-\frac{5P\ell}{16}$	$+\frac{3P\ell}{16}$	$-\frac{5P\ell}{16}$
⑤ 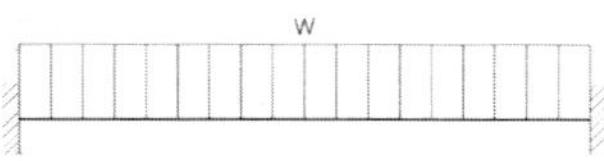	$-\frac{W\ell}{12}$	$+\frac{W\ell}{24}$	$-\frac{W\ell}{12}$
⑥ 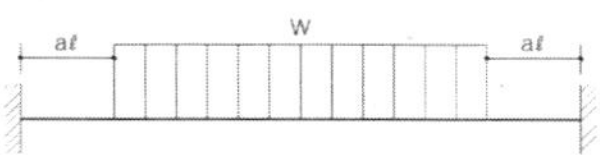	$-\frac{W\ell(1+2a-2a^2)}{12}$	$+\frac{W\ell(1+2a+4a^2)}{24}$	$-\frac{W\ell(1+2a-2a^2)}{12}$
⑦ 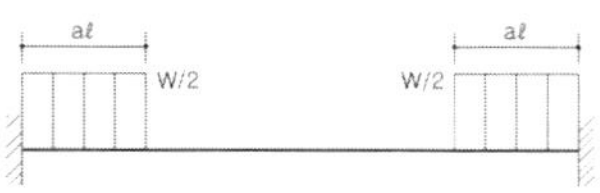	$-\frac{W\ell(3a-2a^2)}{12}$	$+\frac{W\ell a^2}{6}$	$-\frac{W\ell(3a-2a^2)}{12}$
⑧ 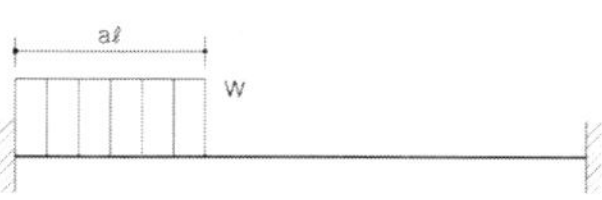	$-\frac{W\ell a(6-8a+3a^2)}{12}$		$-\frac{W\ell a^2(4-3a)}{12}$
⑨ 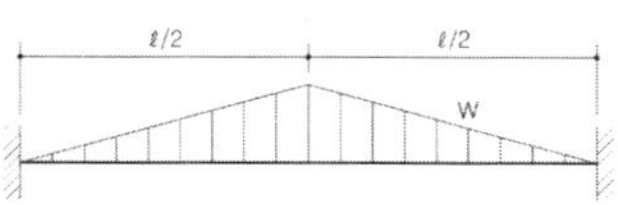	$-\frac{5W\ell}{48}$	$+\frac{3W\ell}{48}$	$-\frac{5W\ell}{48}$
⑩ 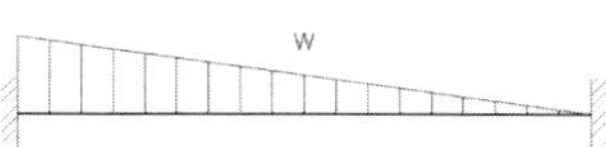	$-\frac{W\cdot\ell}{10}$		$-\frac{W\cdot\ell}{15}$

INDEX

ㄱ

ㄷ

ㄹ

ㅁ

ㅂ

ㅅ

ㅇ

ㅈ

ㅊ

저 자

이차돈 중앙대학교 건설대학 건축학부 교수
최창식 한양대학교 건축대학 건축공학부 교수
최기봉 경원대학교 공과대학 건축학과 교수
문일원 (주)동양구조 소장

이론 · 실무를 위한
프리스트레스트 콘크리트 구조 설계

2006년 05월 10일 초판 1쇄 발행
2007년 03월 25일 초판 2쇄 발행

저 자 이차돈 / 최창식 / 최기봉 / 문일원
발행인 정 헌 준
발행처 태림문화사
서울 용산구 원효로 1가 128-13호
TEL 714-2478 / 716-2473
FAX 718-4580
E-mail taerim79@hanmail.net
등 록 1979. 3.27 (2-679)

ISBN 89-8205-214-3 정가 25,000 원